Edward Butts

The Civil Engineer's Field Book

Designed for the Use of the Locating Engineer. Second Edition

Edward Butts

The Civil Engineer's Field Book
Designed for the Use of the Locating Engineer. Second Edition

ISBN/EAN: 9783337249335

Printed in Europe, USA, Canada, Australia, Japan

Cover: Foto ©berggeist007 / pixelio.de

More available books at **www.hansebooks.com**

THE
CIVIL ENGINEER'S
FIELD-BOOK:

DESIGNED FOR THE USE OF THE

LOCATING ENGINEER.

CONTAINING

TABLES OF ACTUAL TANGENTS, AND ARCS EXPRESSED IN CHORDS OF 100 FEET FOR EVERY MINUTE OF INTERSECTION, FROM 0° TO 90°, FROM A 1° CURVE TO A 10° CURVE, INCLUSIVE;

ALSO

TABLES OF FORMULÆ APPLICABLE TO RAILROAD CURVES AND THE LOCATION OF FROGS;

TOGETHER WITH

RADII, LONG CHORDS, GRADES, NATURAL TANGENTS, NATURAL SINES, NATURAL VERSED SINES, NATURAL EXTERNAL SECANTS, ETC.

With Explanatory Problems.

BY

EDWARD BUTTS,

CIVIL ENGINEER.

SECOND AND REVISED EDITION.

NEW YORK:
JOHN WILEY AND SONS,
53 EAST TENTH STREET
Second door west of Broadway.
1890.

PREFACE.

In preparing this book it has been the author's design to present a volume based on the most economic principles of field engineering.

Many good books of the kind are in print, yet none of them, it is believed, have presented the subject to the full extent of a labor-saving medium.

Considerable time is spent in making mathematical field-calculations, thereby delaying the party and increasing the expense of the survey. To eliminate many of the errors that occur in these calculations, and advance the progress of field-operations, extensive, hitherto unpublished, tables have been added to this work, and others previously published have been enlarged to prevent the field-work extending beyond their bounds. The formulæ are comparatively arranged in a more systematic manner.

The work of computing the tables has been thoroughly done, and it is believed will be found strictly reliable.

An effort has been made to make the problems general, and therefore applicable to any case that may arise in a long practice. Throughout the work each problem is arranged with reference to the last preceding figure.

Should this volume prove itself an assistant to the field-engineer, and fill the space for which it is designed, the author's wish will be fully realized. E. B.

Kansas City, Mo., *August*, 1885.

CIVIL ENGINEER'S FIELD-BOOK.

CURVE FORMULÆ AND PROBLEMS.

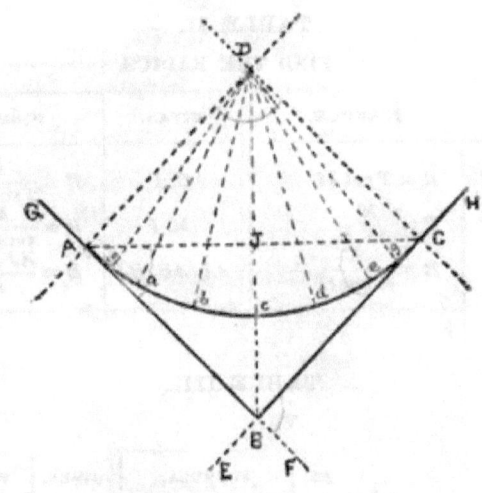

ABBREVIATIONS.

T = Tangent, BA or BC.
R = Radius, AD or CD.
I = Intersection, angle FBC or EBA.
D = Deflection, angle for 100 ft. chords, BAa or BCe.
d = Sub-deflection, angle for any chord less than 100 ft., BAf or BCg.
E = External Secant, Bc.
M = Middle Ordinate, Jc.
C = Chord, or Long Chord, any chord of 100 ft. or more, Aa or AC.
c = Sub-chord, any chord less than 100 ft., Af or gC.
A = Arc, the length of the curve in chords of 100 ft., $AabcdeC$.

TABLE I.
TO FIND THE TANGENT.

GIVEN.	FORMULÆ.	GIVEN.	FORMULÆ.
R, I	$T = R \tan \tfrac{1}{2} I$	C, I	$T = \dfrac{C}{2 \cos \tfrac{1}{2} I}$
D, I	$T = \dfrac{50 \tan \tfrac{1}{2} I}{\sin D}$	M, I	$T = M \dfrac{\tan \tfrac{1}{2} I}{\text{vers } \tfrac{1}{2} I}$
E, I	$T = E \cot \tfrac{1}{4} I$	BJ, AD, AJ	$T = \dfrac{BJ \times AD}{AJ}$

TABLE II.
TO FIND THE RADIUS.

GIVEN.	FORMULÆ.	GIVEN.	FORMULÆ.
T, I	$R = T \cot \tfrac{1}{2} I$	C, I	$R = \dfrac{C}{2 \sin \tfrac{1}{2} I}$
D	$R = \dfrac{50}{\sin D}$	M, I	$R = \dfrac{M}{\text{vers } \tfrac{1}{2} I}$
E, I	$R = \dfrac{E}{\text{exsec } \tfrac{1}{2} I}$	AJ, AB, BJ	$R = \dfrac{AJ \times AB}{BJ}$

TABLE III.
TO FIND THE DEFLECTION.

GIVEN.	FORMULA.	GIVEN.	FORMULA.	GIVEN.	FORMULA.
R	$\sin D = \dfrac{50}{R}$	T, I	$\sin D = \dfrac{50 \tan \tfrac{1}{2} I}{T}$	A, I	$D = 100 \dfrac{\tfrac{1}{2} I}{A}$

TABLE IV.
TO FIND THE EXTERNAL SECANT.

GIVEN.	FORMULÆ.	GIVEN.	FORMULÆ.
R, I	$E = R \text{ exsec } \tfrac{1}{2} I$	C, I	$E = \tfrac{1}{2} C \dfrac{\text{exsec } \tfrac{1}{2} I}{\sin \tfrac{1}{2} I}$
T, I	$E = T \tan \tfrac{1}{4} I$	R, I	$E = \dfrac{R}{\cos \tfrac{1}{2} I} - R$
M, I	$E = \dfrac{M}{\cos \tfrac{1}{2} I}$	R, M	$E = \dfrac{RM}{R - M}$

CURVE FORMULÆ AND PROBLEMS.

TABLE V.
TO FIND THE MIDDLE ORDINATE.

GIVEN.	FORMULÆ.	GIVEN.	FORMULÆ.
R, I	$M = R \text{ vers } \tfrac{1}{2}I$	C, I	$M = \tfrac{1}{2}C \tan \tfrac{1}{4}I$
T, I	$M = T \cot \tfrac{1}{2} I \text{ vers} \tfrac{1}{2}I$	R, I	$M = R - (R \cos \tfrac{1}{2}I)$
E, I	$M = E \cos \tfrac{1}{2}I$	R, E	$M = \dfrac{RE}{R + E}$

TABLE VI.
TO FIND THE CHORD.

GIVEN.	FORMULÆ.	GIVEN.	FORMULÆ.
R, I	$C = 2R \sin \tfrac{1}{2}I$	M, I	$C = 2M \cot \tfrac{1}{4}I$
T, I	$C = 2T \cos \tfrac{1}{2}I$	E, I	$C = 2E \dfrac{\sin \tfrac{1}{2}I}{\text{exsec } \tfrac{1}{2}I}$

TABLE VII.
TO FIND THE INTERSECTION.

GIVEN.	FORMULÆ.	GIVEN.	FORMULÆ.
D, A	$\tfrac{1}{2}I = \dfrac{DA}{100}$	M, R	$\text{vers } \tfrac{1}{2}I = \dfrac{M}{R}$
T, R	$\tan \tfrac{1}{2}I = \dfrac{T}{R}$	E, R	$\text{exsec } \tfrac{1}{2}I = \dfrac{E}{R}$
R, C	$\sin \tfrac{1}{2}I = \dfrac{C}{2R}$	C, T	$\cos \tfrac{1}{2}I = \dfrac{C}{2T}$

TO FIND THE ARC.

Problem 1.

Given the I, $FBC = 41°$, and the D, $BAa = 2°$, to find the A, $AabcdeC$.

Formula.   Example.

$$A = \dfrac{\tfrac{1}{2}I}{D} 100 \qquad \tfrac{1}{2}I = 20° \ 30' = \dfrac{1230'}{120'} = \dfrac{10.25}{100}$$
$$D = 2°$$

Result, $A = 1025.00$

TO FIND THE SUB-DEFLECTION.
Problem 2.

Given the c, $Af = 75$ ft., and the D, $BAa = 4° 18'$, to find the d, BAf.

Formula.

$$d = \frac{Dc}{100}$$

Example.

$$D = 4° 18' = 258'$$
$$c = 75$$
$$\overline{1290}$$
$$1806$$

Result,

$$100. \mid 19350. \mid 193.50 = 3° 13' 30'' = d.$$

Problem 3.

Many sub-deflections may be calculated quickly by the following method: Multiply the degree of the given curve by 0.3, and multiply the product thus obtained by the length of the given sub-chord, and then reduce the second product one denomination; the result will be the required sub-deflection.

Given the c, $gC = 30$ ft., and the degree of curve $aDb = 2°$, to find the d, BCg.

Example.

$$\text{Degree of curve} = 2°$$
$$.3$$
$$\overline{.6}$$
$$c = 30.$$
$$\text{Second product} = \overline{18° 0}$$

Reduced one denomination $= 18' 0 = d$.

EXPLANATION.—When it is required to run a curve very accurately the above formulæ, although generally used, are not correct. This will be readily understood by considering that the shorter the chords the nearer the approach to the circumference of the circle, and the longer the chords the nearer the approach to the diameter of the circle.

The base of most field-work and calculations is one hundred feet. Therefore when a chord is shorter than this base it should be proportionally longer than would be indicated in a deflection calculated by the above method, and *vice versa* when a chord is longer than this base.

The deflection must first be calculated as indicated by Problem 2 or 3, after which correct the sub-chord by the following.

Problem 4.

Given the d, $BAf = 6°$, and the R, $AD = 359.265$, to find the c, Af.

Formula.
$c = 2R \sin d.$

Example.

```
    2R =           718.53
    d = 6°   sin 0.10453
                 215559
                 359265
                 287412
                  71853
Product c =   75.1079409
```

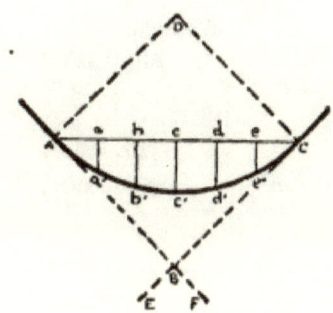

Problem 5.

Given the I, $FBC = 45°$, and the R, $AD = 637.275$, to lay out a curve by ordinates when the curve begins 60 ft. beyond a station and ends 60 ft. back of a station.

By Table I, the T, BA and $BC = R \tan \tfrac{1}{2} I = 263.97$

By Table III. $\sin D = \dfrac{50}{R} = 4° 30'.$

By Problem 1, $A = \dfrac{\tfrac{1}{2}I}{D} 100 = 500.$

Denote BAa' by d.		Denote $a'Aa$ by x.	
" BAb' " $D'Ec$.		" $b'Ab$ " $x'Ec$.	
" Aa' " c.		" Aa " y.	
" Ab' " CEc.		" Ab " $y'Ec$.	
" aa' " o.		" bb' " o'.	

By Problem 2, $d = \dfrac{Dc}{100} = 1°\,48'$, and $D' = d + D = 1°\,48' + 4°\,30' = 6°\,18'$.

Then $x = \tfrac{1}{2}I - d = 22°\,30' - 1°\,48' = 20°\,42'$, and $x' = \tfrac{1}{2}I - D' = 22°\,30' - 6°\,18' = 16°\,12'$.

By Problem 4, $c = 2R \sin d = 40.03$, and $C = 139.86\,Ec$.

To find $y\,Ec$.

Formula.   *Example.*
$y = c \cos x.$ $x = 20°\,42'$ cos 0.93544
               $c =$ 40 03
                                 280632
                                 374176
     Product $y =$ 37.4456632

To find $o\,Ec$.

Formula.   *Example.*
$o = c \sin x.$ $x = 20°\,42'$ sin 0.35347
               $c =$ 40.03
                                 106041
                                 141388
     Product $o =$ 14.1494041

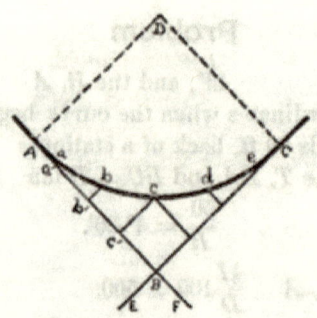

Problem 6.

Given the I, $FBC = 45°$, and the R, $AD = 637.275$, to lay out a curve from points on the tangents AB and CB when the

CURVE FORMULÆ AND PROBLEMS.   7

curve begins 60 ft. beyond a station and ends 60 ft. back of a station.

By Table I. the T, BA and $BC = R \tan \tfrac{1}{2} I = 263.96$

By Table III. $\sin D = \dfrac{50}{R} = 4° 30'$.

By Problem 1, $A = \dfrac{\tfrac{1}{2}I}{D} 100 = 500$.

Denote BAa by d.	Denote Aa by c.
" BAb " D'.	" Ab " C.
" BAc " D''.	" Ac " C'.
" Aa' " x.	" aa' " y.
" Ab' " x'.	" bb' " y'.
" Ac' " x''.	" cc' " y''.

By Problem 2, $d = \dfrac{Dc}{100} = 1° 48'$, and $D' = d + D = 1° 48' + 4° 30' = 6° 18'$, and $D'' = d + 2D = 1° 48' + 9° = 10° 48'$.

By Problem 4, $c = 2R \sin d = 40.03$, and $C = 139.86$, and $C' = 238.83$

To find x.

Formula.
$x = c \cos d.$

Example.
$d = 1° 48'$ $\cos 0.99951$
$c = $ 40.03
                    $\overline{299853}$
                    399804
                    $\overline{}$
Product $x = $ 40.0103853

Use the same method to find x' and x''.

To find y.

Formula.
$y = c \sin d.$

Example.
$d = 1° 48'$ $\sin 0.03141$
$c = $ 40.03
                    $\overline{9423}$
                    12564
                    $\overline{}$
Product $y = $ 1.2573423

Use the same method to find y' and y''.

Then, for locating the other half of the curve, begin at C and run towards B, using the same formulæ as given above.

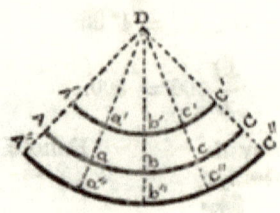

Problem 7.

Given the R, $AD = 1432.69$ of a located curve $AabcC$, it is desired to run another curve $A'a'b'c'C'$ parallel to it at a given distance of $AA' = 75$ ft.

The chords Aa, $abEc$ are 100 ft. long.

Denote the chords $A'a'$, $a'b'Ec$, by x.

Denote $A'D$ by R', then $R' = AD - AA' = 1432.69 - 75 = 1357.69$

By Table III. $\sin D = \dfrac{50}{R} = 2°$.

To find x.

Formula.	Example.
$x = 2R' \sin D$.	$2R' = 2715.38$
	$D = 2°\sin 0.03490$
	$\overline{}$
	24438420
	1086152
	814614
	$\overline{}$
Product $x =$	94.7667620

If it is desired to run the curve $A''a''b''c''C''$, add the distance AA' to the R, AD, and use the above method.

CURVE FORMULÆ AND PROBLEMS.

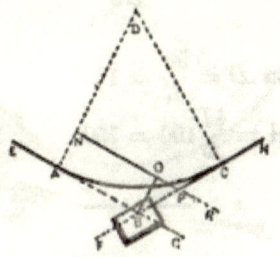

Problem 8.

Given the R, $AD = 2864.93$, to locate a curve when the point of intersection B is inaccessible.

Make the offset $AN = 12$ ft. $= a$, and run NR parallel to AG intersecting the tangent BH at P, and turn the angle $RPH = GBH = 14° = I$.

By Table I. the T, BA and $BC = R \tan \tfrac{1}{2} I = 351.76$

Denote PO by x, and PB by z.

Determine the unknown sides of the triangle BPO by the following formulæ:

To find x.

Formula.	Example.
$x = a \cot I.$	$I = 14°$ cot 4.01078
	$a = $ 12.
	802156
	401078
Product $x =$	48.12936

To find z.

Formula.	Example.
$z = \dfrac{a}{\sin I}$	$I = 14°$ ⎤ $a =$ ⎡Quotient $z =$
	sin 0.24192 ⎦ 12.0000 ⎣ 49.60
	96768
	232320
	217728
	145920

$NO = AB = 351.76$, and $NP (= NO + OP = 351.76 + 48.13) = 399.89$ from P, a point 12 ft. at right angles to the point of curve A.

10 CIVIL ENGINEER'S FIELD-BOOK.

The point of tangent $C (= BC - BP = 351.76 - 49.60) = 302.16$ from P.

By Table III. $\sin D = \dfrac{50}{R} = 1°$.

By Problem 1, $A = \dfrac{\frac{1}{2}I}{D} 100 = 700$.

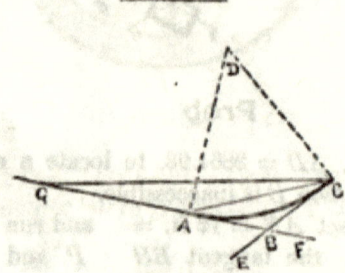

Problem 9.

Given the R, $AD = 287.939$, and the distance around the curve, $AC = 200$ ft., to locate the point C from a point on the tangent AG.

The R, AD being that of a 20° curve, the angle $FBC = 40° = I$, and by Table VI. the chord $AC = 2R \sin \frac{1}{2}I = 196.962 = C$.

Make the distance $AG = AC$. Then invariably the angle AGC and $ACG = \frac{1}{4}I = 10°$.

Calculate the distance $GC = x$ by the following:

Formula.   *Example.*

$x = 2C \cos \frac{1}{4}I.$

```
        2C =           393.924
        ¼I = 10°  cos  0.98481
                       ───────
                       393924
                      3151392
                      1575696
                      3151392
                      3545316
                       ───────
Product x =        387.94029444
```

CURVE FORMULÆ AND PROBLEMS.

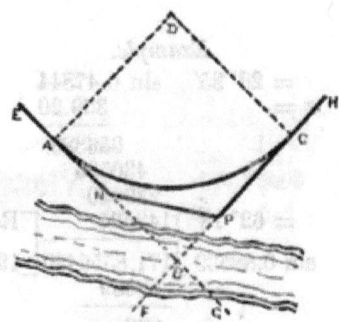

Problem 10.

Given the R, $AD = 1632.40$, to locate the beginning and end of a curve when the point of intersection B is inaccessible. Continue the tangent EA to N, also the tangent HC to P.

Measure the distance $NP = 359.20 = a$, and turn the angle $FPN = 33° 43' = b$, and the angle $GNP = 28° 35' = c$; then the angle $GBP = b + c = 33° 43' + 28° 35' = 62° 18' = I$.

By Table I. the T, BA and $BC = R \tan \tfrac{1}{2} I = 986.67$

Denote BN by x, and BP by z.

Determine the unknown sides of the triangle NBP by the following formulæ:

To find x.

Formula.	Example.
$x = \dfrac{a \sin b}{\sin I}$	$b = 33°\ 43'\quad \sin 0.55509$
	$a = \qquad\qquad\ \ 359.20$

```
                         1110180
                          499581
                          277545
         I = 62° 18'      166527      ┌Result x =
         sin 0.88539 ┘ 199.3883280    └ 225.19
                          177078
                          ──────
                          223103
                          177078
                          ──────
                          460252
                          442695
                          ──────
                          175578
                           88539
                          ──────
                          870390
```

To find z.

Formula.

$$z = \frac{a \sin c}{\sin I}$$

Example.

$c = 28°\ 35'$ sin 0.47844
$a = $ 359.20

               956880
               430596
               239220

$I = 62°\ 18'$ 143532   ⌈Result $z = $
sin 0.88539   171.8556480 ⌊194.10
               88539

               833166
               796851

               363154
               354156

                89088
                88539

                 14490

$NA = T - x = 986.67 - 225.19 = 761.48$, the distance from N to the point of curve A.

$PC = T - z = 986.67 - 194.10 = 792.57$, the distance from P to the point of tangent C.

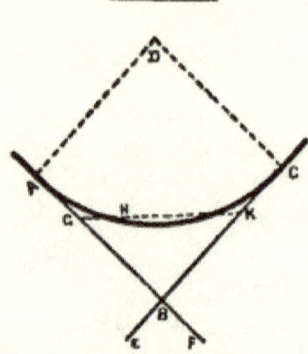

Problem 11.

Given the I, $FBC = 58°$, to locate a curve through a given point H.

Find the point G on the tangent BA where the angle $BGH = \tfrac{1}{2}I = 29°$.

Measure the distance $GH = 40$ ft. $= a$, also the distance $BG = 500$ ft. $= b$.

Denote GK by x, and HK by y, and GA by z.

CURVE FORMULÆ AND PROBLEMS.

Calculate x and z by the following formulæ:

To find x.

Formula.   Example.
$x = 2b \cos \tfrac{1}{2}I.$ $\tfrac{1}{2}I = 29°$ cos 0.87462
              $2b =$ 1000.
              Product $x =$ 874.62000

Then $y = x - a = 874.62 - 40. = 834.62$

To find z.

Formula.   Example.
$z = \sqrt{ay}.$ $y =$ 834.62
              $a =$ 40. | Result $z =$
                    33384.80 | 182.71
              1 | 1
             28 | 233
                  224
            362 | 984
                  724
           3647 | 26080
                  25529
          36541 | 55100
                  36541

The tangent BA and $BC = b + z = 500. + 182.71 = 682.71$
By Table II. the R, $AD = T \cot \tfrac{1}{2}I = 1231.64$

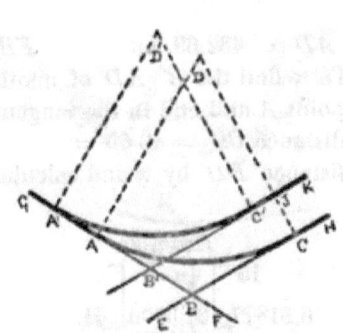

Problem 12.

Given the I, $FBC = 41° 36'$, and the distance $CJ = 8.62 = a$, to determine how far toward G, A' must be from A to start the curve $A'C'$, which is similar to AC, to have it run into the tangent $C'K$ parallel to CH at the given distance a.

14   CIVIL ENGINEER'S FIELD-BOOK.

Denote the distance AA' by x and calculate it by the following:

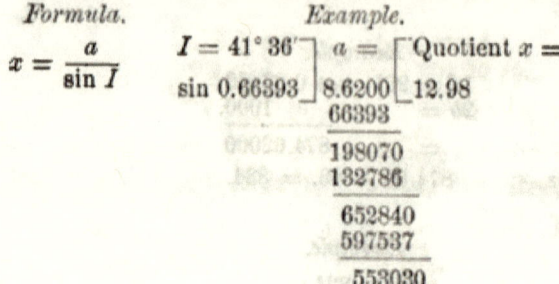

Formula.   Example.

$x = \dfrac{a}{\sin I}$ $I = 41° 36'$ $a =$ Quotient $x =$
                             sin 0.66393 ⌋ 8.6200 ⌊ 12.98
                                            66393
                                           198070
                                           132786
                                           652840
                                           597537
                                           553030

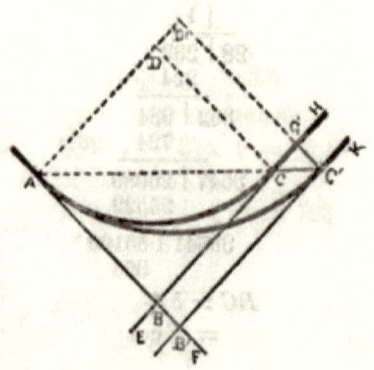

Problem 13.

Given the R, $AD = 1432.69$, and the I, $FBC = 62° 30'$, of a located curve AC to find the R', AD' of another curve to start from the same point A and end in the tangent $C'K$ parallel to GH at a given distance $CC' = 42.60 = a$.

Denote the distance DD' by x and calculate it by the following:

Formula.   Example.

$x = \dfrac{\frac{1}{2}a}{\sin \frac{1}{2}I}$ $\frac{1}{2}I = 31° 15'$ $\frac{1}{2}a =$ Quotient $x =$
                                  sin 0.51877 ⌋ 21.3000 ⌊ 41.05
                                                207508
                                                 54920
                                                 51877
                                                304300

Then $R' = R + x = 1432.69 + 41.05 = 1473.74$

Problem 14.

Given the R, $AD = 1910.08$, and the I, $FBC = 31° 30'$ of a located curve AC, to find the R'; AD' of another curve to start from the same point A, and end in the tangent CK, parallel to GH at a given distance, $GC' = 14$ ft. $= a$.

Denote the distance DD' by x, and calculate it by the following:

Formula.

$$x = \frac{a}{\text{vers } I}.$$

Example.

$I = 31° 30'$ $a =$ ⌈Quotient $x =$
vers 0.14736 ⌋14.0000⌊95.00
  132624
  ―――――
  73760
  73680
  ―――――
  8000

Then $R' = R + x = 1910.08 + 95.00 = 2005.08$

COMPOUND CURVES.

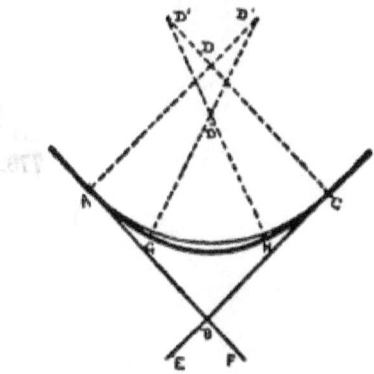

Problem 15.

Having run the curve AC with the R, $AD = 955.366$ and the I, $FBC = 54° 30'$, it is desired to flatten the curve at each end, a distance of AG and $CH = 150$ ft. with a radius of AD' and $CD' = 1910.08 = R'$.

Required the radius GD'' and $HD'' = r$, to join the two curves AG and CH at G and H.

The R', AD', and CD' being that of a 3° curve, the angle $AD'G = 4°\ 30'$, also $CD'H = 4°\ 30'$.

The angle $GD''H = I - (AD'G + CD'H) = 54°\ 30' - 9° = 45°\ 30' = I'$.

Denote $R' - R$ by a; then $a = 1910.08 - 955.366 = 954.714$.

Denote the distance $D''D'$ by x, and calculate it by the following:

Formula.

$$x = \frac{a \sin \tfrac{1}{2} I}{\sin \tfrac{1}{2} I'}$$

Example.

$a = 954.714$
$\tfrac{1}{2} I = 27°\ 15'\ \sin 0\ 45787$

```
            6682998
            7637712
            6682998
            4773570
½I' = 22° 45'⌐ 3818856        ⌐Result x =
sin 0.38671 ⌐ 437.13489918 ⌐ 1130.39
             38671
             50424
             38671
             117538
             116013
             152599
             116013
             365861
```

Then $r = R' - x = 1910.08 - 1130.39 = 779.69$.

CURVE FORMULÆ AND PROBLEMS.   17

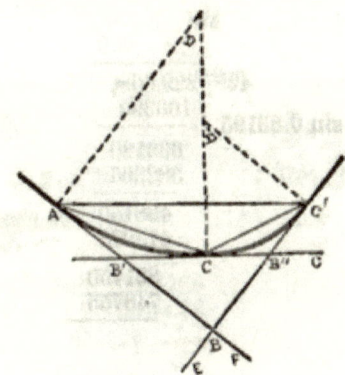

Problem 16.

Given the chord $AC = 600$ ft. $= C$, and the angle $BAC = 45°$, and the angle $BC'A = 67° 36'$, to find the radii CD and CD' to lay out the compound curve ACC'.

The angle $CAC' = \frac{1}{2}BAC = 22° 30' = a$, and the angle $CC'A = \frac{1}{2}BC'A = 33° 48' = b$.

The angle $ACC' = 180° - (22° 30' + 33° 48') = 123° 42' = e$.

Denote the chord AC by x, and the chord CC' by y, and calculate the two sides, x and y, of the triangle ACC' by the following formulæ:

To find x.

Formula.   Example.
$x = \dfrac{C \sin b}{\sin e}$ $b = 33° 48'$ sin 0.55630
               $C =$ 600.
              $e = 123° 42'$ 333.78000   ⎡ Result $x =$
                              332780   ⎣ 401.20
              sin 0.83195
                              100000
                              83195
                              ─────
                              1.68050

2

To find y.

Formula.
$$y = \frac{C \sin a}{\sin e}$$

Example.

$a = 22°\ 30'$ sin 0.38268
$C = 600$.
$e = 123°\ 42'$
sin 0.83195

```
  229.60800    ⎡ Result y =
  166390       ⎣ 275.98
  ─────────
  632180
  582365
  ─────────
  498150
  415975
  ─────────
  821750
  748755
  ─────────
  729950
```

The angle $CAC' = \frac{1}{2}BB'C = \frac{1}{2}I$ to the curve AC, and similarly the angle $CC'A = \frac{1}{2}GB''C' = \frac{1}{2}I$ to the curve CC'. Having thus found the chords AC, and CC' the R, CD, by Table II. $= \dfrac{C}{2 \sin \frac{1}{2}I} = 524.20$, and the R, $CD' = 248.05$

Problem 17.

Given the angle $FBC' = 112°\ 36'$, and the distance $AB = 600.870 = a$, and the distance $C'B = 459.557 = b$, to find the radii CD and CD' to lay out the compound curve ACC'.

Denote the angle BAC' by x, and the angle $BC'A$ by y, and the distance AC' by z.

The angle $ABC' = 180° - 112°\ 36' = 67°\ 24' = c$, and $x + y = 112°\ 36'$.

Calculate x, y, and z, by the following formulæ:

To find half the difference between x and y.

Formula.

$$\tan \tfrac{1}{2}(y - x) = \frac{(a - b) \tan \tfrac{1}{2}(x + y)}{a + b}$$

CURVE FORMULÆ AND PROBLEMS.   19

Example.

$$\tfrac{1}{2}(x+y) = 56°\ 18'\ \tan\ \begin{array}{c} a-b = 141.313 \\ 1.49944 \end{array}$$

$$\begin{array}{r} 565252 \\ 565252 \\ 1271817 \\ 1271817 \\ 565252 \end{array}$$

$a+b =$ ⌐141313   ⌐Result $\tan \tfrac{1}{2}(y-x) =$
1060.427 ⌐211.89036472 $.19982 = \mathbf{11°\ 18'}$
         1060427

$$\begin{array}{r} 10584766 \\ 9543843 \\ \hline 10409234 \\ 9543843 \\ \hline 8653917 \\ 8483416 \\ \hline 1705012 \end{array}$$

Then $x = \tfrac{1}{2}(x+y) - \tfrac{1}{2}(y-x) = 56°\ 18' - 11°\ 18' = 45°$
and $y = \tfrac{1}{2}(x+y) + \tfrac{1}{2}(y-x) = 56°\ 18' + 11°\ 18' = 67°\ 36'$.
To find z.

Formula.

$$z = \frac{a}{\sin y} \sin c.$$

Example.

$y = 67°\ 36'$ $a =$ ⌐ $\dfrac{a}{\sin y} =$
$\sin 0.92455$ 600.870 649.90
                554730

                461400 $c = 67°\ 24'\ \sin\ 0\ 92321$
                369820
                ──────   64990
                915800   129980
                                   194970
                                   129980
                                   584910
                                   ────────
        Result $z =$ 599.9941790

Then by Problem 16, the chord $AC = 401.20$ and the chord $CC' = 275.98$.

By Table II. the $R, CD = \dfrac{C}{2 \sin \tfrac{1}{2} I} = 524.20$, and the $R, CD' = 248.05$.

REVERSED CURVES.

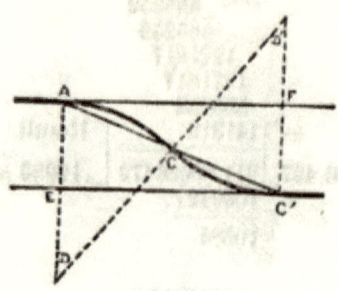

Problem 18.

Given the angle $C'AF = 20° = a$, and the distance $AC' = 400$ ft. $= C$, to find the R, CD and CD' to join the two parallel lines AF and EC' with the reversed curve ACC'.

Formula.

$$R = \frac{\frac{1}{2}C}{\sin a}$$

Example.

```
a = 20°     ½C =  ⌈Quotient.  R =
sin 0.34202⌋100.000⌊292.380
              68404
             ―――――
             315960
             307818
             ―――――
              81420
              68404
             ―――――
             130160
             102606
             ―――――
             275540
```

Problem 19.

Given the angle $C'AF = 3° 31' = a$, and the distance $AE = 14$ ft. $= d$, to find the R, CD and CD' to join the two parallel lines AF and EC' with the reversed curve ACC'.

Calculate the distance $AC' = C$ by the following:

CURVE FORMULÆ AND PROBLEMS.

Formula.

$$C = \frac{d}{\sin a}$$

Example.

$a = 3° 31'$, $d = 14.000$, $\sin 0.06134$

Quotient. $C = 228.236$

```
14.000
12268
─────
 17320
 12268
 ─────
  50520
  49072
  ─────
   14480
   12268
   ─────
    22120
    18402
    ─────
     37180
```

Then by Problem 18, the R, CD and $CD' = \dfrac{\frac{1}{4}C}{\sin a} = 930.208$

Problem 20.

Given the distance $AF = 196.11 = b$, and the distance $AE = 14$ ft. $= d$, to find the R, CD and CD' to join the two parallel lines AF and EC' with the reversed curve ACC'.

Calculate the angle $C'AF = a$ by the following:

Formula.

$$\tan a = \frac{d}{b}$$

Example.

$b = 196.11$, $d = 14.0000$

Quotient, $\tan a = .07139 = 4° 05'$

```
14.0000
137277
──────
 27230
 19611
 ─────
  76190
  58833
  ─────
   173570
```

Then by Problem 19 the distance $AC' = \dfrac{d}{\sin a} = 196.605$

And by Problem 18 the R, CD and $CD' = \dfrac{\frac{1}{4}C}{\sin a} = 690.230$

Problem 21.

Given the R, CD and $CD = 819.02$ and the angle $C'AF = 3° 15' = a$, to find the distance $AF = b$.

Formula.
$b = 2R \sin 2a.$

Example.

```
2R  =              1638.04
2a  = 6° 30' sin 0.11320
                 ─────────
                  3276080
                   491412
                   163804
                   163804
                 ─────────
Product b =      185.4261280
```

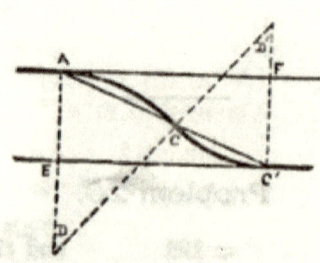

Problem 22.

Given the angle $C'AF = 3° 45' = \tfrac{1}{2}I$, and the R', $CD = 941.60$, and the distance $AE = 14$ ft. $= d$, to find the R, CD' of the curve CC' to join the tangent EC', which is parallel to AF at the given distance, and complete the reversed curve ACC'.

Denote AC by C', and AC' by C'', and CC' by C.

Calculate C' and C'' by the following formulæ:

To find C'.

Formula.
$C' = 2R' \sin \tfrac{1}{2}I.$

Example.

```
2R'  =              1883.20
½I   = 3° 45' sin 0.06540
                  ─────────
                   7532800
                    941600
                   1129920
                  ─────────
Product C =       123.1612800
```

CURVE FORMULÆ AND PROBLEMS. 23

To find C''.

Formula.
$$C' = \frac{d}{\sin \frac{1}{2}I}$$

Example.

$\frac{1}{2}I = 3° 45'$ $d =$ Quotient. $C'' =$
sin 0.06540) 14.000 (214.067
               13080
              —————
                9200
                6540
                —————
               26600
               26160
               —————
               44000
               39240
               —————
               47600

Then $C = C'' - C' = 214.067 - 123.161 = 90.906$

Having thus found C by Table II. $R = \dfrac{\frac{1}{2}C}{\sin \frac{1}{2}I} = 695.0$

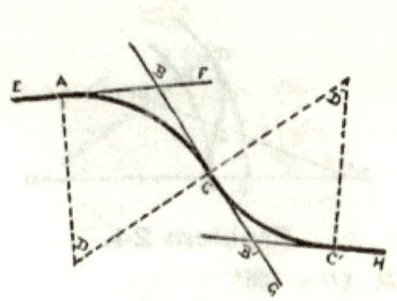

Problem 23.

Given the I, $GBF = 14° 32'$, and the distance $BB' = 548.5 = a$, and I', $GB'H = 10° 30$, to find the R, CD and CD' to join the two lines EB and $B'H$ with the reversed curve ACC'.

Formula.

$$R = \frac{a}{\tan \tfrac{1}{2}I + \tan \tfrac{1}{2}I'}$$

Example.

$\tfrac{1}{2}I = 7° 21'$ tan 0.12899
$\tfrac{1}{2}I' = 5° 15'$ tan 0.09189

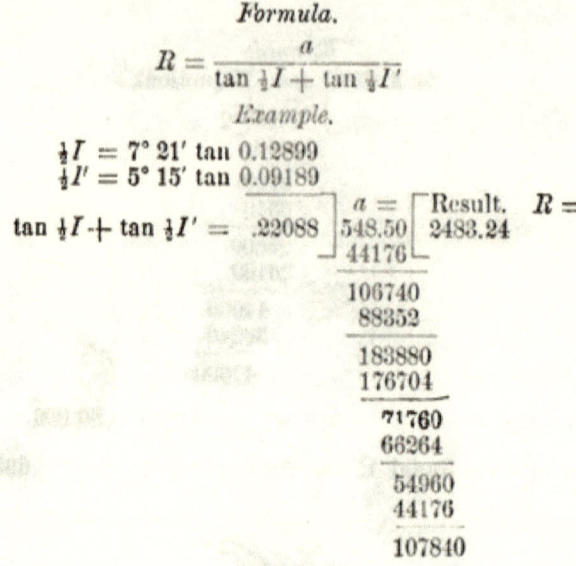

$\tan \tfrac{1}{2}I + \tan \tfrac{1}{2}I' = .22088$ $a = 548.50$ Result. $R = 2483.24$
44176

106740
88352

183880
176704

71760
66264

54960
44176

107840

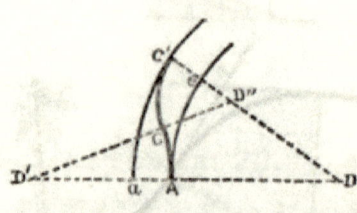

Problem 24.

Given the R, $AD = 1661.0$ and the R', $AD' = 941.6$ and the R'', $CD'' = 235.4$, and the distance Aa and $eC' = 20$ ft. $= d$, to join the two parallel curves Ae and aC' with the reversed curve ACC'.

Required the I', $AD'D''$, and the I'', $D'D''C'$, to determine the length of the curve AC, and the length of the curve CC'.

Find all the sides of the triangle $DD'D''$ by the following method: The distance

$D'D'' = R' + R'' = 941.6 + 235.4 = 1177.0 = a$,
and $D''D = R + d - R'' = 1661.0 + 20. - 235.4 = 1445.6 = b$,
and $DD' = R + R' = 1661.0 + 941.6 = 2602.6 = c$.
$\tfrac{1}{2}(a + b + c) = 2612.6 = s$.

CURVE FORMULÆ AND PROBLEMS.   25

Then calculate I' and I'' by the following formulæ:

To find I'.

Formula.

$$\sin \tfrac{1}{2} I' = \sqrt{\frac{(s-a)(s-c)}{ac}}$$

Example.

$ac =$ 306326.02 $\Big]\begin{matrix}(s-a)(s-c)=\\14356.0000\\122530408\end{matrix}\Big[\begin{matrix}\text{Quotient}=\\.0046865101\\6]\quad 36\end{matrix}\Big[\begin{matrix}\text{Result,}\\\sin\tfrac{1}{2}I'=.06846\\=3°\,55'\,30''\end{matrix}$

$\quad\quad\quad\quad\quad\begin{matrix}210295920 & 128 & 1086\\183795612 & & 1024\end{matrix}$

$\quad\quad\quad\quad\quad\quad I' = 7°\,51'$

$\quad\quad\quad\quad\quad\begin{matrix}265003080 & 1364 & 6251\\245060816 & & 5456\end{matrix}$

$\quad\quad\quad\quad\quad\begin{matrix}199422640 & 13686 & 79501\\183795612 & &\end{matrix}$

$\quad\quad\quad\quad\quad\begin{matrix}156270280\\153163010\end{matrix}$

$\quad\quad\quad\quad\quad\begin{matrix}31072700\\30632602\end{matrix}$

$\quad\quad\quad\quad\quad\quad 44009800$

To find I''.

Formula.

$$\sin I'' = \frac{\sin I' c}{b}$$

Example.

$I' = 7°\,51'\quad \sin 0.13658$
$c = \quad\quad\quad\quad\quad 2602.6$
$\quad\quad\quad\quad\quad\quad 81948$
$\quad\quad\quad\quad\quad\quad 27316$
$\quad\quad\quad\quad\quad\quad 81948$
$\quad\quad\quad\quad\quad\quad 27316$

$b =$ 1445.6 $\Big]\begin{matrix}355.463108\\28912\end{matrix}\Big[\begin{matrix}\text{Result, }\sin I''=\\.24589 = 14°\,14'\,02''\end{matrix}$

$\quad\quad\quad\quad\begin{matrix}66343\\57824\end{matrix}$

$\quad\quad\quad\quad\begin{matrix}85191\\72280\end{matrix}$

$\quad\quad\quad\quad\begin{matrix}129110\\115648\end{matrix}$

$\quad\quad\quad\quad\quad 134628$

FROG PROBLEMS.

ABBREVIATIONS.

N = Frog number.
D = Degree of curve.
C = Chord, AC.
F = Frog angle, HEG.
L = Distance, JE.

S = Length of switch-rail.
R = Radius, AD.
T = Tangent, BA.
I = Intersection, FBC.
G = Gauge of track, JK.

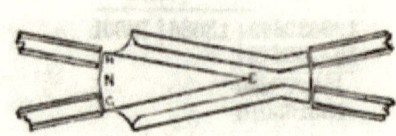

Problem 25.

Given the frog measurements $EN = 8.55 = a$, and $HG = 0.95 = b$, to find the frog number N.

Formula.

$$N = \frac{a}{b}$$

Example.

$b = \rceil a = \lceil$ Quotient. $N =$
$0.95 \rfloor 8.55 \lfloor 9.$
      8.55

Problem 26.

Given the frog measurements $EN = 8.55 = a$, and $HG = 0.95 = b$, to find the F, HEG.

Formula.

$$\tan \tfrac{1}{2} F = \frac{\tfrac{1}{2}b}{a}$$

Example.

$a = \rceil \tfrac{1}{2}b = \lceil$ Quotient, $\tan \tfrac{1}{2} F =$
$8.55 \rfloor 0.4750 \lfloor .05555 = 3° 10' 47''$
       4275
       4750

CURVE FORMULÆ AND PROBLEMS. 27

Problem 27.

Given the frog number $N_1 = 9$, to find the F, HEG.

Formula.

$$\tan \tfrac{1}{2} F = \frac{0.50}{N}$$

Example.

$N =$ 9. ⎤ 0.50 ⎡ Quotient, $\tan \tfrac{1}{2} F =$ .05555 $= 3° 10' 47''$
————
45
50

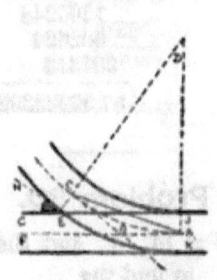

Problem 28.

Given the R, $AD = 150.656$, and the G, $JK = 4.708$, and the L, $JK = 37.664$, to find the F, HEG.

Formula.

$$\tan F = \frac{L}{R - \tfrac{1}{2} G}$$

Example.

$R - \tfrac{1}{2} G =$ ⎤ $L =$ ⎡ Quotient, $\tan F =$
148.302 ⎦ 37.6640 ⎣ .25397 $= 14° 15'$
296604
800360
741510
588500
444906
1435940
1334718
1012220

Problem 29.

Given the R, $AD = 150.656$, and the F, $HEG = 14°\ 15'$, to find the C, AC.

Formula.
$$C = 2R \sin \tfrac{1}{2} F.$$

Example.

```
2R =                        301.312
½F = 7° 07' 30"   sin 0.124035
                           1506560
                            903936
                           1205248
                            602624
                            301312
Product C =          37.373233920
```

Problem 30.

Given the F, $HEG = 14°\ 15'$, and the R, $AD = 150.656$, and the G, $JK = 4.708$ to find the L, JE.

Formula.
$$L = (R - \tfrac{1}{2} G) \tan F.$$

Example.

```
R − ½G =                    148.302
F = 14° 15'       tan 0.25397
                           1038114
                           1334718
                            444906
                            741510
                            296604
Product L =          37.66425894
```

Problem 31.

Given the G, $JK = 4.708$, and the frog number $N = 4$, to find the L, JE.

Formula.
$L = 2GN.$

Example.

```
2G =     9.416
N =          4
Product L =  37.664
```

Problem 32.

Given the L, $JE = 37.664$ to find the length of the switch-rail S.

Formula.

$S = \dfrac{L}{3.36}$

Example.

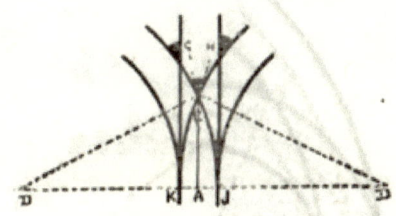

The above formula is for a gauge of 4.708; for a three-foot gauge. $S = \dfrac{L}{3}$

TO FIND THE TANGENT OR RADIUS.

To find the T, BA or BC, or the R, AD. The F, $HEG = FBC = I$. Then by Table I. $T = R \tan \tfrac{1}{2}I$, and by Table II. $R = T \cot \tfrac{1}{2}I$.

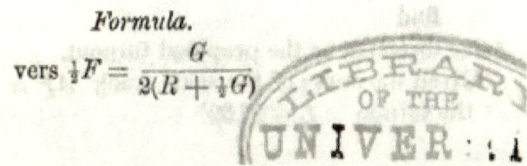

Problem 33.

Given the R, $AD = 762.696$, and the G, $JK = 4.708$, to find the F, GKH of the middle frog in a three-throw switch.

Formula.

$\text{vers} \tfrac{1}{2} F = \dfrac{G}{2(R + \tfrac{1}{2}G)}$

CIVIL ENGINEER'S FIELD-BOOK.

Example.

$$2(R + \tfrac{1}{2}G) = \rceil \quad G = \lceil \text{Quotient, vers } \tfrac{1}{2}F =$$

```
          1530.1  4.7080   .003076 = 4° 29' 45"
                  45903
                  ──────
                  117700
                  107107
                  ──────
                  105930
```

Problem 34.

Given the R, $AD = 762.696$, and the F, $HEG = 8° 59' 30''$, to find the distance $AE = l$.

Formula.
$$l = R \tan \tfrac{1}{2}F.$$

Example.

```
R =                  762.696
½F = 4° 29' 45"   tan 0.078628
                     ───────
                     6101568
                     1525392
                     4576176
                     6101568
                     5338872
                     ───────
Product l =       59.969261088
```

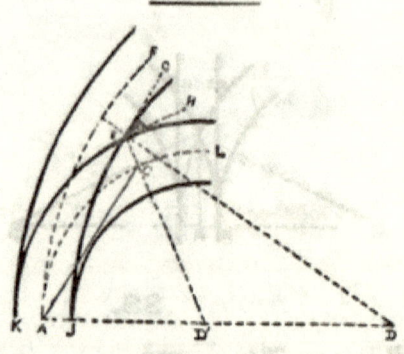

Problem 35.

To find the frog angle when the main track is curving in the same direction as the proposed turnout.

Given the curve of the main track, $AF = 5°$, and the curve of the turnout $AL = 9° 30'$. Subtracting the lesser curve from

CURVE FORMULÆ AND PROBLEMS.   31

the greater, we have a departure of 4° 30′, with a relative radius of 1273.57 = R'.

Then given $R' = 1273.57$, and the $G, JK = 4.708$, to find the F, HEG.

Formula.

$$\text{vers } F = \frac{G}{R' + \tfrac{1}{2}G}$$

Example.

$R' + \tfrac{1}{2}G =$ ⌐ $G =$ ⌐Quotient, vers $F =$
1275.924 ⌐ 4.708000 ⌐ .00368 = 4° 55′
              3827772
              ———————
              8802280
              7655544
              ———————
              11467360

Problem 36.

Given the $R, AD' = 603.805$, and the $R', AD = 1146.28$, and the $F, HEG = 4° 55′$, and the $G, JK = 4.708$, to find the chord $AC = C$.

By the following method solve the required parts of the triangle EDD':

The distance
  $DD' = R' - R = 1146.28 - 603.805 = 542.475 = a$.
The distance
  $D'E = R + \tfrac{1}{2}G = 603.805 + 2.354 = 606.159 = b$.
To find the angle $EDD' = I'$.

Formula.   *Example.*

$\sin I' = \dfrac{b \sin F}{a}$ $b = \quad 606.159$
              $F = 4° 55′ \quad \sin 0.08571$
                       606159
                      4243113
                      3030795
                      4849272
                      ———————
$a =$ ⌐ 51.95388789 ⌐ Result, $\sin I' =$
542.475 ⌐ 4882275   ⌐ .09577 = 5° 29′ 44″
              ————————
              3131137
              2712375
              ————————
              4187628
              3797325
              ————————
              3903039

Then the angle $AD'C = I' + F = 5° 29' 44'' + 4° 55' = 10° 24' 44'' = I$.

By Table VI. $C = 2R \sin \tfrac{1}{2} I = 109.58$.

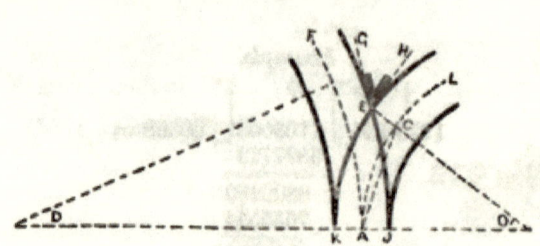

Problem 37.

To locate a frog when the main track is curving in a direction opposite to that of the proposed turnout.

Given the curve of the main track $AF = 3°$, and the curve of the proposed turnout $AL = 9°$, and the G, $JK = 4.708$.

Adding the lesser curve to the greater, we have a departure of 12° with a relative radius of $478.339 = R'$.

To find the F, HEG.

Formula.

$$\text{vers. } F = \frac{G}{R' + \tfrac{1}{2}G}$$

Example.

$$R' + \tfrac{1}{2}G = \left.\begin{array}{r}480.693\end{array}\right] \begin{array}{r}G = \\ 4.708000 \\ 4326237 \\ \hline 3817630 \\ 3364851 \\ \hline 4527790 \\ 4326237 \\ \hline 2015530 \end{array} \left[\begin{array}{l}\text{vers. } F = \\ .00979 = 8° 01' 30''\end{array}\right.$$

Then relatively the angle $CD'A = 6° 01' 08'' = I$.

Then, given the R, $AD = 637.275$, and the I, $AD'C = 6° 01' 08''$, to find the chord $AC = C$.

By Table VI. $C = 2R \sin \tfrac{1}{2} I = 66.91$.

CURVE FORMULÆ AND PROBLEMS. 33

TABLE VIII.
FOR THE LOCATION OF FROGS ON CURVES FROM A STRAIGHT TRACK.

GAUGE 4.708, THROW OF SWITCH-RAIL 0.417

N	4	4½	5	5½	6	6½	7	7½	8	8½	9	9½	10
D	38° 45′ 57″	30° 24′ 09″	24° 31′ 36″	20° 13′ 13″	16° 57′ 52″	14° 26′ 27″	12° 26′ 34″	10° 50′ 02″	9° 31′ 07″	8° 25′ 47″	7° 31′ 04″	6° 44′ 46″	6° 05′ 16″
C	37.373	42.113	46.846	51.575	56.301	61.024	65.744	70.464	75.181	79.898	84.613	89.328	94.043
F	14° 15′ 00″	12° 40′ 40″	11° 25′ 16″	10° 23′ 20″	9° 31′ 39″	8° 47′ 51″	8° 10′ 16″	7° 37′ 41″	7° 09′ 10″	6° 43′ 59″	6° 21′ 35″	6° 01′ 32″	5° 43′ 29″
L	37.064	42.372	47.060	51.788	56.496	61.204	65.912	70.620	75.328	80.036	84.744	89.452	94.160
S	11.209	12.610	14.012	15.413	16.814	18.215	19.616	21.017	22.418	23.820	25.221	26.622	28.023
R	150.636	190.674	235.400	284.834	338.976	397.826	461.384	529.650	602.624	680.306	762.696	849.794	941.600

MIDDLE FROG.

| F | 20° 07′ 36″ | 17° 54′ 52″ | 16° 08′ 19″ | 14° 40′ 58″ | 13° 27′ 57″ | 12° 26′ 07″ | 11° 33′ 04″ | 10° 47′ 02″ | 10° 06′ 44″ | 9° 31′ 08″ | 8° 59′ 30″ | 8° 31′ 10″ | 8° 05′ 40″ |
| L | 26.736 | 30.054 | 33.374 | 36.695 | 40.018 | 43.342 | 46.666 | 49.991 | 53.317 | 56.643 | 59.969 | 63.296 | 66.623 |

GAUGE 3 0, THROW OF SWITCH-RAIL 0.333

D	62° 46′ 34″	48° 36′ 04″	38° 56′ 33″	31° 58′ 53″	26° 46′ 07″	22° 45′ 04″	19° 35′ 01″	17° 02′ 21″	14° 57′ 48″	13° 14′ 47″	11° 48′ 35″	10° 35′ 46″	9° 33′ 38″
C	23.815	26.835	29.851	32.865	35.876	38.885	41.893	44.900	47.906	50.912	53.917	56.921	59.925
F	14° 15′ 00″	12° 40′ 40″	11° 25′ 16″	10° 23′ 20″	9° 31′ 39″	8° 47′ 51″	8° 10′ 16″	7° 37′ 41″	7° 09′ 10″	6° 43′ 59″	6° 21′ 35″	6° 01′ 32″	5° 43′ 29″
L	23.784	26.898	29.828	32.843	35.858	38.868	41.877	44.886	47.893	50.900	53.906	56.909	59.912
S	7.928	8.936	9.943	10.949	11.953	12.956	13.959	14.962	15.964	16.967	17.969	18.970	19.971
R	96.003	121.500	150.001	181.499	216.002	253.499	294.003	337.507	383.998	433.513	486.007	541.496	599.969

MIDDLE FROG.

N	4	4½	5	5½	6	6½	7	7½	8	8½	9	9½	10
F	2.817	3.172	3.527	3.881	4.235	4.589	4.943	5.297	5.651	6.005	6.359	6.713	7.067
	20° 07′ 36″	17° 54′ 52″	16° 08′ 19″	14° 40′ 58″	13° 27′ 57″	12° 26′ 07″	11° 33′ 04″	10° 47′ 02″	10° 06′ 44″	9° 31′ 08″	8° 59′ 30″	8° 31′ 10″	8° 05′ 40″
L	17.087	19.151	21.266	23.383	25.500	27.618	29.736	31.855	33.974	36.094	38.213	40.333	42.453

TABLE IX.
RIGHT TRIANGLES.

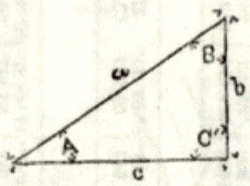

TO FIND A.

GIVEN.	FORMULÆ.	GIVEN.	FORMULÆ.
b, c	$\tan A = \dfrac{b}{c}$	c, b	$\cot A = \dfrac{c}{b}$
b, a	$\sin A = \dfrac{b}{a}$	c, a	$\cos A = \dfrac{c}{a}$

TO FIND B.

b, c	$\cot B = \dfrac{b}{c}$	c, b	$\tan B = \dfrac{c}{b}$
b, a	$\cos B = \dfrac{b}{a}$	c, a	$\sin B = \dfrac{c}{a}$

TO FIND a.

A, b	$a = \dfrac{b}{\sin A}$	B, b	$a = \dfrac{b}{\cos B}$
A, c	$a = \dfrac{c}{\cos A}$	B, c	$a = \dfrac{c}{\sin B}$

TO FIND b.

A, c	$b = c \tan A$	B, a	$b = a \cos B$
A, a	$b = a \sin A$	B, c	$b = c \cot B$

TO FIND c.

A, a	$c = a \cos A$	B, a	$c = a \sin B$
A, b	$c = b \cot A$	B, b	$c = b \tan B$

TABLE X.
OBLIQUE TRIANGLES.

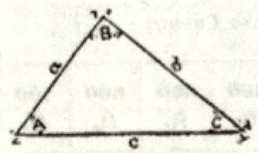

TO FIND $a, b, c.$ | | TO FIND $A, B, C.$ |
|---|---|---|---|
| GIVEN. | FORMULÆ. | GIVEN. | FORMULÆ. |
| A, b, C | $a = \dfrac{b \sin C}{\sin A}$ | a, b, C | $\sin A = \dfrac{b \sin C}{a}$ |
| A, B, c | $b = \dfrac{c \sin A}{\sin B}$ | A, b, c | $\sin B = \dfrac{c \sin A}{b}$ |
| A, B, b | $c = \dfrac{b \sin B}{\sin A}$ | A, a, b | $\sin C = \dfrac{a \sin A}{b}$ |

TO FIND $A, B, C.$
$s = \tfrac{1}{2}(a + b + c).$

GIVEN.	FORMULÆ.
a, c, s	$\sin \tfrac{1}{2} A = \sqrt{\dfrac{(s-a)(s-c)}{ac}}$
a, b, s	$\sin \tfrac{1}{2} B = \sqrt{\dfrac{(s-a)(s-b)}{ab}}$
b, c, s	$\sin \tfrac{1}{2} C = \sqrt{\dfrac{(s-b)(s-c)}{bc}}$

TABLE XI.

LONG CHORDS, DEFLECTIONS, AND ORDINATES.

Curve.	Long Chords.						Deflections.		Ordinates.	
	200 ft.	300 ft.	400 ft.	500 ft.	600 ft.	700 ft.	Tangent.	Chord.	25.	50.
1°	199.992	299.970	399.924	499.848	599.733	699.574	.873	1.745	.164	.218
2°	199.970	299.878	399.695	499.391	598.934	698.295	1.745	3.490	.327	.436
3°	199.931	299.726	399.315	498.630	597.604	696.168	2.618	5.235	.491	.655
4°	199.878	299.513	398.782	497.566	595.744	693.196	3.490	6.980	.655	.873
5°	199.810	299.239	398.099	496.201	593.358	689.386	4.362	8.724	.818	1.091
6°	199.726	298.904	397.264	494.534	590.449	684.745	5.234	10.467	.982	1.309
7°	199.627	298.509	396.278	492.568	587.021	679.285	6.105	12.210	1.146	1.528
8°	199.513	298.054	395.142	490.306	583.081	673.015	6.976	13.951	1.310	1.746
9°	199.383	297.538	393.857	487.749	578.633	665.950	7.846	15.692	1.474	1.965
10°	199.239	296.962	392.424	484.900	573.686	658.105	8.716	17.431	1.638	2.183
11°	199.079	296.325	390.843	481.762	568.245	649.496	9.585	19.169	1.802	2.402
12°	198.904	295.629	389.116	478.338	562.321	640.142	10.453	20.906	1.967	2.620
13°	198.714	294.874	387.243	474.633	555.921	630.062	11.320	22.641	2.131	2.839
14°	198.509	294.059	385.225	470.649	549.056	619.278	12.187	24.374	2.296	3.058
15°	198.289	293.185	383.065	466.390	541.736	607.812	13.053	26.105	2.461	3.277
16°	198.054	292.252	380.763	461.862	533.972	595.688	13.917	27.835	2.625	3.496
17°	197.803	291.261	378.320	457.069	525.776	582.933	14.781	29.562	2.791	3.716
18°	197.538	290.211	375.739	452.015	517.160	569.571	15.643	31.287	2.956	3.935
19°	197.256	289.104	373.021	446.706	508.139	555.634	16.505	33.010	3.121	4.155
20°	196.962	287.939	370.167	441.147	498.724	541.147	17.365	34.730	3.287	4.374

CURVE FORMULÆ AND PROBLEMS.

TABLE XII.
RADII.

M	0° Curve.	1° Curve.	2° Curve.	3° Curve.	4° Curve.	5° Curve.	6° Curve.	7° Curve.	8° Curve.	9° Curve.
0		5729.65	2864.93	1910.08	1432.69	1146.28	955.366	819.020	716.779	637.275
1	343775.	5635.72	2841.26	1899.53	1426.74	1142.47	952.722	817.077	715.291	636.099
2	171887.	5544.83	2817.97	1889.09	1420.85	1138.69	950.093	815.144	713.810	634.928
3	114592.	5456.82	2795.06	1878.77	1415.01	1134.94	947.478	813.238	712.335	633.761
4	85943.7	5371.56	2772.53	1868.56	1409.21	1131.21	944.877	811.303	710.865	632.599
5	68754.9	5288.92	2750.35	1858.47	1403.46	1127.50	942.291	809.397	709.402	631.440
6	57295.8	5208.79	2728.52	1848.48	1397.76	1123.82	939.719	807.499	707.945	630.286
7	49110.7	5131.05	2707.04	1838.59	1392.10	1120.16	937.161	805.611	706.493	629.136
8	42971.8	5055.59	2685.89	1828.82	1386.49	1116.52	934.616	803.731	705.048	627.991
9	38197.2	4982.33	2665.08	1819.14	1380.92	1112.91	932.086	801.860	703.609	626.849
10	34377.5	4911.15	2644.58	1809.57	1375.40	1109.33	929.569	799.997	702.175	625.712
11	31252.3	4841.98	2624.39	1800.10	1369.92	1105.76	927.066	798.144	700.748	624.579
12	28647.8	4774.74	2604.51	1790.73	1364.49	1102.22	924.576	796.299	699.326	623.450
13	26444.2	4709.33	2584.93	1781.45	1359.10	1098.70	922.100	794.462	697.910	622.325
14	24555.4	4645.69	2565.65	1772.27	1353.75	1095.20	919.637	792.634	696.499	621.203
15	22918.3	4583.75	2546.64	1763.18	1348.45	1091.73	917.187	790.814	695.095	620.087
16	21485.9	4523.44	2527.92	1754.19	1343.15	1088.28	914.750	789.003	693.696	618.974
17	20222.1	4464.70	2509.47	1745.26	1337.65	1084.85	912.326	787.210	692.302	617.865
18	19098.6	4407.46	2491.29	1736.48	1332.77	1081.44	909.915	785.405	690.914	616.760
19	18093.4	4351.67	2473.37	1727.75	1327.63	1078.05	907.517	783.618	689.532	615.660
20	17188.8	4297.28	2455.70	1719.12	1322.53	1074.68	905.131	781.840	688.156	614.563
21	16370.2	4244.23	2438.29	1710.56	1317.46	1071.34	902.758	780.069	686.785	613.470
22	15626.1	4192.47	2421.12	1702.10	1312.43	1068.01	900.397	778.307	685.419	612.380
23	14946.7	4141.96	2404.19	1693.72	1307.45	1064.71	898.048	776.552	684.059	611.295
24	14323.6	4092.66	2387.50	1685.42	1302.50	1061.43	895.712	774.806	682.704	610.214
25	13751.0	4044.51	2371.04	1677.20	1297.58	1058.16	893.388	773.067	681.354	609.136
26	13222.1	3997.49	2354.80	1669.06	1292.71	1054.92	891.076	771.336	680.010	608.062
27	12733.4	3951.54	2338.78	1661.00	1287.87	1051.70	888.776	769.613	678.671	606.992
28	12277.7	3906.54	2322.98	1653.01	1283.07	1048.48	886.488	767.897	677.338	605.926
29	11854.3	3862.74	2307.39	1645.11	1278.30	1045.31	884.211	766.190	676.008	604.864
30	11459.2	3819.83	2292.01	1637.28	1273.57	1042.14	881.946	764.489	674.686	603.805
31	11089.6	3777.85	2276.84	1629.52	1268.87	1039.00	879.693	762.797	673.369	602.750
32	10743.0	3736.79	2261.86	1621.84	1264.21	1035.87	877.451	761.112	672.057	601.698
33	10417.5	3696.61	2247.08	1614.22	1259.58	1032.76	875.221	759.434	670.748	600.651
34	10111.1	3657.29	2232.49	1606.68	1254.98	1029.67	873.002	757.764	669.446	599.607
35	9822.18	3618.80	2218.09	1599.21	1250.42	1026.60	870.795	756.101	668.148	598.567
36	9549.34	3581.10	2203.87	1591.81	1245.89	1023.55	868.598	754.445	666.856	597.530
37	9291.29	3544.19	2189.84	1584.48	1241.40	1020.51	866.412	752.796	665.568	596.497
38	9046.75	3508.02	2175.98	1577.21	1236.94	1017.49	864.238	751.155	664.286	595.467
39	8814.78	3472.59	2162.30	1570.01	1232.51	1014.50	862.075	749.521	663.008	594.441
40	8594.41	3437.87	2148.79	1562.88	1228.11	1011.51	859.922	747.894	661.736	593.419
41	8384.80	3403.83	2135.44	1555.81	1223.74	1008.55	857.780	746.274	660.468	592.400
42	8185.16	3370.46	2122.26	1548.80	1219.40	1005.60	855.648	744.661	659.205	591.384
43	7994.81	3337.74	2109.24	1541.86	1215.30	1002.67	853.527	743.055	657.947	590.372
44	7813.11	3305.65	2096.39	1534.98	1210.82	999.762	851.417	741.456	656.694	589.364
45	7639.49	3274.17	2083.68	1528.16	1206.57	996.867	849.317	739.864	655.446	588.359
46	7473.42	3243.29	2071.13	1521.40	1202.36	993.988	847.228	738.279	654.202	587.357
47	7314.41	3212.98	2058.73	1514.70	1198.17	991.126	845.148	736.701	652.963	586.359
48	7162.03	3183.23	2046.48	1508.06	1194.01	988.280	843.080	735.129	651.729	585.364
49	7015.87	3154.03	2034.37	1501.48	1189.88	985.451	841.021	733.564	650.499	584.373
50	6875.55	3125.36	2022.41	1494.95	1185.78	982.638	838.972	732.005	649.274	583.385
51	6740.74	3097.20	2010.59	1488.48	1181.71	979.840	836.933	730.454	648.054	582.400
52	6611.12	3069.55	1998.90	1482.07	1177.66	977.060	834.904	728.909	646.838	581.419
53	6486.38	3042.39	1987.35	1475.71	1173.65	974.294	832.885	727.870	645.627	580.441
54	6366.26	3015.71	1975.93	1469.41	1169.66	971.544	830.876	725.838	644.420	579.466
55	6250.51	2989.48	1964.64	1463.16	1165.70	968.810	828.876	724.312	643.218	578.494
56	6138.90	2963.71	1953.48	1456.96	1161.76	966.091	826.886	722.793	642.021	577.526
57	6031.20	2938.39	1942.44	1450.81	1157.85	963.387	824.905	721.280	640.828	576.561
58	5927.22	2913.49	1931.53	1444.72	1153.97	960.698	822.934	719.774	639.639	575.599
59	5826.76	2889.01	1920.75	1438.68	1150.11	958.025	820.973	718.273	638.455	574.641

TABLE XII.—RADII—Continued.

M	10° Curve.	11° Curve.	12° Curve.	13° Curve.	14° Curve.	15° Curve.	16° Curve.	17° Curve.	18° Curve.	19° Curve.
0	573.686	521.671	478.339	441.684	410.275	383.065	359.265	338.273	319.623	302.943
1	572.734	520.885	477.678	441.120	409.790	382.642	358.893	337.945	319.330	302.680
2	571.784	520.100	477.018	440.559	409.306	382.220	358.523	337.616	319.087	302.417
3	570.839	519.318	476.361	439.999	408.823	381.799	358.153	337.289	318.745	302.155
4	569.896	518.539	475.705	439.440	408.341	381.380	357.784	336.962	318.453	301.893
5	568.957	517.761	475.052	438.882	407.860	380.961	357.415	336.636	318.162	301.632
6	568.020	516.986	474.400	438.326	407.380	380.543	357.048	336.310	317.871	301.371
7	567.087	516.214	473.750	437.772	406.902	380.125	356.681	335.985	317.581	301.111
8	566.156	515.443	473.102	437.219	406.424	379.709	356.315	335.660	317.292	300.851
9	565.229	514.675	472.455	436.667	405.948	379.294	355.950	335.337	317.003	300.592
10	564.305	513.909	471.810	436.117	405.473	378.830	355.585	335.013	316.715	300.333
11	563.384	513.146	471.167	435.568	404.998	378.466	355.222	334.691	316.427	300.074
12	562.466	512.385	470.526	435.020	404.526	378.054	354.859	334.369	316.139	299.816
13	561.551	511.626	469.887	434.474	404.055	377.642	354.496	334.048	315.853	299.559
14	560.638	510.869	469.249	433.929	403.583	377.231	354.135	333.727	315.566	299.302
15	559.729	510.115	468.613	433.385	403.114	376.821	353.774	333.407	315.281	299.045
16	558.823	509.363	467.978	432.844	402.645	376.412	353.414	333.088	314.993	298.789
17	557.920	508.613	467.346	432.300	402.178	376.004	353.054	332.769	314.711	298.532
18	557.019	507.865	466.715	431.764	401.712	375.597	352.696	332.451	314.426	298.278
19	556.122	507.120	466.086	431.226	401.246	375.191	352.338	332.133	314.143	298.023
20	555.227	506.376	465.459	430.690	400.782	374.786	351.981	331.816	313.860	297.768
21	554.336	505.635	464.833	430.154	400.319	374.381	351.625	331.500	313.577	297.514
22	553.447	504.896	464.209	429.620	399.857	373.977	351.269	331.184	313.295	297.260
23	552.561	504.159	463.586	429.088	399.396	373.575	350.914	330.869	313.013	297.007
24	551.678	503.425	462.966	428.557	398.937	373.173	350.560	330.555	312.732	296.755
25	550.800	502.692	462.347	428.026	398.478	372.772	350.207	330.241	312.452	296.502
26	549.920	501.962	461.729	427.498	398.020	372.372	349.854	329.928	312.172	296.250
27	549.046	501.233	461.114	426.971	397.564	371.972	349.502	329.615	311.892	295.999
28	548.174	500.507	460.500	426.445	397.108	371.574	349.150	329.303	311.613	295.748
29	547.305	499.783	459.887	425.920	396.653	371.176	348.800	328.991	311.335	295.497
30	546.438	499.061	459.276	425.396	396.200	370.780	348.450	328.680	311.056	295.247
31	545.575	498.342	458.667	424.874	395.747	370.384	348.101	328.370	310.779	294.998
32	544.714	497.624	458.060	424.354	395.296	369.989	347.752	328.061	310.502	294.748
33	543.856	496.908	457.454	423.834	394.841	369.595	347.405	327.751	310.225	294.500
34	543.001	496.195	456.850	423.316	394.396	369.202	347.057	327.443	309.949	294.251
35	542.148	495.483	456.247	422.799	393.948	368.809	346.711	327.135	309.674	294.003
36	541.298	494.774	455.646	422.283	393.501	368.418	346.365	326.828	309.399	293.756
37	540.451	494.066	455.047	421.769	393.054	368.027	346.021	326.521	309.124	293.509
38	539.606	493.361	454.449	421.256	392.609	367.637	345.676	326.215	308.850	293.262
39	538.764	492.657	453.853	420.743	392.165	367.248	345.333	325.909	308.577	293.015
40	537.924	491.956	453.259	420.233	391.722	366.859	344.990	325.604	308.303	292.770
41	537.088	491.257	452.664	419.723	391.280	366.472	344.647	325.520	308.031	292.524
42	536.253	490.559	452.073	419.215	390.838	366.085	344.306	324.996	307.759	292.279
43	535.422	489.864	451.482	418.708	390.398	365.691	343.965	324.692	307.487	292.034
44	534.593	489.171	450.894	418.203	389.959	365.315	343.625	324.390	307.216	291.790
45	533.767	488.479	450.307	417.698	389.521	364.931	343.285	324.088	306.945	291.546
46	532.943	487.790	449.722	417.195	389.084	364.547	342.947	323.786	306.675	291.303
47	532.120	487.103	449.138	416.693	388.647	364.165	342.609	323.485	306.405	291.060
48	531.308	486.417	448.556	416.192	388.212	363.783	342.271	323.184	306.136	290.818
49	530.487	485.733	447.975	415.692	387.778	363.402	341.934	322.885	305.868	290.575
50	529.673	485.051	447.395	415.194	387.345	363.022	341.598	322.585	305.599	290.334
51	528.862	484.372	446.818	414.697	386.912	362.643	341.263	322.287	305.332	290.092
52	528.053	483.694	446.241	414.201	386.481	362.264	340.928	321.989	305.064	289.851
53	527.247	483.018	445.666	413.706	386.050	361.887	340.594	321.691	304.797	289.611
54	526.443	482.344	445.093	413.212	385.621	361.510	340.260	321.394	304.531	289.371
55	525.642	481.671	444.521	412.720	385.193	361.134	339.928	321.097	304.265	289.131
56	524.843	481.001	443.951	412.229	384.765	360.758	339.595	320.801	304.000	288.892
57	524.046	480.333	443.382	411.739	384.339	360.384	339.265	320.506	303.735	288.653
58	523.252	479.666	442.814	411.250	383.913	360.010	338.933	320.211	303.470	288.414
59	522.461	479.001	442.248	410.762	383.488	359.637	338.603	319.916	303.206	288.176

CURVE FORMULÆ AND PROBLEMS.

TABLE XIII.

GRADES.

Grade per 100 ft.	Rise per Mile.	Grade per 100 ft.	Rise per Mile.	Grade per 100 ft.	Rise per Mile.	Grade per 100 ft.	Rise per Mile.
.05	2.640	.59	31.152	1.13	59.664	1.67	88.176
.06	3.168	.60	31.680	1.14	60.192	1.68	88.704
.07	3.696	.61	32.208	1.15	60.720	1.69	89.232
.08	4.224	.62	32.736	1.16	61.248	1.70	89.760
.09	4.752	.63	33.264	1.17	61.776	1.71	90.288
.10	5.280	.64	33.792	1.18	62.304	1.72	90.816
.11	5.808	.65	34.320	1.19	62.832	1.73	91.344
.12	6.336	.66	34.848	1.20	63.360	1.74	91.872
.13	6.864	.67	35.376	1.21	63.888	1.75	92.400
.14	7.392	.68	35.904	1.22	64.416	1.76	92.928
.15	7.920	.69	36.432	1.23	64.944	1.77	93.456
.16	8.448	.70	36.960	1.24	65.472	1.78	93.984
.17	8.976	.71	37.488	1.25	66.000	1.79	94.512
.18	9.504	.72	38.016	1.26	66.528	1.80	95.040
.19	10.032	.73	38.544	1.27	67.056	1.81	95.568
.20	10.560	.74	39.072	1.28	67.584	1.82	96.096
.21	11.088	.75	39.600	1.29	68.112	1.83	96.624
.22	11.616	.76	40.128	1.30	68.640	1.84	97.152
.23	12.144	.77	40.656	1.31	69.168	1.85	97.680
.24	12.672	.78	41.184	1.32	69.696	1.86	98.208
.25	13.200	.79	41.712	1.33	70.224	1.87	98.736
.26	13.728	.80	42.240	1.34	70.752	1.88	99.264
.27	14.256	.81	42.768	1.35	71.280	1.89	99.792
.28	14.784	.82	43.296	1.36	71.808	1.90	100.320
.29	15.312	.83	43.824	1.37	72.336	1.91	100.848
.30	15.840	.84	44.352	1.38	72.864	1.92	101.376
.31	16.368	.85	44.880	1.39	73.392	1.93	101.904
.32	16.896	.86	45.408	1.40	73.920	1.94	102.432
.33	17.424	.87	45.936	1.41	74.448	1.95	102.960
.34	17.952	.88	46.464	1.42	74.976	1.96	103.488
.35	18.480	.89	46.992	1.43	75.504	1.97	104.016
.36	19.008	.90	47.520	1.44	76.032	1.98	104.544
.37	19.536	.91	48.048	1.45	76.560	1.99	105.072
.38	20.064	.92	48.576	1.46	77.088	2.00	105.600
.39	20.592	.93	49.104	1.47	77.616	2.10	110.880
.40	21.120	.94	49.632	1.48	78.144	2.20	116.160
.41	21.648	.95	50.160	1.49	78.672	2.30	121.440
.42	22.176	.96	50.688	1.50	79.200	2.40	126.720
.43	22.704	.97	51.216	1.51	79.728	2.50	132.000
.44	23.232	.98	51.744	1.52	80.256	2.60	137.280
.45	23.760	.99	52.272	1.53	80.784	2.70	142.560
.46	24.288	1.00	52.800	1.54	81.312	2.80	147.840
.47	24.816	1.01	53.328	1.55	81.840	2.90	153.120
.48	25.344	1.02	53.856	1.56	82.368	3.00	158.400
.49	25.872	1.03	54.384	1.57	82.896	3.10	163.680
.50	26.400	1.04	54.912	1.58	83.424	3.20	168.960
.51	26.928	1.05	55.440	1.59	83.952	3.30	174.240
.52	27.456	1.06	55.968	1.60	84.480	3.40	179.520
.53	27.984	1.07	56.496	1.61	85.008	3.50	184.800
.54	28.512	1.08	57.024	1.62	85.536	3.60	190.080
.55	29.040	1.09	57.552	1.63	86.064	3.70	195.360
.56	29.568	1.10	58.080	1.64	86.592	3.80	200.640
.57	30.096	1.11	58.608	1.65	87.120	3.90	205.920
.58	30.624	1.12	59.136	1.66	87.648	4.00	211.200

EXPLANATION OF TABLE XIV.

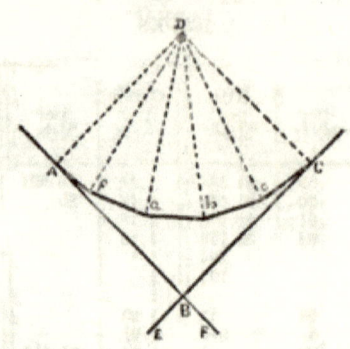

Minutes Expressed in Decimals.

In the third column, under the heading of "1° Curve, Arc," will be found the minutes given in the first column under "0°," expressed in decimals of a degree, by simply putting the decimal point two places to the left. For example:

$$6' = .10 \text{ and } 54' = .90$$

Proof: $6' + 54' = 1°$, and $.10 + .90 = 1.00 = 1°.$

In like manner all arcs to a one degree curve are expressions of their intersections decimally.

TO FIND THE TANGENT.

Given the I, $FBC = 42° 38'$, and the degree of curve $AC = 5°$, to find the T, BA and BC.

Find the number corresponding to the number of whole degrees in the given I, at the top of the left or right hand column, after which descend the column until the corresponding minutes in the given I is reached, then on the same line to the right or left under the heading "5° Curve, Tan.," will be found the required $T = 447.301$

Problem 38.

Given the I, $FBC = 24° 50'$, and the degree of curve $AC = 4° 12'$, to find the T, BA and BC.

Select the tan. to the given I from the curve column corresponding to the number of whole degrees in the given curve. Multiply this by the number of whole degrees in the given curve, and divide the product by the given curve expressed decimally.

Example.

$I = 24° 50'$. $4°$ Curve, Tan. $= 315.435$
Number of whole degrees $= 4$
Given curve $= 4° 12' = 4.20$) $\overline{1261.740}$ [Result, $T =$
                                      1260   300.41
                                      ─────
                                      1740
                                      1680
                                      ─────
                                       600

TO FIND THE ARC.

Given the I, $FBC = 56° 40'$, and the degree of curve $AC = 9°$, to find the A, $AfabcC$.

Find the number corresponding to the number of whole degrees in the given I at the top of the left or right hand column, after which descend the column until the corresponding minutes in the given I is reached, then on the same line to the right or left under the heading "$9°$ Curve, Arc" will be found the required $A = 629.630$.

Problem 39.

Given the I, $FBC = 96° 18'$, and the degree of curve $AC = 2° 15'$, to find the A, $AfabcC$.

To the number of whole degrees in the given I affix the fractional part expressed decimally; also to the number of whole degrees in the given curve affix the fractional part expressed decimally, and divide the former by the latter. The quotient will be the required A.

Example.

Given curve $=$] $I = 96° 18' =$ [Quotient, $A =$
$2° 15' = 2.25$] 96.30 $42.80 = 4280$ ft.
                          900
                          ───
                          630
                          450
                          ────
                          1800

TO FIND THE SUB-DEFLECTION.

Given the c, $Af = 90$ ft., and the degree of curve $AC = 5°$, to find the d, BAf.

Take half the given $c = 45$, and find the number corresponding to it in the column headed "5° Curve, Arc." Then in the upper right or left hand corner of the table will be found the degrees, beneath which on a line with the corresponding number will be found the minutes of the required d.

Thus the d, $BAf = 2° 15'$.

Problem 40.

Given the C, $Af = 60$ ft., and the degree of curve $AC = 4° 30'$, to find the d, BAf.

Multiply the degree of the given curve expressed decimally by half the given c, and find the number corresponding to it in the column headed "1° Curve, Arc." Then in the top right or left hand corner of the table will be found the degrees beneath which on a line with the corresponding number will be found the minutes of the required d.

Example.

$$\begin{array}{rr} \text{Given curve} = 4° 30' = & 4.5 \\ \tfrac{1}{2}c = & 30 \\ \hline \text{Product} & 135.0 = 1° 21' = d. \end{array}$$

TO FIND THE INTERSECTION.
GIVEN THE CURVE AND ARC.

Given the degree of the curve $AC = 10°$, and the A, $AfabcC = 485.000$, to find the I, FBC.

Find the number corresponding to the given A in the column headed "10° Curve, Arc." Then in the upper right or left hand corner of the table will be found the degrees, beneath which on a line with the corresponding number will be found the minutes of the required $I = 48° 30'$.

GIVEN THE CURVE AND TANGENT.

Given the degree of the curve $AC = 7°$, and the T, BA and $BC = 171.601$, to find the I, FBC.

Find the number corresponding to the given T in the column headed "7° Curve, Tan." Then in the upper right or left hand corner of the table will be found the degrees, beneath which on a line with the corresponding number will be found the minutes of the required $I = 23° 40'$.

TO FIND THE DEGREE OF CURVE.

GIVEN THE INTERSECTION AND TANGENT.

Given the I, $FBC = 37° 33'$, and the T, BA and $BC = 195.02$, to find the degree of the curve AC.

Find the number corresponding to the number of whole degrees in the given I at the top of the left or right hand column, after which descend the column until the corresponding minutes in the given I is reached; then on the same line to the right or left seek a number under the heading "Tan." corresponding to the given T; at the top of the column in which the corresponding number is found will be found the required degree of curve $= 10°$.

GIVEN THE INTERSECTION AND ARC.

Given the I, $FBC = 42° 18'$, and the A, $AfabcC = 528.750$, to find the degree of the curve AC.

Find the number corresponding to the number of whole degrees in the given I at the top of the left or right hand column, after which descend the column until the corresponding minutes in the given I is reached; then on the same line to the right or left seek a number under the heading "Arc" corresponding to the given A; at the top of the column in which the corresponding number is found will be found the required degree of curve $= 8°$.

TABLE XIV.

ACTUAL TANGENTS, AND ARCS EXPRESSED IN CHORDS OF 100 FEET FOR EVERY MINUTE OF INTERSECTION, FROM 0° TO 90°, FROM A 1° CURVE TO A 10° CURVE, INCLUSIVE.

TABLE XIV.—ACTUAL TANGENTS, ETC.

0°	1° Curve.		2° Curve.		3° Curve.		4° Curve.		5° Curve.	
M.	Tan.	Arc.	Tan.	Arc.	Tan.	Arc.	Tan.	Arc.	Tan.	Arc.
1	.830799	1.66667	.415415	.833333	.276962	.555556	.207740	.416667	.166211	.333333
2	1.66160	3.33333	.830830	1.66667	.553923	1.11111	.415480	.833333	.332421	.666667
3	2.49240	5.00000	1.24624	2.50000	.830885	1.66667	.623220	1.25000	.498632	1.00000
4	3.32320	6.66667	1.66166	3.33333	1.10785	2.22222	.830960	1.66667	.664842	1.33333
5	4.15400	8.33333	2.07707	4.16667	1.38481	2.77778	1.03870	2.08333	.831053	1.66667
6	4.98480	10.0000	2.49249	5.00000	1.66177	3.33333	1.24644	2.50000	.997264	2.00000
7	5.81559	11.6667	2.90790	5.83333	1.99873	3.88889	1.45418	2.91667	1.16347	2.33333
8	6.64639	13.3333	3.32332	6.66667	2.21569	4.44444	1.66192	3.33333	1.32968	2.66667
9	7.47719	15.0000	3.73873	7.50000	2.49265	5.00000	1.86966	3.75000	1.49590	3.00000
10	8.30799	16.6667	4.15415	8.33333	2.76962	5.55556	2.07740	4.16667	1.66211	3.33333
11	9.16744	18.3333	4.58380	9.16667	3.05613	6.11111	2.29230	4.58333	1.83405	3.66667
12	10.0269	20.0000	5.01363	10.0000	3.34264	6.66667	2.50721	5.00000	2.00599	4.00000
13	10.8577	21.6667	5.42904	10.8333	3.61960	7.22222	2.71495	5.41667	2.17220	4.33333
14	11.6885	23.3333	5.84446	11.6667	3.89656	7.77778	2.92269	5.83333	2.33841	4.66667
15	12.5193	25.0000	6.25987	12.5000	4.17352	8.33333	3.13043	6.25000	2.50462	5.00000
16	13.3501	26.6667	6.67529	13.3333	4.45049	8.88889	3.33817	6.66667	2.67083	5.33333
17	14.1809	28.3333	7.09070	14.1667	4.72745	9.44444	3.54591	7.08333	2.83704	5.66667
18	15.0117	30.0000	7.50612	15.0000	5.00441	10.0000	3.75365	7.50000	3.00325	6.00000
19	15.8425	31.6667	7.92153	15.8333	5.28137	10.5556	3.96139	7.91667	3.16946	6.33333
20	16.6733	33.3333	8.33695	16.6667	5.55833	11.1111	4.16913	8.33333	3.33567	6.66667
21	17.5041	35.0000	8.75236	17.5000	5.83529	11.6667	4.37687	8.75000	3.50189	7.00000
22	18.3319	36.6667	9.16778	18.3333	6.11226	12.2222	4.58461	9.16667	3.66810	7.33333
23	19.1657	38.3333	9.58319	19.1667	6.38922	12.7778	4.79235	9.58333	3.83431	7.66667
24	19.9965	40.0000	9.99861	20.0000	6.66618	13.3333	5.00009	10.0000	4.00052	8.00000
25	20.8273	41.6667	10.4140	20.8333	6.94314	13.8889	5.20783	10.4167	4.16673	8.33333
26	21.6581	43.3333	10.8294	21.6667	7.22010	14.4444	5.41557	10.8333	4.33294	8.66667
27	22.4880	45.0000	11.2449	22.5000	7.49706	15.0000	5.62331	11.2500	4.49915	9.00000
28	23.3197	46.6667	11.6603	23.3333	7.77403	15.5556	5.83105	11.6667	4.66536	9.33333
29	24.1505	48.3333	12.0757	24.1667	8.05099	16.1111	6.03879	12.0833	4.83157	9.66667
30	24.9813	50.0000	12.4911	25.0000	8.32795	16.6667	6.24653	12.5000	4.99778	10.0000
31	25.8121	51.6667	12.9065	25.8333	8.60191	17.2222	6.45127	12.9167	5.16399	10.3333
32	26.6429	53.3333	13.3219	26.6667	8.88187	17.7778	6.66301	13.3333	5.33020	10.6667
33	27.5023	55.0000	13.7517	27.5000	9.16338	18.3333	6.87691	13.7500	5.50214	11.0000
34	28.3618	56.6667	14.1814	28.3333	9.45480	18.8889	7.09182	14.1667	5.67409	11.3333
35	29.1926	58.3333	14.5968	29.1667	9.73186	19.4444	7.29956	14.5833	5.84030	11.6667
36	30.0234	60.0000	15.0122	30.0000	10.0088	20.0000	7.50730	15.0000	6.00651	12.0000
37	30.8542	61.6667	15.4276	30.8333	10.2858	20.5556	7.71504	15.4167	6.17272	12.3333
38	31.6850	63.3333	15.8431	31.6667	10.5627	21.1111	7.92278	15.8333	6.33893	12.6667
39	32.5158	65.0000	16.2585	32.5000	10.8397	21.6667	8.13052	16.2500	6.50514	13.0000
40	33.3466	66.6667	16.6739	33.3333	11.1167	22.2222	8.33826	16.6667	6.67135	13.3333
41	34.1774	68.3333	17.0893	34.1667	11.3936	22.7778	8.54600	17.0833	6.83756	13.6667
42	35.0082	70.0000	17.5047	35.0000	11.6706	23.3333	8.75374	17.5000	7.00377	14.0000
43	35.8390	71.6667	17.9201	35.8333	11.9476	23.8889	8.96148	17.9167	7.16998	14.3333
44	36.6608	73.3333	18.3356	36.6667	12.2245	24.4444	9.16922	18.3333	7.33619	14.6667
45	37.5006	75.0000	18.7510	37.5000	12.5015	25.0000	9.37696	18.7500	7.50240	15.0000
46	38.3314	76.6667	19.1664	38.3333	12.7784	25.5556	9.58470	19.1667	7.66861	15.3333
47	39.1622	78.3333	19.5818	39.1667	13.0554	26.1111	9.79244	19.5833	7.83482	15.6667
48	39.9930	80.0000	19.9972	40.0000	13.3324	26.6667	10.0002	20.0000	8.00103	16.0000
49	40.8238	81.6667	20.4126	40.8333	13.6093	27.2222	10.2079	20.4167	8.16725	16.3333
50	41.6546	83.3333	20.8280	41.6667	13.8863	27.7778	10.4157	20.8333	8.33346	16.6667
51	42.4854	85.0000	21.2435	42.5000	14.1632	28.3333	10.6234	21.2500	8.49967	17.0000
52	43.3162	86.6667	21.6589	43.3333	14.4402	28.8889	10.8311	21.6667	8.66588	17.3333
53	44.1470	88.3333	22.0743	44.1667	14.7172	29.4444	11.0389	22.0833	8.83209	17.6667
54	44.9778	90.0000	22.4897	45.0000	14.9941	30.0000	11.2466	22.5000	8.99830	18.0000
55	45.8372	91.6667	22.9194	45.8333	15.2806	30.5556	11.4615	22.9167	9.17024	18.3333
56	46.6966	93.3333	23.3492	46.6667	15.5672	31.1111	11.6764	23.3333	9.34218	18.6667
57	47.5274	95.0000	23.7646	47.5000	15.8441	31.6667	11.8842	23.7500	9.50839	19.0000
58	48.3582	96.6667	24.1800	48.3333	16.1211	32.2222	12.0919	24.1667	9.67460	19.3333
59	49.1890	98.3333	24.5954	49.1667	16.3980	32.7778	12.2996	24.5833	9.84081	19.6667

TABLE XIV.—ACTUAL TANGENTS, ETC.

6° Curve.		7° Curve.		8° Curve.		9° Curve.		10° Curve.		0°
Tan.	Arc.	Tan.	Arc.	Tan.	Arc.	Tan.	Arc.	Tan.	Arc.	M.
.138529	.277778	.118758	.238095	.103933	.208333	.092404	.185185	.083185	.166667	1
.277057	.555556	.237516	.476190	.207866	.416667	.184808	.370370	.166370	.333333	2
.415586	.833333	.356274	.714285	.311799	.625000	.277212	.555556	.249555	.500000	3
.554115	1.11111	.475032	.952380	.415732	.833333	.369617	.740741	.332740	.666667	4
.692643	1.38889	.593789	1.19048	.519666	1.04167	.462021	.925926	.415925	.833333	5
.831172	1.66667	.712547	1.42856	.623599	1.25000	.554425	1.11111	.499110	1.00000	6
.969701	1.94444	.831305	1.66667	.727532	1.45833	.646829	1.29630	.582295	1.16667	7
1.10823	2.22222	.950063	1.90476	.831465	1.66667	.739233	1.48148	.665480	1.33333	8
1.24676	2.50000	1.06882	2.14286	.935398	1.87500	.831637	1.66667	.748665	1.50000	9
1.38529	2.77778	1.18758	2.38095	1.03933	2.08333	.924041	1.85185	.831851	1.66667	10
1.52859	3.05556	1.31043	2.61905	1.14685	2.29167	1.01963	2.03704	.917904	1.83333	11
1.67190	3.33333	1.43329	2.85714	1.25437	2.50000	1.11522	2.22222	1.00396	2.00000	12
1.81043	3.61111	1.55304	3.09524	1.35830	2.70833	1.20763	2.40741	1.08714	2.16667	13
1.94895	3.88889	1.67080	3.33333	1.46223	2.91667	1.30003	2.59259	1.17033	2.33333	14
2.08748	4.16667	1.78956	3.57143	1.56616	3.12500	1.39243	2.77778	1.25351	2.50000	15
2.22601	4.44444	1.90832	3.80952	1.67010	3.33333	1.48484	2.96296	1.33670	2.66667	16
2.36454	4.72222	2.02707	4.04762	1.77408	3.54167	1.57724	3.14815	1.41988	2.83333	17
2.50307	5.00000	2.14583	4.28556	1.87796	3.75000	1.66965	3.33333	1.50307	3.00000	18
2.64160	5.27778	2.26459	4.52381	1.98190	3.95833	1.76205	3.51852	1.58625	3.16667	19
2.78013	5.55556	2.38335	4.76190	2.08583	4.16667	1.85446	3.70370	1.66944	3.33333	20
2.91866	5.83333	2.50211	5.00000	2.18976	4.37500	1.94686	3.88889	1.75262	3.50000	21
3.05718	6.11111	2.62086	5.23810	2.29370	4.58333	2.03926	4.07407	1.83581	3.66667	22
3.19571	6.38889	2.73962	5.47619	2.39763	4.79167	2.13167	4.25926	1.91899	3.83333	23
3.33424	6.66667	2.85838	5.71429	2.50156	5.00000	2.22407	4.44444	2.00218	4.00000	24
3.47277	6.94444	2.97714	5.95238	2.60550	5.20833	2.31648	4.62963	2.08536	4.16667	25
3.61130	7.22222	3.09590	6.19048	2.70943	5.41667	2.40888	4.81481	2.16855	4.33333	26
3.74983	7.50000	3.21465	6.42856	2.81336	5.62500	2.50128	5.00000	2.25173	4.50000	27
3.88836	7.77778	3.33341	6.66667	2.91729	5.83333	2.59369	5.18518	2.33492	4.66667	28
4.02688	8.05556	3.45217	6.90476	3.02122	6.04167	2.68609	5.37037	2.41810	4.83333	29
4.16541	8.33333	3.57093	7.14286	3.12516	6.25000	2.77850	5.55556	2.50129	5.00000	30
4.30394	8.61111	3.68969	7.38095	3.22909	6.45833	2.87090	5.74074	2.58447	5.16667	31
4.44247	8.88889	3.80844	7.61905	3.33303	6.66667	2.96331	5.92593	2.66766	5.33333	32
4.58578	9.16667	3.93130	7.85714	3.44054	6.87500	3.05890	6.11111	2.75371	5.50000	33
4.72908	9.44444	4.05415	8.09524	3.54806	7.08333	3.15449	6.29630	2.83977	5.66667	34
4.86761	9.72222	4.17291	8.33333	3.65199	7.29167	3.24689	6.48148	2.92295	5.83333	35
5.00614	10.0000	4.29166	8.57143	3.75593	7.50000	3.33929	6.66667	3.00614	6.00000	36
5.14467	10.2778	4.41042	8.80952	3.85986	7.70833	3.43170	6.85185	3.08932	6.16667	37
5.28320	10.5556	4.52918	9.04762	3.96379	7.91667	3.52410	7.03704	3.17251	6.33333	38
5.42172	10.8333	4.64794	9.28556	4.06773	8.12500	3.61651	7.22222	3.25569	6.50000	39
5.56025	11.1111	4.76670	9.52381	4.17166	8.33333	3.70891	7.40741	3.33888	6.66667	40
5.69878	11.3889	4.88545	9.76190	4.27559	8.54167	3.80132	7.59259	3.42206	6.83333	41
5.83731	11.6667	5.00421	10.0000	4.37953	8.75000	3.89372	7.77778	3.50525	7.00000	42
5.97584	11.9444	5.12297	10.2381	4.48346	8.95833	3.98612	7.96296	3.58843	7.16667	43
6.11437	12.2222	5.24173	10.4762	4.58739	9.16667	4.07853	8.14815	3.67162	7.33333	44
6.25290	12.5000	5.36049	10.7143	4.69133	9.37500	4.17093	8.33333	3.75480	7.50000	45
6.39143	12.7778	5.47924	10.9524	4.79526	9.58333	4.26334	8.51852	3.83799	7.66667	46
6.52995	13.0556	5.59800	11.1905	4.89919	9.79167	4.35574	8.70370	3.92117	7.83333	47
6.66848	13.3333	5.71676	11.4286	5.00312	10.0000	4.44814	8.88889	4.00436	8.00000	48
6.80701	13.6111	5.83552	11.6667	5.10706	10.2083	4.54055	9.07407	4.08754	8.16667	49
6.94554	13.8889	5.95428	11.9048	5.21099	10.4167	4.63295	9.25926	4.17073	8.33333	50
7.08407	14.1667	6.07303	12.1429	5.31492	10.6250	4.72536	9.44444	4.25391	8.50000	51
7.22260	14.4444	6.19179	12.3810	5.41886	10.8333	4.81776	9.62963	4.33710	8.66667	52
7.36113	14.7222	6.31055	12.6191	5.52279	11.0417	4.91017	9.81481	4.42028	8.83333	53
7.49965	15.0000	6.42931	12.8571	5.62672	11.2500	5.00257	10.0000	4.50347	9.00000	54
7.64296	15.2778	6.55216	13.0952	5.73424	11.4583	5.09816	10.1852	4.58952	9.16667	55
7.78627	15.5556	6.67501	13.3333	5.84176	11.6667	5.19375	10.3704	4.67557	9.33333	56
7.92479	15.8333	6.79377	13.5714	5.94569	11.8750	5.28615	10.5556	4.75876	9.50000	57
8.06332	16.1111	6.91253	13.8095	6.04962	12.0833	5.37856	10.7407	4.84194	9.66667	58
8.20185	16.3889	7.03129	14.0476	6.15356	12.2917	5.47096	10.9259	4.92513	9.83333	59

TABLE XIV.—ACTUAL TANGENTS, ETC.

1°	1° Curve.		2° Curve.		3° Curve.		4° Curve.		5° Curve.	
M.	Tan.	Arc.	Tan.	Arc.	Tan.	Arc.	Tan.	Arc.	Tan.	Arc.
0	50.0198	100.000	25.0108	50.0000	16.6750	33.3333	12.5074	25.0000	10.0070	20.0000
1	50.8506	101.667	25.4263	50.8333	16.9320	33.8889	12.7151	25.4167	10.1732	20.3333
2	51.6814	103.333	25.8417	51.6667	17.2289	34.4444	12.9229	25.8333	10.3394	20.6667
3	52.5122	105.000	26.2571	52.5000	17.5059	35.0000	13.1306	26.2500	10.5057	21.0000
4	53.3430	106.667	26.6725	53.3333	17.7828	35.5556	13.3383	26.6667	10.6719	21.3333
5	54.1738	108.333	27.0879	54.1667	18.0598	36.1111	13.5461	27.0833	10.8381	21.6667
6	55.0046	110.000	27.5033	55.0000	18.3368	36.6667	13.7538	27.5000	11.0043	22.0000
7	55.8354	111.667	27.9187	55.8333	18.6137	37.2222	13.9616	27.9167	11.1705	22.3333
8	56.6662	113.333	28.3342	56.6667	18.8907	37.7778	14.1693	28.3333	11.3367	22.6667
9	57.4970	115.000	28.7496	57.5000	19.1677	38.3333	14.3770	28.7500	11.5029	23.0000
10	58.3278	116.667	29.1650	58.3333	19.4446	38.8889	14.5848	29.1667	11.6691	23.3333
11	59.1586	118.333	29.5804	59.1667	19.7216	39.4444	14.7925	29.5833	11.8353	23.6667
12	59.9894	120.000	29.9958	60.0000	19.9985	40.0000	15.0003	30.0000	12.0016	24.0000
13	60.8202	121.667	30.4112	60.8333	20.2755	40.5556	15.2080	30.4167	12.1678	24.3333
14	61.6510	123.333	30.8266	61.6667	20.5525	41.1111	15.4157	30.8333	12.3340	24.6667
15	62.4818	125.000	31.2421	62.5000	20.8294	41.6667	15.6235	31.2500	12.5002	25.0000
16	63.3126	126.667	31.6575	63.3333	21.1064	42.2222	15.8312	31.6667	12.6664	25.3333
17	64.1721	128.333	32.0872	64.1667	21.3929	42.7778	16.0461	32.0833	12.8383	25.6667
18	65.0315	130.000	32.5170	65.0000	21.6794	43.3333	16.2610	32.5000	13.0103	26.0000
19	65.8623	131.667	32.9324	65.8333	21.9564	43.8889	16.4688	32.9167	13.1765	26.3334
20	66.6931	133.333	33.3478	66.6667	22.2333	44.4444	16.6765	33.3333	13.3427	26.6667
21	67.5239	135.000	33.7632	67.5000	22.5103	45.0000	16.8843	33.7500	13.5089	27.0000
22	68.3547	136.667	34.1786	68.3333	22.7873	45.5556	17.0920	34.1667	13.6751	27.3333
23	69.1855	138.333	34.5940	69.1667	23.0642	46.1111	17.2997	34.5833	13.8413	27.6667
24	70.0163	140.000	35.0094	70.0000	23.3412	46.6667	17.5075	35.0000	14.0075	28.0000
25	70.8471	141.667	35.4249	70.8333	23.6181	47.2222	17.7152	35.4167	14.1738	28.3333
26	71.6779	143.333	35.8403	71.6667	23.8951	47.7778	17.9230	35.8333	14.3400	28.6667
27	72.5087	145.000	36.2557	72.5000	24.1721	48.3333	18.1307	36.2500	14.5062	29.0000
28	73.3395	146.667	36.6711	73.3333	24.4490	48.8889	18.3384	36.6667	14.6724	29.3333
29	74.1703	148.333	37.0865	74.1667	24.7260	49.4444	18.5462	37.0833	14.8386	29.6667
30	75.0011	150.000	37.5019	75.0000	25.0029	50.0000	18.7539	37.5000	15.0048	30.0000
31	75.8319	151.667	37.9173	75.8333	25.2799	50.5556	18.9617	37.9167	15.1710	30.3333
32	76.6627	153.333	38.3328	76.6667	25.5569	51.1111	19.1694	38.3333	15.3372	30.6667
33	77.4935	155.000	38.7482	77.5000	25.8338	51.6667	19.3771	38.7500	15.5034	31.0000
34	78.3243	156.667	39.1636	78.3333	26.1108	52.2222	19.5849	39.1667	15.6696	31.3333
35	79.1551	158.333	39.5790	79.1667	26.3878	52.7778	19.7926	39.5833	15.8359	31.6667
36	79.9859	160.000	39.9944	80.0000	26.6647	53.3333	20.0004	40.0000	16.0021	32.0000
37	80.8167	161.667	40.4098	80.8333	26.9417	53.8889	20.2081	40.4167	16.1683	32.3333
38	81.6475	163.333	40.8253	81.6667	27.2186	54.4444	20.4158	40.8333	16.3345	32.6667
39	82.5070	165.000	41.2550	82.5000	27.5052	55.0000	20.6307	41.2500	16.5064	33.0000
40	83.3664	166.667	41.6847	83.3333	27.7917	55.5556	20.8456	41.6667	16.6784	33.3333
41	84.1972	168.333	42.1001	84.1667	28.0686	56.1111	21.0534	42.0833	16.8446	33.6667
42	85.0280	170.000	42.5156	85.0000	28.3456	56.6667	21.2611	42.5000	17.0108	34.0000
43	85.8588	171.667	42.9310	85.8333	28.6225	57.2222	21.4689	42.9167	17.1770	34.3333
44	86.6896	173.333	43.3464	86.6667	28.8995	57.7778	21.6766	43.3333	17.3432	34.6667
45	87.5204	175.000	43.7618	87.5000	29.1765	58.3333	21.8843	43.7500	17.5094	35.0000
46	88.3512	176.667	44.1772	88.3333	29.4534	58.8889	22.0921	44.1667	17.6756	35.3333
47	89.1820	178.333	44.5926	89.1667	29.7304	59.4444	22.2998	44.5833	17.8418	35.6667
48	90.0128	180.000	45.0081	90.0000	30.0074	60.0000	22.5076	45.0000	18.0081	36.0000
49	90.8436	181.667	45.4235	90.8333	30.2843	60.5556	22.7153	45.4167	18.1743	36.3333
50	91.6744	183.333	45.8389	91.6667	30.5613	61.1111	22.9230	45.8333	18.3405	36.6667
51	92.5052	185.000	46.2543	92.5000	30.8382	61.6667	23.1308	46.2500	18.5067	37.0000
52	93.3360	186.667	46.6697	93.3333	31.1152	62.2222	23.3385	46.6667	18.6729	37.3333
53	94.1668	188.333	47.0851	94.1667	31.3922	62.7778	23.5463	47.0833	18.8391	37.6667
54	94.9976	190.000	47.5005	95.0000	31.6691	63.3333	23.7540	47.5000	19.0053	38.0000
55	95.8284	191.667	47.9160	95.8333	31.9461	63.8889	23.9617	47.9167	19.1715	38.3333
56	96.6592	193.333	48.3314	96.6667	32.2230	64.4444	24.1695	48.3333	19.3377	38.6667
57	97.4900	195.000	48.7468	97.5000	32.5000	65.0000	24.3772	48.7500	19.5040	29.0000
58	98.3208	196.667	49.1622	98.3333	32.7770	65.5556	24.5850	49.1667	19.6702	39.3333
59	99.1802	198.333	49.5919	99.1667	33.0635	66.1111	24.7999	49.5833	19.8421	39.6667

TABLE XIV.—ACTUAL TANGENTS, ETC.

6° Curve.		7° Curve.		8° Curve.		9° Curve.		10° Curve.		1°
Tan.	Arc.	Tan.	Arc.	Tan.	Arc.	Tan.	Arc.	Tan.	Arc.	M.
8.34038	16.6667	7.15004	14.2856	6.25749	12.5000	5.56337	11.1111	5.00831	10.0000	0
8.47891	16.9444	7.26880	14.5238	6.36142	12.7083	5.65577	11.2963	5.09150	10.1667	1
8.61744	17.2222	7.38756	14.7619	6.46536	12.9167	5.74818	11.4815	5.17468	10.3333	2
8.75597	17.5000	7.50632	15.0000	6.56929	13.1250	5.84058	11.6667	5.25787	10.5000	3
8.89449	17.7778	7.62508	15.2381	6.67322	13.3333	5.93298	11.8519	5.34105	10.6667	4
9.03302	18.0556	7.74383	15.4762	6.77715	13.5417	6.02539	12.0370	5.42424	10.8333	5
9.17155	18.3333	7.86259	15.7143	6.88109	13.7500	6.11779	12.2222	5.50742	11.0000	6
9.31008	18.6111	7.98135	15.9524	6.98502	13.9583	6.21020	12.4074	5.59061	11.1667	7
9.44861	18.8889	8.10011	16.1905	7.08895	14.1667	6.30260	12.5926	5.67379	11.3333	8
9.58714	19.1667	8.21887	16.4286	7.19289	14.3750	6.39500	12.7778	5.75698	11.5000	9
9.72567	19.4444	8.33762	16.6667	7.29682	14.5833	6.48741	12.9630	5.84016	11.6667	10
9.86420	19.7222	8.45638	16.9048	7.40075	14.7917	6.57981	13.1482	5.92335	11.8333	11
10.0027	20.0000	8.57514	17.1429	7.50469	15.0000	6.67222	13.3333	6.00653	12.0000	12
10.1413	20.2778	8.69390	17.3810	7.60862	15.2083	6.76462	13.5185	6.08972	12.1667	13
10.2798	20.5556	8.81266	17.6191	7.71255	15.4167	6.85703	13.7037	6.17290	12.3333	14
10.4183	20.8333	8.93141	17.8571	7.81649	15.6250	6.94943	13.8889	6.25609	12.5000	15
10.5568	21.1111	9.05017	18.0952	7.92042	15.8333	7.04183	14.0741	6.33927	12.6667	16
10.7001	21.3889	9.17302	18.3333	8.02794	16.0417	7.13742	14.2593	6.42533	12.8333	17
10.8434	21.6667	9.29588	18.5714	8.13545	16.2500	7.23301	14.4444	6.51138	13.0000	18
10.9820	21.9444	9.41463	18.8095	8.23939	16.4583	7.32542	14.6296	6.59457	13.1667	19
11.1305	22.2222	9.53339	19.0476	8.34332	16.6667	7.41782	14.8148	6.67775	13.3333	20
11.2590	22.5000	9.65215	19.2856	8.44725	16.8750	7.51023	15.0000	6.76094	13.5000	21
11.3976	22.7778	9.77091	19.5238	8.55119	17.0833	7.60263	15.1852	6.84412	13.6667	22
11.5361	23.0556	9.88967	19.7619	8.65512	17.2917	7.69504	15.3704	6.92731	13.8333	23
11.6746	23.3333	10.0084	20.0000	8.75905	17.5000	7.78744	15.5556	7.01049	14.0000	24
11.8132	23.6111	10.1272	20.2381	8.86298	17.7083	7.87984	15.7407	7.09368	14.1667	25
11.9517	23.8889	10.2459	20.4762	8.96692	17.9167	7.97225	15.9259	7.17686	14.3333	26
12.0902	24.1667	10.3647	20.7143	9.07085	18.1250	8.06465	16.1111	7.26005	14.5000	27
12.2287	24.4444	10.4835	20.9524	9.17478	18.3333	8.15706	16.2963	7.34323	14.6667	28
12.3673	24.7222	10.6022	21.1905	9.27872	18.5417	8.24946	16.4815	7.42642	14.8333	29
12.5058	25.0000	10.7210	21.4286	9.38265	18.7500	8.34186	16.6667	7.50960	15.0000	30
12.6443	25.2778	10.8397	21.6667	9.48658	18.9583	8.43427	16.8519	7.59279	15.1667	31
12.7829	25.5556	10.9585	21.9048	9.59052	19.1607	8.52667	17.0370	7.67597	15.3333	32
12.9214	25.8333	11.0772	22.1429	9.69445	19.3750	8.61908	17.2222	7.75916	15.5000	33
13.0599	26.1111	11.1960	22.3810	9.79838	19.5833	8.71148	17.4074	7.84234	15.6667	34
13.1984	26.3889	11.3148	22.6191	9.90232	19.7917	8.80389	17.5926	7.92553	15.8333	35
13.3370	26.6667	11.4335	22.8571	10.0062	20.0000	8.89629	17.7778	8.00871	16.0000	36
13.4755	26.9444	11.5523	23.0952	10.1102	20.2083	8.98869	17.9630	8.09190	16.1667	37
13.6140	27.2222	11.6710	23.3333	10.2141	20.4167	9.08110	18.1482	8.17508	16.3333	38
13.7573	27.5000	11.7939	23.5714	10.3216	20.6250	9.17669	18.3333	8.26114	16.5000	39
13.9006	27.7778	11.9167	23.8095	10.4291	20.8333	9.27228	18.5185	8.34719	16.6667	40
14.0392	28.0556	12.0355	24.0476	10.5331	21.0417	9.36468	18.7037	8.43037	16.8333	41
14.1777	28.3333	12.1543	24.2856	10.6370	21.2500	9.45709	18.8889	8.51356	17.0000	42
14.3162	28.6111	12.2730	24.5238	10.7409	21.4583	9.54949	19.0741	8.59674	17.1667	43
14.4547	28.8889	12.3918	24.7619	10.8449	21.6667	9.64190	19.2593	8.67993	17.3333	44
14.5933	29.1667	12.5105	25.0000	10.9488	21.8750	9.73430	19.4444	8.76311	17.5000	45
14.7318	29.4444	12.6293	25.2381	11.0527	22.0833	9.82670	19.6296	8.84630	17.6667	46
14.8703	29.7222	12.7480	25.4762	11.1567	22.2917	9.91911	19.8148	8.92948	17.8333	47
15.0089	30.0000	12.8668	25.7143	11.2606	22.5000	10.0115	20.0000	9.01267	18.0000	48
15.1474	30.2778	12.9856	25.9524	11.3645	22.7083	10.1039	20.1852	9.09585	18.1667	49
15.2859	30.5556	13.1043	26.1905	11.4685	22.9167	10.1963	20.3704	9.17904	18.3333	50
15.4244	30.8333	13.2231	26.4286	11.5724	23.1250	10.2887	20.5556	9.26223	18.5000	51
15.5630	31.1111	13.3418	26.6667	11.6763	23.3333	10.3811	20.7407	9.34541	18.6667	52
15.7015	31.3889	13.4606	26.9048	11.7803	23.5417	10.4735	20.9259	9.42860	18.8333	53
15.8400	31.6667	13.5794	27.1429	11.8842	23.7500	10.5659	21.1111	9.51178	19.0000	54
15.9786	31.9444	13.6981	27.3810	11.9881	23.9583	10.6583	21.2963	9.59497	19.1667	55
16.1171	32.2222	13.8169	27.6191	12.0921	24.1667	10.7507	21.4815	9.67815	19.3333	56
16.2556	32.5000	13.9356	27.8571	12.1960	24.3750	10.8431	21.6667	9.76134	19.5000	57
16.3941	32.7778	14.0544	28.0952	12.2999	24.5833	10.9356	21.8519	9.84452	19.6667	58
16.5375	33.0556	14.1772	28.3333	12.4075	24.7917	11.0311	22.0370	9.93057	19.8333	59

TABLE XIV.—ACTUAL TANGENTS, ETC.

2°	1° Curve.		2° Curve.		3° Curve.		4° Curve.		5° Curve.	
M.	Tan.	Arc.	Tan.	Arc.	Tan.	Arc.	Tan.	Arc.	Tan.	Arc.
0	100.040	200.000	50.0217	100.000	33.3500	66.6667	25.0148	50.0000	20.0140	40.0000
1	100.870	201.667	50.4871	100.833	33.6270	67.2222	25.2225	50.4167	20.1803	40.3333
2	101.701	203.333	50.8525	101.667	33.9039	67.7778	25.4302	50.8333	20.3465	40.6667
3	102.532	205.000	51.2679	102.500	34.1809	68.3333	25.6380	51.2500	20.5127	41.0000
4	103.363	206.667	51.6833	103.333	34.4578	68.8889	25.8457	51.6667	20.6789	41.3333
5	104.194	208.333	52.0988	104.167	34.7348	69.4444	26.0535	52.0833	20.8451	41.6667
6	105.024	210.000	52.5142	105.000	35.0118	70.0000	26.2612	52.5000	21.0113	42.0000
7	105.855	211.667	52.9296	105.833	35.2887	70.5556	26.4689	52.9167	21.1775	42.3333
8	106.686	213.333	53.2450	106.667	35.5657	71.1111	26.6767	53.3333	21.3437	42.6667
9	107.517	215.000	53.7604	107.500	35.8427	71.6667	26.8844	53.7500	21.5099	43.0000
10	108.348	216.667	54.1758	108.333	36.1196	72.2222	27.0922	54.1667	21.6762	43.3333
11	109.178	218.333	54.5912	109.167	36.3966	72.7778	27.2999	54.5833	21.8424	43.6667
12	110.009	220.000	55.0067	110.000	36.6735	73.3333	27.5076	55.0000	22.0086	44.0000
13	110.840	221.667	55.4221	110.833	36.9505	73.8889	27.7154	55.4167	22.1748	44.3333
14	111.671	223.333	55.8375	111.667	37.2275	74.4444	27.9231	55.8333	22.3410	44.6667
15	112.502	225.000	56.2529	112.500	37.5044	75.0000	28.1309	56.2500	22.5072	45.0000
16	113.332	226.667	56.6683	113.333	37.7814	75.5556	28.3386	56.6667	22.6734	45.3333
17	114.163	228.333	57.0837	114.167	38.0583	76.1111	28.5463	57.0833	22.8396	45.6667
18	114.994	230.000	57.4991	115.000	38.3353	76.6667	28.7541	57.5000	23.0058	46.0000
19	115.825	231.667	57.9146	115.833	38.6123	77.2222	28.9618	57.9167	23.1721	46.3333
20	116.656	233.333	58.3300	116.887	38.8892	77.7778	29.1696	58.3333	23.3383	46.6667
21	117.515	235.000	58.7507	117.500	39.1757	78.3333	29.3345	58.7500	23.5102	47.0000
22	118.375	236.667	59.1805	118.333	39.4628	78.8839	29.5904	59.1667	23.6821	47.3333
23	119.205	238.333	59.6049	119.167	39.7392	79.4444	29.8071	59.5833	23.8484	47.6667
24	120.036	240.000	60.0203	120.000	40.0162	80.0000	30.0149	60.0000	24.0146	48.0000
25	120.867	241.667	60.4357	120.833	40.2931	80.5556	30.2226	60.4167	24.1808	48.3333
26	121.698	243.333	60.8511	121.667	40.5701	81.1111	30.4303	60.8333	24.3470	48.6667
27	122.529	245.000	61.2665	122.500	40.8471	81.6667	30.6381	61.2500	24.5132	49.0000
28	123.359	246.667	61.6819	123.333	41.1240	82.2222	30.8458	61.6667	24.6794	49.3333
29	124.190	248.333	62.0974	124.167	41.4010	82.7778	31.0536	62.0833	24.8456	49.6667
30	125.021	250.000	62.5128	125.000	41.6779	83.3333	31.2613	62.5000	25.0118	50.0000
31	125.852	251.667	62.9282	125.833	41.9549	83.8889	31.4690	62.9167	25.1780	50.3333
32	126.683	253.333	63.3436	126.667	42.2319	84.4444	31.6768	63.3333	25.3443	50.6667
33	127.513	255.000	63.7590	127.500	42.5088	85.0000	31.8845	63.7500	25.5105	51.0000
34	128.344	256.667	64.1744	128.333	42.7858	85.5556	32.0923	64.1667	25.6767	51.3333
35	129.175	258.333	64.5898	129.167	43.0628	86.1111	32.3000	64.5833	25.8429	51.6667
36	130.006	260.000	65.0053	130.000	43.3397	86.6667	32.5077	65.0000	26.0091	52.0000
37	130.837	261.667	65.4207	130.833	43.6167	87.2222	32.7155	65.4167	26.1753	52.3333
38	131.667	263.333	65.8361	131.667	43.8936	87.7778	32.9232	65.8333	26.3415	52.6667
39	132.527	265.000	66.2658	132.500	44.1802	88.3333	33.1381	66.2500	26.5135	53.0000
40	133.386	266.667	66.6956	133.333	44.4667	88.8889	33.3530	66.6667	26.6854	53.3333
41	134.217	268.333	67.1110	134.167	44.7436	89.4444	33.5608	67.0833	26.8516	53.6667
42	135.048	270.000	67.5264	135.000	45.0206	90.0000	33.7685	67.5000	27.0178	54.0000
43	135.879	271.667	67.9418	135.833	45.2975	90.5556	33.9762	67.9167	27.1840	54.3333
44	136.709	273.333	68.3572	136.667	45.5745	91.1111	34.1840	68.3333	27.3502	54.6667
45	137.540	275.000	68.7726	137.500	45.8515	91.6667	34.3917	68.7500	27.5165	55.0000
46	138.371	276.667	69.1881	138.333	46.1284	92.2222	34.5995	69.1667	27.6827	55.3333
47	139.202	278.333	69.6035	139.167	46.4054	92.7778	34.8072	69.5833	27.8489	55.6667
48	140.033	280.000	70.0189	140.000	46.6834	93.3333	35.0140	70.0000	28.0151	56.0000
49	140.863	281.667	70.4343	140.833	46.9593	93.8889	35.2227	70.4167	28.1813	56.3333
50	141.694	283.333	70.8497	141.667	47.2363	94.4444	35.4304	70.8333	28.3475	56.6667
51	142.525	285.000	71.2651	142.500	47.5132	95.0000	35.6382	71.2500	28.5137	57.0000
52	143.356	286.667	71.6805	143.333	47.7902	95.5556	35.8459	71.6667	28.6799	57.3333
53	144.187	288.333	72.0960	144.167	48.0672	96.1111	36.0536	72.0833	28.8461	57.6667
54	145.017	290.000	72.5114	145.000	48.3441	96.6667	36.2614	72.5000	29.0123	58.0000
55	145.848	291.667	72.9268	145.833	48.6211	97.2222	36.4691	72.9167	29.1786	58.3333
56	146.679	293.333	73.3422	146.667	48.8980	97.7778	36.6769	73.3333	29.3448	58.6667
57	147.510	295.000	73.7576	147.500	49.1750	98.3333	36.8846	73.7500	29.5110	59.0000
58	148.341	296.667	74.1730	148.333	49.4520	98.8889	37.0923	74.1667	29.6772	59.3333
59	149.200	298.333	74.6028	149.167	49.7345	99.4444	37.3072	74.5833	29.8491	59.6667

TABLE XIV.—ACTUAL TANGENTS, ETC.

6° Curve.		7° Curve.		8° Curve.		9° Curve.		10° Curve.		2°
Tan.	Arc.	Tan.	Arc.	Tan.	Arc.	Tan.	Arc.	Tan.	Arc.	M.
16.6808	33.3333	14.3701	28.5714	12.5150	25.0000	11.1267	22.2222	10.0166	20.0000	0
16.8193	33.6111	14.4188	28.8095	12.6189	25.2083	11.2191	22.4074	10.0598	20.1667	1
16.9578	33.8889	14.5376	29.0476	12.7228	25.4167	11.3115	22.5926	10.1830	20.3333	2
17.0963	34.1667	14.6564	29.2858	12.8268	25.6250	11.4039	22.7778	10.2062	20.5000	3
17.2349	34.4444	14.7751	29.5238	12.9307	25.8333	11.4964	22.9630	10.3494	20.6667	4
17.3734	34.7222	14.8939	29.7619	13.0346	26.0417	11.5888	23.1482	10.4326	20.8333	5
17.5119	35.0000	15.0126	30.0000	13.1386	26.2500	11.6812	23.3333	10.5157	21.0000	6
17.6505	35.2778	15.1314	30.2381	13.2425	26.4583	11.7736	23.5185	10.5989	21.1667	7
17.7890	35.5556	15.2502	30.4762	13.3464	26.6667	11.8660	23.7037	10.6821	21.3333	8
17.9275	35.8333	15.3689	30.7143	13.4504	26.8750	11.9584	23.8889	10.7653	21.5000	9
18.0660	36.1111	15.4877	30.9524	13.5543	27.0833	12.0508	24.0741	10.8485	21.6667	10
18.2046	36.3889	15.6064	31.1905	13.6582	27.2917	12.1432	24.2593	10.9317	21.8333	11
18.3431	36.6667	15.7252	31.4286	13.7622	27.5000	12.2356	24.4444	11.0148	22.0000	12
18.4816	36.9444	15.8439	31.6667	13.8661	27.7083	12.3280	24.6296	11.0980	22.1667	13
18.6202	37.2222	15.9637	31.9048	13.9700	27.9167	12.4204	24.8148	11.1812	22.3333	14
18.7587	37.5000	16.0815	32.1429	14.0740	28.1250	12.5128	25.0000	11.2644	22.5000	15
18.8972	37.7778	16.2002	32.3810	14.1779	28.3333	12.6052	25.1852	11.3470	22.6667	16
19.0357	38.0556	16.3190	32.6190	14.2818	28.5417	12.6976	25.3704	11.4308	22.8333	17
19.1743	38.3333	16.4377	32.8571	14.3858	28.7500	12.7900	25.5556	11.5140	23.0000	18
19.3128	38.6111	16.5565	33.0052	14.4897	28.9583	12.8824	25.7407	11.5971	23.1667	19
19.4513	38.8889	16.6752	33.3333	14.5936	29.1667	12.9748	25.9259	11.6803	23.3333	20
19.5946	39.1667	16.7981	33.5714	14.7012	29.3750	13.0704	26.1111	11.7664	23.5000	21
19.7379	39.4444	16.9210	33.8095	14.8087	29.5833	13.1660	26.2963	11.8524	23.6667	22
19.8763	39.7222	17.0397	34.0476	14.9126	29.7917	13.2554	26.4815	11.9356	23.8333	23
20.0150	40.0000	17.1585	34.2856	15.0165	30.0000	13.3508	26.6667	12.0188	24.0000	24
20.1535	40.2778	17.2772	34.5238	15.1205	30.2083	13.4432	26.8519	12.1020	24.1667	25
20.2921	40.5556	17.3960	34.7619	15.2244	30.4167	13.5356	27.0370	12.1852	24.3333	26
20.4306	40.8333	17.5147	35.0000	15.3283	30.6250	13.6280	27.2222	12.2684	24.5000	27
20.5691	41.1111	17.6335	35.2381	15.4323	30.8333	13.7204	27.4074	12.3515	24.6667	28
20.7076	41.3889	17.7523	35.4762	15.5362	31.0417	13.8128	27.5926	12.4347	24.8333	29
20.8462	41.6667	17.8710	35.7143	15.6401	31.2500	13.9052	27.7778	12.5179	25.0000	30
20.9847	41.9444	17.9898	35.9524	15.7441	31.4583	13.9976	27.9630	12.6011	25.1667	31
21.1232	42.2222	18.1085	36.1905	15.8480	31.6667	14.0000	28.1482	12.6843	25.3333	32
21.2618	42.5000	18.2273	36.4286	15.9519	31.8750	14.1824	28.3333	12.7675	25.5000	33
21.4003	42.7778	18.3460	36.6667	16.0559	32.0833	14.2748	28.5185	12.8507	25.6667	34
21.5388	43.0556	18.4648	36.9048	16.1598	32.2917	14.3673	28.7037	12.9338	25.8333	35
21.6773	43.3333	18.5836	37.1429	16.2637	32.5000	14.4597	28.8889	13.0170	26.0000	36
21.8159	43.6111	18.7023	37.3810	16.3677	32.7083	14.5521	29.0741	13.1002	26.1667	37
21.9544	43.8889	18.8211	37.6190	16.4716	32.9167	14.6445	29.2593	13.1834	26.3333	38
22.0977	44.1667	18.9439	37.8571	16.5791	33.1250	14.7401	29.4444	13.2694	26.5000	39
22.2410	44.4444	19.0668	38.0952	16.6866	33.3333	14.8356	29.6296	13.3555	26.6667	40
22.3795	44.7222	19.1855	38.3333	16.7906	33.5417	14.9280	29.8148	13.4387	26.8333	41
22.5181	45.0000	19.3043	38.5714	16.8945	33.7500	15.0205	30.0000	13.5219	27.0000	42
22.6566	45.2778	19.4231	38.8095	16.9984	33.9583	15.1129	30.1852	13.6051	27.1667	43
22.7951	45.5556	19.5418	39.0476	17.1024	34.1667	15.2053	30.3704	13.6882	27.3333	44
22.9337	45.8333	19.6606	39.2858	17.2063	34.3750	15.2977	30.5556	13.7714	27.5000	45
23.0722	46.1111	19.7793	39.5238	17.3102	34.5833	15.3901	30.7407	13.8546	27.6667	46
23.2107	46.3889	19.8081	39.7619	17.4142	34.7917	15.4825	30.9259	13.9378	27.8333	47
23.3492	46.6667	20.0168	40.0000	17.5181	35.0000	15.5749	31.1111	14.0210	28.0000	48
23.4878	46.9444	20.1356	40.2381	17.6220	35.2083	15.6673	31.2963	14.1042	28.1667	49
23.6263	47.2222	20.2544	40.4762	17.7260	35.4167	15.7597	31.4815	14.1874	28.3333	50
23.7648	47.5000	20.3731	40.7143	17.8299	35.6250	15.8521	31.6667	14.2705	28.5000	51
23.9034	47.7778	20.4919	40.9524	17.9338	35.8333	15.9445	31.8519	14.3537	28.6667	52
24.0419	48.0556	20.6106	41.1905	18.0378	36.0417	16.0369	32.0370	14.4369	28.8333	53
24.1804	48.3333	20.7294	41.4286	18.1417	36.2500	16.1293	32.2222	14.5201	29.0000	54
24.3189	48.6111	20.8482	41.6667	18.2456	36.4583	16.2217	32.4074	14.6033	29.1667	55
24.4575	48.8889	20.9669	41.9048	18.3496	36.6667	16.3141	32.5926	14.6865	29.3333	56
24.5960	49.1667	21.0857	42.1429	18.4535	36.8750	16.4065	32.7778	14.7696	29.5000	57
24.7345	49.4444	21.2044	42.3810	18.5574	37.0833	16.4989	32.9630	14.8528	29.6667	58
24.8778	49.7222	21.3273	42.6190	18.6650	37.2917	16.5945	33.1482	14.9389	29.8333	59

51

TABLE XIV.—ACTUAL TANGENTS, ETC.

3°	1° Curve.		2° Curve.		3° Curve.		4° Curve.		5° Curve.	
M.	Tan.	Arc.	Tan.	Arc.	Tan.	Arc.	Tan.	Arc.	Tan.	Arc.
0	150.060	300.000	75.0325	150.000	50.0250	100.000	37.5222	75.0000	30.0211	60.0000
1	150.890	301.667	75.4479	150.833	50.3020	100.556	37.7299	75.4167	30.1878	60.3333
2	151.721	303.333	75.8633	151.667	50.5789	101.111	37.9376	75.8333	30.3535	60.6667
3	152.552	305.000	76.2788	152.500	50.8559	101.667	38.1454	76.2500	30.5197	61.0000
4	153.383	306.667	76.6942	153.333	51.1328	102.222	38.3531	76.6667	30.6859	61.3333
5	154.214	308.333	77.1096	154.167	51.4098	102.778	38.5609	77.0833	30.8521	61.6667
6	155.044	310.000	77.5250	155.000	51.6868	103.333	38.7686	77.5000	31.0183	62.0000
7	155.875	311.667	77.9404	155.833	51.9637	103.889	38.9763	77.9167	31.1845	62.3333
8	156.706	313.333	78.3558	156.667	52.2407	104.444	39.1841	78.3333	31.3508	62.6667
9	157.537	315.000	78.7713	157.500	52.5176	105.000	39.3918	78.7500	31.5170	63.0000
10	158.368	316.667	79.1867	158.333	52.7946	105.556	39.5996	79.1667	31.6832	63.3333
11	159.198	318.333	79.6021	159.167	53.0716	106.111	39.8073	79.5833	31.8494	63.6667
12	160.029	320.000	80.0175	160.000	53.3485	106.667	40.0150	80.0000	32.0156	64.0000
13	160.860	321.667	80.4329	160.833	53.6255	107.222	40.2228	80.4167	32.1818	64.3333
14	161.691	323.333	80.8483	161.667	53.9025	107.778	40.4305	80.8333	32.3480	64.6667
15	162.522	325.000	81.2637	162.500	54.1794	108.333	40.6383	81.2500	32.5142	65.0000
16	163.352	326.667	81.6792	163.333	54.4564	108.889	40.8460	81.6667	32.6804	65.3333
17	164.212	328.333	82.1089	164.167	54.7429	109.444	41.0609	82.0833	32.8524	65.6667
18	165.071	330.000	82.5386	165.000	55.0294	110.000	41.2758	82.5000	33.0243	66.0000
19	165.902	331.667	82.9540	165.833	55.3064	110.556	41.4835	82.9167	33.1905	66.3333
20	166.733	333.333	83.3695	166.667	55.5839	111.111	41.6913	83.3333	33.3567	66.6667
21	167.564	335.000	83.7849	167.500	55.8603	111.667	41.8990	83.7500	33.5230	67.0000
22	168.394	336.667	84.2003	168.333	56.1373	112.222	42.1068	84.1667	33.6892	67.3333
23	169.225	338.333	84.6157	169.167	56.4142	112.778	42.3145	84.5833	33.8554	67.6667
24	170.056	340.000	85.0311	170.000	56.6912	113.333	42.5222	85.0000	34.0216	68.0000
25	170.887	341.667	85.4465	170.833	56.9681	113.889	42.7300	85.4167	34.1878	68.3333
26	171.718	343.333	85.8620	171.667	57.2451	114.444	42.9377	85.8333	34.3540	68.6667
27	172.548	345.000	86.2774	172.500	57.5221	115.000	43.1455	86.2500	34.5202	69.0000
28	173.379	346.667	86.6928	173.333	57.7990	115.556	43.3532	86.6667	34.6864	69.3333
29	174.210	348.333	87.1082	174.167	58.0760	116.111	43.5609	87.0833	34.8526	69.6667
30	175.041	350.000	87.5236	175.000	58.3529	116.667	43.7687	87.5000	35.0189	70.0000
31	175.872	351.667	87.9390	175.833	58.6299	117.222	43.9764	87.9167	35.1851	70.3333
32	176.702	353.333	88.3544	176.667	58.9069	117.778	44.1842	88.3333	35.3513	70.6667
33	177.562	355.000	88.7842	177.500	59.1934	118.333	44.3991	88.7500	35.5232	71.0000
34	178.421	356.667	89.2139	178.333	59.4799	118.889	44.6140	89.1667	35.6952	71.3333
35	179.252	358.333	89.6293	179.167	59.7509	119.444	44.8217	89.5833	35.8614	71.6667
36	180.083	360.000	90.0447	180.000	60.0338	120.000	45.0294	90.0000	36.0276	72.0000
37	180.914	361.667	90.4602	180.833	60.3108	120.556	45.2372	90.4167	36.1938	72.3333
38	181.744	363.333	90.8756	181.667	60.5877	121.111	45.4449	90.8333	36.3600	72.6667
39	182.575	365.000	91.2910	182.500	60.8647	121.667	45.6527	91.2500	36.5262	73.0000
40	183.406	366.667	91.7064	183.333	61.1417	122.222	45.8604	91.6667	36.6924	73.3333
41	184.237	368.333	92.1218	184.167	61.4186	122.778	46.0681	92.0833	36.8586	73.6667
42	185.068	370.000	92.5372	185.000	61.6956	123.333	46.2759	92.5000	37.0248	74.0000
43	185.898	371.667	92.9527	185.833	61.9725	123.889	46.4836	92.9167	37.1911	74.3333
44	186.729	373.333	93.3681	186.667	62.2495	124.444	46.6914	93.3333	37.3573	74.6667
45	187.560	375.000	93.7835	187.500	62.5265	125.000	46.8991	93.7500	37.5235	75.0000
46	188.391	376.667	94.1989	188.333	62.8034	125.556	47.1068	94.1667	37.6897	75.3333
47	189.222	378.333	94.6143	189.167	63.0804	126.111	47.2146	94.5833	37.8559	75.6667
48	190.052	380.000	95.0297	190.000	63.3574	126.667	47.5223	95.0000	38.0221	76.0000
49	190.883	381.667	95.4451	190.833	63.6343	127.222	47.7301	95.4167	38.1883	76.3333
50	191.714	383.333	95.8606	191.667	63.9113	127.778	47.9378	95.8333	38.3545	76.6667
51	192.574	385.000	96.2908	192.500	64.1978	128.333	48.1527	96.2500	38.5265	77.0000
52	193.433	386.667	96.7200	193.333	64.4843	128.889	48.3676	96.6667	38.6984	77.3333
53	194.264	388.333	97.1355	194.167	64.7613	129.444	48.5754	97.0833	38.8646	77.6667
54	195.095	390.000	97.5509	195.000	65.0382	130.000	48.7831	97.5000	39.0308	78.0000
55	195.925	391.667	97.9663	195.833	65.3152	130.556	48.9908	97.9167	39.1970	78.3333
56	196.756	393.333	98.3817	196.667	65.5921	131.111	49.1986	98.3333	39.3632	78.6667
57	197.587	395.000	98.7971	197.500	65.8691	131.667	49.4063	98.7500	39.5295	79.0000
58	198.418	396.667	99.2125	198.333	66.1461	132.222	49.6141	99.1667	39.6957	79.3333
59	199.249	398.333	99.6279	199.167	66.4230	132.778	49.8218	99.5833	39.8619	79.6667

TABLE XIV.—ACTUAL TANGENTS, ETC.

6° Curve.		7° Curve.		8° Curve.		9° Curve.		10° Curve.		3°
Tan.	Arc.	Tan.	Arc.	Tan.	Arc.	Tan.	Arc.	Tan.	Arc.	M.
25.0211	50.0000	21.4501	42.8571	18.7725	37.5000	16.6901	33.3333	15.0249	30.0000	0
25.1597	50.2778	21.5689	43.0952	18.8764	37.7083	16.7825	33.5185	15.1081	30.1667	1
25.2982	50.5556	21.6876	43.3333	18.9803	37.9167	16.8749	33.7037	15.1913	30.3333	2
25.4367	50.8333	21.8064	43.5714	19.0843	38.1250	16.9673	33.8889	15.2745	30.5000	3
25.5753	51.1111	21.9252	43.8095	19.1882	38.3333	17.0597	34.0741	15.3577	30.6667	4
25.7138	51.3889	22.0439	44.0476	19.2921	38.5417	17.1521	34.2593	15.4409	30.8333	5
25.8523	51.6667	22.1627	44.2856	19.3961	38.7500	17.2445	34.4444	15.5241	31.0000	6
25.9908	51.9444	22.2814	44.5238	19.5000	38.9583	17.3369	34.6296	15.6072	31.1667	7
26.1294	52.2222	22.4002	44.7619	19.6039	39.1667	17.4293	34.8148	15.6904	31.3333	8
26.2679	52.5000	22.5190	45.0000	19.7079	39.3750	17.5217	35.0000	15.7736	31.5000	9
26.4064	52.7778	22.6377	45.2381	19.8118	39.5833	17.6141	35.1852	15.8568	31.6667	10
26.5450	53.0556	22.7565	45.4762	19.9157	39.7917	17.7065	35.3704	15.9400	31.8333	11
26.6835	53.3333	22.8752	45.7143	20.0197	40.0000	17.7990	35.5556	16.0232	32.0000	12
26.8220	53.6111	22.9940	45.9524	20.1236	40.2083	17.8914	35.7407	16.1063	32.1667	13
26.9605	53.8889	23.1127	46.1905	20.2275	40.4167	17.9838	35.9259	16.1895	32.3333	14
27.0991	54.1667	23.2315	46.4286	20.3315	40.6250	18.0762	36.1111	16.2727	32.5000	15
27.2376	54.4444	23.3503	46.6667	20.4354	40.8333	18.1686	36.2963	16.3559	32.6667	16
27.3809	54.7222	23.4731	46.9048	20.5420	41.0417	18.2642	36.4815	16.4420	32.8333	17
27.5242	55.0000	23.5960	47.1429	20.6504	41.2500	18.3597	36.6667	16.5280	33.0000	18
27.6627	55.2778	23.7147	47.3810	20.7544	41.4583	18.4522	36.8519	16.6112	33.1667	19
27.8013	55.5556	23.8335	47.6190	20.8583	41.6667	18.5446	37.0370	16.6944	33.3333	20
27.9398	55.8333	23.9522	47.8571	20.9622	41.8750	18.6370	37.2222	16.7776	33.5000	21
28.0783	56.1111	24.0710	48.0952	21.0662	42.0833	18.7294	37.4074	16.8607	33.6667	22
28.2169	56.3889	24.1898	48.3323	21.1701	42.2917	18.8218	37.5926	16.9439	33.8333	23
28.3554	56.6667	24.3085	48.5714	21.2740	42.5000	18.9142	37.7778	17.0271	34.0000	24
28.4939	56.9444	24.4273	48.8095	21.3780	42.7083	19.0066	37.9630	17.1103	34.1667	25
28.6324	57.2222	24.5460	49.0476	21.4819	42.9167	19.0990	38.1482	17.1935	34.3333	26
28.7710	57.5000	24.6648	49.2856	21.5858	43.1250	19.1914	38.3333	17.2767	34.5000	27
28.9095	57.7778	24.7835	49.5238	21.6898	43.3333	19.2838	38.5185	17.3599	34.6667	28
29.0480	58.0556	24.9023	49.7619	21.7937	43.5417	19.3762	38.7037	17.4430	34.8333	29
29.1866	58.3333	25.0211	50.0000	21.8976	43.7500	19.4686	38.8889	17.5262	35.0000	30
29.3251	58.6111	25.1398	50.2381	22.0016	43.9583	19.5610	39.0741	17.6094	35.1667	31
29.4636	58.8889	25.2586	50.4762	22.1055	44.1667	19.6534	39.2593	17.6926	35.3333	32
29.6069	59.1667	25.3814	50.7143	22.2130	44.3750	19.7490	39.4444	17.7787	35.5000	33
29.7502	59.4444	25.5043	50.9524	22.3205	44.5833	19.8446	39.6296	17.8647	35.6667	34
29.8888	59.7222	25.6230	51.1905	22.4245	44.7917	19.9370	39.8148	17.9479	35.8333	35
30.0273	60.0000	25.7418	51.4286	22.5284	45.0000	20.0294	40.0000	18.0311	36.0000	36
30.1658	60.2778	25.8606	51.6667	22.6323	45.2083	20.1218	40.1852	18.1143	36.1667	37
30.3043	60.5556	25.9793	51.9048	22.7363	45.4167	20.2142	40.3704	18.1974	36.3333	38
30.4429	60.8333	26.0981	52.1429	22.8402	45.6250	20.3066	40.5556	18.2806	36.5000	39
30.5814	61.1111	26.2168	52.3810	22.9441	45.8333	20.3990	40.7407	18.3638	36.6667	40
30.7199	61.3889	26.3356	52.6190	23.0481	46.0417	20.4914	40.9259	18.4470	36.8332	41
30.8585	61.6667	26.4543	52.8571	23.1520	46.2500	20.5838	41.1111	18.5302	37.0000	42
30.9970	61.9444	26.5731	53.0952	23.2559	46.4583	20.6762	41.2963	18.6134	37.1667	43
31.1355	62.2222	26.6919	53.3333	23.3599	46.6667	20.7686	41.4815	18.6966	37.3333	44
31.2740	62.5000	26.8106	53.5714	23.4638	46.8750	20.8610	41.6667	18.7797	37.5000	45
31.4126	62.7778	26.9294	53.8095	23.5677	47.0833	20.9534	41.8519	18.8629	37.6667	46
31.5511	63.0556	27.0481	54.0476	23.6717	47.2917	21.0458	42.0370	18.9461	37.8333	47
31.6896	63.3333	27.1669	54.2856	23.7756	47.5000	21.1382	42.2222	19.0293	38.0000	48
31.8282	63.6111	27.2857	54.5238	23.8795	47.7083	21.2307	42.4074	19.1125	38.1667	49
31.9667	63.8889	27.4044	54.7619	23.9835	47.9167	21.3231	42.5926	19.1957	38.3333	50
32.1100	64.1667	27.5273	55.0000	24.0910	48.1250	21.4186	42.7778	19.2817	38.5000	51
32.2533	64.4444	27.6501	55.2381	24.1985	48.3333	21.5142	42.9630	19.3678	38.6667	52
32.3918	64.7222	27.7689	55.4762	24.3024	48.5417	21.6066	43.1482	19.4510	38.8333	53
32.5303	65.0000	27.8876	55.7143	24.4064	48.7500	21.6990	43.3333	19.5341	39.0000	54
32.6689	65.2778	28.0064	55.9524	24.5103	48.9583	21.7914	43.5185	19.6173	39.1667	55
32.8074	65.5556	28.1251	56.1905	24.6142	49.1667	21.8829	43.7037	19.7005	39.3233	56
32.9159	65.8333	28.2439	56.4286	24.7182	49.3750	21.9763	43.8889	19.7837	39.5000	57
33.0845	66.1111	28.3627	56.6667	24.8221	49.5833	22.0687	44.0741	19.8669	39.6667	58
33.2230	66.3889	28.4814	56.9048	24.9260	49.7917	22.1611	44.2593	19.9501	39.8333	59

TABLE XIV.—ACTUAL TANGENTS, ETC.

4°	1° Curve.		2° Curve.		3° Curve.		4° Curve.		5° Curve.	
M.	Tan.	Arc.	Tan.	Arc.	Tan.	Arc.	Tan.	Arc.	Tan.	Arc.
0	200.079	400.000	100.043	200.000	66.7000	133.333	50.0295	100.000	40.0281	80.0000
1	200.910	401.667	100.459	200.833	66.9770	133.889	50.2373	100.417	40.1943	80.3333
2	201.741	403.333	100.874	201.667	67.2539	134.444	50.4450	100.833	40.3605	80.6667
3	202.572	405.000	101.290	202.500	67.5309	135.000	50.6528	101.250	40.5267	81.0000
4	202.403	406.667	101.705	203.333	67.8078	135.556	50.8605	101.667	40.6929	81.3333
5	204.233	408.333	102.120	204.167	68.0848	136.111	51.0682	102.083	40.8592	81.6667
6	205.064	410.000	102.536	205.000	68.3618	136.667	51.2760	102.500	41.0254	82.0000
7	205.924	411.667	102.966	205.833	68.6483	137.222	51.4909	102.917	41.1973	82.3333
8	206.783	413.333	103.395	206.667	68.9348	137.778	51.7058	103.333	41.3692	82.6667
9	207.614	415.000	103.811	207.500	69.2117	138.333	51.9135	103.750	41.5355	83.0000
10	208.445	416.667	104.226	208.333	69.4887	138.889	52.1213	104.167	41.7017	83.3333
11	209.275	418.333	104.642	209.167	69.7657	139.444	52.3290	104.583	41.8679	83.6667
12	210.106	420.000	105.057	210.000	70.0426	140.000	52.5367	105.000	42.0341	84.0000
13	210.937	421.667	105.472	210.833	70.3196	140.556	52.7445	105.417	42.2003	84.3333
14	211.768	423.333	105.888	211.667	70.5966	141.111	52.9522	105.833	42.3665	84.6667
15	212.599	425.000	106.303	212.500	70.8735	141.667	53.1600	106.250	42.5327	85.0000
16	213.429	426.667	106.719	213.333	71.1505	142.222	53.3677	106.667	42.6989	85.3333
17	214.260	428.333	107.134	214.167	71.4274	142.778	53.5754	107.083	42.8651	85.6667
18	215.091	430.000	107.549	215.000	71.7044	143.333	53.7832	107.500	43.0314	86.0000
19	215.922	431.667	107.965	215.833	71.9814	143.889	53.9909	107.917	43.1976	86.3333
20	216.753	433.333	108.380	216.667	72.2583	144.444	54.1987	108.333	43.3638	86.6667
21	217.583	435.000	108.796	217.500	72.5353	145.000	54.4064	108.750	43.5300	87.0000
22	218.414	436.667	109.211	218.333	72.8122	145.556	54.6141	109.167	43.6962	87.3333
23	219.274	438.333	109.611	219.167	73.0988	146.111	54.8290	109.583	43.8681	87.6667
24	220.133	440.000	110.071	220.000	73.3853	146.667	55.0439	110.000	44.0401	88.0000
25	220.964	441.667	110.486	220.833	73.6622	147.222	55.2517	110.417	44.2063	88.3333
26	221.795	443.333	110.901	221.667	73.9392	147.778	55.4594	110.833	44.3725	88.6667
27	222.626	445.000	111.317	222.500	74.2162	148.333	55.6672	111.250	44.5387	89.0000
28	223.456	446.667	111.732	223.333	74.4931	148.889	55.8749	111.667	44.7049	89.3333
29	224.287	448.333	112.148	224.167	74.7701	149.444	56.0827	112.083	44.8711	89.6667
30	225.118	450.000	112.563	225.000	75.0470	150.000	56.2904	112.500	45.0373	90.0000
31	225.949	451.667	112.979	225.833	75.3240	150.556	56.4981	112.917	45.2036	90.3333
32	226.780	453.333	113.394	226.667	75.6010	151.111	56.7059	113.333	45.3698	90.6667
33	227.610	455.000	113.809	227.500	75.8779	151.667	56.9136	113.750	45.5360	91.0000
34	228.441	456.667	114.225	228.333	76.1549	152.222	57.1214	114.167	45.7022	91.3333
35	229.272	458.333	114.640	229.167	76.4319	152.778	57.3291	114.583	45.8684	91.6667
36	230.103	460.000	115.056	230.000	76.7088	153.333	57.5368	115.000	46.0346	92.0000
37	230.962	461.667	115.485	230.833	76.9953	153.889	57.7517	115.417	46.2065	92.3333
38	231.822	463.333	115.915	231.667	77.2818	154.444	57.9666	115.833	46.3785	92.6667
39	232.652	465.000	116.330	232.500	77.5588	155.000	58.1744	116.250	46.5447	93.0000
40	233.483	466.667	116.746	233.333	77.8358	155.556	58.3821	116.667	46.7109	93.3333
41	234.314	468.333	117.161	234.167	78.1127	156.111	58.5899	117.083	46.8771	93.6667
42	235.145	470.000	117.577	235.000	78.3897	156.667	58.7976	117.500	47.0433	94.0000
43	235.976	471.667	117.992	235.833	78.6666	157.222	59.0053	117.917	47.2095	94.3333
44	236.806	473.333	118.408	236.667	78.9436	157.778	59.2131	118.333	47.3758	94.6667
45	237.637	475.000	118.823	237.500	79.2206	158.333	59.4208	118.750	47.5420	95.0000
46	238.468	476.667	119.238	238.333	79.4975	158.889	59.6286	119.167	47.7082	95.3333
47	239.299	478.333	119.654	239.167	79.7745	159.444	59.8363	119.583	47.8744	95.6667
48	240.130	480.000	120.069	240.000	80.0515	160.000	60.0440	120.000	48.0406	96.0000
49	240.960	481.667	120.485	240.833	80.3284	160.556	60.2518	120.417	48.2068	96.3333
50	241.791	483.333	120.900	241.667	80.6054	161.111	60.4595	120.833	48.3730	96.6667
51	242.651	485.000	121.330	242.500	80.8919	161.667	60.6744	121.250	48.5450	97.0000
52	243.510	486.667	121.760	243.333	81.1784	162.222	60.8893	121.667	48.7169	97.3333
53	244.341	488.333	122.175	244.167	81.4554	162.778	61.0971	122.083	48.8831	97.6667
54	245.172	490.000	122.590	245.000	81.7323	163.333	61.3048	122.500	49.0493	98.0000
55	246.003	491.667	123.006	245.833	82.0093	163.889	61.5125	122.917	49.2155	98.3333
56	246.833	493.333	123.421	246.667	82.2862	164.444	61.7203	123.333	49.3817	98.6667
57	247.664	495.000	123.837	247.500	82.5632	165.000	61.9280	123.750	49.5480	99.0000
58	248.495	496.667	124.252	248.333	82.8402	165.556	62.1358	124.167	49.7142	99.3333
59	249.326	498.333	124.667	249.167	83.1171	166.111	62.3435	124.583	49.8804	99.6667

TABLE XIV.—ACTUAL TANGENTS, ETC.

6° Curve.		7° Curve.		8° Curve.		9° Curve.		10° Curve.		4°
Tan.	Arc.	Tan.	Arc.	Tan.	Arc.	Tan.	Arc.	Tan.	Arc.	M.
33.3615	66.6667	28.6002	57.1429	25.0300	50.0000	22.2535	44.4444	20.0732	40.0000	0
33.5000	66.9444	28.7189	57.3810	25.1339	50.2083	22.3459	44.6296	20.1164	40.1667	1
33.6386	67.2222	28.8377	57.6190	25.2378	50.4167	22.4383	44.8148	20.1596	40.3333	2
33.7771	67.5000	28.9564	57.8571	25.3418	50.6250	22.5307	45.0000	20.2028	40.5000	3
33.9156	67.7778	29.0752	58.0952	25.4457	50.8333	22.6231	45.1852	20.2460	40.6667	4
34.0542	68.0556	29.1940	58.3333	25.5496	51.0417	22.7155	45.3704	20.4492	40.8333	5
34.1927	68.3333	29.3127	58.5714	25.6536	51.2500	22.8079	45.5556	20.5324	41.0000	6
34.3360	68.6111	29.4356	58.8095	25.7611	51.4583	22.9035	45.7407	20.6184	41.1667	7
34.4793	68.8889	29.5584	59.0476	25.8686	51.6667	22.9991	45.9259	20.7045	41.3333	8
34.6178	69.1667	29.6772	59.2856	25.9725	51.8750	23.0915	46.1111	20.7877	41.5000	9
34.7564	69.4444	29.7959	59.5238	26.0765	52.0833	23.1839	46.2963	20.8708	41.6667	10
34.8949	69.7222	29.9147	59.7619	26.1804	52.2917	23.2763	46.4815	20.9540	41.8333	11
35.0334	70.0000	30.0335	60.0000	26.2843	52.5000	23.3687	46.6667	21.0372	42.0000	12
35.1719	70.2778	30.1522	60.2381	26.3883	52.7083	23.4611	46.8519	21.1204	42.1667	13
35.3105	70.5556	30.2710	60.4762	26.4922	52.9167	23.5535	47.0370	21.2036	42.3333	14
35.4490	70.8333	30.3897	60.7143	26.5961	53.1250	23.6459	47.2222	21.2868	42.5000	15
35.5875	71.1111	30.5085	60.9524	26.7000	53.3333	23.7383	47.4074	21.3699	42.6667	16
35.7261	71.3889	30.6272	61.1905	26.8040	53.5417	23.8307	47.5926	21.4531	42.8333	17
35.8646	71.6667	30.7460	61.4286	26.9079	53.7500	23.9231	47.7778	21.5363	43.0000	18
36.0031	71.9444	30.8648	61.6667	27.0118	53.9583	24.0155	47.9630	21.6195	43.1667	19
36.1416	72.2222	30.9835	61.9048	27.1158	54.1667	24.1079	48.1482	21.7027	43.3333	20
36.2802	72.5000	31.1023	62.1429	27.2197	54.3750	24.2003	48.3333	21.7859	43.5000	21
36.4187	72.7778	31.2210	62.3810	27.3236	54.5833	24.2927	48.5185	21.8691	43.6667	22
36.5620	73.0556	31.3439	62.6190	27.4312	54.7917	24.3883	48.7037	21.9551	43.8333	23
36.7053	73.3333	31.4667	62.8571	27.5387	55.0000	24.4839	48.8889	22.0412	44.0000	24
36.8438	73.6111	31.5855	63.0952	27.6426	55.2083	24.5763	49.0741	22.1243	44.1667	25
36.9824	73.8889	31.7043	63.3333	27.7465	55.4167	24.6687	49.2593	22.2075	44.3333	26
37.1209	74.1667	31.8230	63.5714	27.8505	55.6250	24.7611	49.4444	22.2907	44.5000	27
37.2594	74.4444	31.9418	63.8095	27.9544	55.8333	24.8535	49.6296	22.3739	44.6667	28
37.3980	74.7222	32.0605	64.0476	28.0583	56.0417	24.9459	49.8148	22.4571	44.8333	29
37.5365	75.0000	32.1793	64.2856	28.1623	56.2500	25.0383	50.0000	22.5403	45.0000	30
37.6750	75.2778	32.2980	64.5238	28.2662	56.4583	25.1307	50.1852	22.6235	45.1667	31
37.8135	75.5556	32.4168	64.7619	28.3701	56.6667	25.2231	50.3704	22.7066	45.3333	32
37.9521	75.8333	32.5356	65.0000	28.4741	56.8750	25.3155	50.5556	22.7898	45.5000	33
38.0906	76.1111	32.6543	65.2381	28.5780	57.0833	25.4079	50.7407	22.8730	45.6667	34
38.2291	76.3889	32.7731	65.4762	28.6819	57.2917	25.5004	50.9259	22.9562	45.8333	35
38.3677	76.6667	32.8918	65.7143	28.7859	57.5000	25.5928	51.1111	23.0394	46.0000	36
38.5110	76.9444	33.0147	65.9524	28.8934	57.7083	25.6883	51.2963	23.1254	46.1667	37
38.6543	77.2222	33.1375	66.1905	29.0009	57.9167	25.7839	51.4815	23.2115	46.3333	38
38.7928	77.5000	33.2563	66.4286	29.1048	58.1250	25.8763	51.6667	23.2947	46.5000	39
38.9313	77.7778	33.3751	66.6667	29.2088	58.3333	25.9687	51.8519	23.3779	46.6667	40
39.0699	78.0556	33.4938	66.9048	29.3127	58.5417	26.0612	52.0370	23.4610	46.8333	41
39.2084	78.3333	33.6126	67.1429	29.4166	58.7500	26.1536	52.2222	23.5442	47.0000	42
39.3469	78.6111	33.7313	67.3810	29.5206	58.9583	26.2460	52.4074	23.6274	47.1667	43
39.4854	78.8889	33.8501	67.6190	29.6245	59.1667	26.3384	52.5926	23.7106	47.3333	44
39.6240	79.1667	33.9688	67.8571	29.7284	59.3750	26.4308	52.7778	23.7938	47.5000	45
39.7625	79.4444	34.0876	68.0952	29.8324	59.5833	26.5232	52.9630	23.8770	47.6667	46
39.9010	79.7222	34.2064	68.3333	29.9363	59.7917	26.6156	53.1482	23.9602	47.8333	47
40.0396	80.0000	34.3251	68.5714	30.0402	60.0000	26.7080	53.3333	24.0433	48.0000	48
40.1781	80.2778	34.4439	68.8095	30.1442	60.2083	26.8004	53.5185	24.1265	48.1667	49
40.3166	80.5556	34.5626	69.0476	30.2481	60.4167	26.8928	53.7037	24.2097	48.3333	50
40.4599	80.8333	34.6855	69.2856	30.3556	60.6250	26.9884	53.8889	24.2958	48.5000	51
40.6032	81.1111	34.8083	69.5238	30.4631	60.8333	27.0840	54.0741	24.3818	48.6667	52
40.7418	81.3889	34.9271	69.7619	30.5671	61.0417	27.1764	54.2593	24.4650	48.8333	53
40.8803	81.6667	35.0459	70.0000	30.6710	61.2500	27.2688	54.4444	24.5482	49.0000	54
41.0188	81.9444	35.1646	70.2381	30.7749	61.4583	27.3612	54.6296	24.6314	49.1667	55
41.1573	82.2222	35.2834	70.4762	30.8789	61.6667	27.4536	54.8148	24.7146	49.3333	56
41.2959	82.5000	35.4021	70.7143	30.9828	61.8750	27.5460	55.0000	24.7977	49.5000	57
41.4344	82.7778	35.5209	70.9524	31.0867	62.0833	27.6384	55.1852	24.8809	49.6667	58
41.5729	83.0556	35.6396	71.1905	31.1907	62.2917	27.7308	55.3704	24.9641	49.8333	59

TABLE XIV.—ACTUAL TANGENTS, ETC.

5°	1° Curve.		2° Curve.		3° Curve.		4° Curve.		5° Curve.	
M.	Tan.	Arc.	Tan.	Arc.	Tan.	Arc.	Tan.	Arc.	Tan.	Arc.
0	250.157	500.000	125.083	250.000	83.3941	166.667	62.5512	125.000	50.0466	100.000
1	250.987	501.667	125.498	250.833	83.6711	167.222	62.7590	125.417	50.2128	100.333
2	251.818	503.333	125.914	251.667	83.9480	167.778	62.9667	125.833	50.3790	100.667
3	252.649	505.000	126.329	252.500	84.2250	168.333	63.1745	126.250	50.5452	101.000
4	253.480	506.667	126.745	253.333	84.5019	168.889	63.3822	126.667	50.7114	101.333
5	254.339	508.333	127.174	254.167	84.7885	169.444	63.5971	127.083	50.8834	101.667
6	255.199	510.000	127.604	255.000	85.0750	170.000	63.8120	127.500	51.0553	102.000
7	256.029	511.667	128.019	255.833	85.3519	170.556	64.0198	127.917	51.2215	102.333
8	256.860	513.333	128.435	256.667	85.6289	171.111	64.2275	128.333	51.3877	102.667
9	257.691	515.000	128.850	257.500	85.9058	171.667	64.4352	128.750	51.5539	103.000
10	258.522	516.667	129.266	258.333	86.1828	172.222	64.6430	129.167	51.7202	103.333
11	259.353	518.333	129.681	259.167	86.4598	172.778	64.8507	129.583	51.8864	103.667
12	260.183	520.000	130.096	260.000	86.7367	173.333	65.0585	130.000	52.0526	104.000
13	261.014	521.667	130.512	260.833	87.0137	173.889	65.2662	130.417	52.2188	104.333
14	261.845	523.333	130.927	261.667	87.2907	174.444	65.4739	130.833	52.3850	104.667
15	262.676	525.000	131.343	262.500	87.5676	175.000	65.6817	131.250	52.5512	105.000
16	263.507	526.667	131.758	263.333	87.8446	175.556	65.8894	131.667	52.7174	105.333
17	264.337	528.333	132.174	264.167	88.1215	176.111	66.0972	132.083	52.8836	105.667
18	265.168	530.000	132.589	265.000	88.3985	176.667	66.3049	132.500	53.0498	106.000
19	266.028	531.667	133.019	265.833	88.6850	177.222	66.5198	132.917	53.2218	106.333
20	266.887	533.333	133.448	266.667	88.9715	177.778	66.7347	133.333	53.3987	106.667
21	267.718	535.000	133.864	267.500	89.2485	178.333	66.9424	133.750	53.5599	107.000
22	268.549	536.667	134.279	268.333	89.5254	178.889	67.1502	134.167	53.7261	107.333
23	269.379	538.333	134.695	269.167	89.8024	179.444	67.3579	134.583	53.8924	107.667
24	270.210	540.000	135.110	270.000	90.0794	180.000	67.5657	135.000	54.0586	108.000
25	271.041	541.667	135.526	270.833	90.3563	180.556	67.7734	135.417	54.2248	108.333
26	271.872	543.333	135.941	271.667	90.6333	181.111	67.9811	135.832	54.3910	108.667
27	272.703	545.000	136.356	272.500	90.9103	181.667	68.1889	136.250	54.5572	109.000
28	273.533	546.667	136.772	273.333	91.1872	182.222	68.3966	136.667	54.7234	109.333
29	274.364	548.333	137.187	274.167	91.4642	182.778	68.6044	137.083	54.8896	109.667
30	275.195	550.000	137.603	275.000	91.7411	183.333	68.8121	137.500	55.0558	110.000
31	276.055	551.667	138.032	275.833	92.0277	183.889	69.0270	137.917	55.2278	110.333
32	276.914	553.333	138.462	276.667	92.3142	184.444	69.2419	138.333	55.3997	110.667
33	277.745	555.000	138.877	277.500	92.5911	185.000	69.4496	138.750	55.5659	111.000
34	278.576	556.667	139.293	278.333	92.8681	185.556	69.6574	139.167	55.7321	111.333
35	279.406	558.333	139.708	279.167	93.1451	186.111	69.8651	139.583	55.8983	111.667
36	280.237	560.000	140.124	280.000	93.4220	186.667	70.0729	140.000	56.0646	112.000
37	281.068	561.667	140.539	280.833	93.6990	187.222	70.2806	140.417	56.2308	112.333
38	281.899	563.333	140.955	281.667	93.9759	187.778	70.4883	140.833	56.3970	112.667
39	282.730	565.000	141.370	282.500	94.2529	188.333	70.6961	141.250	56.5632	113.000
40	283.560	566.667	141.785	283.333	94.5299	188.889	70.9038	141.667	56.7294	113.333
41	284.391	568.333	142.201	284.167	94.8068	189.444	71.1116	142.083	56.8956	113.667
42	285.222	570.000	142.616	285.000	95.0838	190.000	71.3193	142.500	57.0618	114.000
43	286.053	571.667	143.032	285.833	95.3607	190.556	71.5270	142.917	57.2280	114.333
44	286.884	573.333	143.447	286.667	95.6377	191.111	71.7348	143.333	57.3942	114.667
45	287.743	575.000	143.877	287.500	95.9242	191.667	71.9497	143.750	57.5662	115.000
46	288.602	576.667	144.307	288.333	96.2107	192.222	72.1646	144.167	57.7381	115.333
47	289.433	578.333	144.722	289.167	96.4877	192.778	72.3723	144.583	57.9043	115.667
48	290.264	580.000	145.137	290.000	96.7647	193.333	72.5801	145.000	58.0705	116.000
49	291.095	581.667	145.553	290.833	97.0416	193.889	72.7878	145.417	58.2368	116.333
50	291.926	583.333	145.968	291.667	97.3186	194.444	72.9956	145.833	58.4030	116.667
51	292.756	585.000	146.384	292.500	97.5955	195.000	73.2033	146.250	58.5692	117.000
52	293.587	586.667	146.799	293.333	97.8725	195.556	73.4110	146.667	58.7354	117.333
53	294.418	588.333	147.214	294.167	98.1495	196.111	73.6188	147.083	58.9016	117.667
54	295.249	590.000	147.630	295.000	98.4264	196.667	73.8265	147.500	59.0678	118.000
55	296.080	591.667	148.045	295.833	98.7034	197.222	74.0343	147.917	59.2340	118.333
56	296.910	593.333	148.461	296.667	98.9803	197.778	74.2420	148.333	59.4002	118.667
57	297.770	595.000	148.890	297.500	99.2669	198.333	74.4569	148.750	59.5722	119.000
58	298.629	596.667	149.320	298.333	99.5534	198.889	74.6718	149.167	59.7441	119.333
59	299.460	598.333	149.736	299.167	99.8303	199.444	74.8795	149.583	59.9103	119.667

TABLE XIV.—ACTUAL TANGENTS, ETC.

6° Curve.		7° Curve.		8° Curve.		9° Curve.		10° Curve.		5°
Tan.	Arc.	Tan.	Arc.	Tan.	Arc.	Tan.	Arc.	Tan.	Arc.	M.
41.7114	83.3333	35.7584	71.4286	31.2946	62.5000	27.8232	55.5556	25.0473	50.0000	0
41.8500	83.6111	35.8772	71.6667	31.3985	62.7083	27.9156	55.7407	25.1305	50.1667	1
41.9885	83.8889	35.9959	71.9048	31.5025	62.9167	28.0080	55.9259	25.2137	50.3333	2
42.1270	84.1667	36.1147	72.1429	31.6064	63.1250	28.1004	56.1111	25.2969	50.5000	3
42.2656	84.4444	36.2334	72.3810	31.7103	63.3333	28.1928	56.2963	25.3800	50.6667	4
42.4089	84.7222	36.3563	72.6190	31.8179	63.5417	28.2884	56.4815	25.4061	50.8333	5
42.5522	85.0000	36.4791	72.8571	31.9254	63.7500	28.3840	56.6667	25.5521	51.0000	6
42.6907	85.2778	36.5979	73.0952	32.0293	63.9583	28.4764	56.8519	25.6353	51.1667	7
42.8292	85.5556	36.7167	73.3333	32.1332	64.1667	28.5688	57.0370	25.7185	51.3333	8
42.9678	85.8333	36.8354	73.5714	32.2372	64.3750	28.6612	57.2222	25.8017	51.5000	9
43.1063	86.1111	36.9542	73.8095	32.3411	64.5833	28.7536	57.4074	25.8849	51.6667	10
43.2448	86.3889	37.0729	74.0476	32.4450	64.7917	28.8460	57.5926	25.9681	51.8333	11
43.3833	86.6667	37.1917	74.2856	32.5490	65.0000	28.9384	57.7778	26.0513	52.0000	12
43.5219	86.9444	37.3105	74.5238	32.6529	65.2083	29.0308	57.9630	26.1344	52.1667	13
43.6604	87.2222	37.4292	74.7619	32.7568	65.4167	29.1232	58.1482	26.2176	52.3333	14
43.7989	87.5000	37.5480	75.0000	32.8608	65.6250	29.2156	58.3333	26.3008	52.5000	15
43.9375	87.7778	37.6667	75.2381	32.9647	65.8333	29.3080	58.5185	26.3840	52.6667	16
44.0760	88.0556	37.7855	75.4762	33.0686	66.0417	29.4004	58.7037	26.4672	52.8333	17
44.2145	88.3333	37.9042	75.7143	33.1726	66.2500	29.4928	58.8889	26.5504	53.0000	18
44.3578	88.6111	38.0271	75.9524	33.2801	66.4583	29.5884	59.0741	26.6364	53.1667	19
44.5011	88.8889	38.1499	76.1905	33.3876	66.6667	29.6840	59.2593	26.7225	53.3333	20
44.6397	89.1667	38.2687	76.4286	33.4915	66.8750	29.7764	59.4444	26.8057	53.5000	21
44.7782	89.4444	38.3875	76.6667	33.5955	67.0833	29.8688	59.6296	26.8888	53.6667	22
44.9167	89.7222	38.5062	76.9048	33.6994	67.2917	29.9612	59.8148	26.9720	53.8333	23
45.0552	90.0000	38.6250	77.1429	33.8033	67.5000	30.0536	60.0000	27.0552	54.0000	24
45.1938	90.2778	38.7437	77.3810	33.9073	67.7083	30.1461	60.1852	27.1384	54.1667	25
45.3323	90.5556	38.8625	77.6190	34.0112	67.9167	30.2385	60.3704	27.2216	54.3333	26
45.4708	90.8333	38.9813	77.8571	34.1151	68.1250	30.3309	60.5556	27.3048	54.5000	27
45.6094	91.1111	39.1000	78.0952	34.2191	68.3333	30.4233	60.7407	27.3880	54.6667	28
45.7479	91.3889	39.2188	78.3333	34.3230	68.5417	30.5157	60.9259	27.4711	54.8333	29
45.8864	91.6667	39.3375	78.5714	34.4269	68.7500	30.6081	61.1111	27.5543	55.0000	30
46.0297	91.9444	39.4604	78.8095	34.5315	68.9583	30.7037	61.2963	27.6404	55.1667	31
46.1730	92.2222	39.5832	79.0476	34.6420	69.1667	30.7993	61.4815	27.7264	55.3333	32
46.3116	92.5000	39.7020	79.2856	34.7459	69.3750	30.8917	61.6667	27.8096	55.5000	33
46.4501	92.7778	39.8207	79.5238	34.8498	69.5833	30.9841	61.8519	27.8928	55.6667	34
46.5886	93.0556	39.9395	79.7619	34.9538	69.7917	31.0765	62.0370	27.9760	55.8333	35
46.7271	93.3333	40.0583	80.0000	35.0577	70.0000	31.1689	62.2222	28.0592	56.0000	36
46.8657	93.6111	40.1770	80.2381	35.1616	70.2083	31.2613	62.4074	28.1424	56.1667	37
47.0042	93.8889	40.2958	80.4762	35.2656	70.4167	31.3537	62.5926	28.2255	56.3333	38
47.1427	94.1667	40.4145	80.7143	35.3695	70.6250	31.4461	62.7778	28.3087	56.5000	39
47.2813	94.4444	40.5333	80.9524	35.4734	70.8333	31.5385	62.9630	28.3919	56.6667	40
47.4198	94.7222	40.6521	81.1905	35.5774	71.0417	31.6309	63.1482	28.4751	56.8333	41
47.5583	95.0000	40.7708	81.4286	35.6813	71.2500	31.7233	63.3333	28.5583	57.0000	42
47.6968	95.2778	40.8896	81.6667	35.7852	71.4583	31.8157	63.5185	28.6415	57.1667	43
47.8354	95.5556	41.0083	81.9048	35.8892	71.6667	31.9081	63.7087	28.7247	57.3333	44
47.9787	95.8333	41.1312	82.1429	35.9967	71.8750	32.0037	63.8889	28.8107	57.5000	45
48.1220	96.1111	41.2540	82.3810	36.1042	72.0833	32.0993	64.0741	28.8968	57.6667	46
48.2605	96.3889	41.3728	82.6190	36.2081	72.2917	32.1917	64.2593	28.9799	57.8333	47
48.3990	96.6667	41.4915	82.8571	36.3121	72.5000	32.2841	64.4444	29.0631	58.0000	48
48.5376	96.9444	41.6103	83.0952	36.4160	72.7083	32.3765	64.6296	29.1463	58.1667	49
48.6761	97.2222	41.7291	83.3333	36.5199	72.9167	32.4689	64.8148	29.2295	58.3333	50
48.8146	97.5000	41.8478	83.5714	36.6239	73.1250	32.5613	65.0000	29.3127	58.5000	51
48.9532	97.7778	41.9666	83.8095	36.7278	73.3333	32.6537	65.1852	29.3959	58.6667	52
49.0917	98.0556	42.0853	84.0476	36.8317	73.5417	32.7461	65.3704	29.4791	58.8333	53
49.2302	98.3333	42.2041	84.2856	36.9357	73.7500	32.8385	65.5556	29.5622	59.0000	54
49.3687	98.6111	42.3229	84.5238	37.0396	73.9583	32.9309	65.7407	29.6454	59.1667	55
49.5073	98.8889	42.4416	84.7619	37.1435	74.1667	33.0233	65.9259	29.7286	59.3333	56
49.6506	99.1667	42.5645	85.0000	37.2511	74.3750	33.1189	66.1111	29.8147	59.5000	57
49.7939	99.4444	42.6879	85.2381	37.3586	74.5833	33.2145	66.2963	29.9007	59.6667	58
49.9324	99.7222	42.8061	85.4762	37.4625	74.7917	33.3069	66.4815	29.9839	59.8333	59

TABLE XIV.—ACTUAL TANGENTS, ETC

6°	1° Curve.		2° Curve.		3° Curve.		4° Curve.		5° Curve.	
M.	Tan.	Arc.	Tan.	Arc.	Tan.	Arc.	Tan.	Arc.	Tan.	Arc.
0	300.291	600.000	150.151	300.000	100.107	200.000	75.0873	150.000	60.0765	120.000
1	301.122	601.667	150.566	300.833	100.384	200.556	75.2050	150.417	60.2427	120.333
2	301.953	603.333	150.982	301.667	100.661	201.111	75.5028	150.833	60.4090	120.667
3	302.783	605.000	151.397	302.500	100.938	201.667	75.7105	151.250	60.5752	121.000
4	303.614	606.667	151.813	303.333	101.215	202.222	75.9182	151.667	60.7414	121.333
5	304.445	608.333	152.228	304.167	101.492	202.778	76.1260	152.083	60.9076	121.667
6	305.276	610.000	152.643	305.000	101.769	203.333	76.3337	152.500	61.0738	122.000
7	306.107	611.667	153.059	305.833	102.046	203.889	76.5415	152.917	61.2400	122.333
8	306.937	613.333	153.474	306.667	102.323	204.444	76.7492	153.333	61.4062	122.667
9	307.797	615.000	153.904	307.500	102.609	205.000	76.9641	153.750	61.5782	123.000
10	308.656	616.667	154.334	308.333	102.896	205.556	77.1790	154.167	61.7501	123.333
11	309.487	618.333	154.749	309.167	103.173	206.111	77.3868	154.583	61.9163	123.667
12	310.318	620.000	155.165	310.000	103.450	206.667	77.5945	155.000	62.0825	124.000
13	311.149	621.667	155.580	310.833	103.727	207.222	77.8022	155.417	62.2487	124.333
14	311.979	623.333	155.995	311.667	104.004	207.778	78.0100	155.833	62.4149	124.667
15	312.810	625.000	156.411	312.500	104.281	208.333	78.2177	156.250	62.5812	125.000
16	313.641	626.667	156.826	313.333	104.558	208.889	78.4255	156.667	62.7474	125.333
17	314.472	628.333	157.242	314.167	104.835	209.444	78.6332	157.083	62.9136	125.667
18	315.303	630.000	157.657	315.000	105.112	210.000	78.8409	157.500	63.0798	126.000
19	316.162	631.667	158.087	315.833	105.398	210.556	79.0558	157.917	63.2517	126.333
20	317.022	633.333	158.517	316.667	105.685	211.111	79.2707	158.333	63.4237	126.667
21	317.852	635.000	158.932	317.500	105.962	211.667	79.4785	158.750	63.5899	127.000
22	318.683	636.667	159.347	318.333	106.239	212.222	79.6862	159.167	63.7561	127.333
23	319.514	638.333	159.763	319.167	106.516	212.778	79.8940	159.583	63.9223	127.667
24	320.345	640.000	160.178	320.000	106.793	213.333	80.1017	160.000	64.0885	128.000
25	321.176	641.667	160.594	320.833	107.070	213.889	80.3094	160.417	64.2547	128.333
26	322.006	643.333	161.009	321.667	107.346	214.444	80.5172	160.833	64.4209	128.667
27	322.837	645.000	161.424	322.500	107.623	215.000	80.7249	161.250	64.5871	129.000
28	323.668	646.667	161.840	323.333	107.900	215.556	80.9327	161.667	64.7534	129.333
29	324.499	648.333	162.255	324.167	108.177	216.111	81.1404	162.083	64.9196	129.667
30	325.330	650.000	162.671	325.000	108.454	216.667	81.3481	162.500	65.0858	130.000
31	326.189	651.667	163.100	325.833	108.741	217.222	81.5630	162.917	65.2577	130.333
32	327.048	653.333	163.530	326.667	109.027	217.778	81.7779	163.333	65.4297	130.667
33	327.879	655.000	163.946	327.500	109.304	218.333	81.9857	163.750	65.5959	131.000
34	328.710	656.667	164.361	328.333	109.581	218.889	82.1934	164.167	65.7621	131.333
35	329.541	658.333	164.776	329.167	109.858	219.444	82.4012	164.583	65.9283	131.667
36	330.372	660.000	165.192	330.000	110.135	220.000	82.6089	165.000	66.0945	132.000
37	331.202	661.667	165.607	330.833	110.412	220.556	82.8166	165.417	66.2607	132.333
38	332.033	663.333	166.023	331.667	110.689	221.111	83.0244	165.833	66.4269	132.667
39	332.864	665.000	166.438	332.500	110.966	221.667	83.2321	166.250	66.5931	133.000
40	333.695	666.667	166.854	333.333	111.243	222.222	83.4399	166.667	66.7593	133.333
41	334.554	668.333	167.283	334.167	111.530	222.778	83.6548	167.083	66.9313	133.667
42	335.414	670.000	167.713	335.000	111.816	223.333	83.8697	167.500	67.1032	134.000
43	336.245	671.667	168.128	335.833	112.093	223.889	84.0774	167.917	67.2694	134.333
44	337.075	673.333	168.544	336.667	112.370	224.444	84.2852	168.333	67.4357	134.667
45	337.906	675.000	168.959	337.500	112.647	225.000	84.4929	168.750	67.6019	135.000
46	338.737	676.667	169.375	338.333	112.924	225.556	84.7006	169.167	67.7681	135.333
47	339.568	678.333	169.790	339.167	113.201	226.111	84.9084	169.583	67.9343	135.667
48	340.399	680.000	170.205	340.000	113.478	226.667	85.1161	170.000	68.1005	136.000
49	341.229	681.667	170.621	340.833	113.755	227.222	85.3239	170.417	68.2667	136.333
50	342.060	683.333	171.036	341.667	114.032	227.778	85.5316	170.833	68.4329	136.667
51	342.891	685.000	171.452	342.500	114.309	228.333	85.7393	171.250	68.5991	137.000
52	343.722	686.667	171.867	343.333	114.586	228.889	85.9471	171.667	68.7653	137.333
53	344.581	688.333	172.297	344.167	114.872	229.444	86.1620	172.083	68.9373	137.667
54	345.441	690.000	172.727	345.000	115.159	230.000	86.3769	172.500	69.1092	138.000
55	346.271	691.667	173.142	345.833	115.436	230.556	86.5846	172.917	69.2754	138.333
56	347.102	693.333	173.557	346.667	115.713	231.111	86.7924	173.333	69.4416	138.667
57	347.933	695.000	173.973	347.500	115.990	231.667	87.0001	173.750	69.6079	139.000
58	348.764	696.667	174.388	348.333	116.267	232.222	87.2078	174.167	69.7741	139.333
59	349.595	698.333	174.804	349.167	116.544	232.778	87.4156	174.583	69.9403	139.667

TABLE XIV.—ACTUAL TANGENTS, ETC.

6° Curve.		7° Curve.		8° Curve.		9° Curve.		10° Curve.		6°
Tan.	Arc.	Tan.	Arc.	Tan.	Arc.	Tan.	Arc.	Tan.	Arc.	M.
50.0709	100.000	42.9248	85.7143	37.5664	75.0000	33.3393	66.6667	30.0671	60.0000	0
50.2095	100.278	43.0436	85.9524	37.6704	75.2083	33.4917	66.8519	30.1503	60.1667	1
50.3480	100.556	43.1623	86.1905	37.7743	75.4167	33.5841	67.0370	30.2335	60.3333	2
50.4865	100.833	43.2811	86.4286	37.8782	75.6250	33.6765	67.2222	30.3166	60.5000	3
50.6251	101.111	43.3999	86.6667	37.9822	75.8333	33.7689	67.4074	30.3998	60.6667	4
50.7636	101.389	43.5186	86.9048	38.0861	76.0417	33.8613	67.5926	30.4830	60.8333	5
50.9021	101.667	43.6374	87.1429	38.1900	76.2500	33.9537	67.7778	30.5662	61.0000	6
51.0406	101.944	43.7561	87.3810	38.2940	76.4583	34.0461	67.9630	30.6494	61.1667	7
51.1792	102.222	43.8749	87.6190	38.3979	76.6667	34.1385	68.1482	30.7326	61.3333	8
51.3225	102.500	43.9977	87.8571	38.5054	76.8750	34.2341	68.3333	30.8186	61.5000	9
51.4658	102.778	44.1206	88.0952	38.6129	77.0833	34.3297	68.5185	30.9047	61.6667	10
51.6043	103.056	44.2394	88.3333	38.7169	77.2917	34.4221	68.7037	30.9879	61.8333	11
51.7428	103.333	44.3581	88.5714	38.8208	77.5000	34.5145	68.8889	31.0710	62.0000	12
51.8814	103.611	44.4769	88.8095	38.9247	77.7083	34.6069	69.0741	31.1542	62.1667	13
52.0199	103.889	44.5956	89.0476	38.9287	77.9167	34.6993	69.2593	31.2374	62.3333	14
52.1584	104.167	44.7144	89.2856	39.1326	78.1250	34.7917	69.4444	31.3206	62.5000	15
52.2969	104.444	44.8331	89.5238	39.2365	78.3333	34.8842	69.6296	31.4038	62.6667	16
52.4355	104.722	44.9519	89.7619	39.3405	78.5417	34.9766	69.8148	31.4870	62.8333	17
52.5740	105.000	45.0707	90.0000	39.4444	78.7500	35.0690	70.0000	31.5702	63.0000	18
52.7173	105.278	45.1935	90.2381	39.5519	78.9583	35.1646	70.1852	31.6562	63.1667	19
52.8606	105.556	45.3164	90.4762	39.6594	79.1667	35.2601	70.3704	31.7423	63.3333	20
52.9991	105.833	45.4351	90.7143	39.7634	79.3750	35.3525	70.5556	31.8254	63.5000	21
53.1377	106.111	45.5539	90.9524	39.8673	79.5833	35.4450	70.7407	31.9086	63.6667	22
53.2762	106.389	45.6726	91.1905	39.9712	79.7917	35.5374	70.9259	31.9918	63.8333	23
53.4147	106.667	45.7914	91.4286	40.0752	80.0000	35.6298	71.1111	32.0750	64.0000	24
53.5533	106.944	45.9102	91.6667	40.1791	80.2083	35.7222	71.2963	32.1582	64.1667	25
53.6918	107.222	46.0289	91.9048	40.2830	80.4167	35.8146	71.4815	32.2414	64.3333	26
53.8303	107.500	46.1477	92.1429	40.3870	80.6250	35.9070	71.6667	32.3246	64.5000	27
53.9688	107.778	46.2664	92.3810	40.4909	80.8333	35.9994	71.8519	32.4077	64.6667	28
54.1074	108.056	46.3852	92.6190	40.5948	81.0417	36.0918	72.0370	32.4909	64.8333	29
54.2459	108.333	46.5039	92.8571	40.6988	81.2500	36.1842	72.2222	32.5741	65.0000	30
54.3892	108.611	46.6268	93.0952	40.8068	81.4583	36.2798	72.4074	32.6602	65.1667	31
54.5325	108.889	46.7497	93.3333	40.9108	81.6667	36.3754	72.5926	32.7462	65.3333	32
54.6710	109.167	46.8684	93.5714	41.0177	81.8750	36.4678	72.7778	32.8294	65.5000	33
54.8096	109.444	46.9872	93.8095	41.1217	82.0833	36.5602	72.9630	32.9126	65.6667	34
54.9481	109.722	47.1059	94.0476	41.2256	82.2917	36.6526	73.1482	32.9958	65.8333	35
55.0866	110.000	47.2247	94.2856	41.3295	82.5000	36.7450	73.3333	33.0790	66.0000	36
55.2252	110.278	47.3434	94.5238	41.4335	82.7083	36.8374	73.5185	33.1621	66.1667	37
55.3637	110.556	47.4622	94.7619	41.5374	82.9167	36.9298	73.7087	33.2453	66.3333	38
55.5022	110.833	47.5810	95.0000	41.6413	83.1250	37.0222	73.8889	33.3285	66.5000	39
55.6407	111.111	47.6997	95.2381	41.7453	83.3333	37.1146	74.0741	33.4117	66.6667	40
55.7840	111.389	47.8226	95.4762	41.8528	83.5417	37.2102	74.2593	33.4978	66.8333	41
55.9274	111.667	47.9454	95.7143	41.9603	83.7500	37.3058	74.4444	33.5838	67.0000	42
56.0659	111.944	48.0642	95.9524	42.0642	83.9583	37.3982	74.6296	33.6670	67.1667	43
56.2044	112.222	48.1829	96.1905	42.1682	84.1667	37.4906	74.8148	33.7502	67.3333	44
56.3429	112.500	48.3017	96.4286	42.2721	84.3750	37.5830	75.0000	33.8334	67.5000	45
56.4815	112.778	48.4205	96.6667	42.3760	84.5833	37.6754	75.1852	33.9165	67.6667	46
56.6200	113.056	48.5392	96.9048	42.4800	84.7917	37.7678	75.3704	33.9997	67.8333	47
56.7585	113.333	48.6580	97.1429	42.5839	85.0000	37.8602	75.5556	34.0829	68.0000	48
56.8971	113.611	48.7767	97.3810	42.6878	85.2083	37.9526	75.7407	34.1661	68.1667	49
57.0356	113.889	48.8955	97.6190	42.7918	85.4167	38.0450	75.9259	34.2493	68.3333	50
57.1741	114.167	49.0142	97.8571	42.8957	85.6250	38.1374	76.1111	34.3325	68.5000	51
57.3126	114.444	49.1330	98.0952	42.9996	85.8333	38.2298	76.2963	34.4157	68.6667	52
57.4559	114.722	49.2559	98.3333	43.1071	86.0417	38.3254	76.4815	34.5017	68.8333	53
57.5993	115.000	49.3787	98.5714	43.2147	86.2500	38.4210	76.6667	34.5878	69.0000	54
57.7378	115.278	49.4975	98.8095	43.3186	86.4583	38.5134	76.8519	34.6709	69.1667	55
57.8763	115.556	49.6162	99.0476	43.4225	86.6667	38.6058	77.0370	34.7541	69.3333	56
58.0148	115.833	49.7350	99.2856	43.5265	86.8750	38.6982	77.2222	34.8373	69.5000	57
58.1534	116.111	49.8537	99.5238	43.6304	87.0833	38.7906	77.4074	34.9205	69.6667	58
58.2919	116.389	49.9725	99.7619	43.7343	87.2917	38.8830	77.5926	35.0037	69.8333	59

TABLE XIV.—ACTUAL TANGENTS, ETC.

7°	1° Curve.		2° Curve.		3° Curve.		4° Curve.		5° Curve.	
M.	Tan.	Arc.	Tan.	Arc.	Tan.	Arc.	Tan.	Arc.	Tan.	Arc.
0	350.425	700.000	175.219	350.000	116.820	233.333	87.6233	175.000	70.1065	140.000
1	351.256	701.667	175.635	350.833	117.097	233.889	87.8311	175.417	70.2727	140.333
2	352.087	703.333	176.050	351.667	117.374	234.444	88.0388	175.833	70.4389	140.667
3	352.946	705.000	176.480	352.500	117.661	235.000	88.2537	176.250	70.6108	141.000
4	353.806	706.667	176.909	353.333	117.947	235.556	88.4686	176.667	70.7828	141.333
5	354.637	708.333	177.325	354.167	118.224	236.111	88.6763	177.083	70.9490	141.667
6	355.467	710.000	177.740	355.000	118.501	236.667	88.8841	177.500	71.1152	142.000
7	356.298	711.667	178.156	355.833	118.778	237.222	89.0918	177.917	71.2814	142.333
8	357.129	713.333	178.571	356.667	119.055	237.778	89.2996	178.333	71.4476	142.667
9	357.960	715.000	178.987	357.500	119.332	238.333	89.5073	178.750	71.6138	143.000
10	358.791	716.667	179.402	358.333	119.609	238.889	89.7150	179.167	71.7801	143.333
11	359.621	718.333	179.817	359.167	119.886	239.444	89.9228	179.583	71.9463	143.667
12	360.452	720.000	180.233	360.000	120.163	240.000	90.1305	180.000	72.1125	144.000
13	361.312	721.667	180.662	360.833	120.450	240.556	90.3454	180.417	72.2844	144.333
14	362.171	723.333	181.092	361.667	120.736	241.111	90.5603	180.833	72.4564	144.667
15	363.002	725.000	181.508	362.500	121.013	241.667	90.7681	181.250	72.6226	145.000
16	363.833	726.667	181.923	363.333	121.290	242.222	90.9758	181.667	72.7888	145.333
17	364.664	728.333	182.338	364.167	121.567	242.778	91.1836	182.083	72.9550	145.667
18	365.494	730.000	182.754	365.000	121.844	243.333	91.3913	182.500	73.1212	146.000
19	366.325	731.667	183.169	365.833	122.121	243.889	91.5990	182.917	73.2874	146.333
20	367.156	733.333	183.585	366.667	122.398	244.444	91.8068	183.333	73.4536	146.667
21	367.987	735.000	184.000	367.500	122.675	245.000	92.0145	183.750	73.6198	147.000
22	368.818	736.667	184.416	368.333	122.952	245.556	92.2223	184.167	73.7860	147.333
23	369.677	738.333	184.845	369.167	123.238	246.111	92.4372	184.583	73.9580	147.667
24	370.536	740.000	185.275	370.000	123.525	246.667	92.6521	185.000	74.1299	148.000
25	371.367	741.667	185.690	370.833	123.802	247.222	92.8598	185.417	74.2961	148.333
26	372.198	743.333	186.106	371.667	124.079	247.778	93.0675	185.833	74.4623	148.667
27	373.029	745.000	186.521	372.500	124.356	248.333	93.2753	186.250	74.6286	149.000
28	373.860	746.667	186.937	373.333	124.633	248.889	93.4830	186.667	74.7948	149.333
29	374.690	748.333	187.352	374.167	124.910	249.444	93.6908	187.083	74.9610	149.667
30	375.521	750.000	187.768	375.000	125.187	250.000	93.8985	187.500	75.1272	150.000
31	376.381	751.667	188.197	375.833	125.473	250.556	94.1134	187.917	75.2991	150.333
32	377.240	753.333	188.627	376.667	125.760	251.111	94.3283	188.333	75.4711	150.667
33	378.071	755.000	189.042	377.500	126.037	251.667	94.5360	188.750	75.6373	151.000
34	378.902	756.667	189.458	378.333	126.314	252.222	94.7438	189.167	75.8035	151.333
35	379.733	758.333	189.873	379.167	126.591	252.778	94.9515	189.583	75.9697	151.667
36	380.563	760.000	190.289	380.000	126.868	253.333	95.1593	190.000	76.1359	152.000
37	381.394	761.667	190.704	380.833	127.144	253.889	95.3670	190.417	76.3021	152.333
38	382.225	763.333	191.119	381.667	127.421	254.444	95.5747	190.833	76.4683	152.667
39	383.056	765.000	191.535	382.500	127.698	255.000	95.7825	191.250	76.6345	153.000
40	383.887	766.667	191.950	383.333	127.975	255.556	95.9902	191.667	76.8008	153.333
41	384.746	768.333	192.380	384.167	128.262	256.111	96.2051	192.083	76.9727	153.667
42	385.605	770.000	192.810	385.000	128.548	256.667	96.4200	192.500	77.1446	154.000
43	386.436	771.667	193.225	385.833	128.825	257.222	96.6278	192.917	77.3109	154.333
44	387.267	773.333	193.641	386.667	129.102	257.778	96.8355	193.333	77.4771	154.667
45	388.098	775.000	194.056	387.500	129.379	258.333	97.0433	193.750	77.6433	155.000
46	388.929	776.667	194.471	388.333	129.656	258.889	97.2510	194.167	77.8095	155.333
47	389.759	778.333	194.887	389.167	129.933	259.444	97.4587	194.583	77.9757	155.667
48	390.590	780.000	195.302	390.000	130.210	260.000	97.6665	195.000	78.1419	156.000
49	391.450	781.667	195.732	390.833	130.497	260.556	97.8814	195.417	78.3138	156.333
50	392.309	783.333	196.162	391.667	130.783	261.111	98.0963	195.833	78.4858	156.667
51	393.140	785.000	196.577	392.500	131.060	261.667	98.3040	196.250	78.6520	157.000
52	393.971	786.667	196.993	393.333	131.337	262.222	98.5118	196.667	78.8182	157.333
53	394.802	788.333	197.408	394.167	131.614	262.778	98.7195	197.083	78.9844	157.667
54	395.632	790.000	197.823	395.000	131.891	263.333	98.9272	197.500	79.1506	158.000
55	396.463	791.667	198.239	395.833	132.168	263.889	99.1350	197.917	79.3168	158.333
56	397.294	793.333	198.654	396.667	132.445	264.444	99.3427	198.333	79.4831	158.667
57	398.125	795.000	199.070	397.500	132.722	265.000	99.5505	198.750	79.6493	159.000
58	398.956	796.667	199.485	398.333	132.999	265.556	99.7582	199.167	79.8155	159.333
59	399.815	798.333	199.915	399.167	133.285	266.111	99.9731	199.583	79.9874	159.667

TABLE XIV.—ACTUAL TANGENTS, ETC.

6° Curve.		7° Curve.		8° Curve.		9° Curve.		10° Curve.		7°
Tan.	Arc.	Tan.	Arc.	Tan.	Arc.	Tan.	Arc.	Tan.	Arc.	M.
58.4304	116.667	50.0913	100.000	43.8383	87.5000	38.9754	77.7778	35.0869	70.0000	0
58.5690	116.944	50.2100	100.238	43.9422	87.7083	39.0678	77.9630	35.1701	70.1667	1
58.7075	117.222	50.3288	100.476	44.0461	87.9167	39.1602	78.1482	35.2532	70.3333	2
58.8508	117.500	50.4516	100.714	44.1536	88.1250	39.2558	78.3333	35.3363	70.5000	3
58.9941	117.778	50.5745	100.952	44.2612	88.3333	39.3514	78.5185	35.4254	70.6667	4
59.1326	118.056	50.6932	101.190	44.3651	88.5417	39.4428	78.7037	35.5085	70.8333	5
59.2711	118.333	50.8120	101.429	44.4690	88.7500	39.5362	78.8889	35.5917	71.0000	6
59.4097	118.611	50.9308	101.667	44.5730	88.9583	39.6286	79.0741	35.6749	71.1667	7
59.5482	118.889	51.0495	101.905	44.6769	89.1667	39.7210	79.2593	35.7581	71.3333	8
59.6897	119.167	51.1683	102.143	44.7808	89.3750	39.8134	79.4444	35.8413	71.5000	9
59.8253	119.444	51.2870	102.381	44.8848	89.5833	39.9058	79.6296	35.9245	71.6667	10
59.9638	119.722	51.4058	102.619	44.9887	89.7917	39.9982	79.8148	36.0076	71.8333	11
60.1023	120.000	51.5245	102.857	45.0926	90.0000	40.0906	80.0000	36.0908	72.0000	12
60.2456	120.278	51.6474	103.095	45.2001	90.2083	40.1862	80.1852	36.1769	72.1667	13
60.3889	120.556	51.7702	103.333	45.3077	90.4167	40.2818	80.3704	36.2629	72.3333	14
60.5275	120.833	51.8890	103.571	45.4116	90.6250	40.3742	80.5556	36.3461	72.5000	15
60.6660	121.111	52.0078	103.810	45.5155	90.8333	40.4666	80.7407	36.4293	72.6667	16
60.8045	121.389	52.1265	104.048	45.6195	91.0417	40.5590	80.9259	36.5125	72.8333	17
60.9430	121.667	52.2453	104.286	45.7234	91.2500	40.6514	81.1111	36.5957	73.0000	18
61.0816	121.944	52.3640	104.524	45.8273	91.4583	40.7430	81.2963	36.6789	73.1667	19
61.2201	122.222	52.4828	104.762	45.9313	91.6667	40.8363	81.4815	36.7620	73.3333	20
61.3586	122.500	52.6016	105.000	46.0352	91.8750	40.9287	81.6667	36.8452	73.5000	21
61.4972	122.778	52.7203	105.238	46.1391	92.0833	41.0211	81.8519	36.9284	73.6667	22
61.6405	123.056	52.8432	105.476	46.2466	92.2917	41.1167	82.0370	37.0145	73.8333	23
61.7838	123.333	52.9660	105.714	46.3542	92.5000	41.2122	82.2222	37.1005	74.0000	24
61.9223	123.611	53.0848	105.952	46.4581	92.7083	41.3046	82.4074	37.1837	74.1667	25
62.0608	123.889	53.2035	106.190	46.5620	92.9167	41.3971	82.5926	37.2669	74.3333	26
62.1994	124.167	53.3223	106.429	46.6660	93.1250	41.4895	82.7778	37.3501	74.5000	27
62.3379	124.444	53.4410	106.667	46.7699	93.3333	41.5819	82.9630	37.4333	74.6667	28
62.4764	124.722	53.5598	106.905	46.8738	93.5417	41.6743	83.1482	37.5165	74.8333	29
62.6149	125.000	53.6786	107.143	46.9778	93.7500	41.7667	83.3333	37.5996	75.0000	30
62.7582	125.278	53.8014	107.381	47.0853	93.9583	41.8623	83.5185	37.6857	75.1667	31
62.9016	125.556	53.9243	107.619	47.1928	94.1667	41.9579	83.7037	37.7717	75.3333	32
63.0401	125.833	54.0430	107.857	47.2967	94.3750	42.0503	83.8889	37.8549	75.5000	33
63.1786	126.111	54.1618	108.095	47.4007	94.5833	42.1427	84.0741	37.9381	75.6667	34
63.3171	126.389	54.2805	108.333	47.5046	94.7917	42.2351	84.2593	38.0213	75.8333	35
63.4557	126.667	54.3993	108.571	47.6085	95.0000	42.3275	84.4444	38.1045	76.0000	36
63.5942	126.944	54.5181	108.810	47.7125	95.2083	42.4199	84.6296	38.1877	76.1667	37
63.7327	127.222	54.6368	109.048	47.8164	95.4167	42.5123	84.8148	38.2709	76.3333	38
63.8713	127.500	54.7556	109.286	47.9203	95.6250	42.6047	85.0000	38.3540	76.5000	39
64.0098	127.778	54.8743	109.524	48.0243	95.8333	42.6971	85.1852	38.4372	76.6667	40
64.1531	128.056	54.9972	109.762	48.1318	96.0417	42.7927	85.3704	38.5223	76.8333	41
64.2964	128.333	55.1200	110.000	48.2393	96.2500	42.8883	85.5556	38.6093	77.0000	42
64.4349	128.611	55.2388	110.238	48.3432	96.4583	42.9807	85.7407	38.6925	77.1667	43
64.5735	128.889	55.3576	110.476	48.4472	96.6667	43.0731	85.9259	38.7757	77.3333	44
64.7120	129.167	55.4763	110.714	48.5511	96.8750	43.1655	86.1111	38.8589	77.5000	45
64.8505	129.444	55.5951	110.952	48.6550	97.0833	43.2579	86.2963	38.9421	77.6667	46
64.9890	129.722	55.7138	111.190	48.7590	97.2917	43.3503	86.4815	39.0253	77.8333	47
65.1276	130.000	55.8326	111.429	48.8629	97.5000	43.4427	86.6667	39.1084	78.0000	48
65.2709	130.278	55.9554	111.667	48.9704	97.7083	43.5383	86.8519	39.1945	78.1667	49
65.4142	130.556	56.0783	111.905	49.0779	97.9167	43.6339	87.0370	39.2805	78.3333	50
65.5527	130.833	56.1971	112.143	49.1810	98.1250	43.7263	87.2222	39.3637	78.5000	51
65.6912	131.111	56.3158	112.381	49.2858	98.3333	43.8187	87.4074	39.4469	78.6667	52
65.8298	131.389	56.4346	112.619	49.3897	98.5417	43.9111	87.5926	39.5301	78.8333	53
65.9683	131.667	56.5533	112.857	49.4937	98.7500	44.0035	87.7778	39.6133	79.0000	54
66.1068	131.944	56.6721	113.095	49.5976	98.9583	44.0959	87.9630	39.6965	79.1667	55
66.2453	132.222	56.7908	113.333	49.7015	99.1667	44.1883	88.1482	39.7797	79.3333	56
66.3839	132.500	56.9096	113.571	49.8055	99.3750	44.2807	88.3333	39.8628	79.5000	57
66.5234	132.778	57.0284	113.810	49.9094	99.5833	44.3731	88.5185	39.9460	79.6667	58
66.6657	133.056	57.1512	114.048	50.0169	99.7917	44.4687	88.7037	40.0321	79.8333	59

TABLE XIV.—ACTUAL TANGENTS, ETC.

S°	1° Curve.		2° Curve.		3° Curve.		4° Curve.		5° Curve.	
M.	Tan.	Arc.	Tan.	Arc.	Tan.	Arc.	Tan.	Arc.	Tan.	Arc.
0	400.674	800.000	200.345	400.000	133.572	266.667	100.188	200.000	80.1594	160.000
1	401.505	801.667	200.760	400.833	133.849	267.222	100.396	200.417	80.3256	160.333
2	402.336	803.333	201.175	401.667	134.126	267.778	100.603	200.833	80.4918	160.667
3	403.167	805.000	201.591	402.500	134.403	268.333	100.811	201.250	80.6580	161.000
4	403.998	806.667	202.006	403.333	134.680	268.889	101.019	201.667	80.8242	161.333
5	404.828	808.333	202.422	404.167	134.957	269.444	101.227	202.083	80.9904	161.667
6	405.659	810.000	202.837	405.000	135.234	270.000	101.434	202.500	81.1566	162.000
7	406.519	811.667	203.267	405.833	135.520	270.556	101.649	202.917	81.3286	162.333
8	407.378	813.333	203.697	406.667	135.807	271.111	101.864	203.333	81.5005	162.667
9	408.209	815.000	204.112	407.500	136.084	271.667	102.072	203.750	81.6667	163.000
10	409.040	816.667	204.527	408.333	136.361	272.222	102.280	204.167	81.8329	163.333
11	409.871	818.333	204.943	409.167	136.638	272.778	102.487	204.583	81.9991	163.667
12	410.701	820.000	205.358	410.000	136.915	273.333	102.695	205.000	82.1654	164.000
13	411.532	821.667	205.774	410.833	137.191	273.889	102.903	205.417	82.2316	164.333
14	412.363	823.333	206.189	411.667	137.468	274.444	103.111	205.833	82.4978	164.667
15	413.222	825.000	206.619	412.500	137.755	275.000	103.326	206.250	82.6697	165.000
16	414.082	826.667	207.048	413.333	138.041	275.556	103.541	206.667	82.8417	165.333
17	414.913	828.333	207.464	414.167	138.318	276.111	103.748	207.083	83.0079	165.667
18	415.743	830.000	207.879	415.000	138.595	276.667	103.956	207.500	83.1741	166.000
19	416.574	831.667	208.295	415.833	138.872	277.222	104.164	207.917	83.3403	166.333
20	417.405	833.333	208.710	416.667	139.149	277.778	104.371	208.333	83.5065	166.667
21	418.236	835.000	209.126	417.500	139.426	278.333	104.579	208.750	83.6727	167.000
22	419.067	836.667	209.541	418.333	139.703	278.889	104.787	209.167	83.8389	167.333
23	419.936	838.333	209.971	419.167	139.990	279.444	105.002	209.583	84.0109	167.667
24	420.785	840.000	210.400	420.000	140.276	280.000	105.217	210.000	84.1828	168.000
25	421.616	841.667	210.816	420.833	140.553	280.556	105.424	210.417	84.3490	168.333
26	422.447	843.333	211.231	421.667	140.830	281.111	105.632	210.833	84.5152	168.667
27	423.278	845.000	211.647	422.500	141.107	281.667	105.840	211.250	84.6814	169.000
28	424.109	846.667	212.062	423.333	141.384	282.222	106.048	211.667	84.8476	169.333
29	424.939	848.333	212.478	424.167	141.661	282.778	106.255	212.083	85.0139	169.667
30	425.770	850.000	212.893	425.000	141.938	283.333	106.463	212.500	85.1801	170.000
31	426.630	851.667	213.323	425.833	142.225	283.889	106.678	212.917	85.3520	170.333
32	427.489	853.333	213.752	426.667	142.511	284.444	106.893	213.333	85.5240	170.667
33	428.320	855.000	214.168	427.500	142.788	285.000	107.101	213.750	85.6902	171.000
34	429.151	856.667	214.583	428.333	143.065	285.556	107.308	214.167	85.8564	171.333
35	429.982	858.333	214.999	429.167	143.342	286.111	107.516	214.583	86.0226	171.667
36	430.812	860.000	215.414	430.000	143.619	286.667	107.724	215.000	86.1888	172.000
37	431.643	861.667	215.830	430.833	143.896	287.222	107.932	215.417	86.3550	172.333
38	432.474	863.333	216.245	431.667	144.173	287.778	108.139	215.833	86.5212	172.667
39	433.333	865.000	216.675	432.500	144.459	288.333	108.354	216.250	86.6932	173.000
40	434.193	866.667	217.104	433.333	144.746	288.889	108.569	216.667	86.8651	173.333
41	435.024	868.333	217.520	434.167	145.023	289.444	108.777	217.083	87.0313	173.667
42	435.854	870.000	217.935	435.000	145.300	290.000	108.985	217.500	87.1975	174.000
43	436.685	871.667	218.351	435.833	145.577	290.556	109.192	217.917	87.3637	174.333
44	437.516	873.333	218.766	436.667	145.854	291.111	109.400	218.333	87.5299	174.667
45	438.347	875.000	219.181	437.500	146.131	291.667	109.608	218.750	87.6962	175.000
46	439.178	876.667	219.597	438.333	146.408	292.222	109.816	219.167	87.8624	175.333
47	440.037	878.333	220.027	439.167	146.694	292.778	110.031	219.583	88.0343	175.667
48	440.897	880.000	220.456	440.000	146.981	293.333	110.245	220.000	88.2062	176.000
49	441.727	881.667	220.872	440.833	147.258	293.889	110.453	220.417	88.3725	176.333
50	442.558	883.333	221.287	441.667	147.535	294.444	110.661	220.833	88.5387	176.667
51	443.389	885.000	221.703	442.500	147.812	295.000	110.869	221.250	88.7049	177.000
52	444.220	886.667	222.118	443.333	148.089	295.556	111.076	221.667	88.8711	177.333
53	445.051	888.333	222.534	444.167	148.365	296.111	111.284	222.083	89.0373	177.667
54	445.881	890.000	222.949	445.000	148.642	296.667	111.492	222.500	89.2035	178.000
55	446.741	891.667	223.379	445.833	148.929	297.222	111.707	222.917	89.3755	178.333
56	447.600	893.333	223.808	446.667	149.215	297.778	111.922	223.333	89.5474	178.667
57	448.431	895.000	224.224	447.500	149.492	298.333	112.129	223.750	89.7136	179.000
58	449.262	896.667	224.639	448.333	149.769	298.889	112.337	224.167	89.8798	179.333
59	450.093	898.333	225.055	449.167	150.046	299.444	112.545	224.583	90.0460	179.667

TABLE XIV.—ACTUAL TANGENTS, ETC.

6° Curve.		7° Curve.		8° Curve.		9° Curve.		10° Curve.		8°
Tan.	Arc.	Tan.	Arc.	Tan.	Arc.	Tan.	Arc.	Tan.	Arc.	M.
66.8090	133.333	57.2741	114.286	50.1244	100.000	44.5643	88.8889	40.1181	80.0000	0
66.9475	133.611	57.3928	114.524	50.2284	100.208	44.6567	89.0741	40.2013	80.1667	1
67.0861	133.889	57.5116	114.762	50.3323	100.417	44.7491	89.2593	40.2845	80.3333	2
67.2246	134.167	57.6303	115.000	50.4362	100.625	44.8415	89.4444	40.3677	80.5000	3
67.3631	134.444	57.7491	115.238	50.5402	100.833	44.9339	89.6296	40.4509	80.6667	4
67.5017	134.722	57.8679	115.476	50.6441	101.042	45.0263	89.8148	40.5341	80.8333	5
67.6402	135.000	57.9866	115.714	50.7480	101.250	45.1187	90.0000	40.6172	81.0000	6
67.7835	135.278	58.1095	115.952	50.8555	101.458	45.2143	90.1852	40.7033	81.1667	7
67.9268	135.556	58.2323	116.190	50.9631	101.667	45.3099	90.3704	40.7894	81.3333	8
68.0653	135.833	58.3511	116.429	51.0670	101.875	45.4023	90.5556	40.8725	81.5000	9
68.2039	136.111	58.4698	116.667	51.1709	102.083	45.4947	90.7407	40.9557	81.6667	10
68.3424	136.389	58.5886	116.905	51.2749	102.292	45.5871	90.9259	41.0389	81.8333	11
68.4809	136.667	58.7073	117.143	51.3788	102.500	45.6795	91.1111	41.1221	82.0000	12
68.6194	136.944	58.8261	117.381	51.4827	102.708	45.7719	91.2963	41.2053	82.1667	13
68.7580	137.222	58.9449	117.619	51.5867	102.917	45.8643	91.4815	41.2885	82.3333	14
68.9013	137.500	59.0677	117.857	51.6942	103.125	45.9599	91.6667	41.3745	82.5000	15
69.0446	137.778	59.1906	118.095	51.8017	103.333	46.0555	91.8519	41.4606	82.6667	16
69.1831	138.056	59.3093	118.333	51.9056	103.542	46.1479	92.0370	41.5438	82.8333	17
69.3216	138.333	59.4281	118.571	52.0096	103.750	46.2403	92.2222	41.6269	83.0000	18
69.4602	138.611	59.5468	118.810	52.1135	103.958	46.3327	92.4074	41.7101	83.1667	19
69.5987	138.889	59.6656	119.048	52.2174	104.167	46.4251	92.5926	41.7933	83.3333	20
69.7372	139.167	59.7844	119.286	52.3214	104.375	46.5175	92.7778	41.8765	83.5000	21
69.8758	139.444	59.9031	119.524	52.4253	104.583	46.6099	92.9630	41.9597	83.6667	22
70.0191	139.722	60.0260	119.762	52.5328	104.792	46.7055	93.1482	42.0457	83.8333	23
70.1624	140.000	60.1488	120.000	52.6403	105.000	46.8011	93.3333	42.1318	84.0000	24
70.3009	140.278	60.2676	120.238	52.7443	105.208	46.8935	93.5185	42.2150	84.1667	25
70.4394	140.556	60.3863	120.476	52.8482	105.417	46.9859	93.7037	42.2982	84.3333	26
70.5780	140.833	60.5051	120.714	52.9521	105.625	47.0783	93.8889	42.3813	84.5000	27
70.7165	141.111	60.6239	120.952	53.0560	105.833	47.1707	94.0741	42.4645	84.6667	28
70.8550	141.389	60.7426	121.190	53.1600	106.042	47.2631	94.2593	42.5477	84.8333	29
70.9985	141.667	60.8614	121.429	53.2639	106.250	47.3555	94.4444	42.6309	85.0000	30
71.1368	141.944	60.9842	121.667	53.3714	106.458	47.4511	94.6296	42.7170	85.1667	31
71.2801	142.222	61.1071	121.905	53.4790	106.667	47.5467	94.8148	42.8030	85.3333	32
71.4187	142.500	61.2258	122.143	53.5829	106.875	47.6391	95.0000	42.8862	85.5000	33
71.5572	142.778	61.3446	122.381	53.6868	107.083	47.7315	95.1852	42.9694	85.6667	34
71.6957	143.056	61.4634	122.619	53.7908	107.292	47.8239	95.3704	43.0526	85.8333	35
71.8343	143.333	61.5821	122.857	53.8947	107.500	47.9163	95.5556	43.1357	86.0000	36
71.9728	143.611	61.7009	123.095	53.9986	107.708	48.0087	95.7407	43.2189	86.1667	37
72.1113	143.889	61.8196	123.333	54.1025	107.917	48.1011	95.9259	43.3021	86.3333	38
72.2546	144.167	61.9425	123.571	54.2101	108.125	48.1967	96.1111	43.3882	86.5000	39
72.3979	144.444	62.0653	123.810	54.3176	108.333	48.2923	96.2963	43.4742	86.6667	40
72.5365	144.722	62.1841	124.048	54.4215	108.542	48.3847	96.4815	43.5574	86.8333	41
72.6750	145.000	62.3028	124.286	54.5254	108.750	48.4771	96.6667	43.6406	87.0000	42
72.8135	145.278	62.4216	124.524	54.6294	108.958	48.5695	96.8519	43.7238	87.1667	43
72.9520	145.556	62.5404	124.762	54.7383	109.167	48.6619	97.0370	43.8070	87.3333	44
73.0906	145.833	62.6591	125.000	54.8372	109.375	48.7543	97.2222	43.8901	87.5000	45
73.2291	146.111	62.7779	125.238	54.9412	109.583	48.8467	97.4074	43.9733	87.6667	46
73.3724	146.389	62.9007	125.476	55.0487	109.792	48.9423	97.5926	44.0594	87.8333	47
73.5157	146.667	63.0236	125.714	55.1562	110.000	49.0379	97.7778	44.1454	88.0000	48
73.6542	146.944	63.1423	125.952	55.2601	110.208	49.1303	97.9630	44.2286	88.1667	49
73.7928	147.222	63.2611	126.190	55.3641	110.417	49.2227	98.1482	44.3118	88.3333	50
73.9313	147.500	63.3799	126.429	55.4680	110.625	49.3151	98.3333	44.3950	88.5000	51
74.0698	147.778	63.4986	126.667	55.5719	110.833	49.4075	98.5185	44.4782	88.6667	52
74.2084	148.056	63.6174	126.905	55.6759	111.042	49.4999	98.7037	44.5614	88.8333	53
74.3469	148.333	63.7361	127.143	55.7798	111.250	49.5923	98.8889	44.6446	89.0000	54
74.4902	148.611	63.8590	127.381	55.8873	111.458	49.6879	99.0741	44.7306	89.1667	55
74.6335	148.889	63.9818	127.619	55.9948	111.667	49.7835	99.2593	44.8167	89.3333	56
74.7720	149.167	64.1006	127.857	56.0988	111.875	49.8759	99.4444	44.8998	89.5000	57
74.9106	149.444	64.2194	128.095	56.2027	112.083	49.9683	99.6296	44.9830	89.6667	58
75.0491	149.722	64.3381	128.333	56.3066	112.292	50.0607	99.8148	45.0662	89.8333	59

TABLE XIV.—ACTUAL TANGENTS, ETC.

9°	1° Curve.		2° Curve.		3° Curve.		4° Curve.		5° Curve.	
M.	Tan.	Arc.	Tan.	Arc.	Tan.	Arc.	Tan.	Arc.	Tan.	Arc.
0	450.923	900.000	225.470	450.000	150.323	300.000	112.753	225.000	90.2122	180.000
1	451.754	901.667	225.885	450.833	150.600	300.556	112.960	225.417	90.3784	180.333
2	452.585	903.333	226.301	451.667	150.877	301.111	113.168	225.833	90.5447	180.667
3	453.445	905.000	226.731	452.500	151.164	301.667	113.383	226.250	90.7166	181.000
4	454.304	906.667	227.160	453.333	151.450	302.222	113.598	226.667	90.8885	181.333
5	455.135	908.333	227.576	454.167	151.727	302.778	113.806	227.083	91.0548	181.667
6	455.966	910.000	227.991	455.000	152.004	303.333	114.013	227.500	91.2210	182.000
7	456.796	911.667	228.407	455.833	152.281	303.889	114.221	227.917	91.3872	182.333
8	457.627	913.333	228.822	456.667	152.558	304.444	114.429	228.333	91.5534	182.667
9	458.487	915.000	229.252	457.500	152.845	305.000	114.644	228.750	91.7253	183.000
10	459.346	916.667	229.681	458.333	153.131	305.556	114.859	229.167	91.8973	183.333
11	460.177	918.333	230.097	459.167	153.408	306.111	115.066	229.583	92.0635	183.667
12	461.008	920.000	230.512	460.000	153.685	306.667	115.274	230.000	92.2297	184.000
13	461.838	921.667	230.928	460.833	153.962	307.222	115.482	230.417	92.3959	184.333
14	462.669	923.333	231.343	461.667	154.239	307.778	115.690	230.833	92.5621	184.667
15	463.500	925.000	231.759	462.500	154.516	308.333	115.897	231.250	92.7283	185.000
16	464.331	926.667	232.174	463.333	154.798	308.889	116.105	231.667	92.8945	185.333
17	465.190	928.333	232.604	464.167	155.079	309.444	116.320	232.083	93.0665	185.667
18	466.050	930.000	233.033	465.000	155.366	310.000	116.535	232.500	93.2384	186.000
19	466.881	931.667	233.449	465.833	155.643	310.556	116.743	232.917	93.4046	186.333
20	467.711	933.333	233.864	466.667	155.920	311.111	116.950	233.333	93.5708	186.667
21	468.542	935.000	234.280	467.500	156.197	311.667	117.158	233.750	93.7370	187.000
22	469.373	936.667	234.695	468.333	156.474	312.222	117.366	234.167	93.9033	187.333
23	470.204	938.333	235.110	469.167	156.751	312.778	117.574	234.583	94.0695	187.667
24	471.035	940.000	235.526	470.000	157.028	313.333	117.781	235.000	94.2357	188.000
25	471.894	941.667	235.956	470.833	157.314	313.889	117.996	235.417	94.4076	188.333
26	472.753	943.333	236.385	471.667	157.601	314.444	118.211	235.833	94.5796	188.667
27	473.584	945.000	236.801	472.500	157.878	315.000	118.419	236.250	94.7458	189.000
28	474.415	946.667	237.216	473.333	158.155	315.556	118.627	236.667	94.9120	189.333
29	475.246	948.333	237.632	474.167	158.432	316.111	118.834	237.083	95.0782	189.667
30	476.077	950.000	238.047	475.000	158.709	316.667	119.042	237.500	95.2444	190.000
31	476.936	951.667	238.477	475.833	158.995	317.222	119.257	237.917	95.4163	190.333
32	477.796	953.333	238.907	476.667	159.282	317.778	119.472	238.333	95.5883	190.667
33	478.627	955.000	239.322	477.500	159.559	318.333	119.680	238.750	95.7545	191.000
34	479.457	956.667	239.737	478.333	159.835	318.889	119.887	239.167	95.9207	191.333
35	480.289	958.333	240.153	479.167	160.112	319.444	120.095	239.583	96.0869	191.667
36	481.119	960.000	240.568	480.000	160.389	320.000	120.303	240.000	96.2531	192.000
37	481.978	961.667	240.998	480.833	160.676	320.556	120.518	240.417	96.4251	192.333
38	482.838	963.333	241.428	481.667	160.962	321.111	120.733	240.833	96.5970	192.667
39	483.668	965.000	241.843	482.500	161.239	321.667	120.941	241.250	96.7632	193.000
40	484.499	966.667	242.258	483.333	161.516	322.222	121.148	241.667	96.9294	193.333
41	485.330	968.333	242.674	484.167	161.793	322.778	121.356	242.083	97.0956	193.667
42	486.161	970.000	243.089	485.000	162.070	323.333	121.564	242.500	97.2619	194.000
43	486.992	971.667	243.505	485.833	162.347	323.889	121.771	242.917	97.4281	194.333
44	487.822	973.333	243.920	486.667	162.624	324.444	121.979	243.333	97.5943	194.667
45	488.682	975.000	244.350	487.500	162.911	325.000	122.194	243.750	97.7662	195.000
46	489.541	976.667	244.780	488.333	163.197	325.556	122.409	244.167	97.9382	195.333
47	490.372	978.333	245.195	489.167	163.474	326.111	122.617	244.583	98.1044	195.667
48	491.203	980.000	245.610	490.000	163.751	326.667	122.825	245.000	98.2706	196.000
49	492.034	981.667	246.026	490.833	164.028	327.222	123.032	245.417	98.4368	196.333
50	492.864	983.333	246.441	491.667	164.305	327.778	123.240	245.833	98.6030	196.667
51	493.724	985.000	246.871	492.500	164.592	328.333	123.455	246.250	98.7749	197.000
52	494.583	986.667	247.301	493.333	164.878	328.889	123.670	246.667	98.9469	197.333
53	495.414	988.333	247.716	494.167	165.155	329.444	123.878	247.083	99.1131	197.667
54	496.245	990.000	248.132	495.000	165.432	330.000	124.085	247.500	99.2793	198.000
55	497.076	991.667	248.547	495.833	165.709	330.556	124.293	247.917	99.4455	198.333
56	497.907	993.333	248.962	496.667	165.986	331.111	124.501	248.333	99.6117	198.667
57	498.766	995.000	249.392	497.500	166.272	331.667	124.716	248.750	99.7837	199.000
58	499.625	996.667	249.822	498.333	166.559	332.222	124.931	249.167	99.9556	199.333
59	500.456	998.333	250.237	499.167	166.836	332.778	125.138	249.583	100.122	199.667

TABLE XIV.—ACTUAL TANGENTS, ETC.

6° Curve.		7° Curve.		8° Curve.		9° Curve.		10° Curve.		9°
Tan.	Arc.	Tan.	Arc.	Tan.	Arc.	Tan.	Arc.	Tan.	Arc.	M.
75.1876	150.000	64.4569	128.571	56.4106	112.500	50.1531	100.000	45.1494	90.0000	0
75.3261	150.278	64.5756	128.810	56.5145	112.708	50.2455	100.185	45.2326	90.1667	1
75.4647	150.556	64.6944	129.048	56.6184	112.917	50.3380	100.370	45.3158	90.3333	2
75.6080	150.833	64.8172	129.286	56.7260	113.125	50.4335	100.556	45.4018	90.5000	3
75.7513	151.111	64.9401	129.524	56.8335	113.333	50.5291	100.741	45.4879	90.6667	4
75.8898	151.389	65.0588	129.762	56.9374	113.542	50.6215	100.926	45.5711	90.8333	5
76.0283	151.667	65.1776	130.000	57.0413	113.750	50.7139	101.111	45.6542	91.0000	6
76.1669	151.944	65.2964	130.238	57.1453	113.958	50.8063	101.296	45.7374	91.1667	7
76.3054	152.222	65.4151	130.476	57.2492	114.167	50.8987	101.481	45.8206	91.3333	8
76.4487	152.500	65.5380	130.714	57.3567	114.375	50.9943	101.667	45.9067	91.5000	9
76.5920	152.778	65.6608	130.952	57.4642	114.583	51.0899	101.852	45.9927	91.6667	10
76.7305	153.056	65.7796	131.190	57.5682	114.792	51.1823	102.037	46.0759	91.8333	11
76.8691	153.333	65.8983	131.429	57.6721	115.000	51.2747	102.222	46.1591	92.0000	12
77.0076	153.611	66.0171	131.667	57.7760	115.208	51.3671	102.407	46.2423	92.1667	13
77.1461	153.889	66.1359	131.905	57.8800	115.417	51.4595	102.593	46.3255	92.3333	14
77.2847	154.167	66.2546	132.143	57.9839	115.625	51.5520	102.778	46.4086	92.5000	15
77.4232	154.444	66.3734	132.381	58.0878	115.833	51.6444	102.963	46.4918	92.6667	16
77.5665	154.722	66.4962	132.619	58.1954	116.042	51.7399	103.148	46.5779	92.8333	17
77.7098	155.000	66.6191	132.857	58.3029	116.250	51.8355	103.333	46.6639	93.0000	18
77.8483	155.278	66.7378	133.095	58.4068	116.458	51.9279	103.519	46.7471	93.1667	19
77.9868	155.556	66.8566	133.333	58.5107	116.667	52.0203	103.704	46.8303	93.3333	20
78.1254	155.833	66.9754	133.571	58.6147	116.875	52.1127	103.889	46.9135	93.5000	21
78.2639	156.111	67.0041	133.810	58.7186	117.083	52.2052	104.074	46.9967	93.6667	22
78.4024	156.389	67.2129	134.048	58.8225	117.292	52.2976	104.259	47.0799	93.8333	23
78.5410	156.667	67.3316	134.286	58.9265	117.500	52.3900	104.444	47.1630	94.0000	24
78.6843	156.944	67.4545	134.524	59.0340	117.708	52.4856	104.630	47.2491	94.1667	25
78.8276	157.222	67.5773	134.762	59.1415	117.917	52.5811	104.815	47.3352	94.3333	26
78.9661	157.500	67.6961	135.000	59.2454	118.125	52.6735	105.000	47.4183	94.5000	27
79.1046	157.778	67.8149	135.238	59.3494	118.333	52.7660	105.185	47.5015	94.6667	28
79.2432	158.056	67.9336	135.476	59.4533	118.542	52.8584	105.370	47.5847	94.8333	29
79.3817	158.333	68.0524	135.714	59.5572	118.750	52.9508	105.556	47.6679	95.0000	30
79.5250	158.611	68.1752	135.952	59.6648	118.958	53.0463	105.741	47.7540	95.1667	31
79.6683	158.889	68.2981	136.190	59.7723	119.167	53.1419	105.926	47.8400	95.3333	32
79.8068	159.167	68.4168	136.429	59.8762	119.375	53.2343	106.111	47.9232	95.5000	33
79.9454	159.444	68.5356	136.667	59.9801	119.583	53.3267	106.296	48.0064	95.6667	34
80.0839	159.722	68.6543	136.905	60.0841	119.792	53.4192	106.481	48.0896	95.8333	35
80.2224	160.000	68.7731	137.143	60.1880	120.000	53.5116	106.667	48.1727	96.0000	36
80.3657	160.278	68.8960	137.381	60.2955	120.208	53.6071	106.852	48.2588	96.1667	37
80.5090	160.556	69.0188	137.619	60.4030	120.417	53.7027	107.037	48.3449	96.3333	38
80.6476	160.833	69.1376	137.857	60.5070	120.625	53.7951	107.222	48.4280	96.5000	39
80.7861	161.111	69.2563	138.095	60.6109	120.833	53.8875	107.407	48.5112	96.6667	40
80.9246	161.389	69.3751	138.333	60.7148	121.042	53.9799	107.593	48.5944	96.8333	41
81.0631	161.667	69.4938	138.571	60.8188	121.250	54.0724	107.778	48.6776	97.0000	42
81.2017	161.944	69.6126	138.810	60.9227	121.458	54.1648	107.963	48.7608	97.1667	43
81.3402	162.222	69.7314	139.048	61.0266	121.667	54.2572	108.148	48.8440	97.3333	44
81.4835	162.500	69.8542	139.286	61.1342	121.875	54.3528	108.333	48.9300	97.5000	45
81.6268	162.778	69.9771	139.524	61.2417	122.083	54.4483	108.519	49.0161	97.6667	46
81.7653	163.056	70.0958	139.762	61.3456	122.292	54.5407	108.704	49.0993	97.8333	47
81.9039	163.333	70.2146	140.000	61.4495	122.500	54.6332	108.889	49.1824	98.0000	48
82.0424	163.611	70.3333	140.238	61.5535	122.708	54.7256	109.074	49.2656	98.1667	49
82.1809	163.889	70.4521	140.476	61.6574	122.917	54.8180	109.259	49.3488	98.3333	50
82.3242	164.167	70.5749	140.714	61.7649	123.125	54.9136	109.444	49.4349	98.5000	51
82.4675	164.444	70.6978	140.952	61.8724	123.333	55.0091	109.630	49.5209	98.6667	52
82.6061	164.722	70.8166	141.190	61.9764	123.542	55.1015	109.815	49.6041	98.8333	53
82.7446	165.000	70.9353	141.429	62.0803	123.750	55.1939	110.000	49.6873	99.0000	54
82.8831	165.278	71.0541	141.667	62.1842	123.958	55.2864	110.185	49.7705	99.1667	55
83.0216	165.556	71.1728	141.905	62.2882	124.167	55.3788	110.370	49.8537	99.3333	56
83.1650	165.833	71.2957	142.143	62.3957	124.375	55.4712	110.556	49.9397	99.5000	57
83.3083	166.111	71.4185	142.381	62.5032	124.583	55.5699	110.741	50.0258	99.6667	58
83.4468	166.389	71.5373	142.619	62.6071	124.792	55.6623	110.926	50.1089	99.8333	59

TABLE XIV.—ACTUAL TANGENTS, ETC.

10°	1° Curve.		2° Curve.		3° Curve.		4° Curve.		5° Curve.	
M.	Tan.	Arc.	Tan.	Arc.	Tan.	Arc.	Tan.	Arc.	Tan.	Arc.
0	501.287	1000.00	250.653	500.000	167.113	333.333	125.346	250.000	100.288	200.000
1	502.118	1001.67	251.068	500.833	167.390	333.889	125.554	250.417	100.454	200.333
2	502.949	1003.33	251.484	501.667	167.667	334.444	125.762	250.833	100.620	200.667
3	503.779	1005.00	251.899	502.500	167.944	335.000	125.969	251.250	100.787	201.000
4	504.610	1006.67	252.314	503.333	168.221	335.556	126.177	251.667	100.953	201.333
5	505.470	1008.33	252.744	504.167	168.507	336.111	126.392	252.083	101.125	201.667
6	506.329	1010.00	253.174	505.000	168.794	336.667	126.607	252.500	101.297	202.000
7	507.160	1011.67	253.589	505.833	169.071	337.222	126.815	252.917	101.463	202.333
8	507.991	1013.33	254.005	506.667	169.348	337.778	127.022	253.333	101.629	202.667
9	508.822	1015.00	254.420	507.500	169.625	338.333	127.230	253.750	101.795	203.000
10	509.652	1016.67	254.836	508.333	169.902	338.889	127.438	254.167	101.962	203.333
11	510.512	1018.33	255.265	509.167	170.188	339.444	127.653	254.583	102.134	203.667
12	511.371	1020.00	255.695	510.000	170.475	340.000	127.868	255.000	102.305	204.000
13	512.202	1021.67	256.110	510.833	170.752	340.556	128.075	255.417	102.472	204.333
14	513.033	1023.33	256.526	511.667	171.029	341.111	128.283	255.833	102.638	204.667
15	513.864	1025.00	256.941	512.500	171.306	341.667	128.491	256.250	102.804	205.000
16	514.694	1026.67	257.357	513.333	171.582	342.222	128.699	256.667	102.970	205.333
17	515.554	1028.33	257.786	514.167	171.869	342.778	128.913	257.083	103.142	205.667
18	516.413	1030.00	258.216	515.000	172.156	343.333	129.128	257.500	103.314	206.000
19	517.244	1031.67	258.632	515.833	172.432	343.889	129.336	257.917	103.480	206.333
20	518.075	1033.33	259.047	516.667	172.709	344.444	129.544	258.333	103.647	206.667
21	518.906	1035.00	259.462	517.500	172.986	345.000	129.752	258.750	103.813	207.000
22	519.737	1036.67	259.878	518.333	173.263	345.556	129.959	259.167	103.979	207.333
23	520.596	1038.33	260.308	519.167	173.550	346.111	130.174	259.583	104.151	207.667
24	521.455	1040.00	260.737	520.000	173.836	346.667	130.389	260.000	104.323	208.000
25	522.286	1041.67	261.153	520.833	174.113	347.222	130.597	260.417	104.480	208.333
26	523.117	1043.33	261.568	521.667	174.390	347.778	130.805	260.833	104.655	208.667
27	523.948	1045.00	261.984	522.500	174.667	348.333	131.012	261.250	104.822	209.000
28	524.779	1046.67	262.399	523.333	174.944	348.889	131.220	261.667	104.988	209.333
29	525.638	1048.33	262.829	524.167	175.231	349.444	131.435	262.083	105.160	209.667
30	526.498	1050.00	263.258	525.000	175.517	350.000	131.650	262.500	105.332	210.000
31	527.328	1051.67	263.674	525.833	175.794	350.556	131.858	262.917	105.498	210.333
32	528.159	1053.33	264.089	526.667	176.071	351.111	132.065	263.333	105.664	210.667
33	528.990	1055.00	264.505	527.500	176.348	351.667	132.273	263.750	105.830	211.000
34	529.821	1056.67	264.920	528.333	176.625	352.222	132.481	264.167	105.997	211.333
35	530.680	1058.33	265.350	529.167	176.912	352.778	132.696	264.583	106.168	211.667
36	531.540	1060.00	265.780	530.000	177.198	353.333	132.911	265.000	106.340	212.000
37	532.370	1061.67	266.195	530.833	177.475	353.889	133.118	265.417	106.507	212.333
38	533.201	1063.33	266.610	531.667	177.752	354.444	133.326	265.833	106.673	212.667
39	534.032	1065.00	267.026	532.500	178.029	355.000	133.534	266.250	106.839	213.000
40	534.863	1066.67	267.441	533.333	178.306	355.556	133.742	266.667	107.005	213.333
41	535.722	1068.33	267.871	534.167	178.592	356.111	133.957	267.083	107.177	213.667
42	536.582	1070.00	268.301	535.000	178.879	356.667	134.171	267.500	107.349	214.000
43	537.413	1071.67	268.716	535.833	179.156	357.222	134.379	267.917	107.515	214.333
44	538.243	1073.33	269.132	536.667	179.433	357.778	134.587	268.333	107.682	214.667
45	539.074	1075.00	269.547	537.500	179.710	358.333	134.795	268.750	107.848	215.000
46	539.905	1076.67	269.962	538.333	179.987	358.889	135.002	269.167	108.014	215.333
47	540.764	1078.33	270.392	539.167	180.273	359.444	135.217	269.583	108.186	215.667
48	541.624	1080.00	270.822	540.000	180.560	360.000	135.432	270.000	108.358	216.000
49	542.455	1081.67	271.237	540.833	180.837	360.556	135.640	270.417	108.524	216.333
50	543.285	1083.33	271.653	541.667	181.114	361.111	135.848	270.833	108.690	216.667
51	544.116	1085.00	272.068	542.500	181.391	361.667	136.055	271.250	108.856	217.000
52	544.947	1086.67	272.483	543.333	181.668	362.222	136.263	271.667	109.023	217.333
53	545.806	1088.33	272.913	544.167	181.954	362.778	136.478	272.083	109.195	217.667
54	546.666	1090.00	273.343	545.000	182.241	363.333	136.693	272.500	109.367	218.000
55	547.497	1091.67	273.758	545.833	182.518	363.889	136.901	272.917	109.533	218.333
56	548.328	1093.33	274.174	546.667	182.795	364.444	137.108	273.333	109.699	218.667
57	549.187	1095.00	274.604	547.500	183.081	365.000	137.323	273.750	109.871	219.000
58	550.046	1096.67	275.033	548.333	183.368	365.556	137.538	274.167	110.043	219.333
59	550.877	1098.33	275.449	549.167	183.645	366.111	137.746	274.583	110.209	219.667

TABLE XIV.—ACTUAL TANGENTS, ETC.

6° Curve.		7° Curve.		8° Curve.		9° Curve.		10° Curve.		10°
Tan.	Arc.	Tan.	Arc.	Tan.	Arc.	Tan.	Arc.	Tan.	Arc.	M.
83.5853	166.667	71.6561	142.857	62.7111	125.000	55.7547	111.111	50.1921	100.000	0
83.7238	166.944	71.7748	143.095	62.8150	125.208	55.8472	111.296	50.2753	100.167	1
83.8624	167.222	71.8936	143.333	62.9189	125.417	55.9396	111.481	50.3585	100.333	2
84.0009	167.500	72.0123	143.571	63.0229	125.625	56.0320	111.667	50.4417	100.500	3
84.1394	167.778	72.1311	143.810	63.1268	125.833	56.1244	111.852	50.5249	100.667	4
84.2827	168.056	72.2539	144.048	63.2343	126.042	56.2200	112.037	50.6109	100.833	5
84.4260	168.333	72.3768	144.286	63.3418	126.250	56.3155	112.222	50.6970	101.000	6
84.5646	168.611	72.4956	144.524	63.4458	126.458	56.4080	112.407	50.7802	101.167	7
84.7031	168.889	72.6143	144.762	63.5497	126.667	56.5004	112.593	50.8634	101.333	8
84.8416	169.167	72.7331	145.000	63.6536	126.875	56.5928	112.778	50.9465	101.500	9
84.9802	169.444	72.8518	145.238	63.7576	127.083	56.6852	112.963	51.0297	101.667	10
85.1235	169.722	72.9747	145.476	63.8651	127.292	56.7808	113.148	51.1158	101.833	11
85.2668	170.000	73.0075	145.714	63.9726	127.500	56.8763	113.333	51.2018	102.000	12
85.4053	170.278	73.2163	145.952	64.0765	127.708	56.9687	113.519	51.2850	102.167	13
85.5438	170.556	73.3350	146.190	64.1805	127.917	57.0612	113.704	51.3682	102.333	14
85.6824	170.833	73.4538	146.429	64.2844	128.125	57.1536	113.889	51.4514	102.500	15
85.8209	171.111	73.5726	146.667	64.3883	128.333	57.2460	114.074	51.5346	102.667	16
85.9642	171.389	73.6954	146.905	64.4959	128.542	57.3415	114.259	51.6206	102.833	17
86.1075	171.667	73.8183	147.143	64.6034	128.750	57.4371	114.444	51.7067	103.000	18
86.2400	171.944	73.9370	147.381	64.7073	128.958	57.5295	114.630	51.7899	103.167	19
86.3845	172.222	74.0558	147.619	64.8112	129.167	57.6219	114.815	51.8730	103.333	20
86.5231	172.500	74.1745	147.857	64.9152	129.375	57.7144	115.000	51.9562	103.500	21
86.6616	172.778	74.2933	148.095	65.0191	129.583	57.8068	115.185	52.0394	103.667	22
86.8049	173.056	74.4162	148.333	65.1266	129.792	57.9023	115.370	52.1255	103.833	23
86.9482	173.333	74.5390	148.571	65.2341	130.000	57.9979	115.556	52.2115	104.000	24
87.0867	173.611	74.6578	148.810	65.3381	130.208	58.0903	115.741	52.2947	104.167	25
87.2253	173.889	74.7765	149.048	65.4420	130.417	58.1827	115.926	52.3779	104.333	26
87.3638	174.167	74.8953	149.286	65.5459	130.625	58.2751	116.111	52.4611	104.500	27
87.5023	174.444	75.0140	149.524	65.6499	130.833	58.3676	116.296	52.5443	104.667	28
87.6456	174.722	75.1369	149.762	65.7574	131.042	58.4631	116.481	52.6308	104.833	29
87.7889	175.000	75.2597	150.000	65.8649	131.250	58.5587	116.667	52.7164	105.000	30
87.9275	175.278	75.3785	150.238	65.9688	131.458	58.6511	116.852	52.7996	105.167	31
88.0660	175.556	75.4973	150.476	66.0728	131.667	58.7435	117.037	52.8827	105.333	32
88.2045	175.833	75.6160	150.714	66.1767	131.875	58.8359	117.222	52.9659	105.500	33
88.3431	176.111	75.7348	150.952	66.2806	132.083	58.9284	117.407	53.0491	105.667	34
88.4864	176.389	75.8576	151.190	66.3882	132.292	59.0239	117.593	53.1352	105.833	35
88.6297	176.667	75.9805	151.429	66.4957	132.500	59.1195	117.778	53.2212	106.000	36
88.7682	176.944	76.0992	151.667	66.5996	132.708	59.2119	117.963	53.3044	106.167	37
88.9067	177.222	76.2180	151.905	66.7035	132.917	59.3043	118.148	53.3876	106.333	38
89.0453	177.500	76.3368	152.143	66.8075	133.125	59.3967	118.333	53.4708	106.500	39
89.1838	177.778	76.4555	152.381	66.9114	133.333	59.4891	118.519	53.5540	106.667	40
89.3271	178.056	76.5784	152.619	67.0189	133.542	59.5847	118.704	53.6400	106.833	41
89.4704	178.333	76.7012	152.857	67.1264	133.750	59.6803	118.889	53.7261	107.000	42
89.6089	178.611	76.8200	153.095	67.2304	133.958	59.7727	119.074	53.8092	107.167	43
89.7475	178.889	76.9387	153.333	67.3343	134.167	59.8651	119.259	53.8924	107.333	44
89.8860	179.167	77.0575	153.571	67.4382	134.375	59.9575	119.444	53.9756	107.500	45
90.0245	179.444	77.1762	153.810	67.5422	134.583	60.0499	119.630	54.0588	107.667	46
90.1678	179.722	77.2991	154.048	67.6497	134.792	60.1455	119.815	54.1449	107.833	47
90.3111	180.000	77.4220	154.286	67.7572	135.000	60.2411	120.000	54.2309	108.000	48
90.4496	180.278	77.5407	154.524	67.8611	135.208	60.3335	120.185	54.3141	108.167	49
90.5882	180.556	77.6595	154.762	67.9651	135.417	60.4259	120.370	54.3973	108.333	50
90.7267	180.833	77.7782	155.000	68.0690	135.625	60.5183	120.556	54.4805	108.500	51
90.8652	181.111	77.8970	155.238	68.1729	135.833	60.6107	120.741	54.5637	108.667	52
91.0085	181.389	78.0198	155.476	68.2805	136.042	60.7063	120.926	54.6497	108.833	53
91.1518	181.667	78.1427	155.714	68.3880	136.250	60.8019	121.111	54.7358	109.000	54
91.2904	181.944	78.2615	155.952	68.4919	136.458	60.8943	121.296	54.8189	109.167	55
91.4289	182.222	78.3802	156.190	68.5958	136.667	60.9867	121.481	54.9021	109.333	56
91.5722	182.500	78.5031	156.429	68.7034	136.875	61.0823	121.667	54.9882	109.500	57
91.7155	182.778	78.6259	156.667	68.8109	137.083	61.1779	121.852	55.0742	109.667	58
91.8540	183.056	78.7447	156.905	68.9148	137.292	61.2703	122.037	55.1574	109.833	59

TABLE XIV.—ACTUAL TANGENTS, ETC.

11° M.	1° Curve. Tan.	Arc.	2° Curve. Tan.	Arc.	3° Curve. Tan.	Arc.	4° Curve. Tan.	Arc.	5° Curve. Tan.	Arc.
0	551.708	1100.00	275.864	550.000	183.922	366.667	137.954	275.000	110.375	220.000
1	552.539	1101.67	276.280	550.833	184.199	367.222	138.161	275.417	110.542	220.333
2	553.370	1103.33	276.695	551.667	184.476	367.778	138.369	275.833	110.708	220.667
3	554.229	1105.00	277.125	552.500	184.762	368.333	138.584	276.250	110.880	221.000
4	555.088	1106.67	277.554	553.333	185.049	368.889	138.799	276.667	111.052	221.333
5	555.919	1108.33	277.970	554.167	185.326	369.444	139.007	277.083	111.218	221.667
6	556.750	1110.00	278.385	555.000	185.602	370.000	139.214	277.500	111.384	222.000
7	557.581	1111.67	278.801	555.833	185.879	370.556	139.422	277.917	111.550	222.333
8	558.412	1113.33	279.216	556.667	186.156	371.111	139.630	278.333	111.716	222.667
9	559.271	1115.00	279.646	557.500	186.443	371.667	139.845	278.750	111.888	223.000
10	560.131	1116.67	280.076	558.333	186.729	372.222	140.060	279.167	112.060	223.333
11	560.961	1118.33	280.491	559.167	187.006	372.778	140.268	279.583	112.227	223.667
12	561.792	1120.00	280.906	560.000	187.283	373.333	140.475	280.000	112.393	224.000
13	562.623	1121.67	281.322	560.833	187.560	373.889	140.683	280.417	112.559	224.333
14	563.454	1123.33	281.737	561.667	187.837	374.444	140.891	280.833	112.725	224.667
15	564.313	1125.00	282.167	562.500	188.124	375.000	141.106	281.250	112.897	225.000
16	565.173	1126.67	282.597	563.333	188.410	375.556	141.321	281.667	113.069	225.333
17	566.003	1128.33	283.012	564.167	188.687	376.111	141.529	282.083	113.235	225.667
18	566.834	1130.00	283.428	565.000	188.964	376.667	141.736	282.500	113.401	226.000
19	567.694	1131.67	283.857	565.833	189.251	377.222	141.951	282.917	113.573	226.333
20	568.553	1133.33	284.287	566.667	189.537	377.778	142.166	283.333	113.745	226.667
21	569.384	1135.00	284.702	567.500	189.814	378.333	142.381	283.750	113.912	227.000
22	570.215	1136.67	285.118	568.333	190.091	378.889	142.596	284.167	114.078	227.333
23	571.046	1138.33	285.533	569.167	190.368	379.444	142.796	284.583	114.244	227.667
24	571.876	1140.00	285.949	570.000	190.645	380.000	142.997	285.000	114.410	228.000
25	572.736	1141.67	286.378	570.833	190.932	380.556	143.212	285.417	114.582	228.333
26	573.595	1143.33	286.808	571.667	191.218	381.111	143.427	285.833	114.754	228.667
27	574.426	1145.00	287.224	572.500	191.495	381.667	143.634	286.250	114.920	229.000
28	575.257	1146.67	287.639	573.333	191.772	382.222	143.842	286.667	115.087	229.333
29	576.088	1148.33	288.054	574.167	192.049	382.778	144.050	287.083	115.253	229.667
30	576.918	1150.00	288.470	575.000	192.326	383.333	144.258	287.500	115.419	230.000
31	577.778	1151.67	288.900	575.833	192.612	383.889	144.472	287.917	115.591	230.333
32	578.637	1153.33	289.329	576.667	192.899	384.444	144.687	288.333	115.763	230.667
33	579.468	1155.00	289.745	577.500	193.176	385.000	144.895	288.750	115.929	231.000
34	580.299	1156.67	290.160	578.333	193.453	385.556	145.103	289.167	116.095	231.333
35	581.158	1158.33	290.590	579.167	193.739	386.111	145.318	289.583	116.267	231.667
36	582.018	1160.00	291.020	580.000	194.026	386.667	145.533	290.000	116.439	232.000
37	582.849	1161.67	291.435	580.833	194.303	387.222	145.740	290.417	116.605	232.333
38	583.679	1163.33	291.850	581.667	194.580	387.778	145.948	290.833	116.772	232.667
39	584.510	1165.00	292.266	582.500	194.857	388.333	146.156	291.250	116.938	233.000
40	585.341	1166.67	292.681	583.333	195.134	388.889	146.364	291.667	117.104	233.333
41	586.200	1168.33	293.111	584.167	195.420	389.444	146.579	292.083	117.276	233.667
42	587.060	1170.00	293.541	585.000	195.707	390.000	146.793	292.500	117.448	234.000
43	587.891	1171.67	293.956	585.833	195.984	390.556	147.001	292.917	117.614	234.333
44	588.722	1173.33	294.372	586.667	196.261	391.111	147.209	293.333	117.780	234.667
45	589.581	1175.00	294.801	587.500	196.547	391.667	147.424	293.750	117.952	235.000
46	590.440	1176.67	295.231	588.333	196.834	392.222	147.639	294.167	118.124	235.333
47	591.271	1178.33	295.646	589.167	197.111	392.778	147.846	294.583	118.290	235.667
48	592.102	1180.00	296.062	590.000	197.388	393.333	148.054	295.000	118.457	236.000
49	592.933	1181.67	296.477	590.833	197.665	393.889	148.262	295.417	118.623	236.333
50	593.764	1183.33	296.893	591.667	197.942	394.444	148.470	295.833	118.789	236.667
51	594.623	1185.00	297.322	592.500	198.228	395.000	148.685	296.250	118.961	237.000
52	595.483	1186.67	297.752	593.333	198.515	395.556	148.899	296.667	119.133	237.333
53	596.313	1188.33	298.168	594.167	198.792	396.111	149.107	297.083	119.299	237.667
54	597.144	1190.00	298.583	595.000	199.069	396.667	149.315	297.500	119.465	238.000
55	598.004	1191.67	299.013	595.833	199.355	397.222	149.530	297.917	119.637	238.333
56	598.863	1193.33	299.442	596.667	199.642	397.778	149.745	298.333	119.809	238.667
57	599.694	1195.00	299.858	597.500	199.919	398.333	149.952	298.750	119.975	239.000
58	600.525	1196.67	300.273	598.333	200.195	398.889	150.160	299.167	120.142	239.333
59	601.355	1198.33	300.689	599.167	200.472	399.444	150.368	299.583	120.308	239.667

TABLE XIV.—ACTUAL TANGENTS, ETC.

6° Curve.		7° Curve.		8° Curve.		9° Curve.		10° Curve.		11°
Tan.	Arc.	Tan.	Arc.	Tan.	Arc.	Tan.	Arc.	Tan.	Arc.	M.
91.9926	183.333	78.8634	157.143	69.0187	137.500	61.3627	122.222	55.2406	110.000	0
92.1311	183.611	78.9822	157.381	69.1227	137.708	61.4551	122.407	55.3238	110.167	1
92.2696	183.889	79.1009	157.619	69.2266	137.917	61.5475	122.593	55.4070	110.333	2
92.4129	184.167	79.2238	157.857	69.3341	138.125	61.6431	122.778	55.4930	110.500	3
92.5562	184.444	79.3467	158.095	69.4416	138.333	61.7387	122.963	55.5791	110.667	4
92.6948	184.722	79.4654	158.333	69.5456	138.542	61.8311	123.148	55.6623	110.833	5
92.8333	185.000	79.5842	158.571	69.6495	138.750	61.9235	123.333	55.7455	111.000	6
92.9718	185.278	79.7029	158.810	69.7534	138.958	62.0159	123.519	55.8286	111.167	7
93.1104	185.556	79.8217	159.048	69.8574	139.167	62.1083	123.704	55.9118	111.333	8
93.2537	185.833	79.9445	159.286	69.9649	139.375	62.2039	123.889	55.9979	111.500	9
93.3970	186.111	80.0674	159.524	70.0724	139.583	62.2995	124.074	56.0839	111.667	10
93.5355	186.389	80.1861	159.762	70.1763	139.792	62.3919	124.259	56.1671	111.833	11
93.6740	186.667	80.3049	160.000	70.2803	140.000	62.4843	124.444	56.2503	112.000	12
93.8126	186.944	80.4237	160.238	70.3842	140.208	62.5767	124.630	56.3335	112.167	13
93.9511	187.222	80.5424	100.476	70.4881	140.417	62.6691	124.815	56.4167	112.333	14
94.0944	187.500	80.6653	160.714	70.5957	140.625	62.7647	125.000	56.5027	112.500	15
94.2377	187.778	80.7881	160.952	70.7032	140.833	62.8603	125.185	56.5888	112.667	16
94.3762	188.056	80.9069	161.190	70.8071	141.042	62.9527	125.370	56.6720	112.833	17
94.5147	188.333	81.0256	161.429	70.9110	141.250	63.0451	125.556	56.7551	113.000	18
94.6581	188.611	81.1485	161.667	71.0186	141.458	63.1407	125.741	56.8412	113.167	19
94.8014	188.889	81.2713	161.905	71.1261	141.667	63.2363	125.926	56.9273	113.333	20
94.9390	189.167	81.3901	162.143	71.2300	141.875	63.3287	126.111	57.0104	113.500	21
95.0784	189.444	81.5089	162.381	71.3339	142.083	63.4211	126.296	57.0936	113.667	22
95.2169	189.722	81.6276	162.619	71.4379	142.292	63.5135	126.481	57.1768	113.833	23
95.3555	190.000	81.7464	162.857	71.5418	142.500	63.6059	126.667	57.2600	114.000	24
95.4988	190.278	81.8692	163.095	71.6493	142.708	63.7015	126.852	57.3460	114.167	25
95.6421	190.556	81.9921	163.333	71.7568	142.917	63.7971	127.037	57.4321	114.333	26
95.7806	190.833	82.1108	163.571	71.8608	143.125	63.8895	127.222	57.5158	114.500	27
95.9191	191.111	82.2296	163.810	71.9647	143.333	63.9819	127.407	57.5985	114.667	28
96.0577	191.389	82.3484	164.048	72.0686	143.542	64.0743	127.593	57.6817	114.833	29
96.1962	191.667	82.4671	164.286	72.1726	143.750	64.1667	127.778	57.7648	115.000	30
96.3395	191.944	82.5900	164.524	72.2801	143.958	64.2623	127.963	57.8509	115.167	31
96.4828	192.222	82.7128	164.762	72.3876	144.167	64.3579	128.148	57.9369	115.333	32
96.6213	192.500	82.8316	165.000	72.4915	144.375	64.4503	128.333	58.0201	115.500	33
96.7599	192.778	82.9503	165.238	72.5955	144.583	64.5427	128.519	58.1033	115.667	34
96.9032	193.056	83.0732	165.476	72.7090	144.792	64.6383	128.704	58.1894	115.833	35
97.0465	193.333	83.1960	165.714	72.8105	145.000	64.7339	128.889	58.2754	116.000	36
97.1850	193.611	83.3148	165.952	72.9144	145.208	64.8263	129.074	58.3586	116.167	37
97.3235	193.889	83.4336	166.190	73.0184	145.417	64.9187	129.259	58.4418	116.333	38
97.4621	194.167	83.5523	166.429	73.1223	145.625	65.0111	129.444	58.5250	116.500	39
97.6006	194.444	83.6711	166.667	73.2262	145.833	65.1035	129.630	58.6082	116.667	40
97.7439	194.722	83.7939	166.905	73.3338	146.042	65.1991	129.815	58.6942	116.833	41
97.8872	195.000	83.9168	167.143	73.4413	146.250	65.2947	130.000	58.7803	117.000	42
98.0257	195.278	84.0355	167.381	73.5152	146.458	65.3871	130.185	58.8635	117.167	43
98.1643	195.556	84.1543	167.619	73.6491	146.667	65.4795	130.370	58.9466	117.333	44
98.3076	195.833	84.2772	167.857	73.7567	146.875	65.5751	130.556	59.0327	117.500	45
98.4509	196.111	84.4000	168.095	73.8642	147.083	65.6707	130.741	59.1187	117.667	46
98.5894	196.389	84.5188	168.333	73.9681	147.292	65.7631	130.926	59.2019	117.833	47
98.7279	196.667	84.6375	168.571	74.0720	147.500	65.8555	131.111	59.2851	118.000	48
98.8665	196.944	84.7563	168.810	74.1760	147.708	65.9479	131.296	59.3683	118.167	49
99.0050	197.222	84.8750	169.048	74.2799	147.917	66.0403	131.481	59.4515	118.333	50
99.1483	197.500	84.9979	169.286	74.3874	148.125	66.1359	131.667	59.5375	118.500	51
99.2916	197.778	85.1207	169.524	74.4949	148.333	66.2315	131.852	59.6236	118.667	52
99.4301	198.056	85.2395	169.762	74.5989	148.542	66.3239	132.037	59.7068	118.833	53
99.5687	198.333	85.3583	170.000	74.7028	148.750	66.4163	132.222	59.7900	119.000	54
99.7120	198.611	85.4811	170.238	74.8103	148.958	66.5119	132.407	59.8760	119.167	55
99.8552	198.889	85.6040	170.476	74.9178	149.167	66.6075	132.593	59.9621	119.333	56
99.9938	199.167	85.7227	170.714	75.0218	149.375	66.6999	132.778	60.0453	119.500	57
100.132	199.444	85.8415	170.952	75.1257	149.583	66.7923	132.963	60.1284	119.667	58
100.271	199.722	85.9602	171.190	75.2296	149.792	66.8847	133.148	60.2116	119.833	59

TABLE XIV.—ACTUAL TANGENTS, ETC.

12°	1° Curve.		2° Curve.		3° Curve.		4° Curve.		5° Curve.	
M.	Tan.	Arc.	Tan.	Arc.	Tan.	Arc.	Tan.	Arc.	Tan.	Arc.
0	602.186	1200.00	301.104	600.000	200.749	400.000	150.576	300.000	120.474	240.000
1	603.046	1201.67	301.531	600.833	201.036	400.556	150.791	300.417	120.646	240.333
2	603.905	1203.33	301.964	601.667	201.322	401.111	151.006	300.833	120.818	240.667
3	604.736	1205.00	302.379	602.500	201.599	401.667	151.213	301.250	120.984	241.000
4	605.567	1206.67	302.794	603.333	201.876	402.222	151.421	301.667	121.150	241.333
5	606.426	1208.33	303.224	604.167	202.163	402.778	151.636	302.083	121.322	241.667
6	607.286	1210.00	303.654	605.000	202.449	403.333	151.851	302.500	121.494	242.000
7	608.116	1211.67	304.069	605.833	202.726	403.889	152.059	302.917	121.660	242.333
8	608.947	1213.33	304.485	606.667	203.003	404.444	152.266	303.333	121.827	242.667
9	609.778	1215.00	304.900	607.500	203.280	405.000	152.474	303.750	121.993	243.000
10	610.609	1216.67	305.316	608.333	203.557	405.556	152.682	304.167	122.159	243.333
11	611.468	1218.33	305.745	609.167	203.844	406.111	152.897	304.583	122.331	243.667
12	612.328	1220.00	306.175	610.000	204.131	406.667	153.112	305.000	122.503	244.000
13	613.158	1221.67	306.590	610.833	204.407	407.222	153.319	305.417	122.669	244.333
14	613.989	1223.33	307.006	611.667	204.684	407.778	153.527	305.833	122.835	244.667
15	614.849	1225.00	307.436	612.500	204.971	408.333	153.742	306.250	123.007	245.000
16	615.708	1226.67	307.865	613.333	205.257	408.889	153.957	306.667	123.179	245.333
17	616.539	1228.33	308.281	614.167	205.534	409.444	154.165	307.083	123.345	245.667
18	617.370	1230.00	308.696	615.000	205.811	410.000	154.372	307.500	123.512	246.000
19	618.229	1231.67	309.126	615.833	206.094	410.556	154.587	307.917	123.684	246.333
20	619.089	1233.33	309.556	616.667	206.384	411.111	154.802	308.333	123.856	246.667
21	619.919	1235.00	309.971	617.500	206.661	411.667	155.010	308.750	124.022	247.000
22	620.750	1236.67	310.387	618.333	206.938	412.222	155.218	309.167	124.188	247.333
23	621.581	1238.34	310.802	619.167	207.215	412.778	155.425	309.583	124.354	247.667
24	622.412	1240.00	311.217	620.000	207.492	413.333	155.633	310.000	124.520	248.000
25	623.271	1241.67	311.647	620.833	207.779	413.889	155.848	310.417	124.692	248.333
26	624.131	1243.33	312.077	621.667	208.065	414.444	156.063	310.833	124.864	248.667
27	624.962	1245.00	312.492	622.500	208.342	415.000	156.271	311.250	125.030	249.000
28	625.792	1246.67	312.908	623.333	208.619	415.556	156.478	311.667	125.197	249.333
29	626.652	1248.33	313.337	624.167	208.905	416.111	156.693	312.083	125.369	249.667
30	627.511	1250.00	313.767	625.000	209.192	416.667	156.908	312.500	125.541	250.000
31	628.342	1251.67	314.189	625.833	209.469	417.222	157.116	312.917	125.707	250.333
32	629.173	1253.33	314.598	626.667	209.746	417.778	157.324	313.333	125.873	250.667
33	630.032	1255.00	315.028	627.500	210.032	418.333	157.539	313.750	126.045	251.000
34	630.892	1256.67	315.457	628.333	210.319	418.889	157.753	314.167	126.217	251.333
35	631.723	1258.33	315.873	629.167	210.596	419.444	157.961	314.583	126.383	251.667
36	632.553	1260.00	316.288	630.000	210.873	420.000	158.169	315.000	126.549	252.000
37	633.413	1261.67	316.718	630.833	211.159	420.556	158.384	315.417	126.721	252.333
38	634.272	1263.33	317.148	631.667	211.446	421.111	158.599	315.833	126.893	252.667
39	635.103	1265.00	317.563	632.500	211.723	421.667	158.807	316.250	127.059	253.000
40	635.934	1266.67	317.979	633.333	212.000	422.222	159.014	316.667	127.226	253.333
41	636.765	1268.33	318.394	634.167	212.277	422.778	159.222	317.083	127.392	253.667
42	637.595	1270.00	318.809	635.000	212.554	423.333	159.430	317.500	127.558	254.000
43	638.455	1271.67	319.239	635.833	212.840	423.889	159.645	317.917	127.730	254.333
44	639.314	1273.33	319.669	636.667	213.127	424.444	159.860	318.333	127.902	254.667
45	640.145	1275.00	320.084	637.500	213.404	425.000	160.067	318.750	128.068	255.000
46	640.976	1276.67	320.500	638.333	213.681	425.556	160.275	319.167	128.234	255.333
47	641.835	1278.33	320.929	639.167	213.967	426.111	160.490	319.583	128.406	255.667
48	642.695	1280.00	321.359	640.000	214.254	426.667	160.705	320.000	128.578	256.000
49	643.526	1281.67	321.775	640.833	214.531	427.222	160.913	320.417	128.744	256.333
50	644.356	1283.33	322.190	641.667	214.808	427.778	161.120	320.833	128.911	256.667
51	645.216	1285.00	322.620	642.500	215.094	428.333	161.335	321.250	129.083	257.000
52	646.075	1286.67	323.050	643.333	215.381	428.889	161.550	321.667	129.255	257.333
53	646.906	1288.33	323.465	644.167	215.658	429.444	161.758	322.083	129.421	257.667
54	647.737	1290.00	323.880	645.000	215.935	430.000	161.966	322.500	129.587	258.000
55	648.596	1291.67	324.310	645.833	216.221	430.556	162.181	322.917	129.759	258.333
56	649.456	1293.33	324.740	646.667	216.508	431.111	162.395	323.333	129.931	258.667
57	650.287	1295.00	325.155	647.500	216.785	431.667	162.603	323.750	130.097	259.000
58	651.117	1296.67	325.571	648.333	217.061	432.222	162.811	324.167	130.263	259.333
59	651.977	1298.33	326.000	649.167	217.348	432.778	163.026	324.583	130.435	259.667

TABLE XIV.—ACTUAL TANGENTS, ETC.

6° Curve.		7° Curve.		8° Curve.		9° Curve.		10° Curve.		12°	
Tan.	Arc.	Tan.	Arc.	Tan.	Arc.	Tan.	Arc.	Tan.	Arc.	M.	
100.409	200.000	86.0790	171.429	75.3336	150.000	66.9771	133.333	60.2948	120.000	0	
100.553	200.278	86.2019	171.667	75.4411	150.208	67.0727	133.519	60.3809	120.167	1	
100.696	200.556	86.3247	171.905	75.5486	150.417	67.1683	133.704	60.4669	120.333	2	
100.834	200.833	86.4435	172.143	75.6525	150.625	67.2607	133.889	60.5501	120.500	3	
100.973	201.111	86.5622	172.381	75.7565	150.833	67.3531	134.074	60.6333	120.667	4	
101.116	201.389	86.6851	172.619	75.8640	151.042	67.4487	134.259	60.7193	120.833	5	
101.200	201.667	86.8079	172.857	75.9715	151.250	67.5442	134.444	60.8054	121.000	6	
101.398	201.944	86.9267	173.095	76.0754	151.458	67.6366	134.630	60.8886	121.167	7	
101.537	202.222	87.0454	173.333	76.1794	151.667	67.7291	134.815	60.9718	121.333	8	
101.675	202.500	87.1642	173.571	76.2833	151.875	67.8215	135.000	61.0550	121.500	9	
101.814	202.778	87.2830	173.810	76.3872	152.083	67.9139	135.185	61.1381	121.667	10	
101.957	203.056	87.4058	174.048	76.4948	152.292	68.0094	135.370	61.2242	121.833	11	
102.100	203.333	87.5287	174.286	76.6023	152.500	68.1050	135.556	61.3102	122.000	12	
102.239	203.611	87.6474	174.524	76.7062	152.708	68.1974	135.741	61.3934	122.167	13	
102.377	203.889	87.7662	174.762	76.8101	152.917	68.2898	135.926	61.4766	122.333	14	
102.521	204.167	87.8890	175.000	76.9177	153.125	68.3854	136.111	61.5627	122.500	15	
102.664	204.444	88.0119	175.238	77.0252	153.333	68.4810	136.296	61.6487	122.667	16	
102.803	204.722	88.1306	175.476	77.1291	153.542	68.5734	136.481	61.7319	122.833	17	
102.941	205.000	88.2494	175.714	77.2330	153.750	68.6658	136.667	61.8151	123.000	18	
103.084	205.278	88.3723	175.952	77.3406	153.958	68.7614	136.852	61.9011	123.167	19	
103.228	205.556	88.4951	176.190	77.4481	154.167	68.8570	137.037	61.9872	123.333	20	
103.366	205.833	88.6139	176.429	77.5520	154.375	68.9494	137.222	62.0704	123.500	21	
103.505	206.111	88.7326	176.667	77.6559	154.583	69.0418	137.407	62.1536	123.667	22	
103.643	206.384	88.8514	176.905	77.7599	154.792	69.1342	137.593	62.2368	123.833	23	
103.782	206.667	88.9701	177.143	77.8638	155.000	69.2266	137.778	62.3199	124.000	24	
103.925	206.944	89.0930	177.381	77.9713	155.208	69.3222	137.963	62.4060	124.167	25	
104.068	207.222	89.2158	177.619	78.0788	155.417	69.4178	138.148	62.4920	124.333	26	
104.207	207.500	89.3346	177.857	78.1828	155.625	69.5102	138.333	62.5752	124.500	27	
104.345	207.778	89.4534	178.095	78.2867	155.833	69.6026	138.519	62.6584	124.667	28	
104.489	208.056	89.5762	178.333	78.3942	156.042	69.6982	138.704	62.7445	124.833	29	
104.632	208.333	89.6991	178.571	78.5017	156.250	69.7938	138.889	62.8305	125.000	30	
104.771	208.611	89.8178	178.810	78.6057	156.458	69.8862	139.074	62.9137	125.167	31	
104.909	208.889	89.9366	179.048	78.7096	156.667	69.9786	139.259	62.9969	125.333	32	
105.052	209.167	90.0594	179.286	78.8171	156.875	70.0742	139.444	63.0829	125.500	33	
105.196	209.444	90.1823	179.524	78.9246	157.083	70.1698	139.630	63.1690	125.667	34	
105.334	209.722	90.3010	179.762	79.0286	157.292	70.2622	139.815	63.2522	125.833	35	
105.473	210.000	90.4198	180.000	79.1325	157.500	70.3546	140.000	63.3354	126.000	36	
105.616	210.278	90.5427	180.238	79.2400	157.708	70.4502	140.185	63.4214	126.167	37	
105.759	210.556	90.6655	180.476	79.3475	157.917	70.5458	140.370	63.5075	126.333	38	
105.898	210.833	90.7843	180.714	79.4515	158.125	70.6382	140.556	63.5907	126.500	39	
106.036	211.111	90.9030	180.952	79.5554	158.333	70.7306	140.741	63.6738	126.667	40	
106.175	211.389	91.0218	181.190	79.6593	158.542	70.8230	140.926	63.7570	126.832	41	
106.314	211.667	91.1405	181.429	79.7633	158.750	70.9154	141.111	63.8402	127.000	42	
106.459	211.944	91.2634	181.667	79.8708	158.958	71.0110	141.296	63.9263	127.167	43	
106.600	212.222	91.3862	181.905	79.9783	159.167	71.1066	141.481	64.0123	127.333	44	
106.739	212.500	91.5050	182.143	80.0822	159.375	71.1990	141.667	64.0955	127.500	45	
106.877	212.778	91.6238	182.381	80.1862	159.583	71.2914	141.852	64.1787	127.667	46	
107.020	213.056	91.7466	182.619	80.2937	159.792	71.3870	142.037	64.2647	127.833	47	
107.164	213.333	91.8695	182.857	80.4012	160.000	71.4826	142.222	64.3508	128.000	48	
107.302	213.611	91.9882	183.095	80.5051	160.208	71.5750	142.407	64.4340	128.167	49	
107.441	213.889	92.1070	183.333	80.6091	160.417	71.6674	142.593	64.5172	128.333	50	
107.584	214.167	92.2298	183.571	80.7166	160.625	71.7630	142.778	64.6032	128.500	51	
107.727	214.444	92.3527	183.810	80.8241	160.833	71.8586	142.963	64.6893	128.667	52	
107.806	214.722	92.4714	184.048	80.9280	161.042	71.9510	143.148	64.7725	128.833	53	
108.005	215.000	92.5902	184.286	81.0320	161.250	72.0434	143.333	64.8556	129.000	54	
108.148	215.278	92.7131	184.524	81.1395	161.458	72.1390	143.519	64.9417	129.167	55	
108.291	215.556	92.8359	184.762	81.2470	161.667	72.2345	143.704	65.0278	129.333	56	
108.430	215.833	92.9547	185.000	81.3509	161.875	72.3270	143.889	65.1109	129.500	57	
108.568	216.111	93.0734	185.238	81.4549	162.083	72.4194	144.074	65.1941	129.667	58	
108.712	216.389	93.1963	185.476	81.5624	162.292	72.5149	144.259	65.2802	129.833	59	

TABLE XIV.—ACTUAL TANGENTS, ETC.

13°	1° Curve.		2° Curve.		3° Curve.		4° Curve.		5° Curve.	
M.	Tan.	Arc.	Tan.	Arc.	Tan.	Arc.	Tan.	Arc.	Tan.	Arc.
0	652.836	1300.00	326.430	650.000	217.635	433.333	163.241	325.000	130.607	260.000
1	653.667	1301.67	326.846	650.833	217.911	433.889	163.418	325.417	130.773	260.333
2	654.498	1303.33	327.261	651.667	218.188	434.444	163.636	325.833	130.940	260.667
3	655.329	1305.00	327.676	652.500	218.465	435.000	163.864	326.250	131.106	261.000
4	656.160	1306.67	328.092	653.333	218.742	435.556	164.072	326.667	131.272	261.333
5	657.019	1308.33	328.522	654.167	219.029	436.111	164.287	327.083	131.444	261.667
6	657.878	1310.00	328.951	655.000	219.315	436.667	164.501	327.500	131.616	262.000
7	658.709	1311.67	329.367	655.833	219.592	437.222	164.709	327.917	131.782	262.333
8	659.540	1313.33	329.782	656.667	219.869	437.778	164.917	328.333	131.948	262.667
9	660.399	1315.00	330.212	657.500	220.156	438.333	165.132	328.750	132.120	263.000
10	661.259	1316.67	330.642	658.333	220.442	438.889	165.347	329.167	132.292	263.333
11	662.090	1318.33	331.057	659.167	220.719	439.444	165.554	329.583	132.458	263.667
12	662.921	1320.00	331.472	660.000	220.996	440.000	165.762	330.000	132.625	264.000
13	663.780	1321.67	331.902	660.833	221.283	440.556	165.977	330.417	132.797	264.333
14	664.639	1323.33	332.332	661.667	221.569	441.111	166.192	330.833	132.968	264.667
15	665.470	1325.00	332.747	662.500	221.846	441.667	166.400	331.250	133.135	265.000
16	666.301	1326.67	333.163	663.333	222.123	442.222	166.608	331.667	133.301	265.333
17	667.160	1328.33	333.592	664.167	222.410	442.778	166.822	332.083	133.473	265.667
18	668.020	1330.00	334.022	665.000	222.696	443.333	167.037	332.500	133.645	266.000
19	668.851	1331.67	334.438	665.833	222.973	443.889	167.245	332.917	133.811	266.333
20	669.681	1333.33	334.853	666.667	223.250	444.444	167.453	333.333	133.977	266.667
21	670.541	1335.00	335.283	667.500	223.547	445.000	167.668	333.750	134.149	267.000
22	671.400	1336.67	335.712	668.333	223.823	445.556	167.883	334.167	134.321	267.333
23	672.231	1338.33	336.128	669.167	224.100	446.111	168.090	334.583	134.487	267.667
24	673.062	1340.00	336.543	670.000	224.377	446.667	168.298	335.000	134.654	268.000
25	673.921	1341.67	336.973	670.833	224.664	447.222	168.513	335.417	134.825	268.333
26	674.781	1343.33	337.403	671.667	224.950	447.778	168.728	335.833	134.997	268.667
27	675.612	1345.00	337.818	672.500	225.227	448.333	168.936	336.250	135.164	269.000
28	676.442	1346.67	338.234	673.333	225.504	448.889	169.143	336.667	135.330	269.333
29	677.302	1348.33	338.663	674.167	225.791	449.444	169.358	337.083	135.502	269.667
30	678.161	1350.00	339.093	675.000	226.077	450.000	169.573	337.500	135.674	270.000
31	678.992	1351.67	339.509	675.833	226.354	450.556	169.781	337.917	135.840	270.333
32	679.823	1353.33	339.924	676.667	226.631	451.111	169.989	338.333	136.006	270.667
33	680.682	1355.00	340.354	677.500	226.918	451.667	170.204	338.750	136.178	271.000
34	681.542	1356.67	340.783	678.333	227.204	452.222	170.418	339.167	136.350	271.333
35	682.373	1358.33	341.199	679.167	227.481	452.778	170.626	339.583	136.516	271.667
36	683.203	1360.00	341.614	680.000	227.758	453.333	170.834	340.000	136.682	272.000
37	684.063	1361.67	342.044	680.833	228.044	453.889	171.049	340.417	136.854	272.333
38	684.922	1363.33	342.474	681.667	228.331	454.444	171.264	340.833	137.026	272.667
39	685.753	1365.00	342.889	682.500	228.608	455.000	171.472	341.250	137.193	273.000
40	686.584	1366.67	343.305	683.333	228.885	455.556	171.679	341.667	137.359	273.333
41	687.443	1368.33	343.734	684.167	229.171	456.111	171.894	342.083	137.531	273.667
42	688.303	1370.00	344.164	685.000	229.458	456.667	172.109	342.500	137.703	274.000
43	689.134	1371.67	344.579	685.833	229.735	457.222	172.317	342.917	137.869	274.333
44	689.964	1373.33	344.995	686.667	230.012	457.778	172.525	343.333	138.035	274.667
45	690.824	1375.00	345.425	687.500	230.298	458.333	172.739	343.750	138.207	275.000
46	691.683	1376.67	345.854	688.333	230.585	458.889	172.954	344.167	138.379	275.333
47	692.514	1378.33	346.270	689.167	230.862	459.444	173.162	344.583	138.545	275.667
48	693.345	1380.00	346.685	690.000	231.139	460.000	173.370	345.000	138.711	276.000
49	694.204	1381.67	347.115	690.833	231.425	460.556	173.585	345.417	138.883	276.333
50	695.064	1383.33	347.545	691.667	231.712	461.111	173.800	345.833	139.055	276.667
51	695.895	1385.00	347.960	692.500	231.989	461.667	174.007	346.250	139.221	277.000
52	696.725	1386.67	348.375	693.333	232.266	462.222	174.215	346.667	139.388	277.333
53	697.585	1388.33	348.805	694.167	232.552	462.778	174.430	347.083	139.560	277.667
54	698.444	1390.00	349.235	695.000	232.839	463.333	174.645	347.500	139.732	278.000
55	699.275	1391.67	349.650	695.833	233.116	463.889	174.853	347.917	139.898	278.333
56	700.106	1393.33	350.066	696.667	233.393	464.444	175.060	348.333	140.064	278.667
57	700.965	1395.00	350.496	697.500	233.679	465.000	175.275	348.750	140.236	279.000
58	701.825	1396.67	350.925	698.333	233.966	465.556	175.490	349.167	140.408	279.333
59	702.656	1398.33	351.341	699.167	234.243	466.111	175.698	349.583	140.574	279.667

TABLE XIV.—ACTUAL TANGENTS, ETC

6° Curve.		7° Curve.		8° Curve.		9° Curve.		10° Curve.		13°
Tan.	Arc.	Tan.	Arc.	Tan.	Arc.	Tan.	Arc.	Tan	Arc.	M.
108.855	216.667	93.3191	185.714	81.6699	162.500	72.6105	144.444	65.3662	130.000	0
108.993	216.944	93.4379	185.952	81.7738	162.708	72.7029	144.630	65.4494	130.167	1
109.132	217.222	93.5566	186.190	81.8778	162.917	72.7953	144.815	65.5326	130.333	2
109.270	217.500	93.6754	186.429	81.9817	163.125	72.8878	145.000	65.6158	130.500	3
109.409	217.778	93.7942	186.667	82.0856	163.333	72.9802	145.185	65.6990	130.667	4
109.552	218.056	93.9170	186.905	82.1932	163.542	73.0757	145.370	65.7850	130.833	5
109.696	218.333	94.0399	187.143	82.3007	163.750	73.1713	145.556	65.8711	131.000	6
109.834	218.611	94.1586	187.381	82.4046	163.958	73.2637	145.741	65.9543	131.167	7
109.973	218.889	94.2774	187.619	82.5085	164.167	73.3561	145.926	66.0374	131.333	8
110.116	219.167	94.4002	187.857	82.6161	164.375	73.4517	146.111	66.1235	131.500	9
110.259	219.444	94.5231	188.095	82.7236	164.583	73.5473	146.296	66.2096	131.667	10
110.398	219.722	94.6419	188.333	82.8275	164.792	73.6397	146.481	66.2927	131.833	11
110.536	220.000	94.7606	188.571	82.9314	165.000	73.7321	146.667	66.3759	132.000	12
110.680	220.278	94.8835	188.810	83.0390	165.208	73.8277	146.852	66.4620	132.167	13
110.823	220.556	95.0063	189.048	83.1465	165.417	73.9233	147.037	66.5480	132.333	14
110.961	220.833	95.1251	189.286	83.2504	165.625	74.0157	147.222	66.6312	132.500	15
111.100	221.111	95.2438	189.524	83.3543	165.833	74.1681	147.407	66.7144	132.667	16
111.243	221.389	95.3667	189.762	83.4619	166.042	74.2037	147.593	66.8005	132.833	17
111.387	221.667	95.4895	190.000	83.5694	166.250	74.2993	147.778	66.8865	133.000	18
111.525	221.944	95.6083	190.238	83.6733	166.458	74.3917	147.963	66.9697	133.167	19
111.664	222.222	95.7271	190.476	83.7772	166.667	74.4841	148.148	67.0529	133.333	20
111.807	222.500	95.8499	190.714	83.8848	166.875	74.5797	148.333	67.1389	133.500	21
111.950	222.778	95.9728	190.952	83.9923	167.083	74.6753	148.519	67.2250	133.667	22
112.089	223.056	96.0915	191.190	84.0962	167.292	74.7677	148.704	67.3082	133.833	23
112.227	223.333	96.2103	191.429	84.2001	167.500	74.8601	148.889	67.3914	134.000	24
112.371	223.611	96.3331	191.667	84.3077	167.708	74.9557	149.074	67.4774	134.167	25
112.514	223.889	96.4560	191.905	84.4152	167.917	75.0513	149.259	67.5635	134.333	26
112.652	224.167	96.5747	192.143	84.5191	168.125	75.1437	149.444	67.6467	134.500	27
112.791	224.444	96.6935	192.381	84.6230	168.333	75.2361	149.630	67.7298	134.667	28
112.934	224.722	96.8163	192.619	84.7306	168.542	75.3317	149.815	67.8159	134.833	29
113.078	225.000	96.9392	192.857	84.8381	168.750	75.4273	150.000	67.9019	135.000	30
113.216	225.278	97.0580	193.095	84.9420	168.958	75.5197	150.185	67.9851	135.167	31
113.355	225.556	97.1767	193.333	85.0459	169.167	75.6121	150.370	68.0683	135.333	32
113.498	225.833	97.2996	193.571	85.1535	169.375	75.7077	150.556	68.1544	135.500	33
113.641	226.111	97.4224	193.810	85.2610	169.583	75.8033	150.741	68.2404	135.667	34
113.780	226.389	97.5412	194.048	85.3649	169.792	75.8957	150.926	68.3236	135.833	35
113.918	226.667	97.6599	194.286	85.4688	170.000	75.4881	151.111	68.4068	136.000	36
114.062	226.944	97.7828	194.524	85.5764	170.208	76.0837	151.296	68.4928	136.167	37
114.205	227.222	97.9056	194.762	85.6839	170.417	76.1793	151.481	68.5789	136.333	38
114.343	227.500	98.0244	195.000	85.7878	170.625	76.2717	151.667	68.6621	136.500	39
114.482	227.778	98.1432	195.238	85.8917	170.833	76.3641	151.852	68.7453	136.667	40
114.625	228.056	98.2660	195.476	85.9993	171.042	76.4596	152.037	68.8313	136.833	41
114.769	228.333	98.3889	195.714	86.1068	171.250	76.5552	152.222	68.9174	137.000	42
114.907	228.611	98.5076	195.952	86.2107	171.458	76.6476	152.407	69.0006	137.167	43
115.046	228.889	98.6264	196.190	86.3146	171.667	76.7400	152.593	69.0837	137.333	44
115.189	229.167	98.7492	196.429	86.4222	171.875	76.8356	152.778	69.1698	137.500	45
115.332	229.444	98.8721	196.667	86.5297	172.083	76.9312	152.963	69.2559	137.667	46
115.471	229.722	98.9908	196.905	86.6336	172.292	77.0236	153.148	69.3390	137.833	47
115.609	230.000	99.1096	197.143	86.7375	172.500	77.1160	153.333	69.4222	138.000	48
115.753	230.278	99.2325	197.381	86.8451	172.708	77.2116	153.519	69.5083	138.167	49
115.896	230.556	99.3553	197.619	86.9526	172.917	77.3072	153.704	69.5943	138.333	50
116.034	230.833	99.4741	197.857	87.0565	173.125	77.3996	153.889	69.6775	138.500	51
116.173	231.111	99.5928	198.095	87.1604	173.333	77.4920	154.074	69.7607	138.667	52
116.316	231.389	99.7157	198.333	87.2680	173.542	77.5876	154.259	69.8468	138.833	53
116.460	231.667	99.8385	198.571	87.3755	173.750	77.6832	154.444	69.9328	139.000	54
116.598	231.944	99.9573	198.810	87.4794	173.958	77.7756	154.630	70.0160	139.167	55
116.737	232.222	100.076	199.048	87.5833	174.167	77.8080	154.815	70.0992	139.333	56
116.880	232.500	100.199	199.286	87.6909	174.375	77.9636	155.000	70.1852	139.500	57
117.023	232.778	100.322	199.524	87.7984	174.583	78.0592	155.185	70.2713	139.667	58
117.162	233.056	100.440	199.762	87.9023	174.792	78.1516	155.370	70.3545	139.833	59

TABLE XIV.—ACTUAL TANGENTS, ETC.

14°	1° Curve.		2° Curve.		3° Curve.		4° Curve.		5° Curve.	
M.	Tan.	Arc.	Tan.	Arc.	Tan.	Arc.	Tan.	Arc.	Tan.	Arc.
0	703.486	1400.00	351.756	700.000	234.520	466.667	175.906	350.000	140.746	280.000
1	704.346	1401.67	352.186	700.833	234.806	467.222	176.121	350.417	140.912	280.333
2	705.205	1403.33	352.616	701.667	235.093	467.778	176.335	350.833	141.084	280.667
3	706.065	1405.00	353.045	702.500	235.379	468.333	176.550	351.250	141.256	281.000
4	706.924	1406.67	353.475	703.333	235.666	468.889	176.765	351.667	141.428	281.333
5	707.755	1408.33	353.890	704.167	235.943	469.444	176.973	352.083	141.594	281.667
6	708.586	1410.00	354.306	705.000	236.220	470.000	177.181	352.500	141.760	282.000
7	709.445	1411.67	354.736	705.833	236.506	470.556	177.396	352.917	141.932	282.333
8	710.305	1413.33	355.165	706.667	236.793	471.111	177.611	353.333	142.104	282.667
9	711.136	1415.00	355.581	707.500	237.070	471.667	177.818	353.750	142.271	283.000
10	711.966	1416.67	355.996	708.333	237.347	472.222	178.026	354.167	142.437	283.333
11	712.826	1418.33	356.426	709.167	237.633	472.778	178.241	354.583	142.609	283.667
12	713.685	1420.00	356.856	710.000	237.920	473.333	178.456	355.000	142.781	284.000
13	714.516	1421.67	357.271	710.833	238.197	473.889	178.664	355.417	142.947	284.333
14	715.347	1423.33	357.687	711.667	238.473	474.444	178.871	355.833	143.113	284.667
15	716.206	1425.00	358.116	712.500	238.760	475.000	179.086	356.250	143.285	285.000
16	717.066	1426.67	358.546	713.333	239.047	475.556	179.301	356.667	143.457	285.333
17	717.896	1428.33	358.961	714.167	239.323	476.111	179.509	357.083	143.623	285.667
18	718.727	1430.00	359.377	715.000	239.600	476.667	179.717	357.500	143.789	286.000
19	719.587	1431.67	359.807	715.833	239.887	477.222	179.932	357.917	143.961	286.333
20	720.446	1433.33	360.236	716.667	240.173	477.778	180.146	358.333	144.133	286.667
21	721.277	1435.00	360.652	717.500	240.450	478.333	180.354	358.750	144.299	287.000
22	722.108	1436.67	361.067	718.333	240.727	478.889	180.562	359.167	144.466	287.333
23	722.967	1438.33	361.497	719.167	241.014	479.444	180.777	359.583	144.638	287.667
24	723.827	1440.00	361.927	720.000	241.300	480.000	180.992	360.000	144.810	288.000
25	724.657	1441.67	362.342	720.833	241.577	480.556	181.199	360.417	144.976	288.333
26	725.488	1443.33	362.757	721.667	241.854	481.111	181.407	360.833	145.142	288.667
27	726.348	1445.00	363.187	722.500	242.141	481.667	181.622	361.250	145.314	289.000
28	727.207	1446.67	363.617	723.333	242.427	482.222	181.837	361.667	145.486	289.333
29	728.067	1448.33	364.047	724.167	242.714	482.778	182.052	362.083	145.658	289.667
30	728.926	1450.00	364.476	725.000	243.000	483.333	182.267	362.500	145.890	290.000
31	729.757	1451.67	364.802	725.833	243.277	483.889	182.475	362.917	145.996	290.333
32	730.588	1453.33	365.307	726.667	243.554	484.444	182.682	363.333	146.162	290.667
33	731.447	1455.00	365.737	727.500	243.841	485.000	182.897	363.750	146.334	291.000
34	732.307	1456.67	366.167	728.333	244.127	485.556	183.112	364.167	146.506	291.333
35	733.137	1458.33	366.582	729.167	244.404	486.111	183.320	364.583	146.672	291.667
36	733.968	1460.00	366.998	730.000	244.681	486.667	183.528	365.000	146.838	292.000
37	734.828	1461.67	367.427	730.833	244.968	487.222	183.742	365.417	147.010	292.333
38	735.687	1463.33	367.857	731.667	245.254	487.778	183.957	365.833	147.182	292.667
39	736.518	1465.00	368.272	732.500	245.531	488.333	184.165	366.250	147.349	293.000
40	737.349	1466.67	368.688	733.333	245.808	488.889	184.373	366.667	147.515	293.333
41	738.208	1468.33	369.118	734.167	246.095	489.444	184.588	367.083	147.687	293.667
42	739.068	1470.00	369.547	735.000	246.381	490.000	184.803	367.500	147.859	294.000
43	739.927	1471.67	369.977	735.833	246.668	490.556	185.018	367.917	148.031	294.333
44	740.786	1473.33	370.407	736.667	246.954	491.111	185.232	368.333	148.203	294.667
45	741.617	1475.00	370.822	737.500	247.231	491.667	185.440	368.750	148.369	295.000
46	742.448	1476.67	371.234	738.333	247.508	492.222	185.648	369.167	148.535	295.333
47	743.307	1478.33	371.667	739.167	247.795	492.778	185.863	369.583	148.707	295.667
48	744.167	1480.00	372.097	740.000	248.081	493.333	186.078	370.000	148.879	296.000
49	744.998	1481.67	372.513	740.833	248.358	493.889	186.286	370.417	149.045	296.333
50	745.829	1483.33	372.928	741.667	248.635	494.444	186.493	370.833	149.211	296.667
51	746.688	1485.00	373.358	742.500	248.922	495.000	186.708	371.250	149.383	297.000
52	747.547	1486.67	373.787	743.333	249.208	495.556	186.923	371.667	149.555	297.333
53	748.378	1488.33	374.203	744.167	249.485	496.111	187.131	372.083	149.721	297.667
54	749.209	1490.00	374.618	745.000	249.762	496.667	187.339	372.500	149.888	298.000
55	750.068	1491.67	375.048	745.833	250.049	497.222	187.553	372.917	150.060	298.333
56	750.928	1493.33	375.478	746.667	250.335	497.778	187.768	373.333	150.231	298.667
57	751.787	1495.00	375.907	747.500	250.622	498.333	187.983	373.750	150.403	299.000
58	752.647	1496.67	376.337	748.333	250.908	498.889	188.198	374.167	150.575	299.333
59	753.478	1498.33	376.753	749.167	251.185	499.444	188.406	374.583	150.742	299.667

TABLE XIV.—ACTUAL TANGENTS, ETC.

6° Curve.		7° Curve.		8° Curve.		9° Curve.		10° Curve.		14°
Tan.	Arc.	Tan.	Arc.	Tan.	Arc.	Tan.	Arc.	Tan.	Arc.	M.
117.300	233.333	100.559	200.000	88.0062	175.000	78.2440	155.556	70.4377	140.000	0
117.444	233.611	100.682	200.238	88.1138	175.208	78.3306	155.741	70.5237	140.167	1
117.587	233.889	100.805	200.476	88.2213	175.417	78.4352	155.926	70.6098	140.333	2
117.730	234.167	100.928	200.714	88.3288	175.625	78.5308	156.111	70.6958	140.500	3
117.874	234.444	101.051	200.952	88.4363	175.833	78.6264	156.296	70.7819	140.667	4
118.012	234.722	101.169	201.190	88.5402	176.042	78.7188	156.481	70.8651	140.833	5
118.151	235.000	101.288	201.429	88.6442	176.250	78.8112	156.667	70.9482	141.000	6
118.294	235.278	101.411	201.667	88.7517	176.458	78.9068	156.852	71.0343	141.167	7
118.437	235.556	101.534	201.905	88.8592	176.667	79.0024	157.037	71.1203	141.333	8
118.576	235.833	101.658	202.143	88.9631	176.875	79.0948	157.222	71.2035	141.500	9
118.714	236.111	101.771	202.381	89.0671	177.083	79.1872	157.407	71.2867	141.667	10
118.858	236.389	101.894	202.619	89.1746	177.292	79.2828	157.593	71.3728	141.833	11
119.001	236.667	102.017	202.857	89.2821	177.500	79.3783	157.778	71.4588	142.000	12
119.139	236.944	102.136	203.095	89.3860	177.708	79.4708	157.963	71.5420	142.167	13
119.278	237.222	102.255	203.333	89.4900	177.917	79.5632	158.148	71.6252	142.333	14
119.421	237.500	102.377	203.571	89.5975	178.125	79.6587	158.333	71.7112	142.500	15
119.565	237.778	102.500	203.810	89.7050	178.333	79.7543	158.519	71.7973	142.667	16
119.703	238.056	102.619	204.048	89.8089	178.542	79.8467	158.704	71.8805	142.833	17
119.842	238.333	102.738	204.286	89.9129	178.750	79.9391	158.889	71.9637	143.000	18
119.985	238.611	102.861	204.524	90.0204	178.958	80.0347	159.074	72.0497	143.167	19
120.128	238.889	102.984	204.762	90.1279	179.167	80.1303	159.259	72.1358	143.333	20
120.267	239.167	103.102	205.000	90.2318	179.375	80.2227	159.444	72.2190	143.500	21
120.405	239.444	103.221	205.238	90.3358	179.583	80.3151	159.630	72.3021	143.667	22
120.549	239.722	103.344	205.476	90.4433	179.792	80.4107	159.815	72.3882	143.833	23
120.692	240.000	103.467	205.714	90.5508	180.000	80.5063	160.000	72.4743	144.000	24
120.830	240.278	103.585	205.952	90.6547	180.208	80.5987	160.185	72.5574	144.167	25
120.969	240.556	103.704	206.190	90.7587	180.417	80.6911	160.370	72.6406	144.333	26
121.112	240.833	103.827	206.429	90.8662	180.625	80.7867	160.556	72.7267	144.500	27
121.256	241.111	103.950	206.667	90.9737	180.833	80.8823	160.741	72.8127	144.667	28
121.399	241.389	104.073	206.905	91.0812	181.042	80.9779	160.926	72.8988	144.833	29
121.542	241.667	104.196	207.143	91.1887	181.250	81.0735	161.111	72.9848	145.000	30
121.681	241.944	104.314	207.381	91.2927	181.458	81.1659	161.296	73.0680	145.167	31
121.819	242.222	104.433	207.619	91.3966	181.667	81.2583	161.481	73.1512	145.333	32
121.962	242.500	104.556	207.857	91.5041	181.875	81.3539	161.667	73.2373	145.500	33
122.106	242.778	104.679	208.095	91.6116	182.083	81.4495	161.852	73.3233	145.667	34
122.244	243.056	104.798	208.333	91.7156	182.292	81.5419	162.037	73.4065	145.833	35
122.383	243.333	104.916	208.571	91.8195	182.500	81.6343	162.222	73.4897	146.000	36
122.526	243.611	105.039	208.810	91.9270	182.708	81.7299	162.407	73.5757	146.167	37
122.669	243.889	105.162	209.048	92.0345	182.917	81.8255	162.593	73.6618	146.333	38
122.808	244.167	105.281	209.286	92.1385	183.125	81.9179	162.778	73.7450	146.500	39
122.947	244.444	105.400	209.524	92.2424	183.333	82.0103	162.963	73.8282	146.667	40
123.090	244.722	105.522	209.762	92.3499	183.542	82.1059	163.148	73.9142	146.833	41
123.233	245.000	105.645	210.000	92.4574	183.750	82.2015	163.333	74.0003	147.000	42
123.376	245.278	105.768	210.238	92.5650	183.958	82.2970	163.519	74.0863	147.167	43
123.520	245.556	105.891	210.476	92.6725	184.167	82.3926	163.704	74.1724	147.333	44
123.658	245.833	106.010	210.714	92.7764	184.375	82.4850	163.889	74.2556	147.500	45
123.797	246.111	106.129	210.952	92.8803	184.583	82.5774	164.074	74.3387	147.667	46
123.940	246.389	106.251	211.190	92.9879	184.792	82.6730	164.259	74.4248	147.833	47
124.083	246.667	106.374	211.429	93.0954	185.000	82.7686	164.444	74.5109	148.000	48
124.222	246.944	106.493	211.667	93.1993	185.208	82.8610	164.630	74.5940	148.167	49
124.360	247.222	106.612	211.905	93.3032	185.417	82.9534	164.815	74.6772	148.333	50
124.504	247.500	106.735	212.143	93.4108	185.625	83.0490	165.000	74.7633	148.500	51
124.647	247.778	106.857	212.381	93.5183	185.833	83.1446	165.185	74.8493	148.667	52
124.786	248.056	106.976	212.619	93.6222	186.042	83.2370	165.370	74.9325	148.833	53
124.924	248.333	107.095	212.857	93.7261	186.250	83.3294	165.556	75.0157	149.000	54
125.067	248.611	107.218	213.095	93.8337	186.458	83.4250	165.741	75.1018	149.167	55
125.211	248.889	107.341	213.333	93.9412	186.667	83.5206	165.926	75.1878	149.333	56
125.354	249.167	107.464	213.571	94.0487	186.875	83.6162	166.111	75.2739	149.500	57
125.497	249.444	107.586	213.810	94.1562	187.083	83.7118	166.296	75.3599	149.667	58
125.636	249.722	107.705	214.048	94.2601	187.292	83.8042	166.481	75.4431	149.833	59

TABLE XIV.—ACTUAL TANGENTS, ETC.

15°	1° Curve.		2° Curve.		3° Curve.		4° Curve.		5° Curve.	
M.	Tan.	Arc.	Tan.	Arc.	Tan.	Arc.	Tan.	Arc.	Tan.	Arc.
0	754.308	1500.00	377.168	750.000	251.462	500.000	188.614	375.000	150.908	300.000
1	755.168	1501.67	377.598	750.833	251.749	500.556	188.828	375.417	151.080	300.333
2	756.027	1503.33	378.028	751.667	252.035	501.111	189.043	375.833	151.252	300.667
3	756.858	1505.00	378.443	752.500	252.312	501.667	189.251	376.250	151.418	301.000
4	757.689	1506.67	378.858	753.333	252.589	502.222	189.459	376.667	151.584	301.333
5	758.548	1508.33	379.288	754.167	252.875	502.778	189.674	377.083	151.756	301.667
6	759.408	1510.00	379.718	755.000	253.162	503.333	189.889	377.500	151.928	302.000
7	760.267	1511.67	380.148	755.833	253.449	503.889	190.104	377.917	152.100	302.333
8	761.127	1513.33	380.577	756.667	253.735	504.444	190.319	378.333	152.272	302.667
9	761.958	1515.00	380.993	757.500	254.012	505.000	190.526	378.750	152.438	303.000
10	762.788	1516.67	381.408	758.333	254.289	505.556	190.734	379.167	152.604	303.333
11	763.648	1518.33	381.838	759.167	254.575	506.111	190.949	379.583	152.776	303.667
12	764.507	1520.00	382.268	760.000	254.862	506.667	191.164	380.000	152.948	304.000
13	765.338	1521.67	382.683	760.833	255.139	507.222	191.372	380.417	153.114	304.333
14	766.169	1523.33	383.098	761.667	255.416	507.778	191.579	380.833	153.281	304.667
15	767.028	1525.00	383.528	762.500	255.702	508.333	191.794	381.250	153.453	305.000
16	767.888	1526.67	383.958	763.333	255.989	508.889	192.009	381.667	153.624	305.333
17	768.747	1528.33	384.388	764.167	256.275	509.444	192.224	382.083	153.796	305.667
18	769.607	1530.00	384.817	765.000	256.502	510.000	192.439	382.500	153.968	306.000
19	770.437	1531.67	385.233	765.833	256.839	510.556	192.647	382.917	154.135	306.333
20	771.268	1533.33	385.648	766.667	257.116	511.111	192.854	383.333	154.301	306.667
21	772.128	1535.00	386.078	767.500	257.402	511.667	193.069	383.750	154.473	307.000
22	772.987	1536.67	386.508	768.333	257.689	512.222	193.284	384.167	154.645	307.333
23	773.847	1538.33	386.937	769.167	257.975	512.778	193.499	384.583	154.817	307.667
24	774.706	1540.00	387.367	770.000	258.252	513.333	193.714	385.000	154.989	308.000
25	775.537	1541.67	387.783	770.833	258.539	513.889	193.922	385.417	155.155	308.333
26	776.368	1543.33	388.198	771.667	258.816	514.444	194.129	385.833	155.321	308.667
27	777.227	1545.00	388.628	772.500	259.102	515.000	194.344	386.250	155.493	309.000
28	778.086	1546.67	389.057	773.333	259.389	515.556	194.559	386.667	155.665	309.333
29	778.917	1548.33	389.473	774.167	259.666	516.111	194.767	387.083	155.831	309.667
30	779.748	1550.00	389.888	775.000	259.943	516.667	194.975	387.500	155.997	310.000
31	780.608	1551.67	390.318	775.833	260.229	517.222	195.190	387.917	156.169	310.333
32	781.467	1553.33	390.748	776.667	260.516	517.778	195.405	388.333	156.341	310.667
33	782.326	1555.00	391.178	777.500	260.802	518.333	195.619	388.750	156.513	311.000
34	783.186	1556.67	391.607	778.333	261.089	518.889	195.834	389.167	156.685	311.333
35	784.017	1558.33	392.023	779.167	261.366	519.444	196.042	389.583	156.851	311.667
36	784.847	1560.00	392.438	780.000	261.643	520.000	196.250	390.000	157.017	312.000
37	785.707	1561.67	392.868	780.833	261.929	520.556	196.465	390.417	157.189	312.333
38	786.566	1563.33	393.298	781.667	262.216	521.111	196.680	390.833	157 361	312.667
39	787.426	1565.00	393.727	782.500	262.502	521.667	196.895	391.250	157.533	313.000
40	788.285	1566.67	394.157	783.333	262.789	522.222	197.109	391.667	157.705	313.333
41	789.116	1568.33	394.572	784.167	263.056	522.778	197.317	392.083	157.871	313.667
42	789.947	1570.00	394.988	785.000	263.343	523.333	197.525	392.500	158.038	314.000
43	790.806	1571.67	395.418	785.833	263.629	523.889	197.740	392.917	158.210	314.333
44	791.666	1573.33	395.847	786.667	263.916	524.444	197.955	393.333	158.382	314.667
45	792.497	1575.00	396.263	787.500	264.193	525.000	198.163	393.750	158.548	315.000
46	793.327	1576.67	396.678	788.333	264.470	525.556	198.370	394.167	158.714	315.333
47	794.187	1578.33	397.108	789.167	264.756	526.111	198.585	394.583	158.886	315.667
48	795.046	1580.00	397.538	790.000	265.043	526.667	198.800	395.000	159.058	316.000
49	795.906	1581.67	397.967	790.833	265.329	527.222	199.015	395.417	159.230	316.333
50	796.765	1583.33	398.397	791.667	265.616	527.778	199.230	395.833	159.402	316.667
51	797.596	1585.00	398.813	792.500	265.893	528.333	199.438	396.250	159.568	317.000
52	798.427	1586.67	399.228	793.333	266.170	528.889	199.645	396.667	159.734	317.333
53	799.286	1588.33	399.658	794.167	266.456	529.444	199.860	397.083	159.906	317.667
54	800.146	1590.00	400.087	795.000	266.743	530.000	200.075	397.500	160.078	318.000
55	801.005	1591.67	400.517	795.833	267.029	530.556	200.290	397.917	160.250	318.333
56	801.865	1593.33	400.947	796.667	267.316	531.111	200.505	398.333	160.422	318.667
57	802.695	1595.00	401.362	797.500	267.593	531.667	200.712	398.750	160.588	319.000
58	803.526	1596.67	401.778	798.333	267.870	532.222	200.920	399.167	160.754	319.333
59	804.386	1598.33	402.208	799.167	268.156	532.778	201.135	399.583	160.926	319.667

TABLE XIV.—ACTUAL TANGENTS, ETC.

6° Curve.		7° Curve.		8° Curve.		9° Curve.		10° Curve.		15°	
Tan.	Arc.	Tan.	Arc.	Tan.	Arc.	Tan.	Arc.	Tan.	Arc.	M.	
125.774	250.000	107.824	214.286	94.3641	187.500	83.8966	166.667	75.5263	150.000	0	
125.918	250.278	107.947	214.524	94.4716	187.708	83.9922	166.852	75.6123	150.167	1	
126.061	250.556	108.070	214.762	94.5791	187.917	84.0878	167.037	75.6984	150.333	2	
126.200	250.833	108.188	215.000	94.6830	188.125	84.1804	167.222	75.7816	150.500	3	
126.338	251.111	108.306	215.238	94.7870	188.333	84.2726	167.407	75.8645	150.667	4	
126.481	251.389	108.430	215.476	94.8945	188.542	84.3682	167.593	75.9508	150.833	5	
126.625	251.667	108.553	215.714	95.0020	188.750	84.4638	167.778	76.0369	151.000	6	
126.768	251.944	108.676	215.952	95.1095	188.958	84.5594	167.963	76.1229	151.167	7	
126.911	252.222	108.799	216.190	95.2171	189.167	84.6549	168.148	76.2090	151.333	8	
127.050	252.500	108.917	216.429	95.3210	189.375	84.7473	168.333	76.2922	151.500	9	
127.188	252.778	109.036	216.667	95.4249	189.583	84.8398	168.519	76.3753	151.667	10	
127.332	253.056	109.159	216.905	95.5324	189.792	84.9353	168.704	76.4614	151.833	11	
127.475	253.333	109.282	217.143	95.6400	190.000	85.0309	168.889	76.5475	152.000	12	
127.613	253.611	109.401	217.381	95.7439	190.208	85.1233	169.074	76.6306	152.167	13	
127.752	253.889	109.519	217.619	95.8478	190.417	85.2157	169.259	76.7138	152.333	14	
127.895	254.167	109.642	217.857	95.9553	190.625	85.3113	169.444	76.7999	152.500	15	
128.039	254.444	109.765	218.095	96.0029	190.833	85.4069	169.630	76.8859	152.667	16	
128.182	254.722	109.888	218.333	96.1704	191.042	85.5025	169.815	76.9720	152.833	17	
128.325	255.000	110.011	218.571	96.2779	191.250	85.5981	170.000	77.0580	153.000	18	
128.464	255.278	110.129	218.810	96.3818	191.458	85.6905	170.185	77.1412	153.167	19	
128.602	255.556	110.248	219.048	96.4858	191.667	85.7829	170.370	77.2244	153.333	20	
128.746	255.833	110.371	219.286	96.5933	191.875	85.8785	170.556	77.3105	153.500	21	
128.889	256.111	110.494	219.524	96.7008	192.083	85.9741	170.741	77.3965	153.667	22	
129.032	256.389	110.617	219.762	96.8083	192.292	86.0697	170.926	77.4826	153.833	23	
129.176	256.667	110.740	220.000	96.9158	192.500	86.1653	171.111	77.5686	154.000	24	
129.314	256.944	110.858	220.238	97.0198	192.708	86.2577	171.296	77.6518	154.167	25	
129.453	257.222	110.977	220.476	97.1237	192.917	86.3501	171.481	77.7350	154.333	26	
129.596	257.500	111.100	220.714	97.2312	193.125	86.4457	171.667	77.8210	154.500	27	
129.739	257.778	111.223	220.952	97.3387	193.333	86.5413	171.852	77.9071	154.667	28	
129.878	258.056	111.342	221.190	97.4427	193.542	86.6337	172.037	77.9903	154.833	29	
130.016	258.333	111.460	221.429	97.5466	193.750	86.7261	172.222	78.0735	155.000	30	
130.160	258.611	111.583	221.667	97.6541	193.958	86.8217	172.407	78.1595	155.167	31	
130.303	258.889	111.706	221.905	97.7616	194.167	86.9173	172.593	78.2456	155.333	32	
130.446	259.167	111.829	222.143	97.8691	194.375	87.0128	172.778	78.3316	155.500	33	
130.589	259.444	111.952	222.381	97.9767	194.583	87.1084	172.963	78.4177	155.667	34	
130.728	259.722	112.071	222.619	98.0806	194.792	87.2008	173.148	78.5009	155.833	35	
130.867	260.000	112.189	222.857	98.1845	195.000	87.2932	173.333	78.5841	156.000	36	
131.010	260.278	112.312	223.095	98.2920	195.208	87.3888	173.519	78.6701	156.167	37	
131.153	260.556	112.435	223.333	98.3996	195.417	87.4844	173.704	78.7562	156.333	38	
131.296	260.833	112.558	223.571	98.5071	195.625	87.5800	173.889	78.8422	156.500	39	
131.440	261.111	112.681	223.810	98.6146	195.833	87.6756	174.074	78.9283	156.667	40	
131.578	261.389	112.799	224.048	98.7185	196.042	87.7680	174.259	79.0115	156.833	41	
131.717	261.667	112.918	224.286	98.8225	196.250	87.8604	174.444	79.0946	157.000	42	
131.860	261.944	113.041	224.524	98.9300	196.458	87.9560	174.630	79.1807	157.167	43	
132.003	262.222	113.164	224.762	99.0375	196.667	88.0516	174.815	79.2667	157.333	44	
132.142	262.500	113.283	225.000	99.1414	196.875	88.1440	175.000	79.3499	157.500	45	
132.280	262.778	113.401	225.238	99.2454	197.083	88.2364	175.185	79.4331	157.667	46	
132.424	263.056	113.524	225.476	99.3529	197.292	88.3320	175.370	79.5192	157.833	47	
132.567	263.333	113.647	225.714	99.4604	197.500	88.4276	175.556	79.6052	158.000	48	
132.710	263.611	113.770	225.952	99.5679	197.708	88.5232	175.741	79.6913	158.167	49	
132.854	263.889	113.893	226.190	99.6754	197.917	88.6188	175.926	79.7773	158.333	50	
132.992	264.167	114.012	226.429	99.7794	198.125	88.7112	176.111	79.8605	158.500	51	
133.131	264.444	114.130	226.667	99.8833	198.333	88.8036	176.296	79.9437	158.667	52	
133.274	264.722	114.253	226.905	99.9908	198.542	88.8992	176.481	80.0298	158.833	53	
133.417	265.000	114.376	227.143	100.098	198.750	88.9948	176.667	80.1158	159.000	54	
133.561	265.278	114.499	227.381	100.206	198.958	89.0903	176.852	80.2019	159.167	55	
133.704	265.556	114.622	227.619	100.313	199.167	89.1859	177.037	80.2879	159.333	56	
133.843	265.833	114.741	227.857	100.417	199.375	89.2783	177.222	80.3711	159.500	57	
133.981	266.111	114.859	228.095	100.521	199.583	89.3707	177.407	80.4543	159.667	58	
134.124	266.389	114.982	228.333	100.629	199.792	89.4663	177.593	80.5403	159.833	59	

TABLE XIV.—ACTUAL TANGENTS, ETC.

16° M.	1° Curve. Tan.	1° Curve. Arc.	2° Curve. Tan.	2° Curve. Arc.	3° Curve. Tan.	3° Curve. Arc.	4° Curve. Tan.	4° Curve. Arc.	5° Curve. Tan.	5° Curve. Arc.
0	805.245	1600.00	402.637	800.000	268.443	533.333	201.350	400.000	161.098	320.000
1	806.104	1601.67	403.067	800.833	268.729	533.889	201.565	400.417	161.270	320.333
2	806.964	1603.33	403.497	801.667	269.016	534.444	201.780	400.833	161.442	320.667
3	807.795	1605.00	403.912	802.500	269.293	535.000	201.988	401.250	161.608	321.000
4	808.626	1606.67	404.328	803.333	269.570	535.556	202.196	401.667	161.774	321.333
5	809.485	1608.33	404.757	804.167	269.856	536.111	202.410	402.083	161.946	321.667
6	810.344	1610.00	405.187	805.000	270.143	536.667	202.625	402.500	162.118	322.000
7	811.204	1611.67	405.617	805.833	270.429	537.222	202.840	402.917	162.290	322.333
8	812.063	1613.33	406.047	806.667	270.716	537.778	203.055	403.333	162.462	322.667
9	812.894	1615.00	406.462	807.500	270.993	538.333	203.263	403.750	162.628	323.000
10	813.725	1616.67	406.877	808.333	271.270	538.889	203.471	404.167	162.795	323.333
11	814.584	1618.33	407.307	809.167	271.556	539.444	203.686	404.583	162.967	323.667
12	815.444	1620.00	407.737	810.000	271.843	540.000	203.900	405.000	163.139	324.000
13	816.303	1621.67	408.167	810.833	272.129	540.556	204.115	405.417	163.311	324.333
14	817.163	1623.33	408.596	811.667	272.416	541.111	204.330	405.833	163.482	324.667
15	817.993	1625.00	409.012	812.500	272.693	541.667	204.538	406.250	163.649	325.000
16	818.824	1626.67	409.427	813.333	272.970	542.222	204.746	406.667	163.815	325.333
17	819.684	1628.33	409.857	814.167	273.256	542.778	204.961	407.083	163.987	325.667
18	820.543	1630.00	410.287	815.000	273.543	543.333	205.176	407.500	164.159	326.000
19	821.403	1631.67	410.716	815.833	273.829	543.889	205.390	407.917	164.331	326.333
20	822.262	1633.33	411.146	816.667	274.116	544.444	205.605	408.333	164.503	326.667
21	823.122	1635.00	411.576	817.500	274.402	545.000	205.820	408.750	164.675	327.000
22	823.981	1636.67	412.006	818.333	274.689	545.556	206.035	409.167	164.847	327.333
23	824.812	1638.33	412.421	819.167	274.966	546.111	206.243	409.583	165.013	327.667
24	825.643	1640.00	412.836	820.000	275.243	546.667	206.451	410.000	165.179	328.000
25	826.502	1641.67	413.266	820.833	275.529	547.222	206.666	410.417	165.351	328.333
26	827.361	1643.33	413.696	821.667	275.816	547.778	206.880	410.833	165.523	328.667
27	828.221	1645.00	414.126	822.500	276.102	548.333	207.095	411.250	165.695	329.000
28	829.080	1646.67	414.555	823.333	276.389	548.889	207.310	411.667	165.867	329.333
29	829.911	1648.33	414.971	824.167	276.666	549.444	207.518	412.083	166.033	329.667
30	830.742	1650.00	415.386	825.000	276.942	550.000	207.726	412.500	166.199	330.000
31	831.601	1651.67	415.816	825.833	277.229	550.556	207.941	412.917	166.371	330.333
32	832.461	1653.33	416.246	826.667	277.516	551.111	208.156	413.333	166.543	330.667
33	833.320	1655.00	416.675	827.500	277.802	551.667	208.370	413.750	166.715	331.000
34	834.180	1656.67	417.105	828.333	278.089	552.222	208.585	414.167	166.887	331.333
35	835.011	1658.33	417.521	829.167	278.366	552.778	208.793	414.583	167.053	331.667
36	835.841	1660.00	417.936	830.000	278.642	553.333	209.001	415.000	167.219	332.000
37	836.701	1661.67	418.366	830.833	278.929	553.889	209.216	415.417	167.391	332.333
38	837.560	1663.33	418.795	831.667	279.215	554.444	209.421	415.833	167.563	332.667
39	838.420	1665.00	419.225	832.500	279.502	555.000	209.646	416.250	167.735	333.000
40	839.279	1666.67	419.655	833.333	279.789	555.556	209.860	416.667	167.907	333.333
41	840.139	1668.33	420.085	834.167	280.075	556.111	210.075	417.083	168.079	333.667
42	840.998	1670.00	420.514	835.000	280.362	556.667	210.290	417.500	168.251	334.000
43	841.829	1671.67	420.930	835.833	280.639	557.222	210.498	417.917	168.417	334.333
44	842.660	1673.33	421.345	836.667	280.915	557.778	210.706	418.333	168.583	334.667
45	843.519	1675.00	421.775	837.500	281.202	558.333	210.921	418.750	168.755	335.000
46	844.379	1676.67	422.205	838.333	281.488	558.889	211.136	419.167	168.927	335.333
47	845.238	1678.33	422.634	839.167	281.775	559.444	211.350	419.583	169.099	335.667
48	846.097	1680.00	423.064	840.000	282.062	560.000	211.565	420.000	169.271	336.000
49	846.928	1681.67	423.480	840.833	282.338	560.556	211.773	420.417	169.437	336.333
50	847.759	1683.33	423.895	841.667	282.615	561.111	211.981	420.833	169.604	336.667
51	848.618	1685.00	424.325	842.500	282.902	561.667	212.196	421.250	169.776	337.000
52	849.478	1686.67	424.755	843.333	283.188	562.222	212.411	421.667	169.947	337.333
53	850.337	1688.33	425.184	844.167	283.475	562.778	212.626	422.083	170.119	337.667
54	851.197	1690.00	425.614	845.000	283.751	563.333	212.840	422.500	170.291	338.000
55	852.056	1691.67	426.044	845.833	284.048	563.889	213.055	422.917	170.463	338.333
56	852.916	1693.33	426.473	846.667	284.335	564.444	213.270	423.333	170.635	338.667
57	853.746	1695.00	426.889	847.500	284.611	565.000	213.478	423.750	170.801	339.000
58	854.577	1696.67	427.304	848.333	284.888	565.556	213.686	424.167	170.968	339.333
59	855.437	1698.33	427.734	849.167	285.175	566.111	213.901	424.583	171.140	339.667

TABLE XIV.—ACTUAL TANGENTS, ETC.

6° Curve.		7° Curve.		8° Curve.		9° Curve.		10° Curve.		16°
Tan.	Arc.	Tan.	Arc.	Tan.	Arc.	Tan.	Arc.	Tan.	Arc.	M.
134.268	266.667	115.105	228.571	100.736	200.000	89.5619	177.778	80.6264	160.000	0
134.411	266.944	115.228	228.810	100.844	200.208	89.6575	177.963	80.7124	160.167	1
134.554	267.222	115.351	229.048	100.951	200.417	89.7531	178.148	80.7985	160.333	2
134.693	267.500	115.469	229.286	101.055	200.625	89.8455	178.333	80.8817	160.500	3
134.831	267.778	115.588	229.524	101.159	200.833	89.9379	178.519	80.9649	160.667	4
134.975	268.056	115.711	229.762	101.267	201.042	90.0335	178.704	81.0509	160.833	5
135.118	268.333	115.834	230.000	101.374	201.250	90.1291	178.889	81.1370	161.000	6
135.261	268.611	115.957	230.238	101.482	201.458	90.2247	179.074	81.2230	161.167	7
135.405	268.889	116.080	230.476	101.589	201.667	90.3203	179.259	81.3091	161.333	8
135.543	269.167	116.198	230.714	101.693	201.875	90.4127	179.444	81.3923	161.500	9
135.682	269.444	116.317	230.952	101.797	202.083	90.5051	179.630	81.4754	161.667	10
135.825	269.722	116.440	231.190	101.905	202.292	90.6007	179.815	81.5615	161.833	11
135.968	270.000	116.563	231.429	102.012	202.500	90.6963	180.000	81.6476	162.000	12
136.112	270.278	116.686	231.667	102.120	202.708	90.7919	180.185	81.7336	162.167	13
136.255	270.556	116.809	231.905	102.227	202.917	90.8874	180.370	81.8197	162.333	14
136.393	270.833	116.927	232.143	102.331	203.125	90.9798	180.556	81.9028	162.500	15
136.532	271.111	117.046	232.381	102.435	203.333	91.0723	180.741	81.9860	162.667	16
136.675	271.389	117.169	232.619	102.542	203.542	91.1678	180.926	82.0721	162.833	17
136.818	271.667	117.292	232.857	102.650	203.750	91.2634	181.111	82.1581	162.000	18
136.962	271.944	117.415	233.095	102.758	203.958	91.3590	181.296	82.2442	163.167	19
137.105	272.222	117.538	233.333	102.865	204.167	91.4546	181.481	82.3302	163.333	20
137.248	272.500	117.660	233.571	102.973	204.375	91.5502	181.667	82.4163	163.500	21
137.392	272.778	117.783	233.810	103.080	204.583	91.6458	181.852	82.5024	163.667	22
137.530	273.056	117.902	234.048	103.184	204.792	91.7382	182.037	82.5855	163.833	23
137.669	273.333	118.021	234.286	103.288	205.000	91.8306	182.222	82.6687	164.000	24
137.812	273.611	118.144	234.524	103.395	205.208	91.9262	182.407	82.7548	164.167	25
137.955	273.889	118.266	234.762	103.503	205.417	92.0218	182.593	82.8408	164.333	26
138.099	274.167	118.389	235.000	103.610	205.625	92.1174	182.778	82.9269	164.500	27
138.242	274.444	118.512	235.238	103.718	205.833	92.2130	182.963	83.0129	164.667	28
138.381	274.722	118.631	235.476	103.822	206.042	92.3054	183.148	83.0961	164.835	29
138.519	275.000	118.750	235.714	103.926	206.250	92.3978	183.333	83.1793	165.000	30
138.662	275.278	118.873	235.952	104.033	206.458	92.4934	183.519	83.2654	165.167	31
138.806	275.556	118.995	236.190	104.141	206.667	92.5890	183.704	83.3514	165.333	32
138.949	275.833	119.118	236.429	104.248	206.875	92.6845	183.889	83.4375	165.500	33
139.092	276.111	119.241	236.667	104.356	207.083	92.7801	184.074	83.5235	165.667	34
139.231	276.389	119.360	236.905	104.460	207.292	92.8725	184.259	83.6067	165.833	35
139.369	276.667	119.479	237.143	104.564	207.500	92.9649	184.444	83.6899	166.000	36
139.513	276.944	119.601	237.381	104.671	207.708	93.0605	184.630	83.7759	166.167	37
139.656	277.222	119.724	237.619	104.779	207.917	93.1561	184.815	83.8620	166.333	38
139.799	277.500	119.847	237.857	104.886	208.125	93.2517	185.000	83.9481	166.500	39
139.943	277.778	119.970	238.095	104.994	208.333	93.3473	185.185	84.0341	166.667	40
140.086	278.056	120.093	238.333	105.101	208.542	93.4429	185.370	84.1202	166.833	41
140.229	278.333	120.216	238.571	105.209	208.750	93.5385	185.556	84.2062	167.000	42
140.368	278.611	120.334	238.810	105.313	208.958	93.6309	185.741	84.2894	167.167	43
140.506	278.889	120.453	239.048	105.417	209.167	93.7233	185.926	84.3726	167.333	44
140.650	279.167	120.576	239.286	105.524	209.375	93.8189	186.111	84.4586	167.500	45
140.793	279.444	120.699	239.524	105.632	209.583	93.9145	186.296	84.5447	167.667	46
140.936	279.722	120.822	239.762	105.739	209.792	94.0101	186.481	84.6307	167.833	47
141.079	280.000	120.945	240.000	105.847	210.000	94.1057	186.667	84.7168	168.000	48
141.218	280.278	121.063	240.238	105.951	210.208	94.1981	186.852	84.8000	168.167	49
141.356	280.556	121.182	240.476	106.055	210.417	94.2905	187.037	84.8832	168.333	50
141.500	280.833	121.305	240.714	106.162	210.625	94.3861	187.222	84.9692	168.500	51
141.643	281.111	121.428	240.952	106.270	210.833	94.4816	187.407	85.0553	168.667	52
141.786	281.389	121.551	241.190	106.377	211.042	94.5772	187.593	85.1413	168.833	53
141.930	281.667	121.674	241.429	106.485	211.250	94.6728	187.778	85.2274	169.000	54
142.073	281.944	121.796	241.667	106.592	211.458	94.7684	187.963	85.3134	169.167	55
142.216	282.222	121.919	241.905	106.700	211.667	94.8640	188.148	85.3995	169.333	56
142.355	282.500	122.038	242.143	106.804	211.875	94.9564	188.333	85.4827	169.500	57
142.493	282.778	122.157	242.381	106.908	212.083	95.0488	188.519	85.5659	169.667	58
142.637	283.056	122.280	242.619	107.015	212.292	95.1444	188.704	85.6519	169.833	59

TABLE XIV.—ACTUAL TANGENTS, ETC.

17°	1° Curve.		2° Curve.		3° Curve.		4° Curve.		5° Curve.	
M.	Tan.	Arc.	Tan.	Arc.	Tan.	Arc.	Tan.	Arc.	Tan.	Arc.
0	856.296	1700.00	428.164	850.000	285.461	566.667	214.116	425.000	171.312	340.000
1	857.156	1701.67	428.594	850.833	285.748	567.222	214.330	425.417	171.483	340.333
2	858.015	1703.33	429.023	851.667	286.034	567.778	214.545	425.833	171.655	340.667
3	858.875	1705.00	429.453	852.500	286.321	568.333	214.760	426.250	171.827	341.000
4	859.734	1706.67	429.883	853.333	286.608	568.889	214.975	426.667	171.999	341.333
5	860.565	1708.33	430.298	854.167	286.884	569.444	215.183	427.083	172.166	341.667
6	861.396	1710.00	430.714	855.000	287.161	570.000	215.391	427.500	172.332	342.000
7	862.255	1711.67	431.143	855.833	287.448	570.556	215.606	427.917	172.504	342.333
8	863.114	1713.33	431.573	856.667	287.734	571.111	215.820	428.333	172.676	342.667
9	863.974	1715.00	432.003	857.500	288.021	571.667	216.035	428.750	172.848	343.000
10	864.833	1716.67	432.433	858.333	288.307	572.222	216.250	429.167	173.020	343.333
11	865.693	1718.33	432.862	859.167	288.594	572.778	216.465	429.583	173.191	343.667
12	866.552	1720.00	433.292	860.000	288.880	573.333	216.680	430.000	173.363	344.000
13	867.383	1721.67	433.707	860.833	289.157	573.889	216.888	430.417	173.530	344.333
14	868.214	1723.33	434.123	861.667	289.434	574.444	217.096	430.833	173.696	344.667
15	869.073	1725.00	434.553	862.500	289.721	575.000	217.310	431.250	173.868	345.000
16	869.933	1726.67	434.982	863.333	290.007	575.556	217.525	431.667	174.040	345.333
17	870.792	1728.33	435.412	864.167	290.294	576.111	217.740	432.083	174.212	345.667
18	871.652	1730.00	435.842	865.000	290.580	576.667	217.955	432.500	174.384	346.000
19	872.511	1731.67	436.272	865.833	290.867	577.222	218.170	432.917	174.556	346.333
20	873.371	1733.33	436.701	866.667	291.153	577.778	218.385	433.333	174.727	346.667
21	874.201	1735.00	437.117	867.500	291.430	578.333	218.593	433.750	174.894	347.000
22	875.032	1736.67	437.532	868.333	291.707	578.889	218.800	434.167	175.060	347.333
23	875.892	1738.33	437.962	869.167	291.994	579.444	219.015	434.583	175.232	347.667
24	876.751	1740.00	438.392	870.000	292.280	580.000	219.230	435.000	175.404	348.000
25	877.610	1741.67	438.821	870.833	292.567	580.556	219.445	435.417	175.576	348.333
26	878.470	1743.33	439.251	871.667	292.853	581.111	219.660	435.833	175.748	348.667
27	879.329	1745.00	439.681	872.500	293.140	581.667	219.875	436.250	175.920	349.000
28	880.189	1746.67	440.111	873.333	293.426	582.222	220.090	436.667	176.092	349.333
29	881.020	1748.33	440.526	874.167	293.703	582.778	220.298	437.083	176.258	349.667
30	881.850	1750.00	440.941	875.000	293.980	583.333	220.505	437.500	176.424	350.000
31	882.710	1751.67	441.371	875.833	294.267	583.889	220.720	437.917	176.596	350.333
32	883.569	1753.33	441.801	876.667	294.553	584.445	220.935	438.333	176.768	350.667
33	884.429	1755.00	442.231	877.500	294.840	585.000	221.150	438.750	176.940	351.000
34	885.288	1756.67	442.660	878.333	295.126	585.556	221.365	439.167	177.112	351.333
35	886.148	1758.33	443.090	879.167	295.413	586.111	221.580	439.583	177.284	351.667
36	887.007	1760.00	443.520	880.000	295.699	586.667	221.795	440.000	177.456	352.000
37	887.867	1761.67	443.950	880.833	295.986	587.222	222.010	440.417	177.628	352.333
38	888.726	1763.33	444.379	881.667	296.273	587.778	222.225	440.833	177.799	352.667
39	889.557	1765.00	444.795	882.500	296.549	588.333	222.432	441.250	177.966	353.000
40	890.388	1766.67	445.210	883.333	296.826	588.889	222.640	441.667	178.132	353.333
41	891.247	1768.33	445.640	884.167	297.113	589.444	222.855	442.083	178.304	353.667
42	892.107	1770.00	446.070	885.000	297.399	590.000	223.070	442.500	178.476	354.000
43	892.966	1771.67	446.499	885.833	297.686	590.556	223.285	442.917	178.648	354.333
44	893.825	1773.33	446.929	886.667	297.972	591.111	223.500	443.333	178.820	354.667
45	894.685	1775.00	447.359	887.500	298.259	591.667	223.715	443.750	178.992	355.000
46	895.544	1776.67	447.789	888.333	298.546	592.222	223.929	444.167	179.164	355.333
47	896.404	1778.33	448.218	889.167	298.832	592.778	224.144	444.583	179.336	355.667
48	897.263	1780.00	448.648	890.000	299.119	593.333	224.359	445.000	179.507	356.000
49	898.094	1781.67	449.063	890.833	299.395	593.889	224.567	445.417	179.674	356.333
50	898.925	1783.33	449.479	891.667	299.672	594.444	224.775	445.833	179.840	356.667
51	899.784	1785.00	449.909	892.500	299.950	595.000	224.990	446.250	180.012	357.000
52	900.644	1786.67	450.338	893.333	300.245	595.556	225.205	446.667	180.184	357.333
53	901.503	1788.33	450.768	894.167	300.532	596.111	225.419	447.083	180.356	357.667
54	902.363	1790.00	451.198	895.000	300.818	596.667	225.634	447.500	180.528	358.000
55	903.222	1791.67	451.628	895.833	301.105	597.222	225.819	447.917	180.700	358.333
56	904.081	1793.33	452.057	896.667	301.392	597.778	226.064	448.333	180.872	358.667
57	904.941	1795.00	452.487	897.500	301.678	598.333	226.279	448.750	181.043	359.000
58	905.800	1796.67	452.917	898.333	301.965	598.889	226.494	449.167	181.215	359.333
59	906.631	1798.33	453.332	899.167	302.242	599.444	226.702	449.583	181.382	359.667

TABLE XIV.—ACTUAL TANGENTS, ETC.

6° Curve.		7° Curve.		8° Curve.		9° Curve.		10° Curve.		17°
Tan.	Arc.	Tan.	Arc.	Tan.	Arc.	Tan.	Arc.	Tan.	Arc.	M.
142.780	283.333	122.402	242.857	107.123	212.500	95.2400	188.889	85.7380	170.000	0
142.923	283.611	122.525	243.095	107.230	212.708	95.3356	189.074	85.8240	170.167	1
143.067	283.889	122.648	243.333	107.338	212.917	95.4312	189.259	85.9101	170.333	2
143.210	284.167	122.771	243.571	107.445	213.125	95.5268	189.444	85.9961	170.500	3
143.353	284.444	122.894	243.810	107.553	213.333	95.6224	189.630	86.0822	170.667	4
143.492	284.722	123.013	244.048	107.657	213.542	95.7148	189.815	86.1654	170.833	5
143.630	285.000	123.131	244.286	107.761	213.750	95.8072	190.000	86.2486	171.000	6
143.774	285.278	123.254	244.524	107.868	213.958	95.9028	190.185	86.3346	171.167	7
143.917	285.556	123.377	244.762	107.976	214.167	95.9983	190.370	86.4207	171.333	8
144.060	285.833	123.500	245.000	108.083	214.375	96.0939	190.556	86.5067	171.500	9
144.203	286.111	123.623	245.238	108.191	214.583	96.1895	190.741	86.5928	171.667	10
144.347	286.389	123.746	245.476	108.298	214.792	96.2851	190.926	86.6788	171.833	11
144.490	286.667	123.869	245.714	108.406	215.000	96.3807	191.111	86.7649	172.000	12
144.629	286.944	123.987	245.952	108.510	215.208	96.4731	191.296	86.8481	172.167	13
144.767	287.222	124.106	246.190	108.614	215.417	96.5655	191.481	86.9312	172.333	14
144.910	287.500	124.229	246.429	108.721	215.625	96.6611	191.667	87.0173	172.500	15
145.054	287.778	124.352	246.667	108.829	215.833	96.7567	191.852	87.1033	172.667	16
145.197	288.056	124.475	246.905	108.936	216.042	96.8523	192.037	87.1894	172.833	17
145.340	288.333	124.597	247.143	109.044	216.250	96.9479	192.222	87.2755	173.000	18
145.484	288.611	124.720	247.381	109.151	216.458	97.0435	192.407	87.3615	173.167	19
145.627	288.889	124.843	247.619	109.259	216.667	97.1391	192.593	87.4476	173.333	20
145.766	289.167	124.962	247.857	109.363	216.875	97.2315	192.778	87.5307	173.500	21
145.904	289.444	125.081	248.095	109.467	217.083	97.3239	192.963	87.6139	173.667	22
146.047	289.722	125.204	248.333	109.574	217.292	97.4195	193.148	87.7000	173.833	23
146.191	290.000	125.326	248.571	109.682	217.500	97.5151	193.333	87.7860	174.000	24
146.334	290.278	125.449	248.810	109.789	217.708	97.6106	193.519	87.8721	174.167	25
146.477	290.556	125.572	249.048	109.897	217.917	97.7062	193.704	87.9581	174.333	26
146.621	290.833	125.695	249.286	110.004	218.125	97.8018	193.889	88.0442	174.500	27
146.764	291.111	125.818	249.524	110.112	218.333	97.8974	194.074	88.1303	174.667	28
146.908	291.389	125.937	249.762	110.216	218.542	97.9898	194.259	88.2134	174.833	29
147.041	291.667	126.055	250.000	110.320	218.750	98.0822	194.444	88.2966	175.000	30
147.184	291.944	126.178	250.238	110.427	218.958	98.1778	194.630	88.3827	175.167	31
147.328	292.222	126.301	250.476	110.535	219.167	98.2734	194.815	88.4687	175.333	32
147.471	292.500	126.424	250.714	110.642	219.375	98.3690	195.000	88.5548	175.500	33
147.614	292.778	126.547	250.952	110.750	219.583	98.4646	195.185	88.6408	175.667	34
147.757	293.056	126.670	251.190	110.857	219.792	98.5602	195.370	88.7269	175.833	35
147.901	293.333	126.792	251.429	110.965	220.000	98.6558	195.556	88.8129	176.000	36
148.044	293.611	126.915	251.667	111.072	220.208	98.7514	195.741	88.8990	176.167	37
148.187	293.889	127.038	251.905	111.180	220.417	98.8469	195.926	88.9850	176.333	38
148.326	294.167	127.157	252.143	111.284	220.625	98.9393	196.111	89.0682	176.500	39
148.464	294.444	127.276	252.381	111.388	220.833	99.0318	196.296	89.1514	176.667	40
148.608	294.722	127.399	252.619	111.495	221.042	99.1273	196.481	89.2375	176.833	41
148.751	295.000	127.521	252.857	111.603	221.250	99.2229	196.667	89.3235	177.000	42
148.894	295.278	127.644	253.095	111.710	221.458	99.3185	196.852	89.4096	177.167	43
149.038	295.556	127.767	253.333	111.818	221.667	99.4141	197.037	89.4956	177.333	44
149.181	295.833	127.890	253.571	111.925	221.875	99.5097	197.222	89.5817	177.500	45
149.324	296.111	128.013	253.810	112.033	222.083	99.6053	197.407	89.6677	177.667	46
149.468	296.389	128.136	254.048	112.140	222.292	99.7009	197.593	89.7538	177.833	47
149.611	296.667	128.258	254.286	112.248	222.500	99.7965	197.778	89.8398	178.000	48
149.749	296.944	128.377	254.524	112.352	222.708	99.8889	197.963	89.9230	178.167	49
149.888	297.222	128.496	254.762	112.456	222.917	99.9813	198.148	90.0062	178.333	50
150.031	297.500	128.619	255.000	112.563	223.125	100.077	198.333	90.0928	178.500	51
150.175	297.778	128.742	255.238	112.671	223.333	100.172	198.519	90.1783	178.667	52
150.318	298.056	128.865	255.476	112.778	223.542	100.268	198.704	90.2644	178.833	53
150.461	298.333	128.987	255.714	112.886	223.750	100.364	198.889	90.3504	179.000	54
150.604	298.611	129.110	255.952	112.993	223.958	100.459	199.074	90.4365	179.167	55
150.748	298.889	129.233	256.190	113.101	224.167	100.555	199.259	90.5225	179.333	56
150.891	299.167	129.356	256.429	113.208	224.375	100.650	199.444	90.6086	179.500	57
151.034	299.444	129.479	256.667	113.316	224.583	100.746	199.630	90.6946	179.667	58
151.173	299.722	129.598	256.905	113.420	224.792	100.838	199.815	90.7778	179.833	59

TABLE XIV.—ACTUAL TANGENTS, ETC.

18°	1° Curve.		2° Curve.		3° Curve.		4° Curve.		5° Curve.	
M.	Tan.	Arc.	Tan.	Arc.	Tan.	Arc.	Tan.	Arc.	Tan.	Arc.
0	907.462	1800.00	453.748	900.000	302.518	600.000	226.909	450.000	181.548	360.000
1	908.321	1801.67	454.177	900.833	302.805	600.556	227.124	450.417	181.720	360.333
2	909.181	1803.33	454.607	901.667	303.091	601.111	227.339	450.833	181.892	360.667
3	910.040	1805.00	455.037	902.500	303.378	601.667	227.554	451.250	182.064	361.000
4	910.900	1806.67	455.467	903.333	303.665	602.222	227.769	451.667	182.236	361.333
5	911.759	1808.33	455.896	904.167	303.951	602.778	227.984	452.083	182.408	361.667
6	912.619	1810.00	456.326	905.000	304.238	603.333	228.199	452.500	182.579	362.000
7	913.478	1811.67	456.756	905.833	304.524	603.889	228.414	452.917	182.751	362.333
8	914.338	1813.33	457.186	906.667	304.811	604.444	228.629	453.333	182.923	362.667
9	915.197	1815.00	457.615	907.500	305.097	605.000	228.844	453.750	183.095	363.000
10	916.056	1816.67	458.045	908.333	305.384	605.556	229.058	454.167	183.267	363.333
11	916.887	1818.33	458.460	909.167	305.661	606.111	229.266	454.583	183.433	363.667
12	917.718	1820.00	458.876	910.000	305.938	606.667	229.474	455.000	183.600	364.000
13	918.577	1821.67	459.306	910.833	306.224	607.222	229.689	455.417	183.772	364.333
14	919.437	1823.33	459.785	911.667	306.511	607.778	229.904	455.833	183.944	364.667
15	920.296	1825.00	460.165	912.500	306.797	608.333	230.119	456.250	184.115	365.000
16	921.156	1826.67	460.595	913.333	307.084	608.889	230.334	456.667	184.287	365.333
17	922.015	1828.33	461.025	914.167	307.370	609.444	230.548	457.083	184.459	365.667
18	922.875	1830.00	461.454	915.000	307.657	610.000	230.763	457.500	184.631	366.000
19	923.734	1831.67	461.884	915.833	307.943	610.556	230.978	457.917	184.803	366.333
20	924.594	1833.33	462.314	916.667	308.230	611.111	231.193	458.333	184.975	366.667
21	925.453	1835.00	462.743	917.500	308.516	611.667	231.408	458.750	185.147	367.000
22	926.313	1836.67	463.173	918.333	308.803	612.222	231.623	459.167	185.319	367.333
23	927.143	1838.33	463.589	919.167	309.080	612.778	231.831	459.583	185.485	367.667
24	927.974	1840.00	464.004	920.000	309.357	613.333	232.038	460.000	185.652	368.000
25	928.831	1841.67	464.434	920.833	309.643	613.889	232.253	460.417	185.823	368.333
26	929.693	1843.33	464.864	921.667	309.930	614.444	232.468	460.833	185.995	368.667
27	930.552	1845.00	465.293	922.500	310.216	615.000	232.683	461.250	186.167	369.000
28	931.412	1846.67	465.723	923.333	310.503	615.556	232.898	461.667	186.339	369.333
29	932.271	1848.33	466.153	924.167	310.789	616.111	233.113	462.083	186.511	369.667
30	933.131	1850.00	466.582	925.000	311.076	616.667	233.328	462.500	186.683	370.000
31	933.990	1851.67	467.012	925.833	311.362	617.222	233.543	462.917	186.855	370.333
32	934.850	1853.33	467.442	926.667	311.649	617.778	233.758	463.333	187.027	370.667
33	935.709	1855.00	467.872	927.500	311.935	618.333	233.973	463.750	187.199	371.000
34	936.569	1856.67	468.301	928.333	312.222	618.889	234.188	464.167	187.371	371.333
35	937.428	1858.33	468.731	929.167	312.508	619.444	234.402	464.583	187.543	371.667
36	938.287	1860.00	469.161	930.000	312.795	620.000	234.617	465.000	187.715	372.000
37	939.118	1861.67	469.576	930.833	313.072	620.556	234.825	465.417	187.881	372.333
38	939.949	1863.33	469.992	931.667	313.349	621.111	235.033	465.833	188.047	372.667
39	940.809	1865.00	470.422	932.500	313.635	621.667	235.248	466.250	188.219	373.000
40	941.668	1866.67	470.851	933.333	313.922	622.222	235.463	466.667	188.391	373.333
41	942.527	1868.33	471.281	934.167	314.208	622.778	235.678	467.083	188.563	373.667
42	943.387	1870.00	471.711	935.000	314.495	623.333	235.892	467.500	188.735	374.000
43	944.246	1871.67	472.140	935.833	314.781	623.889	236.107	467.917	188.907	374.333
44	945.106	1873.33	472.570	936.667	315.068	624.444	236.322	468.333	189.079	374.667
45	945.965	1875.00	473.000	937.500	315.354	625.000	236.537	468.750	189.251	375.000
46	946.825	1876.67	473.430	938.333	315.641	625.556	236.752	469.167	189.423	375.333
47	947.684	1878.33	473.859	939.167	315.927	626.111	236.967	469.583	189.595	375.667
48	948.544	1880.00	474.289	940.000	316.214	626.667	237.182	470.000	189.767	376.000
49	949.403	1881.67	474.719	940.833	316.500	627.222	237.397	470.417	189.939	376.333
50	950.262	1883.33	475.149	941.667	316.787	627.778	237.612	470.833	190.111	376.667
51	951.122	1885.00	475.578	942.500	317.073	628.333	237.827	471.250	190.282	377.000
52	951.981	1886.67	476.008	943.333	317.360	628.889	238.041	471.667	190.454	377.333
53	952.841	1888.33	476.438	944.167	317.646	629.444	238.256	472.083	190.626	377.667
54	953.700	1890.00	476.868	945.000	317.933	630.000	238.471	472.500	190.798	378.000
55	954.531	1891.67	477.283	945.833	318.210	630.556	238.679	472.917	190.965	378.333
56	955.362	1893.33	477.698	946.667	318.487	631.111	238.887	473.333	191.131	378.667
57	956.221	1895.00	478.128	947.500	318.773	631.667	239.102	473.750	191.303	379.000
58	957.081	1896.67	478.558	948.333	319.060	632.222	239.317	474.167	191.475	379.333
59	957.940	1898.33	478.988	949.167	319.346	632.778	239.531	474.583	191.647	379.667

TABLE XIV.—ACTUAL TANGENTS, ETC.

6° Curve.		7° Curve.		8° Curve.		9° Curve.		10° Curve.		18°
Tan.	Arc.	Tan.	Arc.	Tan.	Arc.	Tan.	Arc.	Tan.	Arc.	M.
151.311	300.000	129.716	257.143	113.524	225.000	100.931	200.000	90.8610	180.000	0
151.455	300.278	129.839	257.381	113.631	225.208	101.026	200.185	90.9471	180.167	1
151.598	300.556	129.962	257.619	113.739	225.417	101.122	200.370	91.0331	180.333	2
151.741	300.833	130.085	257.857	113.846	225.625	101.218	200.556	91.1192	180.500	3
151.885	301.111	130.208	258.095	113.954	225.833	101.313	200.741	91.2052	180.667	4
152.028	301.389	130.331	258.333	114.061	226.042	101.409	200.926	91.2913	180.833	5
152.171	301.667	130.453	258.571	114.169	226.250	101.504	201.111	91.3773	181.000	6
152.315	301.944	130.576	258.810	114.276	226.458	101.600	201.296	91.4634	181.167	7
152.458	302.222	130.699	259.048	114.384	226.667	101.695	201.481	91.5494	181.333	8
152.601	302.500	130.822	259.286	114.491	226.875	101.791	201.667	91.6355	181.500	9
152.745	302.778	130.945	259.524	114.599	227.083	101.887	201.852	91.7216	181.667	10
152.888	303.056	131.064	259.762	114.703	227.292	101.979	202.037	91.8047	181.833	11
153.022	303.333	131.182	260.000	114.807	227.500	102.071	202.222	91.8879	182.000	12
153.165	303.611	131.305	260.238	114.914	227.708	102.167	202.407	91.9740	182.167	13
153.308	303.889	131.428	260.476	115.022	227.917	102.263	202.593	92.0600	182.333	14
153.451	304.167	131.551	260.714	115.129	228.125	102.358	202.778	92.1461	182.500	15
153.595	304.444	131.674	260.952	115.237	228.333	102.454	202.963	92.2321	182.667	16
153.738	304.722	131.797	261.190	115.344	228.542	102.549	203.148	92.3182	182.833	17
153.881	305.000	131.920	261.429	115.452	228.750	102.645	203.333	92.4042	183.000	18
154.025	305.278	132.042	261.667	115.559	228.958	102.741	203.519	92.4903	183.167	19
154.168	305.556	132.165	261.905	115.667	229.167	102.836	203.704	92.5764	183.333	20
154.311	305.833	132.288	262.143	115.774	229.375	102.932	203.889	92.6624	183.500	21
154.455	306.111	132.411	262.381	115.882	229.583	103.027	204.074	92.7485	183.667	22
154.598	306.389	132.530	262.619	115.986	229.792	103.120	204.259	92.8316	183.833	23
154.732	306.667	132.648	262.857	116.090	230.000	103.212	204.444	92.9148	184.000	24
154.875	306.944	132.771	263.095	116.197	230.208	103.308	204.630	93.0009	184.167	25
155.018	307.222	132.894	263.333	116.305	230.417	103.403	204.815	93.0869	184.333	26
155.162	307.500	133.017	263.571	116.412	230.625	103.499	205.000	93.1730	184.500	27
155.305	307.778	133.140	263.810	116.520	230.833	103.595	205.185	93.2590	184.667	28
155.448	308.056	133.263	264.048	116.627	231.042	103.690	205.370	93.3451	184.833	29
155.592	308.333	133.386	264.286	116.735	231.250	103.786	205.556	93.4311	185.000	30
155.735	308.611	133.508	264.524	116.842	231.458	103.881	205.741	93.5172	185.167	31
155.878	308.889	133.631	264.762	116.950	231.667	103.977	205.926	93.6033	185.333	32
156.021	309.167	133.754	265.000	117.057	231.875	104.073	206.111	93.6893	185.500	33
156.165	309.444	133.877	265.238	117.165	232.083	104.168	206.296	93.7754	185.667	34
156.308	309.722	134.000	265.476	117.272	232.292	104.264	206.481	93.8614	185.833	35
156.451	310.000	134.123	265.714	117.380	232.500	104.359	206.667	93.9475	186.000	36
156.590	310.278	134.241	265.952	117.484	232.708	104.452	206.852	94.0307	186.167	37
156.728	310.556	134.360	266.190	117.588	232.917	104.544	207.037	94.1138	186.333	38
156.872	310.833	134.483	266.429	117.695	233.125	104.640	207.222	94.1999	186.500	39
157.015	311.111	134.606	266.667	117.803	233.333	104.735	207.407	94.2859	186.667	40
157.158	311.389	134.729	266.905	117.910	233.542	104.831	207.593	94.3720	186.833	41
157.302	311.677	134.852	267.143	118.018	233.750	104.926	207.778	94.4581	187.000	42
157.445	311.944	134.974	267.381	118.125	233.958	105.022	207.963	94.5441	187.167	43
157.588	312.222	135.097	267.619	118.233	234.167	105.118	208.148	94.6302	187.333	44
157.732	312.500	135.220	267.857	118.340	234.375	105.213	208.333	94.7162	187.500	45
157.875	312.778	135.343	268.095	118.448	234.583	105.309	208.519	94.8023	187.667	46
158.018	313.056	135.466	268.333	118.555	234.792	105.404	208.704	94.8883	187.833	47
158.161	313.333	135.589	268.571	118.663	235.000	105.500	208.889	94.9744	188.000	48
158.305	313.611	135.712	268.810	118.770	235.208	105.596	209.074	95.0604	188.167	49
158.448	313.889	135.834	269.048	118.878	235.417	105.691	209.259	95.1465	188.333	50
158.591	314.167	135.957	269.286	118.985	235.625	105.787	209.444	95.2325	188.500	51
158.735	314.444	136.080	269.524	119.093	235.833	105.882	209.630	95.3186	188.667	52
158.878	314.722	136.203	269.762	119.200	236.042	105.978	209.815	95.4046	188.833	53
159.021	315.000	136.326	270.000	119.308	236.250	106.074	210.000	95.4907	189.000	54
159.160	315.278	136.445	270.238	119.412	236.458	106.166	210.185	95.5730	189.167	55
159.298	315.556	136.563	270.476	119.516	236.667	106.258	210.370	95.6571	189.333	56
159.442	315.833	136.686	270.714	119.623	236.875	106.354	210.556	95.7431	189.500	57
159.585	316.111	136.809	270.952	119.731	237.083	106.450	210.741	95.8292	189.667	58
159.728	316.389	136.932	271.190	119.838	237.292	106.545	210.926	95.9152	189.833	59

TABLE XIV.—ACTUAL TANGENTS, ETC.

10°	1° Curve.		2° Curve.		3° Curve.		4° Curve.		5° Curve.	
M.	Tan.	Arc.	Tan.	Arc.	Tan.	Arc.	Tan.	Arc.	Tan.	Arc.
0	958.800	1900.00	479.417	950.000	319.633	633.333	239.746	475.000	191.818	380.000
1	959.659	1901.67	479.847	950.833	319.919	633.889	239.961	475.417	191.990	380.333
2	960.519	1903.33	480.277	951.667	320.206	634.444	240.176	475.833	192.162	380.667
3	961.378	1905.00	480.707	952.500	320.492	635.000	240.391	476.250	192.334	381.000
4	962.237	1906.67	481.136	953.333	320.779	635.556	240.606	476.667	192.506	381.333
5	963.097	1908.33	481.566	954.167	321.065	636.111	240.821	477.083	192.678	381.667
6	963.956	1910.00	481.996	955.000	321.352	636.667	241.036	477.500	192.850	382.000
7	964.816	1911.67	482.426	955.833	321.638	637.222	241.251	477.917	193.022	382.333
8	965.675	1913.33	482.855	956.667	321.925	637.778	241.466	478.333	193.194	382.667
9	966.535	1915.00	483.285	957.500	322.211	638.333	241.680	478.750	193.366	383.000
10	967.394	1916.67	483.715	958.333	322.498	638.889	241.895	479.167	193.538	383.333
11	968.254	1918.33	484.145	959.167	322.784	639.444	242.110	479.583	193.710	383.667
12	969.113	1920.00	484.574	960.000	323.071	640.000	242.325	480.000	193.882	384.000
13	969.972	1921.67	485.004	960.833	323.357	640.556	242.540	480.417	194.054	384.333
14	970.832	1923.33	485.434	961.667	323.644	641.111	242.755	480.833	194.226	384.667
15	971.691	1925.00	485.863	962.500	323.930	641.667	242.970	481.250	194.398	385.000
16	972.551	1926.67	486.293	963.333	324.217	642.222	243.185	481.667	194.570	385.333
17	973.410	1928.33	486.723	964.167	324.503	642.778	243.400	482.083	194.742	385.667
18	974.270	1930.00	487.153	965.000	324.790	643.333	243.615	482.500	194.913	386.000
19	975.100	1931.67	487.568	965.833	325.067	643.889	243.822	482.917	195.080	386.333
20	975.931	1933.33	487.984	966.667	325.344	644.444	244.030	483.333	195.246	386.667
21	976.791	1935.00	488.413	967.500	325.630	645.000	244.245	483.750	195.418	387.000
22	977.650	1936.67	488.843	968.333	325.917	645.556	244.460	484.167	195.590	387.333
23	978.510	1938.33	489.273	969.167	326.203	646.111	244.675	484.583	195.762	387.667
24	979.369	1940.00	489.702	970.000	326.490	646.667	244.890	485.000	195.934	388.000
25	980.229	1941.67	490.132	970.833	326.776	647.222	245.105	485.417	196.106	388.333
26	981.088	1943.33	490.562	971.667	327.063	647.778	245.320	485.833	196.278	388.667
27	981.947	1945.00	490.992	972.500	327.350	648.333	245.534	486.250	196.449	389.000
28	982.807	1946.67	491.421	973.333	327.636	648.889	245.749	486.667	196.621	389.333
29	983.666	1948.33	491.851	974.167	327.923	649.444	245.964	487.083	196.793	389.667
30	984.526	1950.00	492.281	975.000	328.209	650.000	246.179	487.500	196.965	390.000
31	985.385	1951.67	492.711	975.833	328.496	650.556	246.394	487.917	197.137	390.333
32	986.245	1953.33	493.140	976.667	328.782	651.111	246.609	488.333	197.309	390.667
33	987.104	1955.00	493.570	977.500	329.069	651.667	246.824	488.750	197.481	391.000
34	987.964	1956.67	494.000	978.333	329.355	652.222	247.039	489.167	197.653	391.333
35	988.823	1958.33	494.430	979.167	329.642	652.778	247.254	489.583	197.825	391.667
36	989.682	1960.00	494.859	980.000	329.928	653.333	247.469	490.000	197.997	392.000
37	990.542	1961.67	495.289	980.833	330.215	653.889	247.683	490.417	198.169	392.333
38	991.401	1963.33	495.719	981.667	330.501	654.444	247.898	490.833	198.341	392.667
39	992.261	1965.00	496.149	982.500	330.788	655.000	248.113	491.250	198.513	393.000
40	993.120	1966.67	496.578	983.333	331.074	655.556	248.328	491.667	198.685	393.333
41	993.980	1968.33	497.008	984.167	331.361	656.111	248.543	492.083	198.857	393.667
42	994.839	1970.00	497.438	985.000	331.647	656.667	248.758	492.500	199.029	394.000
43	995.699	1971.67	497.868	985.833	331.934	657.222	248.973	492.917	199.201	394.333
44	996.558	1973.33	498.297	986.667	332.220	657.778	249.188	493.333	199.372	394.667
45	997.417	1975.00	498.727	987.500	332.507	658.333	249.403	493.750	199.544	395.000
46	998.277	1976.67	499.157	988.333	332.793	658.889	249.618	494.167	199.716	395.333
47	999.136	1978.33	499.586	989.167	333.080	659.444	249.832	494.583	199.888	395.667
48	999.996	1980.00	500.016	990.000	333.366	660.000	250.047	495.000	200.060	396.000
49	1000.86	1981.67	500.446	990.833	333.653	660.556	250.262	495.417	200.232	396.333
50	1001.71	1983.33	500.876	991.667	333.989	661.111	250.477	495.833	200.404	396.667
51	1002.57	1985.00	501.305	992.500	334.226	661.667	250.692	496.250	200.576	397.000
52	1003.43	1986.67	501.735	993.333	334.512	662.222	250.907	496.667	200.748	397.333
53	1004.29	1988.33	502.165	994.167	334.799	662.778	251.122	497.083	200.920	397.667
54	1005.15	1990.00	502.595	995.000	335.085	663.333	251.337	497.500	201.092	398.000
55	1006.01	1991.67	503.024	995.833	335.372	663.889	251.552	497.917	201.264	398.333
56	1006.87	1993.33	503.454	996.667	335.658	664.444	251.767	498.333	201.436	398.667
57	1007.73	1995.00	503.884	997.500	335.945	665.000	251.982	498.750	201.608	399.000
58	1008.59	1996.67	504.314	998.333	336.231	665.556	252.196	499.167	201.780	399.333
59	1009.45	1998.33	504.743	999.167	336.518	666.111	252.411	499.583	201.952	399.667

TABLE XIV.—ACTUAL TANGENTS, ETC.

6° Curve.		7° Curve.		8° Curve.		9° Curve.		10° Curve.		19°
Tan.	Arc.	Tan.	Arc.	Tan.	Arc.	Tan.	Arc.	Tan.	Arc.	M.
159.872	316.667	137.055	271.429	119.946	237.500	106.641	211.111	96.0013	190.000	0
160.015	316.944	137.178	271.667	120.053	237.708	106.736	211.296	96.0873	190.167	1
160.158	317.222	137.300	271.905	120.161	237.917	106.832	211.481	96.1734	190.333	2
160.301	317.500	137.423	272.143	120.268	238.125	106.927	211.667	96.2594	190.500	3
160.445	317.778	137.546	272.381	120.376	238.333	107.023	211.852	96.3455	190.667	4
160.588	318.056	137.669	272.619	120.484	238.542	107.119	212.037	96.4315	190.833	5
160.731	318.333	137.792	272.857	120.591	238.750	107.214	212.222	96.5176	191.000	6
160.875	318.611	137.915	273.095	120.699	238.958	107.310	212.407	96.6037	191.167	7
161.018	318.889	138.038	273.333	120.806	239.167	107.405	212.593	96.6897	191.333	8
161.161	319.167	138.160	273.571	120.914	239.375	107.501	212.778	96.7758	191.500	9
161.305	319.444	138.283	273.810	121.021	239.583	107.597	212.963	96.8618	191.667	10
161.448	319.722	138.406	274.048	121.129	239.792	107.692	213.148	96.9479	191.833	11
161.591	320.000	138.529	274.286	121.236	240.000	107.788	213.333	97.0339	192.000	12
161.735	320.278	138.652	274.524	121.344	240.208	107.883	213.519	97.1200	192.167	13
161.878	320.556	138.775	274.762	121.451	240.417	107.979	213.704	97.2060	192.333	14
162.021	320.833	138.898	275.000	121.559	240.625	108.075	213.889	97.2921	192.500	15
162.164	321.111	139.020	275.238	121.666	240.833	108.170	214.074	97.3781	192.667	16
162.308	321.389	139.143	275.476	121.774	241.042	108.266	214.259	97.4642	192.833	17
162.451	321.667	139.266	275.714	121.881	241.250	108.361	214.444	97.5502	193.000	18
162.590	321.944	139.385	275.952	121.985	241.458	108.454	214.630	97.6384	193.167	19
162.728	322.222	139.504	276.190	122.089	241.667	108.546	214.815	97.7166	193.333	20
162.871	322.500	139.626	276.429	122.197	241.875	108.642	215.000	97.8027	193.500	21
163.015	322.778	139.749	276.667	122.304	242.083	108.737	215.185	97.8887	193.667	22
163.158	323.056	139.872	276.905	122.412	242.292	108.833	215.370	97.9748	193.833	23
163.301	323.333	139.995	277.143	122.519	242.500	108.929	215.556	98.0608	194.000	24
163.445	323.611	140.118	277.381	122.627	242.708	109.024	215.741	98.1469	194.167	25
163.588	323.889	140.241	277.619	122.734	242.917	109.120	215.926	98.2329	194.333	26
163.731	324.167	140.364	277.857	122.842	243.125	109.215	216.111	98.3190	194.500	27
163.875	324.444	140.486	278.095	122.949	243.333	109.311	216.296	98.4050	194.667	28
164.018	324.722	140.609	278.333	123.057	243.542	109.406	216.481	98.4911	194.833	29
164.161	325.000	140.732	278.571	123.164	243.750	109.502	216.667	98.5771	195.000	30
164.304	325.278	140.855	278.810	123.272	243.958	109.598	216.852	98.6632	195.167	31
164.448	325.556	140.978	279.048	123.379	244.167	109.693	217.037	98.7493	195.333	32
164.591	325.833	141.101	279.286	123.487	244.375	109.789	217.222	98.8353	195.500	33
164.734	326.111	141.224	279.524	123.594	244.583	109.884	217.407	98.9214	195.667	34
164.878	326.389	141.346	279.762	123.702	244.792	109.980	217.593	99.0074	195.833	35
165.021	326.667	141.469	280.000	123.809	245.000	110.076	217.778	99.0935	196.000	36
165.164	326.944	141.592	280.238	123.917	245.208	110.171	217.963	99.1795	196.167	37
165.308	327.222	141.715	280.476	124.024	245.417	110.267	218.148	99.2656	196.333	38
165.451	327.500	141.838	280.714	124.132	245.625	110.362	218.333	99.3516	196.500	39
165.594	327.778	141.961	280.952	124.239	245.833	110.458	218.519	99.4377	196.667	40
165.738	328.056	142.084	281.190	124.347	246.042	110.554	218.704	99.5237	196.833	41
165.881	328.333	142.206	281.429	124.454	246.250	110.649	218.889	99.6098	197.000	42
166.024	328.611	142.329	281.667	124.562	246.458	110.745	219.074	99.6958	197.167	43
166.167	328.889	142.452	281.905	124.669	246.667	110.840	219.259	99.7819	197.333	44
166.311	329.167	142.575	282.143	124.777	246.875	110.936	219.444	99.8680	197.500	45
166.454	329.444	142.698	282.381	124.885	247.083	111.032	219.630	99.9540	197.667	46
166.597	329.722	142.821	282.619	124.992	247.292	111.127	219.815	100.040	197.833	47
166.741	330.000	142.944	282.857	125.100	247.500	111.223	220.000	100.126	198.000	48
166.884	330.278	143.066	283.095	125.207	247.708	111.318	220.185	100.212	198.167	49
167.027	330.556	143.189	283.333	125.315	247.917	111.414	220.370	100.298	198.333	50
167.171	330.833	143.312	283.571	125.422	248.125	111.509	220.556	100.384	198.500	51
167.314	331.111	143.435	283.810	125.530	248.333	111.605	220.741	100.470	198.667	52
167.457	331.389	143.558	284.048	125.637	248.542	111.701	220.926	100.556	198.833	53
167.601	331.667	143.681	284.286	125.745	248.750	111.796	221.111	100.642	199.000	54
167.744	331.944	143.803	284.524	125.852	248.958	111.892	221.296	100.728	199.167	55
167.887	332.222	143.926	284.762	125.960	249.167	111.987	221.481	100.814	199.333	56
168.030	332.500	144.049	285.000	126.067	249.375	112.083	221.667	100.901	199.500	57
168.174	332.778	144.172	285.238	126.175	249.583	112.179	221.852	100.987	199.667	58
168.317	333.056	144.295	285.476	126.282	249.792	112.274	222.037	101.073	199.833	59

TABLE XIV.—ACTUAL TANGENTS, ETC.

20°	1° Curve.		2° Curve.		3° Curve.		4° Curve.		5° Curve.	
M.	Tan.	Arc.	Tan.	Arc.	Tan.	Arc.	Tan.	Arc.	Tan.	Arc.
0	1010.31	2000.00	505.173	1000.00	336.804	666.667	252.626	500.000	202.124	400.000
1	1011.16	2001.67	505.603	1000.83	337.091	667.222	252.841	500.417	202.295	400.333
2	1012.03	2003.33	506.033	1001.67	337.377	667.778	253.056	500.833	202.467	400.667
3	1012.89	2005.00	506.462	1002.50	337.654	668.333	253.271	501.250	202.639	401.000
4	1013.75	2006.67	506.892	1003.33	337.950	668.889	253.486	501.667	202.811	401.333
5	1014.61	2008.33	507.322	1004.17	338.237	669.444	253.701	502.083	202.983	401.667
6	1015.47	2010.00	507.752	1005.00	338.523	670.000	253.916	502.500	203.155	402.000
7	1016.33	2011.67	508.181	1005.83	338.810	670.556	254.131	502.917	203.327	402.333
8	1017.18	2013.33	508.611	1006.67	339.097	671.111	254.345	503.333	203.499	402.667
9	1018.04	2015.00	509.041	1007.50	339.383	671.667	254.560	503.750	203.671	403.000
10	1018.90	2016.67	509.471	1008.33	339.670	672.222	254.775	504.167	203.843	403.333
11	1019.76	2018.33	509.900	1009.17	339.956	672.778	254.990	504.583	204.015	403.667
12	1020.62	2020.00	510.330	1010.00	340.243	673.333	255.205	505.000	204.187	404.000
13	1021.48	2021.67	510.760	1010.83	340.529	673.889	255.420	505.417	204.359	404.333
14	1022.34	2023.33	511.189	1011.67	340.816	674.444	255.635	505.833	204.531	404.667
15	1023.20	2025.00	511.619	1012.50	341.102	675.000	255.850	506.250	204.703	405.000
16	1024.06	2026.67	512.049	1013.33	341.389	675.556	256.065	506.667	204.875	405.333
17	1024.92	2028.33	512.479	1014.17	341.675	676.111	256.280	507.083	205.047	405.667
18	1025.78	2030.00	512.908	1015.00	341.962	676.667	256.494	507.500	205.219	406.000
19	1026.64	2031.67	513.338	1015.83	342.248	677.222	256.709	507.917	205.390	406.333
20	1027.50	2033.33	513.768	1016.67	342.535	677.778	256.924	508.333	205.562	406.667
21	1028.36	2035.00	514.198	1017.50	342.821	678.333	257.139	508.750	205.734	407.000
22	1029.22	2036.67	514.627	1018.33	343.108	678.889	257.354	509.167	205.906	407.333
23	1030.08	2038.33	515.057	1019.17	343.394	679.444	257.569	509.583	206.078	407.667
24	1030.94	2040.00	515.487	1020.00	343.681	680.000	257.784	510.000	206.250	408.000
25	1031.80	2041.67	515.917	1020.83	343.967	680.556	257.999	510.417	206.422	408.333
26	1032.65	2043.33	516.316	1021.67	344.254	681.111	258.214	510.833	206.594	408.667
27	1033.51	2045.00	516.776	1022.50	344.510	681.667	258.429	511.250	206.766	409.000
28	1034.37	2046.67	517.206	1023.33	344.827	682.222	258.644	511.667	206.938	409.333
29	1035.23	2048.33	517.636	1024.17	345.113	682.778	258.858	512.083	207.110	409.667
30	1036.09	2050.00	518.065	1025.00	345.400	683.333	259.073	512.500	207.282	410.000
31	1036.95	2051.67	518.495	1025.83	345.686	683.889	259.288	512.917	207.454	410.333
32	1037.81	2053.33	518.925	1026.67	345.973	684.444	259.503	513.333	207.626	410.667
33	1038.67	2055.00	519.355	1027.50	346.259	685.000	259.718	513.750	207.798	411.000
34	1039.53	2056.67	519.784	1028.33	346.546	685.556	259.933	514.167	207.970	411.333
35	1040.39	2058.33	520.214	1029.17	346.832	686.111	260.148	514.583	208.142	411.667
36	1041.25	2060.00	520.644	1030.00	347.119	686.667	260.363	515.000	208.313	412.000
37	1042.11	2061.67	521.073	1030.83	347.405	687.222	260.578	515.417	208.485	412.333
38	1042.97	2063.33	521.503	1031.67	347.692	687.778	260.793	515.833	208.657	412.667
39	1043.83	2065.00	521.933	1032.50	347.978	688.333	261.007	516.250	208.829	413.000
40	1044.69	2066.67	522.363	1033.33	348.265	688.889	261.222	516.667	209.001	413.333
41	1045.55	2068.33	522.792	1034.17	348.551	689.444	261.437	517.083	209.173	413.667
42	1046.41	2070.00	523.222	1035.00	348.838	690.000	261.652	517.500	209.345	414.000
43	1047.27	2071.67	523.652	1035.83	349.124	690.556	261.867	517.917	209.517	414.333
44	1048.12	2073.33	524.082	1036.67	349.411	691.111	262.082	518.333	209.689	414.667
45	1048.98	2075.00	524.511	1037.50	349.697	691.667	262.297	518.750	209.861	415.000
46	1049.84	2076.67	524.941	1038.33	349.984	692.222	262.512	519.167	210.033	415.333
47	1050.70	2078.33	525.371	1039.17	350.270	692.778	262.727	519.583	210.205	415.667
48	1051.56	2080.00	525.801	1040.00	350.557	693.333	262.942	520.000	210.377	416.000
49	1052.45	2081.67	526.245	1040.83	350.853	693.889	263.164	520.417	210.554	416.333
50	1053.34	2083.33	526.689	1041.67	351.149	694.444	263.386	520.833	210.732	416.667
51	1054.20	2085.00	527.118	1042.50	351.436	695.000	263.601	521.250	210.904	417.000
52	1055.06	2086.67	527.548	1043.33	351.722	695.556	263.816	521.667	211.076	417.333
53	1055.92	2088.33	527.978	1044.17	352.009	696.111	264.030	522.083	211.248	417.667
54	1056.78	2090.00	528.408	1045.00	352.295	696.667	264.245	522.500	211.420	418.000
55	1057.64	2091.67	528.837	1045.83	352.582	697.222	264.460	522.917	211.592	418.333
56	1058.50	2093.33	529.267	1046.67	352.868	697.778	264.675	523.333	211.764	418.667
57	1059.35	2095.00	529.697	1047.50	353.155	698.333	264.890	523.750	211.936	419.000
58	1060.21	2096.67	530.127	1048.33	353.441	698.889	265.105	524.167	212.108	419.333
59	1061.07	2098.33	530.556	1049.17	353.728	699.444	265.320	524.583	212.280	419.667

TABLE XIV.—ACTUAL TANGENTS, ETC.

6° Curve.		7° Curve.		8° Curve.		9° Curve.		10° Curve.		20°
Tan.	Arc.	Tan.	Arc.	Tan.	Arc.	Tan.	Arc.	Tan.	Arc.	M.
168.460	333.333	144.418	285.714	126.390	250.000	112.370	222.222	101.159	200.000	0
168.604	333.611	144.541	285.952	126.497	250.208	112.465	222.407	101.245	200.167	1
168.747	333.889	144.663	286.190	126.605	250.417	112.561	222.593	101.331	200.333	2
168.890	334.167	144.786	286.429	126.712	250.625	112.657	222.778	101.417	200.500	3
169.034	334.444	144.909	286.667	126.820	250.833	112.752	222.963	101.503	200.667	4
169.177	334.722	145.032	286.905	126.927	251.042	112.848	223.148	101.589	200.833	5
169.320	335.000	145.155	287.143	127.035	251.250	112.943	223.333	101.675	201.000	6
169.463	335.278	145.278	287.381	127.142	251.458	113.039	223.519	101.761	201.167	7
169.607	335.556	145.401	287.619	127.250	251.667	113.134	223.704	101.847	201.333	8
169.750	335.833	145.523	287.857	127.357	251.875	113.230	223.889	101.933	201.500	9
169.893	336.111	145.646	288.095	127.465	252.083	113.326	224.074	102.019	201.667	10
170.037	336.389	145.769	288.333	127.572	252.292	113.421	224.259	102.105	201.833	11
170.180	336.667	145.892	288.571	127.680	252.500	113.517	224.444	102.191	202.000	12
170.323	336.944	146.015	288.810	127.787	252.708	113.612	224.630	102.277	202.167	13
170.467	337.222	146.138	289.048	127.895	252.917	113.708	224.815	102.363	202.333	14
170.610	337.500	146.261	289.286	128.003	253.125	113.804	225.000	102.450	202.500	15
170.753	337.778	146.383	289.524	128.110	253.333	113.899	225.185	102.536	202.667	16
170.897	338.056	146.506	289.762	128.218	253.542	113.995	225.370	102.622	202.833	17
171.040	338.333	146.629	290.000	128.325	253.750	114.090	225.556	102.708	203.000	18
171.183	338.611	146.752	290.238	128.433	253.958	114.186	225.741	102.794	203.167	19
171.326	338.889	146.875	290.476	128.540	254.167	114.282	225.926	102.880	203.333	20
171.470	339.167	146.998	290.714	128.648	254.375	114.377	226.111	102.966	203.500	21
171.613	339.444	147.121	290.952	128.755	254.583	114.473	226.296	103.052	203.667	22
171.756	339.722	147.243	291.190	128.863	254.792	114.568	226.481	103.138	203.833	23
171.900	340.000	147.366	291.429	128.970	255.000	114.664	226.667	103.224	204.000	24
172.043	340.278	147.489	291.667	129.078	255.208	114.760	226.852	103.310	204.167	25
172.186	340.556	147.612	291.905	129.185	255.417	114.855	227.037	103.396	204.333	26
172.330	340.833	147.735	292.143	129.293	255.625	114.951	227.222	103.482	204.500	27
172.473	341.111	147.858	292.381	129.400	255.833	115.046	227.407	103.568	204.667	28
172.616	341.389	147.980	292.619	129.508	256.042	115.142	227.593	103.654	204.833	29
172.760	341.667	148.103	292.857	129.615	256.250	115.237	227.778	103.740	205.000	30
172.903	341.944	148.226	293.095	129.723	256.458	115.333	227.963	103.826	205.167	31
173.046	342.222	148.349	293.333	129.830	256.667	115.429	228.148	103.912	205.333	32
173.189	342.500	148.472	293.571	129.938	256.875	115.524	228.333	103.998	205.500	33
173.333	342.778	148.595	293.810	130.045	257.083	115.620	228.519	104.085	205.667	34
173.476	343.056	148.718	294.048	130.153	257.292	115.715	228.704	104.171	205.833	35
173.619	343.333	148.840	294.286	130.260	257.500	115.811	228.889	104.257	206.000	36
173.763	343.611	148.963	294.524	130.368	257.708	115.907	229.074	104.343	206.167	37
173.906	343.889	149.086	294.762	130.475	257.917	116.002	229.259	104.429	206.333	38
174.049	344.167	149.209	295.000	130.583	258.125	116.098	229.444	104.515	206.500	39
174.193	344.444	149.332	295.238	130.690	258.333	116.193	229.630	104.601	206.667	40
174.336	344.722	149.455	295.476	130.798	258.542	116.289	229.815	104.687	206.833	41
174.479	345.000	149.578	295.714	130.905	258.750	116.385	230.000	104.773	207.000	42
174.622	345.278	149.700	295.952	131.013	258.958	116.480	230.185	104.859	207.167	43
174.766	345.556	149.823	296.190	131.121	259.167	116.576	230.370	104.945	207.333	44
174.909	345.833	149.946	296.429	131.228	259.375	116.671	230.556	105.031	207.500	45
175.052	346.111	150.069	296.667	131.336	259.583	116.767	230.741	105.117	207.667	46
175.196	346.389	150.192	296.905	131.443	259.792	116.863	230.926	105.203	207.833	47
175.339	346.667	150.315	297.143	131.551	260.000	116.958	231.111	105.289	208.000	48
175.482	346.944	150.442	297.381	131.662	260.208	117.057	231.296	105.378	208.167	49
175.625	347.222	150.569	297.619	131.773	260.417	117.156	231.481	105.467	208.333	50
175.778	347.500	150.691	297.857	131.880	260.625	117.251	231.667	105.553	208.500	51
175.922	347.778	150.814	298.095	131.988	260.833	117.347	231.852	105.639	208.667	52
176.065	348.056	150.937	298.333	132.095	261.042	117.442	232.037	105.725	208.833	53
176.208	348.333	151.060	298.571	132.203	261.250	117.538	232.222	105.811	209.000	54
176.352	348.611	151.183	298.810	132.310	261.458	117.634	232.407	105.897	209.167	55
176.495	348.889	151.306	299.048	132.418	261.667	117.729	232.593	105.983	209.333	56
176.638	349.167	151.429	299.286	132.525	261.875	117.825	232.778	106.069	209.500	57
176.782	349.444	151.551	299.524	132.633	262.083	117.920	232.963	106.156	209.667	58
176.925	349.722	151.674	299.762	132.740	262.292	118.016	233.148	106.242	209.833	59

TABLE XIV.—ACTUAL TANGENTS, ETC.

21°	1° Curve.		2° Curve.		3° Curve.		4° Curve.		5° Curve.	
M.	Tan.	Arc.	Tan.	Arc.	Tan.	Arc.	Tan.	Arc.	Tan.	Arc.
0	1061.93	2100.00	530.986	1050.00	354.014	700.000	265.535	525.000	212.452	420.000
1	1062.79	2101.67	531.416	1050.83	354.301	700.556	265.750	525.417	212.623	420.333
2	1063.65	2103.33	531.846	1051.67	354.587	701.111	265.965	525.835	212.795	420.667
3	1064.51	2105.00	532.275	1052.50	354.874	701.667	266.179	526.250	212.967	421.000
4	1065.37	2106.67	532.705	1053.33	355.160	702.222	266.394	526.667	213.139	421.333
5	1066.23	2108.33	533.135	1054.17	355.447	702.778	266.609	527.083	213.311	421.667
6	1067.09	2110.00	533.565	1055.00	355.733	703.333	266.824	527.500	213.483	422.000
7	1067.95	2111.67	533.994	1055.83	356.020	703.889	267.039	527.917	213.655	422.333
8	1068.81	2113.33	534.424	1056.67	356.306	704.444	267.254	528.333	213.827	422.667
9	1069.67	2115.00	534.854	1057.50	356.593	705.000	267.469	528.750	213.999	423.000
10	1070.53	2116.67	535.284	1058.33	356.879	705.556	267.684	529.167	214.171	423.333
11	1071.39	2118.33	535.713	1059.17	357.166	706.111	267.899	529.583	214.343	423.667
12	1072.25	2120.00	536.143	1060.00	357.452	706.667	268.114	530.000	214.515	424.000
13	1073.13	2121.67	536.587	1060.83	357.748	707.222	268.336	530.417	214.693	424.333
14	1074.02	2123.33	537.031	1061.67	358.044	707.778	268.558	530.833	214.870	424.667
15	1074.88	2125.00	537.461	1062.50	358.331	708.333	268.773	531.250	215.042	425.000
16	1075.74	2126.67	537.891	1063.33	358.618	708.889	268.988	531.667	215.214	425.333
17	1076.60	2128.33	538.320	1064.17	358.904	709.444	269.202	532.083	215.386	425.667
18	1077.46	2130.00	538.750	1065.00	359.191	710.000	269.417	532.500	215.558	426.000
19	1078.32	2131.67	539.180	1065.83	359.477	710.556	269.632	532.917	215.730	426.333
20	1079.18	2133.33	539.610	1066.67	359.764	711.111	269.847	533.333	215.902	426.667
21	1080.04	2135.00	540.039	1067.50	360.050	711.667	270.062	533.750	216.074	427.000
22	1080.90	2136.67	540.469	1068.33	360.337	712.222	270.277	534.167	216.246	427.333
23	1081.76	2138.33	540.899	1069.17	360.623	712.778	270.492	534.583	216.418	427.667
24	1082.62	2140.00	541.329	1070.00	360.910	713.333	270.707	535.000	216.590	428.000
25	1083.48	2141.67	541.758	1070.83	361.196	713.889	270.922	535.417	216.762	428.333
26	1084.34	2143.33	542.188	1071.67	361.483	714.444	271.137	535.833	216.933	428.667
27	1085.20	2145.00	542.618	1072.50	361.769	715.000	271.351	536.250	217.105	429.000
28	1086.06	2146.67	543.047	1073.33	362.056	715.556	271.566	536.667	217.277	429.333
29	1086.94	2148.33	543.492	1074.17	362.352	716.111	271.788	537.083	217.455	429.667
30	1087.83	2150.00	543.936	1075.00	362.648	716.667	272.011	537.500	217.633	430.000
31	1088.69	2151.67	544.365	1075.83	362.934	717.222	272.225	537.917	217.805	430.333
32	1089.55	2153.33	544.795	1076.67	363.221	717.778	272.440	538.333	217.977	430.667
33	1090.41	2155.00	545.225	1077.50	363.507	718.333	272.655	538.750	218.149	431.000
34	1091.27	2156.67	545.655	1078.33	363.794	718.889	272.870	539.167	218.320	431.333
35	1092.13	2158.33	546.084	1079.17	364.080	719.444	273.085	539.583	218.492	431.667
36	1092.99	2160.00	546.514	1080.00	364.367	720.000	273.300	540.000	218.664	432.000
37	1093.85	2161.67	546.944	1080.83	364.653	720.556	273.515	540.417	218.836	432.333
38	1094.71	2163.33	547.374	1081.67	364.940	721.111	273.730	540.833	219.008	432.667
39	1095.57	2165.00	547.803	1082.50	365.226	721.667	273.945	541.250	219.180	433.000
40	1096.43	2166.67	548.233	1083.33	365.513	722.222	274.160	541.667	219.352	433.333
41	1097.29	2168.33	548.663	1084.17	365.799	722.778	274.374	542.083	219.524	433.667
42	1098.14	2170.00	549.092	1085.00	366.086	723.333	274.589	542.500	219.696	434.000
43	1099.03	2171.67	549.537	1085.83	366.382	723.889	274.811	542.917	219.874	434.333
44	1099.92	2173.33	549.981	1086.67	366.678	724.444	275.033	543.333	220.051	434.667
45	1100.78	2175.00	550.410	1087.50	366.965	725.000	275.248	543.750	220.223	435.000
46	1101.64	2176.67	550.840	1088.33	367.251	725.556	275.463	544.167	220.395	435.333
47	1102.50	2178.33	551.270	1089.17	367.598	726.111	275.678	544.583	220.567	435.667
48	1103.36	2180.00	551.700	1090.00	367.824	726.667	275.893	545.000	220.739	436.000
49	1104.22	2181.67	552.129	1090.83	368.111	727.222	276.108	545.417	220.911	436.333
50	1105.08	2183.33	552.559	1091.67	368.397	727.778	276.323	545.833	221.083	436.667
51	1105.94	2185.00	552.989	1092.50	368.684	728.333	276.538	546.250	221.255	437.000
52	1106.80	2186.67	553.419	1093.33	368.970	728.889	276.753	546.667	221.427	437.333
53	1107.66	2188.33	553.848	1094.17	369.257	729.444	276.968	547.083	221.599	437.667
54	1108.52	2190.00	554.278	1095.00	369.543	730.000	277.183	547.500	221.771	438.000
55	1109.40	2191.67	554.722	1095.83	369.839	730.556	277.405	547.917	221.948	438.333
56	1110.29	2193.33	555.166	1096.67	370.135	731.111	277.627	548.333	222.126	438.667
57	1111.15	2195.00	555.596	1097.50	370.422	731.667	277.842	548.750	222.298	439.000
58	1112.01	2196.67	556.026	1098.33	370.708	732.222	278.056	549.167	222.470	439.333
59	1112.87	2198.33	556.455	1099.17	370.995	732.778	278.271	549.583	222.642	439.667

TABLE XIV.—ACTUAL TANGENTS, ETC.

6° Curve.		7° Curve.		8° Curve.		9° Curve.		10° Curve.		21°
Tan.	Arc.	Tan.	Arc.	Tan.	Arc.	Tan.	Arc.	Tan.	Arc.	M.
177.068	350.000	151.797	300.000	132.848	262.500	118.112	233.333	106.328	210.000	0
177.212	350.278	151.920	300.238	132.955	262.708	118.207	233.519	106.414	210.167	1
177.355	350.556	152.043	300.476	133.063	262.917	118.303	233.704	106.500	210.333	2
177.498	350.833	152.166	300.714	133.171	263.125	118.398	233.889	106.586	210.500	3
177.641	351.111	152.289	300.952	133.278	263.333	118.494	234.074	106.672	210.667	4
177.785	351.389	152.411	301.190	133.386	263.542	118.590	234.259	106.758	210.833	5
177.928	351.667	152.534	301.429	133.493	263.750	118.685	234.444	106.844	211.000	6
178.071	351.944	152.657	301.667	133.601	263.958	118.781	234.630	106.930	211.167	7
178.215	352.222	152.780	301.905	133.708	264.167	118.876	234.815	107.016	211.333	8
178.358	352.500	152.903	302.143	133.816	264.375	118.972	235.000	107.102	211.500	9
178.501	352.778	153.026	302.381	133.923	264.583	119.067	235.185	107.188	211.667	10
178.645	353.056	153.148	302.619	134.031	264.792	119.163	235.370	107.274	211.833	11
178.788	353.333	153.271	302.857	134.138	265.000	119.259	235.556	107.360	212.000	12
178.936	353.611	153.398	303.095	134.249	265.208	119.357	235.741	107.449	212.167	13
179.084	353.889	153.525	303.333	134.360	265.417	119.456	235.926	107.538	212.333	14
179.227	354.167	153.648	303.571	134.468	265.625	119.552	236.111	107.624	212.500	15
179.371	354.444	153.771	303.810	134.575	265.833	119.647	236.296	107.710	212.667	16
179.514	354.722	153.894	304.048	134.683	266.042	119.743	236.481	107.796	212.833	17
179.657	355.000	154.017	304.286	134.790	266.250	119.839	236.667	107.882	213.000	18
179.801	355.278	154.140	304.524	134.898	266.458	119.934	236.852	107.968	213.167	19
179.944	355.556	154.262	304.762	135.005	266.667	120.030	237.037	108.054	213.333	20
180.087	355.833	154.385	305.000	135.113	266.875	120.125	237.222	108.141	213.500	21
180.231	356.111	154.508	305.238	135.220	267.083	120.221	237.407	108.227	213.667	22
180.374	356.389	154.631	305.476	135.328	267.292	120.317	237.593	108.313	213.833	23
180.517	356.667	154.754	305.714	135.436	267.500	120.412	237.778	108.399	214.000	24
180.660	356.944	154.877	305.952	135.543	267.708	120.508	237.963	108.485	214.167	25
180.804	357.222	154.999	306.190	135.651	267.917	120.603	238.148	108.571	214.333	26
180.947	357.500	155.122	306.429	135.758	268.125	120.699	238.333	108.657	214.500	27
181.090	357.778	155.245	306.667	135.866	268.333	120.794	238.519	108.743	214.667	28
181.238	358.056	155.372	306.905	135.977	268.542	120.892	238.704	108.832	214.833	29
181.386	358.333	155.499	307.143	136.088	268.750	120.992	238.889	108.921	215.000	30
181.530	358.611	155.622	307.381	136.195	268.958	121.088	239.074	109.007	215.167	31
181.673	358.889	155.745	307.619	136.303	269.167	121.183	239.259	109.093	215.333	32
181.816	359.167	155.868	307.857	136.410	269.375	121.279	239.444	109.179	215.500	33
181.960	359.444	155.990	308.095	136.518	269.583	121.374	239.630	109.265	215.667	34
182.103	359.722	156.113	308.333	136.625	269.792	121.470	239.815	109.351	215.833	35
182.246	360.000	156.236	308.571	136.733	270.000	121.566	240.000	109.437	216.000	36
182.390	360.278	156.359	308.810	136.840	270.208	121.661	240.185	109.523	216.167	37
182.533	360.556	156.482	309.048	136.948	270.417	121.757	240.370	109.609	216.333	38
182.676	360.833	156.605	309.286	137.055	270.625	121.852	240.556	109.695	216.500	39
182.820	361.111	156.728	309.524	137.163	270.833	121.948	240.741	109.781	216.667	40
182.963	361.389	156.850	309.762	137.270	271.042	122.044	240.926	109.867	216.833	41
183.106	361.667	156.973	310.000	137.378	271.250	122.139	241.111	109.953	217.000	42
183.254	361.944	157.100	310.238	137.489	271.458	122.238	241.296	110.042	217.167	43
183.402	362.222	157.227	310.476	137.600	271.667	122.337	241.481	110.131	217.333	44
183.546	362.500	157.350	310.714	137.708	271.875	122.432	241.667	110.217	217.500	45
183.689	362.778	157.473	310.952	137.815	272.083	122.528	241.852	110.303	217.667	46
183.832	363.056	157.596	311.190	137.923	272.292	122.623	242.037	110.389	217.833	47
183.976	363.333	157.719	311.429	138.030	272.500	122.719	242.222	110.475	218.000	48
184.119	363.611	157.841	311.667	138.138	272.708	122.815	242.407	110.561	218.167	49
184.262	363.889	157.964	311.905	138.245	272.917	122.910	242.593	110.648	218.333	50
184.405	364.167	158.087	312.143	138.353	273.125	123.006	242.778	110.734	218.500	51
184.549	364.444	158.210	312.381	138.460	273.333	123.101	242.963	110.820	218.667	52
184.692	364.722	158.333	312.619	138.568	273.542	123.197	243.148	110.906	218.833	53
184.835	365.000	158.456	312.857	138.675	273.750	123.298	243.333	110.992	219.000	54
184.983	365.278	158.583	313.095	138.786	273.958	123.391	243.519	111.081	219.167	55
185.132	365.556	158.710	313.333	138.898	274.167	123.490	243.704	111.170	219.333	56
185.275	365.833	158.832	313.571	139.005	274.375	123.586	243.889	111.256	219.500	57
185.418	366.111	158.955	313.810	139.113	274.583	123.681	244.074	111.342	219.667	58
185.561	366.389	159.078	314.048	139.220	274.792	123.777	244.259	111.428	219.833	59

TABLE XIV.—ACTUAL TANGENTS, ETC.

22°	1° Curve.		2° Curve.		3° Curve.		4° Curve.		5° Curve.	
M.	Tan.	Arc.	Tan.	Arc.	Tan.	Arc.	Tan.	Arc.	Tan.	Arc.
0	1113.73	2200.00	556.885	1100.00	371.281	733.333	278.486	550.000	222.814	440.000
1	1114.59	2201.67	557.315	1100.83	371.568	733.889	278.658	550.417	222.986	440.333
2	1115.45	2203.33	557.745	1101.67	371.854	734.444	278.916	550.833	223.158	440.667
3	1116.31	2205.00	558.174	1102.50	372.141	735.000	279.088	551.250	223.330	441.000
4	1117.17	2206.67	558.604	1103.33	372.427	735.556	279.346	551.667	223.502	441.333
5	1118.03	2208.33	559.048	1104.17	372.728	736.111	279.568	552.083	223.679	441.667
6	1118.91	2210.00	559.492	1105.00	373.020	736.667	279.790	552.500	223.857	442.000
7	1119.80	2211.67	559.922	1105.83	373.306	737.222	280.005	552.917	224.029	442.333
8	1120.66	2213.33	560.352	1106.67	373.593	737.778	280.220	553.333	224.201	442.667
9	1121.52	2215.00	560.781	1107.50	373.879	738.333	280.435	553.750	224.373	443.000
10	1122.38	2216.67	561.211	1108.33	374.166	738.889	280.650	554.167	224.545	443.333
11	1123.24	2218.33	561.641	1109.17	374.452	739.444	280.865	554.583	224.717	443.667
12	1124.10	2220.00	562.071	1110.00	374.739	740.000	281.079	555.000	224.889	444.000
13	1124.96	2221.67	562.500	1110.83	375.025	740.556	281.294	555.417	225.061	444.333
14	1125.82	2223.33	562.930	1111.67	375.312	741.111	281.509	555.833	225.233	444.667
15	1126.71	2225.00	563.374	1112.50	375.608	741.667	281.731	556.250	225.410	445.000
16	1127.60	2226.67	563.818	1113.33	375.904	742.222	281.953	556.667	225.588	445.333
17	1128.45	2228.33	564.248	1114.17	376.190	742.778	282.168	557.083	225.760	445.667
18	1129.31	2230.00	564.678	1115.00	376.477	743.333	282.383	557.500	225.932	446.000
19	1130.17	2231.67	565.107	1115.83	376.763	743.889	282.598	557.917	226.104	446.333
20	1131.03	2233.33	565.537	1116.67	377.050	744.444	282.813	558.333	226.276	446.667
21	1131.89	2235.00	565.967	1117.50	377.336	745.000	283.028	558.750	226.448	447.000
22	1132.75	2236.67	566.397	1118.33	377.623	745.556	283.243	559.167	226.620	447.333
23	1133.61	2238.33	566.841	1119.17	377.919	746.111	283.465	559.583	226.797	447.667
24	1134.53	2240.00	567.285	1120.00	378.215	746.667	283.687	560.000	226.975	448.000
25	1135.39	2241.67	567.715	1120.83	378.501	747.222	283.902	560.417	227.147	448.333
26	1136.25	2243.33	568.144	1121.67	378.788	747.778	284.117	560.833	227.319	448.667
27	1137.11	2245.00	568.574	1122.50	379.074	748.333	284.332	561.250	227.491	449.000
28	1137.97	2246.67	569.004	1123.33	379.361	748.889	284.547	561.667	227.668	449.333
29	1138.83	2248.33	569.433	1124.17	379.648	749.444	284.761	562.083	227.835	449.667
30	1139.68	2250.00	569.863	1125.00	379.934	750.000	284.976	562.500	228.007	450.000
31	1140.54	2251.67	570.293	1125.83	380.221	750.556	285.191	562.917	228.178	450.333
32	1141.40	2253.33	570.723	1126.67	380.507	751.111	285.406	563.333	228.350	450.667
33	1142.29	2255.00	571.167	1127.50	380.803	751.667	285.628	563.750	228.528	451.000
34	1143.18	2256.67	571.611	1128.33	381.099	752.222	285.850	564.167	228.706	451.333
35	1144.04	2258.33	572.041	1129.17	381.386	752.778	286.065	564.583	228.878	451.667
36	1144.90	2260.00	572.470	1130.00	381.672	753.333	286.280	565.000	229.050	452.000
37	1145.76	2261.67	572.900	1130.83	381.959	753.889	286.495	565.417	229.222	452.333
38	1146.62	2263.33	573.330	1131.67	382.245	754.444	286.710	565.833	229.394	452.667
39	1147.48	2265.00	573.760	1132.50	382.532	755.000	286.925	566.250	229.565	453.000
40	1148.34	2266.67	574.189	1133.33	382.818	755.556	287.140	566.667	229.737	453.333
41	1149.22	2268.33	574.633	1134.17	383.114	756.111	287.362	567.083	229.915	453.667
42	1150.11	2270.00	575.077	1135.00	383.410	756.667	287.584	567.500	230.093	454.000
43	1150.97	2271.67	575.507	1135.83	383.697	757.222	287.799	567.917	230.265	454.333
44	1151.83	2273.33	575.937	1136.67	383.983	757.778	288.014	568.333	230.437	454.667
45	1152.69	2275.00	576.367	1137.50	384.270	758.333	288.229	568.750	230.609	455.000
46	1153.55	2276.67	576.796	1138.33	384.556	758.889	288.443	569.167	230.781	455.333
47	1154.41	2278.33	577.240	1139.17	384.852	759.444	288.666	569.583	230.958	455.667
48	1155.33	2280.00	577.684	1140.00	385.149	760.000	288.888	570.000	231.136	456.000
49	1156.19	2281.67	578.114	1140.83	385.435	760.556	289.103	570.417	231.308	456.333
50	1157.05	2283.33	578.544	1141.67	385.722	761.111	289.317	570.833	231.480	456.667
51	1157.90	2285.00	578.974	1142.50	386.008	761.667	289.532	571.250	231.652	457.000
52	1158.76	2286.67	579.403	1143.33	386.295	762.222	289.747	571.667	231.824	457.333
53	1159.62	2288.33	579.833	1144.17	386.581	762.778	289.962	572.083	231.996	457.667
54	1160.48	2290.00	580.263	1145.00	386.868	763.333	290.177	572.500	232.168	458.000
55	1161.37	2291.67	580.707	1145.83	387.164	763.889	290.399	572.917	232.345	458.333
56	1162.26	2293.33	581.151	1146.67	387.460	764.444	290.621	573.333	232.523	458.667
57	1163.12	2295.00	581.581	1147.50	387.746	765.000	290.836	573.750	232.695	459.000
58	1163.98	2296.67	582.011	1148.33	388.033	765.556	291.051	574.167	232.867	459.333
59	1164.84	2298.33	582.440	1149.17	388.319	766.111	291.266	574.583	233.039	459.667

TABLE XIV.—ACTUAL TANGENTS, ETC.

6° Curve.		7° Curve.		8° Curve.		9° Curve.		10° Curve.		22°
Tan.	Arc.	Tan.	Arc.	Tan.	Arc.	Tan.	Arc.	Tan.	Arc.	M.
185.705	366.667	159.201	314.286	139.328	275.000	123.872	244.444	111.514	220.000	0
185.848	366.944	159.324	314.524	139.435	275.208	123.968	244.630	111.600	220.167	1
185.991	367.222	159.447	314.762	139.543	275.417	124.064	244.815	111.686	220.333	2
186.135	367.500	159.570	315.000	139.650	275.625	124.159	245.000	111.772	220.500	3
186.278	367.778	159.692	315.238	139.758	275.833	124.255	245.185	111.858	220.667	4
186.426	368.056	159.819	315.476	139.869	276.042	124.354	245.370	111.947	220.833	5
186.574	368.333	159.946	315.714	139.980	276.250	124.452	245.556	112.036	221.000	6
186.717	368.611	160.069	315.952	140.087	276.458	124.548	245.741	112.122	221.167	7
186.861	368.889	160.192	316.190	140.195	276.667	124.644	245.926	112.208	221.333	8
187.004	369.167	160.315	316.429	140.302	276.875	124.739	246.111	112.294	221.500	9
187.147	369.444	160.438	316.667	140.410	277.083	124.835	246.296	112.380	221.667	10
187.291	369.722	160.561	316.905	140.518	277.292	124.930	246.481	112.466	221.833	11
187.434	370.000	160.683	317.143	140.625	277.500	125.026	246.667	112.552	222.000	12
187.577	370.278	160.806	317.381	140.733	277.708	125.122	246.852	112.638	222.167	13
187.721	370.556	160.929	317.619	140.840	277.917	125.217	247.037	112.724	222.333	14
187.869	370.833	161.056	317.857	140.951	278.125	125.316	247.222	112.813	222.500	15
188.017	371.111	161.183	318.095	141.062	278.333	125.415	247.407	112.902	222.667	16
188.160	371.389	161.306	318.333	141.170	278.542	125.510	247.593	112.988	222.833	17
188.303	371.667	161.429	318.571	141.277	278.750	125.606	247.778	113.074	223.000	18
188.447	371.944	161.552	318.810	141.385	278.958	125.701	247.963	113.160	223.167	19
188.590	372.222	161.674	319.048	141.492	279.167	125.797	248.148	113.246	223.333	20
188.733	372.500	161.797	319.286	141.600	279.375	125.893	248.333	113.332	223.500	21
188.877	372.778	161.920	319.524	141.707	279.583	125.988	248.519	113.418	223.667	22
189.025	373.056	162.047	319.762	141.818	279.792	126.087	248.704	113.507	223.833	23
189.173	373.333	162.174	320.000	141.930	280.000	126.186	248.889	113.596	224.000	24
189.316	373.611	162.297	320.238	142.037	280.208	126.281	249.074	113.682	224.167	25
189.459	373.889	162.420	320.476	142.145	280.417	126.377	249.259	113.768	224.333	26
189.603	374.167	162.543	320.714	142.252	280.625	126.473	249.444	113.854	224.500	27
189.746	374.444	162.666	320.952	142.360	280.833	126.568	249.630	113.941	224.667	28
189.889	374.722	162.788	321.190	142.467	281.042	126.664	249.815	114.027	224.833	29
190.033	375.000	162.911	321.429	142.575	281.250	126.759	250.000	114.113	225.000	30
190.176	375.278	163.034	321.667	142.682	281.458	126.855	250.185	114.199	225.167	31
190.319	375.556	163.157	321.905	142.790	281.667	126.951	250.370	114.285	225.333	32
190.467	375.833	163.284	322.143	142.901	281.875	127.049	250.556	114.374	225.500	33
190.615	376.111	163.411	322.381	143.012	282.083	127.148	250.741	114.463	225.667	34
190.759	376.389	163.534	322.619	143.119	282.292	127.244	250.926	114.549	225.833	35
190.902	376.667	163.657	322.857	143.227	282.500	127.339	251.111	114.635	226.000	36
191.045	376.944	163.779	323.095	143.334	282.708	127.435	251.296	114.721	226.167	37
191.189	377.222	163.902	323.333	143.442	282.917	127.530	251.481	114.807	226.333	38
191.332	377.500	164.025	323.571	143.549	283.125	127.626	251.667	114.893	226.500	39
191.475	377.778	164.148	323.810	143.657	283.333	127.722	251.852	114.979	226.667	40
191.623	378.056	164.275	324.048	143.768	283.542	127.820	252.037	115.068	226.832	41
191.771	378.333	164.402	324.286	143.879	283.750	127.919	252.222	115.157	227.000	42
191.915	378.611	164.525	324.524	143.987	283.958	128.015	252.407	115.243	227.167	43
192.058	378.889	164.648	324.762	144.094	284.167	128.110	252.593	115.329	227.333	44
192.201	379.167	164.770	325.000	144.202	284.375	128.206	252.778	115.415	227.500	45
192.345	379.444	164.893	325.238	144.309	284.583	128.302	252.963	115.501	227.667	46
192.493	379.722	165.020	325.476	144.420	284.792	128.400	253.148	115.590	227.833	47
192.641	380.000	165.147	325.714	144.531	285.000	128.499	253.333	115.679	228.000	48
192.784	380.278	165.270	325.952	144.639	285.208	128.595	253.519	115.765	228.167	49
192.927	380.556	165.393	326.190	144.747	285.417	128.690	253.704	115.851	228.333	50
193.071	380.833	165.516	326.429	144.854	285.625	128.786	253.889	115.937	228.500	51
193.214	381.111	165.639	326.667	144.962	285.833	128.881	254.074	116.023	228.667	52
193.357	381.389	165.761	326.905	145.069	286.042	128.977	254.259	116.109	228.833	53
193.501	381.667	165.884	327.143	145.177	286.250	129.073	254.444	116.195	229.000	54
193.649	381.944	166.011	327.381	145.286	286.458	129.171	254.630	116.284	229.167	55
193.797	382.222	166.138	327.619	145.399	286.667	129.270	254.815	116.373	229.333	56
193.940	382.500	166.261	327.857	145.506	286.875	129.366	255.000	116.459	229.500	57
194.083	382.778	166.384	328.095	145.614	287.083	129.461	255.185	116.545	229.667	58
194.227	383.056	166.507	328.333	145.721	287.292	129.557	255.370	116.631	229.833	59

TABLE XIV.—ACTUAL TANGENTS, ETC.

23°	1° Curve.		2° Curve.		3° Curve.		4° Curve.		5° Curve.	
M.	Tan.	Arc.	Tan.	Arc.	Tan.	Arc.	Tan.	Arc.	Tan.	Arc.
0	1165.70	2300.00	582.870	1150.00	388.606	766.667	291.481	575.000	233.211	460.000
1	1166.59	2301.67	583.314	1150.83	388.902	767.222	291.703	575.417	233.388	460.333
2	1167.47	2303.33	583.758	1151.67	389.198	767.778	291.925	575.833	233.566	460.667
3	1168.33	2305.00	584.188	1152.50	389.484	768.333	292.140	576.250	233.738	461.000
4	1169.19	2306.67	584.618	1153.33	389.771	768.889	292.355	576.667	233.910	461.333
5	1170.05	2308.33	585.047	1154.17	390.057	769.444	292.570	577.083	234.082	461.667
6	1170.91	2310.00	585.477	1155.00	390.344	770.000	292.785	577.500	234.254	462.000
7	1171.77	2311.67	585.907	1155.83	390.630	770.556	292.999	577.917	234.426	462.333
8	1172.63	2313.33	586.337	1156.67	390.917	771.111	293.214	578.333	234.598	462.667
9	1173.52	2315.00	586.781	1157.50	391.213	771.667	293.436	578.750	234.775	463.000
10	1174.41	2316.67	587.225	1158.33	391.509	772.222	293.658	579.167	234.953	463.333
11	1175.27	2318.33	587.654	1159.17	391.796	772.778	293.873	579.583	235.125	463.667
12	1176.13	2320.00	588.084	1160.00	392.082	773.333	294.088	580.000	235.297	464.000
13	1176.98	2321.67	588.514	1160.83	392.369	773.889	294.303	580.417	235.469	464.333
14	1177.84	2323.33	588.944	1161.67	392.655	774.444	294.518	580.833	235.641	464.667
15	1178.73	2325.00	589.388	1162.50	392.951	775.000	294.740	581.250	235.818	465.000
16	1179.62	2326.67	589.832	1163.33	393.247	775.556	294.962	581.667	235.996	465.333
17	1180.48	2328.33	590.262	1164.17	393.534	776.111	295.177	582.083	236.168	465.667
18	1181.34	2330.00	590.691	1165.00	393.820	776.667	295.392	582.500	236.340	466.000
19	1182.20	2331.67	591.121	1165.83	394.107	777.222	295.607	582.917	236.512	466.333
20	1183.06	2333.33	591.551	1166.67	394.393	777.778	295.822	583.333	236.684	466.667
21	1183.95	2335.00	591.995	1167.50	394.680	778.333	296.044	583.750	236.862	467.000
22	1184.83	2336.67	592.439	1168.33	394.985	778.889	296.266	584.167	237.039	467.333
23	1185.69	2338.33	592.869	1169.17	395.272	779.444	296.481	584.583	237.211	467.667
24	1186.55	2340.00	593.298	1170.00	395.558	780.000	296.696	585.000	237.383	468.000
25	1187.41	2341.67	593.728	1170.83	395.845	780.556	296.911	585.417	237.555	468.333
26	1188.27	2343.33	594.158	1171.67	396.131	781.111	297.126	585.833	237.727	468.667
27	1189.16	2345.00	594.602	1172.50	396.428	781.667	297.348	586.250	237.905	469.000
28	1190.05	2346.67	595.046	1173.33	396.724	782.222	297.570	586.667	238.082	469.333
29	1190.91	2348.33	595.476	1174.17	397.010	782.778	297.785	587.083	238.254	469.667
30	1191.77	2350.00	595.905	1175.00	397.297	783.333	298.000	587.500	238.426	470.000
31	1192.63	2351.67	596.335	1175.83	397.583	783.889	298.214	587.917	238.598	470.333
32	1193.49	2353.33	596.765	1176.67	397.870	784.444	298.429	588.333	238.770	470.667
33	1194.37	2355.00	597.209	1177.50	398.166	785.000	298.651	588.750	238.948	471.000
34	1195.26	2356.67	597.653	1178.33	398.462	785.556	298.873	589.167	239.125	471.333
35	1196.12	2358.33	598.083	1179.17	398.748	786.111	299.088	589.583	239.297	471.667
36	1196.98	2360.00	598.513	1180.00	399.035	786.667	299.303	590.000	239.469	472.000
37	1197.84	2361.67	598.942	1180.83	399.321	787.222	299.518	590.417	239.641	472.333
38	1198.70	2363.33	599.372	1181.67	399.608	787.778	299.733	590.833	239.813	472.667
39	1199.59	2365.00	599.816	1182.50	399.904	788.333	299.955	591.250	239.991	473.000
40	1200.48	2366.67	600.260	1183.33	400.200	788.889	300.177	591.667	240.169	473.333
41	1201.34	2368.33	600.690	1184.17	400.486	789.444	300.392	592.083	240.341	473.667
42	1202.20	2370.00	601.120	1185.00	400.773	790.000	300.607	592.500	240.512	474.000
43	1203.08	2371.67	601.564	1185.83	401.069	790.556	300.829	592.917	240.690	474.333
44	1203.97	2373.33	602.008	1186.67	401.365	791.111	301.051	593.333	240.868	474.667
45	1204.83	2375.00	602.437	1187.50	401.652	791.667	301.266	593.750	241.040	475.000
46	1205.69	2376.67	602.867	1188.33	401.938	792.222	301.481	594.167	241.212	475.333
47	1206.55	2378.33	603.297	1189.17	402.225	792.778	301.696	594.583	241.384	475.667
48	1207.41	2380.00	603.727	1190.00	402.511	793.333	301.911	595.000	241.556	476.000
49	1208.30	2381.67	604.171	1190.83	402.807	793.889	302.133	595.417	241.733	476.333
50	1209.19	2383.33	604.615	1191.67	403.103	794.444	302.355	595.833	241.911	476.667
51	1210.04	2385.00	605.045	1192.50	403.390	795.000	302.570	596.250	242.083	477.000
52	1210.90	2386.67	605.474	1193.33	403.676	795.556	302.785	596.667	242.255	477.333
53	1211.76	2388.33	605.904	1194.17	403.963	796.111	303.000	597.083	242.427	477.667
54	1212.62	2390.00	606.334	1195.00	404.249	796.667	303.215	597.500	242.599	478.000
55	1213.51	2391.67	606.778	1195.83	404.545	797.222	303.437	597.917	242.776	478.333
56	1214.40	2393.33	607.222	1196.67	404.841	797.778	303.659	598.333	242.954	478.667
57	1215.26	2395.00	607.652	1197.50	405.128	798.333	303.874	598.750	243.126	479.000
58	1216.12	2396.67	608.081	1198.33	405.414	798.889	304.088	599.167	243.298	479.333
59	1217.01	2398.33	608.525	1199.17	405.711	799.444	304.311	599.583	243.476	479.667

TABLE XIV.—ACTUAL TANGENTS, ETC.

6° Curve.		7° Curve.		8° Curve.		9° Curve.		10° Curve.		23°
Tan.	Arc.	Tan.	Arc.	Tan.	Arc.	Tan.	Arc.	Tan.	Arc.	M.
194.370	383.333	166.630	328.571	145.829	287.500	129.653	255.556	116.717	230.000	0
194.518	383.611	166.757	328.810	145.940	287.708	129.751	255.741	116.806	230.167	1
194.666	383.889	166.883	329.048	146.051	287.917	129.850	255.926	116.895	230.333	2
194.809	384.167	167.006	329.286	146.159	288.125	129.946	256.111	116.981	230.500	3
194.953	384.444	167.129	329.524	146.266	288.333	130.041	256.296	117.067	230.667	4
195.096	384.722	167.252	329.762	146.374	288.542	130.137	256.481	117.153	230.833	5
195.239	385.000	167.375	330.000	146.481	288.750	130.232	256.667	117.239	231.000	6
195.383	385.278	167.498	330.238	146.589	288.958	130.328	256.852	117.325	231.167	7
195.526	385.556	167.621	330.476	146.696	289.167	130.424	257.037	117.411	231.333	8
195.674	385.833	167.748	330.714	146.807	289.375	130.522	257.222	117.500	231.500	9
195.822	386.111	167.874	330.952	146.918	289.583	130.621	257.407	117.589	231.667	10
195.965	386.389	167.997	331.190	147.026	289.792	130.717	257.593	117.675	231.833	11
196.109	386.667	168.120	331.429	147.133	290.000	130.812	257.778	117.761	232.000	12
196.252	386.944	168.243	331.667	147.241	290.208	130.908	257.963	117.847	232.167	13
196.395	387.222	168.366	331.905	147.348	290.417	131.004	258.148	117.933	232.333	14
196.543	387.500	168.493	332.143	147.460	290.625	131.102	258.333	118.022	232.500	15
196.692	387.778	168.620	332.381	147.571	290.833	131.201	258.519	118.111	232.667	16
196.835	388.056	168.743	332.619	147.678	291.042	131.297	258.704	118.197	232.833	17
196.978	388.333	168.866	332.857	147.786	291.250	131.392	258.889	118.283	233.000	18
197.121	388.611	168.988	333.095	147.893	291.458	131.488	259.074	118.369	233.167	19
197.265	388.889	169.111	333.333	148.001	291.667	131.583	259.259	118.455	233.333	20
197.413	389.167	169.238	333.571	148.112	291.875	131.682	259.444	118.544	233.500	21
197.561	389.444	169.365	333.810	148.223	292.083	131.781	259.630	118.633	233.667	22
197.704	389.722	169.488	334.048	148.330	292.292	131.877	259.815	118.719	233.833	23
197.848	390.000	169.611	334.286	148.438	292.500	131.972	260.000	118.805	234.000	24
197.991	390.278	169.734	334.524	148.545	292.708	132.068	260.185	118.891	234.167	25
198.134	390.556	169.857	334.762	148.653	292.917	132.163	260.370	118.978	234.333	26
198.282	390.833	169.983	335.000	148.764	293.125	132.262	260.556	119.066	234.500	27
198.430	391.111	170.110	335.238	148.875	293.333	132.361	260.741	119.155	234.667	28
198.574	391.389	170.233	335.476	148.983	293.542	132.457	260.926	119.241	234.833	29
198.717	391.667	170.356	335.714	149.090	293.750	132.552	261.111	119.327	235.000	30
198.860	391.944	170.479	335.952	149.198	293.958	132.648	261.296	119.414	235.167	31
199.004	392.222	170.602	336.190	149.305	294.167	132.743	261.481	119.500	235.333	32
199.152	392.500	170.729	336.429	149.416	294.375	132.842	261.667	119.589	235.500	33
199.300	392.778	170.856	336.667	149.527	294.583	132.941	261.852	119.677	235.667	34
199.443	393.056	170.979	336.905	149.635	294.792	133.036	262.037	119.763	235.833	35
199.586	393.333	171.101	337.143	149.742	295.000	133.132	262.222	119.850	236.000	36
199.730	393.611	171.224	337.381	149.850	295.208	133.228	262.407	119.936	236.167	37
199.873	393.889	171.347	337.619	149.957	295.417	133.323	262.593	120.022	236.333	38
200.021	394.167	171.474	337.857	150.069	295.625	133.422	262.778	120.111	236.500	39
200.169	394.444	171.601	338.095	150.180	295.833	133.521	262.963	120.199	236.667	40
200.312	394.722	171.724	338.333	150.287	296.042	133.616	263.148	120.286	236.833	41
200.456	395.000	171.847	338.571	150.395	296.250	133.712	263.333	120.372	237.000	42
200.604	395.278	171.974	338.810	150.506	296.458	133.811	263.519	120.461	237.167	43
200.752	395.556	172.101	339.048	150.617	296.667	133.909	263.704	120.549	237.333	44
200.895	395.833	172.223	339.286	150.724	296.875	134.005	263.889	120.636	237.500	45
201.038	396.111	172.346	339.524	150.832	297.083	134.101	264.074	120.722	237.667	46
201.182	396.389	172.469	339.762	150.939	297.292	134.196	264.259	120.808	237.833	47
201.325	396.667	172.592	340.000	151.047	297.500	134.292	264.444	120.894	238.000	48
201.473	396.944	172.719	340.238	151.158	297.708	134.391	264.630	120.983	238.167	49
201.621	397.222	172.846	340.476	151.269	297.917	134.489	264.815	121.071	238.333	50
201.765	397.500	172.969	340.714	151.377	298.125	134.585	265.000	121.158	238.500	51
201.908	397.778	173.092	340.952	151.484	298.333	134.681	265.185	121.244	238.667	52
202.051	398.056	173.214	341.190	151.592	298.542	134.776	265.370	121.330	238.833	53
202.194	398.333	173.337	341.429	151.699	298.750	134.872	265.556	121.416	239.000	54
202.343	398.611	173.460	341.667	151.810	298.958	134.971	265.741	121.505	239.167	55
202.491	398.889	173.591	341.905	151.921	299.167	135.069	265.926	121.594	239.333	56
202.634	399.167	173.714	342.143	152.029	299.375	135.165	266.111	121.680	239.500	57
202.777	399.444	173.837	342.381	152.137	299.583	135.261	266.296	121.766	239.667	58
202.925	399.722	173.964	342.619	152.248	299.792	135.359	266.481	121.855	239.833	59

TABLE XIV.—ACTUAL TANGENTS, ETC.

24°	1° Curve.		2° Curve.		3° Curve.		4° Curve.		5° Curve.	
M.	Tan.	Arc.	Tan.	Arc.	Tan.	Arc.	Tan.	Arc.	Tan.	Arc.
0	1217.89	2400.00	608.970	1200.00	406.007	800.000	304.533	600.000	243.653	480.000
1	1218.75	2401.67	609.399	1200.83	406.293	800.556	304.747	600.417	243.825	480.333
2	1219.61	2403.33	609.829	1201.67	406.580	801.111	304.962	600.833	243.997	480.667
3	1220.47	2405.00	610.259	1202.50	406.866	801.667	305.177	601.250	244.169	481.000
4	1221.33	2406.67	610.688	1203.33	407.153	802.222	305.392	601.667	244.341	481.333
5	1222.22	2408.33	611.133	1204.17	407.449	802.778	305.614	602.083	244.519	481.667
6	1223.11	2410.00	611.577	1205.00	407.745	803.333	305.836	602.500	244.696	482.000
7	1223.97	2411.67	612.006	1205.83	408.031	803.889	306.051	602.917	244.868	482.333
8	1224.83	2413.33	612.436	1206.67	408.318	804.444	306.266	603.333	245.040	482.667
9	1225.72	2415.00	612.880	1207.50	408.614	805.000	306.488	603.750	245.218	483.000
10	1226.60	2416.67	613.324	1208.33	408.910	805.556	306.710	604.167	245.396	483.333
11	1227.46	2418.33	613.754	1209.17	409.196	806.111	306.925	604.583	245.568	483.667
12	1228.32	2420.00	614.184	1210.00	409.483	806.667	307.140	605.000	245.740	484.000
13	1229.21	2421.67	614.628	1210.83	409.779	807.222	307.363	605.417	245.917	484.333
14	1230.10	2423.33	615.072	1211.67	410.075	807.778	307.584	605.833	246.095	484.667
15	1230.96	2425.00	615.502	1212.50	410.362	808.333	307.799	606.250	246.267	485.000
16	1231.82	2426.67	615.931	1213.33	410.648	808.889	308.014	606.667	246.439	485.333
17	1232.68	2428.33	616.361	1214.17	410.935	809.444	308.229	607.083	246.611	485.667
18	1233.54	2430.00	616.791	1215.00	411.221	810.000	308.444	607.500	246.783	486.000
19	1234.42	2431.67	617.235	1215.83	411.517	810.556	308.666	607.917	246.960	486.333
20	1235.31	2433.33	617.679	1216.67	411.813	811.111	308.888	608.333	247.138	486.667
21	1236.17	2435.00	618.109	1217.50	412.100	811.667	309.103	608.750	247.310	487.000
22	1237.03	2436.67	618.538	1218.33	412.386	812.222	309.318	609.167	247.482	487.333
23	1237.92	2438.33	618.982	1219.17	412.682	812.778	309.540	609.583	247.660	487.667
24	1238.81	2440.00	619.427	1220.00	412.978	813.333	309.762	610.000	247.837	488.000
25	1239.67	2441.67	619.856	1220.83	413.265	813.889	309.977	610.417	248.009	488.333
26	1240.53	2443.33	620.286	1221.67	413.551	814.444	310.192	610.833	248.181	488.667
27	1241.41	2445.00	620.730	1222.50	413.847	815.000	310.414	611.250	248.359	489.000
28	1242.30	2446.67	621.174	1223.33	414.144	815.556	310.636	611.667	248.536	489.333
29	1243.16	2448.33	621.604	1224.17	414.430	816.111	310.851	612.083	248.708	489.667
30	1244.02	2450.00	622.034	1225.00	414.717	816.667	311.066	612.500	248.880	490.000
31	1244.91	2451.67	622.478	1225.83	415.013	817.222	311.288	612.917	249.058	490.333
32	1245.80	2453.33	622.922	1226.67	415.309	817.778	311.510	613.333	249.236	490.667
33	1246.66	2455.00	623.351	1227.50	415.595	818.333	311.725	613.750	249.408	491.000
34	1247.52	2456.67	623.781	1228.33	415.882	818.889	311.940	614.167	249.580	491.333
35	1248.40	2458.33	624.225	1229.17	416.178	819.444	312.162	614.583	249.757	491.667
36	1249.29	2460.00	624.669	1230.00	416.474	820.000	312.384	615.000	249.935	492.000
37	1250.15	2461.67	625.099	1230.83	416.760	820.556	312.599	615.417	250.107	492.333
38	1251.01	2463.33	625.529	1231.67	417.047	821.111	312.814	615.833	250.279	492.667
39	1251.87	2465.00	625.959	1232.50	417.333	821.667	313.028	616.250	250.451	493.000
40	1252.73	2466.67	626.388	1233.33	417.620	822.222	313.243	616.667	250.623	493.333
41	1253.62	2468.33	626.832	1234.17	417.916	822.778	313.465	617.083	250.800	493.667
42	1254.51	2470.00	627.276	1235.00	418.212	823.333	313.687	617.500	250.978	494.000
43	1255.37	2471.67	627.706	1235.83	418.499	823.889	313.902	617.917	251.150	494.333
44	1256.23	2473.33	628.136	1236.67	418.785	824.444	314.117	618.333	251.322	494.667
45	1257.11	2475.00	628.580	1237.50	419.081	825.000	314.339	618.750	251.500	495.000
46	1258.00	2476.67	629.024	1238.33	419.377	825.556	314.561	619.167	251.677	495.333
47	1258.86	2478.33	629.454	1239.17	419.664	826.111	314.776	619.583	251.849	495.667
48	1259.72	2480.00	629.884	1240.00	419.950	826.667	314.991	620.000	252.021	496.000
49	1260.61	2481.67	630.328	1240.83	420.246	827.222	315.213	620.417	252.199	496.333
50	1261.50	2483.33	630.772	1241.67	420.542	827.778	315.435	620.833	252.376	496.667
51	1262.36	2485.00	631.201	1242.50	420.829	828.333	315.650	621.250	252.548	497.000
52	1263.22	2486.67	631.631	1243.33	421.115	828.889	315.865	621.667	252.720	497.333
53	1264.10	2488.33	632.075	1244.17	421.411	829.444	316.087	622.083	252.898	497.667
54	1264.99	2490.00	632.519	1245.00	421.707	830.000	316.309	622.500	253.076	498.000
55	1265.85	2491.67	632.949	1245.83	421.994	830.556	316.524	622.917	253.248	498.333
56	1266.71	2493.33	633.379	1246.67	422.280	831.111	316.739	623.333	253.420	498.667
57	1267.60	2495.00	633.823	1247.50	422.577	831.667	316.961	623.750	253.597	499.000
58	1268.49	2496.67	634.267	1248.33	422.873	832.222	317.183	624.167	253.775	499.333
59	1269.35	2498.33	634.697	1249.17	423.159	832.778	317.398	624.583	253.947	499.667

TABLE XIV.—ACTUAL TANGENTS, ETC.

6° Curve.		7° Curve.		8° Curve.		9° Curve.		10° Curve.		24°
Tan.	Arc.	Tan.	Arc.	Tan.	Arc.	Tan.	Arc.	Tan.	Arc.	M.
203.073	400.000	174.091	342.857	152.359	300.000	135.458	266.667	121.943	240.000	0
203.217	400.278	174.214	343.095	152.466	300.208	135.554	266.852	122.030	240.167	1
203.360	400.556	174.337	343.333	152.574	300.417	135.649	267.037	122.116	240.333	2
203.503	400.833	174.459	343.571	152.681	300.625	135.745	267.222	122.202	240.500	3
203.647	401.111	174.582	343.810	152.789	300.833	135.840	267.407	122.288	240.667	4
203.795	401.389	174.709	344.048	152.900	301.042	135.939	267.593	122.377	240.833	5
203.943	401.667	174.836	344.286	153.011	301.250	136.038	267.778	122.466	241.000	6
204.086	401.944	174.959	344.524	153.118	301.458	136.134	267.963	122.552	241.167	7
204.229	402.222	175.082	344.762	153.226	301.667	136.229	268.148	122.638	241.333	8
204.377	402.500	175.209	345.000	153.337	301.875	136.328	268.333	122.727	241.500	9
204.526	402.778	175.336	345.238	153.448	302.083	136.427	268.519	122.816	241.667	10
204.669	403.056	175.459	345.476	153.556	302.292	136.522	268.704	122.902	241.833	11
204.812	403.333	175.581	345.714	153.663	302.500	136.618	268.889	122.988	242.000	12
204.960	403.611	175.708	345.952	153.774	302.708	136.717	269.074	123.077	242.167	13
205.108	403.889	175.835	346.190	153.885	302.917	136.815	269.259	123.165	242.333	14
205.252	404.167	175.958	346.429	153.993	303.125	136.911	269.444	123.252	242.500	15
205.395	404.444	176.081	346.667	154.100	303.333	137.007	269.630	123.338	242.667	16
205.538	404.722	176.204	346.905	154.208	303.542	137.102	269.815	123.424	242.833	17
205.682	405.000	176.327	347.143	154.316	303.750	137.198	270.000	123.510	243.000	18
205.830	405.278	176.454	347.381	154.427	303.958	137.297	270.185	123.599	243.167	19
205.978	405.556	176.581	347.619	154.538	304.167	137.395	270.370	123.688	243.333	20
206.121	405.833	176.704	347.857	154.645	304.375	137.491	270.556	123.774	243.500	21
206.264	406.111	176.826	348.095	154.753	304.583	137.587	270.741	123.860	243.667	22
206.412	406.389	176.953	348.333	154.864	304.792	137.685	270.926	123.949	243.833	23
206.561	406.667	177.080	348.571	154.975	305.000	137.784	271.111	124.037	244.000	24
206.704	406.944	177.203	348.810	155.082	305.208	137.880	271.296	124.124	244.167	25
206.847	407.222	177.326	349.048	155.190	305.417	137.975	271.481	124.210	244.333	26
206.995	407.500	177.453	349.286	155.301	305.625	138.074	271.667	124.298	244.500	27
207.143	407.778	177.580	349.524	155.412	305.833	138.173	271.852	124.387	244.667	28
207.287	408.056	177.703	349.762	155.520	306.042	138.268	272.037	124.473	244.833	29
207.430	408.333	177.826	350.000	155.627	306.250	138.364	272.222	124.560	245.000	30
207.578	408.611	177.953	350.238	155.738	306.458	138.463	272.407	124.648	245.167	31
207.726	408.889	178.079	350.476	155.849	306.667	138.562	272.593	124.737	245.333	32
207.869	409.167	178.202	350.714	155.957	306.875	138.657	272.778	124.823	245.500	33
208.013	409.444	178.325	350.952	156.064	307.083	138.753	272.963	124.909	245.667	34
208.161	409.722	178.452	351.190	156.176	307.292	138.852	273.148	124.998	245.833	35
208.309	410.000	178.579	351.429	156.287	307.500	138.950	273.333	125.087	246.000	36
208.452	410.278	178.702	351.667	156.394	307.708	139.046	273.519	125.173	246.167	37
208.595	410.556	178.825	351.905	156.502	307.917	139.141	273.704	125.259	246.333	38
208.739	410.833	178.948	352.143	156.609	308.125	139.237	273.889	125.345	246.500	39
208.882	411.111	179.070	352.381	156.717	308.333	139.333	274.074	125.432	246.667	40
209.030	411.389	179.197	352.619	156.828	308.542	139.431	274.259	125.520	246.833	41
209.178	411.667	179.324	352.857	156.939	308.750	139.530	274.444	125.609	247.000	42
209.322	411.944	179.447	353.095	157.046	308.958	139.626	274.630	125.695	247.167	43
209.465	412.222	179.570	353.333	157.154	309.167	139.721	274.815	125.781	247.333	44
209.613	412.500	179.697	353.571	157.265	309.375	139.820	275.000	125.870	247.500	45
209.761	412.778	179.824	353.810	157.376	309.583	139.919	275.185	125.959	247.667	46
209.904	413.056	179.947	354.048	157.484	309.792	140.015	275.370	126.045	247.833	47
210.048	413.333	180.070	354.286	157.591	310.000	140.110	275.556	126.131	248.000	48
210.196	413.611	180.197	354.524	157.702	310.208	140.209	275.741	126.220	248.167	49
210.344	413.889	180.324	354.762	157.813	310.417	140.308	275.926	126.309	248.333	50
210.487	414.167	180.446	355.000	157.921	310.625	140.403	276.111	126.395	248.500	51
210.630	414.444	180.569	355.238	158.028	310.833	140.499	276.296	126.481	248.667	52
210.778	414.722	180.696	355.476	158.140	311.042	140.598	276.481	126.570	248.833	53
210.927	415.000	180.823	355.714	158.251	311.250	140.696	276.667	126.659	249.000	54
211.070	415.278	180.946	355.952	158.358	311.458	140.792	276.852	126.745	249.167	55
211.213	415.556	181.069	356.190	158.466	311.667	140.888	277.037	126.831	249.333	56
211.361	415.833	181.196	356.429	158.577	311.875	140.986	277.222	126.920	249.500	57
211.509	416.111	181.323	356.667	158.688	312.083	141.085	277.407	127.009	249.667	58
211.653	416.389	181.446	356.905	158.795	312.292	141.181	277.593	127.095	249.833	59

TABLE XIV.—ACTUAL TANGENTS, ETC.

25°	1° Curve.		2° Curve.		3° Curve.		4° Curve.		5° Curve.	
M.	Tan.	Arc.	Tan.	Arc.	Tan.	Arc.	Tan.	Arc.	Tan.	Arc.
0	1270.21	2500.00	635.126	1250.00	423.446	833.333	317.613	625.000	254.119	500.000
1	1271.09	2501.67	635.570	1250.83	423.742	833.889	317.835	625.417	254.296	500.333
2	1271.98	2503.33	636.014	1251.67	424.038	834.444	318.057	625.833	254.474	500.667
3	1272.87	2505.00	636.459	1252.50	424.334	835.000	318.279	626.250	254.652	501.000
4	1273.76	2506.67	636.903	1253.33	424.630	835.556	318.501	626.667	254.830	501.333
5	1274.62	2508.33	637.332	1254.17	424.916	836.111	318.716	627.083	255.001	501.667
6	1275.48	2510.00	637.762	1255.00	425.203	836.667	318.931	627.500	255.173	502.000
7	1276.37	2511.67	638.206	1255.83	425.499	837.222	319.153	627.917	255.351	502.333
8	1277.25	2513.33	638.650	1256.67	425.795	837.778	319.375	628.333	255.529	502.667
9	1278.11	2515.00	639.080	1257.50	426.082	838.333	319.590	628.750	255.701	503.000
10	1278.97	2516.67	639.510	1258.33	426.368	838.889	319.805	629.167	255.873	503.333
11	1279.86	2518.33	639.954	1259.17	426.664	839.444	320.027	629.583	256.050	503.667
12	1280.75	2520.00	640.398	1260.00	426.960	840.000	320.249	630.000	256.228	504.000
13	1281.61	2521.67	640.828	1260.83	427.247	840.556	320.464	630.417	256.400	504.333
14	1282.47	2523.33	641.257	1261.67	427.533	841.111	320.679	630.833	256.572	504.667
15	1283.36	2525.00	641.701	1262.50	427.829	841.667	320.901	631.250	256.750	505.000
16	1284.24	2526.67	642.145	1263.33	428.125	842.222	321.123	631.667	256.927	505.333
17	1285.10	2528.33	642.575	1264.17	428.412	842.778	321.338	632.083	257.099	505.667
18	1285.96	2530.00	643.005	1265.00	428.698	843.333	321.553	632.500	257.271	506.000
19	1286.85	2531.67	643.449	1265.83	428.994	843.889	321.775	632.917	257.449	506.333
20	1287.74	2533.33	643.893	1266.67	429.290	844.444	321.997	633.333	257.626	506.667
21	1288.60	2535.00	644.323	1267.50	429.577	845.000	322.212	633.750	257.798	507.000
22	1289.46	2536.67	644.752	1268.33	429.864	845.556	322.427	634.167	257.970	507.333
23	1290.35	2538.33	645.197	1269.17	430.160	846.111	322.649	634.583	258.148	507.667
24	1291.23	2540.00	645.641	1270.00	430.456	846.667	322.871	635.000	258.326	508.000
25	1292.12	2541.67	646.085	1270.83	430.752	847.222	323.093	635.417	258.503	508.333
26	1293.01	2543.33	646.529	1271.67	431.048	847.778	323.315	635.833	258.681	508.667
27	1293.87	2545.00	646.958	1272.50	431.334	848.333	323.530	636.250	258.853	509.000
28	1294.73	2546.67	647.388	1273.33	431.621	848.889	323.745	636.667	259.025	509.333
29	1295.62	2548.33	647.832	1274.17	431.917	849.444	323.967	637.083	259.203	509.667
30	1296.51	2550.00	648.276	1275.00	432.213	850.000	324.189	637.500	259.380	510.000
31	1297.36	2551.67	648.706	1275.83	432.499	850.556	324.404	637.917	259.552	510.333
32	1298.22	2553.33	649.136	1276.67	432.786	851.111	324.619	638.333	259.724	510.667
33	1299.11	2555.00	649.580	1277.50	433.082	851.667	324.841	638.750	259.902	511.000
34	1300.00	2556.67	650.024	1278.33	433.378	852.222	325.063	639.167	260.079	511.333
35	1300.86	2558.33	650.454	1279.17	433.665	852.778	325.278	639.583	260.251	511.667
36	1301.72	2560.00	650.883	1280.00	433.951	853.333	325.493	640.000	260.423	512.000
37	1302.61	2561.67	651.328	1280.83	434.247	853.889	325.715	640.417	260.601	512.333
38	1303.50	2563.33	651.772	1281.67	434.543	854.444	325.937	640.833	260.779	512.667
39	1304.38	2565.00	652.216	1282.50	434.839	855.000	326.159	641.250	260.956	513.000
40	1305.27	2566.67	652.660	1283.33	435.135	855.556	326.381	641.667	261.134	513.333
41	1306.13	2568.33	653.089	1284.17	435.422	856.111	326.596	642.083	261.306	513.667
42	1306.99	2570.00	653.519	1285.00	435.708	856.667	326.811	642.500	261.478	514.000
43	1307.88	2571.67	653.963	1285.83	436.004	857.222	327.033	642.917	261.656	514.333
44	1308.77	2573.33	654.407	1286.67	436.300	857.778	327.255	643.333	261.833	514.667
45	1309.63	2575.00	654.837	1287.50	436.587	858.333	327.470	643.750	262.005	515.000
46	1310.49	2576.67	655.267	1288.33	436.873	858.889	327.685	644.167	262.177	515.333
47	1311.37	2578.33	655.711	1289.17	437.170	859.444	327.907	644.583	262.355	515.667
48	1312.26	2580.00	656.155	1290.00	437.466	860.000	328.129	645.000	262.533	516.000
49	1313.15	2581.67	656.599	1290.83	437.762	860.556	328.351	645.417	262.710	516.333
50	1314.04	2583.33	657.043	1291.67	438.058	861.111	328.573	645.833	262.888	516.667
51	1314.90	2585.00	657.473	1292.50	438.344	861.667	328.788	646.250	263.060	517.000
52	1315.76	2586.67	657.903	1293.33	438.631	862.222	329.003	646.667	263.232	517.333
53	1316.64	2588.33	658.347	1294.17	438.927	862.778	329.225	647.083	263.409	517.667
54	1317.53	2590.00	658.791	1295.00	439.223	863.333	329.447	647.500	263.587	518.000
55	1318.42	2591.67	659.235	1295.83	439.519	863.889	329.669	647.917	263.765	518.333
56	1319.31	2593.33	659.679	1296.67	439.815	864.444	329.891	648.333	263.942	518.667
57	1320.17	2595.00	660.109	1297.50	440.102	865.000	330.106	648.750	264.114	519.000
58	1321.03	2596.67	660.538	1298.33	440.388	865.556	330.321	649.167	264.286	519.333
59	1321.92	2598.33	660.982	1299.17	440.684	866.111	330.543	649.583	264.464	519.667

TABLE XIV.—ACTUAL TANGENTS, ETC.

6° Curve.		7° Curve.		8° Curve.		9° Curve.		10° Curve.		25°
Tan.	Arc.	Tan.	Arc.	Tan.	Arc.	Tan.	Arc.	Tan.	Arc.	M.
211.796	416.667	181.568	357.143	158.903	312.500	141.276	277.778	127.181	250.000	0
211.944	416.944	181.695	357.381	159.014	312.708	141.375	277.963	127.270	250.167	1
212.092	417.222	181.822	357.619	159.125	312.917	141.474	278.148	127.359	250.333	2
212.240	417.500	181.949	357.857	159.236	313.125	141.573	278.333	127.448	250.500	3
212.388	417.778	182.076	358.095	159.347	313.333	141.671	278.519	127.537	250.667	4
212.532	418.056	182.199	358.333	159.455	313.542	141.767	278.704	127.623	250.833	5
212.675	418.333	182.322	358.571	159.562	313.750	141.863	278.889	127.709	251.000	6
212.823	418.611	182.449	358.810	159.673	313.958	141.961	279.074	127.798	251.167	7
212.971	418.889	182.576	359.048	159.785	314.167	142.060	279.259	127.887	251.333	8
213.114	419.167	182.699	359.286	159.892	314.375	142.156	279.444	127.973	251.500	9
213.258	419.444	182.822	359.524	160.000	314.583	142.251	279.630	128.059	251.667	10
213.406	419.722	182.949	359.762	160.111	314.792	142.350	279.815	128.148	251.833	11
213.554	420.000	183.075	360.000	160.222	315.000	142.449	280.000	128.237	252.000	12
213.697	420.278	183.198	360.238	160.329	315.208	142.545	280.185	128.323	252.167	13
213.840	420.556	183.321	360.476	160.437	315.417	142.640	280.370	128.409	252.333	14
213.988	420.833	183.448	360.714	160.548	315.625	142.739	280.556	128.498	252.500	15
214.137	421.111	183.575	360.952	160.659	315.833	142.838	280.741	128.587	252.667	16
214.280	421.389	183.698	361.190	160.767	316.042	142.933	280.926	128.673	252.833	17
214.423	421.667	183.821	361.429	160.874	316.250	143.029	281.111	128.759	253.000	18
214.571	421.944	183.948	361.667	160.985	316.458	143.128	281.296	128.848	253.167	19
214.719	422.222	184.075	361.905	161.096	316.667	143.226	281.481	128.937	253.333	20
214.863	422.500	184.198	362.143	161.204	316.875	143.322	281.667	129.023	253.500	21
215.006	422.778	184.320	362.381	161.311	317.083	143.418	281.852	129.109	253.667	22
215.154	423.056	184.447	362.619	161.422	317.292	143.516	282.037	129.198	253.833	23
215.302	423.333	184.574	362.857	161.533	317.500	143.615	282.222	129.287	254.000	24
215.450	423.611	184.701	363.095	161.645	317.708	143.714	282.407	129.376	254.167	25
215.598	423.889	184.828	363.333	161.756	317.917	143.813	282.593	129.465	254.333	26
215.742	424.167	184.951	363.571	161.863	318.125	143.908	282.778	129.551	254.500	27
215.885	424.444	185.074	363.810	161.971	318.333	144.004	282.963	129.637	254.667	28
216.033	424.722	185.201	364.048	162.082	318.542	144.103	283.148	129.726	254.833	29
216.181	425.000	185.328	364.286	162.193	318.750	144.201	283.333	129.815	255.000	30
216.324	425.278	185.451	364.524	162.300	318.958	144.297	283.519	129.901	255.167	31
216.468	425.556	185.574	364.762	162.408	319.167	144.393	283.704	129.987	255.333	32
216.616	425.833	185.700	365.000	162.519	319.375	144.491	283.889	130.076	255.500	33
216.764	426.111	185.827	365.238	162.630	319.583	144.590	284.074	130.164	255.667	34
216.907	426.389	185.950	365.476	162.738	319.792	144.686	284.259	130.251	255.833	35
217.050	426.667	186.073	365.714	162.845	320.000	144.781	284.444	130.337	256.000	36
217.199	426.944	186.200	365.952	162.956	320.208	144.880	284.630	130.426	256.167	37
217.347	427.222	186.327	366.190	163.067	320.417	144.979	284.815	130.514	256.333	38
217.495	427.500	186.454	366.429	163.179	320.625	145.078	285.000	130.603	256.500	39
217.643	427.778	186.581	366.667	163.290	320.833	145.176	285.185	130.692	256.667	40
217.786	428.056	186.704	366.905	163.397	321.042	145.272	285.370	130.778	256.833	41
217.929	428.333	186.827	367.143	163.505	321.250	145.368	285.556	130.864	257.000	42
218.077	428.611	186.954	367.381	163.616	321.458	145.466	285.741	130.953	257.167	43
218.226	428.889	187.080	367.619	163.727	321.667	145.565	285.926	131.042	257.333	44
218.369	429.167	187.203	367.857	163.834	321.875	145.661	286.111	131.128	257.500	45
218.512	429.444	187.326	368.095	163.942	322.083	145.756	286.296	131.214	257.667	46
218.660	429.722	187.453	368.333	164.053	322.292	145.855	286.481	131.303	257.833	47
218.808	430.000	187.580	368.571	164.164	322.500	145.954	286.667	131.392	258.000	48
218.956	430.278	187.707	368.810	164.275	322.708	146.053	286.852	131.481	258.167	49
219.105	430.556	187.834	369.048	164.386	322.917	146.151	287.037	131.570	258.333	50
219.248	430.833	187.957	369.286	164.494	323.125	146.247	287.222	131.656	258.500	51
219.391	431.111	188.080	369.524	164.601	323.333	146.343	287.407	131.742	258.667	52
219.539	431.389	188.207	369.762	164.712	323.542	146.441	287.593	131.831	258.833	53
219.687	431.667	188.334	370.000	164.824	323.750	146.540	287.778	131.920	259.000	54
219.835	431.944	188.461	370.238	164.935	323.958	146.639	287.963	132.009	259.167	55
219.983	432.222	188.587	370.476	165.046	324.167	146.738	288.148	132.098	259.333	56
220.127	432.500	188.710	370.714	165.153	324.375	146.833	288.333	132.184	259.500	57
220.270	432.778	188.833	370.952	165.261	324.583	146.929	288.519	132.270	259.667	58
220.418	433.056	188.960	371.190	165.372	324.792	147.028	288.704	132.359	259.833	59

TABLE XIV.—ACTUAL TANGENTS, ETC.

26°	1° Curve.		2° Curve.		3° Curve.		4° Curve.		5° Curve.	
M.	Tan.	Arc.	Tan.	Arc.	Tan.	Arc.	Tan.	Arc.	Tan.	Arc.
0	1322.80	2600.00	661.426	1300.00	440.980	866.667	330.765	650.000	264.642	520.000
1	1323.66	2601.67	661.856	1300.83	441.267	867.222	330.980	650.417	264.814	520.333
2	1324.52	2603.33	662.286	1301.67	441.553	867.778	331.195	650.833	264.986	520.667
3	1325.41	2605.00	662.730	1302.50	441.849	868.333	331.417	651.250	265.163	521.000
4	1326.30	2006.67	663.174	1303.33	442.145	868.889	331.639	651.667	265.341	521.333
5	1327.19	2608.33	663.618	1304.17	442.441	869.444	331.861	652.083	265.519	521.667
6	1328.08	2610.00	664.062	1305.00	442.737	870.000	332.083	652.500	265.696	522.000
7	1328.94	2611.67	664.492	1305.83	443.024	870.556	332.298	652.917	265.868	522.333
8	1329.79	2613.33	664.922	1306.67	443.310	871.111	332.513	653.333	266.040	522.667
9	1330.68	2615.00	665.366	1307.50	443.607	871.667	332.735	653.750	266.218	523.000
10	1331.57	2616.67	665.810	1308.33	443.903	872.222	332.957	654.167	266.395	523.333
11	1332.46	2618.33	666.254	1309.17	444.199	872.778	333.179	654.583	266.573	523.667
12	1333.35	2620.00	665.698	1310.00	444.495	873.333	333.401	655.000	266.751	524.000
13	1334.21	2621.67	667.128	1310.83	444.781	873.889	333.616	655.417	266.923	524.333
14	1335.07	2623.33	667.557	1311.67	445.008	874.444	333.831	655.833	267.095	524.667
15	1335.95	2625.00	668.001	1312.50	445.364	875.000	334.053	656.250	267.272	525.000
16	1336.84	2626.67	668.445	1313.33	445.660	875.556	334.275	656.667	267.450	525.333
17	1337.73	2628.33	668.890	1314.17	445.956	876.111	334.497	657.083	267.628	525.667
18	1338.62	2630.00	669.334	1315.00	446.252	876.667	334.719	657.500	267.805	526.000
19	1339.48	2631.67	669.763	1315.83	446.539	877.222	334.934	657.917	267.977	526.333
20	1340.34	2633.33	670.193	1316.67	446.825	877.778	335.149	658.333	268.149	526.667
21	1341.23	2635.00	670.637	1317.50	447.121	878.333	335.371	658.750	268.327	527.000
22	1342.11	2636.67	671.081	1318.33	447.417	878.889	335.593	659.167	268.505	527.333
23	1343.00	2638.33	671.525	1319.17	447.713	879.444	335.815	659.583	268.682	527.667
24	1343.89	2640.00	671.969	1320.00	448.009	880.000	336.037	660.000	268.860	528.000
25	1344.75	2641.67	672.399	1320.83	448.296	880.556	336.252	660.417	269.032	528.333
26	1345.61	2643.33	672.829	1321.67	448.582	881.111	336.467	660.833	269.204	528.667
27	1346.50	2645.00	673.273	1322.50	448.878	881.667	336.689	661.250	269.382	529.000
28	1347.38	2646.67	673.717	1323.33	449.174	882.222	336.911	661.667	269.559	529.333
29	1348.27	2648.33	674.161	1324.17	449.470	882.778	337.133	662.083	269.737	529.667
30	1349.16	2650.00	674.605	1325.00	449.767	883.333	337.356	662.500	269.915	530.000
31	1350.05	2651.67	675.049	1325.83	450.063	883.889	337.578	662.917	270.092	530.333
32	1350.94	2653.33	675.493	1326.67	450.359	884.444	337.800	663.333	270.270	530.667
33	1351.80	2655.00	675.923	1327.50	450.645	885.000	338.015	663.750	270.442	531.000
34	1352.66	2656.67	676.353	1328.33	450.932	885.556	338.229	664.167	270.614	531.333
35	1353.54	2658.33	676.797	1329.17	451.228	886.111	338.452	664.583	270.791	531.667
36	1354.43	2660.00	677.241	1330.00	451.524	886.667	338.674	665.000	270.969	532.000
37	1355.32	2661.67	677.685	1330.83	451.820	887.222	338.896	665.417	271.147	532.333
38	1356.21	2663.33	678.129	1331.67	452.116	887.778	339.118	665.833	271.324	532.667
39	1357.07	2665.00	678.559	1332.50	452.402	888.333	339.333	666.250	271.496	533.000
40	1357.93	2666.67	678.988	1333.33	452.689	888.889	339.548	666.667	271.668	533.333
41	1358.82	2668.33	679.432	1334.17	452.985	889.444	339.770	667.083	271.846	533.667
42	1359.70	2670.00	679.877	1335.00	453.281	890.000	339.992	667.500	272.024	534.000
43	1360.59	2671.67	680.321	1335.83	453.577	890.556	340.214	667.917	272.201	534.333
44	1361.48	2673.33	680.765	1336.67	453.873	891.111	340.436	668.333	272.379	534.667
45	1362.37	2675.00	681.209	1337.50	454.169	891.667	340.658	668.750	272.557	535.000
46	1363.26	2676.67	681.653	1338.33	454.465	892.222	340.880	669.167	272.734	535.333
47	1364.12	2678.33	682.083	1339.17	454.752	892.778	341.095	669.583	272.906	535.667
48	1364.97	2680.00	682.512	1340.00	455.038	893.333	341.310	670.000	273.078	536.000
49	1365.86	2681.67	682.956	1340.83	455.334	893.889	341.532	670.417	273.256	536.333
50	1366.75	2683.33	683.400	1341.67	455.630	894.444	341.754	670.833	273.434	536.667
51	1367.64	2685.00	683.844	1342.50	455.927	895.000	341.976	671.250	273.611	537.000
52	1368.53	2686.67	684.289	1343.33	456.223	895.556	342.198	671.667	273.789	537.333
53	1369.41	2688.33	684.733	1344.17	456.519	896.111	342.420	672.083	273.967	537.667
54	1370.30	2690.00	685.177	1345.00	456.815	896.667	342.642	672.500	274.144	538.000
55	1371.16	2691.67	685.606	1345.83	457.101	897.222	342.857	672.917	274.316	538.333
56	1372.02	2693.33	686.036	1346.67	457.388	897.778	343.072	673.333	274.488	538.667
57	1372.91	2695.00	686.480	1347.50	457.684	898.333	343.294	673.750	274.666	539.000
58	1373.80	2696.67	686.924	1348.33	457.980	898.889	343.516	674.167	274.844	539.333
59	1374.69	2698.33	687.368	1349.17	458.276	899.444	343.738	674.583	275.021	539.667

TABLE XIV.—ACTUAL TANGENTS, ETC.

6° Curve.		7° Curve.		8° Curve.		9° Curve.		10° Curve.		26°
Tan.	Arc.	Tan.	Arc.	Tan.	Arc.	Tan.	Arc.	Tan.	Arc.	M.
220.566	433.333	189.087	371.429	165.483	325.000	147.126	288.889	132.448	260.000	0
220.710	433.611	189.210	371.667	165.590	325.208	147.222	289.074	132.534	260.167	1
220.853	433.889	189.333	371.905	165.698	325.417	147.318	289.259	132.620	260.333	2
221.001	434.167	189.460	372.143	165.809	325.625	147.416	289.444	132.709	260.500	3
221.149	434.444	189.587	372.381	165.920	325.833	147.515	289.630	132.798	260.667	4
221.297	434.722	189.714	372.619	166.031	326.042	147.614	289.815	132.887	260.833	5
221.445	435.000	189.841	372.857	166.142	326.250	147.713	290.000	132.976	261.000	6
221.588	435.278	189.963	373.095	166.250	326.458	147.808	290.185	133.062	261.167	7
221.732	435.556	190.086	373.333	166.357	326.667	147.904	290.370	133.148	261.333	8
221.880	435.833	190.213	373.571	166.469	326.875	148.003	290.556	133.237	261.500	9
222.028	436.111	190.340	373.810	166.580	327.083	148.101	290.741	133.326	261.667	10
222.176	436.389	190.467	374.048	166.691	327.292	148.200	290.926	133.414	261.833	11
222.324	436.667	190.594	374.286	166.802	327.500	148.299	291.111	133.503	262.000	12
222.467	436.944	190.717	374.524	166.909	327.708	148.395	291.296	133.589	262.167	13
222.611	437.222	190.840	374.762	167.017	327.917	148.490	291.481	133.675	262.333	14
222.759	437.500	190.967	375.000	167.128	328.125	148.589	291.667	133.764	262.500	15
222.907	437.778	191.094	375.238	167.239	328.333	148.688	291.852	133.853	262.667	16
223.055	438.056	191.221	375.476	167.350	328.542	148.787	292.037	133.942	262.833	17
223.203	438.333	191.348	375.714	167.461	328.750	148.885	292.222	134.031	263.000	18
223.346	438.611	191.470	375.952	167.569	328.958	148.981	292.407	134.117	263.167	19
223.490	438.889	191.593	376.190	167.676	329.167	149.077	292.593	134.203	263.333	20
223.638	439.167	191.720	376.429	167.787	329.375	149.175	292.778	134.292	263.500	21
223.786	439.444	191.847	376.667	167.898	329.583	149.274	292.963	134.381	263.667	22
223.934	439.722	191.974	376.905	168.010	329.792	149.373	293.148	134.470	263.833	23
224.082	440.000	192.101	377.143	168.121	330.000	149.472	293.333	134.559	264.000	24
224.225	440.278	192.224	377.381	168.228	330.208	149.567	293.519	134.645	264.167	25
224.369	440.556	192.347	377.619	168.336	330.417	149.663	293.704	134.731	264.333	26
224.517	440.833	192.474	377.857	168.447	330.625	149.762	293.889	134.820	264.500	27
224.665	441.111	192.601	378.095	168.558	330.833	149.860	294.074	134.909	264.667	28
224.813	441.389	192.728	378.333	168.669	331.042	149.959	294.259	134.998	264.833	29
224.961	441.667	192.855	378.571	168.780	331.250	150.058	294.444	135.087	265.000	30
225.109	441.944	192.982	378.810	168.891	331.458	150.157	294.630	135.176	265.167	31
225.257	442.222	193.108	379.048	169.002	331.667	150.255	294.815	135.265	265.333	32
225.400	442.500	193.231	379.286	169.110	331.875	150.351	295.000	135.351	265.500	33
225.544	442.778	193.354	379.524	169.217	332.083	150.447	295.185	135.437	265.667	34
225.692	443.056	193.481	379.762	169.328	332.292	150.545	295.370	135.526	265.833	35
225.840	443.333	193.608	380.000	169.440	332.500	150.644	295.556	135.615	266.000	36
225.988	443.611	193.735	380.238	169.551	332.708	150.743	295.741	135.703	266.167	37
226.136	443.889	193.862	380.476	169.662	332.917	150.842	295.926	135.792	266.333	38
226.279	444.167	193.985	380.714	169.769	333.125	150.937	296.111	135.878	266.500	39
226.423	444.444	194.108	380.952	169.877	333.333	151.033	296.296	135.964	266.667	40
226.571	444.722	194.235	381.190	169.988	333.542	151.132	296.481	136.053	266.833	41
226.719	445.000	194.362	381.429	170.099	333.750	151.230	296.667	136.142	267.000	42
226.867	445.278	194.489	381.667	170.210	333.958	151.329	296.852	136.231	267.167	43
227.015	445.556	194.615	381.905	170.321	334.167	151.428	297.037	136.320	267.333	44
227.163	445.833	194.742	382.143	170.432	334.375	151.527	297.222	136.409	267.500	45
227.311	446.111	194.869	382.381	170.543	334.583	151.626	297.407	136.498	267.667	46
227.454	446.389	194.992	382.619	170.651	334.792	151.721	297.593	136.584	267.833	47
227.598	446.667	195.115	382.857	170.758	335.000	151.817	297.778	136.670	268.000	48
227.746	446.944	195.242	383.095	170.870	335.208	151.916	297.963	136.759	268.167	49
227.894	447.222	195.369	383.333	170.981	335.417	152.014	298.148	136.848	268.333	50
228.042	447.500	195.496	383.571	171.092	335.625	152.113	298.333	136.937	268.500	51
228.190	447.778	195.623	383.810	171.203	335.833	152.212	298.519	137.026	268.667	52
228.338	448.056	195.750	384.048	171.314	336.042	152.311	298.704	137.115	268.833	53
228.486	448.333	195.877	384.286	171.425	336.250	152.409	298.889	137.204	269.000	54
228.630	448.611	196.000	384.524	171.543	336.458	152.505	299.074	137.290	269.167	55
228.773	448.889	196.122	384.762	171.640	336.667	152.601	299.259	137.376	269.333	56
228.921	449.167	196.249	385.000	171.751	336.875	152.699	299.444	137.465	269.500	57
229.069	449.444	196.376	385.238	171.802	337.083	152.798	299.630	137.554	269.667	58
229.217	449.722	196.503	385.476	171.973	337.292	152.897	299.815	137.643	269.833	59

TABLE XIV.—ACTUAL TANGENTS, ETC.

27°	1° Curve.		2° Curve.		3° Curve.		4° Curve.		5° Curve.	
M.	Tan.	Arc.	Tan.	Arc.	Tan.	Arc.	Tan.	Arc.	Tan.	Arc.
0	1375.57	2700.00	687.812	1350.00	458.572	900.000	343.960	675.000	275.199	540.000
1	1376.46	2701.67	688.256	1350.83	458.868	900.556	344.182	675.417	275.377	540.333
2	1377.35	2703.33	688.701	1351.67	459.164	901.111	344.404	675.833	275.554	540.667
3	1378.21	2705.00	689.130	1352.50	459.451	901.667	344.619	676.250	275.726	541.000
4	1379.07	2706.67	689.560	1353.33	459.737	902.222	344.834	676.667	275.898	541.333
5	1379.96	2708.33	690.004	1354.17	460.033	902.778	345.056	677.083	276.076	541.667
6	1380.85	2710.00	690.448	1355.00	460.329	903.333	345.278	677.500	276.253	542.000
7	1381.73	2711.67	690.892	1355.83	460.625	903.889	345.500	677.917	276.431	542.333
8	1382.62	2713.33	691.336	1356.67	460.921	904.444	345.722	678.333	276.609	542.667
9	1383.51	2715.00	691.780	1357.50	461.217	905.000	345.944	678.750	276.787	543.000
10	1384.40	2716.67	692.224	1358.33	461.514	905.556	346.167	679.167	276.964	543.333
11	1385.29	2718.33	692.668	1359.17	461.810	906.111	346.389	679.583	277.142	543.667
12	1386.17	2720.00	693.113	1360.00	462.106	906.667	346.611	680.000	277.320	544.000
13	1387.03	2721.67	693.542	1360.88	462.392	907.222	346.826	680.417	277.491	544.333
14	1387.89	2723.33	693.972	1361.67	462.679	907.778	347.040	680.833	277.663	544.667
15	1388.78	2725.00	694.416	1362.50	462.975	908.333	347.263	681.250	277.841	545.000
16	1389.67	2726.67	694.860	1363.33	463.271	908.889	347.485	681.667	278.019	545.333
17	1390.56	2728.33	695.304	1364.17	463.567	909.444	347.707	682.083	278.196	545.667
18	1391.45	2730.00	695.748	1365.00	463.863	910.000	347.929	682.500	278.374	546.000
19	1392.33	2731.67	696.192	1365.83	464.159	910.556	348.151	682.917	278.552	546.333
20	1393.22	2733.33	696.636	1366.67	464.455	911.111	348.373	683.333	278.729	546.667
21	1394.11	2735.00	697.080	1367.50	464.751	911.667	348.595	683.750	278.907	547.000
22	1395.00	2736.67	697.525	1368.33	465.047	912.222	348.817	684.167	279.085	547.333
23	1395.86	2738.33	697.954	1369.17	465.334	912.778	349.032	684.583	279.257	547.667
24	1396.72	2740.00	698.384	1370.00	465.620	913.333	349.247	685.000	279.429	548.000
25	1397.60	2741.67	698.828	1370.83	465.916	913.889	349.469	685.417	279.606	548.333
26	1398.49	2743.33	699.272	1371.67	466.212	914.444	349.691	685.833	279.784	548.667
27	1399.38	2745.00	699.716	1372.50	466.508	915.000	349.913	686.250	279.962	549.000
28	1400.27	2746.67	700.160	1373.33	466.804	915.556	350.135	686.667	280.139	549.333
29	1401.16	2748.33	700.604	1374.17	467.101	916.111	350.357	687.083	280.317	549.667
30	1402.05	2750.00	701.048	1375.00	467.397	916.667	350.579	687.500	280.495	550.000
31	1402.93	2751.67	701.492	1375.83	467.698	917.222	350.801	687.917	280.672	550.333
32	1403.82	2753.33	701.936	1376.67	467.989	917.778	351.023	688.333	280.850	550.667
33	1404.71	2755.00	702.381	1377.50	468.285	918.333	351.245	688.750	281.028	551.000
34	1405.60	2756.67	702.825	1378.33	468.581	918.889	351.468	689.167	281.205	551.333
35	1406.46	2758.33	703.254	1379.17	468.867	919.444	351.682	689.583	281.377	551.667
36	1407.32	2760.00	703.684	1380.00	469.154	920.000	351.897	690.000	281.549	552.000
37	1408.20	2761.67	704.128	1380.83	469.450	920.556	352.119	690.417	281.727	552.333
38	1409.09	2763.33	704.572	1381.67	469.746	921.111	352.341	690.833	281.905	552.667
39	1409.98	2765.00	705.016	1382.50	470.042	921.667	352.564	691.250	282.082	553.000
40	1410.87	2766.67	705.460	1383.33	470.338	922.222	352.786	691.667	282.260	553.333
41	1411.76	2768.33	705.904	1384.17	470.634	922.778	353.008	692.083	282.438	553.667
42	1412.65	2770.00	706.348	1385.00	470.930	923.333	353.230	692.500	282.615	554.000
43	1413.53	2771.67	706.792	1385.83	471.226	923.889	353.452	692.917	282.793	554.333
44	1414.42	2773.33	707.237	1386.67	471.522	924.444	353.674	693.333	282.971	554.667
45	1415.31	2775.00	707.681	1387.50	471.818	925.000	353.896	693.750	283.148	555.000
46	1416.20	2776.67	708.125	1388.33	472.114	925.556	354.118	694.167	283.326	555.333
47	1417.06	2778.33	708.554	1389.17	472.401	926.111	354.333	694.583	283.498	555.667
48	1417.92	2780.00	708.984	1390.00	472.687	926.667	354.548	695.000	283.670	556.000
49	1418.80	2781.67	709.428	1390.83	472.984	927.222	354.770	695.417	283.848	556.333
50	1419.69	2783.33	709.872	1391.67	473.280	927.778	354.992	695.833	284.025	556.667
51	1420.58	2785.00	710.316	1392.50	473.576	928.333	355.214	696.250	284.203	557.000
52	1421.47	2786.67	710.760	1393.33	473.872	928.889	355.436	696.667	284.381	557.333
53	1422.36	2788.33	711.205	1394.17	474.168	929.444	355.658	697.083	284.558	557.667
54	1423.25	2790.00	711.649	1395.00	474.464	930.000	355.880	697.500	284.736	558.000
55	1424.13	2791.67	712.093	1395.83	474.760	930.556	356.102	697.917	284.914	558.333
56	1425.02	2793.33	712.537	1396.67	475.056	931.111	356.324	698.333	285.091	558.667
57	1425.91	2795.00	712.981	1397.50	475.352	931.667	356.546	698.750	285.269	559.000
58	1426.80	2796.67	713.425	1398.33	475.648	932.222	356.768	699.167	285.447	559.333
59	1427.69	2798.33	713.869	1399.17	475.944	932.778	356.991	699.583	285.624	559.667

TABLE XIV.—ACTUAL TANGENTS, ETC.

6° Curve.		7° Curve.		8° Curve.		9° Curve.		10° Curve.		27°
Tan.	Arc.	Tan.	Arc.	Tan.	Arc.	Tan.	Arc.	Tan.	Arc.	M.
229.365	450.000	196.630	385.714	172.084	337.500	152.996	300.000	137.731	270.000	0
229.513	450.278	196.757	385.952	172.196	337.708	153.095	300.185	137.820	270.167	1
229.661	450.556	196.884	386.190	172.307	337.917	153.193	300.370	137.909	270.333	2
229.805	450.833	197.007	386.429	172.414	338.125	153.289	300.556	137.995	270.500	3
229.948	451.111	197.130	386.667	172.522	338.333	153.384	300.741	138.081	270.667	4
230.096	451.389	197.257	386.905	172.633	338.542	153.483	300.926	138.170	270.833	5
230.244	451.667	197.384	387.143	172.744	338.750	153.582	301.111	138.259	271.000	6
230.392	451.944	197.511	387.381	172.855	338.958	153.681	301.296	138.348	271.167	7
230.540	452.222	197.638	387.619	172.966	339.167	153.780	301.481	138.437	271.333	8
230.688	452.500	197.765	387.857	173.077	339.375	153.878	301.667	138.526	271.500	9
230.836	452.778	197.892	388.095	173.188	339.583	153.977	301.852	138.615	271.667	10
230.985	453.056	198.019	388.333	173.299	339.792	154.076	302.037	138.704	271.833	11
231.133	453.333	198.145	388.571	173.411	340.000	154.175	302.222	138.793	272.000	12
231.276	453.611	198.268	388.810	173.518	340.208	154.270	302.407	138.879	272.167	13
231.419	453.889	198.391	389.048	173.626	340.417	154.366	302.593	138.965	272.333	14
231.567	454.167	198.518	389.286	173.737	340.625	154.465	302.778	139.054	272.500	15
231.715	454.444	198.645	389.524	173.848	340.833	154.563	302.963	139.143	272.667	16
231.863	454.722	198.772	389.762	173.959	341.042	154.662	303.148	139.232	272.833	17
232.012	455.000	198.899	390.000	174.070	341.250	154.761	303.333	139.321	273.000	18
232.160	455.278	199.026	390.238	174.181	341.458	154.860	303.519	139.409	273.167	19
232.308	455.556	199.153	390.476	174.292	341.667	154.959	303.704	139.498	273.333	20
232.456	455.833	199.280	390.714	174.403	341.875	155.057	303.889	139.587	273.500	21
232.604	456.111	199.407	390.952	174.514	342.083	155.156	304.074	139.676	273.667	22
232.747	456.389	199.530	391.190	174.622	342.292	155.252	304.259	139.762	273.833	23
232.890	456.667	199.652	391.429	174.729	342.500	155.347	304.444	139.848	274.000	24
233.039	456.944	199.779	391.667	174.841	342.708	155.446	304.630	139.937	274.167	25
233.187	457.222	199.906	391.905	174.952	342.917	155.545	304.815	140.026	274.333	26
233.335	457.500	200.033	392.143	175.063	343.125	155.644	305.000	140.115	274.500	27
233.483	457.778	200.160	392.381	175.174	343.333	155.742	305.185	140.204	274.667	28
233.631	458.056	200.287	392.619	175.285	343.542	155.841	305.370	140.293	274.833	29
233.779	458.333	200.414	392.857	175.396	343.750	155.940	305.556	140.382	275.000	30
233.927	458.611	200.541	393.095	175.507	343.958	156.039	305.741	140.471	275.167	31
234.075	458.889	200.668	393.333	175.618	344.167	156.137	305.926	140.560	275.333	32
234.223	459.167	200.795	393.571	175.729	344.375	156.236	306.111	140.649	275.500	33
234.371	459.444	200.922	393.810	175.840	344.583	156.335	306.296	140.738	275.667	34
234.515	459.722	201.045	394.048	175.948	344.792	156.431	306.481	140.824	275.833	35
234.658	460.000	201.168	394.286	176.055	345.000	156.526	306.667	140.910	276.000	36
234.806	460.278	201.295	394.524	176.167	345.208	156.625	306.852	140.999	276.167	37
234.954	460.556	201.422	394.762	176.278	345.417	156.724	307.037	141.088	276.333	38
235.102	460.833	201.548	395.000	176.389	345.625	156.823	307.222	141.176	276.500	39
235.250	461.111	201.675	395.238	176.500	345.833	156.921	307.407	141.265	276.667	40
235.398	461.389	201.802	395.476	176.611	346.042	157.020	307.593	141.354	276.833	41
235.546	461.667	201.929	395.714	176.722	346.250	157.119	307.778	141.443	277.000	42
235.695	461.944	202.056	395.952	176.833	346.458	157.218	307.963	141.532	277.167	43
235.843	462.222	202.183	396.190	176.944	346.667	157.316	308.148	141.621	277.333	44
235.991	462.500	202.310	396.429	177.055	346.875	157.415	308.333	141.710	277.500	45
236.139	462.778	202.437	396.667	177.166	347.083	157.514	308.519	141.799	277.667	46
236.282	463.056	202.560	396.905	177.274	347.292	157.610	308.704	141.885	277.833	47
236.425	463.333	202.683	397.143	177.381	347.500	157.705	308.889	141.971	278.000	48
236.573	463.611	202.810	397.381	177.493	347.708	157.804	309.074	142.060	278.167	49
236.722	463.889	202.937	397.619	177.604	347.917	157.903	309.259	142.149	278.333	50
236.870	464.167	203.064	397.857	177.715	348.125	158.001	309.444	142.238	278.500	51
237.018	464.444	203.191	398.095	177.826	348.333	158.100	309.630	142.327	278.667	52
237.166	464.722	203.318	398.333	177.937	348.542	158.199	309.815	142.416	278.833	53
237.314	465.000	203.445	398.571	178.048	348.750	158.298	310.000	142.505	279.000	54
237.462	465.278	203.571	398.810	178.159	348.958	158.397	310.185	142.593	279.167	55
237.610	465.556	203.698	399.048	178.270	349.167	158.495	310.370	142.682	279.333	56
237.758	465.833	203.825	399.286	178.381	349.375	158.594	310.556	142.771	279.500	57
237.906	466.111	203.952	399.524	178.493	349.583	158.693	310.741	142.860	279.667	58
238.054	466.389	204.079	399.762	178.604	349.792	158.792	310.926	142.949	279.833	59

TABLE XIV.—ACTUAL TANGENTS, ETC.

28°	1° Curve.		2° Curve.		3° Curve.		4° Curve.		5° Curve.	
M.	Tan.	Arc.	Tan.	Arc.	Tan.	Arc.	Tan.	Arc.	Tan.	Arc.
0	1428.57	2800.00	714.313	1400.00	476.240	933.333	357.213	700.000	285.802	560.000
1	1429.46	2801.67	714.757	1400.83	476.586	933.889	357.435	700.417	285.980	560.333
2	1430.35	2803.33	715.201	1401.67	476.832	934.444	357.657	700.833	286.157	560.667
3	1431.24	2805.00	715.645	1402.50	477.128	935.000	357.879	701.250	286.335	561.000
4	1432.13	2806.67	716.089	1403.33	477.424	935.556	358.101	701.667	286.513	561.333
5	1433.01	2808.33	716.533	1404.17	477.721	936.111	358.323	702.083	286.690	561.667
6	1433.90	2810.00	716.977	1405.00	478.017	936.667	358.545	702.500	286.868	562.000
7	1434.76	2811.67	717.407	1405.83	478.303	937.222	358.760	702.917	287.040	562.333
8	1435.62	2813.33	717.837	1406.67	478.590	937.778	358.975	703.333	287.212	562.667
9	1436.51	2815.00	718.281	1407.50	478.886	938.333	359.197	703.750	287.390	563.000
10	1437.40	2816.67	718.725	1408.33	479.182	938.889	359.419	704.167	287.567	563.333
11	1438.29	2818.33	719.169	1409.17	479.478	939.444	359.641	704.583	287.745	563.667
12	1439.17	2820.00	719.613	1410.00	479.774	940.000	359.863	705.000	287.923	564.000
13	1440.06	2821.67	720.057	1410.83	480.070	940.556	360.085	705.417	288.100	564.333
14	1440.95	2823.33	720.501	1411.67	480.366	941.111	360.307	705.833	288.278	564.667
15	1441.84	2825.00	720.945	1412.50	480.662	941.667	360.529	706.250	288.456	565.000
16	1442.73	2826.67	721.389	1413.33	480.958	942.222	360.751	706.667	288.633	565.333
17	1443.61	2828.33	721.833	1414.17	481.254	942.778	360.973	707.083	288.811	565.667
18	1444.50	2830.00	722.278	1415.00	481.550	943.333	361.195	707.500	288.989	566.000
19	1445.39	2831.67	722.722	1415.83	481.846	943.889	361.418	707.917	289.166	566.333
20	1446.28	2833.33	723.166	1416.67	482.142	944.444	361.640	708.333	289.344	566.667
21	1447.17	2835.00	723.610	1417.50	482.438	945.000	361.862	708.750	289.522	567.000
22	1448.05	2836.67	724.054	1418.33	482.735	945.556	362.084	709.167	289.699	567.333
23	1448.94	2838.33	724.498	1419.17	483.031	946.111	362.306	709.583	289.877	567.667
24	1449.83	2840.00	724.942	1420.00	483.327	946.667	362.528	710.000	290.055	568.000
25	1450.72	2841.67	725.386	1420.83	483.623	947.222	362.750	710.417	290.232	568.333
26	1451.61	2843.33	725.830	1421.67	483.919	947.778	362.972	710.833	290.410	568.667
27	1452.49	2845.00	726.274	1422.50	484.215	948.333	363.194	711.250	290.588	569.000
28	1453.38	2846.67	726.718	1423.33	484.511	948.889	363.416	711.667	290.765	569.333
29	1454.27	2848.33	727.162	1424.17	484.807	949.444	363.638	712.083	290.943	569.667
30	1455.16	2850.00	727.606	1425.00	485.103	950.000	363.860	712.500	291.121	570.000
31	1456.05	2851.67	728.050	1425.83	485.399	950.556	364.082	712.917	291.298	570.333
32	1456.94	2853.33	728.494	1426.67	485.695	951.111	364.304	713.333	291.476	570.667
33	1457.82	2855.00	728.938	1427.50	485.991	951.667	364.526	713.750	291.654	571.000
34	1458.71	2856.67	729.383	1428.33	486.287	952.222	364.749	714.167	291.831	571.333
35	1459.60	2858.33	729.827	1429.17	486.583	952.778	364.971	714.583	292.009	571.667
36	1460.49	2860.00	730.271	1430.00	486.879	953.333	365.193	715.000	292.187	572.000
37	1461.38	2861.67	730.715	1430.83	487.175	953.889	365.415	715.417	292.364	572.333
38	1462.26	2863.33	731.159	1431.67	487.472	954.444	365.637	715.833	292.542	572.667
39	1463.15	2865.00	731.603	1432.50	487.768	955.000	365.859	716.250	292.720	573.000
40	1464.04	2866.67	732.047	1433.33	488.064	955.556	366.081	716.667	292.897	573.333
41	1464.93	2868.33	732.491	1434.17	488.360	956.111	366.303	717.083	293.075	573.667
42	1465.82	2870.00	732.935	1435.00	488.656	956.667	366.525	717.500	293.253	574.000
43	1466.70	2871.67	733.379	1435.83	488.952	957.222	366.747	717.917	293.430	574.333
44	1467.59	2873.33	733.823	1436.67	489.248	957.778	366.969	718.333	293.608	574.667
45	1468.48	2875.00	734.267	1437.50	489.544	958.333	367.191	718.750	293.786	575.000
46	1469.37	2876.67	734.711	1438.33	489.840	958.889	367.413	719.167	293.964	575.333
47	1470.26	2878.33	735.155	1439.17	490.136	959.444	367.635	719.583	294.141	575.667
48	1471.14	2880.00	735.599	1440.00	490.432	960.000	367.857	720.000	294.319	576.000
49	1472.03	2881.67	736.043	1440.83	490.728	960.556	368.080	720.417	294.497	576.333
50	1472.92	2883.33	736.488	1441.67	491.024	961.111	368.302	720.833	294.674	576.667
51	1473.81	2885.00	736.932	1442.50	491.320	961.667	368.524	721.250	294.852	577.000
52	1474.70	2886.67	737.376	1443.33	491.616	962.222	368.746	721.667	295.030	577.333
53	1475.59	2888.33	737.820	1444.17	491.912	962.778	368.968	722.083	295.207	577.667
54	1476.47	2890.00	738.264	1445.00	492.209	963.333	369.190	722.500	295.385	578.000
55	1477.36	2891.67	738.708	1445.83	492.505	963.889	369.412	722.917	295.563	578.333
56	1478.25	2893.33	739.152	1446.67	492.801	964.444	369.634	723.333	295.740	578.667
57	1479.14	2895.00	739.596	1447.50	493.097	965.000	369.856	723.750	295.918	579.000
58	1480.03	2896.67	740.040	1448.33	493.393	965.556	370.078	724.167	296.096	579.333
59	1480.91	2898.33	740.484	1449.17	493.689	966.111	370.300	724.583	296.273	579.667

TABLE XIV.—ACTUAL TANGENTS, ETC.

6° Curve.		7° Curve.		8° Curve.		9° Curve.		10° Curve.		28°
Tan.	Arc.	Tan.	Arc.	Tan.	Arc.	Tan.	Arc.	Tan.	Arc.	M.
238.202	466.667	204.206	400.000	178.715	350.000	158.890	311.111	143.038	280.000	0
238.350	466.944	204.333	400.238	178.826	350.208	158.989	311.296	143.127	280.167	1
238.499	467.222	204.460	400.476	178.937	350.417	159.088	311.481	143.216	280.333	2
238.647	467.500	204.587	400.714	179.048	350.625	159.187	311.667	143.305	280.500	3
238.795	467.778	204.714	400.952	179.159	350.833	159.286	311.852	143.394	280.667	4
238.943	468.056	204.841	401.190	179.270	351.042	159.384	312.037	143.483	280.833	5
239.091	468.333	204.968	401.429	179.381	351.250	159.483	312.222	143.572	281.000	6
239.234	468.611	205.091	401.667	179.489	351.458	159.579	312.407	143.658	281.167	7
239.377	468.889	205.214	401.905	179.596	351.667	159.674	312.593	143.744	281.333	8
239.526	469.167	205.341	402.143	179.707	351.875	159.773	312.778	143.833	281.500	9
239.674	469.444	205.467	402.381	179.819	352.083	159.872	312.963	143.922	281.667	10
239.822	469.722	205.594	402.619	179.930	352.292	159.971	313.148	144.010	281.833	11
239.970	470.000	205.721	402.857	180.041	352.500	160.069	313.333	144.099	282.000	12
240.118	470.278	205.848	403.095	180.152	352.708	160.168	313.519	144.188	282.167	13
240.266	470.556	205.975	403.333	180.263	352.917	160.267	313.704	144.277	282.333	14
240.414	470.833	206.102	403.571	180.374	353.125	160.366	313.889	144.366	282.500	15
240.562	471.111	206.229	403.810	180.485	353.333	160.465	314.074	144.455	282.667	16
240.710	471.389	206.356	404.048	180.596	353.542	160.563	314.259	144.544	282.833	17
240.858	471.667	206.483	404.286	180.707	353.750	160.662	314.444	144.633	283.000	18
241.006	471.944	206.610	404.524	180.818	353.958	160.761	314.630	144.722	283.167	19
241.154	472.222	206.737	404.762	180.930	354.167	160.860	314.815	144.811	283.333	20
241.303	472.500	206.864	405.000	181.041	354.375	160.958	315.000	144.900	283.500	21
241.451	472.778	206.991	405.238	181.152	354.583	161.057	315.185	144.989	283.667	22
241.599	473.056	207.118	405.476	181.263	354.792	161.156	315.370	145.078	283.833	23
241.747	473.333	207.245	405.714	181.374	355.000	161.255	315.556	145.166	284.000	24
241.895	473.611	207.372	405.952	181.485	355.208	161.354	315.741	145.255	284.167	25
242.043	473.889	207.499	406.190	181.596	355.417	161.452	315.926	145.344	284.333	26
242.191	474.167	207.626	406.429	181.707	355.625	161.551	316.111	145.433	284.500	27
242.339	474.444	207.753	406.667	181.818	355.833	161.650	316.296	145.522	284.667	28
242.487	474.722	207.880	406.905	181.929	356.042	161.749	316.481	145.611	284.833	29
242.635	475.000	208.006	407.143	182.041	356.250	161.847	316.667	145.700	285.000	30
242.783	475.278	208.133	407.381	182.152	356.458	161.946	316.852	145.789	285.167	31
242.931	475.556	208.260	407.619	182.263	356.667	162.045	317.037	145.878	285.333	32
243.080	475.833	208.387	407.857	182.374	356.875	162.144	317.222	145.967	285.500	33
243.228	476.111	208.514	408.095	182.485	357.083	162.243	317.407	146.056	285.667	34
243.376	476.389	208.641	408.333	182.596	357.292	162.341	317.593	146.145	285.833	35
243.524	476.667	208.768	408.571	182.707	357.500	162.440	317.778	146.234	286.000	36
243.672	476.944	208.895	408.810	182.818	357.708	162.539	317.963	146.322	286.167	37
243.820	477.222	209.022	409.048	182.929	357.917	162.638	318.148	146.411	286.333	38
243.968	477.500	209.149	409.286	183.040	358.125	162.736	318.333	146.500	286.500	39
244.116	477.778	209.276	409.524	183.152	358.333	162.835	318.519	146.589	286.667	40
244.264	478.056	209.403	409.762	183.263	358.542	162.934	318.704	146.678	286.833	41
244.412	478.333	209.530	410.000	183.374	358.750	163.033	318.889	146.767	287.000	42
244.560	478.611	209.657	410.238	183.485	358.958	163.132	319.074	146.856	287.167	43
244.708	478.889	209.784	410.476	183.596	359.167	163.230	319.259	146.945	287.333	44
244.857	479.167	209.911	410.714	183.737	359.375	163.329	319.444	147.034	287.500	45
245.005	479.444	210.038	410.952	183.818	359.583	163.428	319.630	147.123	287.667	46
245.153	479.722	210.165	411.190	183.929	359.792	163.527	319.815	147.212	287.833	47
245.301	480.000	210.292	411.429	184.040	360.000	163.625	320.000	147.301	288.000	48
245.449	480.278	210.418	411.667	184.151	360.208	163.724	320.185	147.390	288.167	49
245.597	480.556	210.545	411.905	184.263	360.417	163.823	320.370	147.478	288.333	50
245.745	480.833	210.672	412.143	184.374	360.625	163.922	320.556	147.567	288.500	51
245.893	481.111	210.799	412.381	184.485	360.833	164.020	320.741	147.656	288.667	52
246.041	481.389	210.926	412.619	184.596	361.042	164.119	320.926	147.745	288.833	53
246.189	481.667	211.053	412.857	184.707	361.250	164.218	321.111	147.834	289.000	54
246.337	481.944	211.180	413.095	184.818	361.458	164.317	321.296	147.923	289.167	55
246.485	482.222	211.307	413.333	184.929	361.667	164.416	321.481	148.012	289.333	56
246.633	482.500	211.434	413.571	185.040	361.875	164.514	321.667	148.101	289.500	57
246.782	482.778	211.561	413.810	185.151	362.083	164.613	321.852	148.190	289.667	58
246.930	483.056	211.688	414.048	185.262	362.292	164.712	322.037	148.279	289.833	59

TABLE XIV.—ACTUAL TANGENTS, ETC.

29°	1° Curve.		2° Curve.		3° Curve.		4° Curve.		5° Curve.	
M.	Tan.	Arc.	Tan.	Arc.	Tan.	Arc.	Tan.	Arc.	Tan.	Arc.
0	1481.80	2900.00	740.928	1450.00	493.985	966.667	370.522	725.000	296.451	580.000
1	1482.69	2901.67	741.372	1450.83	494.281	967.222	370.744	725.417	296.629	580.333
2	1483.58	2903.33	741.816	1451.67	494.577	967.778	370.966	725.833	296.806	580.667
3	1484.47	2905.00	742.260	1452.50	494.873	968.333	371.188	726.250	296.984	581.000
4	1485.35	2906.67	742.704	1453.33	495.169	968.889	371.411	726.667	297.162	581.333
5	1486.24	2908.33	743.149	1454.17	495.465	969.444	371.633	727.083	297.339	581.667
6	1487.13	2910.00	743.593	1455.00	495.761	970.000	371.855	727.500	297.517	582.000
7	1488.02	2911.67	744.037	1455.83	496.057	970.556	372.077	727.917	297.695	582.333
8	1488.91	2913.33	744.481	1456.67	496.353	971.111	372.299	728.333	297.872	582.667
9	1489.79	2915.00	744.925	1457.50	496.649	971.667	372.521	728.750	298.050	583.000
10	1490.68	2916.67	745.369	1458.33	496.946	972.222	372.743	729.167	298.228	583.333
11	1491.57	2918.33	745.813	1459.17	497.242	972.778	372.965	729.583	298.405	583.667
12	1492.46	2920.00	746.257	1460.00	497.538	973.333	373.187	730.000	298.583	584.000
13	1493.35	2921.67	746.701	1460.83	497.834	973.889	373.409	730.417	298.761	584.333
14	1494.24	2923.33	747.145	1461.67	498.130	974.444	373.631	730.833	298.938	584.667
15	1495.12	2925.00	747.589	1462.50	498.426	975.000	373.853	731.250	299.116	585.000
16	1496.01	2926.67	748.033	1463.33	498.722	975.556	374.075	731.667	299.294	585.333
17	1496.90	2928.33	748.477	1464.17	499.018	976.111	374.297	732.083	299.471	585.667
18	1497.79	2930.00	748.921	1465.00	499.314	976.667	374.519	732.500	299.649	586.000
19	1498.68	2931.67	749.365	1465.83	499.610	977.222	374.742	732.917	299.827	586.333
20	1499.56	2933.33	749.809	1466.67	499.906	977.778	374.964	733.333	300.004	586.667
21	1500.45	2935.00	750.254	1467.50	500.202	978.333	375.186	733.750	300.182	587.000
22	1501.34	2936.67	750.698	1468.33	500.498	978.889	375.408	734.167	300.360	587.333
23	1502.26	2938.33	751.156	1469.17	500.801	979.444	375.637	734.583	300.543	587.667
24	1503.17	2940.00	751.614	1470.00	501.109	980.000	375.866	735.000	300.727	588.000
25	1504.06	2941.67	752.058	1470.83	501.406	980.556	376.088	735.417	300.904	588.333
26	1504.95	2943.33	752.503	1471.67	501.702	981.111	376.310	735.833	301.082	588.667
27	1505.84	2945.00	752.947	1472.50	501.998	981.667	376.532	736.250	301.260	589.000
28	1506.73	2946.67	753.391	1473.33	502.294	982.222	376.754	736.667	301.437	589.333
29	1507.61	2948.33	753.835	1474.17	502.590	982.778	376.977	737.083	301.615	589.667
30	1508.50	2950.00	754.279	1475.00	502.886	983.333	377.199	737.500	301.793	590.000
31	1509.39	2951.67	754.723	1475.83	503.182	983.889	377.421	737.917	301.970	590.333
32	1510.28	2953.33	755.167	1476.67	503.478	984.444	377.643	738.333	302.148	590.667
33	1511.17	2955.00	755.611	1477.50	503.774	985.000	377.865	738.750	302.326	591.000
34	1512.05	2956.67	756.055	1478.33	504.070	985.556	378.087	739.167	302.503	591.333
35	1512.94	2958.33	756.499	1479.17	504.366	986.111	378.309	739.583	302.681	591.667
36	1513.83	2960.00	756.943	1480.00	504.662	986.667	378.531	740.000	302.859	592.000
37	1514.72	2961.67	757.387	1480.83	504.958	987.222	378.753	740.417	303.036	592.333
38	1515.61	2963.33	757.831	1481.67	505.254	987.778	378.975	740.833	303.214	592.667
39	1516.50	2965.00	758.275	1482.50	505.550	988.333	379.197	741.250	303.392	593.000
40	1517.38	2966.67	758.719	1483.33	505.846	988.889	379.419	741.667	303.569	593.333
41	1518.30	2968.33	759.178	1484.17	506.152	989.444	379.649	742.083	303.753	593.667
42	1519.22	2970.00	759.636	1485.00	506.458	990.000	379.878	742.500	303.936	594.000
43	1520.10	2971.67	760.080	1485.83	506.754	990.556	380.100	742.917	304.114	594.333
44	1520.99	2973.33	760.524	1486.67	507.050	991.111	380.322	743.333	304.291	594.667
45	1521.88	2975.00	760.968	1487.50	507.346	991.667	380.544	743.750	304.469	595.000
46	1522.77	2976.67	761.412	1488.33	507.642	992.222	380.766	744.167	304.647	595.333
47	1523.66	2978.33	761.857	1489.17	507.938	992.778	380.988	744.583	304.825	595.667
48	1524.55	2980.00	762.301	1490.00	508.234	993.333	381.210	745.000	305.002	596.000
49	1525.43	2981.67	762.745	1490.83	508.530	993.889	381.432	745.417	305.180	596.333
50	1526.32	2983.33	763.189	1491.67	508.826	994.444	381.654	745.833	305.358	596.667
51	1527.21	2985.00	763.633	1492.50	509.122	995.000	381.876	746.250	305.535	597.000
52	1528.10	2986.67	764.077	1493.33	509.418	995.556	382.098	746.667	305.713	597.333
53	1528.99	2988.33	764.521	1494.17	509.714	996.111	382.320	747.083	305.891	597.667
54	1529.87	2990.00	764.965	1495.00	510.010	996.667	382.543	747.500	306.068	598.000
55	1530.79	2991.67	765.423	1495.83	510.316	997.222	382.779	747.917	306.252	598.333
56	1531.71	2993.33	765.882	1496.67	510.622	997.778	383.001	748.333	306.435	598.667
57	1532.60	2995.00	766.326	1497.50	510.918	998.333	383.223	748.750	306.613	599.000
58	1533.48	2996.67	766.770	1498.33	511.214	998.889	383.445	749.167	306.790	599.333
59	1534.37	2998.33	767.214	1499.17	511.510	999.444	383.667	749.583	306.968	599.667

TABLE XIV.—ACTUAL TANGENTS, ETC.

6° Curve.		7° Curve.		8° Curve.		9° Curve.		10° Curve.		29°
Tan.	Arc.	Tan.	Arc.	Tan.	Arc.	Tan.	Arc.	Tan.	Arc.	M.
247.078	483.333	211.815	414.286	185.374	362.500	164.811	322.222	148.368	290.000	0
247.226	483.611	211.942	414.524	185.485	362.708	164.909	322.407	148.457	290.167	1
247.374	483.889	212.069	414.762	185.596	362.917	165.008	322.593	148.546	290.333	2
247.522	484.167	212.196	415.000	185.707	363.125	165.107	322.778	148.634	290.500	3
247.670	484.444	212.323	415.238	185.818	363.333	165.206	322.963	148.723	290.667	4
247.818	484.722	212.450	415.476	185.929	363.542	165.305	323.148	148.812	290.833	5
247.966	485.000	212.577	415.714	186.040	363.750	165.403	323.333	148.901	291.000	6
248.114	485.278	212.704	415.952	186.151	363.958	165.502	323.519	148.990	291.167	7
248.262	485.556	212.830	416.190	186.262	364.167	165.601	323.704	149.079	291.333	8
248.410	485.833	212.957	416.429	186.374	364.375	165.700	323.889	149.168	291.500	9
248.559	486.111	213.084	416.667	186.485	364.583	165.798	324.074	149.257	291.667	10
248.707	486.389	213.211	416.905	186.596	364.792	165.897	324.259	149.346	291.833	11
248.855	486.667	213.338	417.143	186.707	365.000	165.996	324.444	149.435	292.000	12
249.003	486.944	213.465	417.381	186.818	365.208	166.095	324.630	149.524	292.167	13
249.151	487.222	213.592	417.619	186.929	365.417	166.194	324.815	149.613	292.333	14
249.299	487.500	213.719	417.857	187.040	365.625	166.292	325.000	149.701	292.500	15
249.447	487.778	213.846	418.095	187.151	365.833	166.391	325.185	149.790	292.667	16
249.595	488.056	213.973	418.333	187.262	366.042	166.490	325.370	149.879	292.833	17
249.743	488.333	214.100	418.571	187.373	366.250	166.589	325.556	149.968	293.000	18
249.891	488.611	214.227	418.810	187.485	366.458	166.687	325.741	150.057	293.167	19
250.039	488.889	214.354	419.048	187.596	366.667	166.786	325.926	150.146	293.333	20
250.187	489.167	214.481	419.286	187.707	366.875	166.885	326.111	150.235	293.500	21
250.336	489.444	214.608	419.524	187.818	367.083	166.984	326.296	150.324	293.667	22
250.488	489.722	214.739	419.762	187.932	367.292	167.086	326.481	150.416	293.833	23
250.641	490.000	214.870	420.000	188.047	367.500	167.188	326.667	150.508	294.000	24
250.789	490.278	214.997	420.238	188.158	367.708	167.287	326.852	150.596	294.167	25
250.937	490.556	215.124	420.476	188.269	367.917	167.385	327.037	150.685	294.333	26
251.086	490.833	215.251	420.714	188.380	368.125	167.484	327.222	150.774	294.500	27
251.234	491.111	215.378	420.952	188.492	368.333	167.583	327.407	150.863	294.667	28
251.382	491.389	215.505	421.190	188.603	368.542	167.682	327.593	150.952	294.833	29
251.530	491.667	215.632	421.429	188.714	368.750	167.780	327.778	151.041	295.000	30
251.678	491.944	215.758	421.667	188.825	368.958	167.879	327.963	151.130	295.167	31
251.826	492.222	215.885	421.905	188.936	369.167	167.978	328.148	151.219	295.333	32
251.974	492.500	216.012	422.143	189.047	369.375	168.077	328.333	151.308	295.500	33
252.122	492.778	216.139	422.381	189.158	369.583	168.176	328.519	151.397	295.667	34
252.270	493.056	216.266	422.619	189.269	369.792	168.274	328.704	151.486	295.833	35
252.418	493.333	216.393	422.857	189.380	370.000	168.373	328.889	151.575	296.000	36
252.566	493.611	216.520	423.095	189.491	370.208	168.472	329.074	151.664	296.167	37
252.714	493.889	216.647	423.333	189.603	370.417	168.571	329.259	151.752	296.333	38
252.863	494.167	216.774	423.571	189.714	370.625	168.669	329.444	151.841	296.500	39
253.011	494.444	216.901	423.810	189.825	370.833	168.768	329.630	151.930	296.667	40
253.163	494.722	217.032	424.048	189.939	371.042	168.870	329.815	152.022	296.833	41
253.316	495.000	217.163	424.286	190.054	371.250	168.972	330.000	152.114	297.000	42
253.464	495.278	217.290	424.524	190.165	371.458	169.071	330.185	152.203	297.167	43
253.612	495.556	217.417	424.762	190.276	371.667	169.170	330.370	152.292	297.333	44
253.761	495.833	217.544	425.000	190.387	371.875	169.268	330.556	152.381	297.500	45
253.909	496.111	217.671	425.238	190.499	372.083	169.367	330.741	152.470	297.667	46
254.057	496.389	217.798	425.476	190.610	372.292	169.466	330.926	152.558	297.833	47
254.205	496.667	217.925	425.714	190.721	372.500	169.565	331.111	152.647	298.000	48
254.353	496.944	218.052	425.952	190.832	372.708	169.664	331.296	152.736	298.167	49
254.501	497.222	218.179	426.190	190.943	372.917	169.762	331.481	152.825	298.333	50
254.649	497.500	218.306	426.429	191.054	373.125	169.861	331.667	152.914	298.500	51
254.797	497.778	218.433	426.667	191.165	373.333	169.960	331.852	153.003	298.667	52
254.945	498.056	218.560	426.905	191.276	373.542	170.059	332.037	153.092	298.833	53
255.093	498.333	218.686	427.143	191.387	373.750	170.157	332.222	153.181	299.000	54
255.246	498.611	218.818	427.381	191.502	373.958	170.259	332.407	153.273	299.167	55
255.399	498.889	218.949	427.619	191.617	374.167	170.361	332.593	153.364	299.333	56
255.547	499.167	219.076	427.857	191.728	374.375	170.460	332.778	153.453	299.500	57
255.695	499.444	219.202	428.095	191.839	374.583	170.559	332.963	153.542	299.667	58
255.843	499.722	219.329	428.333	191.950	374.792	170.658	333.148	153.631	299.833	59

TABLE XIV.—ACTUAL TANGENTS, ETC.

30°	1° Curve.		2° Curve.		3° Curve.		4° Curve.		5° Curve.	
M.	Tan.	Arc	Tan.	Arc.	Tan.	Arc.	Tan.	Arc.	Tan.	Arc.
0	1535.26	3000.00	767.658	1500.00	511.806	1000.00	383.889	750.000	307.146	600.000
1	1536.15	3001.67	768.102	1500.83	512.102	1000.56	384.111	750.417	307.328	600.333
2	1537.04	3003.33	768.546	1501.67	512.398	1001.11	384.333	750.833	307.501	600.667
3	1537.92	3005.00	768.990	1502.50	512.694	1001.67	384.555	751.250	307.679	601.000
4	1538.81	3006.67	769.434	1503.33	512.990	1002.22	384.778	751.667	307.856	601.333
5	1539.70	3008.33	769.878	1504.17	513.286	1002.78	385.000	752.083	308.034	601.667
6	1540.59	3010.00	770.322	1505.00	513.582	1003.33	385.222	752.500	308.212	602.000
7	1541.51	3011.67	770.781	1505.83	513.888	1003.89	385.451	752.917	308.395	602.333
8	1542.42	3013.33	771.239	1506.67	514.194	1004.44	385.680	753.333	308.579	602.667
9	1543.31	3015.00	771.683	1507.50	514.490	1005.00	385.902	753.750	308.756	603.000
10	1544.20	3016.67	772.127	1508.33	514.786	1005.56	386.124	754.167	308.934	603.333
11	1545.09	3018.33	772.571	1509.17	515.082	1006.11	386.346	754.583	309.112	603.667
12	1545.97	3020.00	773.015	1510.00	515.378	1006.67	386.568	755.000	309.289	604.000
13	1546.86	3021.67	773.459	1510.83	515.674	1007.22	386.790	755.417	309.467	604.333
14	1547.75	3023.33	773.904	1511.67	515.970	1007.78	387.013	755.833	309.645	604.667
15	1548.64	3025.00	774.348	1512.50	516.266	1008.33	387.235	756.250	309.822	605.000
16	1549.53	3026.67	774.792	1513.33	516.562	1008.89	387.457	756.667	310.000	605.333
17	1550.44	3028.33	775.250	1514.17	516.868	1009.44	387.686	757.083	310.183	605.667
18	1551.36	3030.00	775.708	1515.00	517.173	1010.00	387.915	757.500	310.367	606.000
19	1552.25	3031.67	776.153	1515.83	517.469	1010.56	388.137	757.917	310.544	606.333
20	1553.14	3033.33	776.597	1516.67	517.765	1011.11	388.359	758.333	310.722	606.667
21	1554.02	3035.00	777.041	1517.50	518.061	1011.67	388.581	758.750	310.900	607.000
22	1554.91	3036.67	777.485	1518.33	518.358	1012.22	388.803	759.167	311.077	607.333
23	1555.80	3038.33	777.929	1519.17	518.654	1012.78	389.025	759.583	311.255	607.667
24	1556.69	3040.00	778.373	1520.00	518.950	1013.33	389.248	760.000	311.433	608.000
25	1557.61	3041.67	778.831	1520.83	519.255	1013.89	389.477	760.417	311.616	608.333
26	1558.52	3043.33	779.290	1521.67	519.561	1014.44	389.706	760.833	311.800	608.667
27	1559.41	3045.00	779.734	1522.50	519.857	1015.00	389.928	761.250	311.977	609.000
28	1560.30	3046.67	780.178	1523.33	520.153	1015.56	390.150	761.667	312.155	609.333
29	1561.19	3048.33	780.622	1524.17	520.449	1016.11	390.372	762.083	312.333	609.667
30	1562.07	3050.00	781.066	1525.00	520.745	1016.67	390.594	762.500	312.510	610.000
31	1562.96	3051.67	781.510	1525.83	521.041	1017.22	390.816	762.917	312.688	610.333
32	1563.85	3053.33	781.954	1526.67	521.337	1017.78	391.038	763.333	312.866	610.667
33	1564.77	3055.00	782.412	1527.50	521.643	1018.33	391.268	763.750	313.049	611.000
34	1565.68	3056.67	782.871	1528.33	521.948	1018.89	391.497	764.167	313.232	611.333
35	1566.57	3058.33	783.315	1529.17	522.245	1019.44	391.719	764.583	313.410	611.667
36	1567.46	3060.00	783.759	1530.00	522.541	1020.00	391.941	765.000	313.588	612.000
37	1568.35	3061.67	784.203	1530.83	522.837	1020.56	392.163	765.417	313.765	612.333
38	1569.24	3063.33	784.647	1531.67	523.133	1021.11	392.385	765.833	313.943	612.667
39	1570.12	3065.00	785.091	1532.50	523.429	1021.67	392.607	766.250	314.121	613.000
40	1571.01	3066.67	785.535	1533.33	523.725	1022.22	392.829	766.667	314.299	613.333
41	1571.93	3068.33	785.994	1534.17	524.030	1022.78	393.059	767.083	314.482	613.667
42	1572.85	3070.00	786.452	1535.00	524.336	1023.33	393.288	767.500	314.665	614.000
43	1573.73	3071.67	786.896	1535.83	524.632	1023.89	393.510	767.917	314.843	614.333
44	1574.62	3073.33	787.340	1536.67	524.928	1024.44	393.732	768.333	315.021	614.667
45	1575.51	3075.00	787.784	1537.50	525.224	1025.00	393.954	768.750	315.198	615.000
46	1576.40	3076.67	788.228	1538.33	525.520	1025.56	394.176	769.167	315.376	615.333
47	1577.32	3078.33	788.687	1539.17	525.826	1026.11	394.405	769.583	315.559	615.667
48	1578.23	3080.00	789.145	1540.00	526.132	1026.67	394.634	770.000	315.743	616.000
49	1579.12	3081.67	789.589	1540.83	526.428	1027.22	394.857	770.417	315.920	616.333
50	1580.01	3083.33	790.033	1541.67	526.724	1027.78	395.079	770.833	316.098	616.667
51	1580.90	3085.00	790.477	1542.50	527.020	1028.33	395.301	771.250	316.276	617.000
52	1581.78	3086.67	790.921	1543.33	527.316	1028.89	395.523	771.667	316.454	617.333
53	1582.67	3088.33	791.365	1544.17	527.612	1029.44	395.745	772.083	316.631	617.667
54	1583.56	3090.00	791.809	1545.00	527.908	1030.00	395.967	772.500	316.809	618.000
55	1584.48	3091.67	792.268	1545.83	528.214	1030.56	396.196	772.917	316.992	618.333
56	1585.39	3093.33	792.726	1546.67	528.519	1031.11	396.425	773.333	317.176	618.667
57	1586.28	3095.00	793.170	1547.50	528.815	1031.67	396.647	773.750	317.353	619.000
58	1587.17	3096.67	793.614	1548.33	529.111	1032.22	396.869	774.167	317.531	619.333
59	1588.06	3098.33	794.058	1549.17	529.407	1032.78	397.092	774.583	317.709	619.667

TABLE XIV.—ACTUAL TANGENTS, ETC.

6° Curve.		7° Curve.		8° Curve.		9° Curve.		10° Curve.		30°
Tan.	Arc.	Tan.	Arc.	Tan.	Arc.	Tan.	Arc.	Tan.	Arc.	M.
255.991	500.000	219.456	428.571	192.061	375.000	170.756	333.333	153.720	300.000	0
256.139	500.278	219.583	428.810	192.172	375.208	170.855	333.519	153.809	300.167	1
256.288	500.556	219.710	429.048	192.283	375.417	170.954	333.704	153.898	300.333	2
256.436	500.833	219.837	429.286	192.394	375.625	171.053	333.889	153.987	300.500	3
256.584	501.111	219.964	429.524	192.506	375.833	171.152	334.074	154.076	300.667	4
256.732	501.389	220.091	429.762	192.617	376.042	171.250	334.259	154.165	300.833	5
256.880	501.667	220.218	430.000	192.728	376.250	171.349	334.444	154.254	301.000	6
257.033	501.944	220.349	430.238	192.842	376.458	171.451	334.630	154.346	301.167	7
257.186	502.222	220.480	430.476	192.957	376.667	171.553	334.815	154.437	301.333	8
257.334	502.500	220.607	430.714	193.068	376.875	171.652	335.000	154.526	301.500	9
257.482	502.778	220.734	430.952	193.179	377.083	171.751	335.185	154.615	301.667	10
257.630	503.056	220.861	431.190	193.290	377.292	171.849	335.370	154.704	301.833	11
257.778	503.333	220.988	431.429	193.402	377.500	171.948	335.556	154.793	302.000	12
257.926	503.611	221.115	431.667	193.513	377.708	172.047	335.741	154.882	302.167	13
258.074	503.889	221.242	431.905	193.624	377.917	172.146	335.926	154.971	302.333	14
258.222	504.167	221.369	432.143	193.735	378.125	172.244	336.111	155.060	302.500	15
258.370	504.444	221.496	432.381	193.846	378.333	172.343	336.296	155.149	302.667	16
258.523	504.722	221.627	432.619	193.961	378.542	172.445	336.481	155.240	302.833	17
258.676	505.000	221.758	432.857	194.075	378.750	172.547	336.667	155.332	303.000	18
258.824	505.278	221.885	433.095	194.186	378.958	172.646	336.852	155.421	303.167	19
258.972	505.556	222.012	433.333	194.298	379.167	172.745	337.037	155.510	303.333	20
259.120	505.833	222.139	433.571	194.409	379.375	172.844	337.222	155.599	303.500	21
259.268	506.111	222.266	433.810	194.520	379.583	172.942	337.407	155.688	303.667	22
259.416	506.389	222.393	434.048	194.631	379.792	173.041	337.593	155.777	303.833	23
259.564	506.667	222.519	434.286	194.742	380.000	173.140	337.778	155.866	304.000	24
259.717	506.944	222.651	434.524	194.857	380.208	173.242	337.963	155.958	304.167	25
259.870	507.222	222.782	434.762	194.967	380.417	173.344	338.148	156.049	304.333	26
260.018	507.500	222.909	435.000	195.082	380.625	173.443	338.333	156.138	304.500	27
260.166	507.778	223.035	435.238	195.193	380.833	173.541	338.519	156.227	304.667	28
260.314	508.056	223.162	435.476	195.305	381.042	173.640	338.704	156.316	304.833	29
260.462	508.333	223.289	435.714	195.416	381.250	173.739	338.889	156.405	305.000	30
260.611	508.611	223.416	435.952	195.527	381.458	173.838	339.074	156.494	305.167	31
260.759	508.889	223.543	436.190	195.638	381.667	173.936	339.259	156.583	305.333	32
260.911	509.167	223.674	436.429	195.753	381.875	174.038	339.444	156.675	305.500	33
261.064	509.444	223.805	436.667	195.867	382.083	174.140	339.630	156.766	305.667	34
261.212	509.722	223.932	436.905	195.978	382.292	174.239	339.815	156.855	305.833	35
261.361	510.000	224.059	437.143	196.089	382.500	174.338	340.000	156.944	306.000	36
261.509	510.278	224.186	437.381	196.201	382.708	174.437	340.185	157.033	306.167	37
261.657	510.556	224.313	437.619	196.312	382.917	174.535	340.370	157.122	306.333	38
261.805	510.833	224.440	437.857	196.423	383.125	174.634	340.556	157.211	306.500	39
261.953	511.111	224.567	438.095	196.534	383.333	174.733	340.741	157.300	306.667	40
262.106	511.389	224.698	438.333	196.649	383.542	174.835	340.926	157.392	306.833	41
262.259	511.667	224.829	438.571	196.763	383.750	174.937	341.111	157.484	307.000	42
262.407	511.944	224.956	438.810	196.874	383.958	175.036	341.296	157.573	307.167	43
262.555	512.222	225.083	439.048	196.985	384.167	175.134	341.481	157.661	307.333	44
262.703	512.500	225.210	439.286	197.097	384.375	175.233	341.667	157.750	307.500	45
262.851	512.778	225.337	439.524	197.208	384.583	175.332	341.852	157.839	307.667	46
263.004	513.056	225.468	439.762	197.322	384.792	175.434	342.037	157.931	307.833	47
263.157	513.333	225.599	440.000	197.437	385.000	175.536	342.222	158.023	308.000	48
263.305	513.611	225.726	440.238	197.548	385.208	175.635	342.407	158.112	308.167	49
263.453	513.889	225.853	440.476	197.659	385.417	175.734	342.593	158.201	308.333	50
263.601	514.167	225.980	440.714	197.770	385.625	175.832	342.778	158.290	308.500	51
263.749	514.444	226.107	440.952	197.881	385.833	175.931	342.963	158.379	308.667	52
263.897	514.722	226.234	441.190	197.993	386.042	176.030	343.148	158.467	308.833	53
264.045	515.000	226.361	441.429	198.104	386.250	176.129	343.333	158.556	309.000	54
264.198	515.278	226.492	441.667	198.218	386.458	176.231	343.519	158.648	309.167	55
264.351	515.556	226.623	441.905	198.333	386.667	176.333	343.704	158.740	309.333	56
264.499	515.833	226.750	442.143	198.444	386.875	176.431	343.889	158.829	309.500	57
264.647	516.111	226.877	442.381	198.555	387.083	176.530	344.074	158.918	309.667	58
264.795	516.389	227.004	442.619	198.666	387.292	176.629	344.259	159.007	309.833	59

TABLE XIV.—ACTUAL TANGENTS, ETC.

31°	1° Curve.		2° Curve.		3° Curve.		4° Curve.		5° Curve.	
M.	Tan.	Arc.	Tan.	Arc.	Tan.	Arc.	Tan.	Arc.	Tan.	Arc.
0	1588.95	3100.00	794.502	1550.00	529.703	1033.33	397.314	775.000	317.886	620.000
1	1589.86	3101.67	794.961	1550.83	530.009	1033.89	397.543	775.417	318.070	620.333
2	1590.78	3103.33	795.419	1551.67	530.315	1034.44	397.772	775.833	318.253	620.667
3	1591.67	3105.00	795.863	1552.50	530.611	1035.00	397.994	776.250	318.481	621.000
4	1592.56	3106.67	796.307	1553.33	530.907	1035.56	398.216	776.667	318.609	621.333
5	1593.44	3108.33	796.751	1554.17	531.203	1036.11	398.438	777.083	318.786	621.667
6	1594.33	3110.00	797.195	1555.00	531.499	1036.67	398.660	777.500	318.964	622.000
7	1595.25	3111.67	797.654	1555.83	531.804	1037.22	398.890	777.917	319.147	622.333
8	1596.17	3113.33	798.112	1556.67	532.110	1037.78	399.119	778.333	319.321	622.667
9	1597.05	3115.00	798.556	1557.50	532.406	1038.33	399.341	778.750	319.508	623.000
10	1597.94	3116.67	799.000	1558.33	532.702	1038.89	399.563	779.167	319.686	623.333
11	1598.86	3118.33	799.450	1559.17	533.008	1039.44	399.792	779.583	319.869	623.667
12	1599.78	3120.00	799.917	1560.00	533.313	1040.00	400.021	780.000	320.053	624.000
13	1600.66	3121.67	800.361	1560.83	533.609	1040.56	400.243	780.417	320.231	624.333
14	1601.55	3123.33	800.805	1561.67	533.906	1041.11	400.466	780.833	320.408	624.667
15	1602.44	3125.00	801.249	1562.50	534.202	1041.67	400.688	781.250	320.586	625.000
16	1603.33	3126.67	801.698	1563.33	534.498	1042.22	400.910	781.667	320.764	625.333
17	1604.24	3128.33	802.152	1564.17	534.803	1042.78	401.139	782.083	320.947	625.667
18	1605.16	3130.00	802.610	1565.00	535.109	1043.33	401.368	782.500	321.130	626.000
19	1606.05	3131.67	803.054	1565.83	535.405	1043.89	401.590	782.917	321.308	626.333
20	1606.94	3133.33	803.498	1566.67	535.701	1044.44	401.812	783.333	321.486	626.667
21	1607.83	3135.00	803.942	1567.50	535.997	1045.00	402.034	783.750	321.663	627.000
22	1608.71	3136.67	804.386	1568.33	536.293	1045.56	402.256	784.167	321.841	627.333
23	1609.63	3138.33	804.845	1569.17	536.509	1046.11	402.486	784.583	322.024	627.667
24	1610.55	3140.00	805.303	1570.00	536.901	1046.67	402.715	785.000	322.208	628.000
25	1611.44	3141.67	805.747	1570.83	537.200	1047.22	402.937	785.417	322.386	628.333
26	1612.32	3143.33	806.191	1571.67	537.497	1047.78	403.159	785.833	322.563	628.667
27	1613.24	3145.00	806.650	1572.50	537.802	1048.33	403.388	786.250	322.747	629.000
28	1614.16	3146.67	807.108	1573.33	538.108	1048.89	403.617	786.667	322.930	629.333
29	1615.05	3148.33	807.552	1574.17	538.404	1049.44	403.839	787.083	323.108	629.667
30	1615.93	3150.00	807.996	1575.00	538.700	1050.00	404.062	787.500	323.285	630.000
31	1616.82	3151.67	808.440	1575.83	538.996	1050.56	404.284	787.917	323.463	630.333
32	1617.71	3153.33	808.884	1576.67	539.292	1051.11	404.506	788.333	323.641	630.667
33	1618.63	3155.00	809.343	1577.50	539.598	1051.67	404.735	788.750	323.824	631.000
34	1619.54	3156.67	809.801	1578.33	539.903	1052.22	404.964	789.167	324.008	631.333
35	1620.43	3158.33	810.245	1579.17	540.199	1052.78	405.186	789.583	324.185	631.667
36	1621.32	3160.00	810.689	1580.00	540.495	1053.33	405.408	790.000	324.363	632.000
37	1622.24	3161.67	811.148	1580.83	540.801	1053.89	405.638	790.417	324.546	632.333
38	1623.15	3163.33	811.587	1581.67	541.107	1054.44	405.867	790.833	324.730	632.667
39	1624.04	3165.00	812.050	1582.50	541.403	1055.00	406.089	791.250	324.907	633.000
40	1624.93	3166.67	812.494	1583.33	541.699	1055.56	406.311	791.667	325.085	633.333
41	1625.82	3168.33	812.938	1584.17	541.995	1056.11	406.533	792.083	325.263	633.667
42	1626.70	3170.00	813.382	1585.00	542.291	1056.67	406.755	792.500	325.440	634.000
43	1627.62	3171.67	813.841	1585.83	542.596	1057.22	406.984	792.917	325.624	634.333
44	1628.54	3173.33	814.299	1586.67	542.902	1057.78	407.213	793.333	325.807	634.667
45	1629.43	3175.00	814.743	1587.50	543.198	1058.33	407.436	793.750	325.985	635.000
46	1630.31	3176.67	815.187	1588.33	543.494	1058.89	407.658	794.167	326.163	635.333
47	1631.23	3178.33	815.646	1589.17	543.800	1059.44	407.887	794.583	326.346	635.667
48	1632.15	3180.00	816.104	1590.00	544.105	1060.00	408.116	795.000	326.529	636.000
49	1633.04	3181.67	816.548	1590.83	544.401	1060.56	408.338	795.417	326.707	636.333
50	1633.92	3183.33	816.992	1591.67	544.698	1061.11	408.560	795.833	326.885	636.667
51	1634.84	3185.00	817.450	1592.50	545.003	1061.67	408.789	796.250	327.068	637.000
52	1635.76	3186.67	817.909	1593.33	545.309	1062.22	409.019	796.667	327.251	637.333
53	1636.65	3188.33	818.353	1594.17	545.605	1062.78	409.241	797.083	327.429	637.667
54	1637.53	3190.00	818.797	1595.00	545.901	1063.33	409.463	797.500	327.607	638.000
55	1638.45	3191.67	819.255	1595.83	546.206	1063.89	409.692	797.917	327.790	638.333
56	1639.37	3193.33	819.714	1596.67	546.512	1064.44	409.921	798.333	327.974	638.667
57	1640.26	3195.00	820.158	1597.50	546.808	1065.00	410.143	798.750	328.151	639.000
58	1641.14	3196.67	820.602	1598.33	547.104	1065.56	410.365	799.167	328.329	639.333
59	1642.06	3198.33	821.060	1599.17	547.410	1066.11	410.595	799.583	328.512	639.667

TABLE XIV.—ACTUAL TANGENTS, ETC.

6° Curve.		7° Curve.		8° Curve.		9° Curve.		10° Curve.		31°
Tan.	Arc.	Tan.	Arc.	Tan.	Arc.	Tan.	Arc.	Tan.	Arc.	M.
264.943	516.667	227.131	442.857	198.777	387.500	176.728	344.444	159.096	310.000	0
265.096	516.944	227.262	443.095	198.892	387.708	176.830	344.630	159.187	310.167	1
265.249	517.222	227.393	443.333	199.007	387.917	176.932	344.815	159.279	310.333	2
265.397	517.500	227.520	443.571	199.118	388.125	177.030	345.000	159.368	310.500	3
265.545	517.778	227.647	443.810	199.229	388.333	177.129	345.185	159.457	310.667	4
265.693	518.056	227.774	444.048	199.340	388.542	177.228	345.370	159.546	310.833	5
265.841	518.333	227.900	444.286	199.451	388.750	177.327	345.556	159.635	311.000	6
265.994	518.611	228.031	444.524	199.566	388.958	177.429	345.741	159.727	311.167	7
266.147	518.889	228.163	444.762	199.681	389.167	177.531	345.926	159.819	311.333	8
266.295	519.167	228.289	445.000	199.792	389.375	177.629	346.111	159.907	311.500	9
266.443	519.444	228.416	445.238	199.903	389.583	177.728	346.296	159.996	311.667	10
266.596	519.722	228.547	445.476	200.017	389.792	177.830	346.481	160.088	311.833	11
266.749	520.000	228.679	445.714	200.132	390.000	177.932	346.667	160.180	312.000	12
266.897	520.278	228.805	445.952	200.243	390.208	178.031	346.852	160.269	312.167	13
267.045	520.556	228.932	446.190	200.354	390.417	178.130	347.037	160.358	312.333	14
267.193	520.833	229.059	446.429	200.465	390.625	178.228	347.222	160.447	312.500	15
267.341	521.111	229.186	446.667	200.576	390.833	178.327	347.407	160.536	312.667	16
267.494	521.389	229.317	446.905	200.691	391.042	178.429	347.593	160.627	312.833	17
267.647	521.667	229.448	447.143	200.806	391.250	178.531	347.778	160.719	313.000	18
267.795	521.944	229.575	447.381	200.917	391.458	178.630	347.963	160.808	313.167	19
267.943	522.222	229.702	447.619	201.028	391.667	178.729	348.148	160.897	313.333	20
268.091	522.500	229.829	447.857	201.139	391.875	178.827	348.333	160.986	313.500	21
268.239	522.778	229.956	448.095	201.250	392.083	178.926	348.519	161.075	313.667	22
268.392	523.056	230.087	448.333	201.365	392.292	179.028	348.704	161.167	313.833	23
268.545	523.333	230.218	448.571	201.480	392.500	179.130	348.889	161.258	314.000	24
268.693	523.611	230.345	448.810	201.591	392.708	179.229	349.074	161.347	314.167	25
268.841	523.889	230.472	449.048	201.702	392.917	179.328	349.259	161.436	314.333	26
268.994	524.167	230.603	449.286	201.817	393.125	179.430	349.444	161.528	314.500	27
269.147	524.444	230.734	449.524	201.931	393.333	179.532	349.630	161.620	314.667	28
269.295	524.722	230.861	449.762	202.042	393.542	179.630	349.815	161.709	314.833	29
269.443	525.000	230.988	450.000	202.153	393.750	179.729	350.000	161.798	315.000	30
269.591	525.278	231.115	450.238	202.265	393.958	179.828	350.185	161.887	315.167	31
269.739	525.556	231.242	450.476	202.376	394.167	179.927	350.370	161.976	315.333	32
269.892	525.833	231.373	450.714	202.490	394.375	180.029	350.556	162.067	315.500	33
270.045	526.111	231.504	450.952	202.605	394.583	180.131	350.741	162.159	315.667	34
270.193	526.389	231.631	451.190	202.716	394.792	180.229	350.926	162.248	315.833	35
270.341	526.667	231.758	451.429	202.827	395.000	180.328	351.111	162.337	316.000	36
270.494	526.944	231.889	451.667	202.942	395.208	180.430	351.296	162.429	316.167	37
270.647	527.222	232.020	451.905	203.057	395.417	180.532	351.481	162.521	316.333	38
270.795	527.500	232.147	452.143	203.168	395.625	180.631	351.667	162.610	316.500	39
270.943	527.778	232.274	452.381	203.279	395.833	180.730	351.852	162.699	316.667	40
271.091	528.056	232.401	452.619	203.390	396.042	180.828	352.037	162.787	316.833	41
271.239	528.333	232.528	452.857	203.501	396.250	180.927	352.222	162.876	317.000	42
271.392	528.611	232.659	453.095	203.616	396.458	181.029	352.407	162.968	317.167	43
271.545	528.889	232.790	453.333	203.730	396.667	181.131	352.593	163.060	317.333	44
271.693	529.167	232.917	453.571	203.841	396.875	181.230	352.778	163.149	317.500	45
271.841	529.444	233.044	453.810	203.953	397.083	181.329	352.963	163.238	317.667	46
271.994	529.722	233.175	454.048	204.067	397.292	181.431	353.148	163.329	317.833	47
272.147	530.000	233.306	454.286	204.182	397.500	181.533	353.333	163.421	318.000	48
272.295	530.278	233.433	454.524	204.298	397.708	181.631	353.519	163.510	318.167	49
272.443	530.556	233.560	454.762	204.404	397.917	181.730	353.704	163.599	318.333	50
272.596	530.833	233.691	455.000	204.519	398.125	181.832	353.889	163.691	318.500	51
272.749	531.111	233.822	455.238	204.633	398.333	181.934	354.074	163.783	318.667	52
272.897	531.389	233.949	455.476	204.745	398.542	182.033	354.259	163.872	318.833	53
273.045	531.667	234.076	455.714	204.856	398.750	182.132	354.444	163.961	319.000	54
273.198	531.944	234.207	455.952	204.970	398.958	182.234	354.630	164.052	319.167	55
273.350	532.222	234.338	456.190	205.085	399.167	182.336	354.815	164.144	319.333	56
273.498	532.500	234.465	456.429	205.196	399.375	182.434	355.000	164.233	319.500	57
273.647	532.778	234.592	456.667	205.307	399.583	182.533	355.185	164.322	319.667	58
273.799	533.056	234.723	456.905	205.422	399.792	182.635	355.370	164.414	319.833	59

TABLE XIV.—ACTUAL TANGENTS, ETC.

32°	1° Curve.		2° Curve.		3° Curve.		4° Curve.		5° Curve.	
M.	Tan.	Arc.	Tan.	Arc.	Tan.	Arc.	Tan.	Arc.	Tan.	Arc.
0	1642.98	3200.00	821.519	1600.00	547.715	1066.67	410.824	800.000	328.696	640.000
1	1643.87	3201.67	821.963	1600.83	548.012	1067.22	411.046	800.417	328.873	640.333
2	1644.75	3203.33	822.407	1601.67	548.308	1067.78	411.268	800.833	329.051	640.667
3	1645.67	3205.00	822.865	1602.50	548.613	1068.33	411.497	801.250	329.235	641.000
4	1646.59	3206.67	823.324	1603.33	548.919	1068.89	411.726	801.667	329.418	641.333
5	1647.47	3208.33	823.768	1604.17	549.215	1069.44	411.949	802.083	329.596	641.667
6	1648.36	3210.00	824.212	1605.00	549.511	1070.00	412.171	802.500	329.773	642.000
7	1649.25	3211.67	824.656	1605.83	549.807	1070.56	412.393	802.917	329.951	642.333
8	1650.14	3213.33	825.100	1606.67	550.103	1071.11	412.615	803.333	330.129	642.667
9	1651.06	3215.00	825.558	1607.50	550.409	1071.67	412.844	803.750	330.312	643.000
10	1651.97	3216.67	826.017	1608.33	550.714	1072.22	413.073	804.167	330.495	643.333
11	1652.89	3218.33	826.475	1609.17	551.020	1072.78	413.302	804.583	330.679	643.667
12	1653.81	3220.00	826.933	1610.00	551.325	1073.33	413.532	805.000	330.862	644.000
13	1654.69	3221.67	827.377	1610.83	551.622	1073.89	413.754	805.417	331.040	644.333
14	1655.58	3223.33	827.822	1611.67	551.918	1074.44	413.976	805.833	331.218	644.667
15	1656.50	3225.00	828.280	1612.50	552.223	1075.00	414.205	806.250	331.401	645.000
16	1657.42	3226.67	828.738	1613.33	552.529	1075.56	414.434	806.667	331.584	645.333
17	1658.30	3228.33	829.182	1614.17	552.825	1076.11	414.656	807.083	331.762	645.667
18	1659.19	3230.00	829.626	1615.00	553.121	1076.67	414.878	807.500	331.940	646.000
19	1660.11	3231.67	830.085	1615.83	553.427	1077.22	415.108	807.917	332.123	646.333
20	1661.03	3233.33	830.543	1616.67	553.732	1077.78	415.337	808.333	332.307	646.667
21	1661.91	3235.00	830.987	1617.50	554.028	1078.33	415.559	808.750	332.484	647.000
22	1662.80	3236.67	831.431	1618.33	554.324	1078.89	415.781	809.167	332.662	647.333
23	1663.72	3238.33	831.890	1619.17	554.630	1079.44	416.010	809.583	332.845	647.667
24	1664.64	3240.00	832.348	1620.00	554.936	1080.00	416.239	810.000	333.029	648.000
25	1665.52	3241.67	832.792	1620.83	555.232	1080.56	416.461	810.417	333.206	648.333
26	1666.41	3243.33	833.236	1621.67	555.528	1081.11	416.681	810.833	333.384	648.667
27	1667.33	3245.00	833.695	1622.50	555.833	1081.67	416.913	811.250	333.567	649.000
28	1668.24	3246.67	834.153	1623.33	556.139	1082.22	417.142	811.667	333.751	649.333
29	1669.13	3248.33	834.597	1624.17	556.435	1082.78	417.364	812.083	333.929	649.667
30	1670.02	3250.00	835.041	1625.00	556.731	1083.33	417.586	812.500	334.106	650.000
31	1670.94	3251.67	835.500	1625.83	557.037	1083.89	417.815	812.917	334.290	650.333
32	1671.85	3253.33	835.958	1626.67	557.312	1084.44	418.045	813.333	334.473	650.667
33	1672.74	3255.00	836.402	1627.50	557.638	1085.00	418.267	813.750	334.651	651.000
34	1673.63	3256.67	836.816	1628.33	557.934	1085.56	418.489	814.167	334.828	651.333
35	1674.55	3258.33	837.304	1629.17	558.240	1086.11	418.718	814.583	335.012	651.667
36	1675.46	3260.00	837.763	1630.00	558.546	1086.67	418.947	815.000	335.195	652.000
37	1676.38	3261.67	838.221	1630.83	558.851	1087.22	419.176	815.417	335.379	652.333
38	1677.30	3263.33	838.680	1631.67	559.157	1087.78	419.406	815.833	335.562	652.667
39	1678.19	3265.00	839.124	1632.50	559.453	1088.33	419.628	816.250	335.740	653.000
40	1679.07	3266.67	839.568	1633.33	559.749	1088.89	419.850	816.667	335.917	653.333
41	1679.99	3268.33	840.026	1634.17	560.055	1089.44	420.079	817.083	336.101	653.667
42	1680.91	3270.00	840.485	1635.00	560.360	1090.00	420.308	817.500	336.284	654.000
43	1681.80	3271.67	840.929	1635.83	560.656	1090.56	420.530	817.917	336.462	654.333
44	1682.68	3273.33	841.378	1636.67	560.952	1091.11	420.752	818.333	336.640	654.667
45	1683.60	3275.00	841.831	1637.50	561.258	1091.67	420.982	818.750	336.823	655.000
46	1684.52	3276.67	842.289	1638.33	561.564	1092.22	421.211	819.167	337.006	655.333
47	1685.43	3278.33	842.748	1639.17	561.869	1092.78	421.440	819.583	337.190	655.667
48	1686.35	3280.00	843.206	1640.00	562.175	1093.33	421.669	820.000	337.373	656.000
49	1687.24	3281.67	843.650	1640.83	562.471	1093.89	421.891	820.417	337.551	656.333
50	1688.13	3283.33	844.094	1641.67	562.767	1094.44	422.113	820.833	337.728	656.667
51	1689.04	3285.00	844.553	1642.50	563.072	1095.00	422.343	821.250	337.912	657.000
52	1689.96	3286.67	845.011	1643.33	563.378	1095.56	422.572	821.667	338.095	657.333
53	1690.85	3288.33	845.455	1644.17	563.674	1096.11	422.794	822.083	338.273	657.667
54	1691.74	3290.00	845.899	1645.00	563.970	1096.67	423.016	822.500	338.451	658.000
55	1692.65	3291.67	846.358	1645.83	564.276	1097.22	423.245	822.917	338.634	658.333
56	1693.57	3293.33	846.816	1646.67	564.581	1097.78	423.475	823.333	338.817	658.667
57	1694.49	3295.00	847.274	1647.50	564.897	1098.33	423.704	823.750	339.001	659.000
58	1695.40	3296.67	847.733	1648.33	565.193	1098.89	423.933	824.167	339.184	659.333
59	1696.29	3298.33	848.177	1649.17	565.489	1099.44	424.155	824.583	339.362	659.667

TABLE XIV.—ACTUAL TANGENTS, ETC.

6° Curve.		7° Curve.		8° Curve.		9° Curve.		10° Curve.		32°
Tan.	Arc.	Tan.	Arc.	Tan.	Arc.	Tan.	Arc.	Tan.	Arc.	M.
273.952	533.333	234.854	457.143	205.537	400.000	182.737	355.556	164.506	320.000	0
274.100	533.611	234.981	457.381	205.648	400.208	182.836	355.741	164.594	320.167	1
274.248	533.889	235.108	457.619	205.759	400.417	182.935	355.926	164.683	320.333	2
274.401	534.167	235.239	457.857	205.874	400.625	183.037	356.111	164.775	320.500	3
274.554	534.444	235.370	458.095	205.988	400.833	183.139	356.296	164.867	320.667	4
274.702	534.722	235.497	458.333	206.099	401.042	183.237	356.481	164.956	320.833	5
274.850	535.000	235.624	458.571	206.210	401.250	183.336	356.667	165.045	321.000	6
274.998	535.278	235.751	458.810	206.321	401.458	183.435	356.852	165.134	321.167	7
275.147	535.556	235.878	459.048	206.433	401.667	183.534	357.037	165.223	321.333	8
275.299	535.833	236.009	459.286	206.547	401.875	183.636	357.222	165.314	321.500	9
275.452	536.111	236.140	459.524	206.662	402.083	183.738	357.407	165.406	321.667	10
275.605	536.389	236.271	459.762	206.777	402.292	183.840	357.593	165.498	321.833	11
275.758	536.667	236.402	460.000	206.891	402.500	183.942	357.778	165.590	322.000	12
275.906	536.944	236.529	460.238	207.002	402.708	184.040	357.963	165.679	322.167	13
276.054	537.222	236.656	460.476	207.114	402.917	184.139	358.148	165.768	322.333	14
276.207	537.500	236.787	460.714	207.228	403.125	184.241	358.333	165.859	322.500	15
276.360	537.778	236.918	460.952	207.343	403.333	184.343	358.519	165.951	322.667	16
276.508	538.056	237.045	461.190	207.454	403.542	184.442	358.704	166.040	322.833	17
276.656	538.333	237.172	461.429	207.565	403.750	184.541	358.889	166.129	323.000	18
276.809	538.611	237.303	461.667	207.680	403.958	184.643	359.074	166.221	323.167	19
276.962	538.889	237.434	461.905	207.794	404.167	184.745	359.259	166.313	323.333	20
277.110	539.167	237.561	462.143	207.906	404.375	184.843	359.444	166.402	323.500	21
277.258	539.444	237.688	462.381	208.017	404.583	184.942	359.630	166.491	323.667	22
277.411	539.722	237.819	462.619	208.131	404.792	185.044	359.815	166.582	323.833	23
277.564	540.000	237.950	462.857	208.246	405.000	185.146	360.000	166.674	324.000	24
277.712	540.278	238.077	463.095	208.357	405.208	185.245	360.185	166.763	324.167	25
277.860	540.556	238.204	463.333	208.468	405.417	185.344	360.370	166.852	324.333	26
278.013	540.833	238.335	463.571	208.583	405.625	185.446	360.556	166.944	324.500	27
278.165	541.111	238.466	463.810	208.698	405.833	185.547	360.741	167.036	324.667	28
278.314	541.389	238.593	464.048	208.809	406.042	185.646	360.926	167.124	324.833	29
278.462	541.667	238.720	464.286	208.920	406.250	185.745	361.111	167.213	325.000	30
278.615	541.944	238.851	464.524	209.035	406.458	185.847	361.296	167.305	325.167	31
278.767	542.222	238.982	464.762	209.149	406.667	185.949	361.481	167.397	325.333	32
278.915	542.500	239.109	465.000	209.260	406.875	186.048	361.667	167.486	325.500	33
279.064	542.778	239.236	465.238	209.371	407.083	186.147	361.852	167.575	325.667	34
279.216	543.056	239.367	465.476	209.486	407.292	186.248	362.037	167.667	325.833	35
279.369	543.333	239.498	465.714	209.601	407.500	186.350	362.222	167.758	326.000	36
279.522	543.611	239.629	465.952	209.715	407.708	186.452	362.407	167.850	326.167	37
279.675	543.889	239.760	466.190	209.830	407.917	186.554	362.593	167.942	326.333	38
279.823	544.167	239.887	466.429	209.941	408.125	186.653	362.778	168.031	326.500	39
279.971	544.444	240.014	466.667	210.052	408.333	186.752	362.963	168.120	326.667	40
280.124	544.722	240.145	466.905	210.167	408.542	186.854	363.148	168.212	326.833	41
280.277	545.000	240.276	467.143	210.282	408.750	186.956	363.333	168.303	327.000	42
280.425	545.278	240.403	467.381	210.393	408.958	187.055	363.519	168.392	327.167	43
280.573	545.556	240.530	467.619	210.504	409.167	187.153	363.704	168.481	327.333	44
280.726	545.833	240.661	467.857	210.619	409.375	187.255	363.889	168.573	327.500	45
280.879	546.111	240.792	468.095	210.733	409.583	187.357	364.074	168.665	327.667	46
281.032	546.389	240.923	468.333	210.848	409.792	187.459	364.259	168.757	327.833	47
281.181	546.667	241.054	468.571	210.963	410.000	187.561	364.444	168.848	328.000	48
281.333	546.944	241.181	468.810	211.074	410.208	187.660	364.630	168.937	328.167	49
281.481	547.222	241.308	469.048	211.185	410.417	187.759	364.815	169.026	328.333	50
281.633	547.500	241.439	469.286	211.300	410.625	187.861	365.000	169.118	328.500	51
281.786	547.778	241.570	469.524	211.414	410.833	187.963	365.185	169.210	328.667	52
281.934	548.056	241.697	469.762	211.525	411.042	188.062	365.370	169.299	328.833	53
282.082	548.333	241.824	470.000	211.636	411.250	188.160	365.556	169.388	329.000	54
282.235	548.611	241.955	470.238	211.751	411.458	188.262	365.741	169.479	329.167	55
282.388	548.889	242.086	470.476	211.866	411.667	188.364	365.926	169.571	329.333	56
282.541	549.167	242.217	470.714	211.980	411.875	188.466	366.111	169.663	329.500	57
282.694	549.444	242.348	470.952	212.095	412.083	188.568	366.296	169.755	329.667	58
282.842	549.722	242.475	471.190	212.206	412.292	188.667	366.481	169.844	329.833	59

TABLE XIV.—ACTUAL TANGENTS, ETC.

33°	1° Curve.		2° Curve.		3° Curve.		4° Curve.		5° Curve.	
M.	Tan.	Arc.	Tan.	Arc.	Tan.	Arc.	Tan.	Arc.	Tan.	Arc.
0	1697.18	3300.00	848.621	1650.00	565.785	1100.00	424.377	825.000	339.540	660.000
1	1698.10	3301.67	849.079	1650.83	566.090	1100.56	424.606	825.417	339.723	660.333
2	1699.01	3303.33	849.538	1651.67	566.396	1101.11	424.836	825.833	339.906	660.667
3	1699.93	3305.00	849.996	1652.50	566.702	1101.67	425.065	826.250	340.000	661.000
4	1700.85	3306.67	850.454	1653.33	567.007	1102.22	425.294	826.667	340.273	661.333
5	1701.73	3308.33	850.899	1654.17	567.303	1102.78	425.516	827.083	340.451	661.667
6	1702.62	3310.00	851.343	1655.00	567.599	1103.33	425.738	827.500	340.629	662.000
7	1703.54	3311.67	851.801	1655.83	567.905	1103.89	425.967	827.917	340.812	662.333
8	1704.46	3313.33	852.259	1656.67	568.211	1104.44	426.197	828.333	340.995	662.667
9	1705.37	3315.00	852.718	1657.50	568.516	1105.00	426.426	828.750	341.179	663.000
10	1706.29	3316.67	853.176	1658.33	568.822	1105.56	426.655	829.167	341.362	663.333
11	1707.18	3318.33	853.620	1659.17	569.118	1106.11	426.877	829.583	341.540	663.667
12	1708.07	3320.00	854.064	1660.00	569.414	1106.67	427.099	830.000	341.718	664.000
13	1708.98	3321.67	854.523	1660.83	569.720	1107.22	427.328	830.417	341.901	664.333
14	1709.90	3323.33	854.981	1661.67	570 025	1107.78	427.558	830.833	342.084	664.667
15	1710.82	3325.00	855.439	1662.50	570.331	1108.33	427.787	831.250	342.268	665.000
16	1711.73	3326.67	855.898	1663.33	570.636	1108.89	428.016	831.667	342.451	665.333
17	1712.62	3328.33	856.342	1664.17	570.932	1109.44	428.238	832.083	342.629	665.667
18	1713.51	3330.00	856.786	1665.00	571.229	1110.00	428.460	832.500	342.806	666.000
19	1714.43	3331.67	857.244	1665.83	571.534	1110.56	428.690	832.917	342.990	666.333
20	1715.34	3333.33	857.703	1666.67	571.840	1111.11	428.919	833.333	343.173	666.667
21	1716.26	3335.00	858.161	1667.50	572.145	1111.67	429.148	833.750	343.357	667.000
22	1717.18	3336.67	858.620	1668.33	572.451	1112.22	429.377	834.167	343.540	667.333
23	1718.06	3338.33	859.064	1669.17	572.747	1112.78	429.599	834.583	343.718	667.667
24	1718.95	3340.00	859.508	1670.00	573.043	1113.33	429.821	835.000	343.895	668.000
25	1719.87	3341.67	859.966	1670.83	573.349	1113.89	430.051	835.417	344.079	668.333
26	1720.79	3343.33	860.424	1671.67	573.654	1114.44	430.280	835.833	344.262	668.667
27	1721.70	3345.00	860.883	1672.50	573.960	1115.00	430.509	836.250	344.446	669.000
28	1722.62	3346.67	861.341	1673.33	574.266	1115.56	430.738	836.667	344.629	669.333
29	1723.54	3348.33	861.800	1674.17	574.571	1116.11	430.967	837.083	344.812	669.667
30	1724.45	3350.00	862.258	1675.00	574.877	1116.67	431.197	837.500	344.996	670.000
31	1725.34	3351.67	862.702	1675.83	575.173	1117.22	431.419	837.917	345.174	670.333
32	1726.23	3353.33	863.146	1676.67	575.469	1117.78	431.641	838.333	345.351	670.667
33	1727.15	3355.00	863.604	1677.50	575.775	1118.33	431.870	838.750	345.535	671.000
34	1728.06	3356.67	864.063	1678.33	576.080	1118.89	432.029	839.167	345.718	671.333
35	1728.98	3358.33	864.521	1679.17	576.386	1119.44	432.329	839.583	345.901	671.667
36	1729.90	3360.00	864.980	1680.00	576.691	1120.00	432.558	840.000	346.085	672.000
37	1730.81	3361.67	865.438	1680.83	576.997	1120.56	432.787	840.417	346.268	672.333
38	1731.73	3363.33	865.896	1681.67	577.303	1121.11	433.016	840.833	346.452	672.667
39	1732.62	3365.00	866.341	1682.50	577.599	1121.67	433.238	841.250	346.629	673.000
40	1733.51	3366.67	866.785	1683.33	577.895	1122.22	433.460	841.667	346.807	673.333
41	1734.42	3368.33	867.243	1684.17	578.200	1122.78	433.690	842.083	346.990	673.667
42	1735.34	3370.00	867.701	1685.00	578.506	1123.33	433.919	842.500	347.174	674.000
43	1736.26	3371.67	868.160	1685.83	578.812	1123.89	434.148	842.917	347.357	674.333
44	1737.17	3373.33	868.618	1686.67	579.117	1124.44	434.377	843.333	347.541	674.667
45	1738.09	3375.00	869.077	1687.50	579.423	1125.00	434.607	843.750	347.724	675.000
46	1739.01	3376.67	869.535	1688.33	579.728	1125.56	434.836	844.167	347.907	675.333
47	1739.89	3378.33	869.979	1689.17	580.024	1126.11	435.058	844.583	348.085	675.667
48	1740.78	3380.00	870.423	1690.00	580.321	1126.67	435.280	845.000	348.263	676.000
49	1741.70	3381.67	870.881	1690.83	580.626	1127.22	435.509	845.417	348.446	676.333
50	1742.62	3383.33	871.340	1691.67	580.932	1127.78	435.738	845.833	348.630	676.667
51	1743.53	3385.00	871.798	1692.50	581.237	1128.33	435.968	846.250	348.813	677.000
52	1744.45	3386.67	872.257	1693.33	581.543	1128.89	436.197	846.667	348.996	677.333
53	1745.37	3388.33	872.715	1694.17	581.849	1129.44	436.426	847.083	349.180	677.667
54	1746.28	3390.00	873.173	1695.00	582.154	1130.00	436.655	847 500	349.363	678.000
55	1747.17	3391.67	873.617	1695.83	582.450	1130.56	436.877	847.917	349.541	678.333
56	1748.06	3393.33	874.061	1696.67	582.746	1131.11	437.099	848.333	349.719	678.667
57	1748.98	3395.00	874.520	1697.50	583.052	1131.67	437 329	848.750	349.902	679.000
58	1749.89	3396.67	874.978	1698.33	583.358	1132.22	437.558	849.167	350.085	679.333
59	1750.81	3398.33	875.437	1699.17	583.663	1132.78	437.787	849.583	350.269	679.667

TABLE XIV.—ACTUAL TANGENTS, ETC.

6° Curve.		7° Curve.		8° Curve.		9° Curve.		10° Curve.		33°
Tan.	Arc.	Tan.	Arc.	Tan.	Arc.	Tan.	Arc.	Tan.	Arc.	M.
282.990	550.000	242.602	471.429	212.317	412.500	188.766	366.667	169.933	330.000	0
283.143	550.278	242.733	471.667	212.432	412.708	188.868	366.852	170.024	330.167	1
283.296	550.556	242.864	471.905	212.547	412.917	188.970	367.037	170.116	330.333	2
283.449	550.833	242.995	472.143	212.661	413.125	189.072	367.222	170.208	330.500	3
283.602	551.111	243.126	472.381	212.776	413.333	189.174	367.407	170.300	330.667	4
283.750	551.389	243.253	472.619	212.887	413.542	189.272	367.593	170.389	330.833	5
283.898	551.667	243.380	472.857	212.998	413.750	189.371	367.778	170.478	331.000	6
284.051	551.944	243.511	473.095	213.113	413.958	189.473	367.963	170.569	331.167	7
284.203	552.222	243.642	473.333	213.228	414.167	189.575	368.148	170.661	331.333	8
284.356	552.500	243.773	473.571	213.342	414.375	189.677	368.333	170.753	331.500	9
284.509	552.778	243.904	473.810	213.457	414.583	189.779	368.519	170.845	331.667	10
284.657	553.056	244.031	474.048	213.568	414.792	189.878	368.704	170.934	331.833	11
284.805	553.333	244.158	474.286	213.679	415.000	189.977	368.889	171.023	332.000	12
284.958	553.611	244.289	474.524	213.794	415.208	190.078	369.074	171.114	332.167	13
285.111	553.889	244.420	474.762	213.909	415.417	190.180	369.259	171.206	332.333	14
285.264	554.167	244.551	475.000	214.023	415.625	190.282	369.444	171.298	332.500	15
285.417	554.444	244.682	475.238	214.138	415.833	190.384	369.630	171.390	332.667	16
285.565	554.722	244.809	475.476	214.249	416.042	190.483	369.815	171.479	332.833	17
285.713	555.000	244.936	475.714	214.360	416.250	190.582	370.000	171.568	333.000	18
285.866	555.278	245.067	475.952	214.475	416.458	190.684	370.185	171.659	333.167	19
286.019	555.556	245.198	476.190	214.590	416.667	190.786	370.370	171.751	333.333	20
286.171	555.833	245.329	476.429	214.704	416.875	190.888	370.556	171.843	333.500	21
286.324	556.111	245.460	476.667	214.819	417.083	190.990	370.741	171.935	333.667	22
286.472	556.389	245.587	476.905	214.930	417.292	191.089	370.926	172.024	333.833	23
286.621	556.667	245.714	477.143	215.041	417.500	191.187	371.111	172.113	334.000	24
286.773	556.944	245.845	477.381	215.156	417.708	191.289	371.296	172.204	334.167	25
286.926	557.222	245.976	477.619	215.270	417.917	191.391	371.481	172.296	334.333	26
287.079	557.500	246.107	477.857	215.385	418.125	191.493	371.667	172.388	334.500	27
287.232	557.778	246.238	478.095	215.500	418.333	191.595	371.852	172.480	334.667	28
287.385	558.056	246.369	478.333	215.615	418.542	191.697	372.037	172.572	334.833	29
287.538	558.333	246.500	478.571	215.729	418.750	191.799	372.222	172.663	335.000	30
287.686	558.611	246.627	478.810	215.840	418.958	191.898	372.407	172.752	335.167	31
287.834	558.889	246.754	479.048	215.951	419.167	191.997	372.593	172.841	335.333	32
287.987	559.167	246.885	479.286	216.066	419.375	192.099	372.778	172.933	335.500	33
288.140	559.444	247.016	479.524	216.181	419.583	192.201	372.963	173.025	335.667	34
288.292	559.722	247.147	479.762	216.295	419.792	192.303	373.148	173.117	335.833	35
288.445	560.000	247.278	480.000	216.410	420.000	192.405	373.333	173.208	336.000	36
288.598	560.278	247.410	480.238	216.525	420.208	192.506	373.519	173.300	336.167	37
288.751	560.556	247.541	480.476	216.640	420.417	192.608	373.704	173.392	336.333	38
288.899	560.833	247.668	480.714	216.751	420.625	192.707	373.889	173.481	336.500	39
289.047	561.111	247.794	480.952	216.862	420.833	192.806	374.074	173.570	336.667	40
289.200	561.389	247.925	481.190	216.976	421.042	192.908	374.259	173.662	336.833	41
289.353	561.667	248.057	481.429	217.091	421.250	193.010	374.444	173.753	337.000	42
289.506	561.944	248.188	481.667	217.206	421.458	193.112	374.630	173.845	337.167	43
289.659	562.222	248.319	481.905	217.320	421.667	193.214	374.815	173.937	337.333	44
289.811	562.500	248.450	482.143	217.435	421.875	193.316	375.000	174.029	337.500	45
289.964	562.778	248.581	482.381	217.550	422.083	193.418	375.185	174.121	337.667	46
290.112	563.056	248.708	482.619	217.661	422.292	193.517	375.370	174.210	337.833	47
290.260	563.333	248.835	482.857	217.772	422.500	193.615	375.556	174.298	338.000	48
290.413	563.611	248.966	483.095	217.887	422.708	193.717	375.741	174.390	338.167	49
290.566	563.889	249.097	483.333	218.001	422.917	193.819	375.926	174.482	338.333	50
290.719	564.167	249.228	483.571	218.116	423.125	193.921	376.111	174.574	338.500	51
290.872	564.444	249.359	483.810	218.231	423.333	194.023	376.296	174.666	338.667	52
291.025	564.722	249.490	484.048	218.345	423.542	194.125	376.481	174.757	338.833	53
291.178	565.000	249.621	484.286	218.460	423.750	194.227	376.667	174.849	339.000	54
291.326	565.278	249.748	484.524	218.571	423.958	194.326	376.852	174.938	339.167	55
291.474	565.556	249.875	484.762	218.682	424.167	194.425	377.037	175.027	339.333	56
291.627	565.833	250.006	485.000	218.797	424.375	194.527	377.222	175.119	339.500	57
291.780	566.111	250.137	485.238	218.912	424.583	194.629	377.407	175.211	339.667	58
291.932	566.380	250.268	485.476	219.026	424.792	194.731	377.593	175.302	339.833	59

TABLE XIV.—ACTUAL TANGENTS, ETC.

34°	1° Curve.		2° Curve.		3° Curve.		4° Curve.		5° Curve.	
M.	Tan.	Arc.	Tan.	Arc.	Tan.	Arc.	Tan.	Arc.	Tan.	Arc.
0	1751.73	3400.00	875.895	1700.00	583.969	1133.33	438.016	850.000	350.452	680.000
1	1752.64	3401.67	876.353	1700.83	584.274	1133.89	438.246	850.417	350.636	680.333
2	1753.56	3403.33	876.812	1701.67	584.580	1134.44	438.475	850.833	350.819	680.667
3	1754.48	3405.00	877.270	1702.50	584.886	1135.00	438.704	851.250	351.002	681.000
4	1755.39	3406.67	877.729	1703.33	585.191	1135.56	438.933	851.667	351.186	681.333
5	1756.31	3408.33	878.187	1704.17	585.497	1136.11	439.162	852.083	351.369	681.667
6	1757.23	3410.00	878.645	1705.00	585.802	1136.67	439.392	852.500	351.553	682.000
7	1758.11	3411.67	879.089	1705.83	586.098	1137.22	439.614	852.917	351.730	682.333
8	1759.00	3413.33	879.534	1706.67	586.395	1137.78	439.836	853.333	351.908	682.667
9	1759.92	3415.00	879.992	1707.50	586.700	1138.33	440.065	853.750	352.091	683.000
10	1760.84	3416.67	880.450	1708.33	587.006	1138.89	440.294	854.167	352.275	683.333
11	1761.75	3418.33	880.909	1709.17	587.311	1139.44	440.524	854.583	352.458	683.667
12	1762.67	3420.00	881.367	1710.00	587.617	1140.00	440.753	855.000	352.642	684.000
13	1763.59	3421.67	881.825	1710.83	587.923	1140.56	440.982	855.417	352.825	684.333
14	1764.50	3423.33	882.284	1711.67	588.228	1141.11	441.211	855.833	353.008	684.667
15	1765.42	3425.00	882.742	1712.50	588.534	1141.67	441.440	856.250	353.192	685.000
16	1766.34	3426.67	883.201	1713.33	588.839	1142.22	441.670	856.667	353.375	685.333
17	1767.25	3428.33	883.659	1714.17	589.145	1142.78	441.899	857.086	353.559	685.667
18	1768.17	3430.00	884.117	1715.00	589.451	1143.33	442.128	857.500	353.742	686.000
19	1769.09	3431.67	884.561	1715.83	589.747	1143.89	442.350	857.917	353.920	686.333
20	1769.95	3433.33	885.006	1716.67	590.043	1144.44	442.572	858.333	354.097	686.667
21	1770.86	3435.00	885.464	1717.50	590.348	1145.00	442.801	858.750	354.281	687.000
22	1771.78	3436.67	885.922	1718.33	590.654	1145.56	443.031	859.167	354.464	687.333
23	1772.70	3438.33	886.381	1719.17	590.960	1146.11	443.260	859.583	354.648	687.667
24	1773.61	3440.00	886.839	1720.00	591.265	1146.67	443.489	860.000	354.831	688.000
25	1774.53	3441.67	887.297	1720.83	591.571	1147.22	443.718	860.417	355.014	688.333
26	1775.45	3443.33	887.756	1721.67	591.876	1147.78	443.948	860.833	355.198	688.667
27	1776.36	3445.00	888.214	1722.50	592.182	1148.33	444.177	861.250	355.381	689.000
28	1777.28	3446.67	888.673	1723.33	592.488	1148.89	444.406	861.667	355.565	689.333
29	1778.20	3448.33	889.131	1724.17	592.793	1149.44	444.635	862.083	355.748	689.667
30	1779.11	3450.00	889.589	1725.00	593.099	1150.00	444.865	862.500	355.931	690.000
31	1780.03	3451.67	890.048	1725.83	593.405	1150.56	445.094	862.917	356.115	690.333
32	1780.95	3453.33	890.506	1726.67	593.710	1151.11	445.323	863.333	356.298	690.667
33	1781.86	3455.00	890.965	1727.50	594.016	1151.67	445.552	863.750	356.482	691.000
34	1782.78	3456.67	891.423	1728.33	594.321	1152.22	445.781	864.167	356.665	691.333
35	1783.70	3458.33	891.881	1729.17	594.627	1152.78	446.011	864.583	356.848	691.667
36	1784.61	3460.00	892.340	1730.00	594.933	1153.33	446.240	865.000	357.032	692.000
37	1785.50	3461.67	892.784	1730.83	595.229	1153.89	446.462	865.417	357.210	692.333
38	1786.39	3463.33	893.228	1731.67	595.525	1154.44	446.684	865.833	357.387	692.667
39	1787.31	3465.00	893.686	1732.50	595.830	1155.00	446.913	866.250	357.571	693.000
40	1788.22	3466.67	894.145	1733.33	596.136	1155.56	447.143	866.667	357.754	693.333
41	1789.14	3468.33	894.603	1734.17	596.442	1156.11	447.372	867.083	357.937	693.667
42	1790.06	3470.00	895.061	1735.00	596.747	1156.67	447.601	867.500	358.121	694.000
43	1790.97	3471.67	895.520	1735.83	597.053	1157.22	447.830	867.917	358.304	694.333
44	1791.89	3473.33	895.978	1736.67	597.358	1157.78	448.059	868.333	358.488	694.667
45	1792.81	3475.00	896.437	1737.50	597.664	1158.33	448.289	868.750	358.671	695.000
46	1793.72	3476.67	896.895	1738.33	597.970	1158.89	448.518	869.167	358.854	695.333
47	1794.64	3478.33	897.353	1739.17	598.275	1159.44	448.747	869.583	359.038	695.667
48	1795.56	3480.00	897.812	1740.00	598.581	1160.00	448.976	870.000	359.221	696.000
49	1796.47	3481.67	898.270	1740.83	598.886	1160.56	449.206	870.417	359.405	696.333
50	1797.39	3483.33	898.729	1741.67	599.192	1161.11	449.435	870.833	359.588	696.667
51	1798.31	3485.00	899.187	1742.50	599.498	1161.67	449.664	871.250	359.771	697.000
52	1799.22	3486.67	899.645	1743.33	599.803	1162.22	449.893	871.667	359.955	697.333
53	1800.14	3488.33	900.104	1744.17	600.109	1162.78	450.123	872.083	360.138	697.667
54	1801.06	3490.00	900.562	1745.00	600.415	1163.33	450.352	872.500	360.322	698.000
55	1801.97	3491.67	901.020	1745.83	600.720	1163.89	450.581	872.917	360.505	698.333
56	1802.89	3493.33	901.479	1746.67	601.026	1164.44	450.810	873.333	360.688	698.667
57	1803.81	3495.00	901.937	1747.50	601.331	1165.00	451.039	873.750	360.872	699.000
58	1804.73	3496.67	902.396	1748.33	601.637	1165.56	451.268	874.167	361.055	699.333
59	1805.64	3498.33	902.854	1749.17	601.943	1166.11	451.498	874.583	361.239	699.667

TABLE XIV.—ACTUAL TANGENTS, ETC.

6° Curve.		7° Curve.		8° Curve.		9° Curve.		10° Curve.		34°
Tan.	Arc.	Tan.	Arc.	Tan.	Arc.	Tan.	Arc.	Tan.	Arc.	M.
292.085	566.667	250.399	485.714	219.141	425.000	194.883	377.778	175.394	340.000	0
292.238	566.944	250.530	485.952	219.256	425.208	194.934	377.963	175.486	340.167	1
292.391	567.222	250.661	486.190	219.370	425.417	195.036	378.148	175.578	340.333	2
292.544	567.500	250.792	486.429	219.485	425.625	195.138	378.333	175.670	340.500	3
292.697	567.778	250.923	486.667	219.600	425.833	195.240	378.519	175.761	340.667	4
292.850	568.056	251.054	486.905	219.715	426.042	195.342	378.704	175.853	340.833	5
293.002	568.333	251.185	487.143	219.829	426.250	195.444	378.889	175.945	341.000	6
293.150	568.611	251.312	487.381	219.940	426.458	195.543	379.074	176.084	341.167	7
293.299	568.889	251.439	487.619	220.051	426.667	195.642	379.259	176.123	341.333	8
293.451	569.167	251.570	487.857	220.166	426.875	195.744	379.444	176.215	341.500	9
293.604	569.444	251.701	488.095	220.281	427.083	195.846	379.630	176.306	341.667	10
293.757	569.722	251.832	488.333	220.395	427.292	195.948	379.815	176.398	341.833	11
293.910	570.000	251.963	488.571	220.510	427.500	196.050	380.000	176.490	342.000	12
294.063	570.278	252.094	488.810	220.625	427.708	196.152	380.185	176.582	342.167	13
294.216	570.556	252.225	489.048	220.740	427.917	196.254	380.370	176.674	342.333	14
294.369	570.833	252.356	489.286	220.854	428.125	196.356	380.556	176.765	342.500	15
294.521	571.111	252.487	489.524	220.969	428.333	196.458	380.741	176.857	342.667	16
294.674	571.389	252.618	489.762	221.084	428.542	196.560	380.926	176.949	342.833	17
294.827	571.667	252.750	490.000	221.198	428.750	196.661	381.111	177.041	343.000	18
294.975	571.944	252.876	490.238	221.309	428.958	196.760	381.296	177.130	343.167	19
295.123	572.222	253.003	490.476	221.420	429.167	196.859	381.481	177.219	343.333	20
295.276	572.500	253.134	490.714	221.535	429.375	196.961	381.667	177.310	343.500	21
295.429	572.778	253.265	490.952	221.650	429.583	197.063	381.852	177.402	343.667	22
295.582	573.056	253.397	491.190	221.765	429.792	197.165	382.037	177.494	343.833	23
295.735	573.333	253.528	491.429	221.879	430.000	197.267	382.222	177.586	344.000	24
295.888	573.611	253.659	491.667	221.994	430.208	197.369	382.407	177.677	344.167	25
296.040	573.889	253.790	491.905	222.109	430.417	197.471	382.593	177.769	344.333	26
296.193	574.167	253.921	492.143	222.223	430.625	197.573	382.778	177.861	344.500	27
296.346	574.444	254.052	492.381	222.338	430.833	197.675	382.963	177.953	344.667	28
296.499	574.722	254.183	492.619	222.453	431.042	197.777	383.148	178.045	344.833	29
296.652	575.000	254.314	492.857	222.567	431.250	197.879	383.333	178.136	345.000	30
296.805	575.278	254.445	493.095	222.682	431.458	197.981	383.519	178.228	345.167	31
296.958	575.556	254.576	493.333	222.797	431.667	198.083	383.704	178.320	345.333	32
297.110	575.833	254.707	493.571	222.911	431.875	198.185	383.889	178.412	345.500	33
297.263	576.111	254.838	493.810	223.026	432.083	198.287	384.074	178.504	345.667	34
297.416	576.389	254.969	494.048	223.141	432.292	198.388	384.259	178.595	345.833	35
297.569	576.667	255.100	494.286	223.255	432.500	198.490	384.444	178.687	346.000	36
297.717	576.944	255.227	494.524	223.367	432.708	198.589	384.630	178.776	346.167	37
297.865	577.222	255.354	494.762	223.478	432.917	198.688	384.815	178.865	346.333	38
298.018	577.500	255.485	495.000	223.592	433.125	198.790	385.000	178.957	346.500	39
298.171	577.778	255.616	495.238	223.707	433.333	198.892	385.185	179.049	346.667	40
298.324	578.056	255.747	495.476	223.822	433.542	198.994	385.370	179.140	346.833	41
298.477	578.333	255.878	495.714	223.936	433.750	199.096	385.556	179.232	347.000	42
298.630	578.611	256.009	495.952	224.051	433.958	199.198	385.741	179.324	347.167	43
298.782	578.889	256.140	496.190	224.166	434.167	199.300	385.926	179.416	347.333	44
298.935	579.167	256.271	496.429	224.280	434.375	199.402	386.111	179.508	347.500	45
299.088	579.444	256.402	496.667	224.395	434.583	199.504	386.296	179.599	347.667	46
299.241	579.722	256.533	496.905	224.510	434.792	199.606	386.481	179.691	347.833	47
299.394	580.000	256.664	497.143	224.624	435.000	199.708	386.667	179.783	348.000	48
299.547	580.278	256.795	497.381	224.739	435.208	199.810	386.852	179.875	348.167	49
299.700	580.556	256.927	497.619	224.854	435.417	199.912	387.037	179.967	348.333	50
299.852	580.833	257.058	497.857	224.969	435.625	200.014	387.222	180.058	348.500	51
300.005	581.111	257.189	498.095	225.083	435.833	200.115	387.407	180.150	348.667	52
300.158	581.389	257.320	498.333	225.198	436.042	200.217	387.593	180.242	348.833	53
300.311	581.667	257.451	498.571	225.313	436.250	200.319	387.778	180.334	349.000	54
300.464	581.944	257.582	498.810	225.427	436.458	200.421	387.963	180.425	349.167	55
300.617	582.222	257.713	499.048	225.542	436.667	200.523	388.148	180.517	349.333	56
300.770	582.500	257.844	499.286	225.657	436.875	200.625	388.333	180.609	349.500	57
300.922	582.778	257.975	499.524	225.771	437.083	200.727	388.519	180.701	349.667	58
301.075	583.056	258.106	499.762	225.886	437.292	200.829	388.704	180.793	349.833	59

TABLE XIV.—ACTUAL TANGENTS, ETC.

35°	1° Curve.		2° Curve.		3° Curve.		4° Curve.		5° Curve.	
M.	Tan.	Arc.	Tan.	Arc.	Tan.	Arc.	Tan.	Arc.	Tan.	Arc.
0	1806.56	3500.00	903.312	1750.00	602.248	1166.67	451.727	875.000	361.422	700.000
1	1807.48	3501.67	903.771	1750.83	602.554	1167.22	451.956	875.417	361.605	700.333
2	1808.39	3503.33	904.229	1751.67	602.859	1167.78	452.186	875.833	361.789	700.667
3	1809.31	3505.00	904.688	1752.50	603.165	1168.33	452.415	876.250	361.972	701.000
4	1810.23	3506.67	905.146	1753.33	603.471	1168.89	452.644	876.667	362.156	701.333
5	1811.14	3508.33	905.604	1754.17	603.776	1169.44	452.873	877.083	362.339	701.667
6	1812.06	3510.00	906.063	1755.00	604.082	1170.00	453.103	877.500	362.523	702.000
7	1812.98	3511.67	906.521	1755.83	604.388	1170.56	453.332	877.917	362.706	702.333
8	1813.89	3513.33	906.980	1756.67	604.693	1171.11	453.561	878.333	362.889	702.667
9	1814.81	3515.00	907.438	1757.50	604.999	1171.67	453.790	878.750	363.073	703.000
10	1815.73	3516.67	907.896	1758.33	605.304	1172.22	454.019	879.167	363.256	703.333
11	1816.64	3518.33	908.355	1759.17	605.610	1172.78	454.249	879.583	363.440	703.667
12	1817.56	3520.00	908.813	1760.00	605.916	1173.33	454.478	880.000	363.623	704.000
13	1818.48	3521.67	909.271	1760.83	606.221	1173.89	454.707	880.417	363.806	704.333
14	1819.39	3523.33	909.730	1761.67	606.527	1174.44	454.936	880.833	363.990	704.667
15	1820.31	3525.00	910.188	1762.50	606.832	1175.00	455.166	881.250	364.173	705.000
16	1821.23	3526.67	910.647	1763.33	607.138	1175.56	455.395	881.667	364.357	705.333
17	1822.14	3528.33	911.105	1764.17	607.444	1176.11	455.624	882.083	364.540	705.667
18	1823.06	3530.00	911.563	1765.00	607.749	1176.67	455.853	882.500	364.723	706.000
19	1823.98	3531.67	912.022	1765.83	608.055	1177.22	456.083	882.917	364.907	706.333
20	1824.89	3533.33	912.480	1766.67	608.360	1177.78	456.312	883.333	365.090	706.667
21	1825.81	3535.00	912.939	1767.50	608.666	1178.33	456.541	883.750	365.274	707.000
22	1826.73	3536.67	913.397	1768.33	608.972	1178.89	456.770	884.167	365.457	707.333
23	1827.64	3538.33	913.855	1769.17	609.277	1179.44	456.999	884.583	365.640	707.667
24	1828.56	3540.00	914.314	1770.00	609.583	1180.00	457.229	885.000	365.824	708.000
25	1829.48	3541.67	914.772	1770.83	609.889	1180.56	457.458	885.417	366.007	708.333
26	1830.39	3543.33	915.231	1771.67	610.194	1181.11	457.687	885.833	366.191	708.667
27	1831.31	3545.00	915.689	1772.50	610.500	1181.67	457.916	886.250	366.374	709.000
28	1832.23	3546.67	916.147	1773.33	610.805	1182.22	458.146	886.667	366.557	709.333
29	1833.14	3548.33	916.606	1774.17	611.111	1182.78	458.375	887.083	366.741	709.667
30	1834.06	3550.00	917.064	1775.00	611.417	1183.33	458.604	887.500	366.924	710.000
31	1834.98	3551.67	917.522	1775.83	611.722	1183.89	458.833	887.917	367.108	710.333
32	1835.89	3553.33	917.981	1776.67	612.028	1184.44	459.063	888.333	367.291	710.667
33	1836.81	3555.00	918.439	1777.50	612.333	1185.00	459.292	888.750	367.474	711.000
34	1837.73	3556.67	918.898	1778.33	612.639	1185.56	459.521	889.167	367.658	711.333
35	1838.64	3558.33	919.356	1779.17	612.945	1186.11	459.750	889.583	367.841	711.667
36	1839.56	3560.00	919.814	1780.00	613.250	1186.67	459.979	890.000	368.025	712.000
37	1840.51	3561.67	920.287	1780.83	613.565	1187.22	460.216	890.417	368.214	712.333
38	1841.45	3563.33	920.760	1781.67	613.881	1187.78	460.452	890.833	368.403	712.667
39	1842.37	3565.00	921.218	1782.50	614.186	1188.33	460.681	891.250	368.586	713.000
40	1843.29	3566.67	921.677	1783.33	614.492	1188.89	460.911	891.667	368.770	713.333
41	1844.20	3568.33	922.135	1784.17	614.797	1189.44	461.140	892.083	368.953	713.667
42	1845.12	3570.00	922.593	1785.00	615.103	1190.00	461.369	892.500	369.137	714.000
43	1846.04	3571.67	923.052	1785.83	615.409	1190.56	461.598	892.917	369.320	714.333
44	1846.95	3573.33	923.510	1786.67	615.714	1191.11	461.828	893.333	369.503	714.667
45	1847.87	3575.00	923.969	1787.50	616.020	1191.67	462.057	893.750	369.687	715.000
46	1848.79	3576.67	924.427	1788.33	616.325	1192.22	462.286	894.167	369.870	715.333
47	1849.70	3578.33	924.885	1789.17	616.631	1192.78	462.515	894.583	370.054	715.667
48	1850.62	3580.00	925.344	1790.00	616.937	1193.33	462.745	895.000	370.237	716.000
49	1851.54	3581.67	925.802	1790.83	617.242	1193.89	462.974	895.417	370.420	716.333
50	1852.45	3583.33	926.261	1791.67	617.548	1194.44	463.203	895.833	370.604	716.667
51	1853.37	3585.00	926.719	1792.50	617.854	1195.00	463.432	896.250	370.787	717.000
52	1854.29	3586.67	927.177	1793.33	618.159	1195.56	463.661	896.667	370.971	717.333
53	1855.23	3588.33	927.650	1794.17	618.474	1196.11	463.898	897.083	371.160	717.667
54	1856.18	3590.00	928.123	1795.00	618.790	1196.67	464.131	897.500	371.349	718.000
55	1857.09	3591.67	928.581	1795.83	619.095	1197.22	464.363	897.917	371.532	718.333
56	1858.01	3593.33	929.040	1796.67	619.401	1197.78	464.593	898.333	371.716	718.667
57	1858.93	3595.00	929.498	1797.50	619.706	1198.33	464.822	898.750	371.899	719.000
58	1859.84	3596.67	929.956	1798.33	620.012	1198.89	465.051	899.167	372.082	719.333
59	1860.76	3598.33	930.415	1799.17	620.318	1199.44	465.280	899.583	372.266	719.667

TABLE XIV.—ACTUAL TANGENTS, ETC.

6° Curve.		7° Curve.		8° Curve.		9° Curve.		10° Curve.		35°
Tan.	Arc.	Tan.	Arc.	Tan.	Arc.	Tan.	Arc.	Tan.	Arc.	M.
301.228	583.333	258.237	500.000	226.001	437.500	200.931	388.889	180.884	350.000	0
301.381	583.611	258.368	500.238	226.115	437.708	201.033	389.074	180.976	350.167	1
301.534	583.889	258.499	500.476	226.230	437.917	201.135	389.259	181.068	350.333	2
301.687	584.167	258.630	500.714	226.345	438.125	201.237	389.444	181.160	350.500	3
301.840	584.444	258.761	500.952	226.459	438.333	201.339	389.630	181.252	350.667	4
301.992	584.722	258.892	501.190	226.574	438.542	201.441	389.815	181.343	350.833	5
302.145	585.000	259.023	501.429	226.689	438.750	201.543	390.000	181.435	351.000	6
302.298	585.278	259.154	501.667	226.803	438.958	201.645	390.185	181.527	351.167	7
302.451	585.556	259.285	501.905	226.918	439.167	201.747	390.370	181.619	351.333	8
302.604	585.833	259.416	502.143	227.033	439.375	201.849	390.556	181.711	351.500	9
302.757	586.111	259.547	502.381	227.148	439.583	201.951	390.741	181.802	351.667	10
302.910	586.389	259.678	502.619	227.262	439.792	202.053	390.926	181.894	351.833	11
303.062	586.667	259.809	502.857	227.377	440.000	202.155	391.111	181.986	352.000	12
303.215	586.944	259.941	503.095	227.492	440.208	202.257	391.296	182.078	352.167	13
303.368	587.222	260.072	503.333	227.606	440.417	202.359	391.481	182.169	352.333	14
303.521	587.500	260.203	503.571	227.721	440.625	202.461	391.667	182.261	352.500	15
303.674	587.778	260.334	503.810	227.836	440.833	202.563	391.852	182.353	352.667	16
303.827	588.056	260.465	504.048	227.950	441.042	202.665	392.037	182.445	352.833	17
303.980	588.333	260.596	504.286	228.065	441.250	202.767	392.222	182.537	353.000	18
304.132	588.611	260.727	504.524	228.180	441.458	202.868	392.407	182.628	353.167	19
304.285	588.889	260.858	504.762	228.294	441.667	202.970	392.593	182.720	353.333	20
304.438	589.167	260.989	505.000	228.409	441.875	203.072	392.778	182.812	353.500	21
304.591	589.444	261.120	505.238	228.524	442.083	203.174	392.963	182.904	353.667	22
304.744	589.722	261.251	505.476	228.638	442.292	203.276	393.148	182.996	353.833	23
304.897	590.000	261.382	505.714	228.753	442.500	203.378	393.333	183.087	354.000	24
305.050	590.278	261.513	505.952	228.868	442.708	203.480	393.519	183.179	354.167	25
305.202	590.556	261.644	506.190	228.982	442.917	203.582	393.704	183.271	354.333	26
305.355	590.833	261.775	506.429	229.097	443.125	203.684	393.889	183.363	354.500	27
305.508	591.111	261.906	506.667	229.212	443.333	203.786	394.074	183.455	354.667	28
305.661	591.389	262.037	506.905	229.327	443.542	203.888	394.259	183.546	354.833	29
305.814	591.667	262.168	507.142	229.441	443.750	203.990	394.444	183.638	355.000	30
305.967	591.944	262.299	507.381	229.556	443.958	204.092	394.630	183.730	355.167	31
306.120	592.222	262.430	507.619	229.671	444.167	204.194	394.815	183.822	355.333	32
306.272	592.500	262.561	507.857	229.785	444.375	204.296	395.000	183.913	355.500	33
306.425	592.778	262.692	508.095	229.900	444.583	204.398	395.185	184.005	355.667	34
306.578	593.056	262.823	508.333	230.015	444.792	204.500	395.370	184.097	355.833	35
306.731	593.333	262.955	508.571	230.129	445.000	204.602	395.556	184.189	356.000	36
306.889	593.611	263.090	508.810	230.248	445.208	204.707	395.741	184.284	356.167	37
307.046	593.889	263.225	509.048	230.366	445.417	204.812	395.926	184.378	356.333	38
307.199	594.167	263.356	509.286	230.481	445.625	204.914	396.111	184.470	356.500	39
307.352	594.444	263.487	509.524	230.595	445.833	205.016	396.296	184.562	356.667	40
307.505	594.722	263.618	509.762	230.710	446.042	205.118	396.481	184.654	356.833	41
307.658	595.000	263.749	510.000	230.825	446.250	205.220	396.667	184.745	357.000	42
307.811	595.278	263.880	510.238	230.939	446.458	205.322	396.852	184.837	357.167	43
307.963	595.556	264.011	510.476	231.054	446.667	205.424	397.037	184.929	357.333	44
308.116	595.833	264.142	510.714	231.169	446.875	205.526	397.222	185.021	357.500	45
308.269	596.111	264.273	510.952	231.283	447.083	205.628	397.407	185.113	357.667	46
308.422	596.389	264.404	511.190	231.398	447.292	205.730	397.593	185.204	357.833	47
308.575	596.667	264.535	511.429	231.513	447.500	205.832	397.778	185.296	358.000	48
308.728	596.944	264.666	511.667	231.627	447.708	205.934	397.963	185.388	358.167	49
308.881	597.222	264.797	511.905	231.742	447.917	206.026	398.148	185.480	358.333	50
309.033	597.500	264.928	512.143	231.857	448.125	206.138	398.333	185.571	358.500	51
309.186	597.778	265.059	512.381	231.971	448.333	206.240	398.519	185.663	358.667	52
309.344	598.056	265.195	512.619	232.090	448.542	206.345	398.704	185.758	358.833	53
309.502	598.333	265.330	512.857	232.208	448.750	206.450	398.889	185.853	359.000	54
309.654	598.611	265.461	513.095	232.323	448.958	206.552	399.074	185.944	359.167	55
309.807	598.889	265.592	513.333	232.437	449.167	206.654	399.259	186.036	359.333	56
309.960	599.167	265.723	513.571	232.552	449.375	206.756	399.444	186.128	359.500	57
310.113	599.444	265.854	513.810	232.667	449.583	206.858	399.630	186.220	359.667	58
310.266	599.722	265.985	514.048	232.781	449.792	206.960	399.815	186.312	359.833	59

TABLE XIV.—ACTUAL TANGENTS, ETC.

36°	1° Curve.		2° Curve.		3° Curve.		4° Curve.		5° Curve.	
M.	Tan.	Arc.	Tan.	Arc.	Tan.	Arc.	Tan.	Arc.	Tan.	Arc.
0	1861.68	3600.00	930.873	1800.00	620.623	1200.00	465.510	900.000	372.449	720.000
1	1862.59	3601.67	931.331	1800.83	620.929	1200.56	465.739	900.417	372.633	720.333
2	1863.51	3603.33	931.790	1801.67	621.234	1201.11	465.968	900.833	372.816	720.667
3	1864.43	3605.00	932.248	1802.50	621.540	1201.67	466.197	901.250	373.000	721.000
4	1865.34	3606.67	932.707	1803.33	621.846	1202.22	466.427	901.667	373.183	721.333
5	1866.26	3608.33	933.165	1804.17	622.151	1202.78	466.656	902.083	373.366	721.667
6	1867.18	3610.00	933.623	1805.00	622.457	1203.33	466.885	902.500	373.550	722.000
7	1868.12	3611.67	934.096	1805.83	622.772	1203.89	467.121	902.917	373.739	722.333
8	1869.07	3613.33	934.569	1806.67	623.087	1204.44	467.358	903.333	373.928	722.667
9	1869.99	3615.00	935.027	1807.50	623.393	1205.00	467.587	903.750	374.111	723.000
10	1870.90	3616.67	935.486	1808.33	623.698	1205.56	467.816	904.167	374.295	723.333
11	1871.82	3618.33	935.944	1809.17	624.004	1206.11	468.045	904.583	374.478	723.667
12	1872.74	3620.00	936.402	1810.00	624.310	1206.67	468.275	905.000	374.662	724.000
13	1873.65	3621.67	936.861	1810.83	624.615	1207.22	468.504	905.417	374.845	724.333
14	1874.57	3623.33	937.319	1811.67	624.921	1207.78	468.733	905.833	375.028	724.667
15	1875.49	3625.00	937.778	1812.50	625.226	1208.33	468.962	906.250	375.212	725.000
16	1876.40	3626.67	938.236	1813.33	625.532	1208.89	469.192	906.667	375.395	725.333
17	1877.35	3628.33	938.709	1814.17	625.847	1209.44	469.428	907.083	375.584	725.667
18	1878.29	3630.00	939.181	1815.00	626.162	1210.00	469.664	907.500	375.774	726.000
19	1879.21	3631.67	939.640	1815.83	626.468	1210.56	469.894	907.917	375.957	726.333
20	1880.13	3633.33	940.098	1816.67	626.774	1211.11	470.123	908.333	376.140	726.667
21	1881.04	3635.00	940.557	1817.50	627.079	1211.67	470.352	908.750	376.324	727.000
22	1881.96	3636.67	941.015	1818.33	627.385	1212.22	470.581	909.167	376.507	727.333
23	1882.88	3638.33	941.473	1819.17	627.690	1212.78	470.811	909.583	376.691	727.667
24	1883.79	3640.00	941.932	1820.00	627.996	1213.33	471.040	910.000	376.874	728.000
25	1884.74	3641.67	942.404	1820.83	628.311	1213.89	471.276	910.417	377.063	728.333
26	1885.69	3643.33	942.877	1821.67	628.626	1214.44	471.513	910.833	377.252	728.667
27	1886.60	3645.00	943.336	1822.50	628.932	1215.00	471.742	911.250	377.436	729.000
28	1887.52	3646.67	943.794	1823.33	629.238	1215.56	471.971	911.667	377.619	729.333
29	1888.44	3648.33	944.252	1824.17	629.543	1216.11	472.200	912.083	377.802	729.667
30	1889.35	3650.00	944.711	1825.00	629.849	1216.67	472.430	912.500	377.986	730.000
31	1890.27	3651.67	945.169	1825.83	630.154	1217.22	472.659	912.917	378.169	730.333
32	1891.19	3653.33	945.627	1826.67	630.460	1217.78	472.888	913.333	378.353	730.667
33	1892.13	3655.00	946.100	1827.50	630.775	1218.33	473.124	913.750	378.542	731.000
34	1893.05	3656.67	946.573	1828.33	631.090	1218.89	473.361	914.167	378.731	731.333
35	1893.99	3658.33	947.031	1829.17	631.396	1219.44	473.590	914.583	378.914	731.667
36	1894.91	3660.00	947.490	1830.00	631.702	1220.00	473.819	915.000	379.098	732.000
37	1895.83	3661.67	947.948	1830.83	632.007	1220.56	474.048	915.417	379.281	732.333
38	1896.74	3663.33	948.406	1831.67	632.313	1221.11	474.278	915.833	379.465	732.667
39	1897.66	3665.00	948.865	1832.50	632.618	1221.67	474.507	916.250	379.648	733.000
40	1898.58	3666.67	949.323	1833.33	632.924	1222.22	474.736	916.667	379.831	733.333
41	1899.52	3668.33	949.796	1834.17	633.239	1222.78	474.973	917.083	380.020	733.667
42	1900.47	3670.00	950.269	1835.00	633.554	1223.33	475.209	917.500	380.210	734.000
43	1901.38	3671.67	950.727	1835.83	633.860	1223.89	475.438	917.917	380.393	734.333
44	1902.30	3673.33	951.185	1836.67	634.166	1224.44	475.667	918.333	380.576	734.667
45	1903.22	3675.00	951.644	1837.50	634.471	1225.00	475.897	918.750	380.760	735.000
46	1904.13	3676.67	952.102	1838.33	634.777	1225.56	476.126	919.167	380.943	735.333
47	1905.08	3678.33	952.575	1839.17	635.092	1226.11	476.362	919.583	381.132	735.667
48	1906.03	3680.00	953.048	1840.00	635.407	1226.67	476.599	920.000	381.322	736.000
49	1906.94	3681.67	953.506	1840.83	635.718	1227.22	476.828	920.417	381.505	736.333
50	1907.86	3683.33	953.964	1841.67	636.018	1227.78	477.057	920.833	381.688	736.667
51	1908.78	3685.00	954.423	1842.50	636.324	1228.33	477.286	921.250	381.872	737.000
52	1909.69	3686.67	954.881	1843.33	636.630	1228.89	477.516	921.667	382.055	737.333
53	1910.64	3688.33	955.354	1844.17	636.945	1229.44	477.752	922.083	382.244	737.667
54	1911.58	3690.00	955.827	1845.00	637.260	1230.00	477.988	922.500	382.433	738.000
55	1912.50	3691.67	956.285	1845.83	637.575	1230.56	478.218	922.917	382.617	738.333
56	1913.42	3693.33	956.748	1846.67	637.871	1231.11	478.447	923.333	382.800	738.667
57	1914.33	3695.00	957.202	1847.50	638.177	1231.67	478.676	923.750	382.984	739.000
58	1915.25	3696.67	957.660	1848.33	638.482	1232.22	478.905	924.167	383.167	739.333
59	1916.20	3698.33	958.133	1849.17	638.798	1232.78	479.142	924.583	383.356	739.667

TABLE XIV.—ACTUAL TANGENTS, ETC.

6° Curve.		7° Curve.		8° Curve.		9° Curve.		10° Curve.		36°
Tan.	Arc.	Tan.	Arc.	Tan.	Arc.	Tan.	Arc.	Tan.	Arc.	M.
310.419	600.000	266.116	514.286	232.896	450.000	207.062	400.000	186.403	360.000	0
310.572	600.278	266.247	514.524	233.011	450.208	207.164	400.185	186.495	360.167	1
310.724	600.556	266.378	514.762	233.125	450.417	207.266	400.370	186.587	360.333	2
310.877	600.833	266.509	515.000	233.240	450.625	207.368	400.556	186.679	360.500	3
311.030	601.111	266.640	515.238	233.355	450.833	207.470	400.741	186.770	360.667	4
311.183	601.389	266.771	515.476	233.470	451.042	207.572	400.926	186.862	360.833	5
311.336	601.667	266.902	515.714	233.584	451.250	207.673	401.111	186.954	361.000	6
311.494	601.944	267.037	515.952	233.702	451.458	207.779	401.296	187.049	361.167	7
311.651	602.222	267.172	516.190	233.821	451.667	207.884	401.481	187.143	361.333	8
311.804	602.500	267.304	516.429	233.935	451.875	207.986	401.667	187.235	361.500	9
311.957	602.778	267.435	516.667	234.050	452.083	208.088	401.852	187.327	361.667	10
312.110	603.056	267.566	516.905	234.165	452.292	208.190	402.037	187.419	361.833	11
312.263	603.333	267.697	517.143	234.279	452.500	208.292	402.222	187.511	362.000	12
312.415	603.611	267.828	517.381	234.394	452.708	208.394	402.407	187.602	362.167	13
312.568	603.889	267.959	517.619	234.509	452.917	208.496	402.593	187.694	362.333	14
312.721	604.167	268.090	517.857	234.624	453.125	208.598	402.778	187.786	362.500	15
312.874	604.444	268.221	518.095	234.738	453.333	208.700	402.963	187.878	362.667	16
313.032	604.722	268.356	518.333	234.857	453.542	208.805	403.148	187.972	362.833	17
313.189	605.000	268.491	518.571	234.975	453.750	208.910	403.333	188.067	363.000	18
313.342	605.278	268.622	518.810	235.089	453.958	209.012	403.519	188.159	363.167	19
313.495	605.556	268.753	519.048	235.204	454.167	209.114	403.704	188.251	363.333	20
313.648	605.833	268.884	519.286	235.319	454.375	209.216	403.889	188.342	363.500	21
313.801	606.111	269.015	519.524	235.434	454.583	209.318	404.074	188.434	363.667	22
313.954	606.389	269.146	519.762	235.518	454.792	209.420	404.250	188.526	363.833	23
314.106	606.667	269.277	520.000	235.663	455.000	209.522	404.444	188.618	364.000	24
314.264	606.944	269.412	520.238	235.781	455.208	209.627	404.630	188.712	364.167	25
314.422	607.222	269.548	520.476	235.899	455.417	209.732	404.815	188.807	364.333	26
314.575	607.500	269.679	520.714	236.014	455.625	209.834	405.000	188.899	364.500	27
314.727	607.778	269.810	520.952	236.129	455.833	209.936	405.185	188.991	364.667	28
314.880	608.056	269.941	521.190	236.243	456.042	210.038	405.370	189.082	364.833	29
315.033	608.333	270.072	521.429	236.358	456.250	210.140	405.556	189.174	365.000	30
315.186	608.611	270.203	521.667	236.473	456.458	210.242	405.741	189.266	365.167	31
315.339	608.889	270.334	521.905	236.588	456.667	210.344	405.926	189.358	365.333	32
315.497	609.167	270.469	522.143	236.706	456.875	210.449	406.111	189.452	365.500	33
315.654	609.444	270.601	522.381	236.824	457.083	210.554	406.296	189.547	365.667	34
315.807	609.722	270.735	522.619	236.939	457.292	210.656	406.481	189.639	365.833	35
315.960	610.000	270.866	522.857	237.053	457.500	210.758	406.667	189.731	366.000	36
316.113	610.278	270.997	523.095	237.168	457.708	210.860	406.852	189.822	366.167	37
316.266	610.556	271.128	523.333	237.283	457.917	210.962	407.037	189.914	366.333	38
316.418	610.833	271.259	523.571	237.397	458.125	211.064	407.222	190.006	366.500	39
316.571	611.111	271.390	523.810	237.512	458.333	211.166	407.407	190.098	366.667	40
316.729	611.389	271.526	524.048	237.630	458.542	211.271	407.593	190.193	366.833	41
316.887	611.667	271.661	524.286	237.749	458.750	211.376	407.778	190.287	367.000	42
317.039	611.944	271.792	524.524	237.863	458.958	211.478	407.963	190.379	367.167	43
317.192	612.222	271.923	524.762	237.978	459.167	211.580	408.148	190.471	367.333	44
317.345	612.500	272.054	525.000	238.093	459.375	211.682	408.333	190.563	367.500	45
317.498	612.778	272.185	525.238	238.207	459.583	211.784	408.519	190.654	367.667	46
317.656	613.056	272.320	525.476	238.326	459.792	211.889	408.704	190.749	367.833	47
317.813	613.333	272.455	525.714	238.444	460.000	211.994	408.889	190.844	368.000	48
317.966	613.611	272.586	525.952	238.559	460.208	212.096	409.074	190.935	368.167	49
318.119	613.889	272.717	526.190	238.673	460.417	212.198	409.259	191.027	368.333	50
318.272	614.167	272.848	526.429	238.788	460.625	212.300	409.444	191.119	368.500	51
318.425	614.444	272.979	526.667	238.908	460.833	212.402	409.630	191.211	368.667	52
318.582	614.722	273.114	526.905	239.021	461.042	212.507	409.815	191.305	368.833	53
318.740	615.000	273.250	527.143	239.139	461.250	212.612	410.000	191.400	369.000	54
318.893	615.278	273.381	527.381	239.254	461.458	212.714	410.185	191.492	369.167	55
319.046	615.556	273.512	527.619	239.369	461.667	212.816	410.370	191.584	369.333	56
319.199	615.833	273.643	527.857	239.483	461.875	212.918	410.556	191.676	369.500	57
319.351	616.111	273.774	528.095	239.598	462.083	213.020	410.741	191.767	369.667	58
319.509	616.389	273.909	528.333	239.716	462.292	213.125	410.926	191.862	369.833	59

TABLE XIV.—ACTUAL TANGENTS, ETC.

37°	1° Curve.		2° Curve.		3° Curve.		4° Curve.		5° Curve.	
M.	Tan.	Arc.	Tan.	Arc.	Tan.	Arc.	Tan.	Arc.	Tan.	Arc.
0	1917.14	3700.00	958.606	1850.00	639.113	1233.33	479.378	925.000	383.545	740.000
1	1918.06	3701.67	959.064	1850.83	639.418	1233.89	479.607	925.417	383.729	740.333
2	1918.97	3703.33	959.522	1851.67	639.724	1234.44	479.837	925.833	383.912	740.667
3	1919.89	3705.00	959.981	1852.50	640.030	1235.00	480.066	926.250	384.096	741.000
4	1920.81	3706.67	960.489	1853.33	640.335	1235.56	480.295	926.667	384.279	741.333
5	1921.75	3708.33	960.912	1854.17	640.650	1236.11	480.531	927.083	384.468	741.667
6	1922.70	3710.00	961.385	1855.00	640.966	1236.67	480.768	927.500	384.657	742.000
7	1923.62	3711.67	961.843	1855.83	641.271	1237.22	480.997	927.917	384.841	742.333
8	1924.53	3713.33	962.301	1856.67	641.577	1237.78	481.226	928.333	385.024	742.667
9	1925.45	3715.00	962.760	1857.50	641.882	1238.33	481.455	928.750	385.207	743.000
10	1926.37	3716.67	963.218	1858.33	642.188	1238.89	481.685	929.167	385.391	743.333
11	1927.31	3718.33	963.691	1859.17	642.503	1239.44	481.921	929.583	385.580	743.667
12	1928.26	3720.00	964.164	1860.00	642.818	1240.00	482.157	930.000	385.769	744.000
13	1929.17	3721.67	964.622	1860.83	643.124	1240.56	482.387	930.417	385.952	744.333
14	1930.09	3723.33	965.080	1861.67	643.430	1241.11	482.616	930.833	386.136	744.667
15	1931.01	3725.00	965.539	1862.50	643.735	1241.67	482.845	931.250	386.319	745.000
16	1931.92	3726.67	965.997	1863.33	644.041	1242.22	483.074	931.667	386.503	745.333
17	1932.87	3728.33	966.470	1864.17	644.356	1242.78	483.311	932.083	386.692	745.667
18	1933.81	3730.00	966.943	1865.00	644.671	1243.33	483.547	932.500	386.881	746.000
19	1934.73	3731.67	967.401	1865.83	644.977	1243.89	483.776	932.917	387.064	746.333
20	1935.65	3733.33	967.859	1866.67	645.282	1244.44	484.006	933.333	387.248	746.667
21	1936.59	3735.00	968.332	1867.50	645.597	1245.00	484.242	933.750	387.437	747.000
22	1937.54	3736.67	968.805	1868.33	645.913	1245.56	484.478	934.167	387.626	747.333
23	1938.46	3738.33	969.263	1869.17	646.218	1246.11	484.708	934.583	387.809	747.667
24	1939.37	3740.00	969.722	1870.00	646.524	1246.67	484.937	935.000	387.993	748.000
25	1940.32	3741.67	970.194	1870.83	646.839	1247.22	485.173	935.417	388.182	748.333
26	1941.26	3743.33	970.667	1871.67	647.154	1247.78	485.410	935.833	388.371	748.667
27	1942.18	3745.00	971.125	1872.50	647.460	1248.33	485.639	936.250	388.555	749.000
28	1943.10	3746.67	971.584	1873.33	647.765	1248.89	485.868	936.667	388.738	749.333
29	1944.01	3748.33	972.042	1874.17	648.071	1249.44	486.097	937.083	388.921	749.667
30	1944.93	3750.00	972.500	1875.00	648.377	1250.00	486.327	937.500	389.105	750.000
31	1945.88	3751.67	972.973	1875.83	648.692	1250.56	486.563	937.917	389.294	750.333
32	1946.82	3753.33	973.446	1876.67	649.007	1251.11	486.799	938.333	389.483	750.667
33	1947.74	3755.00	973.904	1877.50	649.313	1251.67	487.029	938.750	389.666	751.000
34	1948.65	3756.67	974.363	1878.33	649.618	1252.22	487.258	939.167	389.850	751.333
35	1949.60	3758.33	974.835	1879.17	649.933	1252.78	487.494	939.583	390.039	751.667
36	1950.54	3760.00	975.308	1880.00	650.249	1253.33	487.731	940.000	390.228	752.000
37	1951.46	3761.67	975.767	1880.83	650.554	1253.89	487.960	940.417	390.412	752.333
38	1952.38	3763.33	976.225	1881.67	650.860	1254.44	488.189	940.833	390.595	752.667
39	1953.32	3765.00	976.698	1882.50	651.175	1255.00	488.426	941.250	390.784	753.000
40	1954.27	3766.67	977.170	1883.33	651.490	1255.56	488.662	941.667	390.973	753.333
41	1955.19	3768.33	977.639	1884.17	651.796	1256.11	488.891	942.083	391.157	753.667
42	1956.10	3770.00	978.087	1885.00	652.101	1256.67	489.120	942.500	391.340	754.000
43	1957.05	3771.67	978.560	1885.83	652.416	1257.22	489.357	942.917	391.529	754.333
44	1957.99	3773.33	979.033	1886.67	652.732	1257.78	489.593	943.333	391.718	754.667
45	1958.91	3775.00	979.491	1887.50	653.037	1258.33	489.822	943.750	391.902	755.000
46	1959.83	3776.67	979.949	1888.33	653.343	1258.89	490.052	944.167	392.085	755.333
47	1960.77	3778.33	980.422	1889.17	653.658	1259.44	490.288	944.583	392.274	755.667
48	1961.72	3780.00	980.895	1890.00	653.973	1260.00	490.524	945.000	392.463	756.000
49	1962.63	3781.67	981.353	1890.83	654.279	1260.56	490.754	945.417	392.647	756.333
50	1963.55	3783.33	981.812	1891.67	654.584	1261.11	490.983	945.833	392.830	756.667
51	1964.50	3785.00	982.284	1892.50	654.900	1261.67	491.219	946.250	393.019	757.000
52	1965.44	3786.67	982.757	1893.33	655.215	1262.22	491.456	946.667	393.208	757.333
53	1966.36	3788.33	983.215	1894.17	655.520	1262.78	491.685	947.083	393.392	757.667
54	1967.28	3790.00	983.674	1895.00	655.826	1263.33	491.914	947.500	393.575	758.000
55	1968.22	3791.67	984.146	1895.83	656.141	1263.89	492.151	947.917	393.764	758.333
56	1969.17	3793.33	984.619	1896.67	656.456	1264.44	492.387	948.333	393.954	758.667
57	1970.08	3795.00	985.078	1897.50	656.762	1265.00	492.616	948.750	394.137	759.000
58	1971.00	3796.67	985.536	1898.33	657.068	1265.56	492.845	949.167	394.320	759.333
59	1971.94	3798.33	986.009	1899.17	657.383	1266.11	493.082	949.583	394.509	759.667

TABLE XIV.—ACTUAL TANGENTS, ETC.

6° Curve.		7° Curve.		8° Curve.		9° Curve.		10° Curve.		37°
Tan.	Arc.	Tan.	Arc.	Tan.	Arc.	Tan.	Arc.	Tan.	Arc.	M.
319.667	616.667	274.014	528.571	239.885	462.500	213.230	411.111	191.957	370.000	0
319.820	616.944	274.175	528.810	239.949	462.708	213.332	411.296	192.048	370.167	1
319.972	617.222	274.306	529.048	240.064	462.917	213.434	411.481	192.140	370.333	2
320.125	617.500	274.437	529.286	240.179	463.125	213.536	411.667	192.232	370.500	3
320.278	617.778	274.568	529.524	240.293	463.333	213.638	411.852	192.324	370.667	4
320.436	618.056	274.703	529.762	240.412	463.542	213.743	412.037	192.418	370.833	5
320.593	618.333	274.838	530.000	240.530	463.750	213.849	412.222	192.513	371.000	6
320.746	618.611	274.970	530.238	240.644	463.958	213.951	412.407	192.605	371.167	7
320.899	618.889	275.101	530.476	240.759	464.167	214.053	412.593	192.697	371.333	8
321.052	619.167	275.232	530.714	240.874	464.375	214.155	412.778	192.788	371.500	9
321.205	619.444	275.363	530.952	240.989	464.583	214.256	412.963	192.880	371.667	10
321.363	619.722	275.498	531.190	241.107	464.792	214.362	413.148	192.975	371.833	11
321.520	620.000	275.633	531.429	241.225	465.000	214.467	413.333	193.070	372.000	12
321.673	620.278	275.764	531.667	241.340	465.208	214.569	413.519	193.161	372.167	13
321.826	620.556	275.895	531.905	241.454	465.417	214.671	413.704	193.253	372.333	14
321.979	620.833	276.026	532.143	241.569	465.625	214.773	413.889	193.345	372.500	15
322.132	621.111	276.157	532.381	241.684	465.833	214.875	414.074	193.437	372.667	16
322.289	621.389	276.292	532.619	241.802	466.042	214.980	414.259	193.531	372.833	17
322.447	621.667	276.427	532.857	241.920	466.250	215.085	414.444	193.626	373.000	18
322.600	621.944	276.558	533.095	242.035	466.458	215.187	414.630	193.718	373.167	19
322.753	622.222	276.689	533.333	242.150	466.667	215.289	414.815	193.810	373.333	20
322.910	622.500	276.825	533.571	242.268	466.875	215.394	415.000	193.904	373.500	21
323.068	622.778	276.960	533.810	242.386	467.083	215.499	415.185	193.999	373.667	22
323.221	623.056	277.091	534.048	242.501	467.292	215.601	415.370	194.091	373.833	23
323.374	623.333	277.222	534.286	242.616	467.500	215.703	415.556	194.183	374.000	24
323.531	623.611	277.357	534.524	242.734	467.708	215.808	415.741	194.277	374.167	25
323.689	623.889	277.492	534.762	242.852	467.917	215.913	415.926	194.372	374.333	26
323.842	624.167	277.623	535.000	242.967	468.125	216.015	416.111	194.464	374.500	27
323.995	624.444	277.754	535.238	243.082	468.333	216.117	416.296	194.555	374.667	28
324.147	624.722	277.885	535.476	243.196	468.542	216.219	416.481	194.647	374.833	29
324.300	625.000	278.016	535.714	243.311	468.750	216.321	416.667	194.739	375.000	30
324.458	625.278	278.151	535.952	243.429	468.958	216.426	416.852	194.834	375.167	31
324.616	625.556	278.287	536.190	243.547	469.167	216.532	417.037	194.928	375.333	32
324.768	625.833	278.418	536.429	243.662	469.375	216.634	417.222	195.020	375.500	33
324.921	626.111	278.549	536.667	243.777	469.583	216.735	417.407	195.112	375.667	34
325.079	626.389	278.684	536.905	243.895	469.792	216.841	417.593	195.207	375.833	35
325.237	626.667	278.819	537.143	244.013	470.000	216.946	417.778	195.301	376.000	36
325.389	626.944	278.950	537.381	244.128	470.208	217.048	417.963	195.393	376.167	37
325.542	627.222	279.081	537.619	244.243	470.417	217.150	418.148	195.485	376.333	38
325.700	627.500	279.216	537.857	244.361	470.625	217.255	418.333	195.579	376.500	39
325.858	627.778	279.351	538.095	244.479	470.833	217.360	418.519	195.674	376.667	40
326.010	628.056	279.482	538.333	244.594	471.042	217.462	418.704	195.766	376.833	41
326.163	628.333	279.613	538.571	244.709	471.250	217.564	418.889	195.858	377.000	42
326.321	628.611	279.749	538.810	244.827	471.458	217.669	419.074	195.952	377.167	43
326.479	628.889	279.884	539.048	244.945	471.667	217.774	419.259	196.047	377.333	44
326.631	629.167	280.015	539.286	245.060	471.875	217.876	419.444	196.139	377.500	45
326.784	629.444	280.146	539.524	245.175	472.083	217.978	419.630	196.231	377.667	46
326.942	629.722	280.281	539.762	245.293	472.292	218.083	419.815	196.325	377.833	47
327.100	630.000	280.416	540.000	245.411	472.500	218.188	420.000	196.420	378.000	48
327.252	630.278	280.547	540.238	245.526	472.708	218.290	420.185	196.512	378.167	49
327.405	630.556	280.678	540.476	245.640	472.917	218.392	420.370	196.604	378.333	50
327.563	630.833	280.813	540.714	245.759	473.125	218.498	420.556	196.698	378.500	51
327.721	631.111	280.948	540.952	245.877	473.333	218.603	420.741	196.793	378.667	52
327.873	631.389	281.079	541.190	245.992	473.542	218.705	420.926	196.885	378.833	53
328.026	631.667	281.210	541.429	246.106	473.750	218.807	421.111	196.976	379.000	54
328.184	631.944	281.346	541.667	246.225	473.958	218.912	421.296	197.071	379.167	55
328.342	632.222	281.481	541.905	246.343	474.167	219.017	421.481	197.166	379.333	56
328.494	632.500	281.612	542.143	246.458	474.375	219.119	421.667	197.258	379.500	57
328.647	632.778	281.743	542.381	246.572	474.583	219.221	421.852	197.349	379.667	58
328.805	633.056	281.878	542.619	246.691	474.792	219.326	422.037	197.444	379.833	59

121

TABLE XIV.—ACTUAL TANGENTS, ETC.

38°	1° Curve.		2° Curve.		3° Curve.		4° Curve.		5° Curve.	
M.	Tan.	Arc.	Tan.	Arc.	Tan.	Arc.	Tan.	Arc.	Tan.	Arc.
0	1972.89	3800.00	986.481	1900.00	657.698	1266.67	493.318	950.000	394.699	760.000
1	1973.81	3801.67	986.940	1900.83	658.003	1267.22	493.547	950.417	394.882	760.333
2	1974.72	3803.33	987.398	1901.67	658.309	1267.78	493.777	950.833	395.065	760.667
3	1975.67	3805.00	987.871	1902.50	658.624	1268.33	494.013	951.250	395.255	761.000
4	1976.61	3806.67	988.344	1903.33	658.939	1268.89	494.249	951.667	395.444	761.333
5	1977.53	3808.33	988.802	1904.17	659.245	1269.44	494.479	952.083	395.627	761.667
6	1978.45	3810.00	989.260	1905.00	659.551	1270.00	494.708	952.500	395.810	762.000
7	1979.39	3811.67	989.733	1905.83	659.866	1270.56	494.944	952.917	396.000	762.333
8	1980.34	3813.33	990.206	1906.67	660.181	1271.11	495.181	953.333	396.189	762.667
9	1981.28	3815.00	990.678	1907.50	660.496	1271.67	495.417	953.750	396.378	763.000
10	1982.23	3816.67	991.151	1908.33	660.811	1272.22	495.653	954.167	396.567	763.333
11	1983.15	3818.33	991.610	1909.17	661.117	1272.78	495.883	954.583	396.750	763.667
12	1984.06	3820.00	992.068	1910.00	661.423	1273.33	496.112	955.000	396.934	764.000
13	1985.01	3821.67	992.541	1910.83	661.738	1273.89	496.348	955.417	397.123	764.333
14	1985.95	3823.33	993.013	1911.67	662.053	1274.44	496.585	955.833	397.312	764.667
15	1986.87	3825.00	993.472	1912.50	662.358	1275.00	496.814	956.250	397.496	765.000
16	1987.79	3826.67	993.930	1913.33	662.664	1275.56	497.043	956.667	397.679	765.333
17	1988.73	3828.33	994.403	1914.17	662.979	1276.11	497.280	957.083	397.868	765.667
18	1989.68	3830.00	994.876	1915.00	663.294	1276.67	497.516	957.500	398.057	766.000
19	1990.60	3831.67	995.334	1915.83	663.600	1277.22	497.745	957.917	398.241	766.333
20	1991.51	3833.33	995.792	1916.67	663.906	1277.78	497.974	958.333	398.424	766.667
21	1992.46	3835.00	996.265	1917.50	664.221	1278.33	498.211	958.750	398.613	767.000
22	1993.40	3836.67	996.738	1918.33	664.536	1278.89	498.447	959.167	398.802	767.333
23	1994.35	3838.33	997.211	1919.17	664.851	1279.44	498.684	959.583	398.991	767.667
24	1995.29	3840.00	997.683	1920.00	665.166	1280.00	498.920	960.000	399.181	768.000
25	1996.21	3841.67	998.142	1920.83	665.472	1280.56	499.149	960.417	399.364	768.333
26	1997.13	3843.33	998.600	1921.67	665.777	1281.11	499.378	960.833	399.547	768.667
27	1998.07	3845.00	999.073	1922.50	666.093	1281.67	499.615	961.250	399.736	769.000
28	1999.02	3846.67	999.545	1923.33	666.408	1282.22	499.851	961.667	399.926	769.333
29	1999.96	3848.33	1000.02	1924.17	666.723	1282.78	500.088	962.083	400.115	769.667
30	2000.91	3850.00	1000.49	1925.00	667.038	1283.33	500.324	962.500	400.304	770.000
31	2001.83	3851.67	1000.95	1925.83	667.344	1283.89	500.552	962.917	400.487	770.333
32	2002.74	3853.33	1001.41	1926.67	667.649	1284.44	500.782	963.333	400.671	770.667
33	2003.69	3855.00	1001.88	1927.50	667.965	1285.00	501.019	963.750	400.860	771.000
34	2004.63	3856.67	1002.35	1928.33	668.280	1285.56	501.255	964.167	401.049	771.333
35	2005.58	3858.33	1002.83	1929.17	668.595	1286.11	501.492	964.583	401.238	771.667
36	2006.52	3860.00	1003.30	1930.00	668.910	1286.67	501.728	965.000	401.427	772.000
37	2007.44	3861.67	1003.76	1930.83	669.216	1287.22	501.957	965.417	401.611	772.333
38	2008.36	3863.33	1004.22	1931.67	669.521	1287.78	502.186	965.833	401.794	772.667
39	2009.30	3865.00	1004.79	1932.50	669.836	1288.33	502.423	966.250	401.983	773.000
40	2010.25	3866.67	1005.16	1933.33	670.152	1288.89	502.659	966.667	402.172	773.333
41	2011.19	3868.33	1005.73	1934.17	670.467	1289.44	502.896	967.083	402.361	773.667
42	2012.14	3870.00	1006.11	1935.00	670.782	1290.00	503.132	967.500	402.551	774.000
43	2013.06	3871.67	1006.56	1935.83	671.088	1290.56	503.361	967.917	402.734	774.333
44	2013.97	3873.33	1007.02	1936.67	671.393	1291.11	503.591	968.333	402.917	774.667
45	2014.92	3875.00	1007.50	1937.50	671.708	1291.67	503.827	968.750	403.107	775.000
46	2015.86	3876.67	1007.97	1938.33	672.023	1292.22	504.063	969.167	403.296	775.333
47	2016.81	3878.33	1008.44	1939.17	672.339	1292.78	504.300	969.583	403.485	775.667
48	2017.75	3880.00	1008.91	1940.00	672.654	1293.33	504.536	970.000	403.674	776.000
49	2018.67	3881.67	1009.37	1940.83	672.959	1293.89	504.765	970.417	403.857	776.333
50	2019.50	3883.33	1009.83	1941.67	673.265	1294.44	504.995	970.833	404.041	776.667
51	2020.53	3885.00	1010.30	1942.50	673.580	1295.00	505.231	971.250	404.230	777.000
52	2021.48	3886.67	1010.78	1943.33	673.895	1295.56	505.467	971.667	404.419	777.333
53	2022.42	3888.33	1011.25	1944.17	674.210	1296.11	505.704	972.083	404.608	777.667
54	2023.37	3890.00	1011.72	1945.00	674.526	1296.67	505.940	972.500	404.797	778.000
55	2024.29	3891.67	1012.18	1945.83	674.831	1297.22	506.169	972.917	404.981	778.333
56	2025.20	3893.33	1012.64	1946.67	675.137	1297.78	506.399	973.333	405.164	778.667
57	2026.15	3895.00	1013.11	1947.50	675.452	1298.33	506.635	973.750	405.353	779.000
58	2027.09	3896.67	1013.58	1948.33	675.767	1298.88	506.871	974.167	405.542	779.333
59	2028.04	3898.33	1014.06	1949.17	676.082	1299.44	507.108	974.583	405.732	779.667

TABLE XIV.—ACTUAL TANGENTS, ETC.

6° Curve.		7° Curve.		8° Curve.		9° Curve.		10° Curve.		38°
Tan.	Arc.	Tan.	Arc.	Tan.	Arc.	Tan.	Arc.	Tan.	Arc.	M.
328.963	633.333	282.013	542.857	246.809	475.000	219.431	422.222	197.539	380.000	0
329.115	633.611	282.144	543.095	246.923	475.208	219.533	422.407	197.630	380.167	1
329.268	633.889	282.275	543.333	247.038	475.417	219.635	422.593	197.722	380.333	2
329.426	634.167	282.410	543.571	247.156	475.625	219.740	422.778	197.817	380.500	3
329.583	634.444	282.545	543.810	247.275	475.833	219.845	422.963	197.912	380.667	4
329.736	634.722	282.677	544.048	247.389	476.042	219.947	423.148	198.003	380.833	5
329.889	635.000	282.808	544.286	247.504	476.250	220.049	423.333	198.095	381.000	6
330.047	635.278	282.943	544.524	247.622	476.458	220.154	423.519	198.190	381.167	7
330.204	635.556	283.078	544.762	247.741	476.667	220.260	423.704	198.284	381.333	8
330.362	635.833	283.213	545.000	247.859	476.875	220.365	423.889	198.379	381.500	9
330.520	636.111	283.348	545.238	247.977	477.083	220.470	424.074	198.474	381.667	10
330.673	636.389	283.479	545.476	248.092	477.292	220.572	424.259	198.566	381.833	11
330.825	636.667	283.610	545.714	248.207	477.500	220.674	424.444	198.657	382.000	12
330.983	636.944	283.745	545.952	248.325	477.708	220.779	424.630	198.752	382.167	13
331.141	637.222	283.880	546.190	248.443	477.917	220.884	424.815	198.847	382.333	14
331.294	637.500	284.012	546.429	248.558	478.125	220.986	425.000	198.938	382.500	15
331.446	637.778	284.143	546.667	248.672	478.333	221.088	425.185	199.030	382.667	16
331.604	638.056	284.278	546.905	248.791	478.542	221.193	425.370	199.125	382.833	17
331.762	638.333	284.413	547.143	248.909	478.750	221.298	425.556	199.220	383.000	18
331.915	638.611	284.544	547.381	249.024	478.958	221.400	425.741	199.311	383.167	19
332.067	638.889	284.675	547.619	249.138	479.167	221.502	425.926	199.403	383.333	20
332.225	639.167	284.810	547.857	249.257	479.375	221.607	426.111	199.498	383.500	21
332.383	639.444	284.945	548.095	249.375	479.583	221.713	426.296	199.592	383.667	22
332.540	639.722	285.080	548.333	249.493	479.792	221.818	426.481	199.687	383.833	23
332.698	640.000	285.215	548.571	249.611	480.000	221.923	426.667	199.782	384.000	24
332.851	640.278	285.347	548.810	249.726	480.208	222.025	426.852	199.874	384.167	25
333.004	640.556	285.478	549.048	249.841	480.417	222.127	427.037	199.965	384.333	26
333.161	640.833	285.613	549.286	249.959	480.625	222.232	427.222	200.060	384.500	27
333.319	641.111	285.748	549.524	250.077	480.833	222.337	427.407	200.155	384.667	28
333.477	641.389	285.883	549.762	250.196	481.042	222.442	427.593	200.249	384.833	29
333.634	641.667	286.018	550.000	250.314	481.250	222.547	427.778	200.344	385.000	30
333.787	641.944	289.149	550.238	250.429	481.458	222.649	427.963	200.436	385.167	31
333.940	642.222	286.280	550.476	250.543	481.667	222.751	428.148	200.528	385.333	32
334.098	642.500	286.415	550.714	250.661	481.875	222.856	428.333	200.622	385.500	33
334.255	642.778	286.550	550.952	250.780	482.083	222.962	428.519	200.717	385.667	34
334.413	643.056	286.686	551.190	250.898	482.292	223.067	428.704	200.812	385.833	35
334.571	643.333	286.821	551.429	251.016	482.500	223.172	428.889	200.906	386.000	36
334.723	643.611	286.952	551.667	251.131	482.708	223.274	429.074	200.998	386.167	37
334.876	643.889	287.083	551.905	251.246	482.917	223.376	429.259	201.090	386.333	38
335.034	644.167	287.218	552.143	251.364	483.125	223.481	429.444	201.184	386.500	39
335.192	644.444	287.353	552.381	251.482	483.333	223.586	429.630	201.279	386.667	40
335.349	644.722	287.488	552.619	251.600	483.542	223.691	429.815	201.374	386.833	41
335.507	645.000	287.623	552.857	251.719	483.750	223.796	430.000	201.468	387.000	42
335.660	645.278	287.754	553.095	251.833	483.958	223.898	430.185	201.560	387.167	43
335.813	645.556	287.885	553.333	251.948	484.167	224.000	430.370	201.652	387.333	44
335.970	645.833	288.021	553.571	252.066	484.375	224.106	430.556	201.747	387.500	45
336.128	646.111	288.156	553.810	252.185	484.583	224.211	430.741	201.841	387.667	46
336.285	646.389	288.291	554.048	252.303	484.792	224.316	430.926	201.936	387.833	47
336.443	646.667	288.426	554.286	252.421	485.000	224.421	431.111	202.031	388.000	48
336.596	646.944	288.557	554.524	252.536	485.208	224.523	431.296	202.122	388.167	49
336.749	647.222	288.688	554.762	252.651	485.417	224.625	431.481	202.214	388.333	50
336.906	647.500	288.823	555.000	252.769	485.625	224.730	431.667	202.309	388.500	51
337.064	647.778	288.958	555.238	252.887	485.833	224.835	431.852	202.404	388.667	52
337.222	648.056	289.094	555.476	253.005	486.042	224.940	432.037	202.498	388.833	53
337.379	648.333	289.229	555.714	253.124	486.250	225.045	432.222	202.593	389.000	54
337.532	648.611	289.360	555.952	253.238	486.458	225.147	432.407	202.685	389.167	55
337.685	648.889	289.491	556.190	253.353	486.667	225.249	432.593	202.776	389.333	56
337.843	649.167	289.626	556.429	253.471	486.875	225.355	432.778	202.871	389.500	57
338.000	649.444	289.761	556.667	253.590	487.083	225.460	432.963	202.966	389.667	58
338.158	649.722	289.896	556.905	253.708	487.292	225.565	433.148	203.060	389.833	59

TABLE XIV.—ACTUAL TANGENTS, ETC.

39°	1° Curve.		2° Curve.		3° Curve.		4° Curve.		5° Curve.	
M.	Tan.	Arc.	Tan.	Arc.	Tan.	Arc.	Tan.	Arc.	Tan.	Arc.
0	2028.98	3900.00	1014.53	1950.00	676.398	1300.00	507.344	975.000	405.921	780.000
1	2029.93	3901.67	1015.00	1950.83	676.713	1300.56	507.581	975.417	406.110	780.333
2	2030.87	3903.33	1015.47	1951.67	677.028	1301.11	507.817	975.833	406.299	780.667
3	2031.79	3905.00	1015.93	1952.50	677.333	1301.67	508.046	976.250	406.482	781.000
4	2032.71	3906.67	1016.39	1953.33	677.639	1302.22	508.275	976.667	406.668	781.333
5	2033.65	3908.33	1016.86	1954.17	677.954	1302.78	508.512	977.083	406.855	781.667
6	2034.60	3910.00	1017.34	1955.00	678.269	1303.33	508.748	977.500	407.044	782.000
7	2035.54	3911.67	1017.81	1955.83	678.585	1303.89	508.985	977.917	407.233	782.333
8	2036.49	3913.33	1018.28	1956.67	678.900	1304.44	509.221	978.333	407.422	782.667
9	2037.43	3915.00	1018.75	1957.50	679.215	1305.00	509.457	978.750	407.611	783.000
10	2038.38	3916.67	1019.23	1958.33	679.530	1305.56	509.694	979.167	407.801	783.333
11	2039.30	3918.33	1019.69	1959.17	679.836	1306.11	509.923	979.583	407.984	783.667
12	2040.21	3920.00	1020.14	1960.00	680.141	1306.67	510.152	980.000	408.167	784.000
13	2041.16	3921.67	1020.62	1960.83	680.456	1307.22	510.389	980.417	408.357	784.333
14	2042.10	3923.33	1021.09	1961.67	680.772	1307.78	510.625	980.833	408.546	784.667
15	2043.05	3925.00	1021.56	1962.50	681.087	1308.33	510.861	981.250	408.735	785.000
16	2044.00	3926.67	1022.04	1963.33	681.402	1308.89	511.098	981.667	408.924	785.333
17	2044.94	3928.33	1022.51	1964.17	681.717	1309.44	511.334	982.083	409.113	785.667
18	2045.89	3930.00	1022.98	1965.00	682.032	1310.00	511.571	982.500	409.302	786.000
19	2046.83	3931.67	1023.45	1965.83	682.347	1310.56	511.807	982.917	409.491	786.333
20	2047.78	3933.33	1023.93	1966.67	682.663	1311.11	512.043	983.333	409.680	786.667
21	2048.69	3935.00	1024.38	1967.50	682.968	1311.67	512.273	983.750	409.864	787.000
22	2049.61	3936.67	1024.84	1968.33	683.274	1312.22	512.502	984.167	410.047	787.333
23	2050.56	3938.33	1025.32	1969.17	683.589	1312.78	512.738	984.583	410.236	787.667
24	2051.50	3940.00	1025.79	1970.00	683.904	1313.33	512.975	985.000	410.426	788.000
25	2052.45	3941.67	1026.26	1970.83	684.219	1313.89	513.211	985.417	410.615	788.333
26	2053.39	3943.33	1026.73	1971.67	684.534	1314.44	513.447	985.833	410.804	788.667
27	2054.34	3945.00	1027.21	1972.50	684.850	1315.00	513.681	986.250	410.993	789.000
28	2055.28	3946.67	1027.68	1973.33	685.165	1315.56	513.920	986.667	411.182	789.333
29	2056.23	3948.33	1028.15	1974.17	685.480	1316.11	514.157	987.083	411.371	789.667
30	2057.17	3950.00	1028.62	1975.00	685.795	1316.67	514.393	987.500	411.560	790.000
31	2058.12	3951.67	1029.10	1975.83	686.110	1317.22	514.629	987.917	411.750	790.333
32	2059.06	3953.33	1029.57	1976.67	686.425	1317.78	514.866	988.333	411.939	790.667
33	2059.98	3955.00	1030.03	1977.50	686.731	1318.33	515.095	988.750	412.122	791.000
34	2060.90	3956.67	1030.49	1978.33	687.037	1318.89	515.324	989.167	412.305	791.333
35	2061.84	3958.33	1030.96	1979.17	687.352	1319.44	515.561	989.583	412.495	791.667
36	2062.79	3960.00	1031.43	1980.00	687.667	1320.00	515.797	990.000	412.684	792.000
37	2063.73	3961.67	1031.90	1980.83	687.982	1320.56	516.033	990.417	412.873	792.333
38	2064.68	3963.33	1032.38	1981.67	688.297	1321.11	516.270	990.833	413.062	792.667
39	2065.62	3965.00	1032.85	1982.50	688.612	1321.67	516.506	991.250	413.251	793.000
40	2066.57	3966.67	1033.32	1983.33	688.928	1322.22	516.743	991.667	413.440	793.333
41	2067.52	3968.33	1033.80	1984.17	689.243	1322.78	516.979	992.083	413.629	793.667
42	2068.46	3970.00	1034.27	1985.00	689.558	1323.33	517.215	992.500	413.819	794.000
43	2069.41	3971.67	1034.74	1985.83	689.873	1323.89	517.452	992.917	414.008	794.333
44	2070.35	3973.33	1035.21	1986.67	690.188	1324.44	517.688	993.333	414.197	794.667
45	2071.30	3975.00	1035.69	1987.50	690.503	1325.00	517.925	993.750	414.386	795.000
46	2072.24	3976.67	1036.16	1988.33	690.819	1325.56	518.161	994.167	414.575	795.333
47	2073.16	3978.33	1036.63	1989.17	691.124	1326.11	518.300	994.583	414.758	795.667
48	2074.08	3980.00	1037.08	1990.00	691.430	1326.67	518.619	995.000	414.942	796.000
49	2075.02	3981.67	1037.55	1990.83	691.745	1327.22	518.856	995.417	415.131	796.333
50	2075.97	3983.33	1038.02	1991.67	692.060	1327.78	519.092	995.833	415.320	796.667
51	2076.91	3985.00	1038.49	1992.50	692.375	1328.33	519.329	996.250	415.509	797.000
52	2077.85	3986.67	1038.97	1993.33	692.691	1328.89	519.565	996.667	415.698	797.333
53	2078.80	3988.33	1039.44	1994.17	693.006	1329.44	519.801	997.083	415.888	797.667
54	2079.75	3990.00	1039.91	1995.00	693.321	1330.00	520.038	997.500	416.077	798.000
55	2080.69	3991.67	1040.39	1995.83	693.636	1330.56	520.274	997.917	416.266	798.333
56	2081.64	3993.33	1040.86	1996.67	693.951	1331.11	520.511	998.333	416.455	798.667
57	2082.58	3995.00	1041.33	1997.50	694.266	1331.67	520.747	998.750	416.644	799.000
58	2083.53	3996.67	1041.80	1998.33	694.581	1332.22	520.983	999.167	416.833	799.333
59	2084.48	3998.33	1042.28	1999.17	694.897	1332.78	521.220	999.583	417.022	799.667

TABLE XIV.—ACTUAL TANGENTS, ETC.

6° Curve.		7° Curve.		8° Curve.		9° Curve.		10° Curve.		30°
Tan.	Arc.	Tan.	Arc.	Tan.	Arc.	Tan.	Arc.	Tan.	Arc.	M.
338.316	650.000	290.031	557.143	253.826	487.500	225.670	433.333	203.155	390.000	0
338.473	650.278	290.166	557.381	253.944	487.708	225.775	433.519	203.250	390.167	1
338.631	650.556	290.302	557.619	254.063	487.917	225.880	433.704	203.344	390.333	2
338.784	650.833	290.433	557.857	254.177	488.125	225.982	433.889	203.436	390.500	3
338.937	651.111	290.564	558.095	254.292	488.333	226.084	434.074	203.528	390.667	4
339.094	651.389	290.699	558.333	254.410	488.542	226.189	434.259	203.623	390.833	5
339.252	651.667	290.834	558.571	254.529	488.750	226.295	434.444	203.717	391.000	6
339.409	651.944	290.969	558.810	254.647	488.958	226.400	434.630	203.812	391.167	7
339.567	652.222	291.104	559.048	254.765	489.167	226.505	434.815	203.907	391.333	8
339.725	652.500	291.239	559.286	254.883	489.375	226.610	435.000	204.001	391.500	9
339.882	652.778	291.375	559.524	255.002	489.583	226.715	435.185	204.096	391.667	10
340.035	653.056	291.506	559.762	255.116	489.792	226.817	435.370	204.188	391.833	11
340.188	653.333	291.637	560.000	255.231	490.000	226.919	435.556	204.279	392.000	12
340.346	653.611	291.772	560.238	255.349	490.208	227.024	435.741	204.374	392.167	13
340.503	653.889	291.907	560.476	255.468	490.417	227.129	435.926	204.469	392.333	14
340.661	654.167	292.042	560.714	255.586	490.625	227.235	436.111	204.563	392.500	15
340.819	654.444	292.177	560.952	255.704	490.833	227.340	436.296	204.658	392.667	16
340.976	654.722	292.312	561.190	255.822	491.042	227.445	436.481	204.753	392.833	17
341.134	655.000	292.447	561.429	255.941	491.250	227.550	436.667	204.847	393.000	18
341.292	655.278	292.583	561.667	256.059	491.458	227.655	436.852	204.942	393.167	19
341.449	655.556	292.718	561.905	256.177	491.667	227.760	437.037	205.037	393.333	20
341.602	655.833	292.849	562.143	256.292	491.875	227.862	437.222	205.129	393.500	21
341.755	656.111	292.980	562.381	256.406	492.083	227.964	437.407	205.220	393.667	22
341.913	656.389	293.115	562.619	256.525	492.292	228.069	437.593	205.315	393.833	23
342.070	656.667	293.250	562.857	256.643	492.500	228.174	437.778	205.410	394.000	24
342.228	656.944	293.385	563.095	256.761	492.708	228.280	437.963	205.504	394.167	25
342.385	657.222	293.520	563.333	256.880	492.917	228.385	438.148	205.599	394.333	26
342.543	657.500	293.655	563.571	256.998	493.125	228.490	438.333	205.694	394.500	27
342.701	657.778	293.791	563.810	257.116	493.333	228.595	438.519	205.788	394.667	28
342.858	658.056	293.926	564.048	257.234	493.542	228.700	438.704	205.883	394.833	29
343.016	658.333	294.061	564.286	257.353	493.750	228.805	438.889	205.978	395.000	30
343.174	658.611	294.196	564.524	257.471	493.958	228.911	439.074	206.072	395.167	31
343.331	658.889	294.331	564.762	257.589	494.167	229.016	439.259	206.167	395.333	32
343.484	659.167	294.462	565.000	257.704	494.375	229.118	439.444	206.259	395.500	33
343.637	659.444	294.593	565.238	257.819	494.583	229.220	439.630	206.351	395.667	34
343.795	659.722	294.728	565.476	257.937	494.792	229.325	439.815	206.445	395.833	35
343.952	660.000	294.864	565.714	258.055	495.000	229.430	440.000	206.540	396.000	36
344.110	660.278	294.999	565.952	258.173	495.208	229.535	440.185	206.634	396.167	37
344.268	660.556	295.134	566.190	258.292	495.417	229.640	440.370	206.729	396.333	38
344.425	660.833	295.269	566.429	258.410	495.625	229.745	440.556	206.824	396.500	39
344.583	661.111	295.404	566.667	258.528	495.833	229.850	440.741	206.918	396.667	40
344.740	661.389	295.539	566.905	258.646	496.042	229.956	440.926	207.013	396.833	41
344.898	661.667	295.674	567.143	258.765	496.250	230.061	441.111	207.108	397.000	42
345.056	661.944	295.809	567.381	258.883	496.458	230.166	441.296	207.202	397.167	43
345.213	662.222	295.945	567.619	259.001	496.667	230.271	441.481	207.297	397.333	44
345.371	662.500	296.080	567.857	259.120	496.875	230.376	441.667	207.392	397.500	45
345.529	662.778	296.215	568.095	259.238	497.083	230.481	441.852	207.486	397.667	46
345.681	663.056	296.346	568.333	259.352	497.292	230.583	442.037	207.578	397.833	47
345.834	663.333	296.477	568.571	259.467	497.500	230.685	442.222	207.670	398.000	48
345.992	663.611	296.612	568.810	259.585	497.708	230.790	442.407	207.765	398.167	49
346.150	663.889	296.747	569.048	259.704	497.917	230.896	442.593	207.859	398.333	50
346.307	664.167	296.882	569.286	259.822	498.125	231.001	442.778	207.954	398.500	51
346.465	664.444	297.018	569.524	259.940	498.333	231.106	442.963	208.049	398.667	52
346.623	664.722	297.153	569.762	260.058	498.542	231.211	443.148	208.143	398.833	53
346.780	665.000	297.288	570.000	260.177	498.750	231.316	443.333	208.238	399.000	54
346.938	665.278	297.423	570.238	260.295	498.958	231.421	443.519	208.333	399.167	55
347.095	665.556	297.558	570.476	260.413	499.167	231.527	443.704	208.427	399.333	56
347.253	665.833	297.693	570.714	260.532	499.375	231.632	443.889	208.522	399.500	57
347.411	666.111	297.828	570.952	260.650	499.583	231.737	444.074	208.617	399.667	58
347.568	666.389	297.964	571.190	260.768	499.792	231.842	444.259	208.711	399.833	59

TABLE XIV.—ACTUAL TANGENTS, ETC.

40°	1° Curve.		2° Curve.		3° Curve.		4° Curve.		5° Curve.	
M.	Tan.	Arc.	Tan.	Arc.	Tan.	Arc.	Tan.	Arc.	Tan.	Arc.
0	2085.42	4000.00	1042.75	2000.00	695.212	1333.33	521.456	1000.00	417.212	800.000
1	2086.37	4001.67	1043.22	2000.83	695.527	1333.89	521.693	1000.42	417.401	800.333
2	2087.31	4003.33	1043.69	2001.67	695.842	1334.44	521.929	1000.83	417.590	800.667
3	2088.26	4005.00	1044.17	2002.50	696.157	1335.00	522.165	1001.25	417.779	801.000
4	2089.20	4006.67	1044.64	2003.33	696.472	1335.56	522.402	1001.67	417.968	801.333
5	2090.15	4008.33	1045.11	2004.17	696.788	1336.11	522.638	1002.08	418.157	801.667
6	2091.09	4010.00	1045.58	2005.00	697.103	1336.67	522.875	1002.50	418.346	802.000
7	2092.04	4011.67	1046.06	2005.83	697.418	1337.22	523.111	1002.92	418.535	802.333
8	2092.98	4013.33	1046.53	2006.67	697.733	1337.78	523.347	1003.33	418.725	802.667
9	2093.93	4015.00	1047.00	2007.50	698.048	1338.33	523.584	1003.75	418.914	803.000
10	2094.87	4016.67	1047.48	2008.33	698.363	1338.89	523.820	1004.17	419.103	803.333
11	2095.82	4018.33	1047.95	2009.17	698.679	1339.44	524.057	1004.58	419.292	803.667
12	2096.77	4020.00	1048.42	2010.00	698.994	1340.00	524.293	1005.00	419.481	804.000
13	2097.71	4021.67	1048.89	2010.83	699.309	1340.56	524.529	1005.42	419.670	804.333
14	2098.66	4023.33	1049.37	2011.67	699.624	1341.11	524.766	1005.83	419.859	804.667
15	2099.60	4025.00	1049.84	2012.50	699.939	1341.67	525.002	1006.25	420.049	805.000
16	2100.55	4026.67	1050.31	2013.33	700.254	1342.22	525.238	1006.67	420.238	805.333
17	2101.49	4028.33	1050.78	2014.17	700.570	1342.78	525.475	1007.08	420.427	805.667
18	2102.44	4030.00	1051.26	2015.00	700.885	1343.33	525.711	1007.50	420.616	806.000
19	2103.38	4031.67	1051.73	2015.83	701.200	1343.89	525.948	1007.92	420.805	806.333
20	2104.33	4033.33	1052.20	2016.67	701.515	1344.44	526.184	1008.33	420.994	806.667
21	2105.27	4035.00	1052.68	2017.50	701.830	1345.00	526.420	1008.75	421.183	807.000
22	2106.22	4036.67	1053.15	2018.33	702.145	1345.56	526.657	1009.17	421.373	807.333
23	2107.16	4038.33	1053.62	2019.17	702.461	1346.11	526.893	1009.58	421.562	807.667
24	2108.11	4040.00	1054.09	2020.00	702.776	1346.67	527.130	1010.00	421.751	808.000
25	2109.06	4041.67	1054.57	2020.83	703.091	1347.22	527.366	1010.42	421.940	808.333
26	2110.00	4043.33	1055.04	2021.67	703.406	1347.78	527.602	1010.83	422.129	808.667
27	2110.95	4045.00	1055.51	2022.50	703.721	1348.33	527.839	1011.25	422.318	809.000
28	2111.89	4046.67	1055.98	2023.33	704.036	1348.89	528.075	1011.67	422.507	809.333
29	2112.84	4048.33	1056.46	2024.17	704.352	1349.44	528.312	1012.08	422.696	809.667
30	2113.78	4050.00	1056.93	2025.00	704.667	1350.00	528.548	1012.50	422.886	810.000
31	2114.73	4051.67	1057.40	2025.83	704.982	1350.56	528.784	1012.92	423.075	810.333
32	2115.67	4053.33	1057.88	2026.67	705.297	1351.11	529.021	1013.33	423.264	810.667
33	2116.62	4055.00	1058.35	2027.50	705.612	1351.67	529.257	1013.75	423.453	811.000
34	2117.56	4056.67	1058.82	2028.33	705.927	1352.22	529.494	1014.17	423.642	811.333
35	2118.51	4058.33	1059.29	2029.17	706.243	1352.78	529.730	1014.58	423.831	811.667
36	2119.45	4060.00	1059.77	2030.00	706.558	1353.33	529.966	1015.00	424.020	812.000
37	2120.40	4061.67	1060.24	2030.83	706.873	1353.89	530.203	1015.42	424.210	812.333
38	2121.35	4063.33	1060.71	2031.67	707.188	1354.44	530.439	1015.83	424.399	812.667
39	2122.29	4065.00	1061.18	2032.50	707.503	1355.00	530.676	1016.25	424.588	813.000
40	2123.24	4066.67	1061.66	2033.33	707.818	1355.56	530.912	1016.67	424.777	813.333
41	2124.18	4068.33	1062.13	2034.17	708.134	1356.11	531.148	1017.08	424.966	813.667
42	2125.13	4070.00	1062.60	2035.00	708.449	1356.67	531.385	1017.50	425.155	814.000
43	2126.07	4071.67	1063.08	2035.83	708.764	1357.22	531.621	1017.92	425.344	814.333
44	2127.02	4073.33	1063.55	2036.67	709.079	1357.78	531.858	1018.33	425.534	814.667
45	2127.99	4075.00	1064.04	2037.50	709.404	1358.33	532.101	1018.75	425.728	815.000
46	2128.97	4076.67	1064.52	2038.33	709.728	1358.89	532.345	1019.17	425.928	815.333
47	2129.91	4078.33	1064.99	2039.17	710.044	1359.44	532.581	1019.58	426.112	815.667
48	2130.86	4080.00	1065.47	2040.00	710.359	1360.00	532.817	1020.00	426.302	816.000
49	2131.80	4081.67	1065.94	2040.83	710.674	1360.56	533.054	1020.42	426.491	816.333
50	2132.75	4083.33	1066.41	2041.67	710.989	1361.11	533.290	1020.83	426.680	816.667
51	2133.69	4085.00	1066.89	2042.50	711.304	1361.67	533.527	1021.25	426.869	817.000
52	2134.64	4086.67	1067.36	2043.33	711.619	1362.22	533.763	1021.67	427.058	817.333
53	2135.58	4088.33	1067.83	2044.17	711.935	1362.78	533.999	1022.08	427.247	817.667
54	2136.53	4090.00	1068.30	2045.00	712.250	1363.33	534.236	1022.50	427.436	818.000
55	2137.47	4091.67	1068.78	2045.83	712.565	1363.89	534.472	1022.92	427.625	818.333
56	2138.42	4093.33	1069.25	2046.67	712.880	1364.44	534.709	1023.33	427.815	818.667
57	2139.37	4095.00	1069.72	2047.50	713.195	1365.00	534.945	1023.75	428.004	819.000
58	2140.31	4096.67	1070.19	2048.33	713.510	1365.56	535.181	1024.17	428.193	819.333
59	2141.26	4098.33	1070.67	2049.17	713.826	1366.11	535.418	1024.58	428.382	819.667

TABLE XIV.—ACTUAL TANGENTS, ETC.

6° Curve.		7° Curve.		8° Curve.		9° Curve.		10° Curve.		40°
Tan.	Arc.	Tan.	Arc.	Tan.	Arc.	Tan.	Arc.	Tan.	Arc.	M.
347.726	666.667	298.099	571.429	260.886	500.000	231.947	444.444	208.806	400.000	0
347.884	666.944	298.234	571.667	261.005	500.208	232.052	444.630	208.901	400.167	1
348.041	667.222	298.369	571.905	261.123	500.417	232.157	444.815	208.995	400.333	2
348.199	667.500	298.504	572.143	261.241	500.625	232.263	445.000	209.090	400.500	3
348.357	667.778	298.639	572.381	261.359	500.833	232.368	445.185	209.185	400.667	4
348.514	668.056	298.774	572.619	261.478	501.042	232.473	445.370	209.279	400.833	5
348.672	668.333	298.909	572.857	261.596	501.250	232.578	445.556	209.374	401.000	6
348.829	668.611	299.045	573.095	261.714	501.458	232.683	445.741	209.469	401.167	7
348.987	668.889	299.180	573.333	261.833	501.667	232.788	445.926	209.563	401.333	8
349.145	669.167	299.315	573.571	261.951	501.875	232.893	446.111	209.658	401.500	9
349.302	669.444	299.450	573.810	262.069	502.083	232.999	446.296	209.752	401.667	10
349.460	669.722	299.585	574.048	262.292	502.292	233.104	446.481	209.847	401.833	11
349.618	670.000	299.720	574.286	262.306	502.500	233.209	446.667	209.942	402.000	12
349.775	670.278	299.855	574.524	262.424	502.708	233.314	446.852	210.036	402.167	13
349.933	670.556	299.991	574.762	262.542	502.917	233.419	447.037	210.131	402.333	14
350.091	670.833	300.126	575.000	262.660	503.125	233.524	447.222	210.226	402.500	15
350.248	671.111	300.261	575.238	262.779	503.333	233.630	447.407	210.320	402.667	16
350.406	671.389	300.396	575.476	262.897	503.542	233.735	447.593	210.415	402.833	17
350.563	671.667	300.531	575.714	263.015	503.750	233.840	447.778	210.510	403.000	18
350.721	671.944	300.666	575.952	263.133	503.958	233.945	447.963	210.604	403.167	19
350.879	672.222	300.801	576.190	263.252	504.167	234.050	448.148	210.699	403.333	20
351.036	672.500	300.937	576.429	263.370	504.375	234.155	448.333	210.794	403.500	21
351.194	672.778	301.072	576.667	263.488	504.583	234.260	448.519	210.888	403.667	22
351.352	673.056	301.207	576.905	263.607	504.792	234.366	448.704	210.983	403.833	23
351.509	673.333	301.342	577.143	263.725	505.000	234.471	448.889	211.078	404.000	24
351.667	673.611	301.477	577.381	263.843	505.208	234.576	449.074	211.172	404.167	25
351.825	673.889	301.612	577.619	263.961	505.417	234.681	449.259	211.267	404.333	26
351.982	674.167	301.747	577.857	264.080	505.625	234.786	449.444	211.362	404.500	27
352.140	674.444	301.883	578.095	264.198	505.833	234.891	449.630	211.456	404.667	28
352.297	674.722	302.018	578.333	264.316	506.042	234.996	449.815	211.551	404.833	29
352.455	675.000	302.153	578.571	264.434	506.250	235.102	450.000	211.646	405.000	30
352.613	675.278	302.288	578.810	264.553	506.458	235.207	450.185	211.740	405.167	31
352.770	675.556	302.423	579.048	264.671	506.667	235.312	450.370	211.835	405.333	32
352.928	675.833	302.558	579.286	264.789	506.875	235.417	450.556	211.930	405.500	33
353.086	676.111	302.693	579.524	264.908	507.083	235.522	450.741	212.024	405.667	34
353.243	676.389	302.828	579.762	265.026	507.292	235.627	450.926	212.119	405.833	35
353.401	676.667	302.964	580.000	265.144	507.500	235.732	451.111	212.214	406.000	36
353.559	676.944	303.099	580.238	265.262	507.708	235.838	451.296	212.308	406.167	37
353.716	677.222	303.234	580.476	265.381	507.917	235.943	451.481	212.403	406.333	38
353.874	677.500	303.369	580.714	265.499	508.125	236.048	451.667	212.498	406.500	39
354.031	677.778	303.504	580.952	265.617	508.333	236.153	451.852	212.592	406.667	40
354.189	678.056	303.639	581.190	265.735	508.542	236.258	452.037	212.687	406.833	41
354.347	678.333	303.774	581.429	265.854	508.750	236.363	452.222	212.782	407.000	42
354.504	678.611	303.910	581.667	265.972	508.958	236.469	452.407	212.876	407.167	43
354.662	678.889	304.045	581.905	266.090	509.167	236.574	452.593	212.971	407.333	44
354.824	679.167	304.184	582.143	266.212	509.375	236.682	452.778	213.068	407.500	45
354.987	679.444	304.323	582.381	266.334	509.583	236.790	452.963	213.165	407.667	46
355.144	679.722	304.458	582.619	266.452	509.792	236.896	453.148	213.261	407.833	47
355.302	680.000	304.593	582.857	266.570	510.000	237.001	453.333	213.355	408.000	48
355.460	680.278	304.729	583.095	266.689	510.208	237.106	453.519	213.450	408.167	49
355.617	680.556	304.864	583.333	266.807	510.417	237.211	453.704	213.545	408.333	50
355.775	680.833	304.999	583.571	266.925	510.625	237.316	453.889	213.639	408.500	51
355.933	681.111	304.134	583.810	267.044	510.833	237.421	454.074	213.734	408.667	52
356.090	681.389	305.269	584.048	267.162	511.042	237.526	454.259	213.829	408.833	53
356.248	681.667	305.404	584.286	267.280	511.250	237.632	454.444	213.923	409.000	54
356.406	681.944	305.539	584.524	267.398	511.458	237.737	454.630	214.018	409.167	55
356.563	682.222	305.675	584.762	267.517	511.667	237.842	454.815	214.113	409.333	56
356.721	682.500	305.810	585.000	267.635	511.875	237.947	455.000	214.207	409.500	57
356.878	682.778	305.945	585.238	267.753	512.083	238.052	455.185	214.302	409.667	58
357.036	683.056	306.080	585.476	267.871	512.292	238.157	455.370	214.397	409.833	59

TABLE XIV.—ACTUAL TANGENTS, ETC.

41°	1° Curve.		2° Curve.		3° Curve.		4° Curve.		5° Curve.	
M.	Tan.	Arc.	Tan.	Arc	Tan.	Arc.	Tan.	Arc.	Tan.	Arc.
0	2142.20	4100.00	1071.14	2050.00	714.141	1366.67	535.654	1025.00	428.571	820.000
1	2143.18	4101.67	1071.63	2050.83	714.465	1367.22	535.898	1025.42	428.766	820.333
2	2144.15	4103.33	1072.11	2051.67	714.790	1367.78	536.141	1025.83	428.961	820.667
3	2145.10	4105.00	1072.59	2052.50	715.105	1368.33	536.378	1026.25	429.150	821.000
4	2146.04	4106.67	1073.06	2053.33	715.420	1368.89	536.614	1026.67	429.339	821.333
5	2146.99	4108.33	1073.53	2054.17	715.736	1369.44	536.850	1027.08	429.528	821.667
6	2147.93	4110.00	1074.00	2055.00	716.051	1370.00	537.087	1027.50	429.717	822.000
7	2148.88	4111.67	1074.48	2055.83	716.366	1370.56	537.323	1027.92	429.907	822.333
8	2149.82	4113.33	1074.95	2056.67	716.681	1371.11	537.560	1028.33	430.096	822.667
9	2150.77	4115.00	1075.42	2057.50	716.996	1371.67	537.796	1028.75	430.285	823.000
10	2151.71	4116.67	1075.90	2058.33	717.311	1372.22	538.032	1029.17	430.474	823.333
11	2152.69	4118.33	1076.38	2059.17	717.636	1372.78	538.276	1029.58	430.669	823.667
12	2153.66	4120.00	1076.87	2060.00	717.961	1373.33	538.520	1030.00	430.864	824.000
13	2154.61	4121.67	1077.34	2060.83	718.276	1373.89	538.756	1030.42	431.053	824.333
14	2155.55	4123.33	1077.82	2061.67	718.591	1374.44	538.992	1030.83	431.242	824.667
15	2156.50	4125.00	1078.29	2062.50	718.906	1375.00	539.229	1031.25	431.431	825.000
16	2157.44	4126.67	1078.76	2063.33	719.222	1375.56	539.465	1031.67	431.620	825.333
17	2158.39	4128.33	1079.23	2064.17	719.537	1376.11	539.701	1032.08	431.809	825.667
18	2159.33	4130.00	1079.71	2065.00	719.852	1376.67	539.938	1032.50	431.999	826.000
19	2160.28	4131.67	1080.18	2065.83	720.167	1377.22	540.174	1032.92	432.188	826.333
20	2161.22	4133.33	1080.65	2066.67	720.482	1377.78	540.411	1033.33	432.377	826.667
21	2162.20	4135.00	1081.14	2067.50	720.807	1378.33	540.654	1033.75	432.572	827.000
22	2163.17	4136.67	1081.63	2068.33	721.132	1378.89	540.898	1034.17	432.767	827.333
23	2164.12	4138.33	1082.10	2069.17	721.447	1379.44	541.134	1034.58	432.956	827.667
24	2165.06	4140.00	1082.57	2070.00	721.762	1380.00	541.371	1035.00	433.145	828.000
25	2166.01	4141.67	1083.04	2070.83	722.077	1380.56	541.607	1035.42	433.334	828.333
26	2166.95	4143.33	1083.52	2071.67	722.392	1381.11	541.843	1035.83	433.523	828.667
27	2167.90	4145.00	1083.99	2072.50	722.707	1381.67	542.080	1036.25	433.712	829.000
28	2168.84	4146.67	1084.46	2073.33	723.023	1382.22	542.316	1036.67	433.901	829.333
29	2169.82	4148.33	1084.95	2074.17	723.347	1382.78	542.560	1037.08	434.096	829.667
30	2170.79	4150.00	1085.44	2075.00	723.672	1383.33	542.808	1037.50	434.291	830.000
31	2171.74	4151.67	1085.91	2075.83	723.987	1383.89	543.010	1037.92	434.480	830.333
32	2172.68	4153.33	1086.38	2076.67	724.302	1384.44	543.276	1038.33	434.669	830.667
33	2173.63	4155.00	1086.85	2077.50	724.617	1385.00	543.512	1038.75	434.859	831.000
34	2174.57	4156.67	1087.33	2078.33	724.933	1385.56	543.749	1039.17	435.048	831.333
35	2175.52	4158.33	1087.80	2079.17	725.248	1386.11	543.985	1039.58	435.237	831.667
36	2176.46	4160.00	1088.27	2080.00	725.563	1386.67	544.222	1040.00	435.426	832.000
37	2177.44	4161.67	1088.76	2080.83	725.888	1387.22	544.465	1040.42	435.621	832.333
38	2178.41	4163.33	1089.25	2081.67	726.212	1387.78	544.709	1040.83	435.816	832.667
39	2179.36	4165.00	1089.72	2082.50	726.528	1388.33	544.945	1041.25	436.005	833.000
40	2180.30	4166.67	1090.19	2083.33	726.843	1388.89	545.182	1041.67	436.194	833.333
41	2181.25	4168.33	1090.66	2084.17	727.158	1389.44	545.418	1042.08	436.383	833.667
42	2182.19	4170.00	1091.14	2085.00	727.473	1390.00	545.654	1042.50	436.572	834.000
43	2183.17	4171.67	1091.62	2085.83	727.798	1390.56	545.898	1042.92	436.767	834.333
44	2184.14	4173.33	1092.11	2086.67	728.122	1391.11	546.141	1043.33	436.962	834.667
45	2185.09	4175.00	1092.58	2087.50	728.438	1391.67	546.378	1043.75	437.151	835.000
46	2186.03	4176.67	1093.06	2088.33	728.753	1392.22	546.614	1044.17	437.340	835.333
47	2186.98	4178.33	1093.53	2089.17	729.068	1392.78	546.851	1044.58	437.529	835.667
48	2187.92	4180.00	1094.00	2090.00	729.383	1393.33	547.087	1045.00	437.718	836.000
49	2188.90	4181.67	1094.49	2090.83	729.708	1393.89	547.331	1045.42	437.913	836.333
50	2189.87	4183.33	1094.98	2091.67	730.033	1394.44	547.574	1045.83	438.108	836.667
51	2190.82	4185.00	1095.45	2092.50	730.348	1395.00	547.811	1046.25	438.297	837.000
52	2191.76	4186.67	1095.92	2093.33	730.663	1395.56	548.047	1046.67	438.486	837.333
53	2192.71	4188.33	1096.39	2094.17	730.978	1396.11	548.283	1047.08	438.676	837.667
54	2193.65	4190.00	1096.87	2095.00	731.293	1396.67	548.520	1047.50	438.865	838.000
55	2194.63	4191.67	1097.35	2095.83	731.618	1397.22	548.763	1047.92	439.060	838.333
56	2195.60	4193.33	1097.84	2096.67	731.943	1397.78	549.007	1048.33	439.254	838.667
57	2196.55	4195.00	1098.31	2097.50	732.258	1398.33	549.243	1048.75	439.444	839.000
58	2197.49	4196.67	1098.79	2098.33	732.573	1398.89	549.480	1049.17	439.633	839.333
59	2198.44	4198.33	1099.26	2099.17	732.888	1399.44	549.716	1049.58	439.822	839.667

TABLE XIV.—ACTUAL TANGENTS, ETC.

6° Curve.		7° Curve.		8° Curve.		9° Curve.		10° Curve.		41°
Tan.	Arc.	Tan.	Arc.	Tan.	Arc.	Tan.	Arc.	Tan.	Arc.	M.
357.194	683.333	306.215	585.714	267.990	512.500	238.262	455.556	214.491	410.000	0
357.356	683.611	306.354	585.952	268.112	512.708	238.371	455.741	214.589	410.167	1
357.519	683.889	306.494	586.190	268.233	512.917	238.479	455.926	214.686	410.333	2
357.676	684.167	306.629	586.429	268.352	513.125	238.584	456.111	214.781	410.500	3
357.834	684.444	306.764	586.667	268.470	513.333	238.689	456.296	214.876	410.667	4
357.991	684.722	306.899	586.905	268.588	513.542	238.795	456.481	214.970	410.833	5
358.149	685.000	307.034	587.143	268.706	513.750	238.900	456.667	215.065	411.000	6
358.307	685.278	307.169	587.381	268.825	513.958	239.005	456.852	215.160	411.167	7
358.464	685.556	307.304	587.619	268.943	514.167	239.110	457.037	215.254	411.333	8
358.622	685.833	307.440	587.857	269.061	514.375	239.215	457.222	215.349	411.500	9
358.780	686.111	307.575	588.095	269.180	514.583	239.320	457.407	215.448	411.667	10
358.942	686.389	307.714	588.333	269.301	514.792	239.429	457.593	215.541	411.833	11
359.104	686.667	307.853	588.571	269.423	515.000	239.537	457.778	215.639	412.000	12
359.262	686.944	307.988	588.810	269.541	515.208	239.642	457.963	215.733	412.167	13
359.420	687.222	308.123	589.048	269.660	515.417	239.747	458.148	215.828	412.333	14
359.577	687.500	308.259	589.286	269.778	515.625	239.852	458.333	215.923	412.500	15
359.735	687.778	308.394	589.524	269.896	515.833	239.958	458.519	216.017	412.667	16
359.893	688.056	308.529	589.762	270.015	516.042	240.063	458.704	216.112	412.833	17
360.050	688.333	308.664	590.000	270.133	516.250	240.168	458.889	216.207	413.000	18
360.208	688.611	308.799	590.238	270.251	516.458	240.273	459.074	216.301	413.167	19
360.366	688.889	308.934	590.476	270.369	516.667	240.378	459.259	216.396	413.333	20
360.528	689.167	309.074	590.714	270.491	516.875	240.487	459.444	216.493	413.500	21
360.690	689.444	309.213	590.952	270.613	517.083	240.595	459.630	216.591	413.667	22
360.848	689.722	309.348	591.190	270.731	517.292	240.700	459.815	216.686	413.833	23
361.006	690.000	309.483	591.429	270.850	517.500	240.805	460.000	216.780	414.000	24
361.163	690.278	309.618	591.667	270.968	517.708	240.910	460.185	216.875	414.167	25
361.321	690.556	309.753	591.905	271.086	517.917	241.015	460.370	216.970	414.333	26
361.479	690.833	309.888	592.143	271.204	518.125	241.121	460.556	217.064	414.500	27
361.636	691.111	310.024	592.381	271.323	518.333	241.226	460.741	217.159	414.667	28
361.799	691.389	310.163	592.619	271.445	518.542	241.334	460.926	217.256	414.833	29
361.961	691.667	310.302	592.857	271.566	518.750	241.442	461.111	217.354	415.000	30
362.119	691.944	310.437	593.095	271.685	518.958	241.548	461.296	217.449	415.167	31
362.276	692.222	310.572	593.333	271.808	519.167	241.653	461.481	217.543	415.333	32
362.434	692.500	310.707	593.571	271.921	519.375	241.758	461.667	217.638	415.500	33
362.592	692.778	310.843	593.810	272.039	519.583	241.863	461.852	217.733	415.667	34
362.749	693.056	310.978	594.048	272.158	519.792	241.968	462.037	217.827	415.833	35
362.907	693.333	311.113	594.286	272.276	520.000	242.073	462.222	217.922	416.000	36
363.069	693.611	311.252	594.524	272.398	520.208	242.182	462.407	218.019	416.167	37
363.232	693.889	311.391	594.762	272.520	520.417	242.290	462.593	218.117	416.333	38
363.389	694.167	311.526	595.000	272.638	520.625	242.395	462.778	218.212	416.500	39
363.547	694.444	311.662	595.238	272.756	520.833	242.500	462.963	218.306	416.667	40
363.705	694.722	311.797	595.476	272.875	521.042	242.605	463.148	218.401	416.833	41
363.862	695.000	311.932	595.714	272.993	521.250	242.711	463.333	218.496	417.000	42
364.025	695.278	312.071	595.952	273.115	521.458	242.819	463.519	218.593	417.167	43
364.187	695.556	312.210	596.190	273.236	521.667	242.927	463.704	218.691	417.333	44
364.345	695.833	312.346	596.429	273.355	521.875	243.032	463.889	218.785	417.500	45
364.502	696.111	312.481	596.667	273.473	522.083	243.138	464.074	218.880	417.667	46
364.660	696.389	312.616	596.905	273.591	522.292	243.243	464.259	218.975	417.833	47
364.818	696.667	312.751	597.143	273.710	522.500	243.348	464.444	219.069	418.000	48
364.980	696.944	312.890	597.381	273.831	522.708	243.456	464.630	219.167	418.167	49
365.142	697.222	313.029	597.619	273.953	522.917	243.565	464.815	219.264	418.333	50
365.300	697.500	313.165	597.857	274.072	523.125	243.670	465.000	219.359	418.500	51
365.458	697.778	313.300	598.095	274.190	523.333	243.775	465.185	219.454	418.667	52
365.615	698.056	313.435	598.333	274.308	523.542	243.880	465.370	219.548	418.833	53
365.773	698.333	313.570	598.571	274.426	523.750	243.985	465.556	219.643	419.000	54
365.935	698.611	313.709	598.810	274.548	523.958	244.093	465.741	219.740	419.167	55
366.098	698.889	313.848	599.048	274.670	524.167	244.202	465.926	219.838	419.333	56
366.255	699.167	313.984	599.286	274.788	524.375	244.307	466.111	219.933	419.500	57
366.413	699.444	314.119	599.524	274.907	524.583	244.412	466.296	220.027	419.667	58
366.571	699.722	314.254	599.762	275.025	524.792	244.517	466.481	220.122	419.833	59

TABLE XIV.—ACTUAL TANGENTS, ETC.

42°	1° Curve.		2° Curve.		3° Curve.		4° Curve.		5° Curve.	
M.	Tan.	Arc.	Tan.	Arc.	Tan.	Arc.	Tan.	Arc.	Tan.	Arc.
0	2199.38	4200.00	1099.73	2100.00	733.203	1400.00	549.952	1050.00	440.011	840.000
1	2200.36	4201.67	1100.22	2100.83	733.528	1400.56	550.196	1050.42	440.206	840.333
2	2201.33	4203.33	1100.71	2101.67	733.853	1401.11	550.439	1050.83	440.401	840.667
3	2202.28	4205.00	1101.18	2102.50	734.168	1401.67	550.676	1051.25	440.590	841.000
4	2203.22	4206.67	1101.65	2103.33	734.483	1402.22	550.912	1051.67	440.779	841.333
5	2204.20	4208.33	1102.14	2104.17	734.808	1402.78	551.156	1052.08	440.974	841.667
6	2205.17	4210.00	1102.63	2105.00	735.132	1403.33	551.390	1052.50	441.169	842.000
7	2206.12	4211.67	1103.10	2105.83	735.448	1403.89	551.636	1052.92	441.358	842.333
8	2207.06	4213.33	1103.57	2106.67	735.763	1404.44	551.872	1053.33	441.547	842.667
9	2208.01	4215.00	1104.04	2107.50	736.078	1405.00	552.109	1053.75	441.736	843.000
10	2208.95	4216.67	1104.52	2108.33	736.393	1405.56	552.345	1054.17	441.925	843.333
11	2209.92	4218.33	1105.00	2109.17	736.718	1406.11	552.589	1054.58	442.120	843.667
12	2210.90	4220.00	1105.49	2110.00	737.043	1406.67	552.832	1055.00	442.315	844.000
13	2211.85	4221.67	1105.96	2110.83	737.358	1407.22	553.068	1055.42	442.504	844.333
14	2212.79	4223.33	1106.44	2111.67	737.673	1407.78	553.305	1055.83	442.693	844.667
15	2213.76	4225.00	1106.92	2112.50	737.998	1408.33	553.548	1056.25	442.888	845.000
16	2214.74	4226.67	1107.41	2113.33	738.322	1408.89	553.792	1056.67	443.083	845.333
17	2215.68	4228.33	1107.88	2114.17	738.637	1409.44	554.028	1057.08	443.272	845.667
18	2216.63	4230.00	1108.36	2115.00	738.953	1410.00	554.265	1057.50	443.461	846.000
19	2217.60	4231.67	1108.84	2115.83	739.277	1410.56	554.508	1057.92	443.656	846.333
20	2218.58	4233.33	1109.33	2116.67	739.602	1411.11	554.752	1058.33	443.851	846.667
21	2219.52	4235.00	1109.80	2117.50	739.917	1411.67	554.988	1058.75	444.040	847.000
22	2220.47	4236.67	1110.27	2118.33	740.232	1412.22	555.225	1059.17	444.229	847.333
23	2221.41	4238.33	1110.75	2119.17	740.548	1412.78	555.461	1059.58	444.418	847.667
24	2222.36	4240.00	1111.22	2120.00	740.863	1413.33	555.697	1060.00	444.608	848.000
25	2223.33	4241.67	1111.71	2120.83	741.187	1413.89	555.941	1060.42	444.802	848.333
26	2224.31	4243.33	1112.19	2121.67	741.512	1414.44	556.185	1060.83	444.997	848.667
27	2225.25	4245.00	1112.67	2122.50	741.827	1415.00	556.421	1061.25	445.186	849.000
28	2226.20	4246.67	1113.14	2123.33	742.142	1415.56	556.657	1061.67	445.376	849.333
29	2227.17	4248.33	1113.63	2124.17	742.467	1416.11	556.901	1062.08	445.570	849.667
30	2228.15	4250.00	1114.11	2125.00	742.792	1416.67	557.144	1062.50	445.765	850.000
31	2229.09	4251.67	1114.59	2125.83	743.107	1417.22	557.381	1062.92	445.955	850.333
32	2230.04	4253.33	1115.06	2126.67	743.422	1417.78	557.617	1063.33	446.144	850.667
33	2231.01	4255.00	1115.55	2127.50	743.747	1418.33	557.861	1063.75	446.339	851.000
34	2231.99	4256.67	1116.03	2128.33	744.072	1418.89	558.104	1064.17	446.533	851.333
35	2232.93	4258.33	1116.51	2129.17	744.387	1419.44	558.341	1064.58	446.723	851.667
36	2233.88	4260.00	1116.98	2130.00	744.702	1420.00	558.577	1065.00	446.912	852.000
37	2234.85	4261.67	1117.47	2130.83	745.027	1420.56	558.821	1065.42	447.107	852.333
38	2235.82	4263.33	1117.95	2131.67	745.351	1421.11	559.064	1065.83	447.301	852.667
39	2236.77	4265.00	1118.43	2132.50	745.667	1421.67	559.301	1066.25	447.491	853.000
40	2237.71	4266.67	1118.90	2133.33	745.982	1422.22	559.537	1066.67	447.680	853.333
41	2238.69	4268.33	1119.39	2134.17	746.306	1422.78	559.781	1067.08	447.875	853.667
42	2239.66	4270.00	1119.87	2135.00	746.631	1423.33	560.024	1067.50	448.069	854.000
43	2240.61	4271.67	1120.35	2135.83	746.946	1423.89	560.261	1067.92	448.259	854.333
44	2241.55	4273.33	1120.82	2136.67	747.261	1424.44	560.497	1068.33	448.448	854.667
45	2242.53	4275.00	1121.30	2137.50	747.586	1425.00	560.741	1068.75	448.643	855.000
46	2243.50	4276.67	1121.79	2138.33	747.911	1425.56	560.984	1069.17	448.837	855.333
47	2244.48	4278.33	1122.28	2139.17	748.236	1426.11	561.228	1069.58	449.032	855.667
48	2245.45	4280.00	1122.77	2140.00	748.560	1426.67	561.471	1070.00	449.227	856.000
49	2246.40	4281.67	1123.24	2140.83	748.876	1427.22	561.708	1070.42	449.416	856.333
50	2247.34	4283.33	1123.71	2141.67	749.191	1427.78	561.944	1070.83	449.605	856.667
51	2248.31	4285.00	1124.20	2142.50	749.515	1428.33	562.188	1071.25	449.800	857.000
52	2249.20	4286.67	1124.69	2143.33	749.840	1428.89	562.431	1071.67	449.995	857.333
53	2250.23	4288.33	1125.16	2144.17	750.155	1429.44	562.668	1072.08	450.184	857.667
54	2251.18	4290.00	1125.63	2145.00	750.470	1430.00	562.904	1072.50	450.373	858.000
55	2252.15	4291.67	1126.12	2145.83	750.795	1430.56	563.147	1072.92	450.568	858.333
56	2253.13	4293.33	1126.61	2146.67	751.120	1431.11	563.391	1073.33	450.763	858.667
57	2254.07	4295.00	1127.08	2147.50	751.435	1431.67	563.627	1073.75	450.952	859.000
58	2255.02	4296.67	1127.55	2148.33	751.750	1432.22	563.864	1074.17	451.141	859.333
59	2255.99	4298.33	1128.04	2149.17	752.075	1432.78	564.107	1074.58	451.336	859.667

TABLE XIV.—ACTUAL TANGENTS, ETC.

6° Curve.		7° Curve.		8° Curve.		9° Curve.		10° Curve.		42°
Tan.	Arc.	Tan.	Arc.	Tan.	Arc.	Tan.	Arc.	Tan.	Arc.	M.
366.728	700.000	314.389	600.000	275.143	525.000	244.622	466.667	220.217	420.000	0
366.891	700.278	314.528	600.238	275.265	525.208	244.731	466.852	220.314	420.167	1
367.053	700.556	314.667	600.476	275.387	525.417	244.839	467.037	220.412	420.333	2
367.211	700.833	314.808	600.714	275.505	525.625	244.944	467.222	220.506	420.500	3
367.368	701.111	314.938	600.952	275.623	525.833	245.049	467.407	220.601	420.667	4
367.531	701.389	315.077	601.190	275.745	526.042	245.158	467.593	220.698	420.833	5
367.693	701.667	315.216	601.429	275.867	526.250	245.266	467.778	220.796	421.000	6
367.851	701.944	315.351	601.667	275.985	526.458	245.371	467.963	220.891	421.167	7
368.008	702.222	315.486	601.905	276.104	526.667	245.476	468.148	220.985	421.333	8
368.166	702.500	315.622	602.143	276.222	526.875	245.582	468.333	221.080	421.500	9
368.324	702.778	315.757	602.381	276.340	527.083	245.687	468.519	221.175	421.667	10
368.486	703.056	315.896	602.619	276.462	527.292	245.795	468.704	221.272	421.833	11
368.649	703.333	316.035	602.857	276.584	527.500	245.903	468.889	221.370	422.000	12
368.806	703.611	316.170	603.095	276.702	527.708	246.008	469.074	221.464	422.167	13
368.964	703.889	316.305	603.333	276.820	527.917	246.114	469.259	221.559	422.333	14
369.126	704.167	316.445	603.571	276.942	528.125	246.222	469.444	221.657	422.500	15
369.289	704.444	316.584	603.810	277.064	528.333	246.330	469.630	221.754	422.667	16
369.446	704.722	316.719	604.048	277.182	528.542	246.435	469.815	221.849	422.833	17
369.604	705.000	316.854	604.286	277.301	528.750	246.541	470.000	221.943	423.000	18
369.766	705.278	316.998	604.524	277.422	528.958	246.649	470.185	222.041	423.167	19
369.929	705.556	317.133	604.762	277.544	529.167	246.757	470.370	222.138	423.333	20
370.086	705.833	317.268	605.000	277.663	529.375	246.862	470.556	222.233	423.500	21
370.244	706.111	317.403	605.238	277.781	529.583	246.968	470.741	222.328	423.667	22
370.402	706.389	317.538	605.476	277.899	529.792	247.073	470.926	222.422	423.833	23
370.559	706.667	317.673	605.714	278.017	530.000	247.178	471.111	222.517	424.000	24
370.722	706.944	317.812	605.952	278.139	530.208	247.286	471.296	222.615	424.167	25
370.884	707.222	317.952	606.190	278.261	530.417	247.395	471.481	222.712	424.333	26
371.042	707.500	318.087	606.429	278.379	530.625	247.500	471.667	222.807	424.500	27
371.199	707.778	318.222	606.667	278.498	530.833	247.605	471.852	222.901	424.667	28
371.362	708.056	318.361	606.905	278.620	531.042	247.713	472.037	222.999	424.833	29
371.524	708.333	318.500	607.143	278.741	531.250	247.822	472.222	223.097	425.000	30
371.682	708.611	318.636	607.381	278.860	531.458	247.927	472.407	223.191	425.167	31
371.840	708.889	318.771	607.619	278.978	531.667	248.032	472.593	223.286	425.333	32
372.002	709.167	318.910	607.857	279.100	531.875	248.140	472.778	223.383	425.500	33
372.164	709.444	319.049	608.095	279.222	532.083	248.248	472.963	223.481	425.667	34
372.322	709.722	319.184	608.333	279.340	532.292	248.354	473.148	223.576	425.833	35
372.480	710.000	319.319	608.571	279.458	532.500	248.459	473.333	223.670	426.000	36
372.642	710.278	319.459	608.810	279.580	532.708	248.567	473.519	223.768	426.167	37
372.804	710.556	319.598	609.048	279.702	532.917	248.675	473.704	223.865	426.333	38
372.962	710.833	319.733	609.286	279.820	533.125	248.781	473.889	223.960	426.500	39
373.120	711.111	319.868	609.524	279.938	533.333	248.886	474.074	224.055	426.667	40
373.282	711.389	320.007	609.762	280.060	533.542	248.994	474.259	224.152	426.833	41
373.445	711.667	320.147	610.000	280.182	533.750	249.102	474.444	224.250	427.000	42
373.602	711.944	320.282	610.238	280.300	533.958	249.208	474.630	224.344	427.167	43
373.760	712.222	320.417	610.476	280.419	534.167	249.313	474.815	224.439	427.333	44
373.922	712.500	320.556	610.714	280.540	534.375	249.421	475.000	224.526	427.500	45
374.085	712.778	320.695	610.952	280.662	534.583	249.529	475.185	224.634	427.667	46
374.247	713.056	320.885	611.190	280.784	534.792	249.638	475.370	224.732	427.833	47
374.409	713.333	320.974	611.429	280.906	535.000	249.746	475.556	224.829	428.000	48
374.567	713.611	321.109	611.667	281.024	535.208	249.851	475.741	224.924	428.167	49
374.725	713.889	321.244	611.905	281.143	535.417	249.956	475.926	225.018	428.333	50
374.887	714.167	321.383	612.143	281.264	535.625	250.065	476.111	225.116	428.500	51
375.050	714.444	321.523	612.381	281.386	535.833	250.173	476.296	225.213	428.667	52
375.207	714.722	321.658	612.619	281.505	536.042	250.278	476.481	225.308	428.833	53
375.365	715.000	321.793	612.857	281.623	536.250	250.383	476.667	225.403	429.000	54
375.527	715.278	321.932	613.095	281.745	536.458	250.492	476.852	225.500	429.167	55
375.690	715.556	322.071	613.333	281.867	536.667	250.600	477.037	225.598	429.333	56
375.847	715.833	322.207	613.571	281.985	536.875	250.705	477.222	225.692	429.500	57
376.005	716.111	322.342	613.810	282.103	537.083	250.810	477.407	225.787	429.667	58
376.167	716.389	322.481	614.048	282.225	537.292	250.919	477.593	225.885	429.833	59

TABLE XIV.—ACTUAL TANGENTS, ETC.

43°	1° Curve.		2° Curve.		3° Curve.		4° Curve.		5° Curve.	
M.	Tan.	Arc.	Tan.	Arc.	Tan.	Arc.	Tan.	Arc.	Tan.	Arc.
0	2256.97	4300.00	1128.52	2150.00	752.400	1433.33	564.351	1075.00	451.531	860.000
1	2257.94	4301.67	1129.01	2150.83	752.724	1433.89	564.594	1075.42	451.726	860.333
2	2258.91	4303.33	1129.50	2151.67	753.049	1434.44	564.838	1075.83	451.921	860.667
3	2259.86	4305.00	1129.97	2152.50	753.364	1435.00	565.074	1076.25	452.110	861.000
4	2260.81	4305.67	1130.44	2153.33	753.679	1435.56	565.311	1076.67	452.299	861.333
5	2261.78	4308.33	1130.93	2154.17	754.004	1436.11	565.554	1077.08	452.494	861.667
6	2262.75	4310.00	1131.42	2155.00	754.329	1436.67	565.798	1077.50	452.689	862.000
7	2263.73	4311.67	1131.91	2155.83	754.654	1437.22	566.041	1077.92	452.884	862.333
8	2264.70	4313.33	1132.39	2156.67	754.978	1437.78	566.285	1078.33	453.079	862.667
9	2265.65	4315.00	1132.86	2157.50	755.293	1438.33	566.521	1078.75	453.268	863.000
10	2266.59	4316.67	1133.34	2158.33	755.609	1438.89	566.758	1079.17	453.457	863.333
11	2267.57	4318.33	1133.82	2159.17	755.933	1439.44	567.001	1079.58	453.652	863.667
12	2268.54	4320.00	1134.31	2160.00	756.258	1440.00	567.245	1080.00	453.847	864.000
13	2269.49	4321.67	1134.78	2160.83	756.573	1440.56	567.481	1080.42	454.036	864.333
14	2270.43	4323.33	1135.26	2161.67	756.888	1441.11	567.718	1080.83	454.225	864.667
15	2271.41	4325.00	1135.74	2162.50	757.213	1441.67	567.965	1081.25	454.420	865.000
16	2272.38	4326.67	1136.23	2163.33	757.538	1442.22	568.205	1081.67	454.615	865.333
17	2273.35	4328.33	1136.72	2164.17	757.862	1442.78	568.448	1082.08	454.810	865.667
18	2274.33	4330.00	1137.21	2165.00	758.187	1443.33	568.692	1082.50	455.004	866.000
19	2275.27	4331.67	1137.68	2165.83	758.502	1443.89	568.928	1082.92	455.194	866.333
20	2276.22	4333.33	1138.15	2166.67	758.817	1444.44	569.165	1083.33	455.383	866.667
21	2277.19	4335.00	1138.64	2167.50	759.142	1445.00	569.408	1083.75	455.578	867.000
22	2278.17	4336.67	1139.12	2168.33	759.467	1445.56	569.652	1084.17	455.772	867.333
23	2279.14	4338.33	1139.61	2169.17	759.792	1446.11	569.895	1084.58	455.967	867.667
24	2280.11	4340.00	1140.10	2170.00	760.116	1446.67	570.139	1085.00	456.162	868.000
25	2281.09	4341.67	1140.59	2170.83	760.441	1447.22	570.383	1085.42	456.357	868.333
26	2282.06	4343.33	1141.07	2171.67	760.766	1447.78	570.626	1085.83	456.552	868.667
27	2283.01	4345.00	1141.55	2172.50	761.081	1448.33	570.862	1086.25	456.741	869.000
28	2283.95	4346.67	1142.02	2173.33	761.396	1448.89	571.099	1086.67	456.930	869.333
29	2284.93	4348.33	1142.51	2174.17	761.721	1449.44	571.342	1087.08	457.125	869.667
30	2285.90	4350.00	1142.99	2175.00	762.046	1450.00	571.586	1087.50	457.320	870.000
31	2286.88	4351.67	1143.48	2175.83	762.370	1450.56	571.830	1087.92	457.515	870.333
32	2287.85	4353.33	1143.97	2176.67	762.695	1451.11	572.073	1088.33	457.710	870.667
33	2288.79	4355.00	1144.44	2177.50	763.010	1451.67	572.310	1088.75	457.899	871.000
34	2289.74	4356.67	1144.91	2178.33	763.325	1452.22	572.546	1089.17	458.088	871.333
35	2290.71	4358.33	1145.40	2179.17	763.650	1452.78	572.789	1089.58	458.283	871.667
36	2291.69	4360.00	1145.89	2180.00	763.975	1453.33	573.033	1090.00	458.478	872.000
37	2292.66	4361.67	1146.37	2180.83	764.299	1453.89	573.277	1090.42	458.672	872.333
38	2293.64	4363.33	1146.86	2181.67	764.624	1454.44	573.520	1090.83	458.867	872.667
39	2294.61	4365.00	1147.35	2182.50	764.949	1455.00	573.764	1091.25	459.062	873.000
40	2295.58	4366.67	1147.83	2183.33	765.274	1455.56	574.007	1091.67	459.257	873.333
41	2296.53	4368.33	1148.31	2184.17	765.589	1456.11	574.244	1092.08	459.446	873.667
42	2297.48	4370.00	1148.78	2185.00	765.904	1456.67	574.481	1092.50	459.635	874.000
43	2298.45	4371.67	1149.27	2185.83	766.229	1457.22	574.724	1092.92	459.830	874.333
44	2299.42	4373.33	1149.75	2186.67	766.553	1457.78	574.961	1093.33	460.025	874.667
45	2300.40	4375.00	1150.24	2187.50	766.878	1458.33	575.211	1093.75	460.220	875.000
46	2301.37	4376.67	1150.73	2188.33	767.203	1458.89	575.454	1094.17	460.415	875.333
47	2302.35	4378.33	1151.21	2189.17	767.527	1459.44	575.698	1094.58	460.610	875.667
48	2303.32	4380.00	1151.70	2190.00	767.852	1460.00	575.941	1095.00	460.805	876.000
49	2304.29	4381.67	1152.19	2190.83	768.177	1460.56	576.185	1095.42	460.999	876.333
50	2305.27	4383.33	1152.68	2191.67	768.502	1461.11	576.428	1095.83	461.194	876.667
51	2306.21	4385.00	1153.15	2192.50	768.817	1461.67	576.665	1096.25	461.383	877.000
52	2307.16	4386.67	1153.62	2193.33	769.132	1462.22	576.901	1096.67	461.573	877.333
53	2308.13	4388.33	1154.11	2194.17	769.457	1462.78	577.145	1097.08	461.767	877.667
54	2309.11	4390.00	1154.60	2195.00	769.781	1463.33	577.388	1097.50	461.962	878.000
55	2310.08	4391.67	1155.08	2195.83	770.106	1463.89	577.632	1097.92	462.157	878.333
56	2311.05	4393.33	1155.57	2196.67	770.431	1464.44	577.876	1098.33	462.352	878.667
57	2312.03	4395.00	1156.06	2197.50	770.755	1465.00	578.119	1098.75	462.547	879.000
58	2313.00	4396.67	1156.54	2198.33	771.080	1465.56	578.363	1099.17	462.742	879.333
59	2313.98	4398.33	1157.03	2199.17	771.405	1466.11	578.606	1099.58	462.937	879.667

TABLE XIV.—ACTUAL TANGENTS, ETC.

6° Curve.		7° Curve.		8° Curve.		9° Curve.		10° Curve.		43°
Tan.	Arc.	Tan.	Arc.	Tan.	Arc.	Tan.	Arc.	Tan.	Arc.	M.
376.330	716.667	322.620	614.286	282.347	537.500	251.027	477.778	225.982	430.000	0
376.492	716.944	322.759	614.524	282.469	537.708	251.135	477.963	226.080	430.167	1
376.655	717.222	322.899	614.762	282.590	537.917	251.244	478.148	226.177	430.333	2
376.812	717.500	323.034	615.000	282.709	538.125	251.349	478.333	226.272	430.500	3
376.970	717.778	323.169	615.238	282.827	538.333	251.454	478.519	226.367	430.667	4
377.132	718.056	323.308	615.476	282.949	538.542	251.562	478.704	226.464	430.833	5
377.295	718.333	323.447	615.714	283.071	538.750	251.671	478.889	226.562	431.000	6
377.457	718.611	323.587	615.952	283.193	538.958	251.779	479.074	226.659	431.167	7
377.619	718.889	323.726	616.190	283.314	539.167	251.887	479.259	226.757	431.333	8
377.777	719.167	323.861	616.429	283.433	539.375	251.992	479.444	226.851	431.500	9
377.935	719.444	323.996	616.667	283.551	539.583	252.098	479.630	226.946	431.667	10
378.097	719.722	324.135	616.905	283.673	539.792	252.206	479.815	227.044	431.833	11
378.260	720.000	324.275	617.143	283.795	540.000	252.314	480.000	227.141	432.000	12
378.417	720.278	324.410	617.381	283.913	540.208	252.419	480.185	227.236	432.167	13
378.575	720.556	324.545	617.619	284.031	540.417	252.525	480.370	227.330	432.333	14
378.737	720.833	324.684	617.857	284.153	540.625	252.633	480.556	227.428	432.500	15
378.900	721.111	324.823	618.095	284.275	540.833	252.741	480.741	227.525	432.667	16
379.062	721.389	324.963	618.333	284.397	541.042	252.850	480.926	227.623	432.833	17
379.225	721.667	325.102	618.571	284.519	541.250	252.958	481.111	227.720	433.000	18
379.382	721.944	325.237	618.810	284.637	541.458	253.063	481.296	227.815	433.167	19
379.540	722.222	325.372	619.048	284.755	541.667	253.168	481.481	227.910	433.333	20
379.702	722.500	325.511	619.286	284.877	541.875	253.277	481.667	228.007	433.500	21
379.865	722.778	325.650	619.524	284.999	542.083	253.385	481.852	228.105	433.667	22
380.027	723.056	325.790	619.762	285.121	542.292	253.493	482.037	228.202	433.833	23
380.189	723.333	325.929	620.000	285.243	542.500	253.602	482.222	228.300	434.000	24
380.352	723.611	326.068	620.238	285.364	542.708	253.710	482.407	228.397	434.167	25
380.514	723.889	326.207	620.476	285.486	542.917	253.818	482.593	228.495	434.333	26
380.672	724.167	326.343	620.714	285.605	543.125	253.923	482.778	228.590	434.500	27
380.830	724.444	326.478	620.952	285.723	543.333	254.029	482.963	228.684	434.667	28
380.992	724.722	326.617	621.190	285.845	543.542	254.137	483.148	228.782	434.833	29
381.154	725.000	326.756	621.429	285.966	543.750	254.245	483.333	228.879	435.000	30
381.317	725.278	326.895	621.667	286.088	543.958	254.354	483.519	228.977	435.167	31
381.479	725.556	327.035	621.905	286.210	544.167	254.402	483.704	229.074	435.333	32
381.637	725.833	327.170	622.143	286.328	544.375	254.567	483.889	229.169	435.500	33
381.794	726.111	327.305	622.381	286.447	544.583	254.672	484.074	229.264	435.667	34
381.957	726.389	327.444	622.619	286.569	544.792	254.780	484.259	229.361	435.833	35
382.119	726.667	327.583	622.857	286.690	545.000	254.889	484.444	229.459	436.000	36
382.282	726.944	327.723	623.095	286.812	545.208	254.997	484.630	229.556	436.167	37
382.444	727.222	327.862	623.333	286.934	545.417	255.106	484.815	229.654	436.333	38
382.607	727.500	328.001	623.571	287.056	545.625	255.214	485.000	229.751	436.500	39
382.769	727.778	328.140	623.810	287.178	545.833	255.322	485.185	229.849	436.667	40
382.927	728.056	328.275	624.048	287.296	546.042	255.427	485.370	229.944	436.833	41
383.084	728.333	328.411	624.286	287.414	546.250	255.532	485.556	230.038	437.000	42
383.247	728.611	328.550	624.524	287.536	546.458	255.641	485.741	230.136	437.167	43
383.409	728.889	328.689	624.762	287.658	546.667	255.749	485.926	230.233	437.333	44
383.571	729.167	328.828	625.000	287.780	546.875	255.857	486.111	230.331	437.500	45
383.734	729.444	328.968	625.238	287.902	547.083	255.966	486.296	230.428	437.667	46
383.896	729.722	329.107	625.476	288.024	547.292	256.074	486.481	230.526	437.833	47
384.059	730.000	329.246	625.714	288.146	547.500	256.182	486.667	230.623	438.000	48
384.221	730.278	329.385	625.952	288.267	547.708	256.291	486.852	230.721	438.167	49
384.384	730.556	329.524	626.190	288.389	547.917	256.399	487.037	230.818	438.333	50
384.541	730.833	329.660	626.429	288.507	548.125	256.504	487.222	230.913	438.500	51
384.699	731.111	329.795	626.667	288.626	548.333	256.609	487.407	231.008	438.667	52
384.861	731.389	329.934	626.905	288.748	548.542	256.718	487.593	231.105	438.833	53
385.021	731.667	330.073	627.143	288.869	548.750	256.826	487.778	231.203	439.000	54
385.186	731.944	330.212	627.381	288.991	548.958	256.934	487.963	231.300	439.167	55
385.348	732.222	330.352	627.619	289.113	549.167	257.043	488.148	231.398	439.333	56
385.511	732.500	330.491	627.857	289.235	549.375	257.151	488.333	231.495	439.500	57
385.673	732.778	330.630	628.095	289.357	549.583	257.259	488.519	231.593	439.667	58
385.836	733.056	330.769	628.333	289.479	549.792	257.368	488.704	231.690	439.833	59

TABLE XIV.—ACTUAL TANGENTS, ETC.

44°	1° Curve.		2° Curve.		3° Curve.		4° Curve.		5° Curve.	
M.	Tan.	Arc.	Tan.	Arc.	Tan.	Arc.	Tan.	Arc.	Tan.	Arc.
0	2314.95	4400.00	1157.52	2200.00	771.730	1466.67	578.850	1100.00	463.132	880.000
1	2315.90	4401.67	1157.99	2200.83	772.045	1467.22	579.086	1100.42	463.321	880.333
2	2316.84	4403.33	1158.46	2201.67	772.360	1467.78	579.323	1100.83	463.510	880.667
3	2317.82	4405.00	1158.95	2202.50	772.685	1468.33	579.566	1101.25	463.705	881.000
4	2318.79	4406.67	1159.44	2203.33	773.009	1468.89	579.810	1101.67	463.900	881.333
5	2319.76	4408.33	1159.92	2204.17	773.334	1469.44	580.053	1102.08	464.094	881.667
6	2320.74	4410.00	1160.41	2205.00	773.659	1470.00	580.297	1102.50	464.289	882.000
7	2321.71	4411.67	1160.90	2205.83	773.984	1470.56	580.540	1102.92	464.484	882.333
8	2322.69	4413.33	1161.39	2206.67	774.308	1471.11	580.784	1103.33	464.679	882.667
9	2323.66	4415.00	1161.87	2207.50	774.633	1471.67	581.027	1103.75	464.874	883.000
10	2324.63	4416.67	1162.36	2208.33	774.958	1472.22	581.271	1104.17	465.069	883.333
11	2325.61	4418.33	1162.85	2209.17	775.282	1472.78	581.515	1104.58	465.264	883.667
12	2326.58	4420.00	1163.23	2210.00	775.607	1473.33	581.758	1105.00	465.458	884.000
13	2327.56	4421.67	1163.82	2210.83	775.932	1473.89	582.002	1105.42	465.653	884.333
14	2328.53	4423.33	1164.31	2211.67	776.257	1474.44	582.245	1105.83	465.848	884.667
15	2329.50	4425.00	1164.79	2212.50	776.581	1475.00	582.489	1106.25	466.043	885.000
16	2330.48	4426.67	1165.28	2213.33	776.906	1475.56	582.732	1106.67	466.238	885.333
17	2331.42	4428.33	1165.75	2214.17	777.221	1476.11	582.969	1107.08	466.427	885.667
18	2332.37	4430.00	1166.23	2215.00	777.536	1476.67	583.205	1107.50	466.616	886.000
19	2333.34	4431.67	1166.71	2215.83	777.861	1477.22	583.449	1107.92	466.811	886.333
20	2334.32	4433.33	1167.20	2216.67	778.186	1477.78	583.692	1108.33	467.006	886.667
21	2335.29	4435.00	1167.69	2217.50	778.510	1478.33	583.936	1108.75	467.201	887.000
22	2336.26	4436.67	1168.18	2218.33	778.835	1478.89	584.179	1109.17	467.396	887.333
23	2337.24	4438.33	1168.66	2219.17	779.160	1479.44	584.423	1109.58	467.591	887.667
24	2338.21	4440.00	1169.15	2220.00	779.485	1480.00	584.666	1110.00	467.785	888.000
25	2339.19	4441.67	1169.64	2220.83	779.809	1480.56	584.910	1110.42	467.980	888.333
26	2340.16	4443.33	1170.12	2221.67	780.134	1481.11	585.154	1110.83	468.175	888.667
27	2341.13	4445.00	1170.61	2222.50	780.459	1481.67	585.397	1111.25	468.370	889.000
28	2342.11	4446.67	1171.10	2223.33	780.783	1482.22	585.641	1111.67	468.565	889.333
29	2343.08	4448.33	1171.58	2224.17	781.108	1482.78	585.884	1112.08	468.760	889.667
30	2344.06	4450.00	1172.07	2225.00	781.433	1483.33	586.128	1112.50	468.955	890.000
31	2345.03	4451.67	1172.56	2225.83	781.758	1483.89	586.371	1112.92	469.149	890.333
32	2346.01	4453.33	1173.05	2226.67	782.082	1484.44	586.615	1113.33	469.344	890.667
33	2346.98	4455.00	1173.53	2227.50	782.407	1485.00	586.858	1113.75	469.539	891.000
34	2347.95	4456.67	1174.02	2228.33	782.732	1485.56	587.102	1114.17	469.734	891.333
35	2348.93	4458.33	1174.51	2229.17	783.056	1486.11	587.346	1114.58	469.929	891.667
36	2349.90	4460.00	1174.99	2230.00	783.381	1486.67	587.589	1115.00	470.124	892.000
37	2350.88	4461.67	1175.48	2230.83	783.706	1487.22	587.833	1115.42	470.319	892.333
38	2351.85	4463.33	1175.97	2231.67	784.031	1487.78	588.076	1115.83	470.514	892.667
39	2352.82	4465.00	1176.45	2232.50	784.355	1488.33	588.320	1116.25	470.708	893.000
40	2353.80	4466.67	1176.94	2233.33	784.680	1488.89	588.563	1116.67	470.903	893.333
41	2354.77	4468.33	1177.43	2234.17	785.005	1489.44	588.807	1117.08	471.098	893.667
42	2355.75	4470.00	1177.92	2235.00	785.329	1490.00	589.050	1117.50	471.293	894.000
43	2356.72	4471.67	1178.40	2235.83	785.654	1490.56	589.294	1117.92	471.488	894.333
44	2357.69	4473.33	1178.89	2236.67	785.979	1491.11	589.538	1118.33	471.683	894.667
45	2358.67	4475.00	1179.38	2237.50	786.304	1491.67	589.781	1118.75	471.878	895.000
46	2359.64	4476.67	1179.86	2238.33	786.628	1492.22	590.025	1119.17	472.072	895.333
47	2360.62	4478.33	1180.35	2239.17	786.953	1492.78	590.268	1119.58	472.267	895.667
48	2361.59	4480.00	1180.84	2240.00	787.278	1493.33	590.512	1120.00	472.462	896.000
49	2362.56	4481.67	1181.33	2240.83	787.602	1493.89	590.755	1120.42	472.657	896.333
50	2363.54	4483.33	1181.81	2241.67	787.927	1494.44	590.999	1120.83	472.852	896.667
51	2364.51	4485.00	1182.30	2242.50	788.252	1495.00	591.243	1121.25	473.047	897.000
52	2365.49	4486.67	1182.79	2243.33	788.577	1495.56	591.486	1121.67	473.242	897.333
53	2366.46	4488.33	1183.27	2244.17	788.901	1496.11	591.730	1122.08	473.437	897.667
54	2367.43	4490.00	1183.76	2245.00	789.226	1496.67	591.973	1122.50	473.631	898.000
55	2368.41	4491.67	1184.25	2245.83	789.551	1497.22	592.217	1122.92	473.826	898.333
56	2369.38	4493.33	1184.73	2246.67	789.875	1497.78	592.460	1123.33	474.021	898.667
57	2370.36	4495.00	1185.22	2247.50	790.200	1498.33	592.704	1123.75	474.216	899.000
58	2371.33	4496.67	1185.71	2248.33	790.525	1498.89	592.947	1124.17	474.411	899.333
59	2372.30	4498.33	1186.20	2249.17	790.850	1499.44	593.191	1124.58	474.606	899.667

TABLE XIV.—ACTUAL TANGENTS, ETC.

6° Curve.		7° Curve.		8° Curve.		9° Curve.		10° Curve.		44°
Tan.	Arc.	Tan.	Arc.	Tan.	Arc.	Tan.	Arc.	Tan.	Arc.	M.
285.998	733.333	330.909	628.571	289.601	550.000	257.476	488.889	231.788	440.000	0
286.156	733.611	331.044	628.810	289.719	550.208	257.581	489.074	231.883	440.167	1
286.313	733.889	331.179	629.048	289.837	550.417	257.686	489.259	231.977	440.333	2
286.476	734.167	331.318	629.286	289.959	550.625	257.795	489.444	232.075	440.500	3
286.638	734.444	331.457	629.524	290.081	550.833	257.903	489.630	232.172	440.667	4
286.801	734.722	331.597	629.762	290.203	551.042	258.011	489.815	232.270	440.833	5
286.963	735.000	331.736	630.000	290.325	551.250	258.120	490.000	232.367	441.000	6
287.125	735.278	331.875	630.238	290.446	551.458	258.228	490.185	232.465	441.167	7
287.288	735.556	332.014	630.476	290.568	551.667	258.336	490.370	232.562	441.333	8
287.450	735.833	332.154	630.714	290.690	551.875	258.445	490.556	232.660	441.500	9
287.613	736.111	332.293	630.952	290.812	552.083	258.553	490.741	232.757	441.667	10
287.775	736.389	332.432	631.190	290.934	552.292	258.661	490.926	232.855	441.833	11
287.937	736.667	332.571	631.429	291.056	552.500	258.770	491.111	232.953	442.000	12
288.100	736.944	332.710	631.667	291.177	552.708	258.878	491.296	233.050	442.167	13
288.262	737.222	332.850	631.905	291.299	552.917	258.986	491.481	233.148	442.333	14
288.425	737.500	332.989	632.143	291.421	553.125	259.095	491.667	233.245	442.500	15
288.587	737.778	333.128	632.381	291.543	553.333	259.203	491.852	233.343	442.667	16
288.745	738.056	333.263	632.619	291.661	553.542	259.308	492.037	233.437	442.833	17
288.902	738.333	333.398	632.857	291.780	553.750	259.413	492.222	233.532	443.000	18
289.065	738.611	333.538	633.095	291.901	553.958	259.522	492.407	233.629	443.167	19
289.227	738.889	333.677	633.333	292.023	554.167	259.630	492.593	233.727	443.333	20
289.390	739.167	333.816	633.571	292.145	554.375	259.738	492.778	233.825	443.500	21
289.552	739.444	333.955	633.810	292.267	554.583	259.847	492.963	233.922	443.667	22
289.714	739.722	334.095	634.048	292.389	554.792	259.955	493.148	234.020	443.833	23
289.877	740.000	334.234	634.286	292.511	555.000	260.063	493.333	234.117	444.000	24
290.039	740.278	334.373	634.524	292.633	555.208	260.172	493.519	234.215	444.167	25
290.202	740.556	334.512	634.762	292.754	555.417	260.280	493.704	234.312	444.333	26
290.364	740.833	334.652	635.000	292.876	555.625	260.388	493.889	234.410	444.500	27
290.527	741.111	334.791	635.238	292.998	555.833	260.497	494.074	234.507	444.667	28
290.689	741.389	334.930	635.476	293.120	556.042	260.605	494.259	234.605	444.833	29
290.851	741.667	335.069	635.714	293.242	556.250	260.713	494.444	234.702	445.000	30
291.014	741.944	335.208	635.952	293.364	556.458	260.822	494.630	234.800	445.167	31
291.176	742.222	335.348	636.190	293.486	556.667	260.930	494.815	234.897	445.333	32
291.339	742.500	335.487	636.429	293.607	556.875	261.038	495.000	234.995	445.500	33
291.501	742.778	335.626	636.667	293.729	557.083	261.147	495.185	235.092	445.667	34
291.663	743.056	335.765	636.905	293.851	557.292	261.255	495.370	235.190	445.833	35
291.826	743.333	335.905	637.143	293.973	557.500	261.363	495.556	235.287	446.000	36
291.988	743.611	336.044	637.381	294.095	557.708	261.472	495.741	235.385	446.167	37
292.151	743.889	336.183	637.619	294.217	557.917	261.580	495.926	235.482	446.333	38
292.313	744.167	336.322	637.857	294.338	558.125	261.688	496.111	235.580	446.500	39
292.475	744.444	336.462	638.095	294.460	558.333	261.797	496.296	235.678	446.667	40
292.638	744.722	336.601	638.333	294.582	558.542	261.905	496.481	235.775	446.833	41
292.800	745.000	336.740	638.571	294.704	558.750	262.014	496.667	235.873	447.000	42
292.963	745.278	336.879	638.810	294.826	558.958	262.122	496.852	235.970	447.167	43
293.125	745.556	337.018	639.048	294.948	559.167	262.230	497.037	236.068	447.333	44
293.288	745.833	337.158	639.286	295.070	559.375	262.339	497.222	236.165	447.500	45
293.450	746.111	337.297	639.524	295.191	559.583	262.447	497.407	236.263	447.667	46
293.612	746.389	337.436	639.762	295.313	559.792	262.555	497.593	236.360	447.833	47
293.775	746.667	337.575	640.000	295.435	560.000	262.664	497.778	236.458	448.000	48
293.937	746.944	337.715	640.238	295.557	560.208	262.772	497.963	236.555	448.167	49
294.100	747.222	337.854	640.476	295.679	560.417	262.880	498.148	236.653	448.333	50
294.262	747.500	337.993	640.714	295.801	560.625	262.989	498.333	236.750	448.500	51
294.424	747.778	338.133	640.952	295.923	560.833	263.097	498.519	236.848	448.667	52
294.587	748.056	338.272	641.190	296.044	561.042	263.205	498.704	236.945	448.833	53
294.749	748.333	338.411	641.429	296.166	561.250	263.314	498.889	237.043	449.000	54
294.912	748.611	338.550	641.667	296.288	561.458	263.422	499.074	237.140	449.167	55
295.074	748.889	338.689	641.905	296.410	561.667	263.530	499.259	237.238	449.333	56
295.237	749.167	338.829	642.143	296.532	561.875	263.639	499.444	237.336	449.500	57
295.399	749.444	338.968	642.381	296.654	562.083	263.747	499.630	237.433	449.667	58
295.561	749.722	339.107	642.619	296.776	562.292	263.855	499.815	237.531	449.833	59

TABLE XIV.—ACTUAL TANGENTS, ETC.

45°	1° Curve.		2° Curve.		3° Curve.		4° Curve.		5° Curve.	
M.	Tan.	Arc.	Tan.	Arc.	Tan.	Arc.	Tan.	Arc.	Tan.	Arc.
0	2373.28	4500.00	1186.68	2250.00	791.174	1500.00	593.435	1125.00	474.801	900.000
1	2374.25	4501.67	1187.17	2250.83	791.499	1500.56	593.678	1125.42	474.996	900.333
2	2375.23	4503.33	1187.66	2251.67	791.824	1501.11	593.922	1125.83	475.190	900.667
3	2376.23	4505.00	1188.16	2252.50	792.158	1501.67	594.172	1126.25	475.391	901.000
4	2377.23	4506.67	1188.66	2253.33	792.492	1502.22	594.423	1126.67	475.592	901.333
5	2378.21	4508.33	1189.15	2254.17	792.817	1502.78	594.667	1127.08	475.786	901.667
6	2379.18	4510.00	1189.63	2255.00	793.142	1503.33	594.910	1127.50	475.981	902.000
7	2380.15	4511.67	1190.12	2255.83	793.466	1503.89	595.154	1127.92	476.176	902.333
8	2381.13	4513.33	1190.61	2256.67	793.791	1504.44	595.397	1128.33	476.371	902.667
9	2382.10	4515.00	1191.09	2257.50	794.116	1505.00	595.641	1128.75	476.566	903.000
10	2383.08	4516.67	1191.58	2258.33	794.440	1505.56	595.884	1129.17	476.761	903.333
11	2384.05	4518.33	1192.07	2259.17	794.765	1506.11	596.128	1129.58	476.956	903.667
12	2385.02	4520.00	1192.56	2260.00	795.090	1506.67	596.372	1130.00	477.151	904.000
13	2386.00	4521.67	1193.04	2260.83	795.415	1507.22	596.615	1130.42	477.345	904.333
14	2386.97	4523.33	1193.53	2261.67	795.739	1507.78	596.859	1130.83	477.540	904.667
15	2387.95	4525.00	1194.02	2262.50	796.064	1508.33	597.102	1131.25	477.735	905.000
16	2388.92	4526.67	1194.50	2263.33	796.389	1508.89	597.346	1131.67	477.930	905.333
17	2389.89	4528.33	1194.99	2264.17	796.718	1509.44	597.589	1132.08	478.125	905.667
18	2390.87	4530.00	1195.48	2265.00	797.038	1510.00	597.833	1132.50	478.320	906.000
19	2391.87	4531.67	1195.98	2265.83	797.372	1510.56	598.084	1132.92	478.520	906.333
20	2392.87	4533.33	1196.48	2266.67	797.707	1511.11	598.334	1133.33	478.721	906.667
21	2393.85	4535.00	1196.97	2267.50	798.031	1511.67	598.578	1133.75	478.916	907.000
22	2394.82	4536.67	1197.45	2268.33	798.356	1512.22	598.821	1134.17	479.111	907.333
23	2395.80	4538.33	1197.94	2269.17	798.681	1512.78	599.065	1134.58	479.306	907.667
24	2396.77	4540.00	1198.43	2270.00	799.006	1513.33	599.309	1135.00	479.500	908.000
25	2397.74	4541.67	1198.92	2270.83	799.330	1513.89	599.552	1135.42	479.695	908.333
26	2398.72	4543.33	1199.40	2271.67	799.655	1514.44	599.796	1135.83	479.890	908.667
27	2399.69	4545.00	1199.89	2272.50	799.980	1515.00	600.039	1136.25	480.085	909.000
28	2400.67	4546.67	1200.38	2273.33	800.304	1515.56	600.283	1136.67	480.280	909.333
29	2401.64	4548.33	1200.86	2274.17	800.629	1516.11	600.526	1137.08	480.475	909.667
30	2402.61	4550.00	1201.35	2275.00	800.954	1516.67	600.770	1137.50	480.670	910.000
31	2403.62	4551.67	1201.85	2275.83	801.288	1517.22	601.021	1137.92	480.870	910.333
32	2404.62	4553.33	1202.35	2276.67	801.622	1517.78	601.271	1138.33	481.071	910.667
33	2405.59	4555.00	1202.84	2277.50	801.947	1518.33	601.515	1138.75	481.266	911.000
34	2406.57	4556.67	1203.33	2278.33	802.272	1518.89	601.758	1139.17	481.461	911.333
35	2407.54	4558.33	1203.81	2279.17	802.597	1519.44	602.002	1139.58	481.655	911.667
36	2408.52	4560.00	1204.30	2280.00	802.921	1520.00	602.246	1140.00	481.850	912.000
37	2409.49	4561.67	1204.79	2280.83	803.246	1520.56	602.489	1140.42	482.045	912.333
38	2410.46	4563.33	1205.28	2281.67	803.571	1521.11	602.733	1140.83	482.240	912.667
39	2411.47	4565.00	1205.78	2282.50	803.905	1521.67	602.983	1141.25	482.441	913.000
40	2412.47	4566.67	1206.28	2283.33	804.239	1522.22	603.234	1141.67	482.641	913.333
41	2413.44	4568.33	1206.77	2284.17	804.564	1522.78	603.478	1142.08	482.836	913.667
42	2414.42	4570.00	1207.25	2285.00	804.889	1523.33	603.721	1142.50	483.031	914.000
43	2415.39	4571.67	1207.74	2285.83	805.213	1523.89	603.965	1142.92	483.226	914.333
44	2416.37	4573.33	1208.23	2286.67	805.538	1524.44	604.208	1143.33	483.421	914.667
45	2417.34	4575.00	1208.71	2287.50	805.863	1525.00	604.452	1143.75	483.616	915.000
46	2418.31	4576.67	1209.20	2288.33	806.187	1525.56	604.695	1144.17	483.810	915.333
47	2419.32	4578.33	1209.70	2289.17	806.522	1526.11	604.946	1144.58	484.011	915.667
48	2420.32	4580.00	1210.20	2290.00	806.856	1526.67	605.197	1145.00	484.212	916.000
49	2421.29	4581.67	1210.69	2290.83	807.181	1527.22	605.440	1145.42	484.406	916.333
50	2422.27	4583.33	1211.18	2291.67	807.505	1527.78	605.684	1145.83	484.601	916.667
51	2423.24	4585.00	1211.66	2292.50	807.830	1528.33	605.928	1146.25	484.796	917.000
52	2424.21	4586.67	1212.15	2293.33	808.155	1528.89	606.171	1146.67	484.991	917.333
53	2425.22	4588.33	1212.65	2294.17	808.489	1529.44	606.422	1147.08	485.192	917.667
54	2426.22	4590.00	1213.15	2295.00	808.823	1530.00	606.673	1147.50	485.392	918.000
55	2427.19	4591.67	1213.64	2295.83	809.148	1530.56	606.916	1147.92	485.587	918.333
56	2428.17	4593.33	1214.13	2296.67	809.473	1531.11	607.160	1148.33	485.782	918.667
57	2429.14	4595.00	1214.62	2297.50	809.798	1531.67	607.403	1148.75	485.977	919.000
58	2430.12	4596.67	1215.10	2298.33	810.122	1532.22	607.647	1149.17	486.172	919.333
59	2431.09	4598.33	1215.59	2299.17	810.447	1532.78	607.890	1149.58	486.367	919.667

TABLE XIV.—ACTUAL TANGENTS, ETC.

6° Curve.		7° Curve.		8° Curve.		9° Curve.		10° Curve.		45°
Tan.	Arc.	Tan.	Arc.	Tan.	Arc.	Tan.	Arc.	Tan.	Arc.	M.
395.724	750.000	339.246	642.857	296.897	562.500	263.964	500.000	237.628	450.000	0
395.886	750.278	339.385	643.095	297.019	562.708	264.072	500.185	237.726	450.167	1
396.049	750.556	339.525	643.333	297.141	562.917	264.180	500.370	237.823	450.333	2
396.216	750.833	339.668	643.571	297.267	563.125	264.292	500.556	237.924	450.500	3
396.383	751.111	339.811	643.810	297.392	563.333	264.403	500.741	238.024	450.667	4
396.545	751.389	339.951	644.048	297.514	563.542	264.512	500.926	238.121	450.833	5
396.708	751.667	340.090	644.286	297.636	563.750	264.620	501.111	238.219	451.000	6
396.870	751.944	340.229	644.524	297.758	563.958	264.728	501.296	238.317	451.167	7
397.033	752.222	340.368	644.762	297.879	564.167	264.837	501.481	238.414	451.333	8
397.195	752.500	340.508	645.000	298.001	564.375	264.945	501.667	238.512	451.500	9
397.357	752.778	340.647	645.238	298.123	564.583	265.053	501.852	238.609	451.667	10
397.520	753.056	340.786	645.476	298.245	564.792	265.162	502.037	238.707	451.833	11
397.682	753.333	340.925	645.714	298.367	565.000	265.270	502.222	238.804	452.000	12
397.845	753.611	341.064	645.952	298.489	565.208	265.378	502.407	238.902	452.167	13
398.007	753.889	341.204	646.190	298.610	565.417	265.487	502.593	238.999	452.333	14
398.170	754.167	341.343	646.429	298.732	565.625	265.595	502.778	239.097	452.500	15
398.332	754.444	341.482	646.667	298.854	565.833	265.703	502.963	239.194	452.667	16
398.494	754.722	341.621	646.905	298.976	566.042	265.812	503.148	239.292	452.833	17
398.657	755.000	341.761	647.143	299.098	566.250	265.920	503.333	239.389	453.000	18
398.824	755.278	341.904	647.381	299.223	566.458	266.031	503.519	239.490	453.167	19
398.991	755.556	342.047	647.619	299.349	566.667	266.143	503.704	239.590	453.333	20
399.154	755.833	342.186	647.857	299.471	566.875	266.251	503.889	239.688	453.500	21
399.316	756.111	342.326	648.095	299.592	567.083	266.360	504.074	239.785	453.667	22
399.478	756.389	342.465	648.333	299.714	567.292	266.468	504.259	239.883	453.833	23
399.641	756.667	342.604	648.571	299.836	567.500	266.576	504.444	239.980	454.000	24
399.803	756.944	342.743	648.810	299.958	567.708	266.685	504.630	240.078	454.167	25
399.966	757.222	342.883	649.048	300.080	567.917	266.793	504.815	240.175	454.333	26
400.128	757.500	343.022	649.286	300.202	568.125	266.901	505.000	240.273	454.500	27
400.290	757.778	343.161	649.524	300.324	568.333	267.010	505.185	240.370	454.667	28
400.453	758.056	343.300	649.762	300.445	568.542	267.118	505.370	240.468	454.833	29
400.615	758.333	343.440	650.000	300.567	568.750	267.226	505.556	240.565	455.000	30
400.782	758.611	343.583	650.238	300.693	568.958	267.338	505.741	240.666	455.167	31
400.950	758.889	343.726	650.476	300.818	569.167	267.449	505.926	240.766	455.333	32
401.112	759.167	343.865	650.714	300.940	569.375	267.558	506.111	240.864	455.500	33
401.274	759.444	344.005	650.952	301.062	569.583	267.666	506.296	240.961	455.667	34
401.437	759.722	344.144	651.190	301.184	569.792	267.774	506.481	241.059	455.833	35
401.599	760.000	344.283	651.429	301.306	570.000	267.888	506.667	241.156	456.000	36
401.762	760.278	344.422	651.667	301.427	570.208	267.991	506.852	241.254	456.167	37
401.924	760.556	344.562	651.905	301.570	570.417	268.099	507.037	241.351	456.333	38
402.091	760.833	344.705	652.143	301.675	570.625	268.211	507.222	241.452	456.500	39
402.258	761.111	344.848	652.381	301.800	570.833	268.322	507.407	241.552	456.667	40
402.421	761.389	344.988	652.619	301.922	571.042	268.431	507.593	241.650	456.833	41
402.583	761.667	345.127	652.857	302.044	571.250	268.539	507.778	241.747	457.000	42
402.746	761.944	345.266	653.095	302.166	571.458	268.647	507.963	241.845	457.167	43
402.908	762.222	345.405	653.333	302.288	571.667	268.756	508.148	241.942	457.333	44
403.071	762.500	345.544	653.571	302.409	571.875	268.864	508.333	242.040	457.500	45
403.233	762.778	345.684	653.810	302.531	572.083	268.972	508.519	242.137	457.667	46
403.400	763.056	345.827	654.048	302.657	572.292	269.084	508.704	242.238	457.833	47
403.567	763.333	345.970	654.286	302.782	572.500	269.196	508.889	242.338	458.000	48
403.720	763.611	346.110	654.524	302.904	572.708	269.304	509.074	242.436	458.167	49
403.892	763.889	346.249	654.762	303.026	572.917	269.412	509.259	242.533	458.333	50
404.055	764.167	346.388	655.000	303.148	573.125	269.521	509.444	242.631	458.500	51
404.217	764.444	346.527	655.238	303.270	573.333	269.629	509.630	242.728	458.667	52
404.384	764.722	346.671	655.476	303.395	573.542	269.740	509.815	242.829	458.833	53
404.551	765.000	346.814	655.714	303.520	573.750	269.852	510.000	242.929	459.000	54
404.714	765.278	346.953	655.952	303.642	573.958	269.960	510.185	243.026	459.167	55
404.876	765.556	347.092	656.190	303.764	574.167	270.069	510.370	243.124	459.333	56
405.039	765.833	347.232	656.429	303.886	574.375	270.177	510.556	243.222	459.500	57
405.201	766.111	347.371	656.667	304.008	574.583	270.285	510.741	243.319	459.667	58
405.363	766.389	347.510	656.905	304.130	574.792	270.394	510.926	243.417	459.833	59

TABLE XIV.—ACTUAL TANGENTS, ETC.

46°	1° Curve.		2° Curve.		3° Curve.		4° Curve.		5° Curve.	
M.	Tan.	Arc.	Tan.	Arc.	Tan.	Arc.	Tan.	Arc.	Tan.	Arc.
0	2432.06	4600.00	1216.08	2300.00	810.772	1533.33	608.134	1150.00	486.561	920.000
1	2433.07	4601.67	1216.58	2300.83	811.106	1533.89	608.385	1150.42	486.762	920.333
2	2434.05	4603.33	1217.08	2301.67	811.440	1534.44	608.635	1150.83	486.963	920.667
3	2435.04	4605.00	1217.57	2302.50	811.765	1535.00	608.879	1151.25	487.158	921.000
4	2436.02	4606.67	1218.05	2303.33	812.099	1535.56	609.122	1151.67	487.352	921.333
5	2437.02	4608.33	1218.56	2304.17	812.424	1536.11	609.373	1152.08	487.553	921.667
6	2438.02	4610.00	1219.06	2305.00	812.758	1536.67	609.624	1152.50	487.754	922.000
7	2439.00	4611.67	1219.54	2305.83	813.083	1537.22	609.867	1152.92	487.948	922.333
8	2439.97	4613.33	1220.03	2306.67	813.408	1537.78	610.111	1153.33	488.143	922.667
9	2440.95	4615.00	1220.52	2307.50	813.732	1538.33	610.355	1153.75	488.338	923.000
10	2441.92	4616.67	1221.00	2308.33	814.057	1538.89	610.598	1154.17	488.533	923.333
11	2442.92	4618.33	1221.51	2309.17	814.391	1539.44	610.849	1154.58	488.734	923.667
12	2443.92	4620.00	1222.01	2310.00	814.726	1540.00	611.100	1155.00	488.934	924.000
13	2444.90	4621.67	1222.49	2310.83	815.050	1540.56	611.343	1155.42	489.129	924.333
14	2445.87	4623.33	1222.98	2311.67	815.375	1541.11	611.587	1155.83	489.324	924.667
15	2446.85	4625.00	1223.47	2312.50	815.700	1541.67	611.830	1156.25	489.519	925.000
16	2447.82	4626.67	1223.96	2313.33	816.024	1542.22	612.074	1156.67	489.714	925.333
17	2448.82	4628.33	1224.46	2314.17	816.359	1542.78	612.325	1157.08	489.914	925.667
18	2449.83	4630.00	1224.96	2315.00	816.693	1543.33	612.575	1157.50	490.115	926.000
19	2450.80	4631.67	1225.45	2315.83	817.018	1543.89	612.819	1157.92	490.310	926.333
20	2451.77	4633.33	1225.93	2316.67	817.342	1544.44	613.062	1158.33	490.505	926.667
21	2452.78	4635.00	1226.43	2317.50	817.677	1545.00	613.313	1158.75	490.705	927.000
22	2453.78	4636.67	1226.93	2318.33	818.011	1545.56	613.564	1159.17	490.906	927.333
23	2454.75	4638.33	1227.42	2319.17	818.336	1546.11	613.807	1159.58	491.101	927.667
24	2455.73	4640.00	1227.91	2320.00	818.660	1546.67	614.051	1160.00	491.296	928.000
25	2456.70	4641.67	1228.40	2320.83	818.985	1547.22	614.294	1160.42	491.490	928.333
26	2457.68	4643.33	1228.88	2321.67	819.310	1547.78	614.538	1160.83	491.685	928.667
27	2458.68	4645.00	1229.38	2322.50	819.644	1548.33	614.789	1161.25	491.886	929.000
28	2459.68	4646.67	1229.89	2323.33	819.978	1548.89	615.039	1161.67	492.087	929.333
29	2460.66	4648.33	1230.37	2324.17	820.303	1549.44	615.283	1162.08	492.281	929.667
30	2461.63	4650.00	1230.86	2325.00	820.628	1550.00	615.527	1162.50	492.476	930.000
31	2462.63	4651.67	1231.36	2325.83	820.962	1550.56	615.777	1162.92	492.677	930.333
32	2463.63	4653.33	1231.86	2326.67	821.296	1551.11	616.028	1163.33	492.877	930.667
33	2464.61	4655.00	1232.35	2327.50	821.621	1551.67	616.272	1163.75	493.072	931.000
34	2465.58	4656.67	1232.84	2328.33	821.946	1552.22	616.515	1164.17	493.267	931.333
35	2466.59	4658.33	1233.34	2329.17	822.280	1552.78	616.766	1164.58	493.468	931.667
36	2467.59	4660.00	1233.84	2330.00	822.614	1553.33	617.017	1165.00	493.668	932.000
37	2468.56	4661.67	1234.33	2330.83	822.939	1553.89	617.260	1165.42	493.863	932.333
38	2469.54	4663.33	1234.81	2331.67	823.264	1554.44	617.504	1165.83	494.058	932.667
39	2470.54	4665.00	1235.31	2332.50	823.598	1555.00	617.754	1166.25	494.259	933.000
40	2471.54	4666.67	1235.82	2333.33	823.932	1555.56	618.005	1166.67	494.459	933.333
41	2472.52	4668.33	1236.30	2334.17	824.257	1556.11	618.249	1167.08	494.654	933.667
42	2473.49	4670.00	1236.79	2335.00	824.582	1556.67	618.492	1167.50	494.849	934.000
43	2474.49	4671.67	1237.29	2335.83	824.916	1557.22	618.743	1167.92	495.050	934.333
44	2475.50	4673.33	1237.79	2336.67	825.250	1557.78	618.994	1168.33	495.250	934.667
45	2476.47	4675.00	1238.28	2337.50	825.575	1558.33	619.237	1168.75	495.445	935.000
46	2477.44	4676.67	1238.77	2338.33	825.899	1558.89	619.481	1169.17	495.640	935.333
47	2478.45	4678.33	1239.27	2339.17	826.234	1559.44	619.732	1169.58	495.841	935.667
48	2479.45	4680.00	1239.77	2340.00	826.568	1560.00	619.982	1170.00	496.041	936.000
49	2480.42	4681.67	1240.26	2340.83	826.893	1560.56	620.226	1170.42	496.236	936.333
50	2481.40	4683.33	1240.74	2341.67	827.217	1561.11	620.469	1170.83	496.431	936.667
51	2482.40	4685.00	1241.25	2342.50	827.552	1561.67	620.720	1171.25	496.632	937.000
52	2483.40	4686.67	1241.75	2343.33	827.886	1562.22	620.971	1171.67	496.832	937.333
53	2484.40	4688.33	1242.25	2344.17	828.220	1562.78	621.222	1172.08	497.033	937.667
54	2485.41	4690.00	1242.75	2345.00	828.555	1563.33	621.472	1172.50	497.233	938.000
55	2486.38	4691.67	1243.24	2345.83	828.879	1563.89	621.716	1172.92	497.428	938.333
56	2487.36	4693.33	1243.72	2346.67	829.204	1564.44	621.959	1173.33	497.623	938.667
57	2488.36	4695.00	1244.22	2347.50	829.538	1565.00	622.210	1173.75	497.824	939.000
58	2489.36	4696.67	1244.73	2348.33	829.872	1565.56	622.461	1174.17	498.024	939.333
59	2490.31	4698.33	1245.21	2349.17	830.197	1566.11	622.704	1174.58	498.219	939.667

TABLE XIV.—ACTUAL TANGENTS, ETC.

6° Curve.		7° Curve.		8° Curve.		9° Curve.		10° Curve.		46°
Tan.	Arc.	Tan.	Arc.	Tan.	Arc.	Tan.	Arc.	Tan.	Arc.	M.
405.526	766.667	347.649	657.143	304.252	575.000	270.502	511.111	243.514	460.000	0
405.693	766.944	347.793	657.381	304.377	575.208	270.613	511.296	243.615	460.167	1
405.860	767.222	347.936	657.619	304.502	575.417	270.725	511.481	243.715	460.333	2
406.023	767.500	348.075	657.857	304.624	575.625	270.833	511.667	243.812	460.500	3
406.185	767.778	348.214	658.095	304.746	575.833	270.942	511.852	243.910	460.667	4
406.352	768.056	348.358	658.333	304.872	576.042	271.053	512.037	244.010	460.833	5
406.519	768.333	348.501	658.571	304.997	576.250	271.165	512.222	244.111	461.000	6
406.682	768.611	348.640	658.810	305.119	576.458	271.273	512.407	244.208	461.167	7
406.844	768.889	348.780	659.048	305.241	576.667	271.381	512.593	244.306	461.333	8
407.007	769.167	348.919	659.286	305.363	576.875	271.490	512.778	244.403	461.500	9
407.169	769.444	349.058	659.524	305.484	577.083	271.598	512.963	244.501	461.667	10
407.336	769.722	349.201	659.762	305.610	577.292	271.710	513.148	244.601	461.833	11
407.503	770.000	349.345	660.000	305.735	577.500	271.821	513.333	244.702	462.000	12
407.666	770.278	349.484	660.238	305.857	577.708	271.929	513.519	244.799	462.167	13
407.828	770.556	349.623	660.476	305.979	577.917	272.038	513.704	244.897	462.333	14
407.991	770.833	349.762	660.714	306.101	578.125	272.146	513.889	244.994	462.500	15
408.153	771.111	349.902	660.952	306.223	578.333	272.254	514.074	245.092	462.667	16
408.320	771.389	350.045	661.190	306.348	578.542	272.366	514.259	245.192	462.833	17
408.488	771.667	350.188	661.429	306.474	578.750	272.477	514.444	245.293	463.000	18
408.650	771.944	350.328	661.667	306.595	578.958	272.586	514.630	245.390	463.167	19
408.812	772.222	350.467	661.905	306.717	579.167	272.694	514.815	245.488	463.333	20
408.980	772.500	350.610	662.143	306.842	579.375	272.806	515.000	245.588	463.500	21
409.147	772.778	350.753	662.381	306.968	579.583	272.917	515.185	245.688	463.667	22
409.309	773.056	350.893	662.619	307.090	579.792	273.026	515.370	245.786	463.833	23
409.472	773.333	351.032	662.857	307.212	580.000	273.134	515.556	245.883	464.000	24
409.634	773.611	351.171	663.095	307.334	580.208	273.242	515.741	245.981	464.167	25
409.796	773.889	351.310	663.333	307.456	580.417	273.351	515.926	246.079	464.333	26
409.964	774.167	351.454	663.571	307.581	580.625	273.462	516.111	246.179	464.500	27
410.131	774.444	351.597	663.810	307.706	580.833	273.574	516.296	246.279	464.667	28
410.293	774.722	351.736	664.048	307.828	581.042	273.682	516.481	246.377	464.833	29
410.456	775.000	351.876	664.286	307.950	581.250	273.790	516.667	246.474	465.000	30
410.623	775.278	352.019	664.524	308.076	581.458	273.902	516.852	246.575	465.167	31
410.790	775.556	352.162	664.762	308.201	581.667	274.013	517.037	246.675	465.333	32
410.952	775.833	352.301	665.000	308.323	581.875	274.122	517.222	246.773	465.500	33
411.115	776.111	352.441	665.238	308.445	582.083	274.230	517.407	246.870	465.667	34
411.282	776.389	352.584	665.476	308.570	582.292	274.341	517.593	246.971	465.833	35
411.449	776.667	352.727	665.714	308.696	582.500	274.453	517.778	247.071	466.000	36
411.612	776.944	352.867	665.952	308.817	582.708	274.561	517.963	247.169	466.167	37
411.774	777.222	353.006	666.190	308.939	582.917	274.670	518.148	247.266	466.333	38
411.941	777.500	353.149	666.429	309.065	583.125	274.781	518.333	247.366	466.500	39
412.108	777.778	353.292	666.667	309.190	583.333	274.893	518.519	247.467	466.667	40
412.271	778.056	353.432	666.905	309.312	583.542	275.001	518.704	247.564	466.833	41
412.433	778.333	353.571	667.143	309.434	583.750	275.109	518.889	247.662	467.000	42
412.600	778.611	353.714	667.381	309.559	583.958	275.221	519.074	247.762	467.167	43
412.768	778.889	353.858	667.619	309.685	584.167	275.332	519.259	247.863	467.333	44
412.930	779.167	353.997	667.857	309.807	584.375	275.441	519.444	247.960	467.500	45
413.092	779.444	354.136	668.095	309.928	584.583	275.549	519.630	248.058	467.667	46
413.260	779.722	354.279	668.333	310.054	584.792	275.661	519.815	248.158	467.833	47
413.427	780.000	354.423	668.571	310.179	585.000	275.772	520.000	248.259	468.000	48
413.589	780.278	354.562	668.810	310.301	585.208	275.881	520.185	248.356	468.167	49
413.752	780.556	354.701	669.048	310.423	585.417	275.989	520.370	248.454	468.333	50
413.919	780.833	354.844	669.286	310.548	585.625	276.100	520.556	248.554	468.500	51
414.086	781.111	354.988	669.524	310.674	585.833	276.212	520.741	248.654	468.667	52
414.253	781.389	355.131	669.762	310.799	586.042	276.323	520.926	248.755	468.833	53
414.420	781.667	355.274	670.000	310.925	586.250	276.435	521.111	248.855	469.000	54
414.583	781.944	355.414	670.238	311.047	586.458	276.543	521.296	248.953	469.167	55
414.745	782.222	355.553	670.476	311.168	586.667	276.652	521.481	249.050	469.333	56
414.912	782.500	355.696	670.714	311.294	586.875	276.763	521.667	249.151	469.500	57
415.080	782.778	355.840	670.952	311.419	587.083	276.875	521.852	249.251	469.667	58
415.242	783.056	355.979	671.190	311.541	587.292	276.983	522.037	249.349	469.833	59

TABLE XIV.—ACTUAL TANGENTS, ETC.

47°	1° Curve.		2° Curve.		3° Curve.		4° Curve.		5° Curve.	
M.	Tan.	Arc.	Tan.	Arc.	Tan.	Arc.	Tan.	Arc.	Tan.	Arc.
0	2491.31	4700.00	1245.70	2350.00	830.522	1566.67	622.948	1175.00	498.414	940.000
1	2492.31	4701.67	1246.20	2350.83	830.856	1567.22	623.199	1175.42	498.615	940.333
2	2493.31	4703.33	1246.70	2351.67	831.190	1567.78	623.449	1175.83	498.815	940.667
3	2494.29	4705.00	1247.19	2352.50	831.515	1568.33	623.693	1176.25	499.010	941.000
4	2495.26	4706.67	1247.68	2353.33	831.840	1568.89	623.936	1176.67	499.205	941.333
5	2496.27	4708.33	1248.18	2354.17	832.174	1569.44	624.187	1177.08	499.406	941.667
6	2497.27	4710.00	1248.68	2355.00	832.508	1570.00	624.438	1177.50	499.606	942.000
7	2498.27	4711.67	1249.18	2355.83	832.843	1570.56	624.689	1177.92	499.807	942.333
8	2499.27	4713.33	1249.68	2356.67	833.177	1571.11	624.939	1178.33	500.007	942.667
9	2500.25	4715.00	1250.17	2357.50	833.502	1571.67	625.183	1178.75	500.202	943.000
10	2501.22	4716.67	1250.66	2358.33	833.826	1572.22	625.426	1179.17	500.397	943.333
11	2502.22	4718.33	1251.16	2359.17	834.161	1572.78	625.677	1179.58	500.598	943.667
12	2503.23	4720.00	1251.66	2360.00	834.495	1573.33	625.928	1180.00	500.798	944.000
13	2504.23	4721.67	1252.16	2360.83	834.829	1573.89	626.179	1180.42	500.999	944.333
14	2505.23	4723.33	1252.66	2361.67	835.163	1574.44	626.429	1180.83	501.199	944.667
15	2506.21	4725.00	1253.15	2362.50	835.488	1575.00	626.673	1181.25	501.394	945.000
16	2507.18	4726.67	1253.64	2363.33	835.813	1575.56	626.916	1181.67	501.589	945.333
17	2508.18	4728.33	1254.14	2364.17	836.147	1576.11	627.167	1182.08	501.790	945.667
18	2509.19	4730.00	1254.64	2365.00	836.481	1576.67	627.418	1182.50	501.990	946.000
19	2510.19	4731.67	1255.14	2365.83	836.816	1577.22	627.669	1182.92	502.191	946.333
20	2511.19	4733.33	1255.64	2366.67	837.150	1577.78	627.919	1183.33	502.392	946.667
21	2512.17	4735.00	1256.13	2367.50	837.475	1578.33	628.163	1183.75	502.586	947.000
22	2513.14	4736.67	1256.62	2368.33	837.799	1578.89	628.406	1184.17	502.781	947.333
23	2514.14	4738.33	1257.12	2369.17	838.134	1579.44	628.657	1184.58	502.982	947.667
24	2515.14	4740.00	1257.62	2370.00	838.468	1580.00	628.908	1185.00	503.183	948.000
25	2516.15	4741.67	1258.12	2370.83	838.802	1580.56	629.159	1185.42	503.383	948.333
26	2517.15	4743.33	1258.62	2371.67	839.136	1581.11	629.409	1185.83	503.584	948.667
27	2518.12	4745.00	1259.11	2372.50	839.461	1581.67	629.653	1186.25	503.779	949.000
28	2519.10	4746.67	1259.60	2373.33	839.786	1582.22	629.896	1186.67	503.973	949.333
29	2520.10	4748.33	1260.10	2374.17	840.120	1582.78	630.147	1187.08	504.174	949.667
30	2521.10	4750.00	1260.60	2375.00	840.454	1583.33	630.398	1187.50	504.375	950.000
31	2522.11	4751.67	1261.10	2375.83	840.789	1583.89	630.649	1187.92	504.575	950.333
32	2523.11	4753.33	1261.60	2376.67	841.123	1584.44	630.899	1188.33	504.776	950.667
33	2524.11	4755.00	1262.10	2377.50	841.457	1585.00	631.150	1188.75	504.976	951.000
34	2525.11	4756.67	1262.60	2378.33	841.791	1585.56	631.401	1189.17	505.177	951.333
35	2526.09	4758.33	1263.09	2379.17	842.116	1586.11	631.644	1189.58	505.372	951.667
36	2527.06	4760.00	1263.58	2380.00	842.441	1586.67	631.888	1190.00	505.567	952.000
37	2528.06	4761.67	1264.08	2380.83	842.775	1587.22	632.139	1190.42	505.767	952.333
38	2529.07	4763.33	1264.58	2381.67	843.109	1587.78	632.389	1190.83	505.968	952.667
39	2530.07	4765.00	1265.08	2382.50	843.444	1588.33	632.640	1191.25	506.169	953.000
40	2531.07	4766.67	1265.58	2383.33	843.778	1588.89	632.891	1191.67	506.369	953.333
41	2532.08	4768.33	1266.08	2384.17	844.112	1589.44	633.142	1192.08	506.570	953.667
42	2533.08	4770.00	1266.59	2385.00	844.446	1590.00	633.392	1192.50	506.770	954.000
43	2534.05	4771.67	1267.07	2385.83	844.771	1590.56	633.636	1192.92	506.965	954.333
44	2535.03	4773.33	1267.56	2386.67	845.096	1591.11	633.879	1193.33	507.160	954.667
45	2536.03	4775.00	1268.06	2387.50	845.430	1591.67	634.130	1193.75	507.361	955.000
46	2537.03	4776.67	1268.56	2388.33	845.764	1592.22	634.381	1194.17	507.561	955.333
47	2538.03	4778.33	1269.06	2389.17	846.099	1592.78	634.632	1194.58	507.762	955.667
48	2539.04	4780.00	1269.57	2390.00	846.433	1593.33	634.882	1195.00	507.963	956.000
49	2540.04	4781.67	1270.07	2390.83	846.767	1593.89	635.133	1195.42	508.163	956.332
50	2541.04	4783.33	1270.57	2391.67	847.101	1594.44	635.384	1195.83	508.364	956.667
51	2542.05	4785.00	1271.07	2292.50	847.436	1595.00	635.634	1196.25	508.564	957.000
52	2543.05	4786.67	1271.57	2393.33	847.770	1595.56	635.885	1196.67	508.765	957.333
53	2544.02	4788.33	1272.06	2394.17	848.095	1596.11	636.129	1197.08	508.960	957.667
54	2545.00	4790.00	1272.54	2395.00	848.419	1596.67	636.372	1197.50	509.155	958.000
55	2546.00	4791.67	1273.05	2395.83	848.754	1597.22	636.623	1197.92	509.355	958.333
56	2547.00	4793.33	1273.55	2396.67	849.088	1597.78	636.874	1198.33	509.556	958.667
57	2548.00	4795.00	1274.05	2397.50	849.422	1598.33	637.124	1198.75	509.756	959.000
58	2549.01	4796.67	1274.55	2398.33	849.756	1598.89	637.375	1199.17	509.957	959.333
59	2550.01	4798.33	1275.05	2399.17	850.091	1599.44	637.626	1199.58	510.158	959.667

TABLE XIV.—ACTUAL TANGENTS, ETC.

6° Curve.		7° Curve.		8° Curve.		9° Curve.		10° Curve.		47°
Tan.	Arc.	Tan.	Arc.	Tan.	Arc.	Tan.	Arc.	Tan.	Arc.	M.
415.404	783.333	356.118	671.429	311.663	587.500	277.091	522.222	249.446	470.000	0
415.572	783.611	356.261	671.667	311.788	587.708	277.203	522.407	249.546	470.167	1
415.739	783.889	356.405	671.905	311.914	587.917	277.314	522.593	249.647	470.333	2
415.901	784.167	356.544	672.143	312.036	588.125	277.423	522.778	249.744	470.500	3
416.064	784.444	356.683	672.381	312.158	588.333	277.531	522.963	249.842	470.667	4
416.231	784.722	356.826	672.619	312.283	588.542	277.643	523.148	249.942	470.833	5
416.398	785.000	356.970	672.857	312.409	588.750	277.754	523.333	250.043	471.000	6
416.565	785.278	357.113	673.095	312.534	588.958	277.866	523.519	250.143	471.167	7
416.732	785.556	357.256	673.333	312.659	589.167	277.977	523.704	250.244	471.333	8
416.895	785.833	357.396	673.571	312.781	589.375	278.085	523.889	250.341	471.500	9
417.057	786.111	357.535	673.810	312.903	589.583	278.194	524.074	250.439	471.667	10
417.224	786.389	357.678	674.048	313.029	589.792	278.305	524.259	250.539	471.833	11
417.392	786.667	357.822	674.286	313.154	590.000	278.417	524.444	250.639	472.000	12
417.559	786.944	357.965	674.524	313.279	590.208	278.528	524.630	250.740	472.167	13
417.726	787.222	358.108	674.762	313.405	590.417	278.640	524.815	250.840	472.333	14
417.888	787.500	358.247	675.000	313.527	590.625	278.748	525.000	250.938	472.500	15
418.051	787.778	358.387	675.238	313.649	590.833	278.857	525.185	251.035	472.667	16
418.218	788.056	358.530	675.476	313.774	591.042	278.968	525.370	251.136	472.833	17
418.385	788.333	358.673	675.714	313.899	591.250	279.080	525.556	251.236	473.000	18
418.552	788.611	358.817	675.952	314.025	591.458	279.191	525.741	251.336	473.167	19
418.720	788.889	358.960	676.190	314.150	591.667	279.303	525.926	251.437	473.333	20
418.882	789.167	359.099	676.429	314.272	591.875	279.411	526.111	251.534	473.500	21
419.044	789.444	359.239	676.667	314.394	592.083	279.519	526.296	251.632	473.667	22
419.212	789.722	359.382	676.905	314.519	592.292	279.631	526.481	251.732	473.833	23
419.379	790.000	359.525	677.143	314.645	592.500	279.742	526.667	251.833	474.000	24
419.546	790.278	359.668	677.381	314.770	592.708	279.854	526.852	251.933	474.167	25
419.713	790.556	359.812	677.619	314.896	592.917	279.965	527.037	252.033	474.333	26
419.876	790.833	359.951	677.857	315.018	593.125	280.074	527.222	252.131	474.500	27
420.038	791.111	360.090	678.095	315.139	593.333	280.182	527.407	252.228	474.667	28
420.205	791.389	360.234	678.333	315.265	593.542	280.294	527.593	252.329	474.833	29
420.372	791.667	360.377	678.571	315.390	593.750	280.405	527.778	252.429	475.000	30
420.539	791.944	360.520	678.810	315.516	593.958	280.517	527.963	252.530	475.167	31
420.707	792.222	360.664	679.048	315.641	594.167	280.628	528.148	252.630	475.333	32
420.874	792.500	360.807	679.286	315.767	594.375	280.740	528.333	252.730	475.500	33
421.041	792.778	360.950	679.524	315.892	594.583	280.851	528.519	252.831	475.667	34
421.203	793.056	361.089	679.762	316.014	594.792	280.960	528.704	252.928	475.833	35
421.366	793.333	361.229	680.000	316.136	595.000	281.068	528.889	253.026	476.000	36
421.533	793.611	361.372	680.238	316.261	595.208	281.179	529.074	253.126	476.167	37
421.700	793.889	361.515	680.476	316.387	595.417	281.291	529.259	253.227	476.333	38
421.867	794.167	361.659	680.714	316.512	595.625	281.402	529.444	253.327	476.500	39
422.035	794.444	361.802	680.952	316.638	595.833	281.514	529.630	253.428	476.667	40
422.202	794.722	361.945	681.190	316.763	596.042	281.625	529.815	253.528	476.833	41
422.369	795.000	362.089	681.429	316.888	596.250	281.737	530.000	253.628	477.000	42
422.531	795.278	362.228	681.667	317.010	596.458	281.845	530.185	253.726	477.167	43
422.694	795.556	362.367	681.905	317.132	596.667	281.954	530.370	253.823	477.333	44
422.861	795.833	362.510	682.143	317.258	596.875	282.065	530.556	253.924	477.500	45
423.028	796.111	362.654	682.381	317.383	597.083	282.177	530.741	254.024	477.667	46
423.195	796.389	362.797	682.619	317.508	597.292	282.288	530.926	254.125	477.833	47
423.363	796.667	362.940	682.857	317.634	597.500	282.400	531.111	254.225	478.000	48
423.530	796.944	363.084	683.095	317.759	597.708	282.511	531.296	254.325	478.167	49
423.697	797.222	363.227	683.333	317.885	597.917	282.623	531.481	254.426	478.333	50
423.864	797.500	363.370	683.571	318.010	598.125	282.734	531.667	254.526	478.500	51
424.031	797.778	363.514	683.810	318.136	598.333	282.846	531.852	254.627	478.667	52
424.194	798.056	363.653	684.048	318.257	598.542	282.954	532.037	254.724	478.833	53
424.356	798.333	363.792	684.286	318.379	598.750	283.063	532.222	254.822	479.000	54
424.523	798.611	363.936	684.524	318.505	598.958	283.174	532.407	254.922	479.167	55
424.691	798.889	364.079	684.762	318.630	599.167	283.286	532.593	255.022	479.333	56
424.858	799.167	364.222	685.000	318.756	599.375	283.397	532.778	255.123	479.500	57
425.025	799.444	364.366	685.238	318.881	599.583	283.509	532.963	255.223	479.667	58
425.192	799.722	364.509	685.476	319.006	599.792	283.620	533.148	255.324	479.833	59

TABLE XIV.—ACTUAL TANGENTS, ETC.

48°	1° Curve.		2° Curve.		3° Curve.		4° Curve.		5° Curve.	
M.	Tan.	Arc.	Tan.	Arc.	Tan.	Arc.	Tan.	Arc.	Tan.	Arc.
0	2551.01	4800.00	1275.55	2400.00	850.425	1600.00	637.877	1200.00	510.358	960.000
1	2552.01	4801.67	1276.05	2400.83	850.759	1600.56	638.127	1200.42	510.559	960.333
2	2553.02	4803.33	1276.56	2401.67	851.093	1601.11	638.378	1200.83	510.759	960.667
3	2554.02	4805.00	1277.06	2402.50	851.428	1601.67	638.629	1201.25	510.960	961.000
4	2555.02	4806.67	1277.56	2403.33	851.762	1602.22	638.879	1201.67	511.161	961.333
5	2556.00	4808.33	1278.05	2404.17	852.087	1602.78	639.123	1202.08	511.356	961.667
6	2556.97	4810.00	1278.53	2405.00	852.411	1603.33	639.367	1202.50	511.550	962.000
7	2557.97	4811.67	1279.03	2405.83	852.746	1603.89	639.617	1202.92	511.751	962.333
8	2558.98	4813.33	1279.54	2406.67	853.080	1604.44	639.868	1203.33	511.952	962.667
9	2559.98	4815.00	1280.04	2407.50	853.414	1605.00	640.119	1203.75	512.152	963.000
10	2560.98	4816.67	1280.54	2408.33	853.748	1605.56	640.369	1204.17	512.358	963.333
11	2561.98	4818.33	1281.04	2409.17	854.083	1606.11	640.620	1204.58	512.553	963.667
12	2562.99	4820.00	1281.54	2410.00	854.417	1606.67	640.871	1205.00	512.754	964.000
13	2563.99	4821.67	1282.04	2410.83	854.751	1607.22	641.122	1205.42	512.955	964.333
14	2564.99	4823.33	1282.54	2411.67	855.086	1607.78	641.372	1205.83	513.155	964.667
15	2566.00	4825.00	1283.04	2412.50	855.420	1608.33	641.623	1206.25	513.356	965.000
16	2567.00	4826.67	1283.55	2413.33	855.754	1608.89	641.874	1206.67	513.556	965.333
17	2568.00	4828.33	1284.05	2414.17	856.088	1609.44	642.124	1207.08	513.757	965.667
18	2569.00	4830.00	1284.55	2415.00	856.423	1610.00	642.375	1207.50	513.958	966.000
19	2570.01	4831.67	1285.05	2415.83	856.757	1610.56	642.626	1207.92	514.158	966.333
20	2571.01	4833.33	1285.55	2416.67	857.091	1611.11	642.877	1208.33	514.359	966.667
21	2572.01	4835.00	1286.05	2417.50	857.425	1611.67	643.127	1208.75	514.559	967.000
22	2573.01	4836.67	1286.55	2418.33	857.760	1612.22	643.378	1209.17	514.760	967.333
23	2574.02	4838.33	1287.06	2419.17	858.094	1612.78	643.629	1209.58	514.961	967.667
24	2575.02	4840.00	1287.56	2420.00	858.428	1613.33	643.880	1210.00	515.161	968.000
25	2576.02	4841.67	1288.06	2420.83	858.762	1613.89	644.130	1210.42	515.362	968.333
26	2577.02	4843.33	1288.56	2421.67	859.097	1614.44	644.381	1210.83	515.562	968.667
27	5278.03	4845.00	1289.06	2422.50	859.431	1615.00	644.632	1211.25	515.763	969.000
28	2579.03	4846.67	1289.56	2423.33	859.765	1615.56	644.882	1211.67	515.964	969.333
29	2580.03	4848.33	1290.06	2424.17	860.099	1616.11	645.133	1212.08	516.164	969.667
30	2581.04	4850.00	1290.57	2425.00	860.434	1616.67	645.384	1212.50	516.365	970.000
31	2582.04	4851.67	1291.07	2425.83	860.768	1617.22	645.635	1212.92	516.565	970.333
32	2583.04	4853.33	1291.57	2426.67	861.102	1617.78	645.885	1213.33	516.766	970.667
33	2584.04	4855.00	1292.07	2427.50	861.437	1618.33	646.136	1213.75	516.967	971.000
34	2585.05	4856.67	1292.57	2428.33	861.771	1618.89	646.387	1214.17	517.167	971.333
35	2586.05	4858.33	1293.07	2429.17	862.105	1619.44	646.637	1214.58	517.368	971.667
36	2587.05	4860.00	1293.57	2430.00	862.439	1620.00	646.888	1215.00	517.568	972.000
37	2588.05	4861.67	1294.07	2430.83	862.774	1620.56	647.139	1215.42	517.769	972.333
38	2589.06	4863.33	1294.58	2431.67	863.108	1621.11	647.390	1215.83	517.970	972.667
39	2590.06	4865.00	1295.08	2432.50	863.442	1621.67	647.640	1216.25	518.170	973.000
40	2591.06	4866.67	1295.58	2433.33	863.776	1622.22	647.891	1216.67	518.371	973.333
41	2592.07	4868.33	1296.08	2434.17	864.111	1622.78	648.142	1217.08	518.571	973.667
42	2593.07	4870.00	1296.58	2435.00	864.445	1623.33	648.393	1217.50	518.772	974.000
43	2594.07	4871.67	1297.08	2435.83	864.779	1623.89	648.643	1217.92	518.973	974.333
44	2595.07	4873.33	1297.58	2436.67	865.113	1624.44	648.894	1218.33	519.173	974.667
45	2596.08	4875.00	1298.09	2437.50	865.448	1625.00	649.145	1218.75	519.374	975.000
46	2597.08	4876.67	1298.59	2438.33	865.782	1625.56	649.395	1219.17	519.574	975.333
47	2598.08	4878.33	1299.09	2439.17	866.116	1626.11	649.646	1219.58	519.775	975.667
48	2599.08	4880.00	1299.59	2440.00	866.450	1626.67	649.897	1220.00	519.976	976.000
49	2600.09	4881.67	1300.09	2440.83	866.785	1627.22	650.148	1220.42	520.176	976.333
50	2601.09	4883.33	1300.59	2441.67	867.119	1627.78	650.398	1220.83	520.377	976.667
51	2602.09	4885.00	1301.09	2442.50	867.453	1628.33	650.649	1221.25	520.577	977.000
52	2603.09	4886.67	1301.59	2443.33	867.788	1628.89	650.900	1221.67	520.778	977.333
53	2604.10	4888.33	1302.10	2444.17	868.122	1629.44	651.150	1222.08	520.979	977.667
54	2605.10	4890.00	1302.60	2445.00	868.456	1630.00	651.401	1222.50	521.179	978.000
55	2606.10	4891.67	1303.10	2445.83	868.790	1630.56	651.652	1222.92	521.380	978.333
56	2607.11	4893.33	1303.60	2446.67	869.125	1631.11	651.903	1223.33	521.580	978.667
57	2608.14	4895.00	1304.12	2447.50	869.468	1631.67	652.160	1223.75	521.787	979.000
58	2609.17	4896.67	1304.63	2448.33	869.812	1632.22	652.418	1224.17	521.993	979.333
59	2610.17	4898.33	1305.13	2449.17	870.146	1632.78	652.669	1224.58	522.194	979.667

TABLE XIV.—ACTUAL TANGENTS, ETC.

6° Curve.		7° Curve.		8° Curve.		9° Curve.		10° Curve.		48°
Tan.	Arc.	Tan.	Arc.	Tan.	Arc.	Tan.	Arc.	Tan.	Arc.	M.
425.359	800.000	364.672	685.714	319.132	600.000	283.732	533.333	255.424	480.000	0
425.527	800.278	364.796	685.952	319.257	600.208	283.843	533.519	255.524	480.167	1
425.694	800.556	364.939	686.190	319.383	600.417	283.955	533.704	255.625	480.333	2
425.861	800.833	365.082	686.429	319.508	600.625	284.066	533.889	255.725	480.500	3
426.028	801.111	365.226	686.667	319.634	600.833	284.178	534.074	255.826	480.667	4
426.191	801.389	365.365	686.905	319.756	601.042	284.286	534.259	255.923	480.833	5
426.353	801.667	365.504	687.143	319.877	601.250	284.394	534.444	256.021	481.000	6
426.520	801.944	365.647	687.381	320.003	601.458	284.506	534.630	256.121	481.167	7
426.687	802.222	365.791	687.619	320.128	601.667	284.617	534.815	256.221	481.333	8
426.854	802.500	365.934	687.857	320.254	601.875	284.729	535.000	256.322	481.500	9
427.022	802.778	366.077	688.095	320.379	602.083	284.841	535.185	256.422	481.667	10
427.189	803.056	366.221	688.333	320.505	602.292	284.952	535.370	256.523	481.833	11
427.356	803.333	366.364	688.571	320.630	602.500	285.064	535.556	256.623	482.000	12
427.523	803.611	366.507	688.810	320.755	602.708	285.175	535.741	256.723	482.167	13
427.690	803.889	366.651	689.048	320.881	602.917	285.287	535.926	256.824	482.333	14
427.858	804.167	366.794	689.286	321.006	603.125	285.398	536.111	256.924	482.500	15
428.025	804.444	366.937	689.524	321.132	603.333	285.510	536.296	257.025	482.667	16
428.192	804.722	367.081	689.762	321.257	603.542	285.621	536.481	257.125	482.833	17
428.359	805.000	367.224	690.000	321.383	603.750	285.733	536.667	257.225	483.000	18
428.526	805.278	367.367	690.238	321.508	603.958	285.844	536.852	257.326	483.167	19
428.694	805.556	367.511	690.476	321.633	604.167	285.956	537.037	257.426	483.333	20
428.861	805.833	367.654	690.714	321.759	604.375	286.067	537.222	257.527	483.500	21
429.028	806.111	367.797	690.952	321.884	604.583	286.179	537.407	257.627	483.667	22
429.195	806.389	367.941	691.190	322.010	604.792	286.290	537.593	257.727	483.833	23
429.362	806.667	368.084	691.429	322.135	605.000	286.402	537.778	257.828	484.000	24
429.530	806.944	368.227	691.667	322.261	605.208	286.513	537.963	257.928	484.167	25
429.697	807.222	368.371	691.905	322.386	605.417	286.625	538.148	258.029	484.333	26
429.864	807.500	368.514	692.143	322.512	605.625	286.736	538.333	258.129	484.500	27
430.031	807.778	368.657	692.381	322.637	605.833	286.848	538.519	258.229	484.667	28
430.198	808.056	368.801	692.619	322.762	606.042	286.959	538.704	258.330	484.833	29
430.365	808.333	368.944	692.857	322.888	606.250	287.071	538.889	258.430	485.000	30
430.533	808.611	369.087	693.095	323.013	606.458	287.182	539.074	258.530	485.167	31
430.700	808.889	369.231	693.333	323.139	606.667	287.294	539.259	258.631	485.333	32
430.867	809.167	369.374	693.571	323.264	606.875	287.406	539.444	258.731	485.500	33
431.034	809.444	369.517	693.810	323.390	607.083	287.517	539.630	258.832	485.667	34
431.201	809.722	369.661	694.048	323.515	607.292	287.629	539.815	258.932	485.833	35
431.369	810.000	369.804	694.286	323.640	607.500	287.740	540.000	259.032	486.000	36
431.536	810.278	369.947	694.524	323.766	607.708	287.852	540.185	259.133	486.167	37
431.703	810.556	370.091	694.762	323.891	607.917	287.963	540.370	259.233	486.333	38
431.870	810.833	370.234	695.000	324.017	608.125	288.075	540.556	259.334	486.500	39
432.037	811.111	370.377	695.238	324.142	608.333	288.186	540.741	259.434	486.667	40
432.205	811.389	370.521	695.476	324.268	608.542	288.298	540.926	259.534	486.833	41
432.372	811.667	370.664	695.714	324.393	608.750	288.409	541.111	259.635	487.000	42
432.539	811.944	370.807	695.952	324.519	608.958	288.521	541.296	259.735	487.167	43
432.706	812.222	370.950	696.190	324.644	609.167	288.632	541.481	259.836	487.333	44
432.873	812.500	371.094	696.429	324.769	609.375	288.744	541.667	259.936	487.500	45
433.041	812.778	371.237	696.667	324.895	609.583	288.855	541.852	260.036	487.667	46
433.208	813.056	371.380	696.905	325.020	609.792	288.967	542.037	260.137	487.833	47
433.375	813.333	371.524	697.143	325.146	610.000	289.078	542.222	260.237	488.000	48
433.542	813.611	371.667	697.381	325.271	610.208	289.190	542.407	260.338	488.167	49
433.709	813.889	371.810	697.619	325.397	610.417	289.301	542.593	260.438	488.333	50
433.876	814.167	371.954	697.857	325.522	610.625	289.413	542.778	260.538	488.500	51
434.044	814.444	372.097	698.095	325.647	610.833	289.524	542.963	260.639	488.667	52
434.211	814.722	372.240	698.333	325.773	611.042	289.636	543.148	260.739	488.833	53
434.378	815.000	372.384	698.571	325.898	611.250	289.747	543.333	260.840	489.000	54
434.545	815.278	372.527	698.810	326.024	611.458	289.859	543.519	260.940	489.167	55
434.712	815.556	372.670	699.048	326.149	611.667	289.971	543.704	261.040	489.333	56
434.884	815.833	372.818	699.286	326.278	611.875	290.085	543.889	261.144	489.500	57
435.056	816.111	372.965	699.524	326.407	612.083	290.200	544.074	261.247	489.667	58
435.224	816.389	373.109	699.762	326.533	612.292	290.311	544.259	261.347	489.833	59

TABLE XIV.—ACTUAL TANGENTS, ETC.

49°	1° Curve.		2° Curve.		3° Curve.		4° Curve.		5° Curve.	
M.	Tan.	Arc.	Tan.	Arc.	Tan.	Arc.	Tan.	Arc.	Tan.	Arc.
0	2611.17	4900.00	1305.63	2450.00	870.481	1633.33	652.920	1225.00	522.394	980.000
1	2612.18	4901.67	1306.14	2450.83	870.815	1633.89	653.171	1225.42	522.595	980.333
2	2613.18	4903.33	1306.64	2451.67	871.149	1634.44	653.421	1225.83	522.795	980.667
3	2614.18	4905.00	1307.14	2452.50	871.484	1635.00	653.672	1226.25	522.996	981.000
4	2615.18	4906.67	1307.64	2453.33	871.818	1635.56	653.923	1226.67	523.197	981.333
5	2616.19	4908.33	1308.14	2454.17	872.152	1636.11	654.173	1227.08	523.397	981.667
6	2617.19	4910.00	1308.64	2455.00	872.486	1636.67	654.424	1227.50	523.598	982.000
7	2618.19	4911.67	1309.14	2455.83	872.821	1637.22	654.675	1227.92	523.798	982.333
8	2619.19	4913.33	1309.65	2456.67	873.155	1637.78	654.926	1228.33	523.999	982.667
9	2620.20	4915.00	1310.15	2457.50	873.489	1638.33	655.176	1228.75	524.200	983.000
10	2621.20	4916.67	1310.65	2458.33	873.823	1638.89	655.427	1229.17	524.400	983.333
11	2622.23	4918.33	1311.16	2459.17	874.167	1639.44	655.685	1229.58	524.607	983.667
12	2623.26	4920.00	1311.68	2460.00	874.511	1640.00	655.943	1230.00	524.813	984.000
13	2624.27	4921.67	1312.18	2460.83	874.855	1640.56	656.194	1230.42	525.013	984.333
14	2625.27	4923.33	1312.68	2461.67	875.180	1641.11	656.444	1230.83	525.214	984.667
15	2626.27	4925.00	1313.18	2462.50	875.514	1641.67	656.695	1231.25	525.415	985.000
16	2627.27	4926.67	1313.69	2463.33	875.848	1642.22	656.946	1231.67	525.615	985.333
17	2628.28	4928.33	1314.19	2464.17	876.182	1642.78	657.196	1232.08	525.816	985.667
18	2629.28	4930.00	1314.69	2465.00	876.517	1643.33	657.447	1232.50	526.016	986.000
19	2630.28	4931.67	1315.19	2465.83	876.851	1643.89	657.698	1232.92	526.217	986.333
20	2631.28	4933.33	1315.69	2466.67	877.185	1644.44	657.949	1233.33	526.418	986.667
21	2632.32	4935.00	1316.21	2467.50	877.529	1645.00	658.206	1233.75	526.624	987.000
22	2633.35	4936.67	1316.72	2468.33	877.873	1645.56	658.464	1234.17	526.830	987.333
23	2634.35	4938.33	1317.22	2469.17	878.207	1646.11	658.715	1234.58	527.031	987.667
24	2635.35	4940.00	1317.72	2470.00	878.541	1646.67	658.966	1235.00	527.231	988.000
25	2636.36	4941.67	1318.23	2470.83	878.876	1647.22	659.216	1235.42	527.432	988.333
26	2637.36	4943.33	1318.73	2471.67	879.210	1647.78	659.467	1235.83	527.633	988.667
27	2638.36	4945.00	1319.23	2472.50	879.544	1648.33	659.718	1236.25	527.833	989.000
28	2639.36	4946.67	1319.73	2473.33	879.878	1648.89	659.969	1236.67	528.034	989.333
29	2640.39	4948.33	1320.25	2474.17	880.222	1649.44	660.227	1237.08	528.240	989.667
30	2641.43	4950.00	1320.76	2475.00	880.566	1650.00	660.484	1237.50	528.447	990.000
31	2642.43	4951.67	1321.26	2475.83	880.900	1650.56	660.735	1237.92	528.647	990.333
32	2643.43	4953.33	1321.76	2476.67	881.235	1651.11	660.986	1238.33	528.848	990.667
33	2644.43	4955.00	1322.27	2477.50	881.569	1651.67	661.237	1238.75	529.048	991.000
34	2645.44	4956.67	1322.77	2478.33	881.903	1652.22	661.487	1239.17	529.249	991.333
35	2646.44	4958.33	1323.27	2479.17	882.237	1652.78	661.738	1239.58	529.450	991.667
36	2647.44	4960.00	1323.77	2480.00	882.572	1653.33	661.989	1240.00	529.650	992.000
37	2648.47	4961.67	1324.29	2480.83	882.915	1653.89	662.247	1240.42	529.856	992.333
38	2649.50	4963.33	1324.80	2481.67	883.259	1654.44	662.505	1240.83	530.063	992.667
39	2650.51	4965.00	1325.30	2482.50	883.593	1655.00	662.735	1241.25	530.263	993.000
40	2651.51	4966.67	1325.80	2483.33	883.928	1655.56	663.006	1241.67	530.464	993.333
41	2652.51	4968.33	1326.31	2484.17	884.262	1656.11	663.257	1242.08	530.665	993.667
42	2653.52	4970.00	1326.81	2485.00	884.596	1656.67	663.507	1242.50	530.865	994.000
43	2654.55	4971.67	1327.32	2485.83	884.940	1657.22	663.765	1242.92	531.072	994.333
44	2655.58	4973.33	1327.84	2486.67	885.284	1657.78	664.023	1243.33	531.278	994.667
45	2656.58	4975.00	1328.34	2487.50	885.618	1658.33	664.274	1243.75	531.478	995.000
46	2657.58	4976.67	1328.84	2488.33	885.952	1658.89	664.525	1244.17	531.679	995.333
47	2658.59	4978.33	1329.34	2489.17	886.287	1659.44	664.775	1244.58	531.880	995.667
48	2659.59	4980.00	1329.84	2490.00	886.621	1660.00	665.026	1245.00	532.080	996.000
49	2660.62	4981.67	1330.36	2490.83	886.965	1660.56	665.284	1245.42	532.287	996.333
50	2661.65	4983.33	1330.87	2491.67	887.309	1661.11	665.542	1245.83	532.493	996.667
51	2662.65	4985.00	1331.38	2492.50	887.643	1661.67	665.793	1246.25	532.694	997.000
52	2663.66	4986.67	1331.88	2493.33	887.977	1662.22	666.043	1246.67	532.894	997.333
53	2664.69	4988.33	1332.39	2494.17	888.321	1662.78	666.301	1247.08	533.100	997.667
54	2665.72	4990.00	1332.91	2495.00	888.665	1663.33	666.559	1247.50	533.307	998.000
55	2666.72	4991.67	1333.41	2495.83	888.999	1663.89	666.810	1247.92	533.507	998.333
56	2667.73	4993.33	1333.91	2496.67	889.333	1664.44	667.060	1248.33	533.708	998.667
57	2668.73	4995.00	1334.41	2497.50	889.668	1665.00	667.311	1248.75	533.909	999.000
58	2669.73	4996.67	1334.91	2498.33	890.002	1665.56	667.562	1249.17	534.109	999.333
59	2670.76	4998.33	1335.43	2499.17	890.346	1666.11	667.820	1249.58	534.315	999.667

TABLE XIV.—ACTUAL TANGENTS, ETC.

6° Curve.		7° Curve.		8° Curve.		9° Curve.		10° Curve.		49°
Tan.	Arc.	Tan.	Arc.	Tan.	Arc.	Tan.	Arc.	Tan.	Arc.	M.
435.391	816.667	373.252	700.000	326.658	612.500	290.423	544.444	261.448	490.000	0
435.558	816.944	373.395	700.238	326.784	612.708	290.535	544.630	261.548	490.167	1
435.725	817.222	373.539	700.476	326.909	612.917	290.646	544.815	261.648	490.333	2
435.892	817.500	373.682	700.714	327.034	613.125	290.758	545.000	261.749	490.500	3
436.059	817.778	373.825	700.952	327.160	613.333	290.869	545.185	261.849	490.667	4
436.227	818.056	373.969	701.190	327.285	613.542	290.981	545.370	261.950	490.833	5
436.394	818.333	374.112	701.429	327.411	613.750	291.092	545.556	262.050	491.000	6
436.561	818.611	374.255	701.667	327.536	613.958	291.204	545.741	262.150	491.167	7
436.728	818.889	374.399	701.905	327.662	614.167	291.315	545.926	262.251	491.333	8
436.895	819.167	374.542	702.143	327.787	614.375	291.427	546.111	262.351	491.500	9
437.063	819.444	374.685	702.381	327.912	614.583	291.538	546.296	262.452	491.667	10
437.235	819.722	374.833	702.619	328.041	614.792	291.653	546.481	262.555	491.833	11
437.407	820.000	374.980	702.857	328.171	615.000	291.768	546.667	262.658	492.000	12
437.574	820.278	375.123	703.095	328.296	615.208	291.879	546.852	262.759	492.167	13
437.741	820.556	375.267	703.333	328.421	615.417	291.991	547.037	262.859	492.333	14
437.908	820.833	375.410	703.571	328.547	615.625	292.102	547.222	262.959	492.500	15
438.075	821.111	375.553	703.810	328.672	615.833	292.214	547.407	263.060	492.667	16
438.242	821.389	375.697	704.048	328.798	616.042	292.325	547.593	263.160	492.833	17
438.410	821.667	375.840	704.286	328.923	616.250	292.437	547.778	263.261	493.000	18
438.577	821.944	375.983	704.524	329.049	616.458	292.548	547.963	263.361	493.167	19
438.744	822.222	376.127	704.762	329.174	616.667	292.660	548.148	263.461	493.333	20
438.916	822.500	376.274	705.000	329.303	616.875	292.775	548.333	263.565	493.500	21
439.088	822.778	376.422	705.238	329.432	617.083	292.889	548.519	263.668	493.667	22
439.255	823.056	376.565	705.476	329.557	617.292	293.001	548.704	263.768	493.833	23
439.422	823.333	376.708	705.714	329.683	617.500	293.112	548.889	263.869	494.000	24
439.590	823.611	376.852	705.952	329.808	617.708	293.224	549.074	263.969	494.167	25
439.757	823.889	376.995	706.190	329.934	617.917	293.335	549.259	264.069	494.333	26
439.924	824.167	377.128	706.429	330.059	618.125	293.447	549.444	264.170	494.500	27
440.091	824.444	377.282	706.667	330.185	618.333	293.558	549.630	264.270	494.667	28
440.263	824.722	377.429	706.905	330.314	618.542	293.673	549.815	264.374	494.833	29
440.435	825.000	377.576	707.143	330.443	618.750	293.788	550.000	264.477	495.000	30
440.602	825.278	377.720	707.381	330.568	618.958	293.899	550.185	264.577	495.167	31
440.769	825.556	377.863	707.619	330.694	619.167	294.011	550.370	264.678	495.333	32
440.937	825.833	378.006	707.857	330.819	619.375	294.122	550.556	264.778	495.500	33
441.104	826.111	378.150	708.095	330.944	619.583	294.234	550.741	264.878	495.667	34
441.271	826.389	378.293	708.333	331.070	619.792	294.345	550.926	264.979	495.833	35
441.438	826.667	378.436	708.571	331.195	620.000	294.457	551.111	265.079	496.000	36
441.610	826.944	378.584	708.810	331.324	620.208	294.572	551.296	265.182	496.167	37
441.782	827.222	378.731	709.048	331.453	620.417	294.686	551.481	265.286	496.333	38
441.949	827.500	378.875	709.286	331.579	620.625	294.798	551.667	265.386	496.500	39
442.117	827.778	379.018	709.524	331.704	620.833	294.909	551.852	265.486	496.667	40
442.284	828.056	379.161	709.762	331.830	621.042	295.021	552.037	265.587	496.833	41
442.451	828.333	379.304	710.000	331.955	621.250	295.132	552.222	265.687	497.000	42
442.623	828.611	379.452	710.238	332.084	621.458	295.247	552.407	265.791	497.167	43
442.795	828.889	379.599	710.476	332.213	621.667	295.362	552.593	265.894	497.333	44
442.962	829.167	379.743	710.714	332.339	621.875	295.473	552.778	265.994	497.500	45
443.129	829.444	379.886	710.952	332.464	622.083	295.585	552.963	266.095	497.667	46
443.296	829.722	380.029	711.190	332.589	622.292	295.696	553.148	266.195	497.833	47
443.464	830.000	380.173	711.429	332.715	622.500	295.808	553.333	266.295	498.000	48
443.636	830.278	380.320	711.667	332.844	622.708	295.923	553.519	266.399	498.167	49
443.808	830.556	380.468	711.905	332.973	622.917	296.037	553.704	266.502	498.333	50
443.975	830.833	380.611	712.143	333.098	623.125	296.149	553.889	266.602	498.500	51
444.142	831.111	380.754	712.381	333.224	623.333	296.260	554.074	266.703	498.667	52
444.314	831.389	380.902	712.619	333.359	623.542	296.375	554.259	266.806	498.833	53
444.486	831.667	381.049	712.857	333.482	623.750	296.490	554.444	266.909	499.000	54
444.653	831.944	381.192	713.095	333.607	623.958	296.601	554.630	267.010	499.167	55
444.820	832.222	381.336	713.333	333.733	624.167	296.713	554.815	267.110	499.333	56
444.987	832.500	381.479	713.571	333.858	624.375	296.824	555.000	267.210	499.500	57
445.155	832.778	381.622	713.810	333.984	624.583	296.936	555.185	267.311	499.667	58
445.327	833.056	381.770	714.048	334.113	624.792	297.051	555.370	267.414	499.833	59

145

TABLE XIV.—ACTUAL TANGENTS, ETC.

50°	1° Curve.		2° Curve.		3° Curve.		4° Curve.		5° Curve.	
M.	Tan.	Arc.	Tan.	Arc.	Tan.	Arc.	Tan.	Arc.	Tan.	Arc.
0	2671.79	5000.00	1335.95	2500.00	890.689	1666.67	668.078	1250.00	534.522	1000.00
1	2672.80	5001.67	1336.45	2500.83	891.024	1667.22	668.328	1250.42	534.722	1000.33
2	2673.80	5003.33	1336.95	2501.67	891.358	1667.78	668.579	1250.83	534.923	1000.67
3	2674.83	5005.00	1337.46	2502.50	891.702	1668.33	668.837	1251.25	535.129	1001.00
4	2675.86	5006.67	1337.98	2503.33	892.046	1668.89	669.095	1251.67	535.336	1001.33
5	2676.86	5008.33	1338.48	2504.17	892.380	1669.44	669.346	1252.08	535.536	1001.67
6	2677.87	5010.00	1338.98	2505.00	892.714	1670.00	669.596	1252.50	535.737	1002.00
7	2678.87	5011.67	1339.48	2505.83	893.048	1670.56	669.847	1252.92	535.937	1002.33
8	2679.87	5013.33	1339.99	2506.67	893.382	1671.11	670.098	1253.33	536.138	1002.67
9	2680.90	5015.00	1340.50	2507.50	893.726	1671.67	670.356	1253.75	536.344	1003.00
10	2681.93	5016.67	1341.02	2508.33	894.070	1672.22	670.614	1254.17	536.551	1003.33
11	2682.94	5018.33	1341.52	2509.17	894.405	1672.78	670.864	1254.58	536.751	1003.67
12	2683.94	5020.00	1342.02	2510.00	894.739	1673.33	671.115	1255.00	536.952	1004.00
13	2684.97	5021.67	1342.53	2510.83	895.083	1673.89	671.373	1255.42	537.158	1004.33
14	2686.00	5023.33	1343.05	2511.67	895.426	1674.44	671.631	1255.83	537.365	1004.67
15	2687.01	5025.00	1343.55	2512.50	895.761	1675.00	671.881	1256.25	537.565	1005.00
16	2688.01	5026.67	1344.05	2513.33	896.095	1675.56	672.132	1256.67	537.766	1005.33
17	2689.04	5028.33	1344.57	2514.17	896.439	1676.11	672.390	1257.08	537.972	1005.67
18	2690.07	5030.00	1345.08	2515.00	896.783	1676.67	672.648	1257.50	538.178	1006.00
19	2691.07	5031.67	1345.59	2515.83	897.117	1677.22	672.899	1257.92	538.379	1006.33
20	2692.08	5033.33	1346.09	2516.67	897.451	1677.78	673.149	1258.33	538.580	1006.67
21	2693.11	5035.00	1346.60	2517.50	897.795	1678.33	673.407	1258.75	538.786	1007.00
22	2694.14	5036.67	1347.12	2518.33	898.139	1678.89	673.665	1259.17	538.992	1007.33
23	2695.14	5038.33	1347.62	2519.17	898.473	1679.44	673.916	1259.58	539.193	1007.67
24	2696.14	5040.00	1348.12	2520.00	898.807	1680.00	674.167	1260.00	539.394	1008.00
25	2697.18	5041.67	1348.64	2520.83	899.151	1680.56	674.424	1260.42	539.600	1008.33
26	2698.21	5043.33	1349.15	2521.67	899.495	1681.11	674.682	1260.83	539.806	1008.67
27	2699.24	5045.00	1349.67	2522.50	899.839	1681.67	674.940	1261.25	540.013	1009.00
28	2700.27	5046.67	1350.18	2523.33	900.183	1682.22	675.198	1261.67	540.219	1009.33
29	2701.27	5048.33	1350.69	2524.17	900.517	1682.78	675.449	1262.08	540.419	1009.67
30	2702.27	5050.00	1351.19	2525.00	900.851	1683.33	675.700	1262.50	540.620	1010.00
31	2703.31	5051.67	1351.70	2525.83	901.195	1683.89	675.957	1262.92	540.826	1010.33
32	2704.34	5053.33	1352.22	2526.67	901.539	1684.44	676.215	1263.33	541.033	1010.67
33	2705.34	5055.00	1352.72	2527.50	901.873	1685.00	676.466	1263.75	541.233	1011.00
34	2706.34	5056.67	1353.22	2528.33	902.207	1685.56	676.717	1264.17	541.434	1011.33
35	2707.37	5058.33	1353.74	2529.17	902.551	1686.11	676.975	1264.58	541.640	1011.67
36	2708.41	5060.00	1354.25	2530.00	902.895	1686.67	677.233	1265.00	541.847	1012.00
37	2709.41	5061.67	1354.75	2530.83	903.229	1687.22	677.483	1265.42	542.047	1012.33
38	2710.41	5063.33	1355.26	2531.67	903.563	1687.78	677.734	1265.83	542.248	1012.67
39	2711.44	5065.00	1355.77	2532.50	903.907	1688.33	677.992	1266.25	542.454	1013.00
40	2712.47	5066.67	1356.29	2533.33	904.251	1688.89	678.250	1266.67	542.660	1013.33
41	2713.50	5068.33	1356.80	2534.17	904.595	1689.44	678.508	1267.08	542.867	1013.67
42	2714.54	5070.00	1357.32	2535.00	904.939	1690.00	678.766	1267.50	543.073	1014.00
43	2715.54	5071.67	1357.82	2535.83	905.273	1690.56	679.016	1267.92	543.274	1014.33
44	2716.54	5073.33	1358.32	2536.67	905.607	1691.11	679.267	1268.33	543.474	1014.67
45	2717.57	5075.00	1358.84	2537.50	905.951	1691.67	679.525	1268.75	543.681	1015.00
46	2718.60	5076.67	1359.35	2538.33	906.295	1692.22	679.783	1269.17	543.887	1015.33
47	2719.61	5078.33	1359.85	2539.17	906.629	1692.78	680.033	1269.58	544.088	1015.67
48	2720.61	5080.00	1360.35	2540.00	906.963	1693.33	680.284	1270.00	544.288	1016.00
49	2721.64	5081.67	1360.87	2540.83	907.307	1693.89	680.542	1270.42	544.494	1016.33
50	2722.67	5083.33	1361.39	2541.67	907.651	1694.44	680.800	1270.83	544.701	1016.67
51	2723.70	5085.00	1361.90	2542.50	907.995	1695.00	681.058	1271.25	544.907	1017.00
52	2724.74	5086.67	1362.42	2543.33	908.339	1695.56	681.316	1271.67	545.113	1017.33
53	2725.74	5088.33	1362.92	2544.17	908.673	1696.11	681.566	1272.08	545.314	1017.67
54	2726.74	5090.00	1363.42	2545.00	907.007	1696.67	681.817	1272.50	545.515	1018.00
55	2727.77	5091.67	1363.94	2545.83	909.351	1697.22	682.075	1272.92	545.721	1018.33
56	2728.80	5093.33	1364.45	2546.67	909.695	1697.78	682.333	1273.33	545.927	1018.67
57	2729.83	5095.00	1364.97	2547.50	910.039	1698.33	682.591	1273.75	546.134	1019.00
58	2730.87	5096.67	1365.48	2548.33	910.382	1698.89	682.849	1274.17	546.340	1019.33
59	2731.90	5098.33	1366.00	2549.17	910.726	1699.44	683.107	1274.58	546.546	1019.67

TABLE XIV.—ACTUAL TANGENTS, ETC.

6° Curve.		7° Curve.		8° Curve.		9° Curve.		10° Curve.		50°
Tan.	Arc.	Tan.	Arc.	Tan.	Arc.	Tan.	Arc.	Tan.	Arc.	M.
445.499	833.333	381.917	714.286	334.242	625.000	297.165	555.556	267.517	500.000	0
445.666	833.611	382.060	714.524	334.367	625.208	297.277	555.741	267.618	500.167	1
445.833	833.889	382.204	714.762	334.493	625.417	297.388	555.926	267.718	500.333	2
446.005	834.167	382.351	715.000	334.622	625.625	297.503	556.111	267.821	500.500	3
446.177	834.444	382.499	715.238	334.751	625.833	297.618	556.296	267.925	500.667	4
446.344	834.722	382.642	715.476	334.876	626.042	297.729	556.481	268.025	500.833	5
446.511	835.000	382.785	715.714	335.001	626.250	297.841	556.667	268.125	501.000	6
446.678	835.278	382.929	715.952	335.127	626.458	297.952	556.852	268.226	501.167	7
446.846	835.556	383.072	716.190	335.252	626.667	298.064	557.037	268.326	501.333	8
447.018	835.833	383.219	716.429	335.381	626.875	298.179	557.222	268.430	501.500	9
447.190	836.111	383.367	716.667	335.510	627.083	298.293	557.407	268.583	501.667	10
447.357	836.389	383.510	716.905	335.636	627.292	298.405	557.593	268.683	501.833	11
447.524	836.667	383.653	717.143	335.761	627.500	298.516	557.778	268.734	502.000	12
447.696	836.944	383.801	717.381	335.890	627.708	298.631	557.963	268.837	502.167	13
447.868	837.222	383.948	717.619	336.019	627.917	298.746	558.148	268.940	502.333	14
448.035	837.500	384.092	717.857	336.145	628.125	298.857	558.333	269.040	502.500	15
448.202	837.778	384.235	718.095	336.270	628.333	298.969	558.519	269.141	502.667	16
448.374	838.056	384.382	718.333	336.399	628.542	299.084	558.704	269.244	502.833	17
448.546	838.333	384.530	718.571	336.528	628.750	299.198	558.889	269.347	503.000	18
448.713	838.611	384.673	718.810	336.654	628.958	299.310	559.074	269.448	503.167	19
448.881	838.889	384.816	719.048	336.779	629.167	299.421	559.259	269.548	503.333	20
449.053	839.167	384.964	719.286	336.908	629.375	299.536	559.444	269.651	503.500	21
449.224	839.444	385.111	719.524	337.037	629.583	299.651	559.630	269.755	503.667	22
449.392	839.722	385.255	719.762	337.163	629.792	299.762	559.815	269.855	503.833	23
449.559	840.000	385.398	720.000	337.288	630.000	299.874	560.000	269.956	504.000	24
449.731	840.278	385.545	720.238	337.417	630.208	299.988	560.185	270.059	504.167	25
449.903	840.556	385.693	720.476	337.546	630.417	300.103	560.370	270.162	504.333	26
450.075	840.833	385.840	720.714	337.675	630.625	300.218	560.556	270.265	504.500	27
450.247	841.111	385.988	720.952	337.804	630.833	300.333	560.741	270.369	504.667	28
450.414	841.389	386.131	721.190	337.929	631.042	300.444	560.926	270.469	504.833	29
450.581	841.667	386.274	721.429	338.055	631.250	300.556	561.111	270.569	505.000	30
450.753	841.944	386.422	721.667	338.184	631.458	300.670	561.296	270.673	505.167	31
450.925	842.222	386.569	721.905	338.313	631.667	300.785	561.481	270.776	505.333	32
451.092	842.500	386.713	722.143	338.438	631.875	300.897	561.667	270.876	505.500	33
451.259	842.778	386.856	722.381	338.564	632.083	301.008	561.852	270.977	505.667	34
451.431	843.056	387.003	722.619	338.693	632.292	301.123	562.037	271.080	505.833	35
451.603	843.333	387.151	722.857	338.822	632.500	301.237	562.222	271.183	506.000	36
451.771	843.611	387.294	723.095	338.947	632.708	301.349	562.407	271.284	506.167	37
451.938	843.889	387.437	723.333	339.073	632.917	301.461	562.593	271.384	506.333	38
452.110	844.167	387.585	723.571	339.202	633.125	301.575	562.778	271.487	506.500	39
452.282	844.444	387.732	723.810	339.331	633.333	301.690	562.963	271.591	506.667	40
452.454	844.722	387.880	724.048	339.460	633.542	301.805	563.148	271.694	506.833	41
452.626	845.000	388.027	724.286	339.589	633.750	301.919	563.333	271.797	507.000	42
452.798	845.278	388.170	724.524	339.714	633.958	302.031	563.519	271.897	507.167	43
452.960	845.556	388.314	724.762	339.840	634.167	302.142	563.704	271.998	507.333	44
453.132	845.833	388.461	725.000	339.969	634.375	302.257	563.889	272.101	507.500	45
453.304	846.111	388.609	725.238	340.098	634.583	302.372	564.074	272.204	507.667	46
453.471	846.389	388.752	725.476	340.223	634.792	302.483	564.259	272.305	507.833	47
453.638	846.667	388.895	725.714	340.349	635.000	302.595	564.444	272.405	508.000	48
453.810	846.944	389.043	725.952	340.478	635.208	302.710	564.630	272.508	508.167	49
453.982	847.222	389.190	726.190	340.607	635.417	302.824	564.815	272.612	508.333	50
454.154	847.500	389.337	726.429	340.736	635.625	302.939	565.000	272.715	508.500	51
454.326	847.778	389.485	726.667	340.865	635.833	303.054	565.185	272.818	508.667	52
454.493	848.056	389.628	726.905	340.990	636.042	303.165	565.370	272.919	508.833	53
454.661	848.333	389.772	727.143	341.116	636.250	303.277	565.556	273.019	509.000	54
454.832	848.611	389.919	727.381	341.245	636.458	303.391	565.741	273.122	509.167	55
455.004	848.889	390.066	727.619	341.374	636.667	303.506	565.926	273.226	509.333	56
455.176	849.167	390.214	727.857	341.503	636.875	303.621	566.111	273.329	509.500	57
455.348	849.444	390.361	728.095	341.632	637.083	303.736	566.296	273.432	509.667	58
455.520	849.722	390.509	728.333	341.761	637.292	303.850	566.481	273.535	509.833	59

TABLE XIV.—ACTUAL TANGENTS, ETC.

51°	1° Curve.		2° Curve.		3° Curve.		4° Curve.		5° Curve.	
M.	Tan.	Arc.	Tan.	Arc.	Tan.	Arc.	Tan.	Arc.	Tan.	Arc.
0	2732.98	5100.00	1366.51	2550.00	911.070	1700.00	683.364	1275.00	546.758	1020.00
1	2733.98	5101.67	1367.02	2550.83	911.404	1700.56	683.615	1275.42	546.953	1020.33
2	2734.98	5103.33	1367.52	2551.67	911.738	1701.11	683.866	1275.83	547.154	1020.67
3	2735.97	5105.00	1368.03	2552.50	912.082	1701.67	684.124	1276.25	547.360	1021.00
4	2737.00	5106.67	1368.55	2553.33	912.426	1702.22	684.382	1276.67	547.566	1021.33
5	2738.03	5108.33	1369.06	2554.17	912.770	1702.78	684.640	1277.08	547.773	1021.67
6	2739.06	5110.00	1369.58	2555.00	913.114	1703.33	684.897	1277.50	547.979	1022.00
7	2740.06	5111.67	1370.08	2555.83	913.448	1703.89	685.148	1277.92	548.180	1022.33
8	2741.06	5113.33	1370.58	2556.67	913.782	1704.44	685.399	1278.33	548.380	1022.67
9	2742.10	5115.00	1371.10	2557.50	914.126	1705.00	685.657	1278.75	548.587	1023.00
10	2743.13	5116.67	1371.61	2558.33	914.470	1705.56	685.915	1279.17	548.793	1023.33
11	2744.16	5118.33	1372.13	2559.17	914.814	1706.11	686.173	1279.58	548.999	1023.67
12	2745.19	5120.00	1372.65	2560.00	915.158	1706.67	686.430	1280.00	549.206	1024.00
13	2746.22	5121.67	1373.16	2560.83	915.501	1707.22	686.688	1280.42	549.412	1024.33
14	2747.25	5123.33	1373.68	2561.67	915.845	1707.78	686.946	1280.83	549.618	1024.67
15	2748.28	5125.00	1374.19	2562.50	916.189	1708.33	687.204	1281.25	549.825	1025.00
16	2749.32	5126.67	1374.71	2563.33	916.533	1708.89	687.462	1281.67	550.031	1025.33
17	2750.32	5128.33	1375.21	2564.17	916.867	1709.44	687.713	1282.08	550.232	1025.67
18	2751.32	5130.00	1375.71	2565.00	917.201	1710.00	687.963	1282.50	550.432	1026.00
19	2752.35	5131.67	1376.23	2565.83	917.545	1710.56	688.221	1282.92	550.639	1026.33
20	2753.38	5133.33	1376.74	2566.67	917.889	1711.11	688.479	1283.33	550.845	1026.67
21	2754.41	5135.00	1377.26	2567.50	918.233	1711.67	688.737	1283.75	551.051	1027.00
22	2755.45	5136.67	1377.77	2568.33	918.577	1712.22	688.995	1284.17	551.258	1027.33
23	2756.48	5138.33	1378.29	2569.17	918.930	1712.78	689.253	1284.58	551.464	1027.67
24	2757.51	5140.00	1378.80	2570.00	919.264	1713.33	689.511	1285.00	551.670	1028.00
25	2758.54	5141.67	1379.32	2570.83	919.608	1713.89	689.769	1285.42	551.877	1028.33
26	2759.57	5143.33	1379.84	2571.67	919.952	1714.44	690.026	1285.83	552.083	1028.67
27	2760.57	5145.00	1380.34	2572.50	920.286	1715.00	690.277	1286.25	552.283	1029.00
28	2761.58	5146.67	1380.84	2573.33	920.620	1715.56	690.528	1286.67	552.484	1029.33
29	2762.61	5148.33	1381.35	2574.17	920.964	1716.11	690.786	1287.08	552.690	1029.67
30	2763.64	5150.00	1381.87	2575.00	921.308	1716.67	691.044	1287.50	552.897	1030.00
31	2764.67	5151.67	1382.39	2575.83	921.652	1717.22	691.302	1287.92	553.103	1030.33
32	2765.70	5153.33	1382.90	2576.67	921.996	1717.78	691.559	1288.33	553.309	1030.67
33	2766.73	5155.00	1383.42	2577.50	922.339	1718.33	691.817	1288.75	553.516	1031.00
34	2767.76	5156.67	1383.93	2578.33	922.683	1718.89	692.075	1289.17	553.722	1031.33
35	2768.80	5158.33	1384.45	2579.17	923.027	1719.44	692.333	1289.58	553.928	1031.67
36	2769.83	5160.00	1384.96	2580.00	923.371	1720.00	692.591	1290.00	554.135	1032.00
37	2770.86	5161.67	1385.48	2580.83	923.715	1720.56	692.849	1290.42	554.341	1032.33
38	2771.89	5163.33	1386.00	2581.67	924.059	1721.11	693.107	1290.83	554.547	1032.67
39	2772.92	5165.00	1386.51	2582.50	924.402	1721.67	693.365	1291.25	554.754	1033.00
40	2773.95	5166.67	1387.03	2583.33	924.746	1722.22	693.623	1291.67	554.960	1033.33
41	2774.98	5168.33	1387.54	2584.17	925.090	1722.78	693.880	1292.08	555.166	1033.67
42	2776.02	5170.00	1388.06	2585.00	925.434	1723.33	694.138	1292.50	555.373	1034.00
43	2777.05	5171.67	1388.57	2585.83	925.778	1723.89	694.396	1292.92	555.579	1034.33
44	2778.08	5173.33	1389.09	2586.67	926.121	1724.44	694.654	1293.33	555.785	1034.67
45	2779.08	5175.00	1389.59	2587.50	926.456	1725.00	694.905	1293.75	555.986	1035.00
46	2780.08	5176.67	1390.09	2588.33	926.790	1725.56	695.156	1294.17	556.187	1035.33
47	2781.11	5178.33	1390.61	2589.17	927.134	1726.11	695.413	1294.58	556.393	1035.67
48	2782.15	5180.00	1391.12	2590.00	927.478	1726.67	695.671	1295.00	556.599	1036.00
49	2783.18	5181.67	1391.64	2590.83	927.821	1727.22	695.929	1295.42	556.806	1036.33
50	2784.21	5183.33	1392.16	2591.67	928.165	1727.78	696.187	1295.83	557.012	1036.67
51	2785.24	5185.00	1392.67	2592.50	928.509	1728.33	696.445	1296.25	557.218	1037.00
52	2786.27	5186.67	1393.19	2593.33	928.853	1728.89	696.703	1296.67	557.425	1037.33
53	2787.30	5188.33	1393.70	2594.17	929.197	1729.44	696.961	1297.08	557.631	1037.67
54	2788.33	5190.00	1394.22	2595.00	929.540	1730.00	697.219	1297.50	557.837	1038.00
55	2789.37	5191.67	1394.73	2595.83	929.884	1730.56	697.476	1297.92	558.043	1038.33
56	2790.40	5193.33	1395.25	2596.67	930.228	1731.11	697.734	1298.33	558.250	1038.67
57	2791.43	5195.00	1395.77	2597.50	930.572	1731.67	697.992	1298.75	558.456	1039.00
58	2792.46	5196.67	1396.28	2598.33	930.916	1732.22	698.250	1299.17	558.662	1039.33
59	2793.49	5198.33	1396.80	2599.17	931.260	1732.78	698.508	1299.58	558.869	1039.67

TABLE XIV.—ACTUAL TANGENTS, ETC.

6° Curve.		7° Curve.		8° Curve.		9° Curve.		10° Curve.		51°
Tan.	Arc.	Tan.	Arc.	Tan.	Arc.	Tan.	Arc.	Tan.	Arc.	M.
455.698	850.000	390.656	728.571	341.890	637.500	303.965	566.667	273.639	510.000	0
455.800	850.278	390.799	728.810	342.015	637.708	304.077	566.852	273.739	510.167	1
456.027	850.556	390.943	729.048	342.141	637.917	304.188	567.037	273.839	510.333	2
456.199	850.833	391.090	729.286	342.270	638.125	304.303	567.222	273.943	510.500	3
456.371	851.111	391.238	729.524	342.399	638.333	304.417	567.407	274.046	510.667	4
456.543	851.389	391.385	729.762	342.528	638.542	304.532	567.593	274.149	510.833	5
456.715	851.667	391.532	730.000	342.657	638.750	304.647	567.778	274.252	511.000	6
456.882	851.944	391.676	730.238	342.782	638.958	304.758	567.963	274.353	511.167	7
457.049	852.222	391.819	730.476	342.908	639.167	304.870	568.148	274.453	511.333	8
457.221	852.500	391.967	730.714	343.037	639.375	304.985	568.333	274.557	511.500	9
457.393	852.778	392.114	730.952	343.166	639.583	305.099	568.519	274.660	511.667	10
457.565	853.056	392.261	731.190	343.295	639.792	305.214	568.704	274.763	511.833	11
457.737	853.333	392.409	731.429	343.424	640.000	305.329	568.889	274.866	512.000	12
457.909	853.611	392.556	731.667	343.553	640.208	305.443	569.074	274.970	512.167	13
458.081	853.889	392.704	731.905	343.682	640.417	305.558	569.259	275.073	512.333	14
458.253	854.167	392.851	732.143	343.811	640.625	305.673	569.444	275.176	512.500	15
458.425	854.444	392.999	732.381	343.940	640.833	305.788	569.630	275.279	512.667	16
458.592	854.722	393.142	732.619	344.065	641.042	305.899	569.815	275.380	512.833	17
458.759	855.000	393.285	732.857	344.191	641.250	306.011	570.000	275.480	513.000	18
458.931	855.278	393.433	733.095	344.320	641.458	306.125	570.185	275.583	513.167	19
459.103	855.556	393.580	733.333	344.449	641.667	306.240	570.370	275.687	513.333	20
459.275	855.833	393.727	733.571	344.578	641.875	306.355	570.556	275.790	513.500	21
459.447	856.111	393.875	733.810	344.707	642.083	306.469	570.741	275.893	513.667	22
459.619	856.389	394.022	734.048	344.836	642.292	306.584	570.926	275.996	513.833	23
459.791	856.667	394.170	734.286	344.965	642.500	306.699	571.111	276.100	514.000	24
459.963	856.944	394.317	734.524	345.094	642.708	306.814	571.296	276.203	514.167	25
460.135	857.222	394.465	734.762	345.223	642.917	306.928	571.481	276.306	514.333	26
460.302	857.500	394.608	735.000	345.348	643.125	307.040	571.667	276.407	514.500	27
460.469	857.778	394.751	735.238	345.474	643.333	307.151	571.852	276.507	514.667	28
460.641	858.056	394.899	735.476	345.603	643.542	307.266	572.037	276.610	514.833	29
460.813	858.333	395.046	735.714	345.732	643.750	307.381	572.222	276.714	515.000	30
460.985	858.611	395.193	735.952	345.861	643.958	307.495	572.407	276.817	515.167	31
461.157	858.889	395.341	736.190	345.900	644.167	307.610	572.593	276.920	515.333	32
461.329	859.167	395.488	736.429	346.119	644.375	307.725	572.778	277.023	515.500	33
461.501	859.444	395.636	736.667	346.248	644.583	307.840	572.963	277.127	515.667	34
461.673	859.722	395.783	736.905	346.377	644.792	307.954	573.148	277.230	515.833	35
461.845	860.000	395.931	737.143	346.506	645.000	308.069	573.333	277.333	516.000	36
462.017	860.278	396.078	737.381	346.635	645.208	308.184	573.519	277.436	516.167	37
462.189	860.556	396.225	737.619	346.764	645.417	308.298	573.704	277.540	516.333	38
462.361	860.833	396.373	737.857	346.893	645.625	308.413	573.889	277.643	516.500	39
462.533	861.111	396.520	738.095	347.022	645.833	308.528	574.074	277.746	516.667	40
462.705	861.389	396.668	738.333	347.151	646.042	308.643	574.259	277.849	516.833	41
462.877	861.667	396.815	738.571	347.280	646.250	308.757	574.444	277.953	517.000	42
463.049	861.944	396.963	738.810	347.409	646.458	308.872	574.630	278.056	517.167	43
463.221	862.222	397.110	739.048	347.538	646.667	308.987	574.815	278.159	517.333	44
463.388	862.500	397.253	739.286	347.663	646.875	309.098	575.000	278.260	517.500	45
463.555	862.778	397.397	739.524	347.789	647.083	309.210	575.185	278.360	517.667	46
463.727	863.056	397.544	739.762	347.918	647.292	309.324	575.370	278.463	517.833	47
463.899	863.333	397.691	740.000	348.047	647.500	309.439	575.556	278.567	518.000	48
464.071	863.611	397.839	740.238	348.176	647.708	309.554	575.741	278.670	518.167	49
464.243	863.889	397.986	740.476	348.305	647.917	309.669	575.926	278.773	518.333	50
464.415	864.167	398.134	740.714	348.434	648.125	309.783	576.111	278.876	518.500	51
464.587	864.444	398.281	740.952	348.563	648.333	309.898	576.296	278.980	518.667	52
464.759	864.722	398.429	741.190	348.692	648.542	310.013	576.481	279.083	518.833	53
464.931	865.000	398.576	741.429	348.821	648.750	310.127	576.667	279.186	519.000	54
465.103	865.278	398.723	741.667	348.950	648.958	310.242	576.852	279.289	519.167	55
465.275	865.556	398.871	741.905	349.079	649.167	310.357	577.037	279.393	519.333	56
465.447	865.833	399.018	742.143	349.208	649.375	310.472	577.222	279.496	519.500	57
465.619	866.111	399.166	742.381	349.337	649.583	310.586	577.407	279.599	519.667	58
465.791	866.389	399.313	742.619	349.466	649.792	310.701	577.593	279.703	519.833	59

TABLE XIV.—ACTUAL TANGENTS, ETC.

52°	1° Curve.		2° Curve.		3° Curve.		4° Curve.		5° Curve.	
M.	Tan.	Arc.	Tan.	Arc.	Tan.	Arc.	Tan.	Arc.	Tan.	Arc.
0	2794.52	5200.00	1397.31	2600.00	931.603	1733.33	698.766	1300.00	559.075	1040.00
1	2795.55	5201.67	1397.88	2600.83	931.947	1733.89	699.024	1300.42	559.281	1040.33
2	2796.58	5203.33	1398.34	2601.67	932.291	1734.44	699.282	1300.83	559.488	1040.67
3	2797.62	5205.00	1398.86	2602.50	932.635	1735.00	699.540	1301.25	559.694	1041.00
4	2798.65	5206.67	1399.38	2603.33	932.979	1735.56	699.797	1301.67	559.900	1041.33
5	2799.68	5208.33	1399.89	2604.17	933.322	1736.11	700.055	1302.08	560.107	1041.67
6	2800.71	5210.00	1400.41	2605.00	933.666	1736.67	700.313	1302.50	560.313	1042.00
7	2801.74	5211.67	1400.92	2605.83	934.010	1737.22	700.571	1302.92	560.519	1042.33
8	2802.77	5213.33	1401.44	2606.67	934.354	1737.78	700.829	1303.33	560.726	1042.67
9	2803.80	5215.00	1401.95	2607.50	934.698	1738.33	701.087	1303.75	560.932	1043.00
10	2804.84	5216.67	1402.47	2608.33	935.041	1738.89	701.345	1304.17	561.138	1043.33
11	2805.87	5218.33	1402.98	2609.17	935.385	1739.44	701.603	1304.58	561.345	1043.67
12	2806.90	5220.00	1403.50	2610.00	935.729	1740.00	701.861	1305.00	561.551	1044.00
13	2807.96	5221.67	1404.03	2610.83	936.082	1740.56	702.126	1305.42	561.763	1044.33
14	2809.02	5223.33	1404.56	2611.67	936.436	1741.11	702.391	1305.83	561.975	1044.67
15	2810.05	5225.00	1405.08	2612.50	936.780	1741.67	702.648	1306.25	562.182	1045.00
16	2811.08	5226.67	1405.59	2613.33	937.123	1742.22	702.906	1306.67	562.388	1045.33
17	2812.11	5228.33	1406.11	2614.17	937.467	1742.78	703.164	1307.08	562.594	1045.67
18	2813.14	5230.00	1406.62	2615.00	937.811	1743.33	703.422	1307.50	562.8 1	1046.00
19	2814.17	5231.67	1407.14	2615.83	938.155	1743.89	703.680	1307.92	563.007	1046.33
20	2815.21	5233.33	1407.65	2616.67	938.499	1744.44	703.938	1308.33	563.213	1046.67
21	2816.24	5235.00	1408.17	2617.50	938.843	1745.00	704.196	1308.75	563.420	1047.00
22	2817.27	5236.67	1408.69	2618.33	939.186	1745.56	704.454	1309.17	563.626	1047.33
23	2818.30	5238.33	1409.20	2619.17	939.530	1746.11	704.712	1309.58	563.832	1047.67
24	2819.33	5240.00	1409.72	2620.00	939.874	1746.67	704.969	1310.00	564.039	1048.00
25	2820.36	5241.67	1410.23	2620.83	940.218	1747.22	705.227	1310.42	564.245	1048.33
26	2821.39	5243.33	1410.75	2621.67	940.562	1747.78	705.485	1310.83	564.451	1048.67
27	2822.43	5245.00	1411.26	2622.50	940.905	1748.33	705.743	1311.25	564.658	1049.00
28	2823.46	5246.67	1411.78	2623.33	941.219	1748.89	706.001	1311.67	564.854	1049.33
29	2824.52	5248.33	1412.31	2624.17	941.603	1749.44	706.266	1312.08	565.070	1049.67
30	2825.58	5250.00	1412.84	2625.00	941.956	1750.00	706.531	1312.50	565.288	1050.00
31	2826.61	5251.67	1413.36	2625.83	942.300	1750.56	706.789	1312.92	565.494	1050.33
32	2827.64	5253.33	1413.87	2626.67	942.644	1751.11	707.047	1313.33	565.701	1050.67
33	2828.67	5255.00	1414.39	2627.50	942.987	1751.67	707.305	1313.75	565.907	1051.00
34	2829.70	5256.67	1414.90	2628.33	943.331	1752.22	707.563	1314.17	566.113	1051.33
35	2830.73	5258.33	1415.42	2629.17	943.675	1752.78	707.820	1314.58	566.320	1051.67
36	2831.76	5260.00	1415.93	2630.00	944.019	1753.33	708.078	1315.00	566.526	1052.00
37	2832.80	5261.67	1416.45	2630.83	944.363	1753.89	708.336	1315.42	566.732	1052.33
38	2833.83	5263.33	1416.97	2631.67	944.706	1754.44	708.594	1315.83	566.939	1052.67
39	2834.86	5265.00	1417.48	2632.50	945.050	1755.00	708.852	1316.25	567.145	1053.00
40	2835.89	5266.67	1418.00	2633.33	945.394	1755.56	709.110	1316.67	567.351	1053.33
41	2836.95	5268.33	1418.53	2634.17	945.747	1756.11	709.375	1317.08	567.563	1053.67
42	2838.01	5270.00	1419.06	2635.00	946.101	1756.67	709.640	1317.50	567.775	1054.00
43	2839.04	5271.67	1419.57	2635.83	946.445	1757.22	709.898	1317.92	567.982	1054.33
44	2840.07	5273.33	1420.09	2636.67	946.788	1757.78	710.156	1318.33	568.188	1054.67
45	2841.10	5275.00	1420.60	2637.50	947.132	1758.33	710.414	1318.75	568.394	1055.00
46	2842.14	5276.67	1421.12	2638.33	947.476	1758.89	710.672	1319.17	568.601	1055.33
47	2843.17	5278.33	1421.64	2639.17	947.820	1759.44	710.929	1319.58	568.807	1055.67
48	2844.20	5280.00	1422.15	2640.00	948.164	1760.00	711.187	1320.00	569.013	1056.00
49	2845.26	5281.67	1422.68	2640.83	948.517	1760.56	711.452	1320.42	569.225	1056.33
50	2846.32	5283.33	1423.21	2641.67	948.870	1761.11	711.717	1320.83	569.438	1056.67
51	2847.35	5285.00	1423.73	2642.50	949.214	1761.67	711.975	1321.25	569.644	1057.00
52	2848.38	5286.67	1424.24	2643.33	949.558	1762.22	712.233	1321.67	569.850	1057.33
53	2849.41	5288.33	1424.76	2644.17	949.902	1762.78	712.491	1322.08	570.057	1057.67
54	2850.44	5290.00	1425.27	2645.00	950.246	1763.33	712.749	1322.50	570.263	1058.00
55	2851.50	5291.67	1425.80	2645.83	950.590	1763.89	713.014	1322.92	570.475	1058.33
56	2852.56	5293.33	1426.33	2646.67	950.932	1764.44	713.279	1323.33	570.687	1058.67
57	2853.59	5295.00	1426.85	2647.50	951.296	1765.00	713.537	1323.75	570.893	1059.00
58	2854.63	5296.67	1427.37	2648.33	951.640	1765.56	713.795	1324.17	571.100	1059.33
59	2855.66	5298.33	1427.88	2649.17	951.984	1766.11	714.053	1324.58	571.306	1059.67

TABLE XIV.—ACTUAL TANGENTS, ETC.

6° Curve.		7° Curve.		8° Curve.		9° Curve.		10° Curve.		52°
Tan.	Arc.	Tan.	Arc.	Tan.	Arc.	Tan.	Arc.	Tan.	Arc.	M.
465.963	866.667	399.461	742.857	349.595	650.000	310.816	577.778	279.866	520.000	0
466.135	866.944	399.608	743.095	349.724	650.208	310.930	577.963	279.909	520.167	1
466.306	867.222	399.755	743.333	349.853	650.417	311.045	578.148	280.012	520.333	2
466.478	867.500	399.903	743.571	349.982	650.625	311.160	578.333	280.116	520.500	3
466.650	867.778	400.050	743.810	350.111	650.833	311.274	578.519	280.219	520.667	4
466.822	868.056	400.198	744.048	350.240	651.042	311.389	578.704	280.322	520.833	5
466.994	868.333	400.345	744.286	350.369	651.250	311.504	578.889	280.425	521.000	6
467.166	868.611	400.493	744.524	350.498	651.458	311.619	579.074	280.529	521.167	7
467.338	868.889	400.640	744.762	350.627	651.667	311.733	579.259	280.632	521.333	8
467.510	869.167	400.787	745.000	350.756	651.875	311.848	579.444	280.735	521.500	9
467.682	869.444	400.935	745.238	350.885	652.083	311.963	579.630	280.838	521.667	10
467.854	869.722	401.082	745.476	351.014	652.292	312.077	579.815	280.942	521.833	11
468.026	870.000	401.230	745.714	351.143	652.500	312.192	580.000	281.045	522.000	12
468.203	870.278	401.381	745.952	351.276	652.708	312.310	580.185	281.151	522.167	13
468.380	870.556	401.533	746.190	351.409	652.917	312.428	580.370	281.257	522.333	14
468.552	870.833	401.680	746.429	351.538	653.125	312.543	580.556	281.360	522.500	15
468.724	871.111	401.828	746.667	351.667	653.333	312.657	580.741	281.464	522.667	16
468.896	871.389	401.975	746.905	351.796	653.542	312.772	580.926	281.567	522.833	17
469.068	871.667	402.122	747.143	351.925	653.750	312.887	581.111	281.670	523.000	18
469.239	871.944	402.270	747.381	352.054	653.958	313.001	581.296	281.774	523.167	19
469.411	872.222	402.417	747.619	352.183	654.167	313.116	581.481	281.877	523.333	20
469.583	872.500	402.565	747.857	352.312	654.375	313.231	581.667	281.980	523.500	21
469.755	872.778	402.712	748.095	352.441	654.583	313.346	581.852	282.083	523.667	22
469.927	873.056	402.860	748.333	352.570	654.792	313.460	582.037	282.187	523.833	23
470.099	873.333	403.007	748.571	352.699	655.000	313.575	582.222	282.290	524.000	24
470.271	873.611	403.154	748.810	352.828	655.208	313.690	582.407	282.393	524.167	25
470.443	873.889	403.302	749.048	352.957	655.417	313.804	582.593	282.496	524.333	26
470.615	874.167	403.449	749.286	353.086	655.625	313.919	582.778	282.600	524.500	27
470.787	874.444	403.597	749.524	353.215	655.833	314.034	582.963	282.703	524.667	28
470.964	874.722	403.748	749.762	353.347	656.042	314.152	583.148	282.809	524.833	29
471.141	875.000	403.900	750.000	353.480	656.250	314.270	583.333	282.915	525.000	30
471.313	875.278	404.047	750.238	353.609	656.458	314.384	583.519	283.018	525.167	31
471.485	875.556	404.195	750.476	353.738	656.667	314.499	583.704	283.122	525.333	32
471.657	875.833	404.342	750.714	353.867	656.875	314.614	583.889	283.225	525.500	33
471.829	876.111	404.489	750.952	353.996	657.083	314.728	584.074	283.328	525.667	34
472.000	876.389	404.637	751.190	354.125	657.292	314.843	584.259	283.431	525.833	35
472.172	876.667	404.784	751.429	354.254	657.500	314.958	584.444	283.535	526.000	36
472.344	876.944	404.932	751.667	354.383	657.708	315.073	584.630	283.638	526.167	37
472.516	877.222	405.079	751.905	354.512	657.917	315.187	584.815	283.741	526.333	38
472.688	877.500	405.226	752.143	354.641	658.125	315.302	585.000	283.845	526.500	39
472.860	877.778	405.374	752.381	354.770	658.333	315.417	585.185	283.948	526.667	40
473.037	878.056	405.525	752.619	354.903	658.542	315.535	585.370	284.054	526.833	41
473.214	878.333	405.677	752.857	355.035	658.750	315.653	585.556	284.160	527.000	42
473.386	878.611	405.824	753.095	355.164	658.958	315.767	585.741	284.263	527.167	43
473.558	878.889	405.972	753.333	355.293	659.167	315.882	585.926	284.367	527.333	44
473.730	879.167	406.119	753.571	355.422	659.375	315.997	586.111	284.470	527.500	45
473.902	879.444	406.267	753.810	355.552	659.583	316.111	586.296	284.573	527.667	46
474.074	879.722	406.414	754.048	355.681	659.792	316.226	586.481	284.676	527.833	47
474.246	880.000	406.561	754.286	355.810	660.000	316.341	586.667	284.780	528.000	48
474.422	880.278	406.713	754.524	355.942	660.208	316.459	586.852	284.886	528.167	49
474.599	880.556	406.865	754.762	356.075	660.417	316.577	587.037	284.992	528.333	50
474.771	880.833	407.012	755.000	356.204	660.625	316.691	587.222	285.095	528.500	51
474.943	881.111	407.159	755.238	356.333	660.833	316.806	587.407	285.198	528.667	52
475.115	881.389	407.307	755.476	356.462	661.042	316.921	587.593	285.302	528.833	53
475.287	881.667	407.454	755.714	356.591	661.250	317.035	587.778	285.405	529.000	54
475.464	881.944	407.606	755.952	356.723	661.458	317.153	587.963	285.511	529.167	55
475.640	882.222	407.757	756.190	356.856	661.667	317.271	588.148	285.617	529.333	56
475.812	882.500	407.905	756.429	356.985	661.875	317.386	588.333	285.721	529.500	57
475.984	882.778	408.052	756.667	357.114	662.083	317.501	588.519	285.824	529.667	58
476.156	883.056	408.200	756.905	357.243	662.292	317.615	588.704	285.927	529.833	59

TABLE XIV.—ACTUAL TANGENTS, ETC.

53°	1° Curve.		2° Curve.		3° Curve.		4° Curve.		5° Curve.	
M.	Tan.	Arc.	Tan.	Arc.	Tan.	Arc.	Tan.	Arc.	Tan.	Arc.
0	2856.69	5300.00	1428.40	2650.00	952.328	1766.67	714.311	1325.00	571.512	1060.00
1	2857.72	5301.67	1428.91	2650.83	952.672	1767.22	714.508	1325.42	571.719	1060.33
2	2858.75	5303.33	1429.43	2651.67	953.015	1767.78	714.826	1325.83	571.925	1060.67
3	2859.81	5305.00	1429.96	2652.50	953.369	1768.33	715.091	1326.25	572.137	1061.00
4	2860.87	5306.67	1430.49	2653.33	953.722	1768.89	715.356	1326.67	572.349	1061.33
5	2861.90	5308.33	1431.00	2654.17	954.066	1769.44	715.614	1327.08	572.555	1061.67
6	2862.93	5310.00	1431.52	2655.00	954.410	1770.00	715.872	1327.50	572.762	1062.00
7	2863.99	5311.67	1432.05	2655.83	954.763	1770.56	716.137	1327.92	572.974	1062.33
8	2865.05	5313.33	1432.58	2656.67	955.116	1771.11	716.402	1328.33	573.186	1062.67
9	2866.09	5315.00	1433.10	2657.50	955.460	1771.67	716.660	1328.75	573.392	1063.00
10	2867.12	5316.67	1433.61	2658.33	955.804	1772.22	716.918	1329.17	573.599	1063.33
11	2868.15	5318.33	1434.13	2659.17	956.148	1772.78	717.176	1329.58	573.805	1063.67
12	2869.18	5320.00	1434.64	2660.00	956.492	1773.33	717.434	1330.00	574.011	1064.00
13	2870.24	5321.67	1435.17	2660.83	956.845	1773.89	717.699	1330.42	574.223	1064.33
14	2871.30	5323.33	1435.70	2661.67	957.198	1774.44	717.964	1330.83	574.435	1064.67
15	2872.33	5325.00	1436.22	2662.50	957.542	1775.00	718.222	1331.25	574.642	1065.00
16	2873.36	5326.67	1436.73	2663.33	957.886	1775.56	718.480	1331.67	574.848	1065.33
17	2874.39	5328.33	1437.25	2664.17	958.230	1776.11	718.738	1332.08	575.054	1065.67
18	2875.42	5330.00	1437.77	2665.00	958.574	1776.67	718.995	1332.50	575.261	1066.00
19	2876.48	5331.67	1438.30	2665.83	958.927	1777.22	719.261	1332.92	575.473	1066.33
20	2877.54	5333.33	1438.83	2666.67	959.280	1777.78	719.526	1333.33	575.685	1066.67
21	2878.58	5335.00	1439.34	2667.50	959.624	1778.33	719.783	1333.75	575.891	1067.00
22	2879.61	5336.67	1439.86	2668.33	959.968	1778.89	720.041	1334.17	576.097	1067.33
23	2880.67	5338.33	1440.39	2669.17	960.321	1779.44	720.306	1334.58	576.300	1067.67
24	2881.73	5340.00	1440.92	2670.00	960.675	1780.00	720.571	1335.00	576.522	1068.00
25	2882.76	5341.67	1441.43	2670.83	961.019	1780.56	720.829	1335.42	576.728	1068.33
26	2883.79	5343.33	1441.95	2671.67	961.362	1781.11	721.087	1335.83	576.934	1068.67
27	2884.85	5345.00	1442.48	2672.50	961.716	1781.67	721.352	1336.25	577.146	1069.00
28	2885.91	5346.67	1443.01	2673.33	962.069	1782.22	721.617	1336.67	577.358	1069.33
29	2886.94	5348.33	1443.52	2674.17	962.413	1782.78	721.875	1337.08	577.565	1069.67
30	2887.97	5350.00	1444.04	2675.00	962.757	1783.33	722.133	1337.50	577.771	1070.00
31	2889.03	5351.67	1444.57	2675.83	963.110	1783.89	722.398	1337.92	577.983	1070.33
32	2890.09	5353.33	1445.10	2676.67	963.463	1784.44	722.663	1338.33	578.195	1070.67
33	2891.12	5355.00	1445.62	2677.50	963.807	1785.00	722.921	1338.75	578.401	1071.00
34	2892.16	5356.67	1446.13	2678.33	964.151	1785.56	723.179	1339.17	578.608	1071.33
35	2893.22	5358.33	1446.66	2679.17	964.504	1786.11	723.444	1339.58	578.814	1071.67
36	2894.28	5360.00	1447.19	2680.00	964.858	1786.67	723.709	1340.00	579.020	1072.00
37	2895.31	5361.67	1447.71	2680.83	965.202	1787.22	723.967	1340.42	579.232	1072.33
38	2896.34	5363.33	1448.22	2681.67	965.545	1787.78	724.225	1340.83	579.445	1072.67
39	2897.40	5365.00	1448.75	2682.50	965.899	1788.33	724.490	1341.25	579.657	1073.00
40	2898.46	5366.67	1449.28	2683.33	966.252	1788.89	724.755	1341.67	579.869	1073.33
41	2899.49	5368.33	1449.80	2684.17	966.596	1789.44	725.013	1342.08	580.075	1073.67
42	2900.52	5370.00	1450.31	2685.00	966.940	1790.00	725.271	1342.50	580.281	1074.00
43	2901.58	5371.67	1450.84	2685.83	967.293	1790.56	725.536	1342.92	580.493	1074.33
44	2902.64	5373.33	1451.37	2686.67	967.647	1791.11	725.801	1343.33	580.705	1074.67
45	2903.67	5375.00	1451.89	2687.50	967.990	1791.67	726.059	1343.75	580.912	1075.00
46	2904.70	5376.67	1452.40	2688.33	968.334	1792.22	726.317	1344.17	581.118	1075.33
47	2905.76	5378.33	1452.93	2689.17	968.688	1792.78	726.582	1344.58	581.330	1075.67
48	2906.82	5380.00	1453.46	2690.00	969.041	1793.33	726.847	1345.00	581.542	1076.00
49	2907.85	5381.67	1453.98	2690.83	969.385	1793.89	727.105	1345.42	581.749	1076.33
50	2908.89	5383.33	1454.50	2691.67	969.729	1794.44	727.362	1345.83	581.955	1076.67
51	2909.95	5385.00	1455.08	2692.50	970.082	1795.00	727.627	1346.25	582.167	1077.00
52	2911.01	5386.67	1455.57	2693.33	970.435	1795.56	727.892	1346.67	582.379	1077.33
53	2912.07	5388.33	1456.09	2694.17	970.789	1796.11	728.158	1347.08	582.591	1077.67
54	2913.13	5390.00	1456.62	2695.00	971.142	1796.67	728.423	1347.50	582.803	1078.00
55	2914.16	5391.67	1457.13	2695.83	971.486	1797.22	728.680	1347.92	583.009	1078.33
56	2915.19	5393.33	1457.65	2696.67	971.830	1797.78	728.938	1348.33	583.216	1078.67
57	2916.25	5395.00	1458.18	2697.50	972.183	1798.33	729.203	1348.75	583.428	1079.00
58	2917.31	5396.67	1458.71	2698.33	972.536	1798.89	729.468	1349.17	583.640	1079.33
59	2918.37	5398.33	1459.24	2699.17	972.890	1799.44	729.733	1349.58	583.852	1079.67

TABLE XIV.—ACTUAL TANGENTS, ETC.

6° Curve.		7° Curve.		8° Curve.		9° Curve.		10° Curve.		53°
Tan.	Arc.	Tan.	Arc.	Tan.	Arc.	Tan.	Arc.	Tan.	Arc.	M.
476.328	883.333	408.347	757.143	357.372	662.500	317.730	588.889	286.030	530.000	0
476.500	883.611	408.494	757.381	357.501	662.708	317.845	589.074	286.134	530.167	1
476.672	883.889	408.642	757.619	357.630	662.917	317.959	589.259	286.247	530.333	2
476.849	884.167	408.793	757.857	357.763	663.125	318.077	589.444	286.343	530.500	3
477.026	884.444	408.945	758.095	357.895	663.333	318.195	589.630	286.449	530.667	4
477.198	884.722	409.092	758.333	358.024	663.542	318.310	589.815	286.552	530.833	5
477.370	885.000	409.240	758.571	358.153	663.750	318.425	590.000	286.656	531.000	6
477.546	885.278	409.391	758.810	358.286	663.958	318.543	590.185	286.762	531.167	7
477.723	885.556	409.543	759.048	358.419	664.167	318.660	590.370	286.868	531.333	8
477.895	885.833	409.690	759.286	358.548	664.375	318.775	590.556	286.971	531.500	9
478.067	886.111	409.838	759.524	358.677	664.583	318.890	590.741	287.074	531.667	10
478.239	886.389	409.985	759.762	358.806	664.792	319.005	590.926	287.178	531.833	11
478.411	886.667	410.132	760.000	358.935	665.000	319.119	591.111	287.281	532.000	12
478.588	886.944	410.284	760.238	359.067	665.208	319.237	591.296	287.387	532.167	13
478.765	887.222	410.435	760.476	359.200	665.417	319.355	591.481	287.493	532.333	14
478.936	887.500	410.583	760.714	359.329	665.625	319.470	591.667	287.596	532.500	15
479.108	887.778	410.730	760.952	359.458	665.833	319.584	591.852	287.700	532.667	16
479.280	888.056	410.878	761.190	359.587	666.042	319.699	592.037	287.803	532.833	17
479.452	888.333	411.025	761.429	359.716	666.250	319.814	592.222	287.906	533.000	18
479.629	888.611	411.177	761.667	359.849	666.458	319.932	592.407	288.012	533.167	19
479.806	888.889	411.328	761.905	359.981	666.667	320.050	592.593	288.119	533.333	20
479.978	889.167	411.476	762.143	360.110	666.875	320.164	592.778	288.222	533.500	21
480.150	889.444	411.623	762.381	360.239	667.083	320.279	592.963	288.325	533.667	22
480.327	889.722	411.775	762.619	360.372	667.292	320.397	593.148	288.431	533.833	23
480.503	890.000	411.926	762.857	360.504	667.500	320.515	593.333	288.537	534.000	24
480.675	890.278	412.073	763.095	360.633	667.708	320.630	593.519	288.641	534.167	25
480.847	890.556	412.221	763.333	360.762	667.917	320.744	593.704	288.744	534.333	26
481.024	890.833	412.372	763.571	360.895	668.125	320.862	593.889	288.850	534.500	27
481.201	891.111	412.524	763.810	361.028	668.333	320.980	594.074	288.956	534.667	28
481.373	891.389	412.671	764.048	361.157	668.542	321.095	594.259	289.059	534.833	29
481.545	891.667	412.819	764.286	361.286	668.750	321.210	594.444	289.163	535.000	30
481.721	891.944	412.970	764.524	361.418	668.958	321.327	594.630	289.269	535.167	31
481.898	892.222	413.122	764.762	361.551	669.167	321.445	594.815	289.375	535.333	32
482.070	892.500	413.269	765.000	361.680	669.375	321.560	595.000	289.478	535.500	33
482.242	892.778	413.417	765.238	361.809	669.583	321.675	595.185	289.581	535.667	34
482.419	893.056	413.568	765.476	361.942	669.792	321.793	595.370	289.688	535.833	35
482.596	893.333	413.720	765.714	362.074	670.000	321.911	595.556	289.794	536.000	36
482.768	893.611	413.867	765.952	362.203	670.208	322.025	595.741	289.897	536.167	37
482.939	893.889	414.015	766.190	362.332	670.417	322.140	595.926	290.000	536.333	38
483.116	894.167	414.166	766.429	362.465	670.625	322.258	596.111	290.106	536.500	39
483.293	894.444	414.318	766.667	362.597	670.833	322.376	596.296	290.213	536.667	40
483.465	894.722	414.465	766.905	362.726	671.042	322.490	596.481	290.316	536.833	41
483.637	895.000	414.612	767.143	362.855	671.250	322.605	596.667	290.419	537.000	42
483.814	895.278	414.764	767.381	362.988	671.458	322.723	596.852	290.525	537.167	43
483.990	895.556	414.915	767.619	363.121	671.667	322.841	597.037	290.631	537.333	44
484.162	895.833	415.063	767.857	363.250	671.875	322.956	597.222	290.735	537.500	45
484.334	896.111	415.210	768.095	363.379	672.083	323.070	597.407	290.838	537.667	46
484.511	896.389	415.362	768.333	363.511	672.292	323.188	597.593	290.944	537.833	47
484.688	896.667	415.513	768.571	363.644	672.500	323.306	597.778	291.050	538.000	48
484.860	896.944	415.661	768.810	363.773	672.708	323.421	597.963	291.153	538.167	49
485.032	897.222	415.808	769.048	363.902	672.917	323.536	598.148	291.257	538.333	50
485.208	897.500	415.960	769.286	364.035	673.125	323.653	598.333	291.363	538.500	51
485.385	897.778	416.111	769.524	364.167	673.333	323.771	598.519	291.469	538.667	52
485.562	898.056	416.263	769.762	364.300	673.542	323.889	598.704	291.575	538.833	53
485.739	898.333	416.414	770.000	364.432	673.750	324.007	598.889	291.681	539.000	54
485.911	898.611	416.562	770.238	364.561	673.958	324.122	599.074	291.784	539.167	55
486.083	898.889	416.709	770.476	364.690	674.167	324.237	599.259	291.888	539.333	56
486.259	899.167	416.861	770.714	364.823	674.375	324.354	599.444	291.994	539.500	57
486.436	899.444	417.012	770.952	364.956	674.583	324.472	599.630	292.100	539.667	58
486.613	899.722	417.164	771.190	365.088	674.792	324.590	599.815	292.206	539.833	59

TABLE XIV.—ACTUAL TANGENTS, ETC.

54°	1° Curve.		2° Curve.		3° Curve.		4° Curve.		5° Curve.	
M.	Tan.	Arc.	Tan.	Arc.	Tan.	Arc.	Tan.	Arc.	Tan.	Arc.
0	2919.43	5400.00	1459.77	2700.00	973.243	1800.00	729.999	1350.00	584.064	1080.00
1	2920.46	5401.67	1460.28	2700.83	973.587	1800.56	730.256	1350.42	584.270	1080.33
2	2921.49	5403.33	1460.80	2701.50	973.931	1801.11	730.514	1350.83	584.477	1080.67
3	2922.55	5405.00	1461.33	2702.50	974.284	1801.67	730.779	1351.25	584.689	1081.00
4	2923.61	5406.67	1461.86	2703.33	974.637	1802.22	731.044	1351.67	584.901	1081.33
5	2924.67	5408.33	1462.39	2704.17	974.991	1802.78	731.309	1352.08	585.113	1081.67
6	2925.73	5410.00	1462.92	2705.00	975.344	1803.33	731.574	1352.50	585.325	1082.00
7	2926.76	5411.67	1463.43	2705.83	975.688	1803.89	731.832	1352.92	585.531	1082.33
8	2927.79	5413.33	1463.95	2706.67	976.032	1804.44	732.090	1353.33	585.738	1082.67
9	2928.85	5415.00	1464.48	2707.50	976.385	1805.00	732.355	1353.75	585.950	1083.00
10	2929.91	5416.67	1465.01	2708.33	976.739	1805.56	732.620	1354.17	586.162	1083.33
11	2930.97	5418.33	1465.54	2709.17	977.092	1806.11	732.885	1354.58	586.374	1083.67
12	2932.03	5420.00	1466.07	2710.00	977.445	1806.67	733.150	1355.00	586.586	1084.00
13	2933.07	5421.67	1466.59	2710.83	977.789	1807.22	733.408	1355.42	586.792	1084.33
14	2934.10	5423.33	1467.10	2711.67	978.133	1807.78	733.666	1355.83	586.999	1084.67
15	2935.16	5425.00	1467.63	2712.50	978.486	1808.33	733.931	1356.25	587.211	1085.00
16	2936.22	5426.67	1468.16	2713.33	978.840	1808.89	734.196	1356.67	587.423	1085.33
17	2937.28	5428.33	1468.69	2714.17	979.193	1809.44	734.461	1357.08	587.635	1085.67
18	2938.34	5430.00	1469.22	2715.00	979.546	1810.00	734.726	1357.50	587.847	1086.00
19	2939.37	5431.67	1469.74	2715.83	979.890	1810.56	734.984	1357.92	588.053	1086.33
20	2940.40	5433.33	1470.25	2716.67	980.234	1811.11	735.242	1358.33	588.259	1086.67
21	2941.46	5435.00	1470.78	2717.50	980.587	1811.67	735.507	1358.75	588.471	1087.00
22	2942.52	5436.67	1471.31	2718.33	980.941	1812.22	735.772	1359.17	588.684	1087.33
23	2943.58	5438.33	1471.84	2719.17	981.294	1812.78	736.037	1359.58	588.896	1087.67
24	2944.64	5440.00	1472.37	2720.00	981.647	1813.33	736.302	1360.00	589.108	1088.00
25	2945.70	5441.67	1472.90	2720.83	982.001	1813.89	736.567	1360.42	589.320	1088.33
26	2946.76	5443.33	1473.43	2721.67	982.354	1814.44	736.832	1360.83	589.532	1088.67
27	2947.82	5445.00	1473.96	2722.50	982.708	1815.00	737.098	1361.25	589.744	1089.00
28	2948.88	5446.67	1474.49	2723.33	983.061	1815.56	737.363	1361.67	589.956	1089.33
29	2949.91	5448.33	1475.01	2724.17	983.405	1816.11	737.620	1362.08	590.162	1089.67
30	2950.94	5450.00	1475.52	2725.00	983.749	1816.67	737.878	1362.50	590.369	1090.00
31	2952.00	5451.67	1476.05	2725.83	984.102	1817.22	738.143	1362.92	590.581	1090.33
32	2953.06	5453.33	1476.58	2726.67	984.455	1817.78	738.408	1363.33	590.793	1090.67
33	2954.12	5455.00	1477.11	2727.50	984.809	1818.33	738.673	1363.75	591.005	1091.00
34	2955.18	5456.67	1477.64	2728.33	985.162	1818.89	738.939	1364.17	591.217	1091.33
35	2956.24	5458.33	1478.17	2729.17	985.516	1819.44	739.204	1364.58	591.429	1091.67
36	2957.30	5460.00	1478.70	2730.00	985.869	1820.00	739.469	1365.00	591.641	1092.00
37	2958.36	5461.67	1479.23	2730.83	986.222	1820.56	739.734	1365.42	591.853	1092.33
38	2959.42	5463.33	1479.76	2731.67	986.575	1821.11	739.999	1365.83	592.065	1092.67
39	2960.48	5465.00	1480.30	2732.50	986.929	1821.67	740.264	1366.25	592.277	1093.00
40	2961.54	5466.67	1480.83	2733.33	987.282	1822.22	740.529	1366.67	592.489	1093.33
41	2962.57	5468.33	1481.34	2734.17	987.626	1822.78	740.787	1367.08	592.696	1093.67
42	2963.60	5470.00	1481.86	2735.00	987.970	1823.33	741.045	1367.50	592.902	1094.00
43	2964.66	5471.67	1482.39	2735.83	988.323	1823.89	741.310	1367.92	593.114	1094.33
44	2965.72	5473.33	1482.92	2736.67	988.677	1824.44	741.575	1368.33	593.326	1094.67
45	2966.78	5475.00	1483.45	2737.50	989.030	1825.00	741.840	1368.75	593.538	1095.00
46	2967.84	5476.67	1483.98	2738.33	989.383	1825.56	742.105	1369.17	593.750	1095.33
47	2968.90	5478.33	1484.51	2739.17	989.737	1826.11	742.370	1369.58	593.962	1095.67
48	2969.96	5480.00	1485.04	2740.00	990.090	1826.67	742.635	1370.00	594.174	1096.00
49	2971.02	5481.67	1485.57	2740.83	990.443	1827.22	742.900	1370.42	594.386	1096.33
50	2972.08	5483.33	1486.10	2741.67	990.797	1827.78	743.165	1370.83	594.598	1096.67
51	2973.14	5485.00	1486.63	2742.50	991.150	1828.33	743.430	1371.25	594.810	1097.00
52	2974.20	5486.67	1487.16	2743.33	991.503	1828.89	743.695	1371.67	595.022	1097.33
53	2975.26	5488.33	1487.69	2744.17	991.857	1829.44	743.960	1372.08	595.235	1097.67
54	2976.32	5490.00	1488.22	2745.00	992.210	1830.00	744.225	1372.50	595.447	1098.00
55	2977.38	5491.67	1488.75	2745.83	992.564	1830.56	744.490	1372.92	595.659	1098.33
56	2978.44	5493.33	1489.28	2746.67	992.917	1831.11	744.755	1373.33	595.871	1098.67
57	2979.50	5495.00	1489.81	2747.50	993.270	1831.67	745.020	1373.75	596.083	1099.00
58	2980.56	5496.67	1490.34	2748.33	993.624	1832.22	745.285	1374.17	596.295	1099.33
59	2981.62	5498.33	1490.87	2749.17	993.977	1832.78	745.550	1374.58	596.507	1099.67

TABLE XIV.—ACTUAL TANGENTS, ETC.

6° Curve.		7° Curve.		8° Curve.		9° Curve.		10° Curve.		54°
Tan.	Arc.	Tan.	Arc.	Tan.	Arc.	Tan.	Arc.	Tan.	Arc.	M.
486.790	900.000	417.315	771.429	365.221	675.000	324.708	600.000	292.312	540.000	0
486.962	900.278	417.463	771.667	365.350	675.208	324.823	600.185	292.415	540.167	1
487.134	900.556	417.610	771.905	365.479	675.417	324.938	600.370	292.519	540.333	2
487.310	900.833	417.762	772.143	365.612	675.625	325.055	600.556	292.625	540.500	3
487.487	901.111	417.913	772.381	365.744	675.833	325.173	600.741	292.731	540.667	4
487.664	901.389	418.065	772.619	365.877	676.042	325.291	600.926	292.837	540.833	5
487.841	901.667	418.216	772.857	366.009	676.250	325.409	601.111	292.943	541.000	6
488.012	901.944	418.364	773.095	366.138	676.458	325.524	601.296	293.047	541.167	7
488.184	902.222	418.511	773.333	366.267	676.667	325.639	601.481	293.150	541.333	8
488.361	902.500	418.662	773.571	366.400	676.875	325.756	601.667	293.256	541.500	9
488.538	902.778	418.814	773.810	366.533	677.083	325.874	601.852	293.362	541.667	10
488.715	903.056	418.966	774.048	366.665	677.292	325.992	602.037	293.468	541.833	11
488.891	903.333	419.117	774.286	366.798	677.500	326.110	602.222	293.574	542.000	12
489.063	903.611	419.264	774.524	366.927	677.708	326.225	602.407	293.678	542.167	13
489.235	903.889	419.412	774.762	367.056	677.917	326.340	602.593	293.781	542.333	14
489.412	904.167	419.563	775.000	367.188	678.125	326.457	602.778	293.887	542.500	15
489.589	904.444	419.715	775.238	367.321	678.333	326.575	602.963	293.993	542.667	16
489.766	904.722	419.866	775.476	367.454	678.542	326.693	603.148	294.099	542.833	17
489.942	905.000	420.018	775.714	367.586	678.750	326.811	603.333	294.205	543.000	18
490.114	905.278	420.165	775.952	367.715	678.958	326.926	603.519	294.309	543.167	19
490.286	905.556	420.313	776.190	367.844	679.167	327.041	603.704	294.412	543.333	20
490.463	905.833	420.464	776.429	367.977	679.375	327.158	603.889	294.518	543.500	21
490.640	906.111	420.616	776.667	368.109	679.583	327.276	604.074	294.624	543.667	22
490.817	906.389	420.767	776.905	368.242	679.792	327.394	604.259	294.730	543.833	23
490.993	906.667	420.919	777.143	368.375	680.000	327.512	604.444	294.836	544.000	24
491.170	906.944	421.070	777.381	368.507	680.208	327.630	604.630	294.943	544.167	25
491.347	907.222	421.222	777.619	368.640	680.417	327.748	604.815	295.049	544.333	26
491.523	907.500	421.373	777.857	368.773	680.625	327.866	605.000	295.155	544.500	27
491.700	907.778	421.525	778.095	368.905	680.833	327.984	605.185	295.261	544.667	28
491.872	908.056	421.672	778.333	369.034	681.042	328.098	605.370	295.364	544.833	29
492.044	908.333	421.820	778.571	369.163	681.250	328.213	605.556	295.468	545.000	30
492.221	908.611	421.971	778.810	369.296	681.458	328.331	605.741	295.574	545.167	31
492.398	908.889	422.123	779.048	369.428	681.667	328.449	605.926	295.680	545.333	32
492.574	909.167	422.274	779.286	369.561	681.875	328.567	606.111	295.786	545.500	33
492.751	909.444	422.426	779.524	369.694	682.083	328.685	606.296	295.892	545.667	34
492.928	909.722	422.577	779.762	369.826	682.292	328.803	606.481	295.998	545.833	35
493.105	910.000	422.729	780.000	369.959	682.500	328.920	606.667	296.104	546.000	36
493.281	910.278	422.880	780.238	370.091	682.708	329.038	606.852	296.210	546.167	37
493.458	910.556	423.032	780.476	370.224	682.917	329.156	607.037	296.317	546.333	38
493.635	910.833	423.183	780.714	370.357	683.125	329.274	607.222	296.423	546.500	39
493.812	911.111	423.335	780.952	370.489	683.333	329.392	607.407	296.529	546.667	40
493.984	911.389	423.482	781.190	370.618	683.542	329.507	607.593	296.632	546.833	41
494.156	911.667	423.630	781.429	370.747	683.750	329.621	607.778	296.735	547.000	42
494.332	911.944	423.781	781.667	370.880	683.958	329.739	607.963	296.841	547.167	43
494.509	912.222	423.933	781.905	371.012	684.167	329.857	608.148	296.948	547.333	44
494.686	912.500	424.024	782.143	371.145	684.375	329.975	608.333	297.054	547.500	45
494.863	912.778	424.236	782.381	371.278	684.583	330.093	608.519	297.160	547.667	46
495.039	913.056	424.387	782.619	371.410	684.792	330.211	608.704	297.266	547.833	47
495.216	913.333	424.539	782.857	371.543	685.000	330.329	608.889	297.372	548.000	48
495.393	913.611	424.690	783.095	371.675	685.208	330.447	609.074	297.478	548.167	49
495.569	913.889	424.842	783.333	371.808	685.417	330.565	609.259	297.584	548.333	50
495.746	914.167	424.994	783.571	371.941	685.625	330.683	609.444	297.691	548.500	51
495.923	914.444	425.145	783.810	372.073	685.833	330.800	609.630	297.797	548.667	52
496.100	914.722	425.297	784.048	372.206	686.042	330.918	609.815	297.903	548.833	53
496.276	915.000	425.448	784.286	372.338	686.250	331.036	610.000	298.009	549.000	54
496.453	915.278	425.600	784.524	372.471	686.458	331.154	610.185	298.115	549.167	55
496.630	915.556	425.751	784.762	372.604	686.667	331.272	610.370	298.221	549.333	56
496.807	915.833	425.903	785.000	372.736	686.875	331.390	610.556	298.327	549.500	57
496.983	916.111	426.054	785.238	372.869	687.083	331.508	610.741	298.433	549.667	58
497.160	916.389	426.206	785.476	373.002	687.292	331.626	610.926	298.540	549.833	59

TABLE XIV.—ACTUAL TANGENTS, ETC.

55°	1° Curve.		2° Curve.		3° Curve.		4° Curve.		5° Curve.	
M.	Tan.	Arc.	Tan.	Arc.	Tan.	Arc.	Tan.	Arc.	Tan.	Arc.
0	2982.68	5500.00	1491.40	2750.00	994.330	1833.33	745.815	1375.00	596.719	1100.00
1	2983.74	5501.67	1491.93	2750.83	994.684	1833.89	746.080	1375.42	596.931	1100.33
2	2984.80	5503.33	1492.46	2751.67	995.037	1834.44	746.346	1375.83	597.143	1100.67
3	2985.86	5505.00	1492.99	2752.50	995.390	1835.00	746.611	1376.25	597.355	1101.00
4	2986.92	5506.67	1493.52	2753.33	995.744	1835.56	746.876	1376.67	597.567	1101.33
5	2987.98	5508.33	1494.05	2754.17	996.097	1836.11	747.141	1377.08	597.779	1101.67
6	2989.04	5510.00	1494.58	2755.00	996.451	1836.67	747.406	1377.50	597.991	1102.00
7	2990.10	5511.67	1495.11	2755.83	996.804	1837.22	747.671	1377.92	598.203	1102.33
8	2991.16	5513.33	1495.64	2756.67	997.157	1837.78	747.936	1378.33	598.415	1102.67
9	2992.22	5515.00	1496.17	2757.50	997.511	1838.33	748.201	1378.75	598.628	1103.00
10	2993.28	5516.67	1496.70	2758.33	997.864	1838.89	748.466	1379.17	598.840	1103.33
11	2994.34	5518.33	1497.23	2759.17	998.217	1839.44	748.731	1379.58	599.052	1103.67
12	2995.40	5520.00	1497.76	2760.00	998.571	1840.00	748.996	1380.00	599.264	1104.00
13	2996.46	5521.67	1498.29	2760.83	998.924	1840.56	749.261	1380.42	599.476	1104.33
14	2997.52	5523.33	1498.82	2761.67	999.277	1841.11	749.526	1380.83	599.688	1104.67
15	2998.58	5525.00	1499.35	2762.50	999.631	1841.67	749.791	1381.25	599.900	1105.00
16	2999.64	5526.67	1499.88	2763.33	999.984	1842.22	750.056	1381.67	600.112	1105.33
17	3000.70	5528.33	1500.41	2764.17	1000.34	1842.78	750.321	1382.08	600.324	1105.67
18	3001.76	5530.00	1500.94	2765.00	1000.69	1843.33	750.586	1382.50	600.536	1106.00
19	3002.82	5531.67	1501.47	2765.83	1001.04	1843.89	750.851	1382.92	600.748	1106.33
20	3003.88	5533.33	1502.00	2766.67	1001.40	1844.44	751.116	1383.33	600.960	1106.67
21	3004.94	5535.00	1502.53	2767.50	1001.75	1845.00	751.381	1383.75	601.172	1107.00
22	3006.00	5536.67	1503.06	2768.33	1002.10	1845.56	751.646	1384.17	601.384	1107.33
23	3007.06	5538.33	1503.59	2769.17	1002.46	1846.11	751.912	1384.58	601.596	1107.67
24	3008.12	5540.00	1504.12	2770.00	1002.81	1846.67	752.177	1385.00	601.808	1108.00
25	3009.18	5541.67	1504.66	2770.83	1003.16	1847.22	752.442	1385.42	602.021	1108.33
26	3010.24	5543.33	1505.18	2771.67	1003.52	1847.78	752.707	1385.83	602.233	1108.67
27	3011.30	5545.00	1505.71	2772.50	1003.87	1848.33	752.972	1386.25	602.445	1109.00
28	3012.36	5546.67	1506.24	2773.33	1004.22	1848.89	753.237	1386.67	602.657	1109.33
29	3013.45	5548.33	1506.78	2774.17	1004.59	1849.44	753.509	1387.08	602.875	1109.67
30	3014.54	5550.00	1507.33	2775.00	1004.95	1850.00	753.781	1387.50	603.092	1110.00
31	3015.60	5551.67	1507.86	2775.83	1005.30	1850.56	754.046	1387.92	603.304	1110.33
32	3016.66	5553.33	1508.39	2776.67	1005.66	1851.11	754.311	1388.33	603.516	1110.67
33	3017.72	5555.00	1508.92	2777.50	1006.01	1851.67	754.576	1388.75	603.728	1111.00
34	3018.78	5556.67	1509.45	2778.33	1006.36	1852.22	754.841	1389.17	603.941	1111.33
35	3019.84	5558.33	1509.98	2779.17	1006.72	1852.78	755.106	1389.58	604.153	1111.67
36	3020.90	5560.00	1510.51	2780.00	1007.07	1853.33	755.371	1390.00	604.365	1112.00
37	3021.96	5561.67	1511.04	2780.83	1007.42	1853.89	755.637	1390.42	604.577	1112.33
38	3023.02	5563.33	1511.57	2781.67	1007.78	1854.44	755.902	1390.83	604.789	1112.67
39	3024.08	5565.00	1512.10	2782.50	1008.13	1855.00	756.167	1391.25	605.001	1113.00
40	3025.14	5566.67	1512.63	2783.33	1008.48	1855.56	756.432	1391.67	605.213	1113.33
41	3026.23	5568.33	1513.17	2784.17	1008.85	1856.11	756.704	1392.08	605.431	1113.67
42	3027.32	5570.00	1513.71	2785.00	1009.21	1856.67	756.976	1392.50	605.649	1114.00
43	3028.38	5571.67	1514.24	2785.83	1009.56	1857.22	757.241	1392.92	605.861	1114.33
44	3029.44	5573.33	1514.77	2786.67	1009.92	1857.78	757.506	1393.33	606.073	1114.67
45	3030.50	5575.00	1515.30	2787.50	1010.27	1858.33	757.771	1393.75	606.285	1115.00
46	3031.56	5576.67	1515.83	2788.33	1010.62	1858.89	758.036	1394.17	606.497	1115.33
47	3032.62	5578.33	1516.36	2789.17	1010.98	1859.44	758.301	1394.58	606.709	1115.67
48	3033.68	5580.00	1516.89	2790.00	1011.33	1860.00	758.566	1395.00	606.921	1116.00
49	3034.77	5581.67	1517.44	2790.83	1011.69	1860.56	758.839	1395.42	607.139	1116.33
50	3035.86	5583.33	1517.98	2791.67	1012.06	1861.11	759.111	1395.83	607.356	1116.67
51	3036.92	5585.00	1518.51	2792.50	1012.41	1861.67	759.376	1396.25	607.569	1117.00
52	3037.98	5586.67	1519.04	2793.33	1012.76	1862.22	759.641	1396.67	607.781	1117.33
53	3039.04	5588.33	1519.57	2794.17	1013.12	1862.78	759.906	1397.08	607.993	1117.67
54	3040.09	5590.00	1520.10	2795.00	1013.47	1863.33	760.171	1397.50	608.205	1118.00
55	3041.15	5591.67	1520.63	2795.83	1013.82	1863.89	760.436	1397.92	608.417	1118.33
56	3042.21	5593.33	1521.16	2796.67	1014.18	1864.44	760.701	1398.33	608.629	1118.67
57	3043.30	5595.00	1521.71	2797.50	1014.54	1865.00	760.973	1398.75	608.847	1119.00
58	3044.39	5596.67	1522.25	2798.33	1014.90	1865.56	761.246	1399.17	609.064	1119.33
59	3045.45	5598.33	1522.78	2799.17	1015.26	1866.11	761.511	1399.58	609.276	1119.67

TABLE XIV.—ACTUAL TANGENTS, ETC.

6° Curve.		7° Curve.		8° Curve.		9° Curve.		10° Curve.		55°
Tan.	Arc.	Tan.	Arc.	Tan.	Arc.	Tan.	Arc.	Tan.	Arc.	M.
497.337	916.667	426.357	785.714	373.134	687.500	331.744	611.111	298.646	550.000	0
497.514	916.944	426.509	785.952	373.267	687.708	331.861	611.296	298.752	550.167	1
497.690	917.222	426.660	786.190	373.399	687.917	331.979	611.481	298.858	550.333	2
497.867	917.500	426.812	786.429	373.532	688.125	332.097	611.667	298.964	550.500	3
498.044	917.778	426.963	786.667	373.665	688.333	332.215	611.852	299.070	550.667	4
498.221	918.056	427.115	786.905	373.797	688.542	332.333	612.037	299.176	550.833	5
498.397	918.333	427.266	787.143	373.930	688.750	332.451	612.222	299.283	551.000	6
498.574	918.611	427.418	787.381	374.062	688.958	332.569	612.407	299.389	551.167	7
498.751	918.889	427.569	787.619	374.195	689.167	332.687	612.593	299.495	551.333	8
498.928	919.167	427.721	787.857	374.328	689.375	332.805	612.778	299.601	551.500	9
499.104	919.444	427.872	788.095	374.460	689.583	332.923	612.963	299.707	551.667	10
499.281	919.722	428.024	788.333	374.593	689.792	333.040	613.148	299.813	551.833	11
499.458	920.000	428.175	788.571	374.725	690.000	333.158	613.333	299.919	552.000	12
499.635	920.278	428.327	788.810	374.858	690.208	333.276	613.519	300.025	552.167	13
499.811	920.556	428.478	789.048	374.991	690.417	333.394	613.704	300.132	552.333	14
499.988	920.833	428.630	789.286	375.123	690.625	333.512	613.889	300.238	552.500	15
500.165	921.111	428.781	789.524	375.256	690.833	333.630	614.074	300.344	552.667	16
500.342	921.389	428.933	789.762	375.388	691.042	333.748	614.259	300.450	552.833	17
500.518	921.667	429.085	790.000	375.521	691.250	333.866	614.444	300.556	553.000	18
500.695	921.944	429.236	790.238	375.654	691.458	333.984	614.630	300.662	553.167	19
500.872	922.222	429.388	790.476	375.786	691.667	334.101	614.815	300.768	553.333	20
501.049	922.500	429.539	790.714	375.919	691.875	334.219	615.000	300.875	553.500	21
501.225	922.778	429.691	790.952	376.051	692.083	334.337	615.185	300.981	553.667	22
501.402	923.056	429.842	791.190	376.184	692.292	334.455	615.370	301.087	553.833	23
501.579	923.333	429.994	791.429	376.317	692.500	334.573	615.556	301.193	554.000	24
501.755	923.611	430.145	791.667	376.449	692.708	334.691	615.741	301.299	554.167	25
501.932	923.889	430.297	791.905	376.582	692.917	334.809	615.926	301.405	554.333	26
502.109	924.167	430.448	792.143	376.714	693.125	334.927	616.111	301.511	554.500	27
502.286	924.444	430.600	792.381	376.847	693.333	335.045	616.296	301.617	554.667	28
502.467	924.722	430.755	792.619	376.983	693.542	335.166	616.481	301.726	554.833	29
502.649	925.000	430.911	792.857	377.119	693.750	335.287	616.667	301.835	555.000	30
502.826	925.278	431.062	793.095	377.252	693.958	335.405	616.852	301.942	555.167	31
503.002	925.556	431.214	793.333	377.385	694.167	335.523	617.037	302.048	555.333	32
503.179	925.833	431.365	793.571	377.517	694.375	335.640	617.222	302.154	555.500	33
503.356	926.111	431.517	793.810	377.650	694.583	335.758	617.407	302.260	555.667	34
503.532	926.389	431.669	794.048	377.782	694.792	335.876	617.593	302.366	555.833	35
503.709	926.667	431.820	794.286	377.915	695.000	335.994	617.778	302.472	556.000	36
503.886	926.944	431.972	794.524	378.048	695.208	336.112	617.963	302.578	556.167	37
504.063	927.222	432.123	794.762	378.180	695.417	336.230	618.148	302.685	556.333	38
504.239	927.500	432.275	795.000	378.313	695.625	336.348	618.333	302.791	556.500	39
504.416	927.778	432.426	795.238	378.445	695.833	336.466	618.519	302.897	556.667	40
504.593	928.056	432.582	795.476	378.582	696.042	336.587	618.704	303.006	556.833	41
504.779	928.333	432.737	795.714	378.718	696.250	336.708	618.889	303.115	557.000	42
504.956	928.611	432.889	795.952	378.850	696.458	336.826	619.074	303.221	557.167	43
505.133	928.889	433.040	796.190	378.983	696.667	336.944	619.259	303.327	557.333	44
505.309	929.167	433.192	796.429	379.116	696.875	337.062	619.444	303.433	557.500	45
505.486	929.444	433.343	796.667	379.248	697.083	337.180	619.630	303.539	557.667	46
505.663	929.722	433.495	796.905	379.381	697.292	337.297	619.815	303.645	557.833	47
505.840	930.000	433.646	797.143	379.513	697.500	337.415	620.000	303.752	558.000	48
506.021	930.278	433.802	797.381	379.650	697.708	337.536	620.185	303.861	558.167	49
506.203	930.556	433.958	797.619	379.786	697.917	337.657	620.370	303.970	558.333	50
506.379	930.833	434.109	797.857	379.918	698.125	337.775	620.556	304.076	558.500	51
506.556	931.111	434.261	798.095	380.051	698.333	337.893	620.741	304.182	558.667	52
506.733	931.389	434.412	798.333	380.184	698.542	338.011	620.926	304.288	558.833	53
506.910	931.667	434.564	798.571	380.316	698.750	338.129	621.111	304.394	559.000	54
507.086	931.944	434.715	798.810	380.449	698.958	338.247	621.296	304.500	559.167	55
507.263	932.222	434.867	799.048	380.581	699.167	338.365	621.481	304.606	559.333	56
507.445	932.500	435.022	799.286	380.718	699.375	338.486	621.667	304.715	559.500	57
507.626	932.778	435.178	799.524	380.854	699.583	338.607	621.852	304.824	559.667	58
507.803	933.056	435.330	799.762	380.986	699.792	338.725	622.037	304.931	559.833	59

TABLE XIV.—ACTUAL TANGENTS, ETC.

56°	1° Curve.		2° Curve.		3° Curve.		4° Curve.		5° Curve.	
M.	Tan.	Arc.	Tan.	Arc.	Tan.	Arc.	Tan.	Arc.	Tan.	Arc.
0	3046.51	5600.00	1523.31	2800.00	1015.61	1866.67	761.776	1400.00	609.489	1120.00
1	3047.57	5601.67	1523.84	2800.83	1015.96	1867.22	762.041	1400.42	609.701	1120.33
2	3048.63	5603.33	1524.37	2801.67	1016.32	1867.78	762.306	1400.83	609.913	1120.67
3	3049.72	5605.00	1524.92	2802.50	1016.68	1868.33	762.578	1401.25	610.130	1121.00
4	3050.81	5606.67	1525.46	2803.33	1017.04	1868.89	762.850	1401.67	610.348	1121.33
5	3051.87	5608.33	1525.99	2804.17	1017.39	1869.44	763.115	1402.08	610.560	1121.67
6	3052.93	5610.00	1526.52	2805.00	1017.75	1870.00	763.380	1402.50	610.772	1122.00
7	3053.99	5611.67	1527.05	2805.83	1018.10	1870.56	763.645	1402.92	610.984	1122.33
8	3055.05	5613.33	1527.58	2806.67	1018.45	1871.11	763.910	1403.33	611.196	1122.67
9	3056.14	5615.00	1528.13	2807.50	1018.82	1871.67	764.183	1403.75	611.414	1123.00
10	3057.23	5616.67	1528.67	2808.33	1019.18	1872.22	764.455	1404.17	611.632	1123.33
11	3058.29	5618.33	1529.20	2809.17	1019.53	1872.78	764.720	1404.58	611.844	1123.67
12	3059.35	5620.00	1529.73	2810.00	1019.89	1873.33	764.985	1405.00	612.056	1124.00
13	3060.41	5621.67	1530.26	2810.83	1020.24	1873.89	765.250	1405.42	612.268	1124.33
14	3061.47	5623.33	1530.79	2811.67	1020.59	1874.44	765.515	1405.83	612.480	1124.67
15	3062.56	5625.00	1531.33	2812.50	1020.96	1875.00	765.787	1406.25	612.698	1125.00
16	3063.64	5626.67	1531.88	2813.33	1021.32	1875.56	766.059	1406.67	612.916	1125.33
17	3064.70	5628.33	1532.41	2814.17	1021.67	1876.11	766.324	1407.08	613.128	1125.67
18	3065.76	5630.00	1532.94	2815.00	1022.03	1876.67	766.589	1407.50	613.340	1126.00
19	3066.85	5631.67	1533.48	2815.83	1022.39	1877.22	766.862	1407.92	613.558	1126.33
20	3067.94	5633.33	1534.03	2816.67	1022.75	1877.78	767.134	1408.33	613.776	1126.67
21	3069.00	5635.00	1534.56	2817.50	1023.11	1878.33	767.399	1408.75	613.988	1127.00
22	3070.06	5636.67	1535.09	2818.33	1023.46	1878.89	767.664	1409.17	614.200	1127.33
23	3071.15	5638.33	1535.63	2819.17	1023.82	1879.44	767.936	1409.58	614.418	1127.67
24	3072.24	5640.00	1536.18	2820.00	1024.18	1880.00	768.208	1410.00	614.635	1128.00
25	3073.30	5641.67	1536.71	2820.83	1024.54	1880.56	768.473	1410.42	614.847	1128.33
26	3074.36	5643.33	1537.24	2821.67	1024.89	1881.11	768.738	1410.83	615.059	1128.67
27	3075.42	5645.00	1537.77	2822.50	1025.24	1881.67	769.004	1411.25	615.272	1129.00
28	3076.48	5646.67	1538.30	2823.33	1025.60	1882.22	769.269	1411.67	615.484	1129.33
29	3077.57	5648.33	1538.84	2824.17	1025.96	1882.78	769.541	1412.08	615.701	1129.67
30	3078.66	5650.00	1539.38	2825.00	1026.32	1883.33	769.813	1412.50	615.919	1130.00
31	3079.72	5651.67	1539.91	2825.83	1026.68	1883.89	770.078	1412.92	616.131	1130.33
32	3080.78	5653.33	1540.44	2826.67	1027.03	1884.44	770.343	1413.33	616.343	1130.67
33	3081.86	5655.00	1540.99	2827.50	1027.39	1885.00	770.615	1413.75	616.561	1131.00
34	3082.95	5656.67	1541.53	2828.33	1027.76	1885.56	770.888	1414.17	616.779	1131.33
35	3084.01	5658.33	1542.06	2829.17	1028.11	1886.11	771.153	1414.58	616.991	1131.67
36	3085.07	5660.00	1542.59	2830.00	1028.46	1886.67	771.418	1415.00	617.203	1132.00
37	3086.16	5661.67	1543.14	2830.83	1028.83	1887.22	771.690	1415.42	617.421	1132.33
38	3087.25	5663.33	1543.68	2831.67	1029.19	1887.78	771.962	1415.83	617.639	1132.67
39	3088.34	5665.00	1544.23	2832.50	1029.55	1888.33	772.234	1416.25	617.856	1133.00
40	3089.43	5666.67	1544.77	2833.33	1029.92	1888.89	772.506	1416.67	618.074	1133.33
41	3090.49	5668.33	1545.30	2834.17	1030.27	1889.44	772.771	1417.08	618.286	1133.67
42	3091.55	5670.00	1545.83	2835.00	1030.62	1890.00	773.037	1417.50	618.498	1134.00
43	3092.64	5671.67	1546.37	2835.83	1030.98	1890.56	773.309	1417.92	618.716	1134.33
44	3093.72	5673.33	1546.92	2836.67	1031.35	1891.11	773.581	1418.33	618.934	1134.60
45	3094.78	5675.00	1547.45	2837.50	1031.70	1891.67	773.846	1418.75	619.146	1135.07
46	3095.84	5676.67	1547.98	2838.33	1032.05	1892.22	774.111	1419.17	619.358	1135.33
47	3096.93	5678.33	1548.52	2839.17	1032.42	1892.78	774.383	1419.58	619.576	1135.67
48	3098.02	5680.00	1549.07	2840.00	1032.78	1893.33	774.655	1420.00	619.794	1136.00
49	3099.08	5681.67	1549.60	2840.83	1033.13	1893.89	774.921	1420.42	620.006	1136.33
50	3100.14	5683.33	1550.13	2841.67	1033.49	1894.44	775.186	1420.83	620.218	1136.67
51	3101.23	5685.00	1550.67	2842.50	1033.85	1895.00	775.458	1421.25	620.436	1137.00
52	3102.32	5686.67	1551.22	2843.33	1034.21	1895.56	775.730	1421.67	620.653	1137.33
53	3103.41	5688.33	1551.76	2844.17	1034.58	1896.11	776.002	1422.08	620.871	1137.67
54	3104.50	5690.00	1552.31	2845.00	1034.94	1896.67	776.274	1422.50	621.089	1138.00
55	3105.56	5691.67	1552.84	2845.83	1035.29	1897.22	776.539	1422.92	621.301	1138.33
56	3106.62	5693.33	1553.37	2846.67	1035.65	1897.78	776.805	1423.33	621.513	1138.67
57	3107.70	5695.00	1553.91	2847.50	1036.01	1898.33	777.077	1423.75	621.731	1139.00
58	3108.79	5696.67	1554.45	2848.33	1036.37	1898.89	777.349	1424.17	621.949	1139.33
59	3109.88	5698.33	1555.00	2849.17	1036.73	1899.44	777.621	1424.58	622.166	1139.67

TABLE XIV.—ACTUAL TANGENTS, ETC.

6° Curve.		7° Curve.		8° Curve.		9° Curve.		10° Curve.		56°
Tan.	Arc.	Tan.	Arc.	Tan.	Arc.	Tan.	Arc.	Tan.	Arc.	M.
507.980	933.333	435.481	800.000	381.119	700.000	338.843	622.222	305.087	560.000	0
508.156	933.611	435.633	800.238	381.252	700.208	338.961	622.407	305.143	560.167	1
508.333	933.889	435.784	800.476	381.384	700.417	339.079	622.593	305.249	560.333	2
508.515	934.167	435.940	800.714	381.520	700.625	339.200	622.778	305.358	560.500	3
508.696	934.444	436.095	800.952	381.657	700.833	339.321	622.963	305.467	560.667	4
508.873	934.722	436.247	801.190	381.789	701.042	339.439	623.148	305.573	560.833	5
509.050	935.000	436.398	801.429	381.922	701.250	339.557	623.333	305.679	561.000	6
509.226	935.278	436.550	801.667	382.054	701.458	339.674	623.519	305.785	561.167	7
509.403	935.556	436.701	801.905	382.187	701.667	339.792	623.704	305.891	561.333	8
509.585	935.833	436.857	802.143	382.323	701.875	339.913	623.889	306.000	561.500	9
509.766	936.111	437.013	802.381	382.459	702.083	340.034	624.074	306.109	561.667	10
509.943	936.389	437.164	802.619	382.592	702.292	340.152	624.259	306.216	561.833	11
510.120	936.667	437.316	802.857	382.725	702.500	340.270	624.444	306.322	562.000	12
510.297	936.944	437.467	803.095	382.857	702.708	340.388	624.630	306.428	562.167	13
510.473	937.222	437.619	803.333	382.990	702.917	340.506	624.815	306.534	562.333	14
510.655	937.500	437.774	803.571	383.126	703.125	340.627	625.000	306.643	562.500	15
510.836	937.778	437.930	803.810	383.262	703.333	340.748	625.185	306.752	562.667	16
511.013	938.056	438.081	804.048	383.395	703.542	340.866	625.370	306.858	562.833	17
511.190	938.333	438.233	804.286	383.527	703.750	340.984	625.556	306.964	563.000	18
511.371	938.611	438.389	804.524	383.664	703.958	341.105	625.741	307.073	563.167	19
511.553	938.889	438.544	804.762	383.800	704.167	341.226	625.926	307.182	563.333	20
511.730	939.167	438.696	805.000	383.932	704.375	341.344	626.111	307.288	563.500	21
511.906	939.444	438.847	805.238	384.065	704.583	341.462	626.296	307.395	563.667	22
512.088	939.722	439.003	805.476	384.201	704.792	341.583	626.481	307.504	563.833	23
512.269	940.000	439.158	805.714	384.337	705.000	341.704	626.667	307.613	564.000	24
512.446	940.278	439.310	805.952	384.470	705.208	341.822	626.852	307.719	564.167	25
512.623	940.556	439.462	806.190	384.603	705.417	341.940	627.037	307.825	564.333	26
512.800	940.833	439.613	806.429	384.735	705.625	342.058	627.222	307.931	564.500	27
512.976	941.111	439.765	806.667	384.868	705.833	342.176	627.407	308.037	564.667	28
513.158	941.389	439.920	806.905	385.004	706.042	342.297	627.593	308.146	564.833	29
513.339	941.667	440.076	807.143	385.140	706.250	342.418	627.778	308.255	565.000	30
513.516	941.944	440.227	807.381	385.273	706.458	342.536	627.963	308.361	565.167	31
513.693	942.222	440.379	807.619	385.405	706.667	342.654	628.148	308.467	565.333	32
513.874	942.500	440.534	807.857	385.542	706.875	342.775	628.333	308.576	565.500	33
514.056	942.778	440.690	808.095	385.678	707.083	342.896	628.519	308.685	565.667	34
514.233	943.056	440.842	808.333	385.810	707.292	343.014	628.704	308.791	565.833	35
514.409	943.333	440.993	808.571	385.943	707.500	343.132	628.889	308.898	566.000	36
514.591	943.611	441.149	808.810	386.079	707.708	343.253	629.074	309.007	566.167	37
514.772	943.889	441.304	809.048	386.215	707.917	343.374	629.259	309.116	566.333	38
514.954	944.167	441.460	809.286	386.352	708.125	343.495	629.444	309.225	566.500	39
515.135	944.444	441.616	809.524	386.488	708.333	343.616	629.630	309.334	566.667	40
515.312	944.722	441.767	809.762	386.620	708.542	343.734	629.815	309.440	566.833	41
515.489	945.000	441.919	810.000	386.753	708.750	343.852	630.000	309.546	567.000	42
515.670	945.278	442.074	810.238	386.889	708.958	343.973	630.185	309.655	567.167	43
515.852	945.556	442.230	810.476	387.025	709.167	344.094	630.370	309.764	567.333	44
516.029	945.833	442.381	810.714	387.158	709.375	344.212	630.556	309.870	567.500	45
516.205	946.111	442.533	810.952	387.291	709.583	344.330	630.741	309.976	567.667	46
516.387	946.389	442.688	811.190	387.427	709.792	344.451	630.926	310.085	567.833	47
516.569	946.667	442.844	811.429	387.563	710.000	344.572	631.111	310.194	568.000	48
516.745	946.944	442.986	811.667	387.696	710.208	344.690	631.296	310.300	568.167	49
516.922	947.222	443.147	811.905	387.828	710.417	344.808	631.481	310.406	568.333	50
517.104	947.500	443.303	812.143	387.964	710.625	344.929	631.667	310.515	568.500	51
517.285	947.778	443.458	812.381	388.100	710.833	345.050	631.852	310.624	568.667	52
517.467	948.056	443.614	812.619	388.237	711.042	345.171	632.037	310.733	568.833	53
517.648	948.333	443.770	812.857	388.373	711.250	345.292	632.222	310.842	569.000	54
517.825	948.611	443.921	813.095	388.505	711.458	345.410	632.407	310.949	569.167	55
518.002	948.889	444.073	813.333	388.638	711.667	345.528	632.593	311.055	569.333	56
518.183	949.167	444.228	813.571	388.774	711.875	345.649	632.778	311.164	569.500	57
518.365	949.444	444.384	813.810	388.910	712.083	345.770	632.963	311.273	569.667	58
518.546	949.722	444.539	814.048	389.047	712.292	345.891	633.148	311.382	569.833	59

TABLE XIV.—ACTUAL TANGENTS, ETC.

57°	1° Curve.		2° Curve.		3° Curve.		4° Curve.		5° Curve.	
M.	Tan.	Arc.	Tan.	Arc.	Tan.	Arc.	Tan.	Arc.	Tan.	Arc.
0	3110.97	5700.00	1555.54	2850.00	1037.10	1900.00	777.893	1425.00	622.384	1140.00
1	3112.03	5701.67	1556.07	2850.83	1037.45	1900.56	778.158	1425.42	622.596	1140.33
2	3113.09	5703.33	1556.60	2851.67	1037.80	1901.11	778.423	1425.83	622.808	1140.67
3	3114.18	5705.00	1557.15	2852.50	1038.17	1901.67	778.696	1426.25	623.026	1141.00
4	3115.27	5706.67	1557.69	2853.33	1038.53	1902.22	778.968	1426.67	623.244	1141.33
5	3116.36	5708.33	1558.24	2854.17	1038.89	1902.78	779.240	1427.08	623.462	1141.67
6	3117.45	5710.00	1558.78	2855.00	1039.26	1903.33	779.512	1427.50	623.679	1142.00
7	3118.51	5711.67	1559.31	2855.83	1039.61	1903.89	779.777	1427.92	623.892	1142.33
8	3119.57	5713.33	1559.84	2856.67	1039.96	1904.44	780.042	1428.33	624.104	1142.67
9	3120.65	5715.00	1560.38	2857.50	1040.33	1905.00	780.315	1428.75	624.321	1143.00
10	3121.74	5716.67	1560.93	2858.33	1040.69	1905.56	780.587	1429.17	624.539	1143.33
11	3122.83	5718.33	1561.47	2859.17	1041.05	1906.11	780.859	1429.58	624.757	1143.67
12	3123.92	5720.00	1562.02	2860.00	1041.41	1906.67	781.131	1430.00	624.975	1144.00
13	3125.01	5721.67	1562.56	2860.83	1041.78	1907.22	781.403	1430.42	625.193	1144.33
14	3126.10	5723.33	1563.11	2861.67	1042.14	1907.78	781.676	1430.83	625.410	1144.67
15	3127.16	5725.00	1563.64	2862.50	1042.49	1908.33	781.941	1431.25	625.622	1145.00
16	3128.22	5726.67	1564.17	2863.33	1042.85	1908.89	782.206	1431.67	625.834	1145.33
17	3129.31	5728.33	1564.71	2864.17	1043.21	1909.44	782.478	1432.08	626.052	1145.67
18	3130.39	5730.00	1565.25	2865.00	1043.57	1910.00	782.750	1432.50	626.270	1146.00
19	3131.48	5731.67	1565.80	2865.83	1043.94	1910.56	783.022	1432.92	626.488	1146.33
20	3132.57	5733.33	1566.34	2866.67	1044.30	1911.11	783.295	1433.33	626.706	1146.67
21	3133.66	5735.00	1566.89	2867.50	1044.66	1911.67	783.567	1433.75	626.923	1147.00
22	3134.75	5736.67	1567.43	2868.33	1045.02	1912.22	783.839	1434.17	627.141	1147.33
23	3135.81	5738.33	1567.96	2869.17	1045.38	1912.78	784.104	1434.58	627.353	1147.67
24	3136.87	5740.00	1568.49	2870.00	1045.73	1913.33	784.369	1435.00	627.565	1148.00
25	3137.96	5741.67	1569.04	2870.83	1046.09	1913.89	784.641	1435.42	627.783	1148.33
26	3139.05	5743.33	1569.58	2871.67	1046.46	1914.44	784.914	1435.83	628.001	1148.67
27	3140.13	5745.00	1570.12	2872.50	1046.82	1915.00	785.186	1436.25	628.219	1149.00
28	3141.22	5746.67	1570.67	2873.33	1047.18	1915.56	785.458	1436.67	628.437	1149.33
29	3142.31	5748.33	1571.21	2874.17	1047.55	1916.11	785.730	1437.08	628.654	1149.67
30	3143.40	5750.00	1571.76	2875.00	1047.91	1916.67	785.002	1437.50	628.872	1150.00
31	3144.49	5751.67	1572.30	2875.83	1048.27	1917.22	786.275	1437.92	629.090	1150.33
32	3145.58	5753.33	1572.85	2876.67	1048.63	1917.78	786.547	1438.33	629.308	1150.67
33	3146.67	5755.00	1573.39	2877.50	1049.00	1918.33	786.819	1438.75	629.526	1151.00
34	3147.76	5756.67	1573.94	2878.33	1049.36	1918.89	787.091	1439.17	629.743	1151.33
35	3148.82	5758.33	1574.47	2879.17	1049.71	1919.44	787.356	1439.58	629.955	1151.67
36	3149.88	5760.00	1575.00	2880.00	1050.07	1920.00	787.621	1440.00	630.167	1152.00
37	3150.96	5761.67	1575.54	2880.83	1050.43	1920.56	787.894	1440.42	630.385	1152.33
38	3152.05	5763.33	1576.08	2881.67	1050.79	1921.11	788.166	1440.83	630.603	1152.67
39	3153.14	5765.00	1576.63	2882.50	1051.16	1921.67	788.438	1441.25	630.821	1153.00
40	3154.23	5766.67	1577.17	2883.33	1051.52	1922.22	788.710	1441.67	631.039	1153.33
41	3155.32	5768.33	1577.72	2884.17	1051.88	1922.78	788.982	1442.08	631.256	1153.67
42	3156.41	5770.00	1578.26	2885.00	1052.24	1923.33	789.255	1442.50	631.474	1154.00
43	3157.50	5771.67	1578.81	2885.83	1052.61	1923.89	789.527	1442.92	631.692	1154.33
44	3158.58	5773.33	1579.35	2886.67	1052.97	1924.44	789.799	1443.33	631.910	1154.67
45	3159.67	5775.00	1579.89	2887.50	1053.33	1925.00	790.071	1443.75	632.128	1155.00
46	3160.76	5776.67	1580.44	2888.33	1053.70	1925.56	790.343	1444.17	632.345	1155.33
47	3161.85	5778.33	1580.98	2889.17	1054.06	1926.11	790.616	1444.58	632.563	1155.67
48	3162.94	5780.00	1581.53	2890.00	1054.42	1926.67	790.888	1445.00	632.781	1156.00
49	3164.03	5781.67	1582.07	2890.83	1054.78	1927.22	791.160	1445.42	632.999	1156.33
50	3165.12	5783.33	1582.62	2891.67	1055.15	1927.78	791.432	1445.83	633.217	1156.67
51	3166.20	5785.00	1583.16	2892.50	1055.51	1928.33	791.704	1446.25	633.434	1157.00
52	3167.29	5786.67	1583.70	2893.33	1055.87	1928.89	791.977	1446.67	633.652	1157.33
53	3168.38	5788.33	1584.25	2894.17	1056.24	1929.44	792.249	1447.08	633.870	1157.67
54	3169.47	5790.00	1584.79	2895.00	1056.60	1930.00	792.521	1447.50	634.088	1158.00
55	3170.56	5791.67	1585.34	2895.83	1056.96	1930.56	792.793	1447.92	634.306	1158.33
56	3171.65	5793.33	1585.88	2896.67	1057.32	1931.11	793.066	1448.33	634.523	1158.67
57	3172.74	5795.00	1586.43	2897.50	1057.69	1931.67	793.338	1448.75	634.741	1159.00
58	3173.83	5796.67	1586.97	2898.33	1058.05	1932.22	793.610	1449.17	634.959	1159.33
59	3174.91	5798.33	1587.52	2899.17	1058.41	1932.78	793.882	1449.58	635.177	1159.67

TABLE XIV.—ACTUAL TANGENTS, ETC.

6° Curve.		7° Curve.		8° Curve.		9° Curve.		10° Curve.		57°
Tan.	Arc.	Tan.	Arc.	Tan.	Arc.	Tan.	Arc.	Tan.	Arc.	M.
518.728	950.000	444.695	814.286	389.183	712.500	346.012	633.333	311.491	570.000	0
518.904	950.278	444.847	814.524	389.315	712.708	346.130	633.519	311.597	570.167	1
519.081	950.556	444.998	814.762	389.448	712.917	346.248	633.704	311.703	570.333	2
519.263	950.833	445.154	815.000	389.584	713.125	346.369	633.889	311.812	570.500	3
519.444	951.111	445.309	815.238	389.720	713.333	346.490	634.074	311.921	570.667	4
519.626	951.389	445.465	815.476	389.857	713.542	346.611	634.259	312.030	570.833	5
519.807	951.667	445.621	815.714	389.993	713.750	346.732	634.444	312.139	571.000	6
519.984	951.944	445.772	815.952	390.125	713.958	346.850	634.630	312.245	571.167	7
520.161	952.222	445.924	816.190	390.258	714.167	346.968	634.815	312.351	571.333	8
520.342	952.500	446.079	816.429	390.394	714.375	347.089	635.000	312.460	571.500	9
520.524	952.778	446.235	816.667	390.530	714.583	347.210	635.185	312.569	571.667	10
520.705	953.056	446.390	816.905	390.667	714.792	347.331	635.370	312.678	571.833	11
520.887	953.333	446.546	817.143	390.803	715.000	347.452	635.556	312.787	572.000	12
521.068	953.611	446.702	817.381	390.939	715.208	347.573	635.741	312.896	572.167	13
521.250	953.889	446.857	817.619	391.075	715.417	347.694	635.926	313.005	572.333	14
521.427	954.167	447.009	817.857	391.208	715.625	347.812	636.111	313.111	572.500	15
521.603	954.444	447.160	818.095	391.340	715.833	347.930	636.296	313.217	572.667	16
521.785	954.722	447.316	818.333	391.477	716.042	348.051	636.481	313.326	572.833	17
521.966	955.000	447.472	818.571	391.613	716.250	348.172	636.667	313.435	573.000	18
522.148	955.278	447.627	818.810	391.749	716.458	348.293	636.852	313.544	573.167	19
522.329	955.556	447.783	819.048	391.885	716.667	348.415	637.037	313.653	573.333	20
522.511	955.833	447.938	819.286	392.021	716.875	348.536	637.222	313.762	573.500	21
522.692	956.111	448.094	819.524	392.157	717.083	348.657	637.407	313.871	573.667	22
522.869	956.389	448.246	819.762	392.290	717.292	348.775	637.593	313.978	573.833	23
523.046	956.667	448.397	820.000	392.423	717.500	348.893	637.778	314.084	574.000	24
523.227	956.944	448.553	820.238	392.559	717.708	349.014	637.963	314.193	574.167	25
523.409	957.222	448.708	820.476	392.695	717.917	349.135	638.148	314.302	574.333	26
523.590	957.500	448.864	820.714	392.831	718.125	349.256	638.333	314.411	574.500	27
523.772	957.778	449.019	820.952	392.967	718.333	349.377	638.519	314.520	574.667	28
523.954	958.056	449.175	821.190	393.104	718.542	349.498	638.704	314.629	574.833	29
524.135	958.333	449.331	821.429	393.240	718.750	349.619	638.889	314.738	575.000	30
524.317	958.611	449.486	821.667	393.376	718.958	349.740	639.074	314.847	575.167	31
524.498	958.889	449.642	821.905	393.512	719.167	349.861	639.259	314.956	575.333	32
524.680	959.167	449.798	822.143	393.648	719.375	349.982	639.444	315.065	575.500	33
524.861	959.444	449.953	822.381	393.785	719.583	350.103	639.630	315.174	575.667	34
525.038	959.722	450.105	822.619	393.917	719.792	350.221	639.815	315.280	575.833	35
525.215	960.000	450.256	822.857	394.050	720.000	350.339	640.000	315.386	576.000	36
525.396	960.278	450.412	823.095	394.186	720.208	350.460	640.185	315.495	576.167	37
525.578	960.556	450.567	823.333	394.322	720.417	350.581	640.370	315.604	576.333	38
525.759	960.833	450.723	823.571	394.458	720.625	350.702	640.556	315.713	576.500	39
525.941	961.111	450.879	823.810	394.595	720.833	350.823	640.741	315.822	576.667	40
526.122	961.389	451.034	824.048	394.731	721.042	350.945	640.926	315.931	576.833	41
526.304	961.667	451.190	824.286	394.867	721.250	351.066	641.111	316.040	577.000	42
526.485	961.944	451.345	824.524	395.003	721.458	351.187	641.296	316.149	577.167	43
526.667	962.222	451.501	824.762	395.139	721.667	351.308	641.481	316.258	577.333	44
526.848	962.500	451.657	825.000	395.275	721.875	351.429	641.667	316.367	577.500	45
527.030	962.778	451.812	825.238	395.412	722.083	351.550	641.852	316.476	577.667	46
527.211	963.056	451.968	825.476	395.548	722.292	351.671	642.037	316.585	577.833	47
527.393	963.333	452.124	825.714	395.684	722.500	351.792	642.222	316.694	578.000	48
527.574	963.611	452.279	825.952	395.820	722.708	351.913	642.407	316.803	578.167	49
527.756	963.889	452.435	826.190	395.956	722.917	352.034	642.593	316.912	578.333	50
527.937	964.167	452.590	826.429	396.093	723.125	352.155	642.778	317.021	578.500	51
528.119	964.444	452.746	826.667	396.229	723.333	352.276	642.963	317.130	578.667	52
528.300	964.722	452.902	826.905	396.365	723.542	352.398	643.148	317.239	578.833	53
528.482	965.000	453.057	827.143	396.501	723.750	352.519	643.333	317.348	579.000	54
528.663	965.278	453.213	827.381	396.637	723.958	352.640	643.519	317.457	579.167	55
528.845	965.556	453.368	827.619	396.774	724.167	352.761	643.704	317.566	579.333	56
529.027	965.833	453.524	827.857	396.910	724.375	352.882	643.889	317.675	579.500	57
529.208	966.111	453.680	828.095	397.046	724.583	353.003	644.074	317.784	579.667	58
529.390	966.389	453.835	828.333	397.182	724.792	353.124	644.259	317.893	579.833	59

TABLE XIV.—ACTUAL TANGENTS, ETC.

53°	1° Curve.		2° Curve.		3° Curve.		4° Curve.		5° Curve.	
M.	Tan.	Arc.	Tan.	Arc.	Tan.	Arc.	Tan.	Arc.	Tan.	Arc.
0	3176.00	5800.00	1588.06	2900.00	1058.78	1933.33	794.154	1450.00	635.394	1160.00
1	3177.09	5801.67	1588.60	2900.83	1059.14	1933.89	794.427	1450.42	635.612	1160.33
2	3178.18	5803.33	1589.15	2901.67	1059.50	1934.44	794.699	1450.83	635.830	1160.67
3	3179.27	5805.00	1589.69	2902.50	1059.87	1935.00	794.971	1451.25	636.048	1161.00
4	3180.36	5806.67	1590.24	2903.33	1060.23	1935.56	795.243	1451.67	636.266	1161.33
5	3181.45	5808.33	1590.78	2904.17	1060.59	1936.11	795.515	1452.08	636.483	1161.67
6	3182.53	5810.00	1591.33	2905.00	1060.95	1936.67	795.788	1452.50	636.701	1162.00
7	3183.62	5811.67	1591.87	2905.83	1061.32	1937.22	796.060	1452.92	636.919	1162.33
8	3184.71	5813.33	1592.41	2906.67	1061.68	1937.78	796.332	1453.33	637.137	1162.67
9	3185.80	5815.00	1592.96	2907.50	1062.04	1938.33	796.604	1453.75	637.355	1163.00
10	3186.89	5816.67	1593.50	2908.33	1062.41	1938.89	796.877	1454.17	637.572	1163.33
11	3187.98	5818.33	1594.05	2909.17	1062.77	1939.44	797.149	1454.58	637.790	1163.67
12	3189.07	5820.00	1594.59	2910.00	1063.13	1940.00	797.421	1455.00	638.008	1164.00
13	3190.15	5821.67	1595.14	2910.83	1063.49	1940.56	797.693	1455.42	638.226	1164.33
14	3191.24	5823.33	1595.68	2911.67	1063.86	1941.11	797.965	1455.83	638.444	1164.67
15	3192.36	5825.00	1596.22	2912.50	1064.23	1941.67	798.245	1456.25	638.667	1165.00
16	3193.48	5826.67	1596.80	2913.33	1064.60	1942.22	798.524	1456.67	638.891	1165.33
17	3194.57	5828.33	1597.34	2914.17	1064.97	1942.78	798.796	1457.08	639.108	1165.67
18	3195.65	5830.00	1597.89	2915.00	1065.33	1943.33	799.069	1457.50	639.326	1166.00
19	3196.74	5831.67	1598.43	2915.83	1065.69	1943.80	799.341	1457.92	639.544	1166.33
20	3197.83	5833.33	1598.97	2916.67	1066.05	1944.44	799.613	1458.33	639.762	1166.67
21	3198.92	5835.00	1599.52	2917.50	1066.42	1945.00	799.885	1458.75	639.980	1167.00
22	3200.01	5836.67	1600.06	2918.33	1066.78	1945.56	800.157	1459.17	640.197	1167.33
23	3201.10	5838.33	1600.61	2919.17	1067.14	1946.11	800.430	1459.58	640.415	1167.67
24	3202.19	5840.00	1601.15	2920.00	1067.51	1946.67	800.702	1460.00	640.633	1168.00
25	3203.28	5841.67	1601.70	2920.83	1067.87	1947.22	800.974	1460.42	640.851	1168.33
26	3204.36	5843.33	1602.24	2921.67	1068.23	1947.78	801.246	1460.83	641.069	1168.67
27	3205.45	5845.00	1602.79	2922.50	1068.59	1948.33	801.518	1461.25	641.286	1169.00
28	3206.54	5846.67	1603.33	2923.33	1068.96	1948.89	801.791	1461.67	641.504	1169.33
29	3207.66	5848.33	1603.89	2924.17	1069.33	1949.44	802.070	1462.08	641.728	1169.67
30	3208.78	5850.00	1604.45	2925.00	1069.70	1950.00	802.349	1462.50	641.951	1170.00
31	3209.86	5851.67	1604.99	2925.83	1070.07	1950.56	802.622	1462.92	642.169	1170.33
32	3210.95	5853.33	1605.54	2926.67	1070.43	1951.11	802.894	1463.33	642.387	1170.67
33	3212.04	5855.00	1606.08	2927.50	1070.79	1951.67	803.166	1463.75	642.605	1171.00
34	3213.13	5856.67	1606.62	2928.33	1071.15	1952.22	803.438	1464.17	642.822	1171.33
35	3214.22	5858.33	1607.17	2929.17	1071.52	1952.78	803.710	1464.58	643.040	1171.67
36	3215.31	5860.00	1607.71	2930.00	1071.88	1953.33	803.983	1465.00	643.258	1172.00
37	3216.42	5861.67	1608.27	2930.83	1072.25	1953.89	804.262	1465.42	643.481	1172.33
38	3217.54	5863.33	1608.83	2931.67	1072.62	1954.44	804.541	1465.83	643.705	1172.67
39	3218.63	5865.00	1609.37	2932.50	1072.99	1955.00	804.814	1466.25	643.923	1173.00
40	3219.72	5866.67	1609.92	2933.33	1073.35	1955.56	805.086	1466.67	644.141	1173.33
41	3220.81	5868.33	1610.46	2934.17	1073.71	1956.11	805.358	1467.08	644.358	1173.67
42	3221.90	5870.00	1611.01	2935.00	1074.08	1956.67	805.630	1467.50	644.576	1174.00
43	3222.99	5871.67	1611.55	2935.83	1074.44	1957.22	805.902	1467.92	644.794	1174.33
44	3224.07	5873.33	1612.10	2936.67	1074.80	1957.78	806.175	1468.33	645.012	1174.67
45	3225.19	5875.00	1612.65	2937.50	1075.17	1958.33	806.454	1468.75	645.235	1175.00
46	3226.31	5876.67	1613.21	2938.33	1075.55	1958.89	806.733	1469.17	645.459	1175.33
47	3227.40	5878.33	1613.76	2939.17	1075.91	1959.44	807.006	1469.58	645.677	1175.67
48	3228.49	5880.00	1614.30	2940.00	1076.27	1960.00	807.278	1470.00	645.894	1176.00
49	3229.57	5881.67	1614.85	2940.83	1076.64	1960.56	807.550	1470.42	646.112	1176.33
50	3230.66	5883.33	1615.39	2941.67	1077.00	1961.11	807.822	1470.83	646.330	1176.67
51	3231.78	5885.00	1615.95	2942.50	1077.37	1961.67	808.102	1471.25	646.554	1177.00
52	3232.90	5886.67	1616.51	2943.33	1077.74	1962.22	808.381	1471.67	646.777	1177.33
53	3233.99	5888.33	1617.05	2944.17	1078.11	1962.78	808.653	1472.08	646.995	1177.67
54	3235.07	5890.00	1617.60	2945.00	1078.47	1963.33	808.925	1472.50	647.213	1178.00
55	3236.19	5891.67	1618.16	2945.83	1078.84	1963.89	809.205	1472.92	647.436	1178.33
56	3237.31	5893.33	1618.71	2946.67	1079.21	1964.44	809.484	1473.33	647.660	1178.67
57	3238.40	5895.00	1619.26	2947.50	1079.58	1965.00	809.756	1473.75	647.877	1179.00
58	3239.49	5896.67	1619.80	2948.33	1079.94	1965.56	810.029	1474.17	648.095	1179.33
59	3240.58	5898.33	1620.35	2949.17	1080.30	1966.11	810.301	1474.58	648.313	1179.67

TABLE XIV.—ACTUAL TANGENTS, ETC.

6° Curve.		7° Curve.		8° Curve.		9° Curve.		10° Curve.		58°
Tan.	Arc.	Tan.	Arc.	Tan.	Arc.	Tan.	Arc.	Tan.	Arc.	M.
529.571	966.667	453.991	828.571	397.818	725.000	353.245	644.444	318.002	580.000	0
529.753	966.944	454.147	828.810	397.454	725.208	353.266	644.630	318.111	580.167	1
529.934	967.222	454.302	829.048	397.591	725.417	353.487	644.815	318.220	580.333	2
530.116	967.500	454.458	829.286	397.727	725.625	353.608	645.000	318.329	580.500	3
530.297	967.778	454.613	829.524	397.863	725.833	353.729	645.185	318.438	580.667	4
530.479	968.056	454.769	829.762	397.999	726.042	353.850	645.370	318.547	580.833	5
530.660	968.333	454.925	830.000	398.135	726.250	353.972	645.556	318.656	581.000	6
530.842	968.611	455.08.	830.238	398.272	726.458	354.093	645.741	318.765	581.167	7
531.023	968.889	455.236	830.476	398.408	726.667	354.214	645.926	318.874	581.333	8
531.205	969.167	455.391	830.714	398.544	726.875	354.335	646.111	318.983	581.500	9
531.386	969.444	455.547	830.952	398.680	727.083	354.456	646.296	319.092	581.667	10
531.568	969.722	455.703	831.190	398.816	727.292	354.577	646.481	319.201	581.833	11
531.749	970.000	455.858	831.429	398.953	727.500	354.698	646.667	319.310	582.000	12
531.931	970.278	456.014	831.667	399.089	727.708	354.819	646.852	319.419	582.167	13
532.112	970.556	456.170	831.905	399.225	727.917	354.940	647.037	319.528	582.333	14
532.299	970.833	456.329	832.143	399.365	728.125	355.064	647.222	319.640	582.500	15
532.485	971.111	456.489	832.381	399.504	728.333	355.189	647.407	319.752	582.667	16
532.666	971.389	456.645	832.619	399.641	728.542	355.310	647.593	319.861	582.833	17
532.848	971.667	456.800	832.857	399.777	728.750	355.431	647.778	319.970	583.000	18
533.030	971.944	456.956	833.095	399.913	728.958	355.552	647.963	320.079	583.167	19
533.211	972.222	457.111	833.333	400.049	729.167	355.673	648.148	320.188	583.333	20
533.393	972.500	457.267	833.571	400.185	729.375	355.794	648.333	320.297	583.500	21
533.574	972.778	457.423	833.810	400.322	729.583	355.915	648.519	320.406	583.667	22
533.756	973.056	457.578	834.048	400.458	729.792	356.036	648.704	320.515	583.833	23
533.937	973.333	457.734	834.286	400.594	730.000	356.157	648.889	320.624	584.000	24
534.119	973.611	457.889	834.524	400.730	730.208	356.278	649.074	320.733	584.167	25
534.300	973.889	458.045	834.762	400.866	730.417	356.400	649.259	320.842	584.333	26
534.482	974.167	458.201	835.000	401.003	730.625	356.521	649.444	320.951	584.500	27
534.663	974.444	458.356	835.238	401.139	730.833	356.642	649.630	321.060	584.667	28
534.850	974.722	458.516	835.476	401.278	731.042	356.766	649.815	321.172	584.833	29
535.096	975.000	458.676	835.714	401.418	731.250	356.890	650.000	321.284	585.000	30
535.217	975.278	458.831	835.952	401.554	731.458	357.011	650.185	321.393	585.167	31
535.399	975.556	458.987	836.190	401.691	731.667	357.132	650.370	321.502	585.333	32
535.580	975.833	459.143	836.429	401.827	731.875	357.254	650.556	321.611	585.500	33
535.762	976.111	459.298	836.667	401.963	732.083	357.375	650.741	321.720	585.667	34
535.943	976.389	459.454	836.905	402.099	732.292	357.496	650.926	321.829	585.833	35
536.125	976.667	459.609	837.143	402.235	732.500	357.617	651.111	321.938	586.000	36
536.311	976.944	459.769	837.381	402.375	732.708	357.741	651.296	322.049	586.167	37
536.498	977.222	459.929	837.619	402.515	732.917	357.865	651.481	322.161	586.333	38
536.679	977.500	460.084	837.857	402.651	733.125	357.986	651.667	322.270	586.500	39
536.861	977.778	460.240	838.095	402.787	733.333	358.107	651.852	322.379	586.667	40
537.042	978.056	460.396	838.333	402.923	733.542	358.229	652.037	322.488	586.833	41
537.224	978.333	460.551	838.571	403.060	733.750	358.350	652.222	322.597	587.000	42
537.405	978.611	460.707	838.810	403.196	733.958	358.471	652.407	322.706	587.167	43
537.587	978.889	460.863	839.048	403.332	734.167	358.592	652.593	322.815	587.333	44
537.778	979.167	461.022	839.286	403.472	734.375	358.716	652.778	322.927	587.500	45
537.959	979.444	461.182	839.524	403.612	734.583	358.840	652.963	323.039	587.667	46
538.141	979.722	461.338	839.762	403.748	734.792	358.961	653.148	323.148	587.833	47
538.322	980.000	461.493	840.000	403.884	735.000	359.082	653.333	323.257	588.000	48
538.504	980.278	461.649	840.238	404.020	735.208	359.204	653.519	323.366	588.167	49
538.685	980.556	461.804	840.476	404.156	735.417	359.325	653.704	323.475	588.333	50
538.872	980.833	461.964	840.714	404.296	735.625	359.449	653.889	323.587	588.500	51
539.058	981.111	462.124	840.952	404.436	735.833	359.573	654.074	323.699	588.667	52
539.239	981.389	462.279	841.190	404.572	736.042	359.694	654.259	323.808	588.833	53
539.421	981.667	462.435	841.429	404.708	736.250	359.815	654.444	323.917	589.000	54
539.607	981.944	462.595	841.667	404.848	736.458	359.940	654.630	324.029	589.167	55
539.794	982.222	462.754	841.905	404.988	736.667	360.064	654.815	324.141	589.333	56
539.975	982.500	462.910	842.143	405.124	736.875	360.185	655.000	324.250	589.500	57
540.157	982.778	463.066	842.381	405.260	737.083	360.306	655.185	324.359	589.667	58
540.338	983.056	463.222	842.619	405.396	737.292	360.427	655.370	324.468	589.833	59

TABLE XIV.—ACTUAL TANGENTS, ETC.

59°	1° Curve.		2° Curve.		3° Curve.		4° Curve.		5° Curve.	
M.	Tan.	Arc.	Tan.	Arc.	Tan.	Arc.	Tan.	Arc.	Tan.	Arc.
0	3241.66	5900.00	1620.89	2950.00	1080.67	1966.67	810.573	1475.00	648.531	1180.00
1	3242.78	5901.67	1621.45	2950.83	1081.04	1967.22	810.852	1475.42	648.754	1180.33
2	3243.90	5903.33	1622.01	2951.67	1081.41	1967.78	811.132	1475.83	648.978	1180.67
3	3244.99	5905.00	1622.55	2952.50	1081.77	1968.33	811.404	1476.25	649.196	1181.00
4	3246.08	5906.67	1623.10	2953.33	1082.14	1968.89	811.676	1476.67	649.418	1181.33
5	3247.19	5908.33	1623.66	2954.17	1082.51	1969.44	811.956	1477.08	649.637	1181.67
6	3248.31	5910.00	1624.21	2955.00	1082.88	1970.00	812.235	1477.50	649.861	1182.00
7	3249.40	5911.67	1624.76	2955.83	1083.24	1970.56	812.507	1477.92	650.078	1182.33
8	3250.49	5913.33	1625.30	2956.67	1083.61	1971.11	812.779	1478.33	650.296	1182.67
9	3251.58	5915.00	1625.85	2957.50	1083.97	1971.67	813.052	1478.75	650.514	1183.00
10	3252.67	5916.67	1626.39	2958.33	1084.33	1972.22	813.324	1479.17	650.732	1183.33
11	3253.78	5918.33	1626.95	2959.17	1084.71	1972.78	813.603	1479.58	650.955	1183.67
12	3254.90	5920.00	1627.51	2960.00	1085.08	1973.33	813.883	1480.00	651.179	1184.00
13	3255.99	5921.67	1628.05	2960.83	1085.44	1973.89	814.155	1480.42	651.397	1184.33
14	3257.08	5923.33	1628.60	2961.67	1085.80	1974.44	814.427	1480.83	651.614	1184.67
15	3258.19	5925.00	1629.16	2962.50	1086.18	1975.00	814.706	1481.25	651.838	1185.00
16	3259.31	5926.67	1629.72	2963.34	1086.55	1975.56	814.986	1481.67	652.061	1185.33
17	3260.40	5928.33	1630.26	2964.17	1086.91	1976.11	815.258	1482.08	652.279	1185.67
18	3261.49	5930.00	1630.80	2965.00	1087.27	1976.67	815.530	1482.50	652.497	1186.00
19	3262.61	5931.67	1631.36	2965.83	1087.65	1977.22	815.810	1482.92	652.720	1186.33
20	3263.72	5933.33	1631.92	2966.67	1088.02	1977.78	816.089	1483.33	652.944	1186.67
21	3264.81	5935.00	1632.47	2967.50	1088.38	1978.33	816.361	1483.75	653.162	1187.00
22	3265.90	5936.67	1633.01	2968.33	1088.75	1978.89	816.633	1484.17	653.380	1187.33
23	3267.02	5938.33	1633.57	2969.17	1089.12	1979.44	816.913	1484.58	653.603	1187.67
24	3268.14	5940.00	1634.13	2970.00	1089.49	1980.00	817.192	1485.00	653.827	1188.00
25	3269.25	5941.67	1634.69	2970.83	1089.86	1980.56	817.471	1485.42	654.050	1188.33
26	3270.37	5943.33	1635.24	2971.67	1090.24	1981.11	817.751	1485.83	654.274	1188.67
27	3271.46	5945.00	1635.79	2972.50	1090.60	1981.67	818.023	1486.25	654.491	1189.00
28	3272.55	5946.67	1636.33	2973.33	1090.96	1982.22	818.295	1486.67	654.709	1189.33
29	3273.66	5948.33	1636.89	2974.17	1091.33	1982.78	818.575	1487.08	654.933	1189.67
30	3274.78	5950.00	1637.45	2975.00	1091.71	1983.33	818.854	1487.50	655.156	1190.00
31	3275.87	5951.67	1638.00	2975.83	1092.07	1983.89	819.126	1487.92	655.374	1190.33
32	3276.96	5953.33	1638.54	2976.67	1092.43	1984.44	819.398	1488.33	655.592	1190.67
33	3278.08	5955.00	1639.10	2977.50	1092.80	1985.00	819.678	1488.75	655.815	1191.00
34	3279.19	5956.67	1639.66	2978.33	1093.18	1985.56	819.957	1489.17	656.039	1191.33
35	3280.31	5958.33	1640.22	2979.17	1093.55	1986.11	820.237	1489.58	656.262	1191.67
36	3281.43	5960.00	1640.77	2980.00	1093.92	1986.67	820.516	1490.00	656.486	1192.00
37	3282.52	5961.67	1641.32	2980.83	1094.28	1987.22	820.788	1490.42	656.704	1192.33
38	3283.61	5963.33	1641.86	2981.67	1094.65	1987.78	821.060	1490.83	656.922	1192.67
39	3284.72	5965.00	1642.42	2982.50	1095.02	1988.33	821.340	1491.25	657.145	1193.00
40	3285.84	5966.67	1642.98	2983.33	1095.39	1988.89	821.619	1491.67	657.369	1193.33
41	3286.93	5968.33	1643.52	2984.17	1095.76	1989.44	821.891	1492.08	657.586	1193.67
42	3288.02	5970.00	1644.07	2985.00	1096.12	1990.00	822.163	1492.50	657.804	1194.00
43	3289.13	5971.67	1644.63	2985.83	1096.49	1990.56	822.443	1492.92	658.028	1194.33
44	3290.25	5973.33	1645.19	2986.67	1096.86	1991.11	822.722	1493.33	658.251	1194.67
45	3291.37	5975.00	1645.74	2987.50	1097.24	1991.67	823.002	1493.75	658.475	1195.00
46	3292.49	5976.67	1646.30	2988.33	1097.61	1992.22	823.281	1494.17	658.698	1195.33
47	3293.60	5978.33	1646.86	2989.17	1097.98	1992.78	823.560	1494.58	658.922	1195.67
48	3294.72	5980.00	1647.42	2990.00	1098.35	1993.33	823.840	1495.00	659.145	1196.00
49	3295.81	5981.67	1647.97	2990.83	1098.72	1993.89	824.112	1495.42	659.363	1196.33
50	3296.90	5983.33	1648.51	2991.67	1099.08	1994.44	824.384	1495.83	659.581	1196.67
51	3298.02	5985.00	1649.07	2992.50	1099.45	1995.00	824.664	1496.25	659.804	1197.00
52	3299.13	5986.67	1649.63	2993.33	1099.82	1995.56	824.943	1496.67	660.028	1197.33
53	3300.25	5988.33	1650.19	2994.17	1100.20	1996.11	825.222	1497.08	660.252	1197.67
54	3301.37	5990.00	1650.74	2995.00	1101.57	1996.67	825.502	1497.50	660.475	1198.00
55	3302.46	5991.67	1651.29	2995.83	1100.93	1997.22	825.774	1497.92	660.693	1198.33
56	3303.54	5993.33	1651.83	2996.67	1101.29	1997.78	826.046	1498.33	660.911	1198.67
57	3304.66	5995.00	1652.39	2997.50	1101.67	1998.33	826.325	1498.75	661.134	1199.00
58	3305.78	5996.67	1652.95	2998.33	1102.04	1998.89	826.605	1499.17	661.358	1199.33
59	3306.90	5998.33	1653.51	2999.17	1102.41	1999.44	826.884	1499.58	661.581	1199.67

TABLE XIV.—ACTUAL TANGENTS, ETC.

6° Curve.		7° Curve.		8° Curve.		9° Curve.		10° Curve.		59°
Tan.	Arc.	Tan.	Arc.	Tan.	Arc.	Tan.	Arc.	Tan.	Arc.	M.
540.520	983.333	463.377	842.857	405.533	737.500	360.548	655.556	324.577	590.000	0
540.706	983.611	463.537	843.095	405.672	737.708	360.672	655.741	324.688	590.167	1
540.892	983.889	463.696	843.333	405.812	737.917	360.797	655.926	324.800	590.333	2
541.074	984.167	463.852	843.571	405.948	738.125	360.918	656.111	324.909	590.500	3
541.255	984.444	464.008	843.810	406.084	738.333	361.039	656.296	325.018	590.667	4
541.442	984.722	464.167	844.048	406.224	738.542	361.163	656.481	325.130	590.833	5
541.628	985.000	464.327	844.286	406.364	738.750	361.287	656.667	325.242	591.000	6
541.809	985.278	464.483	844.524	406.500	738.958	361.409	656.852	325.351	591.167	7
541.991	985.556	464.638	844.762	406.636	739.167	361.530	657.037	325.460	591.333	8
542.172	985.833	464.794	845.000	406.773	739.375	361.651	657.222	325.509	591.500	9
542.354	986.111	464.949	845.238	406.909	739.583	361.772	657.407	325.678	591.667	10
542.540	986.389	465.109	845.476	407.049	739.792	361.896	657.593	325.790	591.833	11
542.727	986.667	465.269	845.714	407.188	740.000	362.020	657.778	325.902	592.000	12
542.908	986.944	465.424	845.952	407.325	740.208	362.141	657.963	326.011	592.167	13
543.090	987.222	465.580	846.190	407.461	740.417	362.262	658.148	326.120	592.333	14
543.276	987.500	465.740	846.429	407.600	740.625	362.387	658.333	326.232	592.500	15
543.462	987.778	465.899	846.667	407.740	740.833	362.511	658.519	326.344	592.667	16
543.644	988.056	466.055	846.905	407.876	741.042	362.632	658.704	326.453	592.833	17
543.825	988.333	466.211	847.143	408.013	741.250	362.753	658.889	326.562	593.000	18
544.012	988.611	466.370	847.381	408.152	741.458	362.877	659.074	326.673	593.167	19
544.198	988.889	466.530	847.619	408.292	741.667	363.002	659.259	326.785	593.333	20
544.379	989.167	466.686	847.857	408.428	741.875	363.123	659.444	326.894	593.500	21
544.561	989.444	466.841	848.095	408.565	742.083	363.244	659.630	327.003	593.667	22
544.747	989.722	467.001	848.333	408.704	742.292	363.368	659.815	327.115	593.833	23
544.933	990.000	467.161	848.571	408.844	742.500	363.492	660.000	327.227	594.000	24
545.120	990.278	467.320	848.810	408.984	742.708	363.617	660.185	327.339	594.167	25
545.306	990.556	467.480	849.048	409.124	742.917	363.741	660.370	327.451	594.333	26
545.488	990.833	467.636	849.286	409.260	743.125	363.862	660.556	327.560	594.500	27
545.669	991.111	467.791	849.524	409.396	743.333	363.983	660.741	327.669	594.667	28
545.855	991.389	467.951	849.762	409.536	743.542	364.107	660.926	327.781	594.833	29
546.042	991.667	468.111	850.000	409.676	743.750	364.232	661.111	327.892	595.000	30
546.223	991.944	468.266	850.238	409.812	743.958	364.353	661.296	328.001	595.167	31
546.405	992.222	468.422	850.476	409.948	744.167	364.474	661.481	328.110	595.333	32
546.591	992.500	468.582	850.714	410.088	744.375	364.598	661.667	328.222	595.500	33
546.777	992.778	468.741	850.952	410.227	744.583	364.722	661.852	328.334	595.667	34
546.964	993.056	468.901	851.190	410.367	744.792	364.847	662.037	328.446	595.833	35
547.150	993.333	469.061	851.429	410.507	745.000	364.971	662.222	328.558	596.000	36
547.331	993.611	469.217	851.667	410.643	745.208	365.092	662.407	328.667	596.167	37
547.513	993.889	469.372	851.905	410.775	745.417	365.213	662.593	328.776	596.333	38
547.699	994.167	469.582	852.143	410.919	745.625	365.337	662.778	328.888	596.500	39
547.886	994.444	469.692	852.381	411.059	745.833	365.462	662.963	329.000	596.667	40
548.067	994.722	469.847	852.619	411.195	746.042	365.583	663.148	329.109	596.833	41
548.249	995.000	470.003	852.857	411.331	746.250	365.704	663.333	329.218	597.000	42
548.435	995.278	470.162	853.095	411.471	746.458	365.828	663.519	329.330	597.167	43
548.621	995.556	470.322	853.333	411.611	746.667	365.952	663.704	329.441	597.333	44
548.807	995.833	470.482	853.571	411.751	746.875	366.077	663.889	329.553	597.500	45
548.994	996.111	470.642	853.810	411.890	747.083	366.201	664.074	329.665	597.667	46
549.180	996.389	470.801	854.048	412.030	747.292	366.325	664.259	329.777	597.833	47
549.366	996.667	470.961	854.286	412.170	747.500	366.449	664.444	329.889	598.000	48
549.548	996.944	471.117	854.524	412.306	747.708	366.570	664.630	329.998	598.167	49
549.729	997.222	471.272	854.762	412.442	747.917	366.691	664.815	330.107	598.333	50
549.916	997.500	471.432	855.000	412.582	748.125	366.816	665.000	330.219	598.500	51
550.102	997.778	471.592	855.238	412.722	748.333	366.940	665.185	330.331	598.667	52
550.288	998.056	471.751	855.476	412.862	748.542	367.064	665.370	330.443	598.833	53
550.475	998.333	471.911	855.714	413.001	748.750	367.189	665.556	330.554	599.000	54
550.656	998.611	472.067	855.952	413.138	748.958	367.310	665.741	330.663	599.167	55
550.838	998.889	472.222	856.190	413.274	749.167	367.431	665.926	330.772	599.333	56
551.024	999.167	472.382	856.429	413.414	749.375	367.555	666.111	330.884	599.500	57
551.210	999.444	472.542	856.667	413.553	749.583	367.679	666.296	330.996	599.667	58
551.397	999.722	472.701	856.905	413.693	749.792	367.804	666.481	331.108	599.833	59

TABLE XIV.—ACTUAL TANGENTS, ETC.

60°	1° Curve.		2° Curve.		3° Curve.		4° Curve.		5° Curve.	
M.	Tan.	Arc.	Tan.	Arc.	Tan.	Arc.	Tan.	Arc.	Tan.	Arc.
0	3308.01	6000.00	1654.07	3000.00	1102.78	2000.00	827.164	1500.00	661.805	1200.00
1	3309.13	6001.67	1654.63	3000.83	1103.16	2000.56	827.443	1500.42	662.028	1200.33
2	3310.25	6003.33	1655.18	3001.67	1103.53	2001.11	827.722	1500.83	662.252	1200.67
3	3311.37	6005.00	1655.74	3002.50	1103.90	2001.67	828.002	1501.25	662.475	1201.00
4	3312.48	6006.67	1656.30	3003.33	1104.27	2002.22	828.281	1501.67	662.699	1201.33
5	3313.57	6008.33	1656.85	3004.17	1104.64	2002.78	828.553	1502.08	662.917	1201.67
6	3314.66	6010.00	1657.39	3005.00	1105.00	2003.33	828.825	1502.50	663.134	1202.00
7	3315.78	6011.67	1657.95	3005.83	1105.37	2003.89	829.105	1502.92	663.358	1202.33
8	3316.89	6013.33	1658.51	3006.67	1105.75	2004.44	829.384	1503.33	663.581	1202.67
9	3318.01	6015.00	1659.07	3007.50	1106.12	2005.00	829.664	1503.75	663.805	1203.00
10	3319.13	6016.67	1659.63	3008.33	1106.49	2005.56	829.943	1504.17	664.029	1203.33
11	3320.25	6018.33	1660.18	3009.17	1106.86	2006.11	830.222	1504.58	664.252	1203.67
12	3321.36	6020.00	1660.74	3010.00	1107.24	2006.67	830.502	1505.00	664.476	1204.00
13	3322.48	6021.67	1661.30	3010.83	1107.61	2007.22	830.781	1505.42	664.699	1204.33
14	3323.60	6023.33	1661.86	3011.67	1107.98	2007.78	831.060	1505.83	664.923	1204.67
15	3324.72	6025.00	1662.42	3012.50	1108.35	2008.33	831.340	1506.25	665.146	1205.00
16	3325.83	6026.67	1662.98	3013.33	1108.73	2008.89	831.619	1506.67	665.370	1205.33
17	3326.95	6028.33	1663.54	3014.17	1109.10	2009.44	831.899	1507.08	665.593	1205.67
18	3328.07	6030.00	1664.09	3015.00	1109.47	2010.00	832.178	1507.50	665.817	1206.00
19	3329.18	6031.67	1664.65	3015.83	1109.84	2010.56	832.457	1507.92	666.040	1206.33
20	3330.30	6033.33	1665.21	3016.67	1110.21	2011.11	832.737	1508.33	666.264	1206.67
21	3331.39	6035.00	1665.76	3017.50	1110.58	2011.67	833.009	1508.75	666.488	1207.00
22	3332.48	6036.67	1666.30	3018.33	1110.94	2012.22	833.281	1509.17	666.699	1207.33
23	3333.60	6038.33	1666.86	3019.17	1111.31	2012.78	833.561	1509.58	666.923	1207.67
24	3334.71	6040.00	1667.42	3020.00	1111.69	2013.33	833.840	1510.00	667.146	1208.00
25	3335.83	6041.67	1667.98	3020.83	1112.06	2013.89	834.119	1510.42	667.370	1208.33
26	3336.95	6043.33	1668.54	3021.67	1112.43	2014.44	834.399	1510.83	667.593	1208.67
27	3338.07	6045.00	1669.09	3022.50	1112.80	2015.00	834.678	1511.25	667.817	1209.00
28	3339.18	6046.67	1669.65	3023.33	1113.18	2015.56	834.957	1511.67	668.041	1209.33
29	3340.30	6048.33	1670.21	3024.17	1113.55	2016.11	835.237	1512.08	668.264	1209.67
30	3341.42	6050.00	1670.77	3025.00	1113.92	2016.67	835.516	1512.50	668.488	1210.00
31	3342.53	6051.67	1671.33	3025.83	1114.29	2017.22	835.796	1512.92	668.711	1210.33
32	3343.65	6053.33	1671.89	3026.67	1114.77	2017.78	836.075	1513.33	668.935	1210.67
33	3344.77	6055.00	1672.45	3027.50	1115.04	2018.33	836.354	1513.75	669.158	1211.00
34	3345.89	6056.67	1673.00	3028.33	1115.41	2018.89	836.634	1514.17	669.382	1211.33
35	3347.00	6058.33	1673.56	3029.17	1115.78	2019.44	836.913	1514.58	669.605	1211.67
36	3348.12	6060.00	1674.12	3030.00	1116.16	2020.00	837.192	1515.00	669.829	1212.00
37	3349.24	6061.67	1674.68	3030.83	1116.53	2020.56	837.472	1515.42	670.052	1212.33
38	3350.36	6063.33	1675.24	3031.67	1116.90	2021.11	837.751	1515.83	670.276	1212.67
39	3351.47	6065.00	1675.80	3032.50	1117.27	2021.67	838.031	1516.25	670.499	1213.00
40	3352.59	6066.67	1676.36	3033.33	1117.65	2022.22	838.310	1516.67	670.723	1213.33
41	3353.71	6068.33	1676.92	3034.17	1118.02	2022.78	838.589	1517.08	670.946	1213.67
42	3354.82	6070.00	1677.47	3035.00	1118.39	2023.33	838.869	1517.50	671.170	1214.00
43	3355.94	6071.67	1678.03	3035.83	1118.76	2023.89	839.148	1517.92	671.393	1214.33
44	3357.06	6073.33	1678.59	3036.67	1119.13	2024.44	839.427	1518.33	671.617	1214.67
45	3358.21	6075.00	1679.16	3037.50	1119.52	2025.00	839.714	1518.75	671.846	1215.00
46	3359.35	6076.67	1679.74	3038.33	1119.90	2025.56	840.000	1519.17	672.075	1215.33
47	3360.47	6078.33	1680.30	3039.17	1120.27	2026.11	840.280	1519.58	672.299	1215.67
48	3361.59	6080.00	1680.85	3040.00	1120.64	2026.67	840.559	1520.00	672.522	1216.00
49	3362.70	6081.67	1681.41	3040.83	1121.02	2027.22	840.839	1520.42	672.746	1216.33
50	3363.82	6083.33	1681.97	3041.67	1121.39	2027.78	841.118	1520.83	672.970	1216.67
51	3364.94	6085.00	1682.53	3042.50	1121.76	2028.33	841.397	1521.25	673.193	1217.00
52	3366.05	6086.67	1683.09	3043.33	1122.13	2028.89	841.677	1521.67	673.417	1217.33
53	3367.17	6088.33	1683.65	3044.17	1122.51	2029.44	841.956	1522.08	673.640	1217.67
54	3368.29	6090.00	1684.21	3045.00	1122.88	2030.00	842.235	1522.50	673.864	1218.00
55	3369.41	6091.67	1684.75	3045.83	1123.25	2030.56	842.515	1522.92	674.087	1218.33
56	3370.52	6093.33	1685.32	3046.67	1123.62	2031.11	842.794	1523.33	674.311	1218.67
57	3371.64	6095.00	1685.88	3047.50	1124.00	2031.67	843.074	1523.75	674.534	1219.00
58	3372.76	6096.67	1686.44	3048.33	1124.37	2032.22	843.353	1524.17	674.758	1219.33
59	3373.90	6098.33	1687.01	3049.17	1124.75	2032.78	843.640	1524.58	674.987	1219.67

TABLE XIV.—ACTUAL TANGENTS, ETC.

6° Curve.		7° Curve.		8° Curve.		9° Curve.		10° Curve.		60°
Tan.	Arc.	Tan.	Arc.	Tan.	Arc.	Tan.	Arc.	Tan.	Arc.	M.
551.583	1000.00	472.861	857.143	413.833	750.000	367.928	666.667	331.220	600.000	0
551.769	1000.28	473.021	857.381	413.973	750.208	368.052	666.852	331.332	600.167	1
551.955	1000.56	473.181	857.619	414.112	750.417	368.176	667.037	331.444	600.333	2
552.142	1000.83	473.340	857.857	414.252	750.625	368.301	667.222	331.555	600.500	3
552.328	1001.11	473.500	858.095	414.392	750.833	368.425	667.407	331.667	600.667	4
552.510	1001.39	473.660	858.333	414.528	751.042	368.546	667.593	331.776	600.833	5
552.691	1001.67	473.819	858.571	414.664	751.250	368.667	667.778	331.885	601.000	6
552.877	1001.94	473.975	858.810	414.804	751.458	368.791	667.963	331.997	601.167	7
553.064	1002.22	474.131	859.018	414.944	751.667	368.916	668.118	332.109	601.333	8
553.250	1002.50	474.290	859.286	415.084	751.875	369.040	668.333	332.221	601.500	9
553.436	1002.78	474.450	859.524	415.228	752.083	369.164	668.519	332.333	601.667	10
553.623	1003.06	474.610	859.762	415.363	752.292	369.288	668.704	332.445	601.833	11
553.809	1003.33	474.769	860.000	415.503	752.500	369.413	668.889	332.557	602.000	12
553.995	1003.61	474.929	860.238	415.643	752.708	369.537	669.074	332.668	602.167	13
554.181	1003.89	475.089	860.476	415.783	752.917	369.661	669.259	332.780	602.333	14
554.368	1004.17	475.249	860.714	415.922	753.125	369.785	669.444	332.892	602.500	15
554.554	1004.44	475.408	860.952	416.062	753.333	369.910	669.630	333.004	602.667	16
554.740	1004.72	475.568	861.190	416.202	753.542	370.034	669.815	333.116	602.833	17
554.927	1005.00	475.728	861.429	416.342	753.750	370.158	670.000	333.228	603.000	18
555.113	1005.28	475.887	861.667	416.481	753.958	370.282	670.185	333.340	603.167	19
555.299	1005.56	476.047	861.905	416.621	754.167	370.407	670.370	333.452	603.333	20
555.481	1005.83	476.203	862.143	416.757	754.375	370.528	670.556	333.561	603.500	21
555.662	1006.11	476.358	862.381	416.894	754.583	370.649	670.741	333.670	603.667	22
555.849	1006.39	476.518	862.619	417.033	754.792	370.773	670.926	333.781	603.833	23
556.035	1006.67	476.678	862.857	417.173	755.000	370.897	671.111	333.893	604.000	24
556.221	1006.94	476.837	863.095	417.313	755.208	371.022	671.296	334.005	604.167	25
556.407	1007.22	476.997	863.333	417.453	755.417	371.146	671.481	334.117	604.333	26
556.594	1007.50	477.157	863.571	417.592	755.625	371.270	671.667	334.229	604.500	27
556.780	1007.78	477.317	863.810	417.732	755.833	371.395	671.852	334.341	604.667	28
556.966	1008.06	477.476	864.048	417.872	756.042	371.519	672.037	334.453	604.833	29
557.152	1008.33	477.636	864.286	418.012	756.250	371.643	672.222	334.564	605.000	30
557.339	1008.61	477.796	864.524	418.151	756.458	371.767	672.407	334.676	605.167	31
557.525	1008.89	477.955	864.762	418.291	756.667	371.892	672.593	334.788	605.333	32
557.712	1009.17	478.115	865.000	418.431	756.875	372.016	672.778	334.900	605.500	33
557.898	1009.44	478.275	865.238	418.571	757.083	372.140	672.963	335.012	605.667	34
558.084	1009.72	478.435	865.476	418.711	757.292	372.264	673.148	335.124	605.833	35
558.270	1010.00	478.594	865.714	418.850	757.500	372.389	673.333	335.236	606.000	36
558.457	1010.28	478.754	865.952	418.990	757.708	372.513	673.519	335.348	606.167	37
558.643	1010.56	478.914	866.190	419.130	757.917	372.637	673.704	335.459	606.333	38
558.829	1010.83	479.073	866.429	419.270	758.125	372.761	673.889	335.571	606.500	39
559.016	1011.11	479.233	866.667	419.409	758.333	372.886	674.074	335.683	606.667	40
559.202	1011.39	479.393	866.905	419.549	758.542	373.010	674.259	335.795	606.833	41
559.388	1011.67	479.553	867.143	419.689	758.750	373.134	674.444	335.907	607.000	42
559.574	1011.94	479.712	867.381	419.829	758.958	373.259	674.630	336.019	607.167	43
559.761	1012.22	479.872	867.619	419.969	759.167	373.383	674.815	336.131	607.333	44
559.952	1012.50	480.036	867.857	420.112	759.375	373.510	675.000	336.245	607.500	45
560.143	1012.78	480.200	868.095	420.255	759.583	373.638	675.185	336.360	607.667	46
560.329	1013.06	480.359	868.333	420.395	759.792	373.762	675.370	336.472	607.833	47
560.516	1013.33	480.519	868.571	420.535	760.000	373.886	675.556	336.584	608.000	48
560.702	1013.61	480.679	868.810	420.675	760.208	374.011	675.741	336.696	608.167	49
560.888	1013.89	480.838	869.048	420.814	760.417	374.135	675.926	336.808	608.333	50
561.074	1014.17	480.998	869.286	420.954	760.625	374.259	676.111	336.919	608.500	51
561.261	1014.44	481.158	869.524	421.094	760.833	374.383	676.296	337.031	608.667	52
561.447	1014.72	481.318	869.762	421.234	761.042	374.508	676.481	337.143	608.833	53
561.633	1015.00	481.477	870.000	421.373	761.250	374.632	676.667	337.255	609.000	54
561.820	1015.28	481.637	870.238	421.513	761.458	374.756	676.852	337.367	609.167	55
562.006	1015.56	481.797	870.476	421.653	761.667	374.880	677.037	337.479	609.333	56
562.192	1015.83	481.956	870.714	421.793	761.875	375.005	677.222	337.591	609.500	57
562.379	1016.11	482.116	870.952	421.932	762.083	375.129	677.407	337.703	609.667	58
562.570	1016.39	482.280	871.190	422.076	762.292	375.256	677.593	337.817	609.833	59

TABLE XIV.—ACTUAL TANGENTS, ETC.

61°	1° Curve.		2° Curve.		3° Curve.		4° Curve.		5° Curve.	
M.	Tan.	Arc.	Tan.	Arc.	Tan.	Arc.	Tan.	Arc.	Tan.	Arc.
0	3375.05	6100.00	1687.59	3050.00	1125.13	2033.33	843.926	1525.00	675.216	1220.00
1	3376.17	6101.67	1688.15	3050.83	1125.51	2033.89	844.205	1525.42	675.440	1220.33
2	3377.28	6103.33	1688.70	3051.67	1125.88	2034.44	844.485	1525.83	675.663	1220.67
3	3378.40	6105.00	1689.26	3052.50	1126.25	2035.00	844.764	1526.25	675.887	1221.00
4	3379.52	6106.67	1689.82	3053.33	1126.62	2035.56	845.044	1526.67	676.110	1221.33
5	3380.64	6108.33	1690.38	3054.17	1126.99	2036.11	845.323	1527.08	676.334	1221.67
6	3381.75	6110.00	1690.94	3055.00	1127.37	2036.67	845.602	1527.50	676.557	1222.00
7	3382.87	6111.67	1691.50	3055.83	1127.74	2037.22	845.882	1527.92	676.781	1222.33
8	3383.99	6113.33	1692.06	3056.67	1128.11	2037.78	846.161	1528.33	677.004	1222.67
9	3385.13	6115.00	1692.63	3057.50	1128.49	2038.33	846.448	1528.75	677.234	1223.00
10	3386.28	6116.67	1693.20	3058.33	1128.88	2038.89	846.734	1529.17	677.463	1223.33
11	3387.40	6118.33	1693.76	3059.17	1129.25	2039.44	847.018	1529.58	677.686	1223.67
12	3388.52	6120.00	1694.32	3060.00	1129.62	2040.00	847.293	1530.00	677.910	1224.00
13	3389.63	6121.67	1694.88	3060.83	1129.99	2040.56	847.572	1530.42	678.134	1224.33
14	3390.75	6123.33	1695.44	3061.67	1130.37	2041.11	847.852	1530.83	678.357	1224.67
15	3391.87	6125.00	1696.00	3062.50	1130.74	2041.67	848.131	1531.25	678.581	1225.00
16	3392.98	6126.67	1696.55	3063.33	1131.11	2042.22	848.410	1531.67	678.804	1225.33
17	3394.13	6128.33	1697.13	3064.17	1131.49	2042.78	848.697	1532.08	679.033	1225.67
18	3395.28	6130.00	1697.70	3065.00	1131.88	2043.33	848.983	1532.50	679.263	1226.00
19	3395.39	6131.67	1698.26	3065.83	1132.25	2043.89	849.263	1532.92	679.486	1226.33
20	3397.51	6133.33	1698.82	3066.67	1132.62	2044.44	849.542	1533.33	679.710	1226.67
21	3398.63	6135.00	1699.38	3067.50	1132.99	2045.00	849.822	1533.75	679.933	1227.00
22	3399.75	6136.67	1699.93	3068.33	1133.37	2045.56	850.101	1534.17	680.157	1227.33
23	3400.89	6138.33	1700.51	3069.17	1133.75	2046.11	850.387	1534.58	680.386	1227.67
24	3402.04	6140.00	1701.08	3070.00	1134.13	2046.67	850.674	1535.00	680.615	1228.00
25	3403.15	6141.67	1701.64	3070.83	1134.50	2047.22	850.953	1535.42	680.839	1228.33
26	3404.27	6143.33	1702.20	3071.67	1134.87	2047.78	851.233	1535.83	681.062	1228.67
27	3405.39	6145.00	1702.76	3072.50	1135.25	2048.33	851.512	1536.25	681.286	1229.00
28	3406.51	6146.67	1703.32	3073.33	1135.62	2048.89	851.792	1536.67	681.509	1229.33
29	3407.65	6148.33	1703.89	3074.17	1136.00	2049.44	852.078	1537.08	681.739	1229.67
30	3408.80	6150.00	1704.46	3075.00	1136.38	2050.00	852.365	1537.50	681.968	1230.00
31	3409.92	6151.67	1705.02	3075.83	1136.76	2050.56	852.644	1537.92	682.191	1230.33
32	3411.03	6153.33	1705.58	3076.67	1137.13	2051.11	852.923	1538.33	682.415	1230.67
33	3412.18	6155.00	1706.15	3077.50	1137.51	2051.67	853.210	1538.75	682.644	1231.00
34	3413.32	6156.67	1706.72	3078.33	1137.89	2052.22	853.496	1539.17	682.873	1231.33
35	3414.44	6158.33	1707.28	3079.17	1138.26	2052.78	853.77	1539.58	683.097	1231.67
36	3415.56	6160.00	1707.84	3080.00	1138.64	2053.33	854.055	1540.00	683.320	1232.00
37	3416.68	6161.67	1708.40	3080.83	1139.01	2053.89	854.335	1540.42	683.544	1232.33
38	3417.79	6163.33	1708.96	3081.67	1139.38	2054.44	854.614	1540.83	683.767	1232.67
39	3418.94	6165.00	1709.53	3082.50	1139.76	2055.00	854.900	1541.25	683.997	1233.00
40	3420.09	6166.67	1710.11	3083.33	1140.15	2055.56	855.187	1541.67	684.220	1233.33
41	3421.20	6168.33	1710.66	3084.17	1140.52	2056.11	855.466	1542.08	684.450	1233.67
42	3422.32	6170.00	1711.22	3085.00	1140.89	2056.67	855.746	1542.50	684.673	1234.00
43	3423.47	6171.67	1711.80	3085.83	1141.27	2057.22	856.032	1542.92	684.902	1234.33
44	3424.61	6173.33	1712.37	3086.67	1141.65	2057.78	856.319	1543.33	685.132	1234.67
45	3425.73	6175.00	1712.93	3087.50	1142.03	2058.33	856.598	1543.75	685.355	1235.00
46	3426.85	6176.67	1713.49	3088.33	1142.40	2058.89	856.878	1544.17	685.579	1235.33
47	3427.99	6178.33	1714.06	3089.17	1142.78	2059.44	857.164	1544.58	685.808	1235.67
48	3429.14	6180.00	1714.63	3090.00	1143.16	2060.0	857.451	1545.00	686.037	1236.00
49	3430.26	6181.67	1715.19	3090.83	1143.54	2060.56	857.730	1545.42	686.261	1236.33
50	3431.37	6183.33	1715.75	3091.67	1143.91	2061.11	858.009	1545.83	686.484	1236.67
51	3432.52	6185.00	1716.32	3092.50	1144.29	2061.67	858.296	1546.25	686.713	1237.00
52	3433.66	6186.67	1716.90	3093.33	1144.67	2062.22	858.582	1546.67	686.943	1237.33
53	3434.78	6188.33	1717.45	3094.17	1145.05	2062.78	858.862	1547.08	687.166	1237.67
54	3435.90	6190.00	1718.01	3095.00	1145.42	2063.33	859.141	1547.50	687.390	1238.00
55	3437.05	6191.67	1718.59	3095.83	1145.80	2063.89	859.428	1547.92	687.619	1238.33
56	3438.19	6193.33	1719.16	3096.67	1146.18	2064.44	859.714	1548.33	687.848	1238.67
57	3439.31	6195.00	1719.72	3097.50	1146.55	2065.00	859.994	1548.75	688.072	1239.00
58	3440.43	6196.67	1720.28	3098.33	1146.93	2065.56	860.273	1549.17	688.295	1239.33
59	3441.57	6198.33	1720.85	3099.17	1147.31	2066.11	860.560	1549.58	688.525	1239.67

TABLE XIV.—ACTUAL TANGENTS, ETC.

6° Curve.		7° Curve.		8° Curve.		9° Curve.		10° Curve.		61°
Tan.	Arc.	Tan.	Arc.	Tan.	Arc.	Tan.	Arc.	Tan.	Arc.	M.
562.761	1016.67	482.444	871.429	422.219	762.500	375.384	677.778	337.932	610.000	0
562.947	1016.94	482.603	871.667	422.359	762.708	375.508	677.963	338.044	610.167	1
563.133	1017.22	482.763	871.905	422.499	762.917	375.632	678.148	338.156	610.333	2
563.320	1017.50	482.923	872.143	422.639	763.125	375.757	678.333	338.268	610.500	3
563.506	1017.78	483.083	872.381	422.778	763.333	375.881	678.519	338.380	610.667	4
563.692	1018.06	483.242	872.619	422.918	763.542	376.005	678.704	338.491	610.833	5
563.878	1018.33	483.402	872.857	423.058	763.750	376.129	678.889	338.603	611.000	6
564.065	1018.61	483.562	873.095	423.198	763.958	376.254	679.074	338.715	611.167	7
564.251	1018.89	483.721	873.333	423.337	764.167	376.378	679.259	338.827	611.333	8
564.442	1019.17	483.885	873.571	423.481	764.375	376.505	679.444	338.942	611.500	9
564.633	1019.44	484.049	873.810	423.624	764.583	376.633	679.630	339.056	611.667	10
564.819	1019.72	484.209	874.048	423.764	764.792	376.757	679.815	339.168	611.833	11
565.006	1020.00	484.368	874.286	423.904	765.000	376.881	680.000	339.280	612.000	12
565.192	1020.28	484.528	874.524	424.043	765.208	377.006	680.185	339.392	612.167	13
565.378	1020.56	484.688	874.762	424.183	765.417	377.130	680.370	339.504	612.333	14
565.565	1020.83	484.847	875.000	424.323	765.625	377.254	680.556	339.616	612.500	15
565.751	1021.11	485.007	875.238	424.463	765.833	377.378	680.741	339.728	612.667	16
565.942	1021.39	485.171	875.476	424.606	766.042	377.506	680.926	339.842	612.833	17
566.133	1021.67	485.335	875.714	424.749	766.250	377.633	681.111	339.957	613.000	18
566.319	1021.94	485.495	875.952	424.889	766.458	377.758	681.296	340.069	613.167	19
566.506	1022.22	485.654	876.190	425.029	766.667	377.882	681.481	340.181	613.333	20
566.692	1022.50	485.814	876.429	425.169	766.875	378.006	681.667	340.293	613.500	21
566.878	1022.78	485.974	876.667	425.309	767.083	378.130	681.852	340.405	613.667	22
567.069	1023.06	486.137	876.905	425.452	767.292	378.258	682.037	340.519	613.833	23
567.260	1023.33	486.301	877.143	425.595	767.500	378.385	682.222	340.634	614.000	24
567.447	1023.61	486.461	877.381	425.735	767.708	378.510	682.407	340.746	614.167	25
567.633	1023.89	486.621	877.619	425.875	767.917	378.634	682.593	340.858	614.333	26
567.819	1024.17	486.780	877.857	426.015	768.125	378.758	682.778	340.970	614.500	27
568.006	1024.44	486.940	878.095	426.154	768.333	378.882	682.963	341.082	614.667	28
568.197	1024.72	487.104	878.333	426.298	768.542	379.010	683.148	341.196	614.833	29
568.388	1025.00	487.268	878.571	426.441	768.750	379.137	683.333	341.311	615.000	30
568.574	1025.28	487.427	878.810	426.581	768.958	379.262	683.519	341.423	615.167	31
568.760	1025.56	487.587	879.048	426.721	769.167	379.386	683.704	341.535	615.333	32
568.951	1025.83	487.751	879.286	426.864	769.375	379.513	683.889	341.650	615.500	33
569.143	1026.11	487.915	879.524	427.007	769.583	379.641	684.074	341.764	615.667	34
569.329	1026.39	488.074	879.762	427.147	769.792	379.765	684.259	341.876	615.833	35
569.515	1026.67	488.234	880.000	427.287	770.000	379.889	684.444	341.988	616.000	36
569.701	1026.94	488.394	880.238	427.427	770.208	380.014	684.630	342.100	616.167	37
569.888	1027.22	488.554	880.476	427.566	770.417	380.138	684.815	342.212	616.333	38
570.079	1027.50	488.717	880.714	427.710	770.625	380.265	685.000	342.327	616.500	39
570.270	1027.78	488.881	880.952	427.853	770.833	380.393	685.185	342.441	616.667	40
570.456	1028.06	489.041	881.190	427.993	771.042	380.517	685.370	342.553	616.833	41
570.642	1028.33	489.201	881.429	428.133	771.250	380.641	685.556	342.665	617.000	42
570.834	1028.61	489.364	881.667	428.276	771.458	380.769	685.741	342.780	617.167	43
571.025	1028.89	489.528	881.905	428.419	771.667	380.896	685.926	342.894	617.333	44
571.211	1029.17	489.688	882.143	428.559	771.875	381.020	686.111	343.006	617.500	45
571.397	1029.44	489.848	882.381	428.699	772.083	381.145	686.296	343.118	617.667	46
571.588	1029.72	490.011	882.619	428.842	772.292	381.272	686.481	343.233	617.833	47
571.779	1030.00	490.175	882.857	428.986	772.500	381.400	686.667	343.348	618.000	48
571.966	1030.28	490.335	883.095	429.125	772.708	381.524	686.852	343.460	618.167	49
572.152	1030.56	490.495	883.333	429.265	772.917	381.648	687.037	343.571	618.333	50
572.343	1030.83	490.658	883.571	429.409	773.125	381.776	687.222	343.686	618.500	51
572.534	1031.11	490.822	883.810	429.552	773.333	381.903	687.407	343.801	618.667	52
572.720	1031.39	490.982	884.048	429.692	773.542	382.027	687.593	343.913	618.833	53
572.907	1031.67	491.142	884.286	429.831	773.750	382.152	687.778	344.025	619.000	54
573.098	1031.94	491.305	884.524	429.975	773.958	382.279	687.963	344.139	619.167	55
573.289	1032.22	491.469	884.762	430.118	774.167	382.407	688.148	344.254	619.333	56
573.475	1032.50	491.629	885.000	430.258	774.375	382.531	688.333	344.366	619.500	57
573.661	1032.78	491.789	885.238	430.398	774.583	382.655	688.519	344.478	619.667	58
573.852	1033.06	491.953	885.476	430.541	774.792	382.783	688.704	344.593	619.833	59

TABLE XIV.—ACTUAL TANGENTS, ETC.

62°	1° Curve.		2° Curve.		3° Curve.		4° Curve.		5° Curve.	
M.	Tan.	Arc.	Tan.	Arc.	Tan.	Arc.	Tan.	Arc.	Tan.	Arc
0	3442.72	6200.00	1721.42	3100.00	1147.69	2066.67	860.846	1550.00	688.754	1240.00
1	3443.86	6201.67	1721.99	3100.83	1148.07	2067.22	861.133	1550.42	688.983	1240.33
2	3445.01	6203.33	1722.57	3101.67	1148.45	2067.78	861.419	1550.83	689.212	1240.67
3	3446.13	6205.00	1723.13	3102.50	1148.83	2068.33	861.699	1551.25	689.436	1241.00
4	3447.24	6206.67	1723.69	3103.33	1149.20	2068.89	861.978	1551.67	689.659	1241.33
5	3448.39	6208.33	1724.26	3104.17	1149.58	2069.44	862.264	1552.08	689.889	1241.67
6	3449.54	6210.00	1724.83	3105.00	1149.96	2070.00	862.551	1552.50	690.118	1242.00
7	3450.68	6211.67	1725.40	3105.83	1150.35	2070.56	862.838	1552.92	690.347	1242.33
8	3451.83	6213.33	1725.98	3106.67	1150.73	2071.11	863.124	1553.33	690.576	1242.67
9	3452.94	6215.00	1726.54	3107.50	1151.10	2071.67	863.403	1553.75	690.800	1243.00
10	3454.06	6216.67	1727.09	3108.33	1151.47	2072.22	863.683	1554.17	691.023	1243.33
11	3455.21	6218.33	1727.68	3109.17	1151.85	2072.78	863.969	1554.58	691.253	1243.67
12	3456.35	6220.00	1728.24	3110.00	1152.24	2073.33	864.256	1555.00	691.482	1244.00
13	3457.50	6221.67	1728.81	3110.83	1152.62	2073.89	864.542	1555.42	691.711	1244.33
14	3458.65	6223.33	1729.39	3111.67	1153.00	2074.44	864.829	1555.83	691.940	1244.67
15	3459.76	6225.00	1729.95	3112.50	1153.37	2075.00	865.108	1556.25	692.164	1245.00
16	3460.88	6226.67	1730.50	3113.33	1153.75	2075.56	865.388	1556.67	692.388	1245.33
17	3462.03	6228.33	1731.08	3114.17	1154.13	2076.11	865.674	1557.08	692.617	1245.67
18	3463.17	6230.00	1731.65	3115.00	1154.51	2076.67	865.961	1557.50	692.846	1246.00
19	3464.32	6231.67	1732.22	3115.83	1154.89	2077.22	866.247	1557.92	693.075	1246.33
20	3465.46	6233.33	1732.80	3116.67	1155.27	2077.78	866.534	1558.33	693.305	1246.67
21	3466.58	6235.00	1733.35	3117.50	1155.65	2078.33	866.803	1558.75	693.528	1247.00
22	3467.70	6236.67	1733.91	3118.33	1156.02	2078.89	867.093	1559.17	693.752	1247.33
23	3468.84	6238.33	1734.49	3119.17	1156.40	2079.44	867.369	1559.58	693.981	1247.67
24	3469.99	6240.00	1735.06	3120.00	1156.78	2080.00	867.666	1560.00	694.210	1248.00
25	3471.14	6241.67	1735.63	3120.83	1157.16	2080.56	867.952	1560.42	694.439	1248.33
26	3472.28	6243.33	1736.20	3121.67	1157.55	2081.11	868.239	1560.83	691.669	1248.67
27	3473.43	6245.00	1736.78	3122.50	1157.93	2081.67	868.525	1561.25	694.898	1249.00
28	3474.57	6246.67	1737.35	3123.33	1158.31	2082.22	868.812	1561.67	695.127	1249.33
29	3475.69	6248.33	1737.91	3124.17	1158.68	2082.78	869.091	1562.08	695.351	1249.67
30	3476.81	6250.00	1738.47	3125.00	1159.06	2083.33	869.371	1562.50	695.574	1250.00
31	3477.95	6251.67	1739.04	3125.83	1159.44	2083.89	869.657	1562.92	695.803	1250.33
32	3479.10	6253.33	1739.61	3126.67	1159.82	2084.44	869.944	1563.33	696.033	1250.67
33	3480.25	6255.00	1740.19	3127.50	1160.20	2085.00	870.230	1563.75	696.262	1251.00
34	3481.39	6256.67	1740.76	3128.33	1160.58	2085.56	870.517	1564.17	696.491	1251.33
35	3482.54	6258.33	1741.33	3129.17	1160.97	2086.11	870.803	1564.58	696.720	1251.67
36	3483.68	6260.00	1741.91	3130.00	1161.35	2086.67	871.090	1565.00	696.950	1252.00
37	3484.83	6261.67	1742.48	3130.83	1161.73	2087.22	871.376	1565.42	697.179	1252.33
38	3485.98	6263.33	1743.05	3131.67	1162.11	2087.78	871.663	1565.83	697.408	1252.67
39	3487.12	6265.00	1743.63	3132.50	1162.49	2088.33	871.949	1566.25	697.637	1253.00
40	3488.27	6266.67	1744.20	3133.33	1162.88	2088.89	872.236	1566.67	697.867	1253.33
41	3489.41	6268.33	1744.77	3134.17	1163.26	2089.44	872.523	1567.08	698.096	1253.67
42	3490.56	6270.00	1745.34	3135.00	1163.64	2090.00	872.809	1567.50	698.325	1254.00
43	3491.68	6271.67	1745.90	3135.83	1164.01	2090.56	873.098	1567.92	698.549	1254.33
44	3492.79	6273.33	1746.46	3136.67	1164.38	2091.11	873.368	1568.33	698.772	1254.67
45	3493.94	6275.00	1747.03	3137.50	1164.77	2091.67	873.654	1568.75	699.002	1255.00
46	3495.09	6276.67	1747.61	3138.33	1165.15	2092.22	873.941	1569.17	699.231	1255.33
47	3496.23	6278.33	1748.18	3139.17	1165.53	2092.78	874.227	1569.58	699.460	1255.67
48	3497.38	6280.00	1748.75	3140.00	1165.91	2093.33	874.514	1570.00	699.689	1256.00
49	3498.52	6281.67	1749.33	3140.83	1166.29	2093.89	874.801	1570.42	699.919	1256.33
50	3499.67	6283.33	1749.90	3141.67	1166.68	2094.44	875.087	1570.83	700.148	1256.67
51	3500.82	6285.00	1750.47	3142.50	1167.06	2095.00	875.374	1571.25	700.377	1257.00
52	3501.96	6286.67	1751.05	3143.33	1167.44	2095.56	875.660	1571.67	700.606	1257.33
53	3503.11	6288.33	1751.62	3144.17	1167.82	2096.11	875.947	1572.08	700.836	1257.67
54	3504.25	6290.00	1752.19	3145.00	1168.20	2096.67	876.233	1572.50	701.065	1258.00
55	3505.40	6291.67	1752.76	3145.83	1168.59	2097.22	876.520	1572.92	701.294	1258.33
56	3506.55	6293.33	1753.34	3146.67	1168.97	2097.78	876.806	1573.33	701.523	1258.67
57	3507.69	6295.00	1753.91	3147.50	1169.35	2098.33	877.093	1573.75	701.753	1259.00
58	3508.84	6296.67	1754.48	3148.33	1169.73	2098.89	877.379	1574.17	701.982	1259.33
59	3509.98	6298.33	1755.06	3149.17	1170.12	2099.44	877.666	1574.58	702.211	1259.67

TABLE XIV.—ACTUAL TANGENTS, ETC.

6° Curve.		7° Curve.		8° Curve.		9° Curve.		10° Curve.		62°
Tan.	Arc.	Tan.	Arc.	Tan.	Arc.	Tan.	Arc.	Tan.	Arc.	M.
574.044	1033.33	492.116	885.714	430.684	775.000	382.910	688.889	344.707	620.000	0
574.235	1033.61	492.280	885.952	430.828	775.208	383.037	689.074	344.822	620.167	1
574.426	1033.89	492.444	886.190	430.971	775.417	383.165	689.259	344.937	620.333	2
574.612	1034.17	492.604	886.429	431.111	775.625	383.289	689.444	345.049	620.500	3
574.798	1034.44	492.763	886.667	431.251	775.833	383.413	689.630	345.161	620.667	4
574.989	1034.72	492.927	886.905	431.394	776.042	383.541	689.815	345.275	620.833	5
575.180	1035.00	493.091	887.143	431.537	776.250	383.668	690.000	345.390	621.000	6
575.372	1035.28	493.255	887.381	431.681	776.458	383.796	690.185	345.505	621.167	7
575.563	1035.56	493.419	887.619	431.824	776.667	383.923	690.370	345.619	621.333	8
575.749	1035.83	493.578	887.857	431.964	776.875	384.048	690.556	345.731	621.500	9
575.935	1036.11	493.738	888.095	432.104	777.083	384.172	690.741	345.843	621.667	10
576.126	1036.39	493.902	888.333	432.247	777.292	384.299	690.926	345.958	621.833	11
576.317	1036.67	494.066	888.571	432.390	777.500	384.427	691.111	346.073	622.000	12
576.508	1036.94	494.229	888.810	432.534	777.708	384.554	691.296	346.187	622.167	13
576.699	1037.22	494.393	889.048	432.677	777.917	384.682	691.481	346.302	622.333	14
576.886	1037.50	494.553	889.286	432.817	778.125	384.806	691.667	346.414	622.500	15
577.072	1037.78	494.713	889.524	432.957	778.333	384.930	691.852	346.526	622.667	16
577.263	1038.06	494.876	889.762	433.100	778.542	385.058	692.037	346.641	622.833	17
577.454	1038.33	495.040	890.000	433.243	778.750	385.185	692.222	346.755	623.000	18
577.645	1038.61	495.204	890.238	433.387	778.958	385.313	692.407	346.870	623.167	19
577.836	1038.89	495.368	890.476	433.530	779.167	385.440	692.593	346.985	623.333	20
578.023	1039.17	495.528	890.714	433.670	779.375	385.564	692.778	347.097	623.500	21
578.209	1039.44	495.687	890.952	433.810	779.583	385.688	692.963	347.209	623.667	22
578.400	1039.72	495.851	891.190	433.953	779.792	385.816	693.148	347.323	623.833	23
578.591	1040.00	496.015	891.429	434.096	780.000	385.943	693.333	347.438	624.000	24
578.782	1040.28	496.179	891.667	434.240	780.208	386.071	693.519	347.553	624.167	25
578.973	1040.56	496.342	891.905	434.383	780.417	386.198	693.704	347.668	624.333	26
579.164	1040.83	496.506	892.143	434.526	780.625	386.326	693.889	347.782	624.500	27
579.355	1041.11	496.670	892.381	434.670	780.833	386.453	694.074	347.897	624.667	28
579.542	1041.39	496.830	892.619	434.809	781.042	386.577	694.259	348.009	624.833	29
579.728	1041.67	496.989	892.857	434.949	781.250	386.702	694.444	348.121	625.000	30
579.919	1041.94	497.153	893.095	435.093	781.458	386.829	694.630	348.236	625.167	31
580.110	1042.22	497.317	893.333	435.236	781.667	386.957	694.815	348.350	625.333	32
580.301	1042.50	497.481	893.571	435.379	781.875	387.084	695.000	348.465	625.500	33
580.492	1042.78	497.645	893.810	435.523	782.083	387.212	695.185	348.580	625.667	34
580.683	1043.06	497.808	894.048	435.666	782.292	387.339	695.370	348.694	625.833	35
580.874	1043.33	497.972	894.286	435.809	782.500	387.466	695.556	348.809	626.000	36
581.066	1043.61	498.136	894.524	435.953	782.708	387.594	695.741	348.924	626.167	37
581.257	1043.89	498.300	894.762	436.096	782.917	387.721	695.926	349.039	626.333	38
581.448	1044.17	498.464	895.000	436.239	783.125	387.849	696.111	349.153	626.500	39
581.639	1044.44	498.628	895.238	436.383	783.333	387.976	696.296	349.268	626.667	40
581.830	1044.72	498.791	895.476	436.526	783.542	388.104	696.481	349.383	626.832	41
582.021	1045.00	498.955	895.714	436.669	783.750	388.231	696.667	349.498	627.000	42
582.207	1045.28	499.115	895.952	436.809	783.958	388.355	696.852	349.610	627.167	43
582.394	1045.56	499.275	896.190	436.949	784.167	388.480	697.037	349.721	627.333	44
582.585	1045.83	499.438	896.429	437.092	784.375	388.607	697.222	349.836	627.500	45
582.776	1046.11	499.602	896.667	437.236	784.583	388.735	697.407	349.951	627.667	46
582.967	1046.39	499.766	896.905	437.379	784.792	388.862	697.593	350.066	627.833	47
583.158	1046.67	499.930	897.143	437.522	785.000	388.990	697.778	350.180	628.000	48
583.349	1046.94	500.094	897.381	437.666	785.208	389.117	697.963	350.295	628.167	49
583.540	1047.22	500.257	897.619	437.809	785.417	389.244	698.148	350.410	628.333	50
583.731	1047.50	500.421	897.857	437.953	785.625	389.372	698.333	350.525	628.500	51
583.922	1047.78	500.585	898.095	438.096	785.833	389.499	698.519	350.639	628.667	52
584.113	1048.06	500.749	898.333	438.239	786.042	389.627	698.704	350.754	628.833	53
584.304	1048.33	500.913	898.571	438.383	786.250	389.754	698.889	350.869	629.000	54
584.495	1048.61	501.076	898.810	438.526	786.458	389.882	699.074	350.983	629.167	55
584.686	1048.89	501.240	899.048	438.669	786.667	390.009	699.259	351.098	629.333	56
584.877	1049.17	501.404	899.286	438.813	786.875	390.137	699.444	351.213	629.500	57
585.069	1049.44	501.568	899.524	438.956	787.083	390.264	699.630	351.328	629.667	58
585.260	1049.72	501.732	899.762	439.099	787.292	390.392	699.815	351.442	629.833	59

TABLE XIV.—ACTUAL TANGENTS, ETC.

63°	1° Curve.		2° Curve.		3° Curve.		4° Curve.		5° Curve.	
M.	Tan.	Arc.	Tan.	Arc.	Tan.	Arc.	Tan.	Arc.	Tan.	Arc.
0	3511.13	6300.00	1755.63	3150.00	1170.50	2100.00	877.952	1575.00	702.440	1260.00
1	3512.28	6301.67	1756.20	3150.83	1170.88	2100.56	878.239	1575.42	702.670	1260.33
2	3513.42	6303.33	1756.78	3151.67	1171.26	2101.11	8.8.526	1575.83	702.899	1260.67
3	3514.57	6305.00	1757.35	3152.50	1171.64	2101.67	878.812	1576.25	703.128	1261.00
4	3515.71	6306.67	1757.92	3153.33	1172.03	2102.22	879.099	1576.67	703.357	1261.33
5	3516.86	6308.33	1758.49	3154.17	1172.41	2102.78	879.385	1577.08	703.587	1261.67
6	3518.01	6310.00	1759.07	3155.00	1172.79	2103.33	879.672	1577.50	703.816	1262.00
7	3519.15	6311.67	1759.64	3155.83	1173.17	2103.89	879.958	1577.92	704.045	1262.33
8	3520.30	6313.33	1760.21	3156.67	1173.55	2104.44	880.245	1578.33	704.274	1262.67
9	3521.44	6315.00	1760.79	3157.50	1173.94	2105.00	880.531	1578.75	704.504	1263.00
10	3522.59	6316.67	1761.36	3158.33	1174.32	2105.56	880.818	1579.17	704.733	1263.33
11	3523.73	6318.33	1761.93	3159.17	1174.70	2106.11	881.104	1579.58	704.962	1263.67
12	3524.88	6320.00	1762.50	3160.00	1175.08	2106.67	881.391	1580.00	705.191	1264.00
13	3526.06	6321.67	1763.09	3160.83	1175.47	2107.22	881.685	1580.42	705.426	1264.33
14	3527.23	6323.33	1763.68	3161.67	1175.86	2107.78	881.978	1580.83	705.661	1264.67
15	3528.38	6325.00	1764.25	3162.50	1176.25	2108.33	882.265	1581.25	705.891	1265.00
16	3529.52	6326.67	1764.83	3163.33	1176.63	2108.89	882.551	1581.67	706.120	1265.33
17	3530.67	6328.33	1765.40	3164.17	1177.01	2109.44	882.838	1582.08	706.349	1265.67
18	3531.81	6330.00	1765.97	3165.00	1177.39	2110.00	883.124	1582.50	706.578	1266.00
19	3532.96	6331.67	1766.54	3165.83	1177.77	2110.56	883.411	1582.92	706.808	1266.33
20	3534.11	6333.33	1767.12	3166.67	1178.16	2111.11	883.698	1583.33	707.037	1266.67
21	3535.25	6335.00	1767.69	3167.50	1178.54	2111.67	883.984	1583.75	707.266	1267.00
22	3536.40	6336.67	1768.26	3168.33	1178.92	2112.22	884.271	1584.17	707.495	1267.33
23	3537.54	6338.33	1768.84	3169.17	1179.30	2112.78	884.557	1584.58	707.725	1267.67
24	3538.69	6340.00	1769.41	3170.00	1179.68	2113.33	884.814	1585.00	707.954	1268.00
25	3539.84	6341.67	1769.98	3170.83	1180.07	2113.89	885.130	1585.42	708.183	1268.33
26	3540.98	6343.33	1770.56	3171.67	1180.45	2114.44	885.417	1585.83	708.413	1268.67
27	3542.16	6345.00	1771.14	3172.50	1180.81	2115.00	885.710	1586.25	708.647	1269.00
28	3543.33	6346.67	1771.73	3173.33	1181.23	2115.56	886.004	1586.67	708.882	1269.33
29	3544.48	6348.33	1772.30	3174.17	1181.61	2116.11	886.291	1587.08	709.112	1269.67
30	3545.62	6350.00	1772.88	3175.00	1182.00	2116.67	886.577	1587.50	709.341	1270.00
31	3546.77	6351.67	1773.45	3175.82	1182.38	2117.22	886.864	1587.92	709.570	1270.33
32	3547.91	6353.33	1774.02	3176.67	1182.76	2117.78	887.150	1588.33	709.800	1270.67
33	3549.06	6355.00	1774.59	3177.50	1183.14	2118.33	887.437	1588.75	710.029	1271.00
34	3550.21	6356.67	1775.17	3178.33	1183.52	2118.89	887.723	1589.17	710.258	1271.33
35	3551.38	6358.33	1775.76	3179.17	1183.92	2119.44	888.017	1589.58	710.493	1271.67
36	3552.55	6360.00	1776.34	3180.00	1184.31	2120.00	888.311	1590.00	710.728	1272.00
37	3553.70	6361.67	1776.92	3180.83	1184.69	2120.56	888.597	1590.42	710.957	1272.33
38	3554.85	6363.33	1777.49	3181.67	1185.07	2121.11	888.884	1590.83	711.187	1272.67
39	3555.99	6365.00	1778.06	3182.50	1185.45	2121.67	889.170	1591.25	711.416	1273.00
40	3557.14	6366.67	1778.63	3183.33	1185.83	2122.22	889.457	1591.67	711.645	1273.33
41	3558.31	6368.33	1779.22	3184.17	1186.23	2122.78	889.751	1592.08	711.880	1273.67
42	3559.49	6370.00	1779.81	3185.00	1186.62	2123.33	890.044	1592.50	712.115	1274.00
43	3560.63	6371.67	1780.38	3185.83	1187.00	2123.89	890.331	1592.92	712.344	1274.33
44	3561.78	6373.33	1780.96	3186.67	1187.38	2124.44	890.617	1593.33	712.573	1274.67
45	3562.93	6375.00	1781.53	3187.50	1187.76	2125.00	890.904	1593.75	712.803	1275.00
46	3564.07	6376.67	1782.10	3188.33	1188.15	2125.56	891.190	1594.17	713.032	1275.33
47	3565.25	6378.33	1782.69	3189.17	1188.54	2126.11	891.484	1594.58	713.267	1275.67
48	3566.42	6380.00	1783.28	3190.00	1188.93	2126.67	891.778	1595.00	713.502	1276.00
49	3567.57	6381.67	1783.85	3190.83	1189.31	2127.22	892.064	1595.42	713.731	1276.33
50	3568.71	6383.33	1784.42	3191.67	1189.69	2127.78	892.351	1595.83	713.960	1276.67
51	3569.86	6385.00	1784.99	3192.50	1190.08	2128.33	892.638	1596.25	714.190	1277.00
52	3571.00	6386.67	1785.57	3193.33	1190.46	2128.89	892.924	1596.67	714.419	1277.33
53	3572.18	6388.33	1786.15	3194.17	1190.85	2129.44	893.218	1597.08	714.654	1277.67
54	3573.35	6390.00	1786.74	3195.00	1191.24	2130.00	893.511	1597.50	714.889	1278.00
55	3574.50	6391.67	1787.32	3195.83	1191.62	2130.56	893.798	1597.92	715.118	1278.33
56	3575.65	6393.33	1787.89	3196.67	1192.00	2131.11	894.085	1598.33	715.347	1278.67
57	3576.79	6395.00	1788.46	3197.50	1192.39	2131.67	894.371	1598.75	715.577	1279.00
58	3577.94	6396.67	1789.03	3198.33	1192.77	2132.22	894.658	1599.17	715.806	1279.33
59	3579.11	6398.33	1789.62	3199.17	1193.16	2132.78	894.951	1599.58	716.041	1279.67

TABLE XIV.—ACTUAL TANGENTS, ETC.

6° Curve.		7° Curve.		8° Curve.		9° Curve.		10° Curve.		63°
Tan.	Arc.	Tan.	Arc.	Tan.	Arc.	Tan.	Arc.	Tan.	Arc.	M.
585.451	1050.00	501.895	900.000	439.243	787.500	390.519	700.000	351.557	630.000	0
585.642	1050.28	502.059	900.238	439.386	787.708	390.646	700.185	351.672	630.167	1
585.833	1050.56	502.223	900.476	439.529	787.917	390.774	700.370	351.787	630.333	2
586.024	1050.83	502.387	900.714	439.673	788.125	390.901	700.556	351.901	630.500	3
586.215	1051.11	502.551	900.952	439.816	788.333	391.029	700.741	352.016	630.667	4
586.406	1051.39	502.714	901.190	439.960	788.542	391.156	700.926	352.131	630.833	5
586.597	1051.67	502.878	901.429	440.103	788.750	391.284	701.111	352.246	631.000	6
586.788	1051.94	503.042	901.667	440.246	788.958	391.411	701.296	352.360	631.167	7
586.979	1052.22	503.206	901.905	440.390	789.167	391.539	701.481	352.475	631.333	8
587.170	1052.50	503.370	902.143	440.533	789.375	391.666	701.667	352.590	631.500	9
587.361	1052.78	503.533	902.381	440.676	789.583	391.794	701.852	352.705	631.667	10
587.553	1053.06	503.697	902.619	440.820	789.792	391.921	702.037	352.819	631.833	11
587.744	1053.33	503.861	902.857	440.963	790.000	392.048	702.222	352.934	632.000	12
587.939	1053.61	504.029	903.095	441.110	790.208	392.179	702.407	353.052	632.167	13
588.135	1053.89	504.197	903.333	441.257	790.417	392.310	702.593	353.169	632.333	14
588.326	1054.17	504.361	903.571	441.400	790.625	392.437	702.778	353.284	632.500	15
588.517	1054.44	504.524	903.810	441.544	790.833	392.565	702.963	353.399	632.667	16
588.708	1054.72	504.688	904.048	441.687	791.042	392.692	703.148	353.513	632.833	17
588.900	1055.00	504.852	904.286	441.830	791.250	392.820	703.333	353.628	633.000	18
589.091	1055.28	505.016	904.524	441.974	791.458	392.947	703.519	353.743	633.167	19
589.282	1055.56	505.180	904.762	442.117	791.667	393.074	703.704	353.858	633.333	20
589.473	1055.83	505.343	905.000	442.260	791.875	393.202	703.889	353.972	633.500	21
589.664	1056.11	505.507	905.238	442.404	792.083	393.329	704.074	354.087	633.667	22
589.855	1056.39	505.671	905.476	442.547	792.292	393.457	704.259	354.202	633.833	23
590.046	1056.67	505.835	905.714	442.690	792.500	393.584	704.444	354.317	634.000	24
590.237	1056.94	505.999	905.952	442.834	792.708	393.712	704.630	354.431	634.167	25
590.428	1057.22	506.163	906.190	442.977	792.917	393.839	704.815	354.546	634.333	26
590.624	1057.50	506.330	906.429	443.124	793.125	393.970	705.000	354.664	634.500	27
590.820	1057.78	506.498	906.667	443.271	793.333	394.100	705.185	354.781	634.667	28
591.011	1058.06	506.662	906.905	443.414	793.542	394.228	705.370	354.896	634.833	29
591.202	1058.33	506.826	907.143	443.558	793.750	394.355	705.556	355.011	635.000	30
591.393	1058.61	506.990	907.381	443.701	793.958	394.483	705.741	355.126	635.167	31
591.584	1058.89	507.154	907.619	443.844	794.167	394.610	705.926	355.240	635.333	32
591.775	1059.17	507.317	907.857	443.988	794.375	394.738	706.111	355.355	635.500	33
591.966	1059.44	507.481	908.095	444.131	794.583	394.865	706.296	355.470	635.667	34
592.162	1059.72	507.649	908.333	444.278	794.792	394.996	706.481	355.587	635.833	35
592.358	1060.00	507.817	908.571	444.425	795.000	395.126	706.667	355.705	636.000	36
592.549	1060.28	507.981	908.810	444.568	795.208	395.254	706.852	355.820	636.167	37
592.740	1060.56	508.145	909.048	444.712	795.417	395.381	707.037	355.934	636.333	38
592.931	1060.83	508.308	909.286	444.855	795.625	395.509	707.222	356.049	636.500	39
593.122	1061.11	508.472	909.524	444.998	795.833	395.636	707.407	356.164	636.667	40
593.318	1061.39	508.640	909.762	445.145	796.042	395.767	707.593	356.282	636.833	41
593.514	1061.67	508.808	910.000	445.292	796.250	395.898	707.778	356.399	637.000	42
593.705	1061.94	508.972	910.238	445.436	796.458	396.025	707.963	356.514	637.167	43
593.896	1062.22	509.136	910.476	445.579	796.667	396.152	708.148	356.629	637.333	44
594.087	1062.50	509.299	910.714	445.722	796.875	396.280	708.333	356.743	637.500	45
594.278	1062.78	509.463	910.952	445.866	797.083	396.407	708.519	356.858	637.667	46
594.474	1063.06	509.631	911.190	446.013	797.292	396.538	708.704	356.976	637.833	47
594.670	1063.33	509.799	911.429	446.160	797.500	396.669	708.889	357.093	638.000	48
594.861	1063.61	509.963	911.667	446.303	797.708	396.796	709.074	357.208	638.167	49
595.052	1063.89	510.127	911.905	446.446	797.917	396.924	709.259	357.323	638.333	50
595.243	1064.17	510.290	912.143	446.590	798.125	397.051	709.444	357.438	638.500	51
595.434	1064.44	510.454	912.381	446.733	798.333	397.178	709.630	357.552	638.667	52
595.630	1064.72	510.622	912.619	446.880	798.542	397.309	709.815	357.670	638.833	53
595.826	1065.00	510.790	912.857	447.027	798.750	397.440	710.000	357.788	639.000	54
596.017	1065.28	510.954	913.095	447.170	798.958	397.567	710.185	357.902	639.167	55
596.208	1065.56	511.118	913.333	447.314	799.167	397.695	710.370	358.017	639.333	56
596.399	1065.83	511.281	913.571	447.457	799.375	397.822	710.556	358.132	639.500	57
596.590	1066.11	511.445	913.810	447.600	799.583	397.950	710.741	358.246	639.667	58
596.786	1066.39	511.613	914.048	447.747	799.792	398.080	710.926	358.364	639.833	59

TABLE XIV.—ACTUAL TANGENTS, ETC.

64°	1° Curve.		2° Curve.		3° Curve.		4° Curve.		5° Curve.	
M.	Tan.	Arc.	Tan.	Arc.	Tan.	Arc.	Tan.	Arc.	Tan.	Arc.
0	3580.29	6400.00	1790.21	3200.00	1193.55	2133.33	895.245	1600.00	716.276	1280.00
1	3581.43	6401.67	1790.78	3200.83	1193.93	2133.89	895.532	1600.42	716.505	1280.33
2	3582.58	6403.33	1791.35	3201.67	1194.32	2134.44	895.818	1600.83	716.734	1280.67
3	3583.73	6405.00	1791.94	3202.50	1194.71	2135.00	896.112	1601.25	716.969	1281.00
4	3584.93	6406.67	1792.53	3203.33	1195.10	2135.56	896.405	1601.67	717.204	1281.33
5	3586.07	6408.33	1793.10	3204.17	1195.48	2136.11	896.692	1602.08	717.434	1281.67
6	3587.22	6410.00	1793.68	3205.00	1195.86	2136.67	896.979	1602.50	717.663	1282.00
7	3588.39	6411.67	1794.26	3205.83	1196.25	2137.22	897.272	1602.92	717.898	1282.33
8	3589.57	6413.33	1794.85	3206.67	1196.65	2137.78	897.566	1603.33	718.133	1282.67
9	3590.71	6415.00	1795.42	3207.50	1197.03	2138.33	897.852	1603.75	718.362	1283.00
10	3591.86	6416.67	1796.00	3208.33	1197.41	2138.89	898.139	1604.17	718.591	1283.33
11	3593.03	6418.33	1796.58	3209.17	1197.80	2139.44	898.433	1604.58	718.826	1283.67
12	3594.21	6420.00	1797.17	3210.00	1198.19	2140.00	898.726	1605.00	719.061	1284.00
13	3595.36	6421.67	1797.74	3210.83	1198.58	2140.56	899.013	1605.42	719.291	1284.33
14	3596.50	6423.33	1798.32	3211.67	1198.96	2141.11	899.300	1605.83	719.520	1284.67
15	3597.68	6425.00	1798.90	3212.50	1199.35	2141.67	899.593	1606.25	719.755	1285.00
16	3598.85	6426.67	1799.49	3213.33	1199.74	2142.22	899.887	1606.67	719.990	1285.33
17	3600.03	6428.33	1800.08	3214.17	1200.13	2142.78	900.181	1607.08	720.225	1285.67
18	3601.20	6430.00	1800.67	3215.00	1200.52	2143.33	900.474	1607.50	720.460	1286.00
19	3602.35	6431.67	1801.24	3215.83	1200.91	2143.89	900.761	1607.92	720.689	1286.33
20	3603.49	6433.33	1801.81	3216.67	1201.29	2144.44	901.047	1608.33	720.918	1286.67
21	3604.67	6435.00	1802.40	3217.50	1201.68	2145.00	901.341	1608.75	721.158	1287.00
22	3605.84	6436.67	1802.99	3218.33	1202.07	2145.55	901.635	1609.17	721.388	1287.33
23	3606.99	6438.33	1803.56	3219.17	1202.45	2146.11	901.921	1609.58	721.618	1287.67
24	3608.13	6440.00	1804.13	3220.00	1202.83	2146.67	902.208	1610.00	721.847	1288.00
25	3609.31	6441.67	1804.72	3220.83	1203.23	2147.22	902.502	1610.42	722.082	1288.33
26	3610.48	6443.33	1805.31	3221.67	1203.62	2147.78	902.795	1610.83	722.317	1288.67
27	3611.66	6445.00	1805.89	3222.50	1204.01	2148.33	903.089	1611.25	722.552	1289.00
28	3612.83	6446.67	1806.48	3223.33	1204.40	2148.89	903.383	1611.67	722.787	1289.33
29	3613.98	6448.33	1807.05	3224.17	1204.78	2149.44	903.669	1612.08	723.016	1289.67
30	3615.12	6450.00	1807.63	3225.00	1205.16	2150.00	903.956	1612.50	723.245	1290.00
31	3616.30	6451.67	1808.21	3225.83	1205.56	2150.56	904.249	1612.92	723.480	1290.33
32	3617.47	6453.33	1808.80	3226.67	1205.95	2151.11	904.543	1613.33	723.715	1290.67
33	3618.65	6455.00	1809.39	3227.50	1206.34	2151.67	904.837	1613.75	723.950	1291.00
34	3619.82	6456.67	1809.98	3228.33	1206.73	2152.22	905.131	1614.17	724.185	1291.33
35	3620.97	6458.33	1810.55	3229.17	1207.11	2152.78	905.417	1614.58	724.415	1291.67
36	3622.11	6460.00	1811.12	3230.00	1207.50	2153.33	905.704	1615.00	724.644	1292.00
37	3623.29	6461.67	1811.71	3230.83	1207.89	2153.89	905.997	1615.42	724.879	1292.33
38	3624.46	6463.33	1812.30	3231.67	1208.28	2154.44	906.291	1615.83	725.114	1292.67
39	3625.64	6465.00	1812.88	3232.50	1208.67	2155.00	906.585	1616.25	725.349	1293.00
40	3626.81	6466.67	1813.47	3233.33	1209.06	2155.56	906.878	1616.67	725.584	1293.33
41	3627.99	6468.33	1814.06	3234.17	1209.45	2156.11	907.172	1617.08	725.819	1293.67
42	3629.16	6470.00	1814.65	3235.00	1209.84	2156.67	907.466	1617.50	726.054	1294.00
43	3630.31	6471.67	1815.22	3235.83	1210.23	2157.22	907.752	1617.92	726.283	1294.33
44	3631.45	6473.33	1815.79	3236.67	1210.61	2157.78	908.039	1618.33	726.512	1294.67
45	3632.63	6475.00	1816.38	3237.50	1211.00	2158.33	908.333	1618.75	726.747	1295.00
46	3633.80	6476.67	1816.97	3238.33	1211.39	2158.89	908.626	1619.17	726.982	1295.33
47	3634.98	6478.33	1817.55	3239.17	1211.78	2159.44	908.920	1619.58	727.217	1295.67
48	3636.15	6480.00	1818.14	3240.00	1212.17	2160.00	909.214	1620.00	727.452	1296.00
49	3637.33	6481.67	1818.73	3240.83	1212.57	2160.56	909.507	1620.42	727.687	1296.33
50	3638.50	6483.33	1819.32	3241.67	1212.96	2161.11	909.801	1620.83	727.922	1296.67
51	3639.67	6485.00	1819.90	3242.50	1213.35	2161.67	910.095	1621.25	728.157	1297.00
52	3640.85	6486.67	1820.49	3243.33	1213.74	2162.22	910.389	1621.67	728.392	1297.33
53	3641.99	6488.33	1821.06	3244.17	1214.12	2162.78	910.675	1622.08	728.621	1297.67
54	3643.14	6490.00	1821.64	3245.00	1214.51	2163.33	910.962	1622.50	728.851	1298.00
55	3644.32	6491.67	1822.22	3245.83	1214.90	2163.89	911.255	1622.92	729.086	1298.33
56	3645.49	6493.33	1822.81	3246.67	1215.29	2164.44	911.549	1623.33	729.321	1298.67
57	3646.66	6495.00	1823.40	3247.50	1215.68	2165.00	911.843	1623.75	729.556	1299.00
58	3647.84	6496.67	1823.99	3248.33	1216.07	2165.56	912.126	1624.17	729.791	1299.33
59	3649.01	6498.33	1824.57	3249.17	1216.46	2166.11	912.420	1624.58	730.026	1299.67

TABLE XIV.—ACTUAL TANGENTS, ETC.

6° Curve.		7° Curve.		8° Curve.		9° Curve.		10° Curve.		64°
Tan.	Arc.	Tan.	Arc.	Tan.	Arc.	Tan.	Arc.	Tan.	Arc.	M.
596.982	1066.67	511.781	914.286	447.894	800.000	398.211	711.111	358.482	640.000	0
597.173	1066.94	511.945	914.524	448.038	800.208	398.338	711.296	358.596	640.167	1
597.364	1067.22	512.109	914.762	448.181	800.417	398.466	711.481	358.711	640.333	2
597.560	1067.50	512.276	915.000	448.328	800.625	398.596	711.667	358.829	640.500	3
597.756	1067.78	512.444	915.238	448.475	800.833	398.727	711.852	358.946	640.667	4
597.947	1068.06	512.608	915.476	448.618	801.042	398.854	712.037	359.061	640.833	5
598.138	1068.33	512.772	915.714	448.762	801.250	398.982	712.222	359.176	641.000	6
598.334	1068.61	512.940	915.952	448.909	801.458	399.113	712.407	359.293	641.167	7
598.530	1068.89	513.108	916.190	449.055	801.667	399.243	712.593	359.411	641.333	8
598.721	1069.17	513.272	916.429	449.199	801.875	399.371	712.778	359.526	641.500	9
598.912	1069.44	513.435	916.667	449.342	802.083	399.498	712.963	359.640	641.667	10
599.108	1069.72	513.603	916.905	449.489	802.292	399.629	713.148	359.758	641.833	11
599.304	1070.00	513.771	917.143	449.636	802.500	399.759	713.333	359.876	642.000	12
599.495	1070.28	513.935	917.381	449.779	802.708	399.887	713.519	359.990	642.167	13
599.686	1070.56	514.099	917.619	449.923	802.917	400.014	713.704	360.105	642.333	14
599.882	1070.83	514.267	917.857	450.070	803.125	400.145	713.889	360.223	642.500	15
600.077	1071.11	514.435	918.095	450.217	803.333	400.276	714.074	360.340	642.667	16
600.273	1071.39	514.603	918.333	450.364	803.542	400.406	714.259	360.458	642.833	17
600.469	1071.67	514.770	918.571	450.511	803.750	400.537	714.444	360.576	643.000	18
600.660	1071.94	514.934	918.810	450.654	803.958	400.664	714.630	360.690	643.167	19
600.851	1072.22	515.098	919.048	450.797	804.167	400.792	714.815	360.805	643.333	20
601.047	1072.50	515.266	919.286	450.944	804.375	400.922	715.000	360.923	643.500	21
601.243	1072.78	515.434	919.524	451.091	804.583	401.053	715.185	361.040	643.667	22
601.434	1073.06	515.598	919.762	451.234	804.792	401.181	715.370	361.155	643.833	23
601.625	1073.33	515.761	920.000	451.378	805.000	401.308	715.556	361.270	644.000	24
601.821	1073.61	515.929	920.238	451.525	805.208	401.439	715.741	361.387	644.167	25
602.017	1073.89	516.097	920.476	451.672	805.417	401.569	715.926	361.505	644.333	26
602.213	1074.17	516.265	920.714	451.819	805.625	401.700	716.111	361.623	644.500	27
602.408	1074.44	516.433	920.952	451.966	805.833	401.831	716.296	361.740	644.667	28
602.600	1074.72	516.597	921.190	452.109	806.042	401.958	716.481	361.855	644.833	29
602.791	1075.00	516.761	921.429	452.252	806.250	402.085	716.667	361.970	645.000	30
602.987	1075.28	516.929	921.667	452.399	806.458	402.216	716.852	362.087	645.167	31
603.182	1075.56	517.096	921.905	452.546	806.667	402.347	717.037	362.205	645.333	32
603.378	1075.83	517.264	922.143	452.693	806.875	402.477	717.222	362.322	645.500	33
603.574	1076.11	517.432	922.381	452.840	807.083	402.608	717.407	362.440	645.667	34
603.765	1076.39	517.596	922.619	452.983	807.292	402.735	717.593	362.555	645.833	35
603.956	1076.67	517.760	922.857	453.127	807.500	402.863	717.778	362.670	646.000	36
604.152	1076.94	517.928	923.095	453.274	807.708	402.994	717.963	362.787	646.167	37
604.348	1077.22	518.096	923.333	453.421	807.917	403.124	718.148	362.905	646.333	38
604.544	1077.50	518.264	923.571	453.568	808.125	403.255	718.333	363.022	646.500	39
604.740	1077.78	518.431	923.810	453.715	808.333	403.385	718.519	363.140	646.667	40
604.935	1078.06	518.599	924.048	453.861	808.542	403.516	718.704	363.258	646.833	41
605.131	1078.33	518.767	924.286	454.008	808.750	403.647	718.889	363.375	647.000	42
605.322	1078.61	518.931	924.524	454.152	808.958	403.774	719.074	363.490	647.167	43
605.513	1078.89	519.095	924.762	454.295	809.167	403.902	719.259	363.605	647.333	44
605.709	1079.17	519.263	925.000	454.442	809.375	404.032	719.444	363.722	647.500	45
605.905	1079.44	519.431	925.238	454.589	809.583	404.163	719.630	363.840	647.667	46
606.101	1079.72	519.599	925.476	454.736	809.792	404.294	719.815	363.957	647.833	47
606.297	1080.00	519.766	925.714	454.883	810.000	404.424	720.000	364.075	648.000	48
606.493	1080.28	519.934	925.952	455.030	810.208	404.555	720.185	364.193	648.167	49
606.689	1080.56	520.102	926.190	455.177	810.417	404.686	720.370	364.310	648.333	50
606.884	1080.83	520.270	926.429	455.324	810.625	404.816	720.556	364.428	648.500	51
607.080	1081.11	520.438	926.667	455.471	810.833	404.947	720.741	364.546	648.667	52
607.271	1081.39	520.602	926.905	455.614	811.042	405.074	720.926	364.660	648.833	53
607.462	1081.67	520.766	927.143	455.757	811.250	405.202	721.111	364.775	649.000	54
607.658	1081.94	520.934	927.381	455.904	811.458	405.332	721.296	364.893	649.167	55
607.854	1082.22	521.101	927.619	456.051	811.667	405.463	721.481	365.010	649.333	56
608.050	1082.50	521.269	927.857	456.198	811.875	405.594	721.667	365.128	649.500	57
608.246	1082.78	521.437	928.095	456.345	812.083	405.724	721.852	365.245	649.667	58
608.442	1083.06	521.605	928.333	456.492	812.292	405.855	722.037	365.363	649.833	59

TABLE XIV.—ACTUAL TANGENTS, ETC.

65°	1° Curve.		2° Curve.		3° Curve.		4° Curve.		5° Curve.	
M.	Tan.	Arc.	Tan.	Arc.	Tan.	Arc.	Tan.	Arc.	Tan.	Arc.
0	3650.19	6500.00	1825.16	3250.00	1216.85	2166.67	912.724	1625.00	730.261	1300.00
1	3651.36	6501.67	1825.75	3250.83	1217.25	2167.22	913.018	1625.42	730.496	1300.33
2	3652.54	6503.33	1826.34	3251.67	1217.64	2167.78	913.311	1625.83	730.731	1300.67
3	3653.71	6505.00	1826.92	3252.50	1218.03	2168.33	913.605	1626.25	730.966	1301.00
4	3654.89	6506.67	1827.51	3253.33	1218.42	2168.89	913.899	1626.67	731.201	1301.33
5	3656.06	6508.33	1828.10	3254.17	1218.81	2169.44	914.192	1627.08	731.436	1301.67
6	3657.24	6510.00	1828.68	3255.00	1219.20	2170.00	914.486	1627.50	731.671	1302.00
7	3658.41	6511.67	1829.27	3255.83	1219.60	2170.56	914.780	1627.92	731.906	1302.33
8	3659.58	6513.33	1829.86	3256.67	1219.99	2171.11	915.073	1628.33	732.140	1302.67
9	3660.76	6515.00	1830.45	3257.50	1220.38	2171.67	915.367	1628.75	732.375	1303.00
10	3661.93	6516.67	1831.03	3258.33	1220.77	2172.22	915.661	1629.17	732.610	1303.33
11	3663.11	6518.33	1831.62	3259.17	1221.16	2172.78	915.955	1629.58	732.845	1303.67
12	3664.28	6520.00	1832.21	3260.00	1221.55	2173.33	916.248	1630.00	733.080	1304.00
13	3665.46	6521.67	1832.80	3260.83	1221.95	2173.89	916.542	1630.42	733.315	1304.33
14	3666.63	6523.33	1833.38	3261.67	1222.34	2174.44	916.836	1630.83	733.550	1304.67
15	3667.81	6525.00	1833.97	3262.50	1222.73	2175.00	917.129	1631.25	733.785	1305.00
16	3668.98	6526.67	1834.56	3263.33	1223.12	2175.56	917.423	1631.67	734.020	1305.33
17	3670.16	6528.33	1835.15	3264.17	1223.51	2176.11	917.717	1632.08	734.255	1305.67
18	3671.33	6530.00	1835.73	3265.00	1223.90	2176.67	918.010	1632.50	734.490	1306.00
19	3672.51	6531.67	1836.32	3265.83	1224.29	2177.22	918.304	1632.92	734.725	1306.33
20	3673.68	6533.33	1836.91	3266.67	1224.69	2177.78	918.598	1633.33	734.960	1306.67
21	3674.85	6535.00	1837.49	3267.50	1225.08	2178.33	918.892	1633.75	735.195	1307.00
22	3676.03	6536.67	1838.08	3268.33	1225.47	2178.89	919.185	1634.17	735.430	1307.33
23	3677.20	6538.33	1838.67	3269.17	1225.86	2179.44	919.479	1634.58	735.665	1307.67
24	3678.38	6540.00	1839.26	3270.00	1226.25	2180.00	919.773	1635.00	735.900	1308.00
25	3679.55	6541.67	1839.84	3270.83	1226.64	2180.56	920.066	1635.42	736.135	1308.33
26	3680.73	6543.33	1840.43	3271.67	1227.04	2181.11	920.360	1635.83	736.370	1308.67
27	3681.90	6545.00	1841.02	3272.50	1227.43	2181.67	920.654	1636.25	736.605	1309.00
28	3683.08	6546.67	1841.61	3273.33	1227.82	2182.22	920.947	1636.67	736.840	1309.33
29	3684.25	6548.33	1842.19	3274.17	1228.21	2182.78	921.241	1637.08	737.075	1309.67
30	3685.43	6550.00	1842.78	3275.00	1228.60	2183.33	921.535	1637.50	737.310	1310.00
31	3686.60	6551.67	1843.37	3275.83	1228.99	2183.89	921.829	1637.92	737.545	1310.33
32	3687.77	6553.33	1843.95	3276.67	1229.38	2184.44	922.122	1638.33	737.780	1310.67
33	3688.95	6555.00	1844.54	3277.50	1229.78	2185.00	922.416	1638.75	738.015	1311.00
34	3690.12	6556.67	1845.13	3278.33	1230.17	2185.56	922.710	1639.17	738.250	1311.33
35	3691.30	6558.33	1845.73	3279.17	1230.57	2186.11	923.011	1639.58	738.491	1311.67
36	3692.53	6560.00	1846.33	3280.00	1230.97	2186.67	923.311	1640.00	738.732	1312.00
37	3693.70	6561.67	1846.92	3280.83	1231.36	2187.22	923.605	1640.42	738.967	1312.33
38	3694.88	6563.33	1847.51	3281.67	1231.75	2187.78	923.899	1640.83	739.202	1312.67
39	3696.05	6565.00	1848.09	3282.50	1232.14	2188.33	924.193	1641.25	739.437	1313.00
40	3697.23	6566.67	1848.68	3283.33	1232.54	2188.89	924.486	1641.67	739.672	1313.33
41	3698.40	6568.33	1849.27	3284.17	1232.93	2189.44	924.780	1642.08	739.907	1313.67
42	3699.58	6570.00	1849.86	3285.00	1233.32	2190.00	925.074	1642.50	740.142	1314.00
43	3700.75	6571.67	1850.44	3285.83	1233.71	2190.56	925.367	1642.92	740.377	1314.33
44	3701.93	6573.33	1851.03	3286.67	1234.10	2191.11	925.661	1643.33	740.612	1314.67
45	3703.13	6575.00	1851.63	3287.50	1234.50	2191.67	925.962	1643.75	740.852	1315.00
46	3704.33	6576.67	1852.23	3288.33	1234.90	2192.22	926.263	1644.17	741.093	1315.33
47	3705.51	6578.33	1852.82	3289.17	1235.30	2192.78	926.556	1644.58	741.328	1315.67
48	3706.68	6580.00	1853.41	3290.00	1235.69	2193.33	926.850	1645.00	741.563	1316.00
49	3707.86	6581.67	1854.00	3290.83	1236.08	2193.89	927.144	1645.42	741.798	1316.33
50	3709.03	6583.33	1854.58	3291.67	1236.47	2194.44	927.438	1645.83	742.033	1316.67
51	3710.21	6585.00	1855.17	3292.50	1236.86	2195.00	927.731	1646.25	742.268	1317.00
52	3711.38	6586.67	1855.76	3293.33	1237.25	2195.56	928.025	1646.67	742.503	1317.33
53	3712.58	6588.33	1856.36	3294.17	1237.66	2196.11	928.326	1647.08	742.744	1317.67
54	3713.79	6590.00	1856.96	3295.00	1238.06	2196.67	928.627	1647.50	742.984	1318.00
55	3714.96	6591.67	1857.55	3295.83	1238.45	2197.22	928.920	1647.92	743.219	1318.33
56	3716.14	6593.33	1858.14	3296.67	1238.84	2197.78	929.214	1648.33	743.454	1318.67
57	3717.31	6595.00	1858.72	3297.50	1239.23	2198.33	929.508	1648.75	743.689	1319.00
58	3718.49	6596.67	1859.31	3298.33	1239.62	2198.89	929.801	1649.17	743.924	1319.33
59	3719.69	6598.33	1859.91	3299.17	1240.03	2199.44	930.102	1649.58	744.165	1319.67

TABLE XIV.—ACTUAL TANGENTS, ETC.

6° Curve.		7° Curve.		8° Curve.		9° Curve.		10° Curve.		65°
Tan.	Arc.	Tan.	Arc.	Tan.	Arc.	Tan.	Arc.	Tan.	Arc.	M.
608.638	1083.33	521.773	928.571	456.639	812.500	405.986	722.222	365.481	650.000	0
608.833	1083.61	521.941	928.810	456.786	812.708	406.116	722.407	365.598	650.167	1
609.029	1083.89	522.109	929.048	456.933	812.917	406.247	722.593	365.716	650.333	2
609.225	1084.17	522.277	929.286	457.080	813.125	406.377	722.778	365.833	650.500	3
609.421	1084.44	522.445	929.524	457.227	813.333	406.508	722.963	365.951	650.667	4
609.617	1084.72	522.613	929.762	457.374	813.542	406.639	723.148	366.069	650.833	5
609.813	1085.00	522.780	930.000	457.521	813.750	406.769	723.333	366.186	651.000	6
610.008	1085.28	522.948	930.238	457.668	813.958	406.900	723.519	366.304	651.167	7
610.204	1085.56	523.116	930.476	457.815	814.167	407.031	723.704	366.421	651.333	8
610.400	1085.83	523.284	930.714	457.961	814.375	407.161	723.889	366.539	651.500	9
610.596	1086.11	523.452	930.952	458.108	814.583	407.292	724.074	366.657	651.667	10
610.792	1086.39	523.620	931.190	458.255	814.792	407.423	724.259	366.774	651.833	11
610.988	1086.67	523.788	931.429	458.402	815.000	407.553	724.444	366.892	652.000	12
611.184	1086.94	523.956	931.667	458.549	815.208	407.684	724.630	367.010	652.167	13
611.379	1087.22	524.124	931.905	458.696	815.417	407.815	724.815	367.127	652.333	14
611.575	1087.50	524.292	932.143	458.843	815.625	407.945	725.000	367.245	652.500	15
611.771	1087.78	524.459	932.381	458.990	815.833	408.076	725.185	367.362	652.667	16
611.967	1088.06	524.627	932.619	459.137	816.042	408.206	725.370	367.480	652.833	17
612.163	1088.33	524.795	932.857	459.284	816.250	408.337	725.556	367.598	653.000	18
612.359	1088.61	524.963	933.095	459.431	816.458	408.468	725.741	367.715	653.167	19
612.555	1088.89	525.131	933.333	459.578	816.667	408.598	725.926	367.833	653.333	20
612.750	1089.17	525.299	933.571	459.725	816.875	408.729	726.111	367.950	653.500	21
612.946	1089.44	525.467	933.810	459.872	817.083	408.860	726.296	368.068	653.667	22
613.142	1089.72	525.635	934.048	460.019	817.292	408.990	726.481	368.186	653.833	23
613.338	1090.00	525.803	934.286	460.166	817.500	409.121	726.667	368.303	654.000	24
613.534	1090.28	525.970	934.524	460.312	817.708	409.252	726.852	368.421	654.167	25
613.730	1090.56	526.138	934.762	460.459	817.917	409.382	727.037	368.528	654.333	26
613.925	1090.83	526.306	935.000	460.606	818.125	409.513	727.222	368.656	654.500	27
614.121	1091.11	526.474	935.238	460.753	818.333	409.643	727.407	368.774	654.667	28
614.317	1091.39	526.642	935.476	460.900	818.542	409.774	727.593	368.891	654.833	29
614.513	1091.67	526.810	935.714	461.047	818.750	409.905	727.778	369.009	655.000	30
614.709	1091.94	526.978	935.952	461.194	818.958	410.035	727.963	369.126	655.167	31
614.905	1092.22	527.146	936.190	461.341	819.167	410.166	728.148	369.244	655.333	32
615.101	1092.50	527.314	936.429	461.488	819.375	410.297	728.333	369.362	655.500	33
615.296	1092.78	527.482	936.667	461.635	819.583	410.427	728.519	369.479	655.667	34
615.492	1093.06	527.654	936.905	461.785	819.792	410.561	728.704	369.600	655.833	35
615.688	1093.33	527.826	937.143	461.936	820.000	410.695	728.889	369.720	656.000	36
615.884	1093.61	527.993	937.381	462.083	820.208	410.826	729.074	369.838	656.167	37
616.089	1093.89	528.161	937.619	462.230	820.417	410.956	729.259	369.955	656.333	38
616.285	1094.17	528.329	937.857	462.377	820.625	411.087	729.444	370.073	656.500	39
616.481	1094.44	528.497	938.095	462.524	820.833	411.218	729.630	370.191	656.667	40
616.677	1094.72	528.665	938.333	462.671	821.042	411.348	729.815	370.308	656.833	41
616.873	1095.00	528.833	938.571	462.818	821.250	411.479	730.000	370.426	657.000	42
617.069	1095.28	529.001	938.810	462.965	821.458	411.609	730.185	370.543	657.167	43
617.265	1095.56	529.169	939.048	463.112	821.667	411.740	730.370	370.661	657.333	44
617.465	1095.83	529.341	939.286	463.262	821.875	411.874	730.556	370.782	657.500	45
617.666	1096.11	529.513	939.524	463.418	822.083	412.008	730.741	370.902	657.667	46
617.862	1096.39	529.681	939.762	463.559	822.292	412.138	730.926	371.020	657.833	47
618.057	1096.67	529.849	940.000	463.706	822.500	412.269	731.111	371.137	658.000	48
618.253	1096.94	530.016	940.238	463.853	822.708	412.400	731.296	371.255	658.167	49
618.449	1097.22	530.184	940.476	464.000	822.917	412.530	731.481	371.372	658.333	50
618.645	1097.50	530.352	940.714	464.147	823.125	412.661	731.667	371.490	658.500	51
618.841	1097.78	530.520	940.952	464.294	823.333	412.792	731.852	371.608	658.667	52
619.041	1098.06	530.692	941.190	464.445	823.542	412.925	732.037	371.728	658.833	53
619.242	1098.33	530.864	941.429	464.595	823.75	413.059	732.222	371.849	659.000	54
619.438	1098.61	531.032	941.667	464.742	823.958	413.190	732.407	371.966	659.167	55
619.634	1098.89	531.200	941.905	464.889	824.167	413.321	732.593	372.084	659.333	56
619.830	1099.17	531.368	942.143	465.036	824.375	413.451	732.778	372.201	659.500	57
620.026	1099.44	531.536	942.381	465.183	824.583	413.582	732.963	372.319	659.667	58
620.226	1099.72	531.708	942.619	465.334	824.792	413.716	733.148	372.439	659.833	59

TABLE XIV.—ACTUAL TANGENTS, ETC.

65°	1° Curve.		2° Curve.		3° Curve.		4° Curve.		5° Curve.	
M.	Tan.	Arc.	Tan.	Arc.	Tan.	Arc.	Tan.	Arc.	Tan.	Arc.
0	3720.89	6600.00	1860.51	3300.00	1240.43	2200.00	930.403	1650.00	744.406	1320.00
1	3722.07	6601.67	1861.10	3300.83	1240.82	2200.56	930.697	1650.42	744.641	1320.33
2	3723.24	6603.33	1861.69	3301.67	1241.21	2201.11	930.991	1650.83	744.876	1320.67
3	3724.44	6605.00	1862.29	3302.50	1241.61	2201.67	931.291	1651.25	745.116	1321.00
4	3725.65	6606.67	1862.89	3303.33	1242.01	2202.22	931.592	1651.67	745.357	1321.33
5	3726.82	6608.33	1863.48	3304.17	1242.40	2202.78	931.886	1652.08	745.592	1321.67
6	3728.00	6610.00	1864.07	3305.00	1242.79	2203.33	932.180	1652.50	745.827	1322.00
7	3729.17	6611.67	1864.65	3305.83	1243.19	2203.89	932.473	1652.92	746.062	1322.33
8	3730.35	6613.33	1865.24	3306.67	1243.58	2204.44	932.767	1653.33	746.297	1322.67
9	3731.55	6615.00	1865.84	3307.50	1243.98	2205.00	933.068	1653.75	746.538	1323.00
10	3732.75	6616.67	1866.44	3308.33	1244.38	2205.56	933.369	1654.17	746.778	1323.33
11	3733.93	6618.33	1867.03	3309.17	1244.77	2206.11	933.663	1654.58	747.013	1323.67
12	3735.10	6620.00	1867.62	3310.00	1245.16	2206.67	933.956	1655.00	747.248	1324.00
13	3736.30	6621.67	1868.22	3310.83	1245.56	2207.22	934.257	1655.42	747.489	1324.33
14	3737.51	6623.33	1868.82	3311.67	1245.95	2207.78	934.558	1655.83	747.730	1324.67
15	3738.68	6625.00	1869.41	3312.50	1246.36	2208.33	934.852	1656.25	747.965	1325.00
16	3739.86	6626.67	1870.00	3313.33	1246.75	2208.89	935.145	1656.67	748.200	1325.33
17	3741.06	6628.33	1870.60	3314.17	1247.15	2209.44	935.446	1657.08	748.441	1325.67
18	3742.26	6630.00	1871.20	3315.00	1247.55	2210.00	935.747	1657.50	748.681	1326.00
19	3743.44	6631.67	1871.79	3315.83	1247.94	2210.56	936.041	1657.92	748.916	1326.33
20	3744.61	6633.33	1872.38	3316.67	1248.33	2211.11	936.335	1658.33	749.151	1326.67
21	3745.82	6635.00	1872.98	3317.50	1248.73	2211.67	936.635	1658.75	749.392	1327.00
22	3747.02	6636.67	1873.58	3318.33	1249.14	2212.22	936.936	1659.17	749.633	1327.33
23	3748.19	6638.33	1874.17	3319.17	1249.53	2212.78	937.230	1659.58	749.868	1327.67
24	3749.37	6640.00	1874.75	3320.00	1249.92	2213.33	937.524	1660.00	750.103	1328.00
25	3750.57	6641.67	1875.35	3320.83	1250.32	2213.89	937.825	1660.42	750.343	1328.33
26	3751.77	6643.33	1875.96	3321.67	1250.72	2214.44	938.125	1660.83	750.584	1328.67
27	3752.95	6645.00	1876.54	3322.50	1251.11	2215.00	938.419	1661.25	750.819	1329.00
28	3754.12	6646.67	1877.13	3323.33	1251.50	2215.56	938.713	1661.67	751.054	1329.33
29	3755.33	6648.33	1877.73	3324.17	1251.90	2216.11	939.014	1662.08	751.295	1329.67
30	3756.53	6650.00	1878.33	3325.00	1252.31	2216.67	939.315	1662.50	751.536	1330.00
31	3757.71	6651.67	1878.92	3325.83	1252.70	2217.22	939.608	1662.92	751.771	1330.33
32	3758.88	6653.33	1879.51	3326.67	1253.09	2217.78	939.902	1663.33	752.006	1330.67
33	3760.08	6655.00	1880.11	3327.50	1253.49	2218.33	940.203	1663.75	752.246	1331.00
34	3761.29	6656.67	1880.71	3328.33	1253.89	2218.89	940.504	1664.17	752.487	1331.33
35	3762.49	6658.33	1881.31	3329.17	1254.29	2219.44	940.805	1664.58	752.728	1331.67
36	3763.69	6660.00	1881.92	3330.00	1254.69	2220.00	941.105	1665.00	752.968	1332.00
37	3764.87	6661.67	1882.50	3330.83	1255.08	2220.56	941.399	1665.42	753.203	1332.33
38	3766.04	6663.33	1883.09	3331.67	1255.48	2221.11	941.693	1665.83	753.438	1332.67
39	3767.24	6665.00	1883.69	3332.50	1255.88	2221.67	941.994	1666.25	753.679	1333.00
40	3768.45	6666.67	1884.29	3333.33	1256.28	2222.22	942.295	1666.67	753.920	1333.33
41	3769.65	6668.33	1884.89	3334.17	1256.68	2222.78	942.595	1667.08	754.161	1333.67
42	3770.85	6670.00	1885.50	3335.00	1257.08	2223.33	942.896	1667.50	754.401	1334.00
43	3772.03	6671.67	1886.08	3335.83	1257.47	2223.89	943.190	1667.92	754.636	1334.33
44	3773.20	6673.33	1886.67	3336.67	1257.87	2224.44	943.484	1668.33	754.871	1334.67
45	3774.41	6675.00	1887.27	3337.50	1258.27	2225.00	943.785	1668.75	755.112	1335.00
46	3775.61	6676.67	1887.87	3338.33	1258.67	2225.56	944.085	1669.17	755.358	1335.33
47	3776.81	6678.33	1888.48	3339.17	1259.07	2226.11	944.386	1669.58	755.598	1335.67
48	3778.02	6680.00	1889.08	3340.00	1259.47	2226.67	944.687	1670.00	755.834	1336.00
49	3779.22	6681.67	1889.68	3340.83	1259.87	2227.22	944.988	1670.42	756.075	1336.33
50	3780.42	6683.33	1890.28	3341.67	1260.27	2227.78	945.289	1670.83	756.316	1336.67
51	3781.60	6685.00	1890.87	3342.50	1260.66	2228.33	945.583	1671.25	756.551	1337.00
52	3782.77	6686.67	1891.46	3343.33	1261.05	2228.89	945.876	1671.67	756.786	1337.33
53	3783.98	6688.33	1892.06	3344.17	1261.46	2229.44	946.177	1672.08	757.026	1337.67
54	3785.18	6690.00	1892.66	3345.00	1261.86	2230.00	946.478	1672.50	757.267	1338.00
55	3786.38	6691.67	1893.26	3345.83	1262.26	2230.56	946.779	1672.92	757.508	1338.33
56	3787.59	6693.33	1893.86	3346.67	1262.66	2231.11	947.080	1673.33	757.748	1338.67
57	3788.79	6695.00	1894.46	3347.50	1263.06	2231.67	947.381	1673.75	757.989	1339.00
58	3789.99	6696.67	1895.07	3348.33	1263.46	2232.22	947.681	1674.17	758.230	1339.33
59	3791.19	6698.33	1895.67	3349.17	1263.86	2232.78	947.982	1674.58	758.471	1339.67

TABLE XIV.—ACTUAL TANGENTS, ETC.

6° Curve.		7° Curve.		8° Curve.		9° Curve.		10° Curve.		66°
Tan.	Arc.	Tan.	Arc.	Tan.	Arc.	Tan.	Arc.	Tan.	Arc.	M.
620.427	1100.00	531.880	942.857	465.484	825.000	413.849	733.333	372.560	660.000	0
620.623	1100.28	532.048	943.095	465.631	825.208	413.980	733.519	372.678	660.167	1
620.818	1100.56	532.216	943.333	465.778	825.417	414.111	733.704	372.795	660.333	2
621.019	1100.83	532.388	943.571	465.928	825.625	414.245	733.889	372.916	660.500	3
621.220	1101.11	532.560	943.810	466.079	825.833	414.378	734.074	373.036	660.667	4
621.416	1101.39	532.727	944.048	466.226	826.042	414.509	734.259	373.154	660.833	5
621.611	1101.67	532.895	944.286	466.373	826.250	414.640	734.444	373.271	661.000	6
621.807	1101.94	533.063	944.524	466.520	826.458	414.770	734.630	373.389	661.167	7
622.003	1102.22	533.231	944.762	466.667	826.667	414.901	734.815	373.507	661.333	8
622.204	1102.50	533.403	945.000	466.817	826.875	415.035	735.000	373.627	661.500	9
622.404	1102.78	533.575	945.238	466.968	827.083	415.169	735.185	373.748	661.667	10
622.600	1103.06	533.743	945.476	467.115	827.292	415.299	735.370	373.865	661.833	11
622.796	1103.33	533.911	945.714	467.262	827.500	415.430	735.556	373.983	662.000	12
622.997	1103.61	534.083	945.952	467.412	827.708	415.564	735.741	374.103	662.167	13
623.197	1103.89	534.255	946.190	467.563	827.917	415.698	735.926	374.224	662.333	14
623.393	1104.17	534.423	946.429	467.710	828.125	415.828	736.111	374.341	662.500	15
623.589	1104.44	534.591	946.667	467.857	828.333	415.959	736.296	374.459	662.667	16
623.790	1104.72	534.763	946.905	468.007	828.542	416.093	736.481	374.579	662.833	17
623.990	1105.00	534.935	947.143	468.158	828.750	416.226	736.667	374.700	663.000	18
624.186	1105.28	535.103	947.381	468.305	828.958	416.357	736.852	374.817	663.167	19
624.382	1105.56	535.270	947.619	468.452	829.167	416.488	737.037	374.935	663.333	20
624.583	1105.83	535.442	947.857	468.602	829.375	416.622	737.222	375.056	663.500	21
624.783	1106.11	535.614	948.095	468.753	829.583	416.755	737.407	375.176	663.667	22
624.979	1106.39	535.782	948.333	468.900	829.792	416.886	737.593	375.294	663.833	23
625.175	1106.67	535.950	948.571	469.046	830.000	417.017	737.778	375.411	664.000	24
625.376	1106.94	536.122	948.810	469.197	830.208	417.151	737.963	375.532	664.167	25
625.576	1107.22	536.294	949.048	469.347	830.417	417.284	738.148	375.652	664.333	26
625.772	1107.50	536.462	949.286	469.494	830.625	417.415	738.333	375.770	664.500	27
625.968	1107.78	536.630	949.524	469.641	830.833	417.546	738.519	375.887	664.667	28
626.169	1108.06	536.802	949.762	469.792	831.042	417.679	738.704	376.008	664.833	29
626.369	1108.33	536.974	950.000	469.942	831.250	417.813	738.889	376.128	665.000	30
626.565	1108.61	537.142	950.238	470.089	831.458	417.944	739.074	376.246	665.167	31
626.761	1108.89	537.310	950.476	470.236	831.667	418.075	739.259	376.364	665.333	32
626.962	1109.17	537.482	950.714	470.387	831.875	418.208	739.444	376.484	665.500	33
627.162	1109.44	537.654	950.952	470.537	832.083	418.342	739.630	376.604	665.667	34
627.363	1109.72	537.826	951.190	470.688	832.292	418.476	739.815	376.725	665.833	35
627.563	1110.00	537.998	951.429	470.838	832.500	418.610	740.000	376.845	666.000	36
627.759	1110.28	538.166	951.667	470.985	832.708	418.741	740.185	376.963	666.167	37
627.955	1110.56	538.334	951.905	471.132	832.917	418.871	740.370	377.081	666.333	38
628.156	1110.83	538.506	952.143	471.283	833.125	419.005	740.556	377.201	666.500	39
628.356	1111.11	538.678	952.381	471.433	833.333	419.139	740.741	377.322	666.667	40
628.557	1111.39	538.850	952.619	471.584	833.542	419.273	740.926	377.442	666.833	41
628.758	1111.67	539.022	952.857	471.734	833.750	419.406	741.111	377.563	667.000	42
628.953	1111.94	539.189	953.095	471.881	833.958	419.537	741.296	377.680	667.167	43
629.149	1112.22	539.357	953.333	472.028	834.167	419.668	741.481	377.798	667.333	44
629.350	1112.50	539.529	953.571	472.179	834.375	419.802	741.667	377.918	667.500	45
629.551	1112.78	539.701	953.810	472.329	834.583	419.935	741.852	378.039	667.667	46
629.751	1113.06	539.873	954.048	472.480	834.792	420.069	742.037	378.159	667.833	47
629.952	1113.33	540.045	954.286	472.630	835.000	420.203	742.222	378.280	668.000	48
630.152	1113.61	540.217	954.524	472.781	835.208	420.337	742.407	378.400	668.167	49
630.353	1113.89	540.389	954.762	472.931	835.417	420.471	742.593	378.521	668.333	50
630.549	1114.17	540.557	955.000	473.078	835.625	420.601	742.778	378.638	668.500	51
630.745	1114.44	540.725	955.238	473.225	835.833	420.732	742.963	378.756	668.667	52
630.945	1114.72	540.897	955.476	473.376	836.042	420.866	743.148	378.876	668.833	53
631.146	1115.00	541.069	955.714	473.526	836.250	421.000	743.333	378.997	669.000	54
631.347	1115.28	541.241	955.952	473.677	836.458	421.133	743.519	379.117	669.167	55
631.547	1115.56	541.413	956.190	473.827	836.667	421.267	743.704	379.238	669.333	56
631.748	1115.83	541.585	956.429	473.978	836.875	421.401	743.889	379.358	669.500	57
631.949	1116.11	541.757	956.667	474.128	837.083	421.535	744.074	379.479	669.667	58
632.149	1116.39	541.929	956.905	474.279	837.292	421.669	744.259	379.599	669.833	59

TABLE XIV.—ACTUAL TANGENTS, ETC.

67°	1° Curve.		2° Curve.		3° Curve.		4° Curve.		5° Curve.	
M.	Tan.	Arc.	Tan.	Arc.	Tan.	Arc.	Tan.	Arc.	Tan.	Arc.
0	3792.40	6700.00	1896.27	3350.00	1264.26	2233.33	948.283	1675.00	758.711	1340.00
1	3794.57	6701.67	1896.86	3350.83	1264.65	2233.89	948.577	1675.42	758.946	1340.33
2	3794.75	6703.33	1897.44	3351.67	1265.05	2234.44	948.871	1675.83	759.181	1340.67
3	3795.95	6705.00	1898.04	3352.50	1265.45	2235.00	949.171	1676.25	759.422	1341.00
4	3797.15	6706.67	1898.65	3353.33	1265.85	2235.56	949.472	1676.67	759.663	1341.33
5	3798.36	6708.33	1899.25	3354.17	1266.25	2236.11	949.773	1677.08	759.903	1341.67
6	3799.56	6710.00	1899.85	3355.00	1266.65	2236.67	950.074	1677.50	760.144	1342.00
7	3800.76	6711.67	1900.45	3355.83	1267.05	2237.22	950.375	1677.92	760.385	1342.33
8	3801.97	6713.33	1901.05	3356.67	1267.45	2237.78	950.676	1678.33	760.626	1342.67
9	3803.17	6715.00	1901.65	3357.50	1267.85	2238.33	950.977	1678.75	760.866	1343.00
10	3804.37	6716.67	1902.26	3358.33	1268.25	2238.89	951.278	1679.17	761.107	1343.33
11	3805.58	6718.33	1902.86	3359.17	1268.66	2239.44	951.578	1679.58	761.348	1343.67
12	3806.78	6720.00	1903.46	3360.00	1269.06	2240.00	951.879	1680.00	761.588	1344.00
13	3807.98	6721.67	1904.06	3360.83	1269.46	2240.56	952.180	1680.42	761.829	1344.33
14	3809.19	6723.33	1904.66	3361.67	1269.86	2241.11	952.481	1680.83	762.070	1344.67
15	3810.39	6725.00	1905.26	3362.50	1270.26	2241.67	952.782	1681.25	762.311	1345.00
16	3811.59	6726.67	1905.87	3363.33	1270.66	2242.22	953.083	1681.67	762.551	1345.33
17	3812.80	6728.33	1906.47	3364.17	1271.06	2242.78	953.384	1682.08	762.792	1345.67
18	3814.00	6730.00	1907.07	3365.00	1271.46	2243.33	953.684	1682.50	763.033	1346.00
19	3815.20	6731.67	1907.67	3365.83	1271.86	2243.89	953.985	1682.92	763.273	1346.33
20	3816.41	6733.33	1908.27	3366.67	1272.27	2244.44	954.286	1683.33	763.514	1346.67
21	3817.61	6735.00	1908.87	3367.50	1272.67	2245.00	954.587	1683.75	763.755	1347.00
22	3818.81	6736.67	1909.48	3368.33	1273.07	2245.56	954.888	1684.17	763.996	1347.33
23	3820.01	6738.33	1910.08	3369.17	1273.47	2246.11	955.189	1684.58	764.236	1347.67
24	3821.22	6740.00	1910.68	3370.00	1273.87	2246.67	955.490	1685.00	764.477	1348.00
25	3822.42	6741.67	1911.28	3370.83	1274.27	2247.22	955.790	1685.42	764.718	1348.33
26	3823.62	6743.33	1911.88	3371.67	1274.67	2247.78	956.091	1685.83	764.958	1348.67
27	3824.83	6745.00	1912.48	3372.50	1275.07	2248.33	956.392	1686.25	765.199	1349.00
28	3826.03	6746.67	1913.09	3373.33	1275.48	2248.89	956.693	1686.67	765.440	1349.33
29	3827.23	6748.33	1913.69	3374.17	1275.88	2249.44	956.994	1687.08	765.681	1349.67
30	3828.44	6750.00	1914.29	3375.00	1276.28	2250.00	957.295	1687.50	765.921	1350.00
31	3829.64	6751.67	1914.89	3375.83	1276.68	2250.56	957.596	1687.92	766.162	1350.33
32	3830.84	6753.33	1915.49	3376.67	1277.08	2251.11	957.897	1688.33	766.403	1350.67
33	3832.05	6755.00	1916.09	3377.50	1277.48	2251.67	958.197	1688.75	766.644	1351.00
34	3833.25	6756.67	1916.70	3378.33	1277.88	2252.22	958.498	1689.17	766.884	1351.33
35	3834.45	6758.33	1917.30	3379.17	1278.28	2252.78	958.799	1689.58	767.125	1351.67
36	3835.66	6760.00	1917.90	3380.00	1278.68	2253.33	959.100	1690.00	767.366	1352.00
37	3836.86	6761.67	1918.50	3380.83	1279.09	2253.89	959.401	1690.42	767.606	1352.33
38	3838.06	6763.33	1919.10	3381.67	1279.49	2254.44	959.702	1690.83	767.847	1352.67
39	3839.27	6765.00	1919.70	3382.50	1279.89	2255.0	960.003	1691.25	768.088	1353.00
40	3840.47	6766.67	1920.31	3383.33	1280.29	2255.56	960.303	1691.67	768.329	1353.33
41	3841.70	6768.33	1920.92	3384.17	1280.70	2256.11	960.611	1692.08	768.575	1353.67
42	3842.93	6770.00	1921.54	3385.00	1281.11	2256.67	960.920	1692.50	768.821	1354.00
43	3844.14	6771.67	1922.14	3385.83	1281.51	2257.22	961.220	1692.92	769.062	1354.33
44	3845.34	6773.33	1922.74	3386.67	1281.91	2257.78	961.521	1693.33	769.303	1354.67
45	3846.54	6775.00	1923.34	3387.50	1282.31	2258.33	961.822	1693.75	769.544	1355.00
46	3847.75	6776.67	1923.94	3388.33	1282.71	2258.89	962.123	1694.17	769.784	1355.33
47	3848.95	6778.33	1924.55	3389.17	1283.12	2259.44	962.424	1694.58	770.025	1355.67
48	3850.15	6780.00	1925.15	3390.00	1283.52	2260.00	962.725	1695.00	770.266	1356.00
49	3851.36	6781.67	1925.75	3390.83	1283.92	2260.56	963.026	1695.42	770.506	1356.33
50	3852.56	6783.33	1926.35	3391.67	1284.32	2261.11	963.326	1695.83	770.747	1356.67
51	3853.79	6785.00	1926.97	3392.50	1284.73	2261.67	963.634	1696.25	770.994	1357.00
52	3855.02	6786.67	1927.58	3393.33	1285.14	2262.22	963.942	1696.67	771.240	1357.33
53	3856.23	6788.33	1928.18	3394.17	1285.54	2262.78	964.243	1697.08	771.481	1357.67
54	3857.43	6790.00	1928.79	3395.00	1285.94	2263.33	964.544	1697.50	771.722	1358.00
55	3858.63	6791.67	1929.39	3395.83	1286.34	2263.89	964.845	1697.92	771.962	1358.33
56	3859.84	6793.33	1929.99	3396.67	1286.74	2264.44	965.146	1698.33	772.203	1358.67
57	3861.07	6795.00	1930.60	3397.50	1287.16	2265.00	965.454	1698.75	772.449	1359.00
58	3862.30	6796.67	1931.22	3398.33	1287.57	2265.56	965.762	1699.17	772.696	1359.33
59	3863.50	6798.33	1931.82	3399.17	1287.97	2266.11	966.063	1699.58	772.937	1359.67

TABLE XIV.—ACTUAL TANGENTS, ETC.

6° Curve.		7° Curve.		8° Curve.		9° Curve.		10° Curve.		67°
Tan.	Arc.	Tan.	Arc.	Tan.	Arc.	Tan.	Arc.	Tan.	Arc.	M.
632.350	1116.67	542.101	957.143	474.429	837.500	421.803	744.444	379.720	670.000	0
632.546	1116.94	542.269	957.381	474.576	837.708	421.933	744.630	379.837	670.167	1
632.742	1117.22	542.437	957.619	474.723	837.917	422.064	744.815	379.955	670.333	2
632.942	1117.50	542.609	957.857	474.874	838.125	422.198	745.000	380.075	670.500	3
633.143	1117.78	542.781	958.095	475.024	838.333	422.332	745.185	380.196	670.667	4
633.343	1118.06	542.953	958.333	475.175	838.542	422.465	745.370	380.316	670.833	5
633.544	1118.33	543.125	958.571	475.325	838.750	422.599	745.556	380.437	671.000	6
633.745	1118.61	543.297	958.810	475.476	838.958	422.733	745.741	380.557	671.167	7
633.945	1118.89	543.469	959.048	475.626	839.167	422.867	745.926	380.678	671.333	8
634.146	1119.17	543.641	959.286	475.777	839.375	423.001	746.111	380.798	671.500	9
634.347	1119.44	543.813	959.524	475.928	839.583	423.134	746.296	380.919	671.667	10
634.547	1119.72	543.985	959.762	476.078	839.792	423.268	746.481	381.039	671.833	11
634.748	1120.00	544.157	960.000	476.229	840.000	423.402	746.667	381.160	672.000	12
634.948	1120.28	544.329	960.238	476.379	840.208	423.536	746.852	381.280	672.167	13
635.149	1120.56	544.501	960.476	476.530	840.417	423.670	747.037	381.401	672.333	14
635.350	1120.83	544.673	960.714	476.680	840.625	423.804	747.222	381.521	672.500	15
635.550	1121.11	544.845	960.952	476.831	840.833	423.937	747.407	381.641	672.667	16
635.751	1121.39	545.017	961.190	476.981	841.042	424.071	747.593	381.762	672.833	17
635.952	1121.67	545.189	961.429	477.132	841.250	424.205	747.778	381.882	673.000	18
636.152	1121.94	545.361	961.667	477.282	841.458	424.339	747.963	382.003	673.167	19
636.353	1122.22	545.533	961.905	477.433	841.667	424.473	748.148	382.123	673.333	20
636.553	1122.50	545.705	962.143	477.583	841.875	424.607	748.333	382.244	673.500	21
636.754	1122.78	545.877	962.381	477.734	842.083	424.740	748.519	382.364	673.667	22
636.955	1123.06	546.049	962.619	477.884	842.292	424.874	748.704	382.485	673.833	23
637.155	1123.33	546.221	962.857	478.035	842.500	425.008	748.889	382.605	674.000	24
637.356	1123.61	546.393	963.095	478.185	842.708	425.142	749.074	382.726	674.167	25
637.557	1123.89	546.565	963.333	478.336	842.917	425.276	749.259	382.846	674.333	26
637.757	1124.17	546.737	963.571	478.486	843.125	425.410	749.444	382.967	674.500	27
637.958	1124.44	546.909	963.810	478.637	843.333	425.543	749.630	383.087	674.667	28
638.158	1124.72	547.081	964.048	478.787	843.542	425.677	749.815	383.208	674.833	29
638.359	1125.00	547.253	964.286	478.938	843.750	425.811	750.000	383.328	675.000	30
638.560	1125.28	547.425	964.524	479.089	843.958	425.945	750.185	383.449	675.167	31
638.760	1125.56	547.597	964.762	479.239	844.167	426.079	750.370	383.569	675.333	32
638.961	1125.83	547.769	965.000	479.390	844.375	426.212	750.556	383.690	675.500	33
639.162	1126.11	547.941	965.238	479.540	844.583	426.346	750.741	383.810	675.667	34
639.362	1126.39	548.113	965.476	479.691	844.792	426.480	750.926	383.931	675.833	35
639.563	1126.67	548.285	965.714	479.841	845.000	426.614	751.111	384.051	676.000	36
639.763	1126.94	548.457	965.952	479.992	845.208	426.748	751.296	384.171	676.167	37
639.964	1127.22	548.629	966.190	480.142	845.417	426.882	751.481	384.292	676.333	38
640.165	1127.50	548.801	966.429	480.293	845.625	427.015	751.667	384.412	676.500	39
640.365	1127.78	548.973	966.667	480.443	845.833	427.149	751.852	384.533	676.667	40
640.571	1128.06	549.149	966.905	480.59	846.042	427.286	752.037	384.656	676.833	41
640.776	1128.33	549.325	967.143	480.751	846.250	427.423	752.222	384.780	677.000	42
640.977	1128.61	549.497	967.381	480.902	846.458	427.557	752.407	384.900	677.167	43
641.177	1128.89	549.669	967.619	481.053	846.667	427.691	752.593	385.021	677.333	44
641.378	1129.17	549.841	967.857	481.203	846.875	427.825	752.778	385.141	677.500	45
641.579	1129.44	550.013	968.095	481.354	847.083	427.959	752.963	385.261	677.667	46
641.779	1129.72	550.185	968.333	481.504	847.292	428.092	753.148	385.382	677.833	47
641.980	1130.00	550.357	968.571	481.655	847.500	428.226	753.333	385.502	678.000	48
642.181	1130.28	550.529	968.810	481.805	847.708	428.360	753.519	385.623	678.167	49
642.381	1130.56	550.701	969.048	481.956	847.917	428.494	753.704	385.743	678.333	50
642.587	1130.83	550.877	969.286	482.110	848.125	428.631	753.889	385.867	678.500	51
642.792	1131.11	551.053	969.524	482.264	848.333	428.768	754.074	385.990	678.667	52
642.993	1131.39	551.225	969.762	482.414	848.542	428.902	754.259	386.111	678.833	53
643.193	1131.67	551.397	970.000	482.565	848.750	429.036	754.444	386.231	679.000	54
643.394	1131.94	551.569	970.238	482.715	848.958	429.169	754.630	386.351	679.167	55
643.595	1132.22	551.741	970.476	482.866	849.167	429.303	754.815	386.472	679.333	56
643.800	1132.50	551.917	970.714	483.020	849.375	429.440	755.000	386.595	679.500	57
644.005	1132.78	552.093	970.952	483.174	849.583	429.577	755.185	386.719	679.667	58
644.205	1133.06	552.265	971.190	483.325	849.792	429.711	755.370	386.839	679.833	59

TABLE XIV.—ACTUAL TANGENTS, ETC.

68°	1° Curve.		2° Curve.		3° Curve.		4° Curve.		5° Curve.	
M.	Tan.	Arc.	Tan.	Arc.	Tan.	Arc.	Tan.	Arc.	Tan.	Arc.
0	3864.71	6800.00	1932.42	3400.00	1288.37	2266.67	966.364	1700.00	773.177	1360.00
1	3865.91	6801.67	1933.03	3400.83	1288.77	2267.22	966.605	1700.42	773.418	1360.33
2	3867.11	6803.33	1933.63	3401.67	1289.17	2267.78	966.965	1700.83	773.659	1360.67
3	3868.34	6805.00	1934.24	3402.50	1289.58	2268.33	967.273	1701.25	773.905	1361.00
4	3869.58	6806.67	1934.86	3403.33	1289.99	2268.89	967.582	1701.67	774.152	1361.33
5	3870.78	6808.33	1935.46	3404.17	1290.39	2269.44	967.882	1702.08	774.392	1361.67
6	3871.98	6810.00	1936.06	3405.00	1290.79	2270.00	968.183	1702.50	774.633	1362.00
7	3873.19	6811.67	1936.66	3405.83	1291.19	2270.56	968.484	1702.92	774.874	1362.33
8	3874.39	6813.33	1937.27	3406.67	1291.60	2271.11	968.785	1703.33	775.115	1362.67
9	3875.62	6815.00	1937.88	3407.50	1292.01	2271.67	969.098	1703.75	775.361	1363.00
10	3876.85	6816.67	1938.50	3408.33	1292.42	2272.22	969.401	1704.17	775.607	1363.33
11	3878.06	6818.33	1939.10	3409.17	1292.82	2272.78	969.702	1704.58	775.848	1363.67
12	3879.26	6820.00	1939.70	3410.00	1293.22	2273.33	970.003	1705.00	776.089	1364.00
13	3880.49	6821.67	1940.32	3410.83	1293.63	2273.89	970.311	1705.42	776.335	1364.33
14	3881.72	6823.33	1940.93	3411.67	1294.04	2274.44	970.619	1705.83	776.582	1364.67
15	3882.93	6825.00	1941.53	3412.50	1294.44	2275.00	970.920	1706.25	776.822	1365.00
16	3884.15	6826.67	1942.14	3413.33	1294.84	2275.56	971.221	1706.67	777.063	1365.33
17	3885.33	6828.33	1942.74	3414.17	1295.24	2276.11	971.521	1707.08	777.304	1365.67
18	3886.54	6830.00	1943.34	3415.00	1295.65	2276.67	971.822	1707.50	777.545	1366.00
19	3887.77	6831.67	1943.96	3415.83	1296.06	2277.22	972.130	1707.92	777.791	1366.33
20	3889.00	6833.33	1944.57	3416.67	1296.47	2277.78	972.438	1708.33	778.038	1366.67
21	3890.20	6835.00	1945.17	3417.50	1296.87	2278.33	972.739	1708.75	778.278	1367.00
22	3891.41	6836.67	1945.77	3418.33	1297.27	2278.89	973.040	1709.17	778.519	1367.33
23	3892.64	6838.33	1946.39	3419.17	1297.68	2279.44	973.348	1709.58	778.765	1367.67
24	3893.87	6840.00	1947.01	3420.00	1298.09	2280.00	973.656	1710.00	779.012	1368.00
25	3895.07	6841.67	1947.61	3420.83	1298.49	2280.56	973.957	1710.42	779.258	1368.33
26	3896.28	6843.33	1948.21	3421.67	1298.89	2281.11	974.258	1710.83	779.498	1368.67
27	3897.51	6845.00	1948.83	3422.50	1299.30	2281.67	974.566	1711.25	779.740	1369.00
28	3898.74	6846.67	1949.44	3423.33	1299.71	2282.22	974.874	1711.67	779.986	1369.33
29	3899.97	6848.33	1950.06	3424.17	1300.12	2282.78	975.182	1712.08	780.232	1369.67
30	3901.20	6850.00	1950.67	3425.00	1300.54	2283.33	975.490	1712.50	780.479	1370.00
31	3902.41	6851.67	1951.28	3425.83	1300.94	2283.89	975.791	1712.92	780.720	1370.33
32	3903.61	6853.33	1951.88	3426.67	1301.34	2284.44	976.092	1713.33	780.961	1370.67
33	3904.84	6855.00	1952.49	3427.50	1301.75	2285.00	976.400	1713.75	781.207	1371.00
34	3906.07	6856.67	1953.11	3428.33	1302.16	2285.56	976.708	1714.17	781.453	1371.33
35	3907.28	6858.33	1953.71	3429.17	1302.56	2286.11	977.009	1714.58	781.694	1371.67
36	3908.48	6860.00	1954.31	3430.00	1302.96	2286.67	977.309	1715.00	781.935	1372.00
37	3909.71	6861.67	1954.93	3430.83	1303.37	2287.22	977.618	1715.42	782.181	1372.33
38	3910.94	6863.33	1955.54	3431.67	1303.78	2287.78	977.926	1715.83	782.428	1372.67
39	3912.18	6865.00	1956.16	3432.50	1304.19	2288.33	978.234	1716.25	782.674	1373.00
40	3913.41	6866.67	1956.78	3433.33	1304.60	2288.89	978.542	1716.67	782.921	1373.33
41	3914.61	6868.33	1957.38	3434.17	1305.00	2289.44	978.842	1717.08	783.161	1373.67
42	3915.81	6870.00	1957.98	3435.00	1305.41	2290.00	979.143	1717.50	783.402	1374.00
43	3917.05	6871.67	1958.60	3435.83	1305.82	2290.56	979.451	1717.92	783.649	1374.33
44	3918.28	6873.33	1959.21	3436.67	1306.23	2291.11	979.759	1718.33	783.895	1374.67
45	3919.51	6875.00	1959.83	3437.50	1306.64	2291.67	980.067	1718.75	784.141	1375.00
46	3920.74	6876.67	1960.44	3438.33	1307.05	2292.22	980.375	1719.17	784.388	1375.33
47	3921.95	6878.33	1961.04	3439.17	1307.45	2292.78	980.676	1719.58	784.629	1375.67
48	3923.15	6880.00	1961.65	3440.00	1307.85	2293.33	980.977	1720.00	784.869	1376.00
49	3924.38	6881.67	1962.26	3440.83	1308.26	2293.89	981.285	1720.42	785.116	1376.33
50	3925.61	6883.33	1962.88	3441.67	1308.67	2294.44	981.593	1720.83	785.362	1376.67
51	3926.84	6885.00	1963.49	3442.50	1309.08	2295.00	981.901	1721.25	785.609	1377.00
52	3928.08	6886.67	1964.11	3443.33	1309.49	2295.56	982.209	1721.67	785.855	1377.33
53	3929.31	6888.33	1964.73	3444.17	1309.90	2296.11	982.517	1722.08	786.102	1377.67
54	3930.54	6890.00	1965.34	3445.00	1310.31	2296.67	982.825	1722.50	786.348	1378.00
55	3931.74	6891.67	1965.94	3445.83	1310.72	2297.22	983.126	1722.92	786.589	1378.33
56	3932.95	6893.33	1966.55	3446.67	1311.12	2297.78	983.427	1723.33	786.830	1378.67
57	3934.18	6895.00	1967.16	3447.50	1311.53	2298.33	983.735	1723.75	787.076	1379.00
58	3935.41	6896.67	1967.78	3448.33	1311.94	2298.89	984.048	1724.17	787.322	1379.33
59	3936.64	6898.33	1968.39	3449.17	1312.35	2299.44	984.351	1724.58	787.569	1379.67

TABLE XIV.—ACTUAL TANGENTS, ETC.

6° Curve.		7° Curve.		8° Curve.		9° Curve.		10° Curve.		68°
Tan.	Arc.	Tan.	Arc.	Tan.	Arc.	Tan.	Arc.	Tan.	Arc.	M.
644.407	1133.33	552.437	971.429	483.475	850.000	429.845	755.556	386.960	680.000	0
644.607	1133.61	552.609	971.667	483.626	850.208	429.979	755.741	387.080	680.167	1
644.808	1133.89	552.781	971.905	483.776	850.417	430.113	755.926	387.201	680.333	2
645.013	1134.17	552.957	972.143	483.930	850.625	430.250	756.111	387.324	680.500	3
645.219	1134.44	553.133	972.381	484.084	850.833	430.387	756.296	387.447	680.667	4
645.419	1134.72	553.305	972.619	484.235	851.042	430.520	756.481	387.568	680.833	5
645.620	1135.00	553.477	972.857	484.386	851.250	430.654	756.667	387.688	681.000	6
645.821	1135.28	553.649	973.095	484.536	851.458	430.788	756.852	387.809	681.167	7
646.021	1135.56	553.821	973.333	484.687	851.667	430.922	757.037	387.929	681.333	8
646.227	1135.83	553.997	973.571	484.841	851.875	431.059	757.222	388.052	681.500	9
646.432	1136.11	554.173	973.810	484.995	852.083	431.196	757.407	388.176	681.667	10
646.633	1136.39	554.345	974.048	485.145	852.292	431.330	757.593	388.296	681.833	11
646.833	1136.67	554.517	974.286	485.296	852.500	431.464	757.778	388.417	682.000	12
647.039	1136.94	554.694	974.524	485.450	852.708	431.601	757.963	388.540	682.167	13
647.244	1137.22	554.870	974.762	485.604	852.917	431.738	758.148	388.663	682.333	14
647.445	1137.50	555.042	975.000	485.755	853.125	431.871	758.333	388.784	682.500	15
647.645	1137.78	555.214	975.238	485.905	853.333	432.005	758.519	388.904	682.667	16
647.846	1138.06	555.386	975.476	486.056	853.542	432.139	758.704	389.025	682.833	17
648.047	1138.33	555.558	975.714	486.206	853.750	432.273	758.889	389.145	683.000	18
648.252	1138.61	555.734	975.952	486.360	853.958	432.410	759.074	389.269	683.167	19
648.457	1138.89	555.910	976.190	486.514	854.167	432.547	759.259	389.392	683.333	20
648.658	1139.17	556.082	976.429	486.665	854.375	432.681	759.444	389.513	683.500	21
648.859	1139.44	556.254	976.667	486.815	854.583	432.815	759.630	389.633	683.667	22
649.064	1139.72	556.430	976.905	486.970	854.792	432.952	759.815	389.756	683.833	23
649.269	1140.00	556.606	977.143	487.124	855.000	433.089	760.000	389.880	684.000	24
649.470	1140.28	556.778	977.381	487.274	855.208	433.222	760.185	390.000	684.167	25
649.671	1140.56	556.950	977.619	487.425	855.417	433.356	760.370	390.121	684.333	26
649.876	1140.83	557.126	977.857	487.579	855.625	433.493	760.556	390.244	684.500	27
650.081	1141.11	557.302	978.095	487.733	855.833	433.630	760.741	390.367	684.667	28
650.287	1141.39	557.478	978.333	487.887	856.042	433.767	760.926	390.491	684.833	29
650.492	1141.67	557.654	978.571	488.041	856.250	433.904	761.111	390.614	685.000	30
650.693	1141.94	557.826	978.810	488.192	856.458	434.038	761.296	390.734	685.167	31
650.894	1142.22	557.998	979.048	488.342	856.667	434.172	761.481	390.855	685.333	32
651.099	1142.50	558.174	979.286	488.496	856.875	434.309	761.667	390.978	685.500	33
651.304	1142.78	558.350	979.524	488.650	857.083	434.446	761.852	391.102	685.667	34
651.505	1143.06	558.522	979.762	488.801	857.292	434.580	762.037	391.222	685.833	35
651.706	1143.33	558.694	980.000	488.951	857.500	434.714	762.222	391.343	686.000	36
651.911	1143.61	558.871	980.238	489.106	857.708	434.851	762.407	391.466	686.167	37
652.116	1143.89	559.047	980.476	489.260	857.917	434.988	762.593	391.589	686.333	38
652.322	1144.17	559.223	980.714	489.414	858.125	435.125	762.778	391.713	686.500	39
652.527	1144.44	559.399	980.952	489.568	858.333	435.262	762.963	391.836	686.667	40
652.728	1144.72	559.571	981.190	489.718	858.542	435.396	763.148	391.956	686.833	41
652.928	1145.00	559.743	981.429	489.869	858.750	435.529	763.333	392.077	687.000	42
653.134	1145.28	559.919	981.667	490.023	858.958	435.666	763.519	392.200	687.167	43
653.339	1145.56	560.095	981.905	490.177	859.167	435.803	763.704	392.324	687.333	44
653.545	1145.83	560.271	982.143	490.331	859.375	435.940	763.889	392.447	687.500	45
653.750	1146.11	560.447	982.381	490.485	859.583	436.077	764.074	392.570	687.667	46
653.951	1146.39	560.619	982.619	490.636	859.792	436.211	764.259	392.691	687.833	47
654.151	1146.67	560.791	982.857	490.786	860.000	436.345	764.444	392.811	688.000	48
654.357	1146.94	560.967	983.095	490.940	860.208	436.482	764.630	392.935	688.167	49
654.562	1147.22	561.143	983.333	491.095	860.417	436.619	764.815	393.058	688.333	50
654.768	1147.50	561.319	983.571	491.249	860.625	436.756	765.000	393.181	688.500	51
654.973	1147.78	561.495	983.810	491.403	860.833	436.893	765.185	393.305	688.667	52
655.178	1148.06	561.672	984.048	491.557	861.042	437.030	765.370	393.428	688.833	53
655.384	1148.33	561.848	984.286	491.711	861.250	437.167	765.556	393.551	689.000	54
655.584	1148.61	562.020	984.524	491.862	861.458	437.301	765.741	393.672	689.167	55
655.785	1148.89	562.192	984.762	492.012	861.667	437.435	765.926	393.792	689.333	56
655.990	1149.17	562.368	985.000	492.166	861.875	437.572	766.111	393.916	689.500	57
656.196	1149.44	562.544	985.238	492.320	862.083	437.709	766.296	394.039	689.667	58
656.401	1149.72	562.720	985.476	492.474	862.292	437.846	766.481	394.162	689.833	59

TABLE XIV.—ACTUAL TANGENTS, ETC.

69°	1° Curve.		2° Curve.		3° Curve.		4° Curve.		5° Curve.	
M.	Tan.	Arc.	Tan.	Arc.	Tan.	Arc.	Tan.	Arc.	Tan.	Arc.
0	3937.87	6900.00	1969.01	3450.00	1312.76	2300.00	984.659	1725.00	787.815	1380.00
1	3939.11	6901.67	1969.63	3450.83	1313.17	2300.56	984.967	1725.42	788.062	1380.33
2	3940.34	6903.33	1970.24	3451.67	1313.58	2301.11	985.275	1725.83	788.308	1380.67
3	3941.57	6905.00	1970.86	3452.50	1313.99	2301.67	985.583	1726.25	788.555	1381.00
4	3942.80	6906.67	1971.47	3453.33	1314.40	2302.22	985.891	1726.67	788.801	1381.33
5	3944.03	6908.33	1972.09	3454.17	1314.81	2302.78	986.199	1727.08	789.048	1381.67
6	3945.27	6910.00	1972.70	3455.00	1315.22	2303.33	986.507	1727.50	789.294	1382.00
7	3946.50	6911.67	1973.32	3455.83	1315.63	2303.89	986.815	1727.92	789.540	1382.33
8	3947.73	6913.33	1973.94	3456.67	1316.05	2304.44	987.123	1728.33	789.787	1382.67
9	3948.96	6915.00	1974.54	3457.50	1316.45	2305.00	987.424	1728.75	790.028	1383.00
10	3950.14	6916.67	1975.14	3458.33	1316.85	2305.56	987.725	1729.17	790.268	1383.33
11	3951.37	6918.33	1975.76	3459.17	1317.26	2306.11	988.033	1729.58	790.515	1383.67
12	3952.60	6920.00	1976.37	3460.00	1317.67	2306.67	988.341	1730.00	790.761	1384.00
13	3953.83	6921.67	1976.99	3460.83	1318.08	2307.22	988.649	1730.42	791.008	1384.33
14	3955.06	6923.33	1977.60	3461.67	1318.49	2307.78	988.957	1730.83	791.254	1384.67
15	3956.29	6925.00	1978.22	3462.50	1318.90	2308.33	989.265	1731.25	791.501	1385.00
16	3957.53	6926.67	1978.84	3463.33	1319.31	2308.89	989.573	1731.67	791.747	1385.33
17	3958.76	6928.33	1979.45	3464.17	1319.72	2309.44	989.881	1732.08	791.994	1385.67
18	3959.99	6930.00	1980.07	3465.00	1320.13	2310.00	990.189	1732.50	792.240	1386.00
19	3961.22	6931.67	1980.68	3465.83	1320.54	2310.56	990.497	1732.92	792.486	1386.33
20	3962.45	6933.33	1981.30	3466.67	1320.95	2311.11	990.805	1733.33	792.733	1386.67
21	3963.69	6935.00	1981.92	3467.50	1321.36	2311.67	991.113	1733.75	792.979	1387.00
22	3964.92	6936.67	1982.53	3468.33	1321.78	2312.22	991.421	1734.17	793.226	1387.33
23	3966.15	6938.33	1983.15	3459.17	1322.19	2312.78	991.730	1734.58	793.472	1387.67
24	3967.38	6940.00	1983.76	3470.00	1322.60	2313.33	992.038	1735.00	793.719	1388.00
25	3968.61	6941.67	1984.38	3470.83	1323.01	2313.89	992.346	1735.42	793.965	1388.33
26	3969.85	6943.33	1985.00	3471.67	1323.42	2314.44	992.651	1735.83	794.212	1388.67
27	3971.08	6945.00	1985.61	3472.50	1323.83	2315.00	992.962	1736.25	794.458	1389.00
28	3972.31	6946.67	1986.23	3473.33	1324.24	2315.56	993.270	1736.67	794.704	1389.33
29	3973.54	6948.33	1986.84	3474.17	1324.65	2316.11	993.578	1737.08	794.951	1389.67
30	3974.77	6950.00	1987.46	3475.00	1325.06	2316.67	993.886	1737.50	795.197	1390.00
31	3976.03	6951.67	1988.09	3475.83	1325.48	2317.22	994.201	1737.92	795.450	1390.33
32	3977.29	6953.33	1988.72	3476.67	1325.90	2317.78	994.516	1738.33	795.702	1390.67
33	3978.53	6955.00	1989.31	3477.50	1326.31	2318.33	994.824	1738.75	795.948	1391.00
34	3979.76	6956.67	1989.95	3478.33	1326.72	2318.89	995.132	1739.17	796.195	1391.33
35	3980.99	6958.33	1990.57	3479.17	1327.13	2319.44	995.440	1739.58	796.411	1391.67
36	3982.22	6960.00	1991.18	3480.00	1327.54	2320.00	995.748	1740.00	796.688	1392.00
37	3983.45	6961.67	1991.80	3480.83	1327.95	2320.56	996.056	1740.42	796.934	1392.33
38	3984.69	6963.33	1992.42	3481.67	1328.37	2321.11	996.364	1740.83	797.180	1392.67
39	3985.92	6965.00	1993.03	3482.50	1328.78	2321.67	996.672	1741.25	797.427	1393.00
40	3987.15	6966.67	1993.65	3483.33	1329.19	2322.22	996.980	1741.67	797.673	1393.33
41	3988.38	6968.33	1994.26	3484.17	1329.60	2322.78	997.288	1742.08	797.920	1393.67
42	3989.61	6970.00	1994.88	3485.00	1330.01	2323.33	997.596	1742.50	798.166	1394.00
43	3990.87	6971.67	1995.51	3485.83	1330.43	2323.89	997.912	1742.92	798.418	1394.33
44	3992.13	6973.33	1996.14	3486.67	1330.85	2324.44	998.227	1743.33	798.671	1394.67
45	3993.37	6975.00	1996.76	3487.50	1331.26	2325.00	998.535	1743.75	798.917	1395.00
46	3994.60	6976.67	1997.37	3488.33	1331.67	2325.56	998.843	1744.17	799.163	1395.33
47	3995.83	6978.33	1997.99	3489.17	1332.08	2326.11	999.151	1744.58	799.410	1395.67
48	3997.06	6980.00	1998.60	3490.00	1332.49	2326.67	999.459	1745.00	799.656	1396.00
49	3998.29	6981.67	1999.22	3490.83	1332.90	2327.22	999.767	1745.42	799.903	1396.33
50	3999.52	6983.33	1999.84	3491.67	1333.31	2327.78	1000.07	1745.83	800.149	1396.67
51	4000.76	6985.00	2000.45	3492.50	1333.72	2328.33	1000.38	1746.25	800.396	1397.00
52	4001.99	6986.67	2001.07	3493.33	1334.13	2328.89	1000.69	1746.67	800.642	1397.33
53	4003.25	6988.33	2001.70	3494.17	1334.55	2329.44	1001.01	1747.08	800.894	1397.67
54	4004.51	6990.00	2002.33	3495.00	1334.97	2330.00	1001.32	1747.50	801.147	1398.00
55	4005.74	6991.67	2002.94	3495.83	1335.38	2330.56	1001.63	1747.92	801.393	1398.33
56	4006.97	6993.33	2003.56	3496.67	1335.80	2331.11	1001.94	1748.33	801.639	1398.67
57	4008.21	6995.00	2004.18	3497.50	1336.21	2331.67	1002.25	1748.75	801.886	1399.00
58	4009.44	6996.67	2004.79	3498.33	1336.62	2332.22	1002.55	1749.17	802.132	1399.33
59	4010.70	6998.33	2005.42	3499.17	1337.04	2332.78	1002.87	1749.58	802.385	1399.67

TABLE XIV.—ACTUAL TANGENTS, ETC.

6° Curve.		7° Curve.		8° Curve.		9° Curve.		10° Curve.		69°
Tan.	Arc.	Tan.	Arc.	Tan.	Arc.	Tan.	Arc.	Tan.	Arc.	M.
656.607	1150.00	562.896	985.714	492.629	862.500	437.983	766.667	394.286	690.000	0
656.812	1150.28	563.072	985.952	492.783	862.708	438.120	766.852	394.409	690.167	1
657.017	1150.56	563.248	986.190	492.937	862.917	438.257	767.037	394.532	690.333	2
657.223	1150.83	563.424	986.429	493.091	863.125	438.394	767.222	394.656	690.500	3
657.428	1151.11	563.600	986.667	493.245	863.333	438.531	767.407	394.779	690.667	4
657.634	1151.39	563.776	986.905	493.399	863.542	438.668	767.593	394.902	690.833	5
657.839	1151.67	563.953	987.143	493.553	863.750	438.805	767.778	395.026	691.000	6
658.044	1151.94	564.129	987.381	493.707	863.958	438.942	767.963	395.149	691.167	7
658.250	1152.22	564.305	987.619	493.861	864.167	439.079	768.148	395.272	691.333	8
658.455	1152.50	564.477	987.857	494.012	864.375	439.213	768.333	395.393	691.500	9
658.651	1152.78	564.649	988.095	494.162	864.583	439.347	768.519	395.513	691.667	10
658.857	1153.06	564.825	988.333	494.317	864.792	439.484	768.704	395.637	691.833	11
659.062	1153.33	565.001	988.571	494.471	865.000	439.621	768.889	395.760	692.000	12
659.267	1153.61	565.177	988.810	494.625	865.208	439.758	769.074	395.883	692.167	13
659.473	1153.89	565.353	989.048	494.779	865.417	439.895	769.259	396.007	692.333	14
659.678	1154.17	565.529	989.286	494.933	865.625	440.032	769.444	396.130	692.500	15
659.884	1154.44	565.705	989.524	495.087	865.833	440.169	769.630	396.253	692.667	16
660.089	1154.72	565.881	989.762	495.241	866.042	440.306	769.815	396.377	692.833	17
660.294	1155.00	566.057	990.000	495.395	866.250	440.443	770.000	396.500	693.000	18
660.500	1155.28	566.234	990.238	495.549	866.458	440.580	770.185	396.623	693.167	19
660.705	1155.56	566.410	990.476	495.703	866.667	440.717	770.370	396.747	693.333	20
660.911	1155.83	566.586	990.714	495.858	866.875	440.854	770.556	396.870	693.500	21
661.116	1156.11	566.762	990.952	496.012	867.083	440.991	770.741	396.993	693.667	22
661.321	1156.39	566.938	991.190	496.166	867.292	441.128	770.926	397.117	693.833	23
661.527	1156.67	567.114	991.429	496.320	867.500	441.265	771.111	397.240	694.000	24
661.732	1156.94	567.290	991.667	496.474	867.708	441.402	771.296	397.363	694.167	25
661.938	1157.22	567.466	991.905	496.628	867.917	441.539	771.481	397.487	694.333	26
662.143	1157.50	567.642	992.143	496.782	868.125	441.676	771.667	397.610	694.500	27
662.348	1157.78	567.818	992.381	496.936	868.333	441.813	771.852	397.733	694.667	28
662.554	1158.06	567.994	992.619	497.000	868.542	441.950	772.037	397.857	694.833	29
662.759	1158.33	568.171	992.857	497.245	868.750	442.087	772.222	397.980	695.000	30
662.969	1158.61	568.351	993.095	497.402	868.958	442.227	772.407	398.106	695.167	31
663.180	1158.89	568.531	993.333	497.560	869.167	442.367	772.593	398.233	695.333	32
663.385	1159.17	568.707	993.571	497.714	869.375	442.504	772.778	398.356	695.500	33
663.590	1159.44	568.883	993.810	497.868	869.583	442.641	772.963	398.479	695.667	34
663.796	1159.72	569.059	994.048	498.022	869.792	442.778	773.148	398.603	695.833	35
664.001	1160.00	569.235	994.286	498.176	870.000	442.915	773.333	398.726	696.000	36
664.207	1160.28	569.411	994.524	498.330	870.208	443.052	773.519	398.849	696.167	37
664.412	1160.56	569.587	994.762	498.485	870.417	443.189	773.704	398.973	696.333	38
664.617	1160.83	569.763	995.000	498.639	870.625	443.326	773.889	399.096	696.500	39
664.823	1161.11	569.940	995.238	498.793	870.833	443.463	774.074	399.219	696.667	40
665.028	1161.39	570.116	995.476	498.947	871.042	443.600	774.259	399.343	696.833	41
665.234	1161.67	570.292	995.714	499.101	871.250	443.737	774.444	399.466	697.000	42
665.444	1161.94	570.472	995.952	499.259	871.458	443.878	774.630	399.592	697.167	43
665.654	1162.22	570.652	996.190	499.416	871.667	444.018	774.815	399.718	697.333	44
665.859	1162.50	570.828	996.429	499.571	871.875	444.155	775.000	399.842	697.500	45
666.065	1162.78	571.004	996.667	499.725	872.083	444.292	775.185	399.965	697.667	46
666.270	1163.06	571.180	996.905	499.879	872.292	444.429	775.370	400.088	697.833	47
666.476	1163.33	571.356	997.143	500.033	872.500	444.566	775.556	400.212	698.000	48
666.681	1163.61	571.533	997.381	500.187	872.708	444.703	775.741	400.335	698.167	49
666.886	1163.89	571.709	997.619	500.341	872.917	444.840	775.926	400.459	698.333	50
667.092	1164.17	571.885	997.857	500.495	873.125	444.977	776.111	400.582	698.500	51
667.297	1164.44	572.061	998.095	500.649	873.333	445.114	776.296	400.705	698.667	52
667.507	1164.72	572.241	998.333	500.807	873.542	445.254	776.481	400.831	698.833	53
667.718	1165.00	572.421	998.571	500.965	873.750	445.394	776.667	400.958	699.000	54
667.923	1165.28	572.597	998.810	501.119	873.958	445.531	776.852	401.081	699.167	55
668.128	1165.56	572.773	999.048	501.273	874.167	445.668	777.037	401.204	699.333	56
668.334	1165.83	572.949	999.286	501.427	874.375	445.805	777.222	401.328	699.500	57
668.539	1166.11	573.126	999.524	501.581	874.583	445.942	777.407	401.451	699.667	58
668.749	1166.39	573.306	999.762	501.739	874.792	446.083	777.593	401.577	699.833	59

TABLE XIV.—ACTUAL TANGENTS, ETC.

70°	1° Curve.		2° Curve.		3° Curve.		4° Curve.		5° Curve.	
M.	Tan.	Arc.	Tan.	Arc.	Tan.	Arc.	Tan.	Arc.	Tan.	Arc.
0	4011.96	7000.00	2006.05	3500.00	1337.46	2333.33	1003.18	1750.00	802.637	1400.00
1	4013.19	7001.67	2006.67	3500.83	1337.87	2333.89	1003.49	1750.42	802.883	1400.33
2	4014.42	7003.33	2007.28	3501.67	1338.28	2334.44	1003.80	1750.83	803.130	1400.67
3	4015.65	7005.00	2007.90	3502.50	1338.69	2335.00	1004.11	1751.25	803.376	1401.00
4	4016.89	7006.67	2008.52	3503.33	1339.10	2335.56	1004.42	1751.67	803.623	1401.33
5	4018.15	7008.33	2009.15	3504.17	1339.52	2336.11	1004.73	1752.08	803.875	1401.67
6	4019.41	7010.00	2009.78	3505.00	1339.94	2336.67	1005.05	1752.50	804.127	1402.00
7	4020.64	7011.67	2010.39	3505.83	1340.35	2337.22	1005.35	1752.92	804.373	1402.33
8	4021.87	7013.33	2011.01	3506.67	1340.76	2337.78	1005.66	1753.33	804.620	1402.67
9	4023.13	7015.00	2011.64	3507.50	1341.18	2338.23	1005.98	1753.75	804.872	1403.00
10	4024.39	7016.67	2012.27	3508.33	1341.60	2338.89	1006.29	1754.17	805.124	1403.33
11	4025.62	7018.33	2012.89	3509.17	1342.01	2339.44	1006.60	1754.58	805.371	1403.67
12	4026.86	7020.00	2013.50	3510.00	1342.42	2340.00	1006.91	1755.00	805.617	1404.00
13	4028.12	7021.67	2014.13	3510.83	1342.84	2340.56	1007.22	1755.42	805.869	1404.33
14	4029.38	7023.33	2014.76	3511.67	1343.26	2341.11	1007.54	1755.83	806.121	1404.67
15	4030.61	7025.00	2015.38	3512.50	1343.67	2341.67	1007.85	1756.25	806.368	1405.00
16	4031.84	7026.67	2015.99	3513.33	1344.09	2342.22	1008.16	1756.67	806.614	1405.33
17	4033.10	7028.33	2016.62	3514.17	1344.51	2342.78	1008.47	1757.08	806.866	1405.67
18	4034.36	7030.00	2017.25	3515.00	1344.93	2343.33	1008.79	1757.50	807.119	1406.00
19	4035.59	7031.67	2017.87	3515.83	1345.34	2343.89	1009.09	1757.92	807.365	1406.33
20	4036.82	7033.33	2018.49	3516.67	1345.75	2344.44	1009.40	1758.33	807.612	1406.67
21	4038.09	7035.00	2019.12	3517.50	1346.17	2345.00	1009.72	1758.75	807.864	1407.00
22	4039.35	7036.67	2019.75	3518.33	1346.59	2345.56	1010.03	1759.17	808.116	1407.33
23	4040.58	7038.33	2020.36	3519.17	1347.00	2346.11	1010.34	1759.58	808.362	1407.67
24	4041.81	7040.00	2020.98	3520.00	1347.41	2346.67	1010.65	1760.00	808.609	1408.00
25	4043.07	7041.67	2021.61	3520.83	1347.83	2347.22	1010.96	1760.42	808.861	1408.33
26	4044.33	7043.33	2022.24	3521.67	1348.25	2347.78	1011.28	1760.83	809.113	1408.67
27	4045.56	7045.00	2022.86	3522.50	1348.66	2348.33	1011.59	1761.25	809.360	1409.00
28	4046.79	7046.67	2023.47	3523.33	1349.07	2348.89	1011.89	1761.67	809.606	1409.33
29	4048.06	7048.33	2024.10	3524.17	1349.49	2349.44	1012.21	1762.08	809.858	1409.67
30	4049.32	7050.00	2024.73	3525.00	1349.91	2350.00	1012.53	1762.50	810.110	1410.00
31	4050.58	7051.67	2025.36	3525.83	1350.33	2350.56	1012.84	1762.92	810.363	1410.33
32	4051.84	7053.33	2025.99	3526.67	1350.75	2351.11	1013.16	1763.33	810.615	1410.67
33	4053.07	7055.00	2026.61	3527.50	1351.16	2351.67	1013.46	1763.75	810.861	1411.00
34	4054.30	7056.67	2027.22	3528.33	1351.57	2352.22	1013.77	1764.17	811.108	1411.33
35	4055.56	7058.33	2027.85	3529.17	1351.99	2352.78	1014.09	1764.58	811.360	1411.67
36	4056.82	7060.00	2028.49	3530.00	1352.41	2353.33	1014.40	1765.00	811.612	1412.00
37	4058.08	7061.67	2029.12	3530.83	1352.83	2353.89	1014.72	1765.42	811.864	1412.33
38	4059.34	7063.33	2029.75	3531.67	1353.25	2354.44	1015.03	1765.83	812.116	1412.67
39	4060.57	7065.00	2030.36	3532.50	1353.66	2355.00	1015.34	1766.25	812.363	1413.00
40	4061.81	7066.67	2030.98	3533.33	1354.07	2355.56	1015.65	1766.67	812.609	1413.33
41	4063.07	7068.33	2031.61	3534.17	1354.50	2356.11	1015.96	1767.08	812.862	1413.67
42	4064.33	7070.00	2032.24	3535.00	1354.92	2356.67	1016.28	1767.50	813.114	1414.00
43	4065.59	7071.67	2032.87	3535.83	1355.34	2357.22	1016.59	1767.92	813.366	1414.33
44	4066.85	7073.33	2033.50	3536.67	1355.76	2357.78	1016.91	1768.33	813.618	1414.67
45	4068.11	7075.00	2034.13	3537.50	1356.18	2358.33	1017.22	1768.75	813.870	1415.00
46	4069.37	7076.67	2034.76	3538.33	1356.60	2358.89	1017.54	1769.17	814.122	1415.33
47	4070.60	7078.33	2035.38	3539.17	1357.01	2359.44	1017.85	1769.58	814.369	1415.67
48	4071.83	7080.00	2035.99	3540.00	1357.42	2360.00	1018.16	1770.00	814.615	1416.00
49	4073.09	7081.67	2036.62	3540.83	1357.84	2360.56	1018.47	1770.42	814.868	1416.33
50	4074.35	7083.33	2037.25	3541.67	1358.26	2361.11	1018.79	1770.83	815.120	1416.67
51	4075.61	7085.00	2037.88	3542.50	1358.68	2361.67	1019.10	1771.25	815.372	1417.00
52	4076.88	7086.67	2038.51	3543.33	1359.10	2362.22	1019.42	1771.67	815.624	1417.33
53	4078.14	7088.33	2039.14	3544.17	1359.52	2362.78	1019.73	1772.08	815.876	1417.67
54	4079.40	7090.00	2039.77	3545.00	1359.94	2363.33	1020.05	1772.50	816.128	1418.00
55	4080.66	7091.67	2040.40	3545.83	1360.36	2363.89	1020.36	1772.92	816.381	1418.33
56	4081.92	7093.33	2041.03	3546.67	1360.78	2364.44	1020.68	1773.33	816.633	1418.67
57	4083.15	7095.00	2041.65	3547.50	1361.19	2365.00	1020.99	1773.75	816.879	1419.00
58	4084.38	7096.67	2042.27	3548.33	1361.60	2365.56	1021.29	1774.17	817.126	1419.33
59	4085.64	7098.33	2042.90	3549.17	1362.02	2366.11	1021.61	1774.58	817.378	1419.67

TABLE XIV.—ACTUAL TANGENTS, ETC.

6° Curve.		7° Curve.		8° Curve.		9° Curve.		10° Curve.		70°
Tan.	Arc.	Tan.	Arc.	Tan.	Arc.	Tan.	Arc.	Tan.	Arc.	M.
668.960	1166.67	573.486	1000.00	501.896	875.000	446.223	777.778	401.703	700.000	0
669.165	1166.94	573.662	1000.24	502.051	875.208	446.360	777.963	401.827	700.167	1
669.370	1167.22	573.838	1000.48	502.205	875.417	446.497	778.148	401.950	700.333	2
669.576	1167.50	574.014	1000.71	502.359	875.625	446.634	778.333	402.073	700.500	3
669.781	1167.78	574.190	1000.95	502.513	875.833	446.771	778.519	402.197	700.667	4
669.991	1168.06	574.370	1001.19	502.671	876.042	446.911	778.704	402.323	700.833	5
670.202	1168.33	574.551	1001.43	502.828	876.250	447.051	778.889	402.449	701.000	6
670.407	1168.61	574.727	1001.67	502.982	876.458	447.188	779.074	402.573	701.167	7
670.612	1168.89	574.903	1001.91	503.137	876.667	447.325	779.259	402.696	701.333	8
670.823	1169.17	575.083	1002.14	503.294	876.875	447.465	779.444	402.822	701.500	9
671.033	1169.44	575.263	1002.38	503.452	877.083	447.606	779.630	402.948	701.667	10
671.238	1169.72	575.439	1002.62	503.606	877.292	447.743	779.815	403.072	701.833	11
671.444	1170.00	575.615	1002.86	503.760	877.500	447.880	780.000	403.195	702.000	12
671.654	1170.28	575.796	1003.10	503.918	877.708	448.020	780.185	403.321	702.167	13
671.864	1170.56	575.976	1003.33	504.075	877.917	448.160	780.370	403.447	702.333	14
672.069	1170.83	576.152	1003.57	504.230	878.125	448.297	780.556	403.571	702.500	15
672.275	1171.11	576.328	1003.81	504.384	878.333	448.434	780.741	403.694	702.667	16
672.485	1171.39	576.508	1004.05	504.541	878.542	448.574	780.926	403.820	702.833	17
672.695	1171.67	576.688	1004.29	504.699	878.750	448.715	781.111	403.947	703.000	18
672.900	1171.94	576.864	1004.52	504.853	878.958	448.852	781.296	404.070	703.167	19
673.106	1172.22	577.040	1004.76	505.007	879.167	448.989	781.481	404.193	703.333	20
673.316	1172.50	577.221	1005.00	505.165	879.375	449.129	781.667	404.319	703.500	21
673.526	1172.78	577.401	1005.24	505.323	879.583	449.269	781.852	404.446	703.667	22
673.732	1173.06	577.577	1005.48	505.477	879.792	449.406	782.037	404.569	703.833	23
673.937	1173.33	577.753	1005.71	505.631	880.000	449.543	782.222	404.692	704.000	24
674.147	1173.61	577.933	1005.95	505.789	880.208	449.683	782.407	404.819	704.167	25
674.357	1173.89	578.113	1006.19	505.946	880.417	449.823	782.593	404.945	704.333	26
674.563	1174.17	578.289	1006.43	506.100	880.625	449.960	782.778	405.068	704.500	27
674.768	1174.44	578.466	1006.67	506.254	880.833	450.097	782.963	405.191	704.667	28
674.978	1174.72	578.646	1006.91	506.412	881.042	450.238	783.148	405.318	704.833	29
675.189	1175.00	578.826	1007.14	506.570	881.250	450.378	783.333	405.444	705.000	30
675.399	1175.28	579.006	1007.38	506.728	881.458	450.518	783.519	405.570	705.167	31
675.609	1175.56	579.186	1007.62	506.885	881.667	450.658	783.704	405.696	705.333	32
675.814	1175.83	579.362	1007.86	507.039	881.875	450.795	783.889	405.820	705.500	33
676.020	1176.11	579.539	1008.10	507.193	882.083	450.932	784.074	405.943	705.667	34
676.230	1176.39	579.719	1008.33	507.351	882.292	451.072	784.259	406.069	705.833	35
676.440	1176.67	579.899	1008.57	507.509	882.500	451.213	784.444	406.195	706.000	36
676.650	1176.94	580.079	1008.81	507.667	882.708	451.353	784.630	406.322	706.167	37
676.860	1177.22	580.259	1009.05	507.824	882.917	451.493	784.815	406.448	706.333	38
677.066	1177.50	580.435	1009.29	507.978	883.125	451.630	785.000	406.571	706.500	39
677.271	1177.78	580.611	1009.52	508.132	883.333	451.767	785.185	406.695	706.667	40
677.481	1178.06	580.792	1009.76	508.290	883.542	451.907	785.370	406.821	706.833	41
677.692	1178.33	580.972	1010.00	508.448	883.750	452.047	785.556	406.947	707.000	42
677.902	1178.61	581.152	1010.24	508.606	883.958	452.188	785.741	407.073	707.167	43
678.112	1178.89	581.332	1010.48	508.763	884.167	452.328	785.926	407.199	707.333	44
678.322	1179.17	581.512	1010.71	508.921	884.375	452.468	786.111	407.326	707.500	45
678.532	1179.44	581.693	1010.95	509.079	884.583	452.608	786.296	407.452	707.667	46
678.738	1179.72	581.869	1011.19	509.233	884.792	452.745	786.481	407.575	707.833	47
678.948	1180.00	582.045	1011.43	509.387	885.000	452.882	786.667	407.698	708.000	48
679.153	1180.28	582.225	1011.67	509.545	885.208	453.022	786.852	407.825	708.167	49
679.364	1180.56	582.405	1011.91	509.702	885.417	453.168	787.037	407.951	708.333	50
679.574	1180.83	582.585	1012.14	509.860	885.625	453.303	787.222	408.077	708.500	51
679.784	1181.11	582.765	1012.38	510.018	885.833	453.443	787.407	408.203	708.667	52
679.994	1181.39	582.946	1012.62	510.175	886.042	453.583	787.593	408.330	708.833	53
680.204	1181.67	583.126	1012.86	510.333	886.250	453.723	787.778	408.456	709.000	54
680.414	1181.94	583.306	1013.10	510.491	886.458	453.864	787.963	408.582	709.167	55
680.625	1182.22	583.486	1013.33	510.648	886.667	454.004	788.148	408.708	709.333	56
680.830	1182.50	583.662	1013.57	510.802	886.875	454.141	788.333	408.832	709.500	57
681.035	1182.78	583.838	1013.81	510.957	887.083	454.278	788.519	408.955	709.667	58
681.246	1183.06	584.019	1014.05	511.114	887.292	454.418	788.704	409.081	709.833	59

TABLE XIV.—ACTUAL TANGENTS, ETC.

71°	1° Curve.		2° Curve.		3° Curve.		4° Curve.		5° Curve.	
M.	Tan.	Arc.	Tan.	Arc.	Tan.	Arc.	Tan.	Arc.	Tan.	Arc.
0	4086.90	7100.00	2043.58	3550.00	1362.44	2366.67	1021.92	1775.00	817.630	1420.00
1	4088.16	7101.67	2044.16	3550.83	1362.86	2367.22	1022.24	1775.42	817.882	1420.33
2	4089.42	7103.33	2044.79	3551.67	1363.28	2367.78	1022.55	1775.83	818.134	1420.67
3	4090.68	7105.00	2045.42	3552.50	1363.70	2368.33	1022.87	1776.25	818.387	1421.00
4	4091.94	7106.67	2046.05	3553.33	1364.12	2368.89	1023.18	1776.67	818.639	1421.33
5	4093.20	7108.33	2046.68	3554.17	1364.54	2369.44	1023.50	1777.08	818.891	1421.67
6	4094.47	7110.00	2047.31	3555.00	1364.96	2370.00	1023.81	1777.50	819.143	1422.00
7	4095.73	7111.67	2047.94	3555.83	1365.38	2370.56	1024.13	1777.92	819.395	1422.33
8	4096.99	7113.33	2048.57	3556.67	1365.80	2371.11	1024.44	1778.33	819.648	1422.67
9	4098.25	7115.00	2049.20	3557.50	1366.22	2371.67	1024.76	1778.75	819.900	1423.00
10	4099.51	7116.67	2049.83	3558.33	1366.64	2372.22	1025.08	1779.17	820.152	1423.33
11	4100.77	7118.33	2050.46	3559.17	1367.06	2372.78	1025.39	1779.58	820.404	1423.67
12	4102.03	7120.00	2051.09	3560.00	1367.48	2373.33	1025.71	1780.00	820.656	1424.00
13	4103.29	7121.67	2051.72	3560.83	1367.90	2373.89	1026.02	1780.42	820.908	1424.33
14	4104.55	7123.33	2052.35	3561.67	1368.32	2374.44	1026.34	1780.83	821.161	1424.67
15	4105.81	7125.00	2052.98	3562.50	1368.74	2375.00	1026.65	1781.25	821.413	1425.00
16	4107.07	7126.67	2053.61	3563.33	1369.16	2375.56	1026.97	1781.67	821.665	1425.33
17	4108.33	7128.33	2054.24	3564.17	1369.58	2376.11	1027.28	1782.08	821.917	1425.67
18	4109.59	7130.00	2054.87	3565.00	1370.00	2376.67	1027.60	1782.50	822.169	1426.00
19	4110.85	7131.67	2055.50	3565.83	1370.43	2377.22	1027.91	1782.92	822.422	1426.33
20	4112.11	7133.33	2056.13	3566.67	1370.85	2377.78	1028.23	1783.33	822.674	1426.67
21	4113.37	7135.00	2056.76	3567.50	1371.27	2378.33	1028.54	1783.75	822.926	1427.00
22	4114.63	7136.67	2057.39	3568.33	1371.69	2378.89	1028.86	1784.17	823.178	1427.33
23	4115.89	7138.33	2058.02	3569.17	1372.11	2379.44	1029.17	1784.58	823.430	1427.67
24	4117.15	7140.00	2058.65	3570.00	1372.53	2380.00	1029.49	1785.00	823.682	1428.00
25	4118.42	7141.67	2059.28	3570.83	1372.95	2380.56	1029.80	1785.42	823.935	1428.33
26	4119.68	7143.33	2059.91	3571.67	1373.37	2381.11	1030.12	1785.83	824.187	1428.67
27	4120.96	7145.00	2060.56	3572.50	1373.80	2381.67	1030.44	1786.25	824.445	1429.00
28	4122.25	7146.67	2061.20	3573.33	1374.23	2382.22	1030.76	1786.67	824.703	1429.33
29	4123.51	7148.33	2061.83	3574.17	1374.65	2382.78	1031.08	1787.08	824.955	1429.67
30	4124.78	7150.00	2062.46	3575.00	1375.07	2383.33	1031.39	1787.50	825.207	1430.00
31	4126.04	7151.67	2063.09	3575.83	1375.49	2383.89	1031.71	1787.92	825.459	1430.33
32	4127.30	7153.33	2063.72	3576.67	1375.91	2384.44	1032.02	1788.33	825.711	1430.67
33	4128.56	7155.00	2064.35	3577.50	1376.33	2385.00	1032.34	1788.75	825.964	1431.00
34	4129.82	7156.67	2064.98	3578.33	1376.75	2385.56	1032.65	1789.17	826.216	1431.33
35	4131.08	7158.33	2065.61	3579.17	1377.17	2386.11	1032.97	1789.58	826.468	1431.67
36	4132.34	7160.00	2066.24	3580.00	1377.59	2386.67	1033.28	1790.00	826.720	1432.00
37	4133.63	7161.67	2066.89	3580.83	1378.02	2387.22	1033.61	1790.42	826.978	1432.33
38	4134.92	7163.33	2067.53	3581.67	1378.45	2387.78	1033.93	1790.83	827.236	1432.67
39	4136.18	7165.00	2068.16	3582.50	1378.87	2388.33	1034.24	1791.25	827.488	1433.00
40	4137.44	7166.67	2068.79	3583.33	1379.29	2388.89	1034.56	1791.67	827.740	1433.33
41	4138.70	7168.33	2069.42	3584.17	1379.71	2389.44	1034.87	1792.08	827.992	1433.67
42	4139.96	7170.00	2070.06	3585.00	1380.13	2390.00	1035.19	1792.50	828.245	1434.00
43	4141.22	7171.67	2070.69	3585.83	1380.55	2390.56	1035.51	1792.92	828.497	1434.33
44	4142.48	7173.33	2071.32	3586.67	1380.97	2391.11	1035.82	1793.33	828.749	1434.67
45	4143.77	7175.00	2071.96	3587.50	1381.40	2391.67	1036.14	1793.75	829.007	1435.00
46	4145.06	7176.67	2072.60	3588.33	1381.83	2392.22	1036.47	1794.17	829.265	1435.33
47	4146.32	7178.33	2073.24	3589.17	1382.25	2392.78	1036.78	1794.58	829.517	1435.67
48	4147.58	7180.00	2073.87	3590.00	1382.67	2393.33	1037.10	1795.00	829.769	1436.00
49	4148.84	7181.67	2074.50	3590.83	1383.09	2393.89	1037.41	1795.42	830.021	1436.33
50	4150.10	7183.33	2075.13	3591.67	1383.51	2394.44	1037.73	1795.83	830.274	1436.67
51	4151.39	7185.00	2075.77	3592.50	1383.94	2395.00	1038.05	1796.25	830.581	1437.00
52	4152.68	7186.67	2076.42	3593.33	1384.37	2395.56	1038.37	1796.67	830.789	1437.33
53	4153.94	7188.33	2077.05	3594.17	1384.79	2396.11	1038.69	1797.08	831.042	1437.67
54	4155.20	7190.00	2077.68	3595.00	1385.21	2396.67	1039.00	1797.50	831.294	1438.00
55	4156.46	7191.67	2078.31	3595.83	1385.63	2397.22	1039.32	1797.92	831.546	1438.33
56	4157.72	7193.33	2078.94	3596.67	1386.05	2397.78	1039.63	1798.33	831.798	1438.67
57	4159.01	7195.00	2079.58	3597.50	1386.48	2398.33	1039.95	1798.75	832.056	1439.00
58	4160.30	7196.67	2080.23	3598.33	1386.91	2398.89	1040.28	1799.17	832.314	1439.33
59	4161.56	7198.33	2080.86	3599.17	1387.33	2399.44	1040.59	1799.58	832.566	1439.67

TABLE XIV.—ACTUAL TANGENTS, ETC.

6° Curve.		7° Curve.		8° Curve.		9° Curve.		10° Curve.		71°
Tan.	Arc.	Tan.	Arc.	Tan.	Arc.	Tan.	Arc.	Tan.	Arc.	M.
681.456	1183.33	584.199	1014.29	511.272	887.500	454.558	788.889	409.207	710.000	0
681.666	1183.61	584.379	1014.52	511.430	887.708	454.698	789.074	409.334	710.167	1
681.876	1183.89	584.559	1014.76	511.587	887.917	454.839	789.259	409.460	710.333	2
682.086	1184.17	584.739	1015.00	511.745	888.125	454.979	789.444	409.586	710.500	3
682.297	1184.44	584.919	1015.24	511.903	888.333	455.119	789.630	409.712	710.667	4
682.507	1184.72	585.100	1015.48	512.060	888.542	455.259	789.815	409.838	710.833	5
682.717	1185.00	585.280	1015.71	512.218	888.750	455.399	790.000	409.965	711.000	6
682.927	1185.28	585.460	1015.95	512.376	888.958	455.540	790.185	410.091	711.167	7
683.137	1185.56	585.640	1016.19	512.533	889.167	455.680	790.370	410.217	711.333	8
683.347	1185.83	585.820	1016.48	512.691	889.375	455.820	790.556	410.343	711.500	9
683.558	1186.11	586.001	1016.67	512.849	889.583	455.960	790.741	410.469	711.667	10
683.768	1186.39	586.181	1016.90	513.007	889.792	456.100	790.926	410.596	711.833	11
683.978	1186.67	586.361	1017.14	513.164	890.000	456.241	791.111	410.722	712.000	12
684.188	1186.94	586.541	1017.38	513.322	890.208	456.381	791.296	410.848	712.167	13
684.398	1187.22	586.721	1017.62	513.480	890.417	456.521	791.481	410.974	712.333	14
684.609	1187.50	586.901	1017.86	513.637	890.625	456.661	791.667	411.100	712.500	15
684.819	1187.78	587.082	1018.10	513.795	890.833	456.801	791.852	411.227	712.667	16
685.029	1188.06	587.262	1018.33	513.953	891.042	456.942	792.037	411.353	712.833	17
685.239	1188.33	587.442	1018.57	514.110	891.250	457.082	792.222	411.479	713.000	18
685.449	1188.61	587.622	1018.81	514.268	891.458	457.222	792.407	411.605	713.167	19
685.659	1188.89	587.802	1019.05	514.426	891.667	457.362	792.593	411.732	713.333	20
685.870	1189.17	587.983	1019.29	514.583	891.875	457.502	792.778	411.858	713.500	21
686.080	1189.44	588.163	1019.52	514.741	892.083	457.643	792.963	411.984	713.667	22
686.290	1189.72	588.343	1019.76	514.899	892.292	457.783	793.148	412.110	713.833	23
686.500	1190.00	588.523	1020.00	515.057	892.500	457.923	793.333	412.236	714.000	24
686.710	1190.28	588.703	1020.24	515.214	892.708	458.063	793.519	412.363	714.167	25
686.921	1190.56	588.884	1020.48	515.372	892.917	458.203	793.704	412.489	714.333	26
687.135	1190.83	589.068	1020.71	515.533	893.125	458.347	793.889	412.618	714.500	27
687.350	1191.11	589.252	1020.95	515.694	893.333	458.490	794.074	412.747	714.667	28
687.561	1191.39	589.432	1021.19	515.852	893.542	458.630	794.259	412.873	714.833	29
687.771	1191.67	589.612	1021.43	516.010	893.750	458.771	794.444	412.999	715.000	30
687.981	1191.94	589.793	1021.67	516.168	893.958	458.911	794.630	413.126	715.167	31
688.191	1192.22	589.973	1021.90	516.325	894.167	459.051	794.815	413.252	715.333	32
688.401	1192.50	590.153	1022.14	516.483	894.375	459.191	795.000	413.378	715.500	33
688.612	1192.78	590.333	1022.38	516.641	894.583	459.331	795.185	413.504	715.667	34
688.822	1193.06	590.513	1022.62	516.798	894.792	459.472	795.370	413.630	715.833	35
689.032	1193.33	590.694	1022.86	516.956	895.000	459.612	795.556	413.757	716.000	36
689.247	1193.61	590.878	1023.10	517.117	895.208	459.755	795.741	413.886	716.167	37
689.462	1193.89	591.062	1023.33	517.279	895.417	459.899	795.926	414.015	716.333	38
689.672	1194.17	591.242	1023.57	517.436	895.625	460.039	796.111	414.141	716.500	39
689.882	1194.44	591.422	1023.81	517.594	895.833	460.179	796.296	414.267	716.667	40
690.092	1194.72	591.603	1024.05	517.752	896.042	460.319	796.481	414.393	716.833	41
690.303	1195.00	591.783	1024.29	517.909	896.250	460.459	796.667	414.520	717.000	42
690.513	1195.28	591.963	1024.52	518.067	896.458	460.600	796.852	414.646	717.167	43
690.723	1195.56	592.143	1024.76	518.225	896.667	460.740	797.037	414.772	717.333	44
690.938	1195.83	592.327	1025.00	518.386	896.875	460.883	797.222	414.901	717.500	45
691.153	1196.11	592.512	1025.24	518.547	897.083	461.027	797.407	415.030	717.667	46
691.363	1196.39	592.692	1025.48	518.705	897.292	461.167	797.593	415.156	717.833	47
691.573	1196.67	592.872	1025.71	518.863	897.500	461.307	797.778	415.283	718.000	48
691.783	1196.94	593.052	1025.95	519.020	897.708	461.447	797.963	415.409	718.167	49
691.994	1197.22	593.236	1026.19	519.178	897.917	461.587	798.148	415.535	718.333	50
692.209	1197.50	593.417	1026.43	519.339	898.125	461.731	798.333	415.664	718.500	51
692.423	1197.78	593.601	1026.67	519.501	898.333	461.874	798.519	415.793	718.667	52
692.634	1198.06	593.781	1026.90	519.658	898.542	462.014	798.704	415.919	718.833	53
692.844	1198.33	593.961	1027.14	519.816	898.750	462.155	798.889	416.046	719.000	54
693.054	1198.61	594.142	1027.38	519.974	898.958	462.295	799.074	416.172	719.167	55
693.264	1198.89	594.322	1027.62	520.131	899.167	462.435	799.259	416.298	719.333	56
693.479	1199.17	594.506	1027.86	520.293	899.375	462.578	799.444	416.427	719.500	57
693.694	1199.44	594.690	1028.10	520.454	899.583	462.722	799.630	416.556	719.667	58
693.904	1199.72	594.871	1028.33	520.612	899.792	462.862	799.815	416.682	719.833	59

TABLE XIV.—ACTUAL TANGENTS, ETC.

72°	1° Curve.		2° Curve.		3° Curve.		4° Curve.		5° Curve.	
M.	Tan.	Arc.	Tan.	Arc.	Tan.	Arc.	Tan.	Arc.	Tan.	Arc.
0	4162.82	7200.00	2081.49	3600.00	1387.75	2400.00	1040.91	1800.00	832.818	1440.00
1	4164.11	7201.67	2082.13	3600.83	1388.18	2400.56	1041.23	1800.42	833.076	1440.33
2	4165.40	7203.33	2082.78	3601.67	1388.61	2401.11	1041.55	1800.83	833.334	1440.67
3	4166.66	7205.00	2083.41	3602.50	1389.03	2401.67	1041.87	1801.25	833.586	1441.00
4	4167.92	7206.67	2084.04	3603.33	1389.45	2402.22	1042.18	1801.67	833.838	1441.33
5	4169.21	7208.33	2084.68	3604.17	1389.88	2402.78	1042.50	1802.08	834.096	1441.67
6	4170.50	7210.00	2085.33	3605.00	1390.31	2403.33	1042.83	1802.50	834.354	1442.00
7	4171.76	7211.67	2085.96	3605.83	1390.73	2403.89	1043.14	1802.92	834.606	1442.33
8	4173.02	7213.33	2086.59	3606.67	1391.15	2404.44	1043.46	1803.33	834.859	1442.67
9	4174.31	7215.00	2087.23	3607.50	1391.58	2405.00	1043.78	1803.75	835.117	1443.00
10	4175.60	7216.67	2087.88	3608.33	1392.01	2405.56	1044.10	1804.17	835.374	1443.33
11	4176.86	7218.33	2088.51	3609.17	1392.43	2406.11	1044.42	1804.58	835.627	1443.67
12	4178.12	7220.00	2089.14	3610.00	1392.85	2406.67	1044.73	1805.00	835.879	1444.00
13	4179.41	7221.67	2089.78	3610.83	1393.28	2407.22	1045.05	1805.42	836.137	1444.33
14	4180.70	7223.33	2090.42	3611.67	1393.71	2407.78	1045.38	1805.83	836.395	1444.67
15	4181.96	7225.00	2091.06	3612.50	1394.13	2408.33	1045.69	1806.25	836.647	1445.00
16	4183.22	7226.67	2091.69	3613.33	1394.55	2408.89	1046.01	1806.67	836.899	1445.33
17	4184.51	7228.33	2092.33	3614.17	1394.98	2409.44	1046.33	1807.08	837.157	1445.67
18	4185.80	7230.00	2092.97	3615.00	1395.41	2410.00	1046.65	1807.50	837.415	1446.00
19	4187.08	7231.67	2093.62	3615.83	1395.84	2410.56	1046.97	1807.92	837.673	1446.33
20	4188.37	7233.33	2094.26	3616.67	1396.27	2411.11	1047.30	1808.33	837.931	1446.67
21	4189.63	7235.00	2094.89	3617.50	1396.69	2411.67	1047.61	1808.75	838.183	1447.00
22	4190.90	7236.67	2095.52	3618.33	1397.11	2412.22	1047.93	1809.17	838.435	1447.33
23	4192.18	7238.33	2096.17	3619.17	1397.54	2412.78	1048.25	1809.58	838.693	1447.67
24	4193.47	7240.00	2096.81	3620.00	1397.97	2413.33	1048.57	1810.00	838.951	1448.00
25	4194.76	7241.67	2097.46	3620.83	1398.40	2413.89	1048.89	1810.42	839.209	1448.33
26	4196.05	7243.33	2098.10	3621.67	1398.83	2414.44	1049.22	1810.83	839.467	1448.67
27	4197.31	7245.00	2098.73	3622.50	1399.25	2415.00	1049.53	1811.25	839.719	1449.00
28	4198.57	7246.67	2099.36	3623.33	1399.67	2415.56	1049.85	1811.67	839.971	1449.33
29	4199.86	7248.33	2100.01	3624.17	1400.10	2416.11	1050.17	1812.08	840.229	1449.67
30	4201.15	7250.00	2100.65	3625.00	1400.53	2416.67	1050.49	1812.50	840.487	1450.00
31	4202.44	7251.67	2101.30	3625.83	1400.96	2417.22	1050.81	1812.92	840.745	1450.33
32	4203.73	7253.33	2101.94	3626.67	1401.39	2417.78	1051.14	1813.33	841.003	1450.67
33	4205.02	7255.00	2102.59	3627.50	1401.82	2418.33	1051.46	1813.75	841.261	1451.00
34	4206.31	7256.67	2103.23	3628.33	1402.25	2418.89	1051.78	1814.17	841.519	1451.33
35	4207.57	7258.33	2103.86	3629.17	1402.67	2419.44	1052.10	1814.58	841.771	1451.67
36	4208.83	7260.00	2104.49	3630.00	1403.09	2420.00	1052.41	1815.00	842.023	1452.00
37	4210.12	7261.67	2105.14	3630.83	1403.52	2420.56	1052.73	1815.42	842.281	1452.33
38	4211.41	7263.33	2105.78	3631.67	1403.95	2421.11	1053.06	1815.83	842.539	1452.67
39	4212.70	7265.00	2106.43	3632.50	1404.38	2421.67	1053.38	1816.25	842.797	1453.00
40	4213.99	7266.67	2107.07	3633.33	1404.81	2422.22	1053.70	1816.67	843.055	1453.33
41	4215.27	7268.33	2107.71	3634.17	1405.24	2422.78	1054.02	1817.08	843.312	1453.67
42	4216.56	7270.00	2108.36	3635.00	1405.67	2423.33	1054.35	1817.50	843.570	1454.00
43	4217.85	7271.67	2109.00	3635.83	1406.10	2423.89	1054.67	1817.92	843.828	1454.33
44	4219.14	7273.33	2109.65	3636.67	1406.53	2424.44	1054.99	1818.33	844.086	1454.67
45	4220.40	7275.00	2110.28	3637.50	1406.95	2425.00	1055.31	1818.75	844.338	1455.00
46	4221.66	7276.67	2110.91	3638.33	1407.37	2425.56	1055.62	1819.17	844.591	1455.33
47	4222.95	7278.33	2111.55	3639.17	1407.80	2426.11	1055.94	1819.58	844.848	1455.67
48	4224.24	7280.00	2112.20	3640.00	1408.23	2426.67	1056.27	1820.00	845.106	1456.00
49	4225.53	7281.67	2112.84	3640.83	1408.66	2427.22	1056.59	1820.42	845.364	1456.33
50	4226.82	7283.33	2113.49	3641.67	1409.09	2427.78	1056.91	1820.83	845.622	1456.67
51	4228.11	7285.00	2114.13	3642.50	1409.51	2428.33	1057.23	1821.25	845.880	1457.00
52	4229.40	7286.67	2114.78	3643.33	1409.94	2428.89	1057.55	1821.67	846.138	1457.33
53	4230.69	7288.33	2115.42	3644.17	1410.37	2429.44	1057.88	1822.08	846.396	1457.67
54	4231.98	7290.00	2116.07	3645.00	1410.80	2430.00	1058.20	1822.50	846.654	1458.00
55	4233.27	7291.67	2116.71	3645.83	1411.23	2430.56	1058.52	1822.92	846.912	1458.33
56	4234.56	7293.33	2117.36	3646.67	1411.66	2431.11	1058.84	1823.33	847.170	1458.67
57	4235.84	7295.00	2118.00	3647.50	1412.09	2431.67	1059.17	1823.75	847.428	1459.00
58	4237.13	7296.67	2118.64	3648.33	1412.52	2432.22	1059.49	1824.17	847.686	1459.33
59	4238.42	7298.33	2119.29	3649.17	1412.95	2432.78	1059.81	1824.58	847.943	1459.67

TABLE XIV.—ACTUAL TANGENTS, ETC.

6° Curve.		7° Curve.		8° Curve.		9° Curve.		10° Curve.		72°
Tan.	Arc.	Tan.	Arc.	Tan.	Arc.	Tan.	Arc.	Tan.	Arc.	M.
694.114	1200.00	595.051	1028.57	520.769	900.000	463.002	800.000	416.809	720.000	0
694.329	1200.28	595.235	1028.81	520.931	900.208	463.145	800.185	416.938	720.167	1
694.544	1200.56	595.419	1029.05	521.092	900.417	463.289	800.370	417.067	720.333	2
694.755	1200.83	595.599	1029.29	521.250	900.625	463.429	800.556	417.193	720.500	3
694.965	1201.11	595.780	1029.52	521.407	900.833	463.569	800.741	417.319	720.667	4
695.180	1201.39	595.964	1029.76	521.569	901.042	463.713	800.926	417.448	720.833	5
695.395	1201.67	596.148	1030.00	521.730	901.250	463.856	801.111	417.577	721.000	6
695.605	1201.94	596.328	1030.24	521.887	901.458	463.996	801.296	417.704	721.167	7
695.815	1202.22	596.509	1030.48	522.045	901.667	464.136	801.481	417.830	721.333	8
696.030	1202.50	596.693	1030.71	522.206	901.875	464.280	801.667	417.959	721.500	9
696.245	1202.78	596.877	1030.95	522.368	902.083	464.423	801.852	418.088	721.667	10
696.455	1203.06	597.057	1031.19	522.525	902.292	464.563	802.037	418.214	721.833	11
696.665	1203.33	597.238	1031.43	522.683	902.500	464.704	802.222	418.340	722.000	12
696.880	1203.61	597.422	1031.67	522.844	902.708	464.847	802.407	418.470	722.167	13
697.095	1203.89	597.606	1031.90	523.006	902.917	464.990	802.593	418.599	722.333	14
697.305	1204.17	597.786	1032.14	523.163	903.125	465.131	802.778	418.725	722.500	15
697.516	1204.44	597.966	1032.38	523.321	903.333	465.271	802.963	418.851	722.667	16
697.731	1204.72	598.151	1032.62	523.482	903.542	465.414	803.148	418.980	722.833	17
697.946	1205.00	598.335	1032.86	523.644	903.750	465.558	803.333	419.109	723.000	18
698.160	1205.28	598.519	1033.10	523.805	903.958	465.701	803.519	419.238	723.167	19
698.375	1205.56	598.704	1033.33	523.966	904.167	465.844	803.704	419.367	723.333	20
698.586	1205.83	598.884	1033.57	524.124	904.375	465.985	803.889	419.494	723.500	21
698.796	1206.11	599.064	1033.81	524.282	904.583	466.125	804.074	419.620	723.667	22
699.011	1206.39	599.248	1034.05	524.443	904.792	466.268	804.259	419.749	723.833	23
699.226	1206.67	599.432	1034.29	524.604	905.000	466.411	804.444	419.878	724.000	24
699.441	1206.94	599.617	1034.52	524.765	905.208	466.555	804.630	420.007	724.167	25
699.656	1207.22	599.801	1034.76	524.927	905.417	466.698	804.815	420.136	724.333	26
699.866	1207.50	599.981	1035.00	525.084	905.625	466.838	805.000	420.262	724.500	27
700.076	1207.78	600.161	1035.24	525.242	905.833	466.979	805.185	420.389	724.667	28
700.291	1208.06	600.346	1035.48	525.403	906.042	467.122	805.370	420.518	724.833	29
700.506	1208.33	600.530	1035.71	525.565	906.250	467.265	805.556	420.647	725.000	30
700.721	1208.61	600.714	1035.95	525.726	906.458	467.409	805.741	420.776	725.167	31
700.936	1208.89	600.899	1036.19	525.887	906.667	467.552	805.926	420.905	725.333	32
701.151	1209.17	601.083	1036.43	526.048	906.875	467.696	806.111	421.034	725.500	33
701.366	1209.44	601.267	1036.67	526.210	907.083	467.839	806.296	421.163	725.667	34
701.576	1209.72	601.447	1036.90	526.367	907.292	467.979	806.481	421.289	725.833	35
701.786	1210.00	601.627	1037.14	526.525	907.500	468.119	806.667	421.415	726.000	36
702.001	1210.28	601.812	1037.38	526.686	907.708	468.263	806.852	421.544	726.167	37
702.216	1210.56	601.996	1037.62	526.848	907.917	468.406	807.037	421.674	726.333	38
702.431	1210.83	602.180	1037.86	527.009	908.125	468.550	807.222	421.803	726.500	39
702.646	1211.11	602.365	1038.10	527.170	908.333	468.693	807.407	421.932	726.667	40
702.861	1211.39	602.549	1038.33	527.331	908.542	468.836	807.593	422.061	726.833	41
703.076	1211.67	602.733	1038.57	527.493	908.750	468.980	807.778	422.190	727.000	42
703.291	1211.94	602.917	1038.81	527.654	908.958	469.123	807.963	422.319	727.167	43
703.506	1212.22	603.102	1039.05	527.815	909.167	469.266	808.148	422.448	727.333	44
703.716	1212.50	603.282	1039.29	527.973	909.375	469.407	808.333	422.574	727.500	45
703.926	1212.78	603.462	1039.52	528.131	909.583	469.547	808.519	422.700	727.667	46
704.141	1213.06	603.646	1039.76	528.292	909.792	469.690	808.704	422.830	727.833	47
704.356	1213.33	603.831	1040.00	528.453	910.000	469.834	808.889	422.959	728.000	48
704.571	1213.61	604.015	1040.24	528.614	910.208	469.977	809.074	423.088	728.167	49
704.786	1213.89	604.199	1040.48	528.776	910.417	470.120	809.259	423.217	728.333	50
705.001	1214.17	604.383	1040.71	528.937	910.625	470.264	809.444	423.346	728.500	51
705.216	1214.44	604.568	1040.95	529.098	910.833	470.407	809.630	423.475	728.667	52
705.431	1214.72	604.752	1041.19	529.260	911.042	470.551	809.815	423.604	728.833	53
705.646	1215.00	604.936	1041.43	529.421	911.250	470.694	810.000	423.733	729.000	54
705.861	1215.28	605.121	1041.67	529.582	911.458	470.837	810.185	423.862	729.167	55
706.076	1215.56	605.305	1041.90	529.743	911.667	470.981	810.370	423.991	729.333	56
706.291	1215.83	605.489	1042.14	529.905	911.875	471.124	810.556	424.120	729.500	57
706.506	1216.11	605.673	1042.38	530.066	912.083	471.267	810.741	424.249	729.667	58
706.721	1216.39	605.858	1042.62	530.227	912.292	471.411	810.926	424.379	729.833	59

TABLE XIV.—ACTUAL TANGENTS, ETC.

73°	1° Curve.		2° Curve.		3° Curve.		4° Curve.		5° Curve.	
M.	Tan.	Arc.	Tan.	Arc.	Tan.	Arc.	Tan.	Arc.	Tan.	Arc.
0	4239.71	7300.00	2119.93	3650.00	1413.38	2433.33	1060.13	1825.00	848.201	1460.00
1	4241.00	7301.67	2120.58	3650.83	1413.81	2433.89	1060.46	1825.42	848.459	1460.33
2	4242.29	7303.33	2121.22	3651.67	1414.24	2434.44	1060.78	1825.83	848.717	1460.67
3	4243.58	7305.00	2121.87	3652.50	1414.67	2435.00	1061.10	1826.25	848 975	1461.00
4	4244.87	7306.67	2122.51	3653.33	1415.10	2435.56	1061.42	1826.67	849.233	1461.33
5	4246.16	7308.33	2123.16	3654.17	1415.53	2436.11	1061.75	1827.08	849.491	1461.67
6	4247.45	7310.00	2123.80	3655.00	1415.96	2436.67	1062.07	1827.50	849.749	1462.00
7	4248.74	7311.67	2124.45	3655.83	1416.39	2437.22	1062.39	1827.92	850.007	1462.33
8	4250.03	7313.33	2125.09	3656.67	1416.82	2437.78	1062.71	1828.33	850.265	1462.67
9	4251.31	7315.00	2125.74	3657.50	1417.25	2438.33	1063.03	1828.75	850.523	1463.00
10	4252.60	7316.67	2126.38	3658.33	1417.68	2438.89	1063.36	1829.17	850.780	1463.33
11	4253.92	7318.33	2127.04	3659.17	1418.12	2439.44	1063.69	1829.58	851.044	1463.67
12	4255.24	7320.00	2127.70	3660.00	1418.56	2440.00	1064.02	1830.00	851.308	1464.00
13	4256.53	7321.67	2128.34	3660.83	1418.99	2440.56	1064.34	1830.42	851.566	1464.33
14	4257.82	7323.33	2128.99	3661.67	1419.42	2441.11	1064.66	1830.83	851.824	1464.67
15	4259.11	7325.00	2129.63	3662.50	1419.85	2441.67	1064.98	1831.25	852.082	1465.00
16	4260.40	7326.67	2130.28	3663.33	1420.28	2442.22	1065.31	1831.67	852.339	1465.33
17	4261.69	7328.33	2130.92	3664.17	1420.71	2442.78	1065.63	1832.08	852.597	1465.67
18	4262.97	7330.00	2131.57	3665.00	1421.14	2443.33	1065.95	1832.50	852.855	1466.00
19	4264.26	7331.67	2132.21	3665.83	1421.57	2443.89	1066.27	1832.92	853.113	1466.33
20	4265.55	7333.33	2132.85	3666.67	1422.00	2444.44	1066.59	1833.33	853.371	1466.67
21	4266.84	7335.00	2133.50	3667.50	1422.43	2445.00	1066.92	1833.75	853.629	1467.00
22	4268.13	7336.67	2134.14	3668.33	1422.86	2445.56	1067.24	1834.17	853.887	1467.33
23	4269.45	7338.33	2134.80	3669.17	1423.30	2446.11	1067.57	1834.58	854.151	1467.67
24	4270.77	7340.00	2135.46	3670.00	1423.74	2446.67	1067.90	1835.00	854.414	1468.00
25	4272.06	7341.67	2136.11	3670.83	1424.17	2447.22	1068.22	1835.42	854.672	1468.33
26	4273.34	7343.33	2136.75	3671.67	1424.59	2447.78	1068.54	1835.83	854.930	1468.67
27	4274.63	7345.00	2137.40	3672.50	1425.02	2448.33	1068.87	1836.25	855.188	1469.00
28	4275.92	7346.67	2138.04	3673.33	1425.45	2448.89	1069.19	1836.67	855.446	1469.33
29	4277.24	7348.33	2138.70	3674.17	1425.89	2449.44	1069.52	1837.08	855.709	1469.67
30	4278.56	7350.00	2139.36	3675.00	1426.33	2450.00	1069.85	1837.50	855.973	1470.00
31	4279.85	7351.67	2140.00	3675.82	1426.76	2450.56	1070.17	1837.92	856.231	1470.33
32	4281.14	7353.33	2140.65	3676.67	1427.19	2451.11	1070.49	1838.33	856.489	1470.67
33	4282.43	7355.00	2141.29	3677.50	1427.62	2451.67	1070.81	1838.75	856.747	1471.00
34	4283.72	7356.67	2141.94	3678.33	1428.05	2452.22	1071.14	1839.17	857.005	1471.33
35	4285.03	7358.33	2142.60	3679.17	1428.49	2452.78	1071.47	1839.58	857.268	1471.67
36	4286.35	7360.00	2143.25	3680.00	1428.93	2453.33	1071.80	1840.00	857.532	1472.00
37	4287.64	7361.67	2143.90	3680.83	1429.36	2453.89	1072.12	1840.42	857.790	1472.33
38	4288.93	7363.33	2144.54	3681.67	1429.79	2454.44	1072.44	1840.83	858.048	1472.67
39	4290.22	7365.00	2145.19	3682.50	1430.22	2455.00	1072.76	1841.25	858.306	1473.00
40	4291.51	7366.67	2145.83	3683.33	1430.65	2455.56	1073.08	1841.67	858.564	1473.33
41	4292.83	7368.33	2146.49	3684.17	1431.09	2456.11	1073.41	1842.08	858.827	1473.67
42	4294.14	7370.00	2147.15	3685.00	1431.53	2456.67	1073.74	1842.50	859.091	1474.00
43	4295.43	7371.67	2147.80	3685.83	1431.96	2457.22	1074.07	1842.92	859.349	1474.33
44	4296.72	7373.33	2148.44	3686.67	1432.39	2457.78	1074.39	1843.33	859.607	1474.67
45	4298.04	7375.00	2149.10	3687.50	1432.83	2458.33	1074.72	1843.75	859.870	1475.00
46	4299.36	7376.67	2149.76	3688.33	1433.27	2458.89	1075.05	1844.17	860.134	1475.33
47	4300.65	7378.33	2150.40	3689.17	1433.70	2459.44	1075.37	1844.58	860.392	1475.67
48	4301.94	7380.00	2151.05	3690.00	1434.13	2460.00	1075.69	1845.00	860.650	1476.00
49	4303.25	7381.67	2151.71	3690.83	1434.57	2460.56	1076.02	1845.42	860.914	1476.33
50	4304.57	7383.33	2152.36	3691.67	1435.00	2461.11	1076.35	1845.83	861.177	1476.67
51	4305.86	7385.00	2153.01	3692.50	1435.43	2461.67	1076.67	1846.25	861.435	1477.00
52	4307.15	7386.67	2153.65	3693.33	1435.86	2462.22	1077.00	1846.67	861.693	1477.33
53	4308.47	7388.33	2154.31	3694.17	1436.30	2462.78	1077.33	1847.08	861.957	1477.67
54	4309.79	7390.00	2154.97	3695.00	1436.74	2463.33	1077.66	1847.50	862.220	1478.00
55	4311.07	7391.67	2155.62	3695.83	1437.17	2463.89	1077.98	1847.92	862.478	1478.33
56	4312.36	7393.33	2156.26	3696.67	1437.60	2464.44	1078.30	1848.33	862.736	1478.67
57	4313.68	7395.00	2156.92	3697.50	1438.04	2465.00	1078.63	1848.75	863.000	1479.00
58	4315.00	7396.67	2157.58	3698.33	1438.48	2465.56	1078.96	1849.17	863.263	1479.33
59	4316.29	7398.33	2158.22	3699.17	1438.91	2466.11	1079.28	1849.58	863.521	1479.67

TABLE XIV.—ACTUAL TANGENTS, ETC.

6° Curve.		7° Curve.		8° Curve.		9° Curve.		10° Curve.		73°
Tan.	Arc.	Tan.	Arc.	Tan.	Arc.	Tan.	Arc.	Tan.	Arc.	M.
706.936	1216.67	606.042	1042.86	530.388	912.500	471.554	811.111	424.508	730.000	0
707.150	1216.94	606.226	1043.10	530.550	912.708	471.698	811.296	424.637	730.167	1
707.365	1217.22	606.411	1043.33	530.711	912.917	471.841	811.481	424.766	730.333	2
707.580	1217.50	606.595	1043.57	530.872	913.125	471.984	811.667	424.895	730.500	3
707.795	1217.78	606.779	1043.81	531.034	913.333	472.128	811.852	425.024	730.667	4
708.010	1218.06	606.963	1044.05	531.195	913.542	472.271	812.037	425.153	730.833	5
708.225	1218.33	607.148	1044.29	531.356	913.750	472.415	812.222	425.282	731.000	6
708.440	1218.61	607.332	1044.52	531.517	913.958	472.558	812.407	425.411	731.167	7
708.655	1218.89	607.516	1044.76	531.679	914.167	472.701	812.593	425.540	731.333	8
708.870	1219.17	607.701	1045.00	531.840	914.375	472.845	812.778	425.669	731.500	9
709.085	1219.44	607.885	1045.24	532.001	914.583	472.988	812.963	425.798	731.667	10
709.305	1219.72	608.073	1045.48	532.166	914.792	473.135	813.148	425.930	731.833	11
709.525	1220.00	608.262	1045.71	532.331	915.000	473.281	813.333	426.062	732.000	12
709.740	1220.28	608.446	1045.95	532.492	915.208	473.425	813.519	426.191	732.167	13
709.955	1220.56	608.630	1046.19	532.654	915.417	473.568	813.704	426.320	732.333	14
710.160	1220.83	608.814	1046.43	532.815	915.625	473.711	813.880	426.450	732.500	15
710.384	1221.11	608.999	1046.67	532.976	915.833	473.855	814.074	426.579	732.667	16
710.599	1221.39	609.183	1046.90	533.137	916.042	473.998	814.259	426.708	732.833	17
710.814	1221.67	609.367	1047.14	533.299	916.250	474.142	814.444	426.837	733.000	18
711.029	1221.94	609.551	1047.38	533.460	916.458	474.285	814.630	426.966	733.167	19
711.244	1222.22	609.736	1047.62	533.621	916.667	474.428	814.815	427.095	733.333	20
711.459	1222.50	609.920	1047.86	533.782	916.875	474.572	815.000	427.227	733.500	21
711.674	1222.78	610.104	1048.10	533.944	917.083	474.715	815.185	427.359	733.667	22
711.894	1223.06	610.288	1048.33	534.107	917.292	474.862	815.370	427.488	733.833	23
712.114	1223.33	610.481	1048.57	534.273	917.500	475.008	815.556	427.617	734.000	24
712.329	1223.61	610.665	1048.81	534.435	917.708	475.152	815.741	427.746	734.167	25
712.544	1223.89	610.850	1049.05	534.596	917.917	475.295	815.926	427.875	734.333	26
712.759	1224.17	611.034	1049.29	534.757	918.125	475.438	816.111	428.004	734.500	27
712.973	1224.44	611.218	1049.52	534.919	918.333	475.582	816.296	428.133	734.667	28
713.193	1224.72	611.407	1049.76	535.083	918.542	475.728	816.481	428.265	734.833	29
713.413	1225.00	611.595	1050.00	535.248	918.750	475.875	816.667	428.397	735.000	30
713.628	1225.28	611.779	1050.24	535.410	918.958	476.018	816.852	428.526	735.167	31
713.843	1225.56	611.964	1050.48	535.571	919.167	476.162	817.037	428.655	735.333	32
714.058	1225.83	612.148	1050.71	535.732	919.375	476.305	817.222	428.784	735.500	33
714.273	1226.11	612.332	1050.95	535.893	919.583	476.448	817.407	428.914	735.667	34
714.498	1226.39	612.520	1051.19	536.058	919.792	476.595	817.593	429.045	735.833	35
714.712	1226.67	612.709	1051.43	536.223	920.000	476.742	817.778	429.177	736.000	36
714.927	1226.94	612.893	1051.67	536.384	920.208	476.885	817.963	429.307	736.167	37
715.142	1227.22	613.077	1051.90	536.546	920.417	477.028	818.148	429.436	736.333	38
715.357	1227.50	613.262	1052.14	536.707	920.625	477.172	818.333	429.565	736.500	39
715.572	1227.78	613.446	1052.38	536.868	920.833	477.315	818.519	429.694	736.667	40
715.792	1228.06	613.634	1052.62	537.033	921.042	477.462	818.704	429.826	736.833	41
716.012	1228.33	613.823	1052.86	537.198	921.250	477.608	818.889	429.958	737.000	42
716.227	1228.61	614.007	1053.10	537.359	921.458	477.752	819.074	430.087	737.167	43
716.441	1228.89	614.191	1053.33	537.520	921.667	477.895	819.259	430.216	737.333	44
716.661	1229.17	614.380	1053.57	537.685	921.875	478.042	819.444	430.348	737.500	45
716.881	1229.44	614.568	1053.81	537.850	922.083	478.188	819.630	430.480	737.667	46
717.096	1229.72	614.752	1054.05	538.011	922.292	478.332	819.815	430.609	737.833	47
717.311	1230.00	614.937	1054.29	538.173	922.500	478.475	820.000	430.738	738.000	48
717.531	1230.28	615.125	1054.52	538.338	922.708	478.622	820.185	430.870	738.167	49
717.750	1230.56	615.313	1054.76	538.502	922.917	478.768	820.370	431.002	738.333	50
717.965	1230.83	615.498	1055.00	538.664	923.125	478.912	820.556	431.131	738.500	51
718.180	1231.11	615.682	1055.24	538.825	923.333	479.055	820.741	431.260	738.667	52
718.400	1231.39	615.870	1055.48	538.990	923.542	479.201	820.926	431.392	738.833	53
718.620	1231.67	616.059	1055.71	539.155	923.750	479.348	821.111	431.524	739.000	54
718.835	1231.94	616.243	1055.95	539.316	923.958	479.491	821.296	431.653	739.167	55
719.050	1232.22	616.427	1056.19	539.477	924.167	479.635	821.481	431.782	739.333	56
719.269	1232.50	616.616	1056.43	539.642	924.375	479.781	821.667	431.914	739.500	57
719.489	1232.78	616.804	1056.67	539.807	924.583	479.928	821.852	432.046	739.667	58
719.704	1233.06	616.988	1056.90	539.968	924.792	480.071	822.037	432.175	739.833	59

TABLE XIV.—ACTUAL TANGENTS, ETC.

74°	1° Curve.		2° Curve.		3° Curve.		4° Curve.		5° Curve.	
M.	Tan.	Arc.	Tan.	Arc.	Tan.	Arc.	Tan.	Arc.	Tan.	Arc.
0	4317.58	7400.00	2158.87	3700.00	1439.34	2466.67	1079.60	1850.00	863.779	1480.00
1	4318.90	7401.67	2159.53	3700.83	1439.78	2467.22	1079.93	1850.42	864.043	1480.33
2	4320.21	7403.33	2160.19	3701.67	1440.22	2467.78	1080.26	1850.83	864.307	1480.67
3	4321.53	7405.00	2160.84	3702.50	1440.66	2468.33	1080.59	1851.25	864.570	1481.00
4	4322.85	7406.67	2161.50	3703.33	1441.10	2468.89	1080.92	1851.67	864.834	1481.33
5	4324.14	7408.33	2162.15	3704.17	1441.53	2469.44	1081.24	1852.08	865.092	1481.67
6	4325.43	7410.00	2162.79	3705.00	1441.96	2470.00	1081.57	1852.50	865.350	1482.00
7	4326.75	7411.67	2163.45	3705.83	1442.40	2470.56	1081.90	1852.92	865.613	1482.33
8	4328.06	7413.33	2164.11	3706.67	1442.84	2471.11	1082.23	1853.33	865.877	1482.67
9	4329.38	7415.00	2164.77	3707.50	1443.28	2471.67	1082.55	1853.75	866.141	1483.00
10	4330.70	7416.67	2165.43	3708.33	1443.71	2472.22	1082.88	1854.17	866.404	1483.33
11	4331.99	7418.33	2166.07	3709.17	1444.14	2472.78	1083.21	1854.58	866.662	1483.67
12	4333.28	7420.00	2166.72	3710.00	1444.57	2473.33	1083.53	1855.00	866.920	1484.00
13	4334.59	7421.67	2167.38	3710.83	1445.01	2473.89	1083.86	1855.42	867.184	1484.33
14	4335.91	7423.33	2168.04	3711.67	1445.45	2474.44	1084.19	1855.83	867.447	1484.67
15	4337.23	7425.00	2168.69	3712.50	1445.89	2475.00	1084.52	1856.25	867.711	1485.00
16	4338.55	7426.67	2169.35	3713.33	1446.33	2475.56	1084.85	1856.67	867.975	1485.33
17	4339.87	7428.33	2170.01	3714.17	1446.77	2476.11	1085.18	1857.08	868.238	1485.67
18	4341.18	7430.00	2170.67	3715.00	1447.21	2476.67	1085.51	1857.50	868.502	1486.00
19	4342.47	7431.67	2171.32	3715.83	1447.64	2477.22	1085.83	1857.92	868.760	1486.33
20	4343.76	7433.33	2171.96	3716.67	1448.07	2477.78	1086.15	1858.33	869.018	1486.67
21	4345.08	7435.00	2172.62	3717.50	1448.51	2478.33	1086.48	1858.75	869.281	1487.00
22	4346.40	7436.67	2173.28	3718.33	1448.95	2478.89	1086.81	1859.17	869.545	1487.33
23	4347.72	7438.33	2173.94	3719.17	1449.39	2479.44	1087.14	1859.58	869.809	1487.67
24	4349.03	7440.00	2174.60	3720.00	1449.83	2480.00	1087.47	1860.00	870.072	1488.00
25	4350.35	7441.67	2175.26	3720.83	1450.27	2480.56	1087.80	1860.42	870.336	1488.33
26	4351.67	7443.33	2175.91	3721.67	1450.71	2481.11	1088.13	1860.83	870.600	1488.67
27	4352.99	7445.00	2176.57	3722.50	1451.15	2481.67	1088.46	1861.25	870.863	1489.00
28	4354.30	7446.67	2177.23	3723.33	1451.58	2482.22	1088.79	1861.67	871.127	1489.33
29	4355.62	7448.33	2177.80	3724.17	1452.02	2482.78	1089.12	1862.08	871.391	1489.67
30	4356.94	7450.00	2178.55	3725.00	1452.46	2483.33	1089.45	1862.50	871.654	1490.00
31	4358.26	7451.67	2179.21	3725.83	1452.90	2483.89	1089.78	1862.92	871.918	1490.33
32	4359.58	7453.33	2179.87	3726.67	1453.34	2484.44	1090.11	1863.33	872.182	1490.67
33	4360.89	7455.00	2180.53	3727.50	1453.78	2485.00	1090.43	1863.75	872.445	1491.00
34	4362.21	7456.67	2181.19	3728.33	1454.22	2485.56	1090.76	1864.17	872.709	1491.33
35	4363.53	7458.33	2181.84	3729.17	1454.66	2486.11	1091.09	1864.58	872.972	1491.67
36	4364.85	7460.00	2182.50	3730.00	1455.10	2486.67	1091.42	1865.00	873.236	1492.00
37	4366.17	7461.67	2183.16	3730.83	1455.54	2487.22	1091.75	1865.42	873.500	1492.33
38	4367.48	7463.33	2183.82	3731.67	1455.98	2487.78	1092.08	1865.83	873.763	1492.67
39	4368.80	7465.00	2184.48	3732.50	1456.42	2488.33	1092.41	1866.25	874.027	1493.00
40	4370.12	7466.67	2185.14	3733.33	1456.86	2488.89	1092.74	1866.67	874.291	1493.33
41	4371.44	7468.33	2185.80	3734.17	1457.30	2489.44	1093.07	1867.08	874.554	1493.67
42	4372.75	7470.00	2186.45	3735.00	1457.73	2490.00	1093.40	1867.50	874.818	1494.00
43	4374.07	7471.67	2187.12	3735.83	1458.17	2490.56	1093.73	1867.92	875.082	1494.33
44	4375.39	7473.33	2187.78	3736.67	1458.61	2491.11	1094.06	1868.33	875.345	1494.67
45	4376.71	7475.00	2188.43	3737.50	1459.05	2491.67	1094.39	1868.75	875.609	1495.00
46	4378.03	7476.67	2189.09	3738.33	1459.49	2492.22	1094.72	1869.17	875.873	1495.33
47	4379.34	7478.33	2189.75	3739.17	1459.93	2492.78	1095.05	1869.58	876.136	1495.67
48	4380.66	7480.00	2190.41	3740.00	1460.37	2493.33	1095.38	1870.00	876.400	1496.00
49	4381.98	7481.67	2191.07	3740.83	1460.81	2493.89	1095.71	1870.42	876.663	1496.33
50	4383.30	7483.33	2191.73	3741.67	1461.25	2494.44	1096.04	1870.83	876.927	1496.67
51	4384.61	7485.00	2192.39	3742.50	1461.69	2495.00	1096.37	1871.25	877.191	1497.00
52	4385.93	7486.67	2193.05	3743.33	1462.13	2495.56	1096.70	1871.67	877.454	1497.33
53	4387.25	7488.33	2193.71	3744.17	1462.57	2496.11	1097.03	1872.08	877.718	1497.67
54	4388.57	7490.00	2194.36	3745.00	1463.01	2496.67	1097.35	1872.50	877.982	1498.00
55	4389.89	7491.67	2195.02	3745.83	1463.45	2497.22	1097.68	1872.92	878.245	1498.33
56	4391.20	7493.33	2195.68	3746.67	1463.89	2497.78	1098.01	1873.33	878.509	1498.67
57	4392.52	7495.00	2196.34	3747.50	1464.32	2498.33	1098.34	1873.75	878.773	1499.00
58	4393.84	7496.67	2197.00	3748.33	1464.76	2498.89	1098.67	1874.17	879.036	1499.33
59	4395.19	7498.33	2197.67	3749.17	1465.21	2499.44	1099.01	1874.58	879.306	1499.67

TABLE XIV.—ACTUAL TANGENTS, ETC.

6° Curve.		7° Curve.		8° Curve.		9° Curve.		10° Curve.		74°
Tan.	Arc.	Tan.	Arc.	Tan.	Arc.	Tan.	Arc.	Tan.	Arc.	M.
719.919	1233.33	617.172	1057.14	540.130	925.000	480.215	822.222	432.304	740.000	0
720.130	1233.61	617.361	1057.38	540.294	925.208	480.361	822.407	432.436	740.167	1
720.358	1233.89	617.549	1057.62	540.459	925.417	480.508	822.593	432.568	740.333	2
720.578	1234.17	617.738	1057.86	540.624	925.625	480.654	822.778	432.700	740.500	3
720.798	1234.44	617.926	1058.10	540.789	925.833	480.801	822.963	432.832	740.667	4
721.013	1234.72	618.110	1058.33	540.950	926.042	480.944	823.148	432.961	740.833	5
721.228	1235.00	618.295	1058.57	541.112	926.250	481.088	823.333	433.090	741.000	6
721.448	1235.28	618.483	1058.81	541.276	926.458	481.234	823.519	433.222	741.167	7
721.667	1235.56	618.671	1059.05	541.441	926.667	481.381	823.704	433.354	741.333	8
721.887	1235.83	618.860	1059.29	541.606	926.875	481.528	823.889	433.486	741.500	9
722.107	1236.11	619.048	1059.52	541.771	927.083	481.674	824.074	433.618	741.667	10
722.322	1236.39	619.232	1059.76	541.932	927.292	481.817	824.259	433.747	741.833	11
722.537	1236.67	619.417	1060.00	542.093	927.500	481.961	824.444	433.876	742.000	12
722.756	1236.94	619.605	1060.24	542.258	927.708	482.107	824.630	434.008	742.167	13
722.976	1237.22	619.793	1060.48	542.423	927.917	482.254	824.815	434.140	742.333	14
723.196	1237.50	619.982	1060.71	542.588	928.125	482.401	825.000	434.272	742.500	15
723.416	1237.78	620.170	1060.95	542.755	928.333	482.547	825.185	434.404	742.667	16
723.635	1238.06	620.358	1061.19	542.918	928.542	482.694	825.370	434.536	742.833	17
723.855	1238.33	620.547	1061.43	543.083	928.750	482.840	825.556	434.668	743.000	18
724.070	1238.61	620.731	1061.67	543.244	928.958	482.984	825.741	434.797	743.167	19
724.285	1238.89	620.915	1061.90	543.405	929.167	483.127	825.926	434.926	743.333	20
724.505	1239.17	621.104	1062.14	543.570	929.375	483.274	826.111	435.058	743.500	21
724.725	1239.44	621.292	1062.38	543.735	929.583	483.420	826.296	435.190	743.667	22
724.944	1239.72	621.481	1062.62	543.900	929.792	483.567	826.481	435.322	743.833	23
725.164	1240.00	621.669	1062.86	544.065	930.000	483.713	826.667	435.454	744.000	24
725.384	1240.28	621.857	1063.10	544.230	930.208	483.860	826.852	435.586	744.167	25
725.603	1240.56	622.046	1063.33	544.394	930.417	484.007	827.037	435.718	744.333	26
725.823	1240.83	622.234	1063.57	544.559	930.625	484.153	827.222	435.849	744.500	27
726.043	1241.11	622.422	1063.81	544.724	930.833	484.300	827.407	435.981	744.667	28
726.263	1241.39	622.611	1064.05	544.889	931.042	484.446	827.593	436.113	744.833	29
726.482	1241.67	622.799	1064.29	545.054	931.250	484.593	827.778	436.245	745.000	30
726.702	1241.94	622.988	1064.52	545.219	931.458	484.739	827.963	436.377	745.167	31
726.922	1242.22	623.176	1064.76	545.384	931.667	484.886	828.148	436.509	745.333	32
727.142	1242.50	623.364	1065.00	545.548	931.875	485.032	828.333	436.641	745.500	33
727.361	1242.78	623.553	1065.24	545.713	932.083	485.179	828.519	436.773	745.667	34
727.581	1243.06	623.741	1065.48	545.878	932.292	485.326	828.704	436.905	745.833	35
727.801	1243.33	623.929	1065.71	546.043	932.500	485.472	828.889	437.037	746.000	36
728.021	1243.61	624.118	1065.95	546.208	932.708	485.619	829.074	437.169	746.167	37
728.240	1243.89	624.306	1066.19	546.373	932.917	485.765	829.259	437.301	746.333	38
728.460	1244.17	624.495	1066.43	546.538	933.125	485.912	829.444	437.433	746.500	39
728.680	1244.44	624.683	1066.67	546.702	933.333	486.059	829.630	437.565	746.667	40
728.899	1244.72	624.871	1066.90	546.867	933.542	486.205	829.815	437.697	746.833	41
729.119	1245.00	625.060	1067.14	547.032	933.750	486.352	830.000	437.829	747.000	42
729.339	1245.28	625.248	1067.38	547.197	933.958	486.498	830.185	437.961	747.167	43
729.559	1245.56	625.436	1067.62	547.362	934.167	486.645	830.370	438.093	747.333	44
729.778	1245.83	625.625	1067.86	547.527	934.375	486.791	830.556	438.225	747.500	45
729.998	1246.11	625.813	1068.10	547.692	934.583	486.938	830.741	438.356	747.667	46
730.218	1246.39	626.002	1068.33	547.856	934.792	487.085	830.926	438.488	747.833	47
730.438	1246.67	626.190	1068.57	548.021	935.000	487.231	831.111	438.620	748.000	48
730.657	1246.94	626.378	1068.81	548.186	935.208	487.378	831.296	438.752	748.167	49
730.877	1247.22	626.567	1069.05	548.374	935.417	487.524	831.481	438.884	748.333	50
731.097	1247.50	626.755	1069.29	548.516	935.625	487.671	831.667	439.016	748.500	51
731.317	1247.78	626.943	1069.52	548.681	935.833	487.817	831.852	439.148	748.667	52
731.536	1248.06	627.132	1069.76	548.846	936.042	487.964	832.037	439.280	748.833	53
731.756	1248.33	627.320	1070.00	549.010	936.250	488.111	832.222	439.412	749.000	54
731.976	1248.61	627.509	1070.24	549.175	936.458	488.257	832.407	439.544	749.167	55
732.196	1248.89	627.697	1070.48	549.340	936.667	488.404	832.593	439.676	749.333	56
732.415	1249.17	627.885	1070.71	549.505	936.875	488.550	832.778	439.808	749.500	57
732.635	1249.44	628.074	1070.95	549.670	937.083	488.697	832.963	439.940	749.667	58
732.860	1249.72	628.266	1071.19	549.838	937.292	488.847	833.148	440.075	749.833	59

TABLE XIV.—ACTUAL TANGENTS, ETC.

75°	1° Curve.		2° Curve.		3° Curve.		4° Curve.		5° Curve.	
M.	Tan.	Arc.	Tan.	Arc.	Tan.	Arc.	Tan.	Arc.	Tan.	Arc.
0	4396.53	7500.00	2198.35	3750.00	1465.66	2500.00	1099.35	1875.00	879.575	1500.00
1	4397.85	7501.67	2199.01	3750.83	1466.10	2500.56	1099.68	1875.42	879.839	1500.33
2	4399.17	7503.33	2199.66	3751.67	1466.54	2501.11	1100.01	1875.83	880.102	1500.67
3	4400.49	7505.00	2200.32	3752.50	1466.98	2501.67	1100.33	1876.25	880.366	1501.00
4	4401.80	7506.67	2200.98	3753.33	1467.42	2502.22	1100.66	1876.67	880.630	1501.33
5	4403.12	7508.33	2201.64	3754.17	1467.86	2502.78	1100.99	1877.08	880.893	1501.67
6	4404.44	7510.00	2202.30	3755.00	1468.30	2503.33	1101.32	1877.50	881.157	1502.00
7	4405.79	7511.67	2202.97	3755.83	1468.75	2503.89	1101.66	1877.92	881.426	1502.33
8	4407.13	7513.33	2203.65	3756.67	1469.20	2504.44	1102.00	1878.33	881.696	1502.67
9	4408.45	7515.00	2204.31	3757.50	1469.63	2505.00	1102.33	1878.75	881.959	1503.00
10	4409.77	7516.67	2204.96	3758.33	1470.07	2505.56	1102.66	1879.17	882.223	1503.33
11	4411.09	7518.33	2205.62	3759.17	1470.51	2506.11	1102.99	1879.58	882.487	1503.67
12	4412.40	7520.00	2206.28	3760.00	1470.95	2506.67	1103.31	1880.00	882.750	1504.00
13	4413.75	7521.67	2206.96	3760.83	1471.40	2507.22	1103.65	1880.42	883.020	1504.33
14	4415.10	7523.33	2207.63	3761.67	1471.85	2507.78	1103.99	1880.83	883.289	1504.67
15	4416.41	7525.00	2208.29	3762.50	1472.29	2508.33	1104.32	1881.25	883.553	1505.00
16	4417.73	7526.67	2208.95	3763.33	1472.73	2508.89	1104.65	1881.67	883.816	1505.33
17	4419.05	7528.33	2209.61	3764.17	1473.17	2509.44	1104.98	1882.08	884.080	1505.67
18	4420.37	7530.00	2210.26	3765.00	1473.61	2510.00	1105.31	1882.50	884.344	1506.00
19	4421.71	7531.67	2210.94	3765.83	1474.06	2510.56	1105.64	1882.92	884.613	1506.33
20	4423.06	7533.33	2211.61	3766.67	1474.51	2511.11	1105.98	1883.33	884.882	1506.67
21	4424.38	7535.00	2212.27	3767.50	1474.94	2511.67	1106.31	1883.75	885.146	1507.00
22	4425.70	7536.67	2212.93	3768.33	1475.38	2512.22	1106.64	1884.17	885.410	1507.33
23	4427.04	7538.33	2213.60	3769.17	1475.83	2512.78	1106.98	1884.58	885.679	1507.67
24	4428.39	7540.00	2214.28	3770.00	1476.28	2513.33	1107.31	1885.00	885.948	1508.00
25	4429.71	7541.67	2214.93	3770.83	1476.72	2513.89	1107.64	1885.42	886.212	1508.33
26	4431.02	7543.33	2215.59	3771.67	1477.16	2514.44	1107.97	1885.83	886.476	1508.67
27	4432.37	7545.00	2216.27	3772.50	1477.61	2515.00	1108.31	1886.25	886.745	1509.00
28	4433.72	7546.67	2216.94	3773.33	1478.06	2515.56	1108.64	1886.67	887.014	1509.33
29	4435.04	7548.33	2217.60	3774.17	1478.50	2516.11	1108.97	1887.08	887.278	1509.67
30	4436.35	7550.00	2218.26	3775.00	1478.94	2516.67	1109.30	1887.50	887.542	1510.00
31	4437.70	7551.67	2218.93	3775.83	1479.39	2517.22	1109.64	1887.92	887.811	1510.33
32	4439.05	7553.33	2219.60	3776.67	1479.83	2517.78	1109.98	1888.33	888.080	1510.67
33	4440.36	7555.00	2220.26	3777.50	1480.27	2518.33	1110.31	1888.75	888.344	1511.00
34	4441.68	7556.67	2220.92	3778.33	1480.71	2518.89	1110.64	1889.17	888.608	1511.33
35	4443.03	7558.33	2221.60	3779.17	1481.16	2519.44	1110.97	1889.58	888.877	1511.67
36	4444.37	7560.00	2222.27	3780.00	1481.61	2520.00	1111.31	1890.00	889.146	1512.00
37	4445.72	7561.67	2222.94	3780.83	1482.06	2520.56	1111.65	1890.42	889.416	1512.33
38	4447.07	7563.33	2223.62	3781.67	1482.51	2521.11	1111.98	1890.83	889.685	1512.67
39	4448.39	7565.00	2224.27	3782.50	1482.95	2521.67	1112.31	1891.25	889.949	1513.00
40	4449.70	7566.67	2224.93	3783.33	1483.39	2522.22	1112.64	1891.67	890.213	1513.33
41	4451.05	7568.33	2225.61	3784.17	1483.84	2522.78	1112.98	1892.08	890.482	1513.67
42	4452.40	7570.00	2226.28	3785.00	1484.28	2523.33	1113.31	1892.50	890.751	1514.00
43	4453.71	7571.67	2226.94	3785.83	1484.72	2523.89	1113.64	1892.92	891.015	1514.33
44	4455.03	7573.33	2227.60	3786.67	1485.16	2524.44	1113.97	1893.33	891.279	1514.67
45	4456.38	7575.00	2228.27	3787.50	1485.61	2525.00	1114.31	1893.75	891.548	1515.00
46	4457.73	7576.67	2228.94	3788.33	1486.06	2525.56	1114.65	1894.17	891.817	1515.33
47	4459.07	7578.33	2229.63	3789.17	1486.51	2526.11	1114.98	1894.58	892.087	1515.67
48	4460.42	7580.00	2230.29	3790.00	1486.96	2526.67	1115.32	1895.00	892.356	1516.00
49	4461.76	7581.67	2230.96	3790.83	1487.41	2527.22	1115.66	1895.42	892.625	1516.33
50	4463.11	7583.33	2231.64	3791.67	1487.86	2527.78	1115.99	1895.83	892.895	1516.67
51	4464.43	7585.00	2232.30	3792.50	1488.30	2528.33	1116.32	1896.25	893.158	1517.00
52	4465.75	7586.67	2232.96	3793.33	1488.74	2528.89	1116.65	1896.67	893.422	1517.33
53	4467.09	7588.33	2233.63	3794.17	1489.18	2529.44	1116.99	1897.08	893.691	1517.67
54	4468.44	7590.00	2234.30	3795.00	1489.63	2530.00	1117.33	1897.50	893.961	1518.00
55	4469.79	7591.67	2234.97	3795.83	1490.08	2530.56	1117.66	1897.92	894.230	1518.33
56	4471.13	7593.33	2235.65	3796.67	1490.53	2531.11	1118.00	1898.33	894.500	1518.67
57	4472.48	7595.00	2236.32	3797.50	1490.98	2531.67	1118.34	1898.75	894.769	1519.00
58	4473.83	7596.67	2236.99	3798.33	1491.43	2532.22	1118.67	1899.17	895.038	1519.33
59	4475.17	7598.33	2237.67	3799.17	1491.88	2532.78	1119.01	1899.58	895.308	1519.67

TABLE XIV.—ACTUAL TANGENTS, ETC.

6° Curve.		7° Curve.		8° Curve.		9° Curve.		10° Curve.		75°
Tan.	Arc.	Tan.	Arc.	Tan.	Arc.	Tan.	Arc.	Tan.	Arc.	M.
733.084	1250.00	628.459	1071.43	550.007	937.500	488.996	833.333	440.209	750.000	0
733.304	1250.28	628.647	1071.67	550.172	937.708	489.143	833.519	440.341	750.167	1
733.523	1250.56	628.835	1071.90	550.336	937.917	489.289	833.704	440.472	750.333	2
733.743	1250.83	629.024	1072.14	550.501	938.125	489.436	833.889	440.605	750.500	3
733.963	1251.11	629.212	1072.38	550.666	938.333	489.583	834.074	440.737	750.667	4
734.183	1251.39	629.400	1072.62	550.831	938.542	489.729	834.259	440.869	750.833	5
734.402	1251.67	629.589	1072.86	550.996	938.750	489.876	834.444	441.001	751.000	6
734.627	1251.94	629.781	1073.10	551.164	938.958	490.026	834.630	441.136	751.167	7
734.851	1252.22	629.974	1073.33	551.333	939.167	490.175	834.815	441.271	751.333	8
735.071	1252.50	630.162	1073.57	551.498	939.375	490.322	835.000	441.403	751.500	9
735.291	1252.78	630.350	1073.81	551.663	939.583	490.468	835.185	441.535	751.667	10
735.511	1253.06	630.539	1074.05	551.827	939.792	490.615	835.370	441.667	751.833	11
735.730	1253.33	630.727	1074.29	551.992	940.000	490.762	835.556	441.799	752.000	12
735.955	1253.61	630.920	1074.52	552.161	940.208	490.911	835.741	441.933	752.167	13
736.179	1253.89	631.112	1074.76	552.329	940.417	491.061	835.926	442.068	752.333	14
736.399	1254.17	631.301	1075.00	552.494	940.625	491.208	836.111	442.200	752.500	15
736.619	1254.44	631.489	1075.24	552.659	940.833	491.354	836.296	442.332	752.667	16
736.839	1254.72	631.677	1075.48	552.824	941.042	491.501	836.481	442.464	752.833	17
737.058	1255.00	631.866	1075.71	552.989	941.250	491.647	836.667	442.596	753.000	18
737.283	1255.28	632.058	1075.95	553.157	941.458	491.797	836.852	442.731	753.167	19
737.507	1255.56	632.251	1076.19	553.325	941.667	491.947	837.037	442.866	753.333	20
737.727	1255.83	632.439	1076.43	553.490	941.875	492.093	837.222	442.998	753.500	21
737.947	1256.11	632.627	1076.67	553.655	942.083	492.240	837.407	443.130	753.667	22
738.171	1256.39	632.820	1076.90	553.824	942.292	492.390	837.593	443.264	753.833	23
738.396	1256.67	633.012	1077.14	553.992	942.500	492.540	837.778	443.399	754.000	24
738.616	1256.94	633.201	1077.38	554.157	942.708	492.686	837.963	443.531	754.167	25
738.835	1257.22	633.389	1077.62	554.322	942.917	492.833	838.148	443.663	754.333	26
739.060	1257.50	633.582	1077.86	554.490	943.125	492.982	838.333	443.798	754.500	27
739.284	1257.78	633.774	1078.10	554.659	943.333	493.132	838.519	443.933	754.667	28
739.504	1258.06	633.962	1078.33	554.824	943.542	493.279	838.704	444.065	754.833	29
739.724	1258.33	634.151	1078.57	554.988	943.750	493.425	838.889	444.197	755.000	30
739.948	1258.61	634.343	1078.81	555.157	943.958	493.575	839.074	444.331	755.167	31
740.173	1258.89	634.536	1079.05	555.325	944.167	493.725	839.259	444.466	755.333	32
740.393	1259.17	634.724	1079.29	555.490	944.375	493.871	839.444	444.598	755.500	33
740.612	1259.44	634.912	1079.52	555.655	944.583	494.018	839.630	444.730	755.667	34
740.837	1259.72	635.105	1079.76	555.823	944.792	494.168	839.815	444.865	755.833	35
741.061	1260.00	635.297	1080.00	555.992	945.000	494.318	840.000	445.000	756.000	36
741.286	1260.28	635.490	1080.24	556.160	945.208	494.467	840.185	445.135	756.167	37
741.510	1260.56	635.682	1080.48	556.329	945.417	494.617	840.370	445.269	756.333	38
741.730	1260.83	635.871	1080.71	556.494	945.625	494.764	840.556	445.401	756.500	39
741.950	1261.11	636.059	1080.95	556.658	945.833	494.910	840.741	445.533	756.667	40
742.174	1261.39	636.252	1081.19	556.827	946.042	495.060	840.926	445.668	756.833	41
742.399	1261.67	636.444	1081.43	556.995	946.250	495.210	841.111	445.803	757.000	42
742.619	1261.94	636.632	1081.67	557.160	946.458	495.356	841.296	445.935	757.167	43
742.838	1262.22	636.821	1081.90	557.325	946.667	495.503	841.481	446.067	757.333	44
743.063	1262.50	637.013	1082.14	557.494	946.875	495.653	841.667	446.202	757.500	45
743.287	1262.78	637.206	1082.38	557.662	947.083	495.802	841.852	446.337	757.667	46
743.512	1263.06	637.398	1082.62	557.830	947.292	495.952	842.037	446.471	757.833	47
743.736	1263.33	637.591	1082.86	557.999	947.500	496.102	842.222	446.606	758.000	48
743.961	1263.61	637.784	1083.10	558.167	947.708	496.252	842.407	446.741	758.167	49
744.185	1263.89	637.976	1083.33	558.336	947.917	496.401	842.593	446.876	758.333	50
744.405	1264.17	638.164	1083.57	558.501	948.125	496.548	842.778	447.008	758.500	51
744.625	1264.44	638.352	1083.81	558.665	948.333	496.695	842.963	447.140	758.667	52
744.849	1264.72	638.545	1084.05	558.834	948.542	496.844	843.148	447.274	758.833	53
745.074	1265.00	638.737	1084.29	559.002	948.750	496.994	843.333	447.409	759.000	54
745.298	1265.28	638.930	1084.52	559.171	948.958	497.144	843.519	447.544	759.167	55
745.523	1265.56	639.122	1084.76	559.339	949.167	497.294	843.704	447.679	759.333	56
745.747	1265.83	639.315	1085.00	559.508	949.375	497.443	843.889	447.814	759.500	57
745.972	1266.11	639.507	1085.24	559.676	949.583	497.593	844.074	447.949	759.667	58
746.196	1266.39	639.700	1085.48	559.845	949.792	497.743	844.259	448.083	759.833	59

TABLE XIV.—ACTUAL TANGENTS, ETC.

76°	1° Curve.		2° Curve.		3° Curve.		4° Curve.		5° Curve.	
M.	Tan.	Arc.	Tan.	Arc.	Tan.	Arc.	Tan.	Arc.	Tan.	Arc.
0	4476.52	7600.00	2238.34	3800.00	1492.33	2533.33	1119.35	1900.00	895.577	1520.00
1	4477.84	7601.67	2239.00	3800.83	1492.77	2533.89	1119.68	1900.42	895.841	1520.33
2	4479.15	7603.33	2239.66	3801.67	1493.21	2534.44	1120.01	1900.83	896.104	1520.67
3	4480.50	7605.00	2240.33	3802.50	1493.65	2535.00	1120.34	1901.25	896.374	1521.00
4	4481.85	7606.67	2241.01	3803.33	1494.10	2535.56	1120.68	1901.67	896.643	1521.33
5	4483.19	7608.33	2241.68	3804.17	1494.55	2536.11	1121.02	1902.08	896.913	1521.67
6	4484.54	7610.00	2242.35	3805.00	1495.00	2536.67	1121.35	1902.50	897.182	1522.00
7	4485.89	7611.67	2243.03	3805.83	1495.45	2537.22	1121.69	1902.92	897.451	1522.33
8	4487.23	7613.33	2243.70	3806.67	1495.90	2537.78	1122.03	1903.33	897.721	1522.67
9	4488.58	7615.00	2244.37	3807.50	1496.35	2538.33	1122.36	1903.75	897.990	1523.00
10	4489.93	7616.67	2245.05	3808.33	1496.80	2538.89	1122.70	1904.17	898.259	1523.33
11	4491.27	7618.33	2245.72	3809.17	1497.24	2539.44	1123.04	1904.58	898.529	1523.67
12	4492.62	7620.00	2246.39	3810.00	1497.69	2540.00	1123.37	1905.00	898.798	1524.00
13	4493.97	7621.67	2247.06	3810.83	1498.14	2540.56	1123.71	1905.42	899.068	1524.33
14	4495.31	7623.33	2247.74	3811.67	1498.59	2541.11	1124.05	1905.83	899.337	1524.67
15	4496.66	7625.00	2248.41	3812.50	1499.04	2541.67	1124.38	1906.25	899.606	1525.00
16	4498.00	7626.67	2249.08	3813.33	1499.49	2542.22	1124.72	1906.67	899.876	1525.33
17	4499.35	7628.33	2249.76	3814.17	1499.94	2542.78	1125.06	1907.08	900.145	1525.67
18	4500.70	7630.00	2250.43	3815.00	1500.39	2543.33	1125.39	1907.50	900.414	1526.00
19	4502.04	7631.67	2251.10	3815.83	1500.84	2543.89	1125.73	1907.92	900.684	1526.33
20	4503.39	7633.33	2251.78	3816.67	1501.28	2544.44	1126.07	1908.33	900.953	1526.67
21	4504.74	7635.00	2252.45	3817.50	1501.73	2545.00	1126.40	1908.75	901.223	1527.00
22	4506.08	7636.67	2253.12	3818.33	1502.18	2545.56	1126.74	1909.17	901.492	1527.33
23	4507.43	7638.33	2253.80	3819.17	1502.63	2546.11	1127.08	1909.58	901.761	1527.67
24	4508.78	7640.00	2254.47	3820.00	1503.08	2546.67	1127.41	1910.00	902.031	1528.00
25	4510.12	7641.67	2255.14	3820.83	1503.53	2547.22	1127.75	1910.42	902.300	1528.33
26	4511.47	7643.33	2255.82	3821.67	1503.98	2547.78	1128.09	1910.83	902.569	1528.67
27	4512.82	7645.00	2256.49	3822.50	1504.43	2548.33	1128.42	1911.25	902.839	1529.00
28	4514.16	7646.67	2257.16	3823.33	1504.88	2548.89	1128.76	1911.67	903.108	1529.33
29	4515.54	7648.33	2257.85	3824.17	1505.33	2549.44	1129.10	1912.08	903.383	1529.67
30	4516.91	7650.00	2258.54	3825.00	1505.79	2550.00	1129.45	1912.50	903.658	1530.00
31	4518.26	7651.67	2259.21	3825.83	1506.24	2550.56	1129.78	1912.92	903.928	1530.33
32	4519.61	7653.33	2259.89	3826.67	1506.69	2551.11	1130.12	1913.33	904.197	1530.67
33	4520.95	7655.00	2260.56	3827.50	1507.14	2551.67	1130.46	1913.75	904.467	1531.00
34	4522.30	7656.67	2261.23	3828.33	1507.59	2552.22	1130.79	1914.17	904.736	1531.33
35	4523.64	7658.33	2261.91	3829.17	1508.04	2552.78	1131.13	1914.58	905.005	1531.67
36	4524.99	7660.00	2262.58	3830.00	1508.49	2553.33	1131.47	1915.00	905.275	1532.00
37	4526.34	7661.67	2263.25	3830.83	1508.93	2553.89	1131.80	1915.42	905.544	1532.33
38	4527.68	7663.33	2263.92	3831.67	1509.38	2554.44	1132.14	1915.83	905.813	1532.67
39	4529.06	7665.00	2264.61	3832.50	1509.84	2555.00	1132.48	1916.25	906.088	1533.00
40	4530.43	7666.67	2265.30	3833.33	1510.30	2555.56	1132.83	1916.67	906.364	1533.33
41	4531.78	7668.33	2265.97	3834.17	1510.75	2556.11	1133.16	1917.08	906.633	1533.67
42	4533.13	7670.00	2266.65	3835.00	1511.20	2556.67	1133.50	1917.50	906.902	1534.00
43	4534.47	7671.67	2267.32	3835.83	1511.65	2557.22	1133.84	1917.92	907.172	1534.33
44	4535.82	7673.33	2267.99	3836.67	1512.10	2557.78	1134.17	1918.33	907.441	1534.67
45	4537.20	7675.00	2268.68	3837.50	1512.55	2558.33	1134.52	1918.75	907.716	1535.00
46	4538.57	7676.67	2269.37	3838.33	1513.01	2558.89	1134.86	1919.17	907.991	1535.33
47	4539.92	7678.33	2270.04	3839.17	1513.46	2559.44	1135.20	1919.58	908.261	1535.67
48	4541.26	7680.00	2270.71	3840.00	1513.91	2560.00	1135.54	1920.00	908.530	1536.00
49	4542.61	7681.67	2271.39	3840.83	1514.36	2560.56	1135.87	1920.42	908.799	1536.33
50	4543.96	7683.33	2272.06	3841.67	1514.81	2561.11	1136.21	1920.83	909.069	1536.67
51	4545.33	7685.00	2272.75	3842.50	1515.27	2561.67	1136.55	1921.25	909.344	1537.00
52	4546.71	7686.67	2273.44	3843.33	1515.72	2562.22	1136.90	1921.67	909.619	1537.33
53	4548.05	7688.33	2274.11	3844.17	1516.17	2562.78	1137.23	1922.08	909.888	1537.67
54	4549.40	7690.00	2274.78	3845.00	1516.62	2563.33	1137.57	1922.50	910.158	1538.00
55	4550.77	7691.67	2275.47	3845.83	1517.08	2563.89	1137.91	1922.92	910.433	1538.33
56	4552.15	7693.33	2276.16	3846.67	1517.54	2564.44	1138.26	1923.33	910.708	1538.67
57	4553.50	7695.00	2276.83	3847.50	1517.99	2565.00	1138.59	1923.75	910.977	1539.00
58	4554.84	7696.67	2277.50	3848.33	1518.44	2565.56	1138.93	1924.17	911.247	1539.33
59	4556.22	7698.33	2278.19	3849.17	1518.90	2566.11	1139.28	1924.58	911.522	1539.67

TABLE XIV.—ACTUAL TANGENTS, ETC.

6° Curve.		7° Curve.		8° Curve.		9° Curve.		10° Curve.		76°
Tan.	Arc.	Tan.	Arc.	Tan.	Arc.	Tan.	Arc.	Tan.	Arc.	M.
746.421	1266.67	639.892	1085.71	560.013	950.000	497.893	844.444	448.218	760.000	0
746.641	1266.94	640.080	1085.95	560.178	950.208	498.039	844.630	448.350	760.167	1
746.860	1267.22	640.269	1086.19	560.343	950.417	498.186	844.815	448.482	760.333	2
747.085	1267.50	640.461	1086.43	560.511	950.625	498.336	845.000	448.617	760.500	3
747.309	1267.78	640.654	1086.67	560.680	950.833	498.485	845.185	448.752	760.667	4
747.534	1268.06	640.846	1086.90	560.818	951.042	498.635	845.370	448.887	760.833	5
747.758	1268.33	641.039	1087.14	561.016	951.250	498.785	845.556	449.021	761.000	6
747.983	1268.61	641.231	1087.38	561.185	951.458	498.935	845.741	449.156	761.167	7
748.208	1268.89	641.424	1087.62	561.353	951.667	499.084	845.926	449.291	761.333	8
748.432	1269.17	641.616	1087.86	561.522	951.875	499.234	846.111	449.426	761.500	9
748.657	1269.44	641.809	1088.10	561.690	952.083	499.384	846.296	449.561	761.667	10
748.881	1269.72	642.001	1088.33	561.859	952.292	499.534	846.481	449.695	761.833	11
749.106	1270.00	642.194	1088.57	562.027	952.500	499.683	846.667	449.830	762.000	12
749.330	1270.28	642.386	1088.81	562.196	952.708	499.833	846.852	449.965	762.167	13
749.555	1270.56	642.578	1089.05	562.364	952.917	499.983	847.037	450.100	762.333	14
749.779	1270.83	642.771	1089.29	562.532	953.125	500.133	847.222	450.235	762.500	15
750.004	1271.11	642.963	1089.52	562.701	953.333	500.282	847.407	450.370	762.667	16
750.228	1271.39	643.156	1089.76	562.869	953.542	500.432	847.593	450.504	762.833	17
750.453	1271.67	643.348	1090.00	563.038	953.750	500.582	847.778	450.639	763.000	18
750.677	1271.94	643.541	1090.24	563.206	953.958	500.732	847.963	450.774	763.167	19
750.902	1272.22	643.733	1090.48	563.375	954.167	500.881	848.148	450.909	763.333	20
751.126	1272.50	643.926	1090.71	563.543	954.375	501.031	848.333	451.044	763.500	21
751.351	1272.78	644.118	1090.95	563.712	954.583	501.181	848.519	451.178	763.667	22
751.575	1273.06	644.311	1091.19	563.880	954.792	501.331	848.704	451.313	763.833	23
751.800	1273.33	644.503	1091.43	564.048	955.000	501.481	848.889	451.448	764.000	24
752.024	1273.61	644.696	1091.67	564.217	955.208	501.630	849.074	451.583	764.167	25
752.249	1273.89	644.888	1091.90	564.385	955.417	501.780	849.259	451.718	764.333	26
752.473	1274.17	645.081	1092.14	564.554	955.625	501.930	849.444	451.853	764.500	27
752.698	1274.44	645.273	1092.38	564.722	955.833	502.079	849.630	451.987	764.667	28
752.927	1274.72	645.470	1092.62	564.894	956.042	502.232	849.815	452.125	764.833	29
753.156	1275.00	645.666	1092.86	565.066	956.250	502.385	850.000	452.263	765.000	30
753.381	1275.28	645.859	1093.10	565.235	956.458	502.535	850.185	452.398	765.167	31
753.605	1275.56	646.051	1093.33	565.403	956.667	502.685	850.370	452.532	765.333	32
753.830	1275.83	646.244	1093.57	565.572	956.875	502.835	850.556	452.667	765.500	33
754.054	1276.11	646.436	1093.81	565.740	957.083	502.984	850.741	452.802	765.667	34
754.279	1276.39	646.629	1094.05	565.909	957.292	503.134	850.926	452.937	765.833	35
754.503	1276.67	646.821	1094.29	566.077	957.500	503.284	851.111	453.072	766.000	36
754.728	1276.94	647.013	1094.52	566.245	957.708	503.434	851.296	453.206	766.167	37
754.952	1277.22	647.206	1094.76	566.414	957.917	503.583	851.481	453.341	766.333	38
755.182	1277.50	647.402	1095.00	566.586	958.125	503.736	851.667	453.479	766.500	39
755.411	1277.78	647.599	1095.24	566.758	958.333	503.889	851.852	453.617	766.667	40
755.636	1278.06	647.792	1095.48	566.926	958.542	504.039	852.037	453.751	766.833	41
755.860	1278.33	647.984	1095.71	567.095	958.750	504.189	852.222	453.886	767.000	42
756.085	1278.61	648.176	1095.95	567.263	958.958	504.339	852.407	454.021	767.167	43
756.309	1278.89	648.369	1096.19	567.432	959.167	504.488	852.593	454.156	767.333	44
756.538	1279.17	648.566	1096.43	567.604	959.375	504.641	852.778	454.294	767.500	45
756.768	1279.44	648.762	1096.67	567.776	959.583	504.794	852.963	454.431	767.667	46
756.992	1279.72	648.955	1096.90	567.944	959.792	504.944	853.148	454.566	767.833	47
757.217	1280.00	649.147	1097.14	568.113	960.000	505.094	853.333	454.701	768.000	48
757.441	1280.28	649.339	1097.38	568.281	960.208	505.244	853.519	454.836	768.167	49
757.666	1280.56	649.532	1097.62	568.449	960.417	505.393	853.704	454.971	768.333	50
757.895	1280.83	649.729	1097.86	568.622	960.625	505.546	853.889	455.108	768.500	51
758.124	1281.11	649.925	1098.10	568.794	960.833	505.699	854.074	455.246	768.667	52
758.349	1281.39	650.118	1098.33	568.902	961.042	505.849	854.259	455.381	768.833	53
758.573	1281.67	650.310	1098.57	569.130	961.250	505.999	854.444	455.516	769.000	54
758.803	1281.94	650.507	1098.81	569.302	961.458	506.152	854.630	455.653	769.167	55
759.032	1282.22	650.703	1099.05	569.474	961.667	506.305	854.815	455.791	769.333	56
759.256	1282.50	650.896	1099.29	569.643	961.875	506.454	855.000	455.926	769.500	57
759.481	1282.78	651.088	1099.52	569.811	962.083	506.604	855.185	456.061	769.667	58
759.710	1283.06	651.285	1099.76	569.983	962.292	506.757	855.370	456.198	769.833	59

TABLE XIV.—ACTUAL TANGENTS, ETC.

77°	1° Curve.		2° Curve.		3° Curve.		4° Curve.		5° Curve.	
M.	Tan.	Arc.	Tan.	Arc.	Tan.	Arc.	Tan.	Arc.	Tan.	Arc.
0	45 7.59	7700.00	2278.88	3850.00	1519.35	2566.67	1139.62	1925.00	911.797	1540.00
1	4558.94	7701.67	2279.55	3850.83	1519.80	2567.22	1139.96	1925.42	912.066	1540.33
2	4560.29	7703.33	2280.23	3851.67	1520.25	2567.78	1140.29	1925.83	912.336	1540.67
3	4561.66	7705.00	2280.91	3852.50	1520.71	2568.33	1140.64	1926.25	912.611	1541.00
4	4563.04	7706.67	2281.60	3853.33	1521.17	2568.89	1140.98	1926.67	912.886	1541.33
5	4564.38	7708.33	2282.27	3854.17	1521.62	2569.44	1141.32	1927.08	913.155	1541.67
6	4565.73	7710.00	2282.95	3855.00	1522.07	2570.00	1141.65	1927.50	913.425	1542.00
7	4567.10	7711.67	2283.64	3855.83	1522.52	2570.56	1142.00	1927.92	913.700	1542.33
8	4568.48	7713.33	2284.32	3856.67	1522.98	2571.11	1142.34	1928.33	913.975	1542.67
9	4569.83	7715.00	2285.00	3857.50	1523.43	2571.67	1142.68	1928.75	914.214	1543.00
10	4571.17	7716.67	2285.67	3858.33	1523.88	2572.22	1143.01	1929.17	914.514	1543.33
11	4572.55	7718.33	2286.36	3859.17	1524.34	2572.78	1143.36	1929.58	914.789	1543.67
12	4573.92	7720.00	2287.04	3860.00	1524.80	2573.33	1143.70	1930.00	915.064	1544.00
13	4575.30	7721.67	2287.73	3860.83	1525.26	2573.89	1144.05	1930.42	915.339	1544.33
14	4576.67	7723.33	2288.42	3861.67	1525.71	2574.44	1144.39	1930.83	915.614	1544.67
15	4578.02	7725.00	2289.09	3862.50	1526.16	2575.00	1144.73	1931.25	915.883	1545.00
16	4579.37	7726.67	2289.77	3863.33	1526.61	2575.56	1145.06	1931.67	916.158	1545.33
17	4580.74	7728.33	2290.45	3864.17	1527.07	2576.11	1145.41	1932.08	916.428	1545.67
18	4582.12	7730.00	2291.14	3865.00	1527.53	2576.67	1145.75	1932.50	916.703	1546.00
19	4583.49	7731.67	2291.83	3865.83	1527.99	2577.22	1146.09	1932.92	916.978	1546.33
20	4584.87	7733.33	2292.52	3866.67	1528.45	2577.78	1146.44	1933.33	917.253	1546.67
21	4586.21	7735.00	2293.19	3867.50	1528.89	2578.33	1146.78	1933.75	917.523	1547.00
22	4587.56	7736.67	2293.86	3868.33	1529.34	2578.89	1147.11	1934.17	917.792	1547.33
23	4588.93	7738.33	2294.55	3869.17	1529.80	2579.44	1147.46	1934.58	918.067	1547.67
24	4590.31	7740.00	2295.24	3870.00	1530.26	2580.00	1147.80	1935.00	918.342	1548.00
25	4591.68	7741.67	2295.93	3870.83	1530.72	2580.56	1148.14	1935.42	918.617	1548.33
26	4593.06	7743.33	2296.61	3871.67	1531.18	2581.11	1148.49	1935.83	918.892	1548.67
27	4594.43	7745.00	2297.30	3872.50	1531.64	2581.67	1148.83	1936.25	919.168	1549.00
28	4595.81	7746.67	2297.99	3873.33	1532.09	2582.22	1149.17	1936.67	919.443	1549.33
29	4597.16	7748.33	2298.66	3874.17	1532.54	2582.78	1149.51	1937.08	919.712	1549.67
30	4598.50	7750.00	2299.34	3875.00	1532.99	2583.33	1149.85	1937.50	919.981	1550.00
31	4599.88	7751.67	2300.02	3875.83	1533.45	2583.89	1150.19	1937.92	920.257	1550.33
32	4601.25	7753.33	2300.71	3876.67	1533.91	2584.44	1150.54	1938.33	920.532	1550.67
33	4602.63	7755.00	2301.40	3877.50	1534.37	2585.00	1150.88	1938.75	920.807	1551.00
34	4604.00	7756.67	2302.09	3878.33	1534.83	2585.56	1151.22	1939.17	921.082	1551.33
35	4605.38	7758.33	2302.77	3879.17	1535.28	2586.11	1151.57	1939.58	921.357	1551.67
36	4606.75	7760.00	2303.46	3880.00	1535.74	2586.67	1151.91	1940.00	921.632	1552.00
37	4608.13	7761.67	2304.15	3880.83	1536.20	2587.22	1152.26	1940.42	921.907	1552.33
38	4609.50	7763.33	2304.84	3881.67	1536.66	2587.78	1152.60	1940.83	922.182	1552.67
39	4610.88	7765.00	2305.52	3882.50	1537.12	2588.33	1152.94	1941.25	922.457	1553.00
40	4612.25	7766.67	2306.21	3883.33	1537.58	2588.89	1153.29	1941.67	922.732	1553.33
41	4613.63	7768.33	2306.90	3884.17	1538.03	2589.44	1153.63	1942.08	923.008	1553.67
42	4615.00	7770.00	2307.59	3885.00	1538.49	2590.00	1153.97	1942.50	923.283	1554.00
43	4616.38	7771.67	2308.27	3885.83	1538.95	2590.56	1154.32	1942.92	923.558	1554.33
44	4617.75	7773.33	2308.96	3886.67	1539.41	2591.11	1154.66	1943.33	923.833	1554.67
45	4619.13	7775.00	2309.65	3887.50	1539.87	2591.67	1155.01	1943.75	924.108	1555.00
46	4620.50	7776.67	2310.34	3888.33	1540.33	2592.22	1155.35	1944.17	924.383	1555.33
47	4621.88	7778.33	2311.02	3889.17	1540.79	2592.78	1155.69	1944.58	924.658	1555.67
48	4623.25	7780.00	2311.71	3890.00	1541.24	2593.33	1156.04	1945.00	924.933	1556.00
49	4624.63	7781.67	2312.40	3890.83	1541.70	2593.89	1156.38	1945.42	925.208	1556.33
50	4626.00	7783.33	2313.09	3891.67	1542.16	2594.44	1156.73	1945.83	925.484	1556.67
51	4627.38	7785.00	2313.77	3892.50	1542.62	2595.00	1157.07	1946.25	925.750	1557.00
52	4628.76	7786.67	2314.46	3893.33	1543.08	2595.56	1157.41	1946.67	926.034	1557.33
53	4630.13	7788.33	2315.15	3894.17	1543.54	2596.11	1157.76	1947.08	926.309	1557.67
54	4631.51	7790.00	2315.84	3895.00	1543.99	2596.67	1158.10	1947.50	926.584	1558.00
55	4632.88	7791.67	2316.53	3895.83	1544.45	2597.22	1158.44	1947.92	926.859	1558.33
56	4634.26	7794.33	2317.21	3896.67	1544.91	2597.78	1158.79	1948.33	927.134	1558.67
57	4635.63	7795.00	2317.90	3897.50	1545.37	2598.33	1159.13	1948.75	927.409	1559.00
58	4637.01	7796.67	2318.59	3898.33	1545.83	2598.89	1159.48	1949.17	927.684	1559.33
59	4638.38	7798.33	2319.28	3899.17	1546.29	2599.44	1159.82	1949.58	927.960	1559.67

TABLE XIV.—ACTUAL TANGENTS, ETC.

6° Curve.		7° Curve.		8° Curve.		9° Curve.		10° Curve.		77°
Tan.	Arc.	Tan.	Arc.	Tan.	Arc.	Tan.	Arc.	Tan.	Arc.	M.
759.939	1283.33	651.481	1100.00	570.155	962.500	506.910	855.556	456.336	770.000	0
760.164	1283.61	651.674	1100.24	570.324	962.708	507.060	855.741	456.471	770.167	1
760.388	1283.89	651.866	1100.48	570.492	962.917	507.210	855.926	456.606	770.333	2
760.618	1284.17	652.063	1100.71	570.664	963.125	507.362	856.111	456.743	770.500	3
760.847	1284.44	652.259	1100.95	570.836	963.333	507.515	856.296	456.881	770.667	4
761.072	1284.72	652.452	1101.19	571.005	963.542	507.665	856.481	457.016	770.833	5
761.296	1285.00	652.644	1101.43	571.173	963.750	507.815	856.667	457.151	771.000	6
761.525	1285.28	652.841	1101.67	571.345	963.958	507.968	856.852	457.288	771.167	7
761.755	1285.56	653.037	1101.90	571.517	964.167	508.121	857.037	457.426	771.333	8
761.979	1285.83	653.230	1102.14	571.686	964.375	508.271	857.222	457.561	771.500	9
762.204	1286.11	653.422	1102.38	571.854	964.583	508.420	857.407	457.696	771.667	10
762.433	1286.39	653.619	1102.62	572.026	964.792	508.573	857.593	457.833	771.833	11
762.662	1286.67	653.815	1102.86	572.198	965.000	508.726	857.778	457.971	772.000	12
762.892	1286.94	654.012	1103.10	572.370	965.208	508.879	857.963	458.109	772.167	13
763.121	1287.22	654.209	1103.33	572.542	965.417	509.032	858.148	458.246	772.333	14
763.345	1287.50	654.401	1103.57	572.711	965.625	509.182	858.333	458.381	772.500	15
763.570	1287.78	654.593	1103.81	572.879	965.833	509.332	858.519	458.516	772.667	16
763.799	1288.06	654.790	1104.05	573.051	966.042	509.485	858.704	458.654	772.833	17
764.028	1288.33	654.987	1104.29	573.223	966.250	509.638	858.889	458.791	773.000	18
764.258	1288.61	655.183	1104.52	573.395	966.458	509.790	859.074	458.929	773.167	19
764.487	1288.89	655.380	1104.76	573.567	966.667	509.948	859.259	459.067	773.333	20
764.712	1289.17	655.572	1105.00	573.736	966.875	510.093	859.444	459.202	773.500	21
764.936	1289.44	655.765	1105.24	573.904	967.083	510.243	859.630	459.336	773.667	22
765.165	1289.72	655.961	1105.48	574.076	967.292	510.396	859.815	459.474	773.833	23
765.395	1290.00	656.158	1105.71	574.248	967.500	510.549	860.000	459.612	774.000	24
765.624	1290.28	656.354	1105.95	574.420	967.708	510.702	860.185	459.749	774.167	25
765.853	1290.56	656.551	1106.19	574.592	967.917	510.855	860.370	459.887	774.333	26
766.082	1290.83	656.748	1106.43	574.764	968.125	511.008	860.556	460.025	774.500	27
766.312	1291.11	656.944	1106.67	574.936	968.333	511.161	860.741	460.162	774.667	28
766.536	1291.39	657.137	1106.90	575.105	968.542	511.310	860.926	460.297	774.833	29
766.761	1291.67	657.329	1107.14	575.273	968.750	511.460	861.111	460.432	775.000	30
766.990	1291.94	657.526	1107.38	575.445	968.958	511.613	861.296	460.570	775.167	31
767.219	1292.22	657.722	1107.62	575.617	969.167	511.766	861.481	460.707	775.333	32
767.449	1292.50	657.919	1107.86	575.789	969.375	511.919	861.667	460.845	775.500	33
767.678	1292.78	658.115	1108.10	575.961	969.583	512.072	861.852	460.983	775.667	34
767.907	1293.06	658.312	1108.33	576.133	969.792	512.225	862.037	461.120	775.833	35
768.137	1293.33	658.508	1108.57	576.305	970.000	512.378	862.222	461.258	776.000	36
768.366	1293.61	658.705	1108.81	576.477	970.208	512.531	862.407	461.396	776.167	37
768.595	1293.89	658.902	1109.05	576.649	970.417	512.684	862.593	461.534	776.333	38
768.824	1294.17	659.098	1109.29	576.821	970.625	512.837	862.778	461.671	776.500	39
769.054	1294.44	659.295	1109.52	576.994	970.833	512.990	862.963	461.809	776.667	40
769.283	1294.72	659.491	1109.76	577.166	971.042	513.142	863.148	461.947	776.833	41
769.512	1295.00	659.688	1110.00	577.338	971.250	513.295	863.333	462.084	777.000	42
769.742	1295.28	659.884	1110.24	577.510	971.458	513.448	863.519	462.222	777.167	43
769.971	1295.56	660.081	1110.48	577.682	971.667	513.601	863.704	462.360	777.333	44
770.200	1295.83	660.277	1110.71	577.854	971.875	513.754	863.889	462.497	777.500	45
770.429	1296.11	660.474	1110.95	578.026	972.083	513.907	864.074	462.635	777.667	46
770.659	1296.39	660.671	1111.19	578.198	972.292	514.060	864.259	462.773	777.833	47
770.888	1296.67	660.867	1111.43	578.370	972.500	514.213	864.444	462.910	778.000	48
771.117	1296.94	661.064	1111.67	578.542	972.708	514.366	864.630	463.048	778.167	49
771.347	1297.22	661.260	1111.90	578.714	972.917	514.519	864.815	463.186	778.333	50
771.576	1297.50	661.457	1112.14	578.886	973.125	514.672	865.000	463.323	778.500	51
771.805	1297.78	661.653	1112.38	579.058	973.333	514.825	865.185	463.461	778.667	52
772.034	1298.06	661.850	1112.62	579.230	973.542	514.978	865.370	463.599	778.833	53
772.264	1298.33	662.047	1112.86	579.402	973.750	515.131	865.556	463.737	779.000	54
772.493	1298.61	662.243	1113.10	579.574	973.958	515.284	865.741	463.874	779.167	55
772.722	1298.89	662.440	1113.33	579.746	974.167	515.437	865.926	464.012	779.333	56
772.952	1299.17	662.636	1113.57	579.918	974.375	515.590	866.111	464.150	779.500	57
773.181	1299.44	662.833	1113.81	580.090	974.583	515.743	866.296	464.287	779.667	58
773.410	1299.72	663.029	1114.05	580.262	974.792	515.896	866.481	464.425	779.833	59

TABLE XIV.—ACTUAL TANGENTS, ETC.

78°	1° Curve.		2° Curve.		3° Curve.		4° Curve.		5° Curve.	
M.	Tan.	Arc.	Tan.	Arc.	Tan.	Arc.	Tan.	Arc.	Tan.	Arc.
0	4639.76	7800.00	2319.96	3900.00	1546.74	2600.00	1160.16	1950.00	928.235	1560.00
1	4641.16	7801.67	2320.66	3900.83	1547.21	2600.56	1160.51	1950.42	928.515	1560.33
2	4642.56	7803.33	2321.37	3901.67	1547.68	2601.11	1160.87	1950.83	928.796	1560.67
3	4643.94	7805.00	2322.05	3902.50	1548.14	2601.67	1161.21	1951.25	929.071	1561.00
4	4645.31	7806.67	2322.74	3903.33	1548.60	2602.22	1161.55	1951.67	929.347	1561.33
5	4646.69	7808.33	2323.43	3904.17	1549.06	2602.78	1161.90	1952.08	929.622	1561.67
6	4648.06	7810.00	2324.12	3905.00	1549.51	2603.33	1162.24	1952.50	929.897	1562.00
7	4649.44	7811.67	2324.80	3905.83	1549.97	2603.89	1162.58	1952.92	930.172	1562.33
8	4650.81	7813.33	2325.49	3906.67	1550.43	2604.44	1162.93	1953.33	930.447	1562.67
9	4652.22	7815.00	2326.19	3907.50	1550.90	2605.00	1163.28	1953.75	930.728	1563.00
10	4653.62	7816.67	2326.90	3908.33	1551.37	2605.56	1163.63	1954.17	931.009	1563.33
11	4655.00	7818.33	2327.58	3909.17	1551.82	2606.11	1163.97	1954.58	931.284	1563.67
12	4656.37	7820.00	2328.27	3910.00	1552.28	2606.67	1164.32	1955.00	931.559	1564.00
13	4657.75	7821.67	2328.96	3910.83	1552.74	2607.22	1164.66	1955.42	931.834	1564.33
14	4659.12	7823.33	2329.65	3911.67	1553.20	2607.78	1165.01	1955.83	932.109	1564.67
15	4660.50	7825.00	2330.33	3912.50	1553.66	2608.33	1165.35	1956.25	932.384	1565.00
16	4661.87	7826.67	2331.02	3913.33	1554.12	2608.89	1165.69	1956.67	932.659	1565.33
17	4663.28	7828.33	2331.72	3914.17	1554.59	2609.44	1166.04	1957.08	932.940	1565.67
18	4664.68	7830.00	2332.43	3915.00	1555.05	2610.00	1166.40	1957.50	933.221	1566.00
19	4666.06	7831.67	2333.11	3915.83	1555.51	2610.56	1166.74	1957.92	933.496	1566.33
20	4667.43	7833.33	2333.80	3916.67	1555.97	2611.11	1167.08	1958.33	933.771	1566.67
21	4668.83	7835.00	2334.50	3917.50	1556.44	2611.67	1167.43	1958.75	934.052	1567.00
22	4670.24	7836.67	2335.20	3918.33	1556.91	2612.22	1167.79	1959.17	934.333	1567.33
23	4671.61	7838.33	2335.89	3919.17	1557.36	2612.78	1168.13	1959.58	934.608	1567.67
24	4672.99	7840.00	2336.58	3920.00	1557.82	2613.33	1168.47	1960.00	934.883	1568.00
25	4674.36	7841.67	2337.27	3920.83	1558.28	2613.89	1168.82	1960.42	935.158	1568.33
26	4675.74	7843.33	2337.95	3921.67	1558.74	2614.44	1169.16	1960.83	935.433	1568.67
27	4677.14	7845.00	2338.66	3922.50	1559.21	2615.00	1169.51	1961.25	935.714	1569.00
28	4678.55	7846.67	2339.36	3923.33	1559.68	2615.56	1169.86	1961.67	935.995	1569.33
29	4679.92	7848.33	2340.05	3924.17	1560.13	2616.11	1170.21	1962.08	936.270	1569.67
30	4681.30	7850.00	2340.73	3925.00	1560.59	2616.67	1170.55	1962.50	936.545	1570.00
31	4682.70	7851.67	2341.44	3925.83	1561.06	2617.22	1170.90	1962.92	936.826	1570.33
32	4684.10	7853.33	2342.14	3926.67	1561.53	2617.78	1171.25	1963.33	937.107	1570.67
33	4685.48	7855.00	2342.83	3927.50	1561.99	2618.33	1171.60	1963.75	937.382	1571.00
34	4686.85	7856.67	2343.51	3928.33	1562.45	2618.89	1171.94	1964.17	937.657	1571.33
35	4688.26	7858.33	2344.21	3929.17	1562.91	2619.44	1172.29	1964.58	937.938	1571.67
36	4689.66	7860.00	2344.92	3930.00	1563.38	2620.00	1172.64	1965.00	938.219	1572.00
37	4691.06	7861.67	2345.62	3930.83	1563.85	2620.56	1172.99	1965.42	938.500	1572.33
38	4692.47	7863.33	2346.32	3931.67	1564.32	2621.11	1173.34	1965.83	938.780	1572.67
39	4693.84	7865.00	2347.01	3932.50	1564.78	2621.67	1173.69	1966.25	939.056	1573.00
40	4695.22	7866.67	2347.70	3933.33	1565.23	2622.22	1174.03	1966.67	939.331	1573.33
41	4696.62	7868.33	2348.40	3934.17	1565.70	2622.78	1174.38	1967.08	939.611	1573.67
42	4698.03	7870.00	2349.10	3935.00	1566.17	2623.33	1174.73	1967.50	939.892	1574.00
43	4699.43	7871.67	2349.80	3935.83	1566.64	2623.89	1175.09	1967.92	940.173	1574.33
44	4700.83	7873.33	2350.50	3936.67	1567.11	2624.44	1175.44	1968.33	940.454	1574.67
45	4702.21	7875.00	2351.19	3937.50	1567.56	2625.00	1175.78	1968.75	940.729	1575.00
46	4703.58	7876.67	2351.88	3938.33	1568.02	2625.56	1176.12	1969.17	941.004	1575.33
47	4704.99	7878.33	2352.58	3939.17	1568.49	2626.11	1176.47	1969.58	941.285	1575.67
48	4706.39	7880.00	2353.28	3940.00	1568.96	2626.67	1176.83	1970.00	941.566	1576.00
49	4707.80	7881.67	2353.98	3940.83	1569.43	2627.22	1177.18	1970.42	941.847	1576.33
50	4709.20	7883.33	2354.69	3941.67	1569.89	2627.78	1177.53	1970.83	942.128	1576.67
51	4710.57	7885.00	2355.37	3942.50	1570.35	2628.33	1177.87	1971.25	942.403	1577.00
52	4711.95	7886.67	2356.06	3943.33	1570.81	2628.89	1178.22	1971.67	942.678	1577.33
53	4713.35	7888.33	2356.76	3944.17	1571.28	2629.44	1178.57	1972.08	942.959	1577.67
54	4714.76	7890.00	2357.46	3945.00	1571.75	2630.00	1178.92	1972.50	943.239	1578.00
55	4716.16	7891.67	2358.17	3945.83	1572.22	2630.56	1179.27	1972.92	943.520	1578.33
56	4717.56	7893.33	2358.87	3946.67	1572.68	2631.11	1179.62	1973.33	943.801	1578.67
57	4718.97	7895.00	2359.57	3947.50	1573.15	2631.67	1179.97	1973.75	944.082	1579.00
58	4720.37	7896.67	2360.27	3948.33	1573.62	2632.22	1180.32	1974.17	944.363	1579.33
59	4721.78	7898.33	2360.97	3949.17	1574.09	2632.78	1180.67	1974.58	944.644	1579.67

TABLE XIV.—ACTUAL TANGENTS, ETC.

6° Curve.		7° Curve.		8° Curve.		9° Curve.		10° Curve.		78°
Tan.	Arc.	Tan.	Arc.	Tan.	Arc.	Tan.	Arc.	Tan	Arc.	M.
773.639	1300.00	663.226	1114.29	580.434	975.000	516.048	866.667	464.563	780.000	0
773.874	1300.28	663.427	1114.52	580.610	975.208	516.205	866.852	464.703	780.167	1
774.108	1300.56	663.627	1114.76	580.785	975.417	516.361	867.037	464.844	780.333	2
774.337	1300.83	663.824	1115.00	580.957	975.625	516.514	867.222	464.981	780.500	3
774.566	1301.11	664.020	1115.24	581.129	975.833	516.667	867.407	465.119	780.667	4
774.795	1301.39	664.217	1115.48	581.301	976.042	516.820	867.593	465.257	780.833	5
775.025	1301.67	664.414	1115.71	581.473	976.250	516.972	867.778	465.394	781.000	6
775.254	1301.94	664.610	1115.95	581.645	976.458	517.125	867.963	465.532	781.167	7
775.483	1302.22	664.807	1116.19	581.817	976.667	517.278	868.148	465.670	781.333	8
775.717	1302.50	665.007	1116.43	581.998	976.875	517.435	868.333	465.810	781.500	9
775.951	1302.78	665.208	1116.67	582.169	977.083	517.591	868.519	465.951	781.667	10
776.181	1303.06	665.405	1116.90	582.341	977.292	517.744	868.704	466.089	781.833	11
776.410	1303.33	665.601	1117.14	582.513	977.500	517.897	868.889	466.226	782.000	12
776.639	1303.61	665.798	1117.38	582.685	977.708	518.049	869.074	466.364	782.167	13
776.869	1303.89	665.994	1117.62	582.857	977.917	518.202	869.259	466.502	782.333	14
777.098	1304.17	666.191	1117.86	583.029	978.125	518.355	869.444	466.639	782.500	15
777.327	1304.44	666.387	1118.10	583.201	978.333	518.508	869.630	466.777	782.667	16
777.561	1304.72	666.588	1118.33	583.376	978.542	518.664	869.815	466.918	782.833	17
777.795	1305.00	666.789	1118.57	583.552	978.750	518.821	870.000	467.058	783.000	18
778.025	1305.28	666.985	1118.81	583.724	978.958	518.974	870.185	467.196	783.167	19
778.254	1305.56	667.182	1119.05	583.896	979.167	519.126	870.370	467.334	783.333	20
778.488	1305.83	667.382	1119.29	584.072	979.375	519.283	870.556	467.474	783.500	21
778.722	1306.11	667.583	1119.52	584.247	979.583	519.439	870.741	467.615	783.667	22
778.951	1306.39	667.780	1119.76	584.419	979.792	519.592	870.926	467.752	783.833	23
779.181	1306.67	667.976	1120.00	584.591	980.000	519.745	871.111	467.890	784.000	24
779.410	1306.94	668.173	1120.24	584.763	980.208	519.898	871.296	468.028	784.167	25
779.639	1307.22	668.369	1120.48	584.935	980.417	520.050	871.481	468.165	784.333	26
779.873	1307.50	668.570	1120.71	585.111	980.625	520.207	871.667	468.306	784.500	27
780.107	1307.78	668.771	1120.95	585.287	980.833	520.365	871.852	468.447	784.667	28
780.337	1308.06	668.967	1121.19	585.459	981.042	520.516	872.037	468.584	784.833	29
780.566	1308.33	669.164	1121.43	585.631	981.250	520.669	872.222	468.722	785.000	30
780.800	1308.61	669.365	1121.67	585.806	981.458	520.825	872.407	468.862	785.167	31
781.034	1308.89	669.565	1121.90	585.982	981.667	520.981	872.593	469.003	785.333	32
781.268	1309.17	669.762	1122.14	586.154	981.875	521.134	872.778	469.141	785.500	33
781.493	1309.44	669.958	1122.38	586.326	982.083	521.287	872.963	469.278	785.667	34
781.727	1309.72	670.159	1122.62	586.502	982.292	521.443	873.148	469.419	785.833	35
781.961	1310.00	670.360	1122.86	586.677	982.500	521.599	873.333	469.559	786.000	36
782.195	1310.28	670.560	1123.10	586.853	982.708	521.755	873.519	469.700	786.167	37
782.429	1310.56	670.761	1123.33	587.028	982.917	521.911	873.704	469.841	786.333	38
782.658	1310.83	670.958	1123.57	587.200	983.125	522.064	873.889	469.978	786.500	39
782.887	1311.11	671.154	1123.81	587.372	983.333	522.217	874.074	470.116	786.667	40
783.122	1311.39	671.355	1124.05	587.548	983.542	522.373	874.259	470.257	786.833	41
783.356	1311.67	671.555	1124.29	587.724	983.750	522.529	874.444	470.397	787.000	42
783.590	1311.94	671.756	1124.52	587.899	983.958	522.686	874.630	470.538	787.167	43
783.824	1312.22	671.957	1124.76	588.075	984.167	522.812	874.815	470.678	787.333	44
784.058	1312.50	672.153	1125.00	588.247	984.375	522.995	875.000	470.816	787.500	45
784.282	1312.78	672.350	1125.24	588.419	984.583	523.148	875.185	470.954	787.667	46
784.516	1313.06	672.550	1125.48	588.595	984.792	523.304	875.370	471.094	787.833	47
784.750	1313.33	672.751	1125.71	588.770	985.000	523.460	875.556	471.235	788.000	48
784.984	1313.61	672.952	1125.95	588.946	985.208	523.616	875.741	471.375	788.167	49
785.219	1313.89	673.152	1126.19	589.121	985.417	523.772	875.926	471.516	788.333	50
785.448	1314.17	673.349	1126.43	589.293	985.625	523.925	876.111	471.653	788.500	51
785.677	1314.44	673.546	1126.67	589.465	985.833	524.078	876.296	471.791	788.667	52
785.911	1314.72	673.746	1126.90	589.641	986.042	524.234	876.481	471.932	788.833	53
786.145	1315.00	673.947	1127.14	589.817	986.250	524.390	876.667	472.072	789.000	54
786.379	1315.28	674.148	1127.38	589.992	986.458	524.546	876.852	472.213	789.167	55
786.613	1315.56	674.348	1127.62	590.168	986.667	524.703	877.037	472.353	789.333	56
786.847	1315.83	674.549	1127.86	590.344	986.875	524.859	877.222	472.494	789.500	57
787.082	1316.11	674.750	1128.10	590.519	987.083	525.015	877.407	472.634	789.667	58
787.316	1316.39	674.950	1128.33	590.695	987.292	525.171	877.593	472.775	789.833	59

TABLE XIV.—ACTUAL TANGENTS, ETC.

79°	1° Curve.		2° Curve.		3° Curve.		4° Curve.		5° Curve.	
M.	Tan.	Arc.	Tan.	Arc.	Tan.	Arc.	Tan.	Arc.	Tan.	Arc.
0	4723.18	7900.00	2361.68	3950.00	1574.56	2633.33	1181.02	1975.00	944.924	1580.00
1	4724.58	7901.67	2362.38	3950.83	1575.02	2633.89	1181.37	1975.42	945.205	1580.33
2	4725.99	7903.33	2363.08	3951.67	1575.49	2634.44	1181.73	1975.83	945.486	1580.67
3	4727.36	7905.00	2363.77	3952.50	1575.95	2635.00	1182.07	1976.25	945.761	1581.00
4	4728.74	7906.67	2364.46	3953.33	1576.41	2635.56	1182.41	1976.67	946.036	1581.33
5	4730.14	7908.33	2365.16	3954.17	1576.88	2636.11	1182.76	1977.08	946.317	1581.67
6	4731.51	7910.00	2365.86	3955.00	1577.34	2636.67	1183.12	1977.50	946.598	1582.00
7	4732.95	7911.67	2366.56	3955.83	1577.81	2637.22	1183.47	1977.92	946.879	1582.33
8	4734.35	7913.33	2367.26	3956.67	1578.28	2637.78	1183.82	1978.33	947.160	1582.67
9	4735.76	7915.00	2367.96	3957.50	1578.75	2638.33	1184.17	1978.75	947.441	1583.00
10	4737.16	7916.67	2368.67	3958.33	1579.22	2638.89	1184.52	1979.17	947.721	1583.33
11	4738.56	7918.33	2369.37	3959.17	1579.68	2639.44	1184.87	1979.58	948.002	1583.67
12	4739.97	7920.00	2370.07	3960.00	1580.15	2640.00	1185.22	1980.00	948.283	1584.00
13	4741.37	7921.67	2370.77	3960.83	1580.62	2640.56	1185.57	1980.42	948.564	1584.33
14	4742.78	7923.33	2371.47	3961.67	1581.09	2641.11	1185.92	1980.83	948.845	1584.67
15	4744.18	7925.00	2372.18	3962.50	1581.56	2641.67	1186.27	1981.25	949.126	1585.00
16	4745.58	7926.67	2372.88	3963.33	1582.02	2642.22	1186.63	1981.67	949.406	1585.33
17	4746.99	7928.33	2373.58	3964.17	1582.49	2642.78	1186.98	1982.08	949.687	1585.67
18	4748.39	7930.00	2374.28	3965.00	1582.96	2643.33	1187.33	1982.50	949.968	1586.00
19	4749.79	7931.67	2374.98	3965.83	1583.43	2643.89	1187.68	1982.92	950.249	1586.33
20	4751.20	7933.33	2375.69	3966.67	1583.90	2644.44	1188.03	1983.33	950.530	1586.67
21	4752.60	7935.00	2376.39	3967.50	1584.36	2645.00	1188.38	1983.75	950.811	1587.00
22	4754.01	7936.67	2377.09	3968.33	1584.83	2645.56	1188.73	1984.17	951.091	1587.33
23	4755.44	7938.33	2377.81	3969.17	1585.31	2646.11	1189.09	1984.58	951.378	1587.67
24	4756.87	7940.00	2378.52	3970.00	1585.79	2646.67	1189.45	1985.00	951.665	1588.00
25	4758.27	7941.67	2379.22	3970.83	1586.25	2647.22	1189.80	1985.42	951.945	1588.33
26	4759.68	7943.33	2379.93	3971.67	1586.72	2647.78	1190.15	1985.83	952.226	1588.67
27	4761.08	7945.00	2380.63	3972.50	1587.19	2648.33	1190.50	1986.25	952.507	1589.00
28	4762.49	7946.67	2381.33	3973.33	1587.66	2648.89	1190.85	1986.67	952.788	1589.33
29	4763.89	7948.33	2382.03	3974.17	1588.13	2649.44	1191.20	1987.08	953.069	1589.67
30	4765.29	7950.00	2382.73	3975.00	1588.59	2650.00	1191.55	1987.50	953.350	1590.00
31	4766.70	7951.67	2383.44	3975.83	1589.06	2650.56	1191.90	1987.92	953.630	1590.33
32	4768.10	7953.33	2384.14	3976.67	1589.53	2651.11	1192.26	1988.33	953.911	1590.67
33	4769.53	7955.00	2384.85	3977.50	1590.01	2651.67	1192.61	1988.75	954.198	1591.00
34	4770.96	7956.67	2385.57	3978.33	1590.49	2652.22	1192.97	1989.17	954.484	1591.33
35	4772.37	7958.33	2386.27	3979.17	1590.95	2652.78	1193.32	1989.58	954.765	1591.67
36	4773.77	7960.00	2386.97	3980.00	1591.42	2653.33	1193.67	1990.00	955.046	1592.00
37	4775.18	7961.67	2387.68	3980.83	1591.89	2653.89	1194.03	1990.42	955.327	1592.33
38	4776.58	7963.33	2388.38	3981.67	1592.36	2654.44	1194.38	1990.83	955.608	1592.67
39	4777.98	7965.00	2389.08	3982.50	1592.83	2655.00	1194.73	1991.25	955.889	1593.00
40	4779.39	7966.67	2389.78	3983.33	1593.29	2655.56	1195.08	1991.67	956.169	1593.33
41	4780.82	7968.33	2390.50	3984.17	1593.77	2656.11	1195.44	1992.08	956.456	1593.67
42	4782.25	7970.00	2391.21	3985.00	1594.25	2656.67	1195.79	1992.50	956.743	1594.00
43	4783.66	7971.67	2391.92	3985.83	1594.72	2657.22	1196.15	1992.92	957.023	1594.33
44	4785.06	7973.33	2392.62	3986.67	1595.18	2657.78	1196.50	1993.33	957.304	1594.67
45	4786.49	7975.00	2393.34	3987.50	1595.66	2658.33	1196.85	1993.75	957.591	1595.00
46	4787.92	7976.67	2394.05	3988.33	1596.14	2658.89	1197.21	1994.17	957.877	1595.33
47	4789.33	7978.33	2394.75	3989.17	1596.61	2659.44	1197.56	1994.58	958.158	1595.67
48	4790.73	7980.00	2395.45	3990.00	1597.08	2660.00	1197.92	1995.00	958.439	1596.00
49	4792.14	7981.67	2396.16	3990.83	1597.54	2660.56	1198.27	1995.42	958.720	1596.33
50	4793.54	7983.33	2396.86	3991.67	1598.01	2661.11	1198.62	1995.83	959.001	1596.67
51	4794.97	7985.00	2397.57	3992.50	1598.49	2661.67	1198.98	1996.25	959.287	1597.00
52	4796.40	7986.67	2398.29	3993.33	1598.97	2662.22	1199.33	1996.67	959.574	1597.33
53	4797.81	7988.33	2398.99	3994.17	1599.43	2662.78	1199.68	1997.08	959.855	1597.67
54	4799.21	7990.00	2399.69	3995.00	1599.90	2663.33	1200.04	1997.50	960.136	1598.00
55	4800.64	7991.67	2400.41	3995.83	1600.38	2663.89	1200.39	1997.92	960.422	1598.33
56	4802.08	7993.33	2401.13	3996.67	1600.86	2664.44	1200.75	1998.33	960.709	1598.67
57	4803.48	7995.00	2401.83	3997.50	1601.33	2665.00	1201.10	1998.75	960.990	1599.00
58	4804.88	7996.67	2402.53	3998.33	1601.79	2665.56	1201.45	1999.17	961.270	1599.33
59	4806.32	7998.33	2403.25	3999.17	1602.27	2666.11	1201.81	1999.58	961.557	1599.67

TABLE XIV.—ACTUAL TANGENTS, ETC.

6° Curve.		7° Curve.		8° Curve.		9° Curve.		10° Curve.		79°
Tan.	Arc.	Tan.	Arc.	Tan.	Arc.	Tan.	Arc.	Tan.	Arc.	M.
787.550	1316.67	675.151	1128.57	590.870	987.500	525.327	877.778	472.916	790.000	0
787.784	1316.94	675.352	1128.81	591.046	987.708	525.483	877.963	473.056	790.167	1
788.018	1317.22	675.552	1129.05	591.222	987.917	525.639	878.148	473.197	790.333	2
788.247	1317.50	675.749	1129.29	591.394	988.125	525.792	878.333	473.334	790.500	3
788.476	1317.78	675.945	1129.52	591.566	988.333	525.945	878.519	473.472	790.667	4
788.710	1318.06	676.146	1129.76	591.741	988.542	526.101	878.704	473.613	790.833	5
788.944	1318.33	676.347	1130.00	591.917	988.750	526.258	878.889	473.753	791.000	6
789.179	1318.61	676.547	1130.24	592.092	988.958	526.414	879.074	473.894	791.167	7
789.413	1318.89	676.748	1130.48	592.268	989.167	526.570	879.259	474.034	791.333	8
789.647	1319.17	676.949	1130.71	592.444	989.375	526.726	879.444	474.175	791.500	9
789.881	1319.44	677.149	1130.95	592.619	989.583	526.882	879.630	474.315	791.667	10
790.115	1319.72	677.350	1131.19	592.795	989.792	527.038	879.815	474.456	791.833	11
790.349	1320.00	677.551	1131.43	592.971	990.000	527.194	880.000	474.596	792.000	12
790.583	1320.28	677.751	1131.67	593.146	990.208	527.350	880.185	474.737	792.167	13
790.817	1320.56	677.952	1131.90	593.322	990.417	527.507	880.370	474.878	792.333	14
791.051	1320.83	678.153	1132.14	593.497	990.625	527.663	880.556	475.018	792.500	15
791.285	1321.11	678.353	1132.38	593.673	990.833	527.819	880.741	475.159	792.667	16
791.519	1321.39	678.554	1132.62	593.849	991.042	527.975	880.926	475.299	792.833	17
791.753	1321.67	678.755	1132.86	594.024	991.250	528.131	881.111	475.440	793.000	18
791.987	1321.94	678.955	1133.10	594.200	991.458	528.287	881.296	475.589	793.167	19
792.221	1322.22	679.156	1133.33	594.375	991.667	528.443	881.481	475.721	793.333	20
792.455	1322.50	679.357	1133.57	594.551	991.875	528.599	881.667	475.861	793.500	21
792.690	1322.78	679.557	1133.81	594.727	992.083	528.756	881.852	476.002	793.667	22
792.928	1323.06	679.762	1134.05	594.906	992.292	528.915	882.037	476.145	793.833	23
793.167	1323.33	679.967	1134.29	595.085	992.500	529.074	882.222	476.289	794.000	24
793.401	1323.61	680.167	1134.52	595.261	992.708	529.230	882.407	476.429	794.167	25
793.635	1323.89	680.308	1134.76	595.436	992.917	529.386	882.593	476.570	794.333	26
793.869	1324.17	680.569	1135.00	595.612	993.125	529.543	882.778	476.711	794.500	27
794.103	1324.44	680.769	1135.24	595.787	993.333	529.699	882.963	476.851	794.667	28
794.338	1324.72	680.970	1135.48	595.963	993.542	529.855	883.148	476.992	794.833	29
794.572	1325.00	681.171	1135.71	596.139	993.750	530.011	883.333	477.132	795.000	30
794.806	1325.28	681.371	1135.95	596.314	993.958	530.167	883.519	477.273	795.167	31
795.040	1325.56	681.572	1136.19	596.490	994.167	530.323	883.704	477.413	795.333	32
795.279	1325.83	681.777	1136.43	596.669	994.375	530.483	883.889	477.557	795.500	33
795.517	1326.11	681.982	1136.67	596.848	994.583	530.642	884.074	477.700	795.667	34
795.752	1326.39	682.182	1136.90	597.024	994.792	530.798	884.259	477.841	795.833	35
795.986	1326.67	682.383	1137.14	597.200	995.000	530.954	884.444	477.981	796.000	36
796.220	1326.94	682.584	1137.38	597.375	995.208	531.110	884.630	478.122	796.167	37
796.454	1327.22	682.784	1137.62	597.551	995.417	531.266	884.815	478.262	796.333	38
796.688	1327.50	682.985	1137.86	597.726	995.625	531.423	885.000	478.403	796.500	39
796.922	1327.78	683.185	1138.10	597.902	995.833	531.579	885.185	478.543	796.667	40
797.161	1328.06	683.390	1138.33	598.081	996.042	531.738	885.370	478.687	796.833	41
797.400	1328.33	683.595	1138.57	598.260	996.250	531.897	885.556	478.830	797.000	42
797.634	1328.61	683.796	1138.81	598.436	996.458	532.053	885.741	478.971	797.167	43
797.868	1328.89	683.996	1139.05	598.612	996.667	532.210	885.926	479.111	797.333	44
798.106	1329.17	684.201	1139.29	598.791	996.875	532.369	886.111	479.255	797.500	45
798.345	1329.44	684.406	1139.52	598.970	997.083	532.528	886.296	479.398	797.667	46
798.579	1329.72	684.606	1139.76	599.146	997.292	532.684	886.481	479.539	797.833	47
798.813	1330.00	684.807	1140.00	599.321	997.500	532.841	886.667	479.679	798.000	48
799.048	1330.28	685.008	1140.24	599.497	997.708	532.997	886.852	479.820	798.167	49
799.282	1330.56	685.208	1140.48	599.672	997.917	533.153	887.037	479.960	798.333	50
799.520	1330.83	685.413	1140.71	599.852	998.125	533.312	887.222	480.104	798.500	51
799.759	1331.11	685.618	1140.95	600.031	998.333	533.471	887.407	480.247	798.667	52
799.993	1331.39	685.819	1141.19	600.206	998.542	533.628	887.593	480.388	798.833	53
800.227	1331.67	686.019	1141.43	600.382	998.750	533.784	887.778	480.528	799.000	54
800.466	1331.94	686.224	1141.67	600.561	998.958	533.943	887.963	480.672	799.167	55
800.705	1332.22	686.429	1141.90	600.740	999.167	534.102	888.148	480.815	799.333	56
800.939	1332.50	686.629	1142.14	600.916	999.375	534.258	888.333	480.956	799.500	57
801.173	1332.78	686.830	1142.38	601.092	999.583	534.415	888.519	481.096	799.667	58
801.412	1333.06	687.035	1142.62	601.271	999.792	534.574	888.704	481.240	799.833	59

TABLE XIV.—ACTUAL TANGENTS, ETC.

80°	1° Curve.		2° Curve.		3° Curve.		4° Curve.		5° Curve.	
M.	Tan.	Arc.	Tan.	Arc.	Tan.	Arc.	Tan.	Arc.	Tan.	Arc.
0	4807.75	8000.00	2403.96	4000.00	1602.75	2666.67	1202.17	2000.00	961.844	1600.00
1	4809.18	8001.67	2404.68	4000.83	1603.23	2667.22	1202.53	2000.42	962.130	1600.33
2	4810.61	8003.33	2405.40	4001.67	1603.70	2667.78	1202.89	2000.83	962.417	1600.67
3	4812.02	8005.00	2406.10	4002.50	1604.17	2668.33	1203.24	2001.25	962.698	1601.00
4	4813.42	8006.67	2406.80	4003.33	1604.64	2668.89	1203.59	2001.67	962.978	1601.33
5	4814.85	8008.33	2407.52	4004.17	1605.12	2669.44	1203.95	2002.08	963.265	1601.67
6	4816.29	8010.00	2408.23	4005.00	1605.59	2670.00	1204.30	2002.50	963.552	1602.00
7	4817.69	8011.67	2408.93	4005.83	1606.06	2670.56	1204.66	2002.92	963.832	1602.33
8	4819.09	8013.33	2409.64	4006.67	1606.53	2671.11	1205.01	2003.33	964.113	1602.67
9	4820.53	8015.00	2410.35	4007.50	1607.01	2671.67	1205.37	2003.75	964.400	1603.00
10	4821.96	8016.67	2411.07	4008.33	1607.49	2672.22	1205.72	2004.17	964.686	1603.33
11	4823.39	8018.33	2411.78	4009.17	1607.96	2672.78	1206.08	2004.58	964.973	1603.67
12	4824.82	8020.00	2412.50	4010.00	1608.44	2673.33	1206.44	2005.00	965.259	1604.00
13	4826.26	8021.67	2413.22	4010.83	1608.92	2673.89	1206.80	2005.42	965.546	1604.33
14	4827.69	8023.33	2413.93	4011.67	1609.40	2674.44	1207.16	2005.83	965.833	1604.67
15	4829.09	8025.00	2414.63	4012.50	1609.86	2675.00	1207.51	2006.25	966.113	1605.00
16	4830.50	8026.67	2415.34	4013.33	1610.23	2675.56	1207.86	2006.67	966.394	1605.33
17	4831.93	8028.33	2416.05	4014.17	1610.81	2676.11	1208.22	2007.08	966.681	1605.67
18	4833.36	8030.00	2416.77	4015.00	1611.29	2676.67	1208.57	2007.50	966.967	1606.00
19	4834.79	8031.67	2417.49	4015.83	1611.76	2677.22	1208.93	2007.92	967.254	1606.33
20	4836.23	8033.33	2418.20	4016.67	1612.24	2677.78	1209.29	2008.33	967.541	1606.67
21	4837.66	8035.00	2418.92	4017.50	1612.72	2678.33	1209.65	2008.75	967.827	1607.00
22	4839.09	8036.67	2419.63	4018.33	1613.20	2678.89	1210.01	2009.17	968.114	1607.33
23	4840.52	8038.33	2420.35	4019.17	1613.67	2679.44	1210.37	2009.58	968.400	1607.67
24	4841.96	8040.00	2421.07	4020.00	1614.15	2680.00	1210.72	2010.00	968.687	1608.00
25	4843.36	8041.67	2421.77	4020.83	1614.62	2680.56	1211.07	2010.42	968.968	1608.33
26	4844.76	8043.33	2422.47	4021.67	1615.09	2681.11	1211.43	2010.83	969.249	1608.67
27	4846.20	8045.00	2423.19	4022.50	1615.56	2681.67	1211.78	2011.25	969.535	1609.00
28	4847.63	8046.67	2423.90	4023.33	1616.04	2682.22	1212.14	2011.67	969.822	1609.33
29	4849.06	8048.33	2424.62	4024.17	1616.52	2682.78	1212.50	2012.08	970.108	1609.67
30	4850.49	8050.00	2425.34	4025.00	1617.00	2683.33	1212.86	2012.50	970.395	1610.00
31	4851.92	8051.67	2426.05	4025.83	1617.47	2683.89	1213.22	2012.92	970.681	1610.33
32	4853.36	8053.33	2426.77	4026.67	1617.95	2684.44	1213.57	2013.33	970.968	1610.67
33	4854.79	8055.00	2427.48	4027.50	1618.43	2685.00	1213.93	2013.75	971.255	1611.00
34	4856.22	8056.67	2428.20	4028.33	1618.91	2685.56	1214.29	2014.17	971.541	1611.33
35	4857.65	8058.33	2428.92	4029.17	1619.38	2686.11	1214.65	2014.58	971.828	1611.67
36	4859.09	8060.00	2429.63	4030.00	1619.86	2686.67	1215.01	2015.00	972.114	1612.00
37	4860.52	8061.67	2430.35	4030.83	1620.34	2687.22	1215.37	2015.42	972.401	1612.33
38	4861.95	8063.33	2431.07	4031.67	1620.82	2687.78	1215.72	2015.83	972.687	1612.67
39	4863.38	8065.00	2431.78	4032.50	1621.30	2688.33	1216.08	2016.25	972.974	1613.00
40	4864.82	8066.67	2432.50	4033.33	1621.77	2688.89	1216.44	2016.67	973.260	1613.33
41	4866.25	8068.33	2433.21	4034.17	1622.25	2689.44	1216.80	2017.08	973.547	1613.67
42	4867.68	8070.00	2433.93	4035.00	1622.73	2690.00	1217.16	2017.50	973.834	1614.00
43	4869.11	8071.67	2434.65	4035.83	1623.21	2690.56	1217.51	2017.92	974.120	1614.33
44	4870.55	8073.33	2435.36	4036.67	1623.68	2691.11	1217.87	2018.33	974.407	1614.67
45	4872.01	8075.00	2436.09	4037.50	1624.17	2691.67	1218.24	2018.75	974.699	1615.00
46	4873.47	8076.67	2436.82	4038.33	1624.66	2692.22	1218.60	2019.17	974.991	1615.33
47	4874.90	8078.33	2437.54	4039.17	1625.13	2692.78	1218.96	2019.58	975.278	1615.67
48	4876.33	8080.00	2438.26	4040.00	1625.61	2693.33	1219.32	2020.00	975.565	1616.00
49	4877.77	8081.67	2438.97	4040.83	1626.09	2693.89	1219.68	2020.42	975.851	1616.33
50	4879.20	8083.33	2439.69	4041.67	1626.57	2694.44	1220.04	2020.83	976.138	1616.67
51	4880.63	8085.00	2440.40	4042.50	1627.04	2695.00	1220.39	2021.25	976.424	1617.00
52	4882.06	8086.67	2441.12	4043.33	1627.52	2695.56	1220.75	2021.67	976.711	1617.33
53	4883.50	8088.33	2441.84	4044.17	1628.00	2696.11	1221.11	2022.08	976.997	1617.67
54	4884.93	8090.00	2442.55	4045.00	1628.48	2696.67	1221.47	2022.50	977.284	1618.00
55	4886.39	8091.67	2443.28	4045.83	1628.96	2697.22	1221.83	2022.92	977.576	1618.33
56	4887.85	8093.33	2444.01	4046.67	1629.45	2697.78	1222.20	2023.33	977.869	1618.67
57	4889.28	8095.00	2444.73	4047.50	1629.93	2698.33	1222.56	2023.75	978.155	1619.00
58	4890.71	8096.67	2445.45	4048.33	1630.41	2698.89	1222.92	2024.17	978.442	1619.33
59	4892.15	8098.33	2446.16	4049.17	1630.88	2699.44	1223.27	2024.58	978.728	1619.67

TABLE XIV.—ACTUAL TANGENTS, ETC.

6° Curve.		7° Curve.		8° Curve.		9° Curve.		10° Curve.		80°
Tan.	Arc.	Tan.	Arc.	Tan.	Arc.	Tan.	Arc.	Tan.	Arc.	M.
801.651	1333.33	687.240	1142.86	601.450	1000.00	534.733	888.889	481.383	800.000	0
801.890	1333.61	687.444	1143.10	601.629	1000.21	534.893	889.074	481.527	800.167	1
802.129	1333.89	687.649	1143.33	601.808	1000.42	535.052	889.259	481.670	800.333	2
802.363	1334.17	687.850	1143.57	601.984	1000.63	535.208	889.444	481.811	800.500	3
802.597	1334.44	688.050	1143.81	602.160	1000.83	535.364	889.630	481.951	800.667	4
802.836	1334.72	688.255	1144.05	602.339	1001.04	535.523	889.815	482.095	800.833	5
803.074	1335.00	688.460	1144.29	602.518	1001.25	535.683	890.000	482.238	801.000	6
803.308	1335.28	688.661	1144.52	602.694	1001.46	535.839	890.185	482.379	801.167	7
803.543	1335.56	688.861	1144.76	602.869	1001.67	535.995	890.370	482.519	801.333	8
803.781	1335.83	689.066	1145.00	603.048	1001.88	536.154	890.556	482.663	801.500	9
804.020	1336.11	689.271	1145.24	603.228	1002.08	536.314	890.741	482.806	801.667	10
804.259	1336.39	689.476	1145.48	603.407	1002.29	536.473	890.926	482.949	801.833	11
804.498	1336.67	689.680	1145.71	603.586	1002.50	536.632	891.111	483.093	802.000	12
804.737	1336.94	689.885	1145.95	603.765	1002.71	536.792	891.296	483.236	802.167	13
804.976	1337.22	690.090	1146.19	603.944	1002.92	536.951	891.481	483.380	802.333	14
805.210	1337.50	690.290	1146.43	604.120	1003.13	537.107	891.667	483.520	802.500	15
805.444	1337.78	690.491	1146.67	604.296	1003.33	537.263	891.852	483.661	802.667	16
805.685	1338.06	690.696	1146.90	604.475	1003.54	537.422	892.037	483.804	802.833	17
805.921	1338.33	690.901	1147.14	604.654	1003.75	537.582	892.222	483.948	803.000	18
806.160	1338.61	691.105	1147.38	604.833	1003.96	537.741	892.407	484.091	803.167	19
806.399	1338.89	691.310	1147.62	605.012	1004.17	537.900	892.593	484.234	803.333	20
806.638	1339.17	691.515	1147.86	605.192	1004.38	538.060	892.778	484.378	803.500	21
806.877	1339.44	691.720	1148.10	605.371	1004.58	538.219	892.963	484.521	803.667	22
807.116	1339.72	691.924	1148.33	605.550	1004.79	538.378	893.148	484.665	803.833	23
807.354	1340.00	692.129	1148.57	605.729	1005.00	538.538	893.333	484.808	804.000	24
807.589	1340.28	692.330	1148.81	605.905	1005.21	538.694	893.519	484.949	804.167	25
807.823	1340.56	692.531	1149.05	606.081	1005.42	538.850	893.704	485.089	804.333	26
808.061	1340.83	692.735	1149.29	606.260	1005.63	539.009	893.889	485.233	804.500	27
808.300	1341.11	692.940	1149.52	606.439	1005.83	539.169	894.074	485.376	804.667	28
808.539	1341.39	693.145	1149.76	606.618	1006.04	539.328	894.259	485.520	804.833	29
808.778	1341.67	693.350	1150.00	606.797	1006.25	539.487	894.444	485.663	805.000	30
809.017	1341.94	693.554	1150.24	606.976	1006.46	539.647	894.630	485.806	805.167	31
809.256	1342.22	693.759	1150.48	607.156	1006.67	539.806	894.815	485.950	805.333	32
809.495	1342.50	693.964	1150.71	607.335	1006.88	539.965	895.000	486.093	805.500	33
809.733	1342.78	694.169	1150.95	607.514	1007.08	540.125	895.185	486.237	805.667	34
809.972	1343.06	694.373	1151.19	607.693	1007.29	540.284	895.370	486.380	805.833	35
810.211	1343.33	694.578	1151.43	607.872	1007.50	540.443	895.556	486.523	806.000	36
810.450	1343.61	694.783	1151.67	608.052	1007.71	540.602	895.741	486.667	806.167	37
810.689	1343.89	694.988	1151.90	608.231	1007.92	540.762	895.926	486.810	806.333	38
810.928	1344.17	695.192	1152.14	608.410	1008.13	540.921	896.111	486.954	806.500	39
811.166	1344.44	695.397	1152.38	608.589	1008.33	541.080	896.296	487.097	806.667	40
811.405	1344.72	695.602	1152.62	608.768	1008.54	541.240	896.481	487.241	806.833	41
811.644	1345.00	695.807	1152.86	608.948	1008.75	541.399	896.667	487.384	807.000	42
811.883	1345.28	696.011	1153.10	609.127	1008.96	541.558	896.852	487.527	807.167	43
812.122	1345.56	696.216	1153.33	609.306	1009.17	541.718	897.037	487.671	807.333	44
812.365	1345.83	696.425	1153.57	609.489	1009.38	541.880	897.222	487.817	807.500	45
812.609	1346.11	696.634	1153.81	609.672	1009.58	542.043	897.407	487.963	807.667	46
812.848	1346.39	696.839	1154.05	609.851	1009.79	542.202	897.593	488.107	807.833	47
813.087	1346.67	697.043	1154.29	610.030	1010.00	542.361	897.778	488.250	808.000	48
813.326	1346.94	697.248	1154.52	610.209	1010.21	542.521	897.963	488.394	808.167	49
813.564	1347.22	697.453	1154.76	610.388	1010.42	542.680	898.148	488.537	808.333	50
813.803	1347.50	697.658	1155.00	610.567	1010.63	542.839	898.333	488.681	808.500	51
814.042	1347.78	697.862	1155.24	610.747	1010.83	542.999	898.519	488.824	808.667	52
814.281	1348.06	698.067	1155.48	610.926	1011.04	543.158	898.704	488.967	808.833	53
814.520	1348.33	698.272	1155.71	611.105	1011.25	543.317	898.889	489.111	809.000	54
814.763	1348.61	698.481	1155.95	611.288	1011.46	543.480	899.074	489.257	809.167	55
815.007	1348.89	698.690	1156.19	611.471	1011.67	543.642	899.259	489.403	809.333	56
815.246	1349.17	698.894	1156.43	611.650	1011.88	543.802	899.444	489.547	809.500	57
815.485	1349.44	699.099	1156.67	611.829	1012.08	543.961	899.630	489.690	809.667	58
815.724	1349.72	699.304	1156.90	612.008	1012.29	544.120	899.815	489.834	809.833	59

TABLE XIV.—ACTUAL TANGENTS, ETC.

81°	1° Curve.		2° Curve.		3° Curve.		4° Curve.		5° Curve.	
M.	Tan.	Arc.	Tan.	Arc.	Tan.	Arc.	Tan.	Arc.	Tan.	Arc.
0	4893.58	8100.00	2446.88	4050.00	1631.36	2700.00	1223.63	2025.00	979.015	1620.00
1	4895.01	8101.67	2447.60	4050.83	1631.84	2700.56	1223.99	2025.42	979.301	1620.33
2	4896.44	8103.33	2448.31	4051.67	1632.32	2701.11	1224.35	2025.83	979.588	1620.67
3	4897.91	8105.00	2449.04	4052.50	1632.80	2701.67	1224.71	2026.25	979.880	1621.00
4	4899.37	8106.67	2449.77	4053.33	1633.29	2702.22	1225.08	2026.67	980.173	1621.33
5	4900.80	8108.33	2450.49	4054.17	1633.77	2702.78	1225.44	2027.08	980.459	1621.67
6	4902.23	8110.00	2451.21	4055.00	1634.25	2703.33	1225.80	2027.50	980.746	1622.00
7	4903.66	8111.67	2451.92	4055.83	1634.72	2703.89	1226.15	2027.92	981.032	1622.33
8	4905.10	8113.33	2452.64	4056.67	1635.20	2704.44	1226.51	2028.33	981.319	1622.67
9	4906.56	8115.00	2453.37	4057.50	1635.69	2705.00	1226.88	2028.75	981.611	1623.00
10	4908.02	8116.67	2454.10	4058.33	1636.17	2705.56	1227.24	2029.17	981.903	1623.33
11	4909.45	8118.33	2454.82	4059.17	1636.65	2706.11	1227.60	2029.58	982.190	1623.67
12	4910.88	8120.00	2455.53	4060.00	1637.13	2706.67	1227.96	2030.00	982.477	1624.00
13	4912.34	8121.67	2456.26	4060.83	1637.62	2707.22	1228.32	2030.42	982.769	1624.33
14	4913.81	8123.33	2456.99	4061.67	1638.10	2707.78	1228.69	2030.83	983.061	1624.67
15	4915.24	8125.00	2457.71	4062.50	1638.58	2708.33	1229.05	2031.25	983.348	1625.00
16	4916.67	8126.67	2458.43	4063.33	1639.06	2708.89	1229.41	2031.67	983.634	1625.33
17	4918.13	8128.33	2459.16	4064.17	1639.55	2709.44	1229.77	2032.08	983.927	1625.67
18	4919.59	8130.00	2459.89	4065.00	1640.03	2710.00	1230.14	2032.50	984.219	1626.00
19	4921.02	8131.67	2460.60	4065.83	1640.51	2710.56	1230.49	2032.92	984.506	1626.33
20	4922.46	8133.33	2461.32	4066.67	1640.99	2711.11	1230.85	2033.33	984.792	1626.67
21	4923.92	8135.00	2462.05	4067.50	1641.48	2711.67	1231.22	2033.75	985.084	1627.00
22	4925.38	8136.67	2462.78	4068.33	1641.96	2712.22	1231.58	2034.17	985.377	1627.33
23	4926.84	8138.33	2463.51	4069.17	1642.45	2712.78	1231.93	2034.58	985.669	1627.67
24	4928.30	8140.00	2464.24	4070.00	1642.94	2713.33	1232.31	2035.00	985.961	1628.00
25	4929.78	8141.67	2464.96	4070.83	1643.41	2713.89	1232.67	2035.42	986.248	1628.33
26	4931.17	8143.33	2465.67	4071.67	1643.89	2714.44	1233.03	2035.83	986.534	1628.67
27	4932.63	8145.00	2466.40	4072.50	1644.38	2715.00	1233.40	2036.25	986.827	1629.00
28	4934.09	8146.67	2467.13	4073.33	1644.87	2715.56	1233.76	2036.67	987.119	1629.33
29	4935.55	8148.33	2467.87	4074.17	1645.35	2716.11	1234.13	2037.08	987.411	1629.67
30	4937.01	8150.00	2468.60	4075.00	1645.84	2716.67	1234.49	2037.50	987.704	1630.00
31	4938.44	8151.67	2469.31	4075.83	1646.32	2717.22	1234.85	2037.92	987.990	1630.33
32	4939.88	8153.33	2470.03	4076.67	1646.79	2717.78	1235.21	2038.33	988.277	1630.67
33	4941.34	8155.00	2470.76	4077.50	1647.28	2718.33	1235.57	2038.75	988.569	1631.00
34	4942.80	8156.67	2471.49	4078.33	1647.77	2718.89	1235.94	2039.17	988.861	1631.33
35	4944.26	8158.33	2472.22	4079.17	1648.26	2719.44	1236.30	2039.58	989.154	1631.67
36	4945.72	8160.00	2472.95	4080.00	1648.74	2720.00	1236.67	2040.00	989.446	1632.00
37	4947.15	8161.67	2473.67	4080.83	1649.22	2720.56	1237.03	2040.42	989.733	1632.33
38	4948.58	8163.33	2474.38	4081.67	1649.70	2721.11	1237.39	2040.83	990.019	1632.67
39	4950.05	8165.00	2475.11	4082.50	1650.18	2721.67	1237.75	2041.25	990.311	1633.00
40	4951.51	8166.67	2475.84	4083.33	1650.67	2722.22	1238.12	2041.67	990.604	1633.33
41	4952.97	8168.33	2476.57	4084.17	1651.16	2722.78	1238.48	2042.08	990.896	1633.67
42	4954.43	8170.00	2477.30	4085.00	1651.65	2723.33	1238.85	2042.50	991.188	1634.00
43	4955.89	8171.67	2478.04	4085.83	1652.13	2723.89	1239.21	2042.92	991.481	1634.33
44	4957.35	8173.33	2478.77	4086.67	1652.62	2724.44	1239.58	2043.33	991.773	1634.67
45	4958.81	8175.00	2479.50	4087.50	1653.11	2725.00	1239.94	2043.75	992.065	1635.00
46	4960.27	8176.67	2480.23	4088.33	1653.59	2725.56	1240.31	2044.17	992.358	1635.33
47	4961.73	8178.33	2480.96	4089.17	1654.08	2726.11	1240.67	2044.58	992.650	1635.67
48	4963.19	8180.00	2481.69	4090.00	1654.57	2726.67	1241.04	2045.00	992.942	1636.00
49	4964.66	8181.67	2482.42	4090.83	1655.06	2727.22	1241.40	2045.42	993.234	1636.33
50	4966.12	8183.33	2483.15	4091.67	1655.54	2727.78	1241.77	2045.83	993.527	1636.67
51	4967.58	8185.00	2483.88	4092.50	1656.03	2728.33	1242.14	2046.25	993.819	1637.00
52	4969.04	8186.67	2484.61	4093.33	1656.52	2728.89	1242.50	2046.67	994.111	1637.33
53	4970.50	8188.33	2485.34	4094.17	1657.00	2729.44	1242.87	2047.08	994.404	1637.67
54	4971.96	8190.00	2486.07	4095.00	1657.49	2730.00	1243.23	2047.50	994.696	1638.00
55	4973.42	8191.67	2486.80	4095.83	1657.98	2730.56	1243.60	2047.92	994.988	1638.33
56	4974.88	8193.33	2487.53	4096.67	1658.47	2731.11	1243.96	2048.33	995.281	1638.67
57	4976.34	8195.00	2488.26	4097.50	1658.95	2731.67	1244.33	2048.75	995.573	1639.00
58	4977.81	8196.67	2488.99	4098.33	1659.44	2732.22	1244.69	2049.17	995.865	1639.33
59	4979.27	8198.33	2489.72	4099.17	1659.93	2732.78	1245.06	2049.58	996.157	1639.67

TABLE XIV.—ACTUAL TANGENTS, ETC.

6° Curve.		7° Curve.		8° Curve.		9° Curve.		10° Curve.		81°
Tan.	Arc.	Tan.	Arc.	Tan.	Arc.	Tan.	Arc.	Tan.	Arc.	M.
815.962	1350.00	699.509	1157.14	612.187	1012.50	544.280	900.000	489.977	810.000	0
816.201	1350.28	699.713	1157.38	612.367	1012.71	544.439	900.185	490.121	810.167	1
816.440	1350.56	699.918	1157.62	612.546	1012.92	544.598	900.370	490.264	810.333	2
816.684	1350.83	700.127	1157.86	612.729	1013.13	544.761	900.556	490.410	810.500	3
816.927	1351.11	700.336	1158.10	612.911	1013.33	544.923	900.741	490.557	810.667	4
817.166	1351.39	700.541	1158.33	613.091	1013.54	545.082	900.926	490.700	810.833	5
817.405	1351.67	700.745	1158.57	613.270	1013.75	545.242	901.111	490.843	811.000	6
817.644	1351.94	700.950	1158.81	613.449	1013.96	545.401	901.296	490.987	811.167	7
817.883	1352.22	701.155	1159.05	613.628	1014.17	545.560	901.481	491.130	811.333	8
818.126	1352.50	701.364	1159.29	613.811	1014.38	545.723	901.667	491.277	811.500	9
818.370	1352.78	701.572	1159.52	613.994	1014.58	545.885	901.852	491.423	811.667	10
818.609	1353.06	701.777	1159.76	614.173	1014.79	546.045	902.037	491.566	811.833	11
818.848	1353.33	701.982	1160.00	614.352	1015.00	546.204	902.222	491.710	812.000	12
819.091	1353.61	702.191	1160.24	614.535	1015.21	546.367	902.407	491.856	812.167	13
819.335	1353.89	702.400	1160.48	614.718	1015.42	546.529	902.593	492.002	812.333	14
819.574	1354.17	702.604	1160.71	614.897	1015.63	546.688	902.778	492.146	812.500	15
819.813	1354.44	702.809	1160.95	615.076	1015.83	546.848	902.963	492.289	812.667	16
820.056	1354.72	703.018	1161.19	615.259	1016.04	547.010	903.148	492.435	812.833	17
820.300	1355.00	703.227	1161.43	615.442	1016.25	547.173	903.333	492.582	813.000	18
820.539	1355.28	703.432	1161.67	615.621	1016.46	547.332	903.519	492.725	813.167	19
820.777	1355.56	703.636	1161.90	615.800	1016.67	547.491	903.704	492.869	813.333	20
821.021	1355.83	703.845	1162.11	615.983	1016.88	547.654	903.889	493.015	813.500	21
821.265	1356.11	704.054	1162.38	616.166	1017.08	547.816	904.074	493.161	813.667	22
821.508	1356.39	704.263	1162.62	616.348	1017.29	547.979	904.259	493.307	813.833	23
821.752	1356.67	704.472	1162.86	616.531	1017.50	548.141	904.444	493.454	814.000	24
821.991	1356.94	704.677	1163.10	616.710	1017.71	548.301	904.630	493.597	814.167	25
822.230	1357.22	704.881	1163.33	616.889	1017.92	548.460	904.815	493.741	814.333	26
822.473	1357.50	705.090	1163.57	617.072	1018.13	548.623	905.000	493.887	814.500	27
822.717	1357.78	705.299	1163.81	617.225	1018.33	548.785	905.185	494.033	814.667	28
822.960	1358.06	705.508	1164.05	617.438	1018.54	548.948	905.370	494.179	814.833	29
823.204	1358.33	705.717	1164.29	617.621	1018.75	549.110	905.556	494.326	815.000	30
823.443	1358.61	705.921	1164.52	617.800	1018.96	549.269	905.741	494.469	815.167	31
823.682	1358.89	706.126	1164.76	617.979	1019.17	549.429	905.926	494.613	815.333	32
823.925	1359.17	706.335	1165.00	618.162	1019.38	549.591	906.111	494.759	815.500	33
824.169	1359.44	706.544	1165.24	618.345	1019.58	549.754	906.296	494.905	815.667	34
824.413	1359.72	706.753	1165.48	618.527	1019.79	549.916	906.481	495.051	815.833	35
824.656	1360.00	706.962	1165.71	618.710	1020.00	550.079	906.667	495.198	816.000	36
824.895	1360.28	707.166	1165.95	618.889	1020.21	550.238	906.852	495.341	816.167	37
825.134	1360.56	707.371	1166.19	619.069	1020.42	550.397	907.037	495.485	816.333	38
825.373	1360.83	707.580	1166.43	619.251	1020.63	550.560	907.222	495.631	816.500	39
825.621	1361.11	707.789	1166.67	619.434	1020.83	550.722	907.407	495.777	816.667	40
825.865	1361.39	707.998	1166.90	619.617	1021.04	550.885	907.593	495.923	816.833	41
826.108	1361.67	708.207	1167.14	619.800	1021.25	551.047	907.778	496.070	817.000	42
826.352	1361.94	708.415	1167.38	619.982	1021.46	551.210	907.963	496.216	817.167	43
826.596	1362.22	708.624	1167.62	620.165	1021.67	551.372	908.148	496.362	817.333	44
826.839	1362.50	708.833	1167.86	620.348	1021.88	551.535	908.333	496.509	817.500	45
827.083	1362.78	709.042	1168.10	620.531	1022.08	551.697	908.519	496.655	817.667	46
827.326	1363.06	709.251	1168.33	620.714	1022.29	551.860	908.704	496.801	817.833	47
827.570	1363.33	709.460	1168.57	620.896	1022.50	552.022	908.889	496.947	818.000	48
827.814	1363.61	709.668	1168.81	621.079	1022.71	552.185	909.074	497.094	818.167	49
828.057	1363.89	709.877	1169.05	621.262	1022.92	552.347	909.259	497.240	818.333	50
828.301	1364.17	710.086	1169.29	621.445	1023.13	552.510	909.444	497.386	818.500	51
828.545	1364.44	710.295	1169.52	621.627	1023.33	552.672	909.630	497.533	818.667	52
828.788	1364.72	710.504	1169.76	621.810	1023.54	552.835	909.815	497.679	818.83	53
829.032	1365.00	710.713	1170.00	621.993	1023.75	552.997	910.000	497.825	819.000	54
829.275	1365.28	710.922	1170.24	622.176	1023.96	553.160	910.185	497.971	819.167	55
829.519	1365.56	711.130	1170.48	622.359	1024.17	553.322	910.370	498.118	819.333	56
829.763	1365.83	711.339	1170.71	622.541	1024.38	553.485	910.556	498.264	819.500	57
830.006	1366.11	711.548	1170.95	622.724	1024.58	553.647	910.741	498.410	819.667	58
830.250	1366.39	711.757	1171.19	622.907	1024.79	553.810	910.926	498.557	819.833	59

TABLE XIV.—ACTUAL TANGENTS, ETC.

82°	1° Curve.		2° Curve.		3° Curve.		4° Curve.		5° Curve.	
M.	Tan.	Arc.	Tan.	Arc.	Tan.	Arc.	Tan.	Arc.	Tan.	Arc.
0	4980.73	8200.00	2490.45	4100.00	1660.41	2733.33	1245.42	2050.00	996.450	1640.00
1	4982.19	8201.67	2491.19	4100.83	1660.90	2733.89	1245.79	2050.42	996.742	1640.33
2	4983.65	8203.33	2491.92	4101.67	1661.39	2734.44	1246.15	2050.83	997.034	1640.67
3	4985.11	8205.00	2492.65	4102.50	1661.87	2735.00	1246.52	2051.25	997.327	1641.00
4	4986.57	8206.67	2493.38	4103.33	1662.36	2735.56	1246.88	2051.67	997.619	1641.33
5	4988.03	8208.33	2494.11	4104.17	1662.85	2736.11	1247.25	2052.08	997.911	1641.67
6	4989.49	8210.00	2494.84	4105.00	1663.34	2736.67	1247.62	2052.50	998.204	1642.00
7	4990.95	8211.67	2495.57	4105.83	1663.82	2737.22	1247.98	2052.92	998.496	1642.33
8	4992.42	8213.33	2496.30	4106.67	1664.31	2737.78	1248.35	2053.33	998.788	1642.67
9	4993.88	8215.00	2497.03	4107.50	1664.80	2738.33	1248.71	2053.75	999.080	1643.00
10	4995.34	8216.67	2497.76	4108.33	1665.28	2738.89	1249.08	2054.17	999.373	1643.33
11	4996.83	8218.33	2498.51	4109.17	1665.78	2739.44	1249.45	2054.58	999.671	1643.67
12	4998.32	8220.00	2499.25	4110.00	1666.28	2740.00	1249.82	2055.00	999.969	1644.00
13	4999.78	8221.67	2499.98	4110.83	1666.76	2740.56	1250.19	2055.42	1000.26	1644.33
14	5001.24	8223.33	2500.71	4111.67	1667.25	2741.11	1250.55	2055.83	1000.55	1644.67
15	5002.70	8225.00	2501.44	4112.50	1667.74	2741.67	1250.92	2056.25	1000.85	1645.00
16	5004.16	8226.67	2502.17	4113.33	1668.23	2742.22	1251.28	2056.67	1001.14	1645.33
17	5005.62	8228.33	2502.90	4114.17	1668.71	2742.78	1251.65	2057.08	1001.43	1645.67
18	5007.08	8230.00	2503.63	4115.00	1669.20	2743.33	1252.01	2057.50	1001.72	1646.00
19	5008.57	8231.67	2504.38	4115.83	1669.70	2743.89	1252.39	2057.92	1002.02	1646.33
20	5010.06	8233.33	2505.12	4116.67	1670.19	2744.44	1252.76	2058.33	1002.32	1646.67
21	5011.52	8235.00	2505.85	4117.50	1670.68	2745.00	1253.12	2058.75	1002.61	1647.00
22	5012.99	8236.67	2506.58	4118.33	1671.17	2745.56	1253.49	2059.17	1002.90	1647.33
23	5014.45	8238.33	2507.32	4119.17	1671.65	2746.11	1253.85	2059.58	1003.20	1647.67
24	5015.91	8240.00	2508.05	4120.00	1672.14	2746.67	1254.22	2060.00	1003.49	1648.00
25	5017.40	8241.67	2508.79	4120.83	1672.64	2747.22	1254.59	2060.42	1003.79	1648.33
26	5018.89	8243.33	2509.54	4121.67	1673.13	2747.78	1254.96	2060.83	1004.08	1648.67
27	5020.35	8245.00	2510.27	4122.50	1673.62	2748.33	1255.33	2061.25	1004.38	1649.00
28	5021.81	8246.67	2511.00	4123.33	1674.11	2748.89	1255.70	2061.67	1004.67	1649.33
29	5023.30	8248.33	2511.74	4124.17	1674.61	2749.44	1256.07	2062.08	1004.97	1649.67
30	5024.79	8250.00	2512.49	4125.00	1675.10	2750.00	1256.44	2062.50	1005.26	1650.00
31	5026.25	8251.67	2513.22	4125.83	1675.59	2750.56	1256.81	2062.92	1005.56	1650.33
32	5027.71	8253.33	2513.95	4126.67	1676.08	2751.11	1257.17	2063.33	1005.85	1650.67
33	5029.20	8255.00	2514.69	4127.50	1676.57	2751.67	1257.54	2063.75	1006.15	1651.00
34	5030.69	8256.67	2515.44	4128.33	1677.07	2752.22	1257.92	2064.17	1006.45	1651.33
35	5032.18	8258.33	2516.17	4129.17	1677.56	2752.78	1258.28	2064.58	1006.74	1651.67
36	5033.67	8260.00	2516.90	4130.00	1678.04	2753.33	1258.65	2065.00	1007.03	1652.00
37	5035.13	8261.67	2517.64	4130.83	1678.54	2753.89	1259.02	2065.42	1007.33	1652.33
38	5036.59	8263.33	2518.39	4131.67	1679.04	2754.44	1259.39	2065.83	1007.63	1652.67
39	5038.05	8265.00	2519.12	4132.50	1679.52	2755.00	1259.76	2066.25	1007.92	1653.00
40	5039.51	8266.67	2519.85	4133.33	1680.01	2755.56	1260.12	2066.67	1008.21	1653.33
41	5041.00	8268.33	2520.59	4134.17	1680.51	2756.11	1260.49	2067.08	1008.51	1653.67
42	5042.49	8270.00	2521.34	4135.00	1681.00	2756.67	1260.87	2067.50	1008.81	1654.00
43	5043.98	8271.67	2522.08	4135.83	1681.50	2757.22	1261.24	2067.92	1009.10	1654.33
44	5045.47	8273.33	2522.83	4136.67	1682.00	2757.78	1261.61	2068.33	1009.40	1654.67
45	5046.93	8275.00	2523.56	4137.50	1682.48	2758.33	1261.98	2068.75	1009.70	1655.00
46	5048.39	8276.67	2524.29	4138.33	1682.97	2758.89	1262.34	2069.17	1009.99	1655.33
47	5049.88	8278.33	2525.03	4139.17	1683.47	2759.44	1262.72	2069.58	1010.29	1655.67
48	5051.37	8280.00	2525.78	4140.00	1683.96	2760.00	1263.09	2070.00	1010.58	1656.00
49	5052.86	8281.67	2526.52	4140.83	1684.46	2760.56	1263.46	2070.42	1010.88	1656.33
50	5054.35	8283.33	2527.27	4141.67	1684.96	2761.11	1263.83	2070.83	1011.18	1656.67
51	5055.81	8285.00	2528.00	4142.50	1685.45	2761.67	1264.20	2071.25	1011.47	1657.00
52	5057.28	8286.67	2528.73	4143.33	1685.93	2762.22	1264.56	2071.67	1011.76	1657.33
53	5058.77	8288.33	2529.48	4144.17	1686.43	2762.78	1264.94	2072.08	1012.06	1657.67
54	5060.25	8290.00	2530.22	4145.00	1686.93	2763.33	1265.31	2072.50	1012.36	1658.00
55	5061.74	8291.67	2530.97	4145.83	1687.42	2763.89	1265.68	2072.92	1012.66	1658.33
56	5063.23	8293.33	2531.71	4146.67	1687.92	2764.44	1266.05	2073.33	1012.96	1658.67
57	5064.72	8295.00	2532.45	4147.50	1688.42	2765.00	1266.43	2073.75	1013.25	1659.00
58	5066.21	8296.67	2533.20	4148.33	1688.91	2765.56	1266.80	2074.17	1013.55	1659.33
59	5067.67	8298.33	2533.94	4149.17	1689.41	2766.11	1267.17	2074.58	1013.85	1659.67

TABLE XIV.—ACTUAL TANGENTS, ETC.

7° Curve.		8° Curve.		9° Curve.		10° Curve.		82°
Tan.	Arc.	Tan.	Arc.	Tan.	Arc.	Tan.	Arc.	M.
1.966	1171.43	623.090	1025.00	553.972	911.111	498.703	820.000	0
2.175	1171.67	623.272	1025.21	554.135	911.296	498.849	820.167	1
2.384	1171.90	623.455	1025.42	554.297	911.481	498.996	820.333	2
2.592	1172.14	623.638	1025.63	554.460	911.667	499.142	820.500	3
2.801	1172.38	623.821	1025.83	554.622	911.852	499.288	820.667	4
3.010	1172.62	624.004	1026.04	554.785	912.037	499.434	820.833	5
3.219	1172.86	624.186	1026.25	554.947	912.222	499.581	821.000	6
3.428	1173.10	624.369	1026.46	555.110	912.407	499.727	821.167	7
3.637	1173.33	624.552	1026.67	555.272	912.593	499.873	821.333	8
3.845	1173.57	624.735	1026.88	555.435	912.778	500.020	821.500	9
4.054	1173.81	624.917	1027.08	555.597	912.963	500.166	821.667	10
4.267	1174.05	625.104	1027.29	555.763	913.148	500.315	821.833	11
4.480	1174.29	625.290	1027.50	555.929	913.333	500.464	822.000	12
4.689	1174.52	625.473	1027.71	556.091	913.519	500.610	822.167	13
4.898	1174.76	625.656	1027.92	556.254	913.704	500.757	822.333	14
5.107	1175.00	625.838	1028.13	556.416	913.889	500.903	822.500	15
5.316	1175.24	626.021	1028.33	556.579	914.074	501.049	822.667	16
5.524	1175.48	626.204	1028.54	556.741	914.259	501.196	822.833	17
5.733	1175.71	626.387	1028.75	556.904	914.444	501.342	823.000	18
5.946	1175.95	626.573	1028.96	557.070	914.630	501.491	823.167	19
6.159	1176.19	626.760	1029.17	557.235	914.815	501.640	823.333	20
6.368	1176.43	626.942	1029.38	557.398	915.000	501.787	823.500	21
6.577	1176.67	627.125	1029.58	557.560	915.185	501.933	823.667	22
6.786	1176.90	627.308	1029.79	557.723	915.370	502.079	823.833	23
6.995	1177.14	627.491	1030.00	557.885	915.556	502.225	824.000	24
7.208	1177.38	627.677	1030.21	558.051	915.741	502.375	824.167	25
7.421	1177.62	627.863	1030.42	558.217	915.926	502.524	824.333	26
7.629	1177.86	628.046	1030.63	558.379	916.111	502.670	824.500	27
7.838	1178.10	628.229	1030.83	558.542	916.296	502.816	824.667	28
8.051	1178.33	628.415	1031.04	558.707	916.481	502.965	824.833	29
8.264	1178.57	628.602	1031.25	558.873	916.667	503.115	825.000	30
8.473	1178.81	628.784	1031.46	559.035	916.852	503.261	825.167	31
8.682	1179.05	628.967	1031.67	559.198	917.037	503.407	825.333	32
8.895	1179.29	629.154	1031.88	559.364	917.222	503.556	825.500	33
9.108	1179.52	629.340	1032.08	559.529	917.407	503.706	825.667	34
9.317	1179.76	629.523	1032.29	559.692	917.593	503.852	825.833	35
9.525	1180.00	629.706	1032.50	559.854	917.778	503.998	826.000	36
9.738	1180.24	629.892	1032.71	560.020	917.963	504.147	826.167	37
9.951	1180.48	630.078	1032.92	560.186	918.148	504.296	826.333	38
20.160	1180.71	630.261	1033.13	560.348	918.333	504.443	826.500	39
20.369	1180.95	630.444	1033.33	560.511	918.519	504.589	826.667	40
20.582	1181.19	630.630	1033.54	560.676	918.704	504.738	826.833	41
20.795	1181.43	630.817	1033.75	560.842	918.889	504.887	827.000	42
21.008	1181.67	631.003	1033.96	561.008	919.074	505.036	827.167	43
21.221	1181.90	631.189	1034.17	561.174	919.259	505.186	827.333	44
21.430	1182.14	631.372	1034.38	561.336	919.444	505.332	827.500	45
21.638	1182.38	631.555	1034.58	561.499	919.630	505.478	827.667	46
21.851	1182.62	631.741	1034.79	561.664	919.815	505.627	827.833	47
22.064	1182.86	631.928	1035.00	561.830	920.000	505.777	828.000	48
22.277	1183.10	632.114	1035.21	561.996	920.185	505.926	828.167	49
22.490	1183.33	632.300	1035.42	562.161	920.370	506.075	828.333	50
22.699	1183.57	632.483	1035.63	562.324	920.556	506.221	828.500	51
22.908	1183.81	632.666	1035.83	562.486	920.741	506.367	828.667	52
23.121	1184.05	632.852	1036.04	562.652	920.926	506.517	828.833	53
23.334	1184.29	633.039	1036.25	562.818	921.111	506.666	829.000	54
23.547	1184.52	633.225	1036.46	562.983	921.296	506.815	829.167	55
23.760	1184.76	633.411	1036.67	563.149	921.481	506.964	829.333	56
23.973	1185.00	633.598	1036.88	563.315	921.667	507.113	829.500	57
24.186	1185.24	633.784	1037.08	563.489	921.852	507.262	829.667	58
24.399	1185.48	633.970	1037.29	563.646	922.037	507.412	829.833	59

TABLE XIV.—ACTUAL TANGENTS, ETC.

83°	1° Curve.		2° Curve.		3° Curve.		4° Curve.		5° Curve.	
M.	Tan.	Arc.	Tan.	Arc.	Tan.	Arc.	Tan.	Arc.	Tan.	Arc.
0	5069.14	8300.00	2534.69	4150.00	1689.91	2766.67	1267.54	2075.00	1014.15	1660.00
1	5070.63	8301.67	2535.42	4150.83	1690.39	2767.22	1267.91	2075.42	1014.44	1660.33
2	5072.12	8303.33	2536.15	4151.67	1690.88	2767.78	1268.27	2075.83	1014.73	1660.67
3	5073.61	8305.00	2536.90	4152.50	1691.38	2768.33	1268.65	2076.25	1015.03	1661.00
4	5075.09	8306.67	2537.64	4153.33	1691.87	2768.89	1269.02	2076.67	1015.33	1661.33
5	5076.58	8308.33	2538.39	4154.17	1692.37	2769.44	1269.39	2077.08	1015.63	1661.67
6	5078.07	8310.00	2539.13	4155.00	1692.87	2770.00	1269.76	2077.50	1015.93	1662.00
7	5079.56	8311.67	2539.88	4155.83	1693.36	2770.56	1270.14	2077.92	1016.22	1662.33
8	5081.05	8313.33	2540.62	4156.67	1693.86	2771.11	1270.51	2078.33	1016.52	1662.67
9	5082.54	8315.00	2541.36	4157.50	1694.36	2771.67	1270.88	2078.75	1016.82	1663.00
10	5084.03	8316.67	2542.11	4158.33	1694.85	2772.22	1271.25	2079.17	1017.12	1663.33
11	5085.52	8318.33	2542.85	4159.17	1695.35	2772.78	1271.63	2079.58	1017.42	1663.67
12	5087.01	8320.00	2543.60	4160.00	1695.85	2773.33	1272.00	2080.00	1017.71	1664.00
13	5088.50	8321.67	2544.34	4160.83	1696.34	2773.89	1272.37	2080.42	1018.01	1664.33
14	5089.99	8323.33	2545.09	4161.67	1696.84	2774.44	1272.74	2080.83	1018.31	1664.67
15	5091.48	8325.00	2545.83	4162.50	1697.34	2775.00	1273.12	2081.25	1018.61	1665.00
16	5092.97	8326.67	2546.58	4163.33	1697.83	2775.56	1273.49	2081.67	1018.91	1665.33
17	5094.46	8328.33	2547.32	4164.17	1698.33	2776.11	1273.86	2082.08	1019.20	1665.67
18	5095.95	8330.00	2548.07	4165.00	1698.83	2776.67	1274.23	2082.50	1019.50	1666.00
19	5097.44	8331.67	2548.81	4165.83	1699.32	2777.22	1274.61	2082.92	1019.80	1666.33
20	5098.93	8333.33	2549.56	4166.67	1699.82	2777.78	1274.98	2083.33	1020.10	1666.67
21	5100.45	8335.00	2550.32	4167.50	1700.32	2778.33	1275.36	2083.75	1020.40	1667.00
22	5101.97	8336.67	2551.08	4168.33	1700.83	2778.89	1275.74	2084.17	1020.71	1667.33
23	5103.46	8338.33	2551.82	4169.17	1701.33	2779.44	1276.11	2084.58	1021.00	1667.67
24	5104.95	8340.00	2552.57	4170.00	1701.82	2780.00	1276.48	2085.00	1021.30	1668.00
25	5106.41	8341.67	2553.31	4170.83	1702.32	2780.56	1276.86	2085.42	1021.60	1668.33
26	5107.93	8343.33	2554.06	4171.67	1702.82	2781.11	1277.23	2085.83	1021.90	1668.67
27	5109.42	8345.00	2554.80	4172.50	1703.31	2781.67	1277.60	2086.25	1022.20	1669.00
28	5110.91	8346.67	2555.55	4173.33	1703.81	2782.22	1277.97	2086.67	1022.49	1669.33
29	5112.39	8348.33	2556.29	4174.17	1704.31	2782.78	1278.35	2087.08	1022.79	1669.67
30	5113.88	8350.00	2557.04	4175.00	1704.80	2783.33	1278.72	2087.50	1023.09	1670.00
31	5115.40	8351.67	2557.82	4175.83	1705.31	2783.89	1279.10	2087.92	1023.39	1670.33
32	5116.92	8353.33	2558.55	4176.67	1705.82	2784.44	1279.48	2088.33	1023.70	1670.67
33	5118.41	8355.00	2559.30	4177.50	1706.31	2785.00	1279.85	2088.75	1023.99	1671.00
34	5119.90	8356.67	2560.04	4178.33	1706.81	2785.56	1280.22	2089.17	1024.29	1671.33
35	5121.39	8358.33	2560.79	4179.17	1707.31	2786.11	1280.60	2089.58	1024.59	1671.67
36	5122.88	8360.00	2561.53	4180.00	1707.80	2786.67	1280.97	2090.00	1024.89	1672.00
37	5124.40	8361.67	2562.29	4180.83	1708.31	2787.22	1281.35	2090.42	1025.19	1672.33
38	5125.92	8363.33	2563.05	4181.67	1708.81	2787.78	1281.73	2090.83	1025.50	1672.67
39	5127.41	8365.00	2563.80	4182.50	1709.31	2788.33	1282.10	2091.25	1025.79	1673.00
40	5128.90	8366.67	2564.54	4183.33	1709.81	2788.89	1282.47	2091.67	1026.09	1673.33
41	5130.39	8368.33	2565.29	4184.17	1710.30	2789.44	1282.84	2092.08	1026.39	1673.67
42	5131.88	8370.00	2566.03	4185.00	1710.80	2790.00	1283.22	2092.50	1026.69	1674.00
43	5133.39	8371.67	2566.79	4185.83	1711.31	2790.56	1283.60	2092.92	1026.99	1674.33
44	5134.91	8373.33	2567.55	4186.67	1711.81	2791.11	1283.98	2093.33	1027.30	1674.67
45	5136.40	8375.00	2568.30	4187.50	1712.31	2791.67	1284.35	2093.75	1027.59	1675.00
46	5137.89	8376.67	2569.04	4188.33	1712.81	2792.22	1284.72	2094.17	1027.89	1675.33
47	5139.41	8378.33	2569.80	4189.17	1713.31	2792.78	1285.10	2094.58	1028.20	1675.67
48	5140.93	8380.00	2570.56	4190.00	1713.82	2793.33	1285.48	2095.00	1028.50	1676.00
49	5142.42	8381.67	2571.30	4190.83	1714.32	2793.89	1285.85	2095.42	1028.80	1676.33
50	5143.91	8383.33	2572.05	4191.67	1714.81	2794.44	1286.23	2095.83	1029.10	1676.67
51	5145.43	8385.00	2572.81	4192.50	1715.32	2795.00	1286.61	2096.25	1029.40	1677.00
52	5146.94	8386.67	2573.57	4193.33	1715.82	2795.56	1286.98	2096.67	1029.70	1677.33
53	5148.46	8388.33	2574.33	4194.17	1716.33	2796.11	1287.37	2097.08	1030.01	1677.67
54	5149.98	8390.00	2575.09	4195.00	1716.84	2796.67	1287.74	2097.50	1030.31	1678.00
55	5151.47	8391.67	2575.83	4195.83	1717.33	2797.22	1288.12	2097.92	1030.61	1678.33
56	5152.96	8393.33	2576.57	4196.67	1717.83	2797.78	1288.49	2098.33	1030.91	1678.67
57	5154.48	8395.00	2577.33	4197.50	1718.34	2798.33	1288.87	2098.75	1031.21	1679.00
58	5156.00	8396.67	2578.09	4198.33	1718.84	2798.89	1289.25	2099.17	1031.51	1679.33
59	5157.49	8398.33	2578.84	4199.17	1719.34	2799.44	1289.62	2099.58	1031.81	1679.67

TABLE XIV.—ACTUAL TANGENTS, ETC.

6° Curve.		7° Curve.		8° Curve.		9° Curve.		10° Curve.		83°
Tan.	Arc.	Tan.	Arc.	Tan.	Arc.	Tan.	Arc.	Tan.	Arc.	M.
845.244	1383.33	724.612	1185.71	634.157	1037.50	563.812	922.222	507.561	830.000	0
845.488	1383.61	724.820	1185.95	634.339	1037.71	563.974	922.407	507.707	830.167	1
845.732	1383.89	725.029	1186.19	634.522	1037.92	564.137	922.593	507.853	830.333	2
845.980	1384.17	725.242	1186.43	634.709	1038.13	564.303	922.778	508.002	830.500	3
846.228	1384.44	725.455	1186.67	634.895	1038.33	564.468	922.963	508.152	830.667	4
846.477	1384.72	725.668	1186.90	635.081	1038.54	564.634	923.148	508.301	830.833	5
846.725	1385.00	725.881	1187.14	635.268	1038.75	564.800	923.333	508.450	831.000	6
846.974	1385.28	726.094	1187.38	635.454	1038.96	564.965	923.519	508.599	831.167	7
847.222	1385.56	726.307	1187.62	635.640	1039.17	565.131	923.704	508.748	831.333	8
847.470	1385.83	726.520	1187.86	635.827	1039.38	565.297	923.889	508.897	831.500	9
847.719	1386.11	726.733	1188.10	636.013	1039.58	565.462	924.074	509.047	831.667	10
847.967	1386.39	726.946	1188.33	636.200	1039.79	565.628	924.259	509.196	831.833	11
848.216	1386.67	727.159	1188.57	636.386	1040.00	565.794	924.444	509.345	832.000	12
848.464	1386.94	727.372	1188.81	636.572	1040.21	565.959	924.630	509.494	832.167	13
848.712	1387.22	727.585	1189.05	636.759	1040.42	566.125	924.815	509.643	832.333	14
848.961	1387.50	727.798	1189.29	636.945	1040.63	566.291	925.000	509.792	832.500	15
849.209	1387.78	728.010	1189.52	637.131	1040.83	566.457	925.185	509.942	832.667	16
849.458	1388.06	728.223	1189.76	637.318	1041.04	566.622	925.370	510.091	832.833	17
849.706	1388.33	728.436	1190.00	637.504	1041.25	566.788	925.556	510.240	833.000	18
849.954	1388.61	728.649	1190.24	637.690	1041.46	566.954	925.741	510.389	833.167	19
850.203	1388.89	728.862	1190.48	637.877	1041.67	567.119	925.926	510.538	833.333	20
850.456	1389.17	729.079	1190.71	638.067	1041.88	567.288	926.111	510.690	833.500	21
850.709	1389.44	729.296	1190.95	638.257	1042.08	567.457	926.296	510.842	833.667	22
850.958	1389.72	729.509	1191.19	638.443	1042.29	567.623	926.481	510.991	833.833	23
851.206	1390.00	729.722	1191.43	638.629	1042.50	567.788	926.667	511.141	834.000	24
851.454	1390.28	729.935	1191.67	638.816	1042.71	567.954	926.852	511.290	834.167	25
851.703	1390.56	730.148	1191.90	639.002	1042.92	568.120	927.037	511.439	834.333	26
851.951	1390.83	730.361	1192.14	639.189	1043.13	568.285	927.222	511.588	834.500	27
852.200	1391.11	730.574	1192.38	639.475	1043.33	568.451	927.407	511.737	834.667	28
852.448	1391.39	730.787	1192.62	639.561	1043.54	568.617	927.593	511.886	834.833	29
852.696	1391.67	731.000	1192.86	639.748	1043.75	568.783	927.778	512.035	835.000	30
852.950	1391.94	731.217	1193.10	639.938	1043.96	568.951	927.963	512.188	835.167	31
853.203	1392.22	731.434	1193.33	640.127	1044.17	569.120	928.148	512.340	835.333	32
853.451	1392.50	731.647	1193.57	640.314	1044.38	569.286	928.333	512.489	835.500	33
853.699	1392.78	731.860	1193.81	640.500	1044.58	569.452	928.519	512.638	835.667	34
853.948	1393.06	732.073	1194.05	640.687	1044.79	569.617	928.704	512.787	835.833	35
854.196	1393.33	732.286	1194.29	640.873	1045.00	569.783	928.889	512.936	836.000	36
854.449	1393.61	732.503	1194.52	641.063	1045.21	569.952	929.074	513.088	836.167	37
854.703	1393.89	732.720	1194.76	641.253	1045.42	570.121	929.259	513.240	836.333	38
854.951	1394.17	732.933	1195.00	641.439	1045.63	570.287	929.444	513.389	836.500	39
855.199	1394.44	733.146	1195.24	641.626	1045.83	570.452	929.630	513.539	836.667	40
855.448	1394.72	733.359	1195.48	641.812	1046.04	570.618	929.815	513.688	836.833	41
855.696	1395.00	733.572	1195.71	641.998	1046.25	570.784	930.000	513.837	837.000	42
855.949	1395.28	733.789	1195.95	642.188	1046.46	570.952	930.185	513.989	837.167	43
856.203	1395.56	734.006	1196.19	642.378	1046.67	571.121	930.370	514.141	837.333	44
856.451	1395.83	734.219	1196.43	642.565	1046.88	571.287	930.556	514.290	837.500	45
856.699	1396.11	734.432	1196.67	642.751	1047.08	571.453	930.741	514.439	837.667	46
856.953	1396.39	734.649	1196.90	642.941	1047.29	571.622	930.926	514.591	837.833	47
857.206	1396.67	734.866	1197.14	643.131	1047.50	571.790	931.111	514.743	838.000	48
857.454	1396.94	735.079	1197.38	643.317	1047.71	571.956	931.296	514.892	838.167	49
857.702	1397.22	735.292	1197.62	643.504	1047.92	572.122	931.481	515.042	838.333	50
857.956	1397.50	735.509	1197.86	643.693	1048.13	572.291	931.667	515.194	838.500	51
858.209	1397.78	735.726	1198.10	643.883	1048.33	572.460	931.852	515.346	838.667	52
858.462	1398.06	735.943	1198.33	644.073	1048.54	572.628	932.037	515.498	838.833	53
858.715	1398.33	736.160	1198.57	644.263	104.75	572.797	932.222	515.650	839.000	54
858.964	1398.61	736.373	1198.81	644.448	1048.96	572.963	932.407	515.799	839.167	55
859.212	1398.89	736.586	1199.05	644.636	1049.17	573.129	932.593	515.948	839.333	56
859.465	1399.17	736.803	1199.29	644.826	1049.38	573.298	932.778	516.100	839.500	57
859.718	1399.44	737.020	1199.52	645.016	1049.58	573.466	932.963	516.252	839.667	58
859.967	1399.72	737.233	1199.76	645.202	1049.79	573.632	933.148	516.401	839.833	59

TABLE XIV.—ACTUAL TANGENTS, ETC.

84°	1° Curve.		2° Curve.		3° Curve.		4° Curve.		5° Curve.	
M.	Tan.	Arc.	Tan.	Arc.	Tan.	Arc.	Tan.	Arc.	Tan.	Arc.
0	5158.98	8400.00	2579.58	4200.00	1719.84	2800.00	1289.99	2100.00	1032.11	1680.00
1	5160.50	8401.67	2580.34	4200.83	1720.34	2800.56	1290.37	2100.42	1032.41	1680.33
2	5162.01	8403.33	2581.10	4201.67	1720.85	2801.11	1290.75	2100.83	1032.72	1680.67
3	5163.53	8405.00	2581.86	4202.50	1721.35	2801.67	1291.13	2101.25	1033.02	1681.00
4	5165.05	8406.67	2582.62	4203.33	1721.86	2802.22	1291.51	2101.67	1033.33	1681.33
5	5166.57	8408.33	2583.38	4204.17	1722.37	2802.78	1291.89	2102.08	1033.63	1681.67
6	5168.09	8410.00	2584.14	4205.00	1722.87	2803.33	1292.27	2102.50	1033.93	1682.00
7	5169.58	8411.67	2584.88	4205.83	1723.37	2803.89	1292.64	2102.92	1034.23	1682.33
8	5171.07	8413.33	2585.63	4206.67	1723.87	2804.44	1293.02	2103.33	1034.53	1682.67
9	5172.58	8415.00	2586.39	4207.50	1724.37	2805.00	1293.40	2103.75	1034.83	1683.00
10	5174.10	8416.67	2587.15	4208.33	1724.88	2805.56	1293.78	2104.17	1035.14	1683.33
11	5175.62	8418.33	2587.91	4209.17	1725.38	2806.11	1294.16	2104.58	1035.44	1683.67
12	5177.14	8420.00	2588.66	4210.00	1725.89	2806.67	1294.54	2105.00	1035.74	1684.00
13	5178.66	8421.67	2589.42	4210.83	1726.40	2807.22	1294.92	2105.42	1036.05	1684.33
14	5180.18	8423.33	2590.18	4211.67	1726.90	2807.78	1295.30	2105.83	1036.35	1684.67
15	5181.69	8425.00	2590.94	4212.50	1727.41	2808.33	1295.67	2106.25	1036.66	1685.00
16	5183.21	8426.67	2591.70	4213.33	1727.92	2808.89	1296.05	2106.67	1036.96	1685.33
17	5184.73	8428.33	2592.46	4214.17	1728.42	2809.44	1296.43	2107.08	1037.26	1685.67
18	5186.25	8430.00	2593.22	4215.00	1728.93	2810.00	1296.81	2107.50	1037.57	1686.00
19	5187.77	8431.67	2593.98	4215.83	1729.43	2810.56	1297.19	2107.92	1037.87	1686.33
20	5189.29	8433.33	2594.74	4216.67	1729.94	2811.11	1297.57	2108.33	1038.17	1686.67
21	5190.78	8435.00	2595.48	4217.50	1730.44	2811.67	1297.95	2108.75	1038.47	1687.00
22	5192.27	8436.67	2596.23	4218.33	1730.93	2812.22	1298.32	2109.17	1038.77	1687.33
23	5193.78	8438.33	2596.99	4219.17	1731.44	2812.78	1298.70	2109.58	1039.07	1687.67
24	5195.30	8440.00	2597.75	4220.00	1731.95	2813.33	1299.08	2110.00	1039.38	1688.00
25	5196.82	8441.67	2598.51	4220.83	1732.45	2813.89	1299.46	2110.42	1039.68	1688.33
26	5198.34	8443.33	2599.27	4221.67	1732.96	2814.44	1299.84	2110.83	1039.99	1688.67
27	5199.89	8445.00	2600.04	4222.50	1733.47	2815.00	1300.22	2111.25	1040.29	1689.00
28	5201.43	8446.67	2600.81	4223.33	1733.99	2815.56	1300.61	2111.67	1040.60	1689.33
29	5202.95	8448.33	2601.57	4224.17	1734.50	2816.11	1300.99	2112.08	1040.91	1689.67
30	5204.47	8450.00	2602.33	4225.00	1735.00	2816.67	1301.37	2112.50	1041.21	1690.00
31	5205.99	8451.67	2603.09	4225.83	1735.51	2817.22	1301.75	2112.92	1041.52	1690.33
32	5207.51	8453.33	2603.85	4226.67	1736.01	2817.78	1302.13	2113.33	1041.82	1690.67
33	5209.03	8455.00	2604.61	4227.50	1736.52	2818.33	1302.51	2113.75	1042.12	1691.00
34	5210.54	8456.67	2605.37	4228.33	1737.03	2818.89	1302.80	2114.17	1042.43	1691.33
35	5212.06	8458.33	2606.13	4229.17	1737.53	2819.44	1303.27	2114.58	1042.73	1691.67
36	5213.58	8460.00	2606.89	4230.00	1738.04	2820.00	1303.65	2115.00	1043.03	1692.00
37	5215.10	8461.67	2607.64	4230.83	1738.55	2820.56	1304.03	2115.42	1043.34	1692.33
38	5216.62	8463.33	2608.40	4231.67	1739.05	2821.11	1304.41	2115.83	1043.64	1692.67
39	5218.14	8465.00	2609.16	4232.50	1739.56	2821.67	1304.79	2116.25	1043.95	1693.00
40	5219.65	8466.67	2609.92	4233.33	1740.06	2822.22	1305.17	2116.67	1044.25	1693.33
41	5221.20	8468.33	2610.70	4234.17	1740.58	2822.78	1305.55	2117.08	1044.56	1693.67
42	5222.75	8470.00	2611.47	4235.00	1741.10	2823.33	1305.94	2117.50	1044.87	1694.00
43	5224.27	8471.67	2612.23	4235.83	1741.60	2823.89	1306.32	2117.92	1045.17	1694.33
44	5225.78	8473.33	2612.99	4236.67	1742.11	2824.44	1306.70	2118.33	1045.48	1694.67
45	5227.30	8475.00	2613.75	4237.50	1742.61	2825.00	1307.08	2118.75	1045.78	1695.00
46	5228.82	8476.67	2614.51	4238.33	1743.12	2825.56	1307.46	2119.17	1046.08	1695.33
47	5230.37	8478.33	2615.28	4239.17	1743.64	2826.11	1307.85	2119.58	1046.39	1695.67
48	5231.92	8480.00	2616.05	4240.00	1744.15	2826.67	1308.23	2120.00	1046.70	1696.00
49	5233.43	8481.67	2616.81	4240.83	1744.66	2827.22	1308.61	2120.42	1047.01	1696.33
50	5234.95	8483.33	2617.57	4241.67	1745.16	2827.78	1308.99	2120.83	1047.31	1696.67
51	5236.47	8485.00	2618.33	4242.50	1745.67	2828.33	1309.37	2121.25	1047.61	1697.00
52	5237.99	8486.67	2619.09	4243.33	1746.18	2828.89	1309.75	2121.67	1047.92	1697.33
53	5239.54	8488.33	2619.86	4244.17	1746.69	2829.44	1310.14	2122.08	1048.23	1697.67
54	5241.08	8490.00	2620.64	4245.00	1747.21	2830.00	1310.52	2122.50	1048.54	1698.00
55	5242.60	8491.67	2621.40	4245.83	1747.71	2830.56	1310.90	2122.92	1048.84	1698.33
56	5244.12	8493.33	2622.16	4246.67	1748.22	2831.11	1311.28	2123.33	1049.14	1698.67
57	5245.67	8495.00	2622.93	4247.50	1748.74	2831.67	1311.67	2123.75	1049.45	1699.00
58	5247.21	8496.67	2623.70	4248.33	1749.25	2832.22	1312.06	2124.17	1049.76	1699.33
59	5248.73	8498.33	2624.46	4249.17	1749.76	2832.78	1312.44	2124.58	1050.07	1699.67

TABLE XIV.—ACTUAL TANGENTS, ETC.

6° Curve.		7° Curve.		8° Curve.		9° Curve.		10° Curve.		84°
Tan.	Arc.	Tan.	Arc.	Tan.	Arc.	Tan.	Arc.	Tan.	Arc.	M.
860.215	1400.00	737.446	1200.00	645.389	1050.00	573.798	933.333	516.550	840.000	0
860.468	1400.28	737.663	1200.24	645.579	1050.21	573.967	933.519	516.702	840.167	1
860.721	1400.56	737.880	1200.48	645.769	1050.42	574.136	933.704	516.854	840.333	2
860.975	1400.83	738.097	1200.71	645.959	1050.63	574.304	933.889	517.007	840.500	3
861.228	1401.11	738.314	1200.95	646.148	1050.83	574.473	934.074	517.159	840.667	4
861.481	1401.39	738.531	1201.19	646.338	1051.04	574.642	934.259	517.311	840.833	5
861.734	1401.67	738.748	1201.43	646.528	1051.25	574.811	934.444	517.463	841.000	6
861.983	1401.94	738.961	1201.67	646.715	1051.46	574.977	934.630	517.612	841.167	7
862.231	1402.22	739.174	1201.90	646.901	1051.67	575.142	934.815	517.761	841.333	8
862.484	1402.50	739.391	1202.14	647.091	1051.88	575.311	935.000	517.913	841.500	9
862.737	1402.78	739.608	1202.38	647.281	1052.08	575.480	935.185	518.065	841.667	10
862.990	1403.06	739.825	1202.62	647.471	1052.29	575.649	935.370	518.217	841.833	11
863.244	1403.33	740.042	1202.86	647.661	1052.50	575.818	935.556	518.369	842.000	12
863.497	1403.61	740.259	1203.10	647.851	1052.71	575.987	935.741	518.521	842.167	13
863.750	1403.89	740.476	1203.33	648.041	1052.92	576.156	935.926	518.673	842.333	14
864.003	1404.17	740.693	1203.57	648.231	1053.13	576.325	936.111	518.825	842.500	15
864.256	1404.44	740.910	1203.81	648.421	1053.33	576.494	936.296	518.977	842.667	16
864.509	1404.72	741.127	1204.05	648.611	1053.54	576.662	936.481	519.129	842.833	17
864.763	1405.00	741.344	1204.29	648.801	1053.75	576.831	936.667	519.281	843.000	18
865.016	1405.28	741.561	1204.52	648.990	1053.96	577.000	936.852	519.433	843.167	19
865.269	1405.56	741.778	1204.76	649.180	1054.17	577.169	937.037	519.585	843.333	20
865.517	1405.83	741.991	1205.00	649.367	1054.38	577.335	937.222	519.734	843.500	21
865.766	1406.11	742.204	1205.24	649.553	1054.58	577.500	937.407	519.884	843.667	22
866.019	1406.39	742.421	1205.48	649.743	1054.79	577.669	937.593	520.036	843.833	23
866.272	1406.67	742.638	1205.71	649.933	1055.00	577.838	937.778	520.188	844.000	24
866.525	1406.94	742.855	1205.95	650.123	1055.21	578.007	937.963	520.340	844.167	25
866.778	1407.22	743.072	1206.19	650.313	1055.42	578.176	938.148	520.492	844.333	26
867.036	1407.50	743.293	1206.43	650.506	1055.63	578.348	938.333	520.647	844.500	27
867.294	1407.78	743.514	1206.67	650.700	1055.83	578.520	938.519	520.801	844.667	28
867.548	1408.06	743.732	1206.90	650.890	1056.04	578.689	938.704	520.953	844.833	29
867.801	1408.33	743.949	1207.14	651.080	1056.25	578.858	938.889	521.106	845.000	30
868.054	1408.61	744.166	1207.38	651.270	1056.46	579.027	939.074	521.258	845.167	31
868.307	1408.89	744.383	1207.62	651.460	1056.67	579.196	939.259	521.410	845.333	32
868.560	1409.17	744.600	1207.86	651.650	1056.88	579.364	939.444	521.562	845.500	33
868.813	1409.44	744.817	1208.10	651.840	1057.08	579.533	939.630	521.714	845.667	34
869.067	1409.72	745.034	1208.33	652.030	1057.29	579.702	939.815	521.866	845.833	35
869.320	1410.00	745.251	1208.57	652.220	1057.50	579.871	940.000	522.018	846.000	36
869.573	1410.28	745.468	1208.81	652.410	1057.71	580.040	940.185	522.170	846.167	37
869.826	1410.56	745.685	1209.05	652.599	1057.92	580.209	940.370	522.322	846.333	38
870.079	1410.83	745.902	1209.29	652.789	1058.13	580.378	940.556	522.474	846.500	39
870.332	1411.11	746.119	1209.52	652.979	1058.33	580.547	940.741	522.626	846.667	40
870.590	1411.39	746.340	1209.76	653.173	1058.54	580.719	940.926	522.781	846.833	41
870.848	1411.67	746.561	1210.00	653.366	1058.75	580.891	941.111	522.936	847.000	42
871.102	1411.94	746.778	1210.24	653.556	1058.96	581.060	941.296	523.088	847.167	43
871.355	1412.22	746.995	1210.48	653.746	1059.17	581.228	941.481	523.240	847.333	44
871.608	1412.50	747.212	1210.71	653.936	1059.38	581.397	941.667	523.392	847.500	45
871.861	1412.78	747.429	1210.95	654.126	1059.58	581.566	941.852	523.544	847.667	46
872.119	1413.06	747.651	1211.19	654.320	1059.79	581.738	942.037	523.699	847.833	47
872.377	1413.33	747.872	1211.43	654.513	1060.00	581.910	942.222	523.853	848.000	48
872.630	1413.61	748.089	1211.67	654.703	1060.21	582.079	942.407	524.006	848.167	49
872.883	1413.89	748.306	1211.90	654.893	1060.42	582.248	942.593	524.158	848.333	50
873.136	1414.17	748.523	1212.14	655.083	1060.63	582.417	942.778	524.310	848.500	51
873.390	1414.44	748.740	1212.38	655.273	1060.83	582.586	942.963	524.462	848.667	52
873.648	1414.72	748.961	1212.62	655.467	1061.04	582.758	943.148	524.617	848.833	53
873.906	1415.00	749.182	1212.86	655.660	1061.25	582.930	943.333	524.771	849.000	54
874.159	1415.28	749.399	1213.10	655.850	1061.46	583.099	943.519	524.923	849.167	55
874.412	1415.56	749.616	1213.33	656.040	1061.67	583.268	943.704	525.075	849.333	56
874.670	1415.83	749.837	1213.57	656.234	1061.88	583.440	943.889	525.230	849.500	57
874.928	1416.11	750.058	1213.81	656.427	1062.08	583.612	944.074	525.385	849.667	58
875.181	1416.39	750.276	1214.05	656.617	1062.29	583.781	944.259	525.537	849.833	59

TABLE XIV.—ACTUAL TANGENTS, ETC.

85°	1° Curve.		2° Curve.		3° Curve.		4° Curve.		5° Curve.	
M.	Tan.	Arc.	Tan.	Arc.	Tan.	Arc.	Tan.	Arc.	Tan.	Arc.
0	5250.25	8500.00	2625.22	4250.00	1750.26	2833.37	1312.82	2125.00	1050.37	1700.00
1	5251.80	8501.67	2625.99	4250.83	1750.78	2833.89	1313.20	2125.42	1050.68	1700.33
2	5253.34	8503.33	2626.77	4251.67	1751.30	2834.44	1313.59	2125.83	1050.99	1700.67
3	5254.86	8505.00	2627.53	4252.50	1751.80	2835.00	1313.97	2126.25	1051.29	1701.00
4	5256.38	8506.67	2628.29	4253.33	1752.31	2835.56	1314.35	2126.67	1051.60	1701.33
5	5257.93	8508.33	2629.06	4254.17	1752.82	2836.11	1314.74	2127.08	1051.91	1701.67
6	5259.47	8510.00	2629.83	4255.00	1753.34	2836.67	1315.12	2127.50	1052.22	1702.00
7	5260.99	8511.67	2630.59	4255.83	1753.85	2837.22	1315.50	2127.92	1052.52	1702.33
8	5262.51	8513.33	2631.35	4256.67	1754.35	2837.78	1315.88	2128.33	1052.82	1702.67
9	5264.06	8515.00	2632.13	4257.50	1754.87	2838.33	1316.27	2128.75	1053.13	1703.00
10	5265.61	8516.67	2632.90	4258.33	1755.38	2838.89	1316.66	2129.17	1053.44	1703.33
11	5267.15	8518.33	2633.67	4259.17	1755.90	2839.44	1317.04	2129.58	1053.75	1703.67
12	5268.70	8520.00	2634.45	4260.00	1756.41	2840.00	1317.43	2130.00	1054.06	1704.00
13	5270.22	8521.67	2635.21	4260.83	1756.92	2840.56	1317.81	2130.42	1054.37	1704.33
14	5271.74	8523.33	2635.96	4261.67	1757.43	2841.11	1318.19	2130.83	1054.67	1704.67
15	5273.28	8525.00	2636.74	4262.50	1757.94	2841.67	1318.58	2131.25	1054.98	1705.00
16	5274.83	8526.67	2637.51	4263.33	1758.46	2842.22	1318.96	2131.67	1055.29	1705.33
17	5276.38	8528.33	2638.29	4264.17	1758.97	2842.78	1319.35	2132.08	1055.60	1705.67
18	5277.92	8530.00	2639.06	4265.00	1759.49	2843.33	1319.74	2132.50	1055.91	1706.00
19	5279.47	8531.67	2639.83	4265.83	1760.01	2843.89	1320.12	2132.92	1056.22	1706.33
20	5281.02	8533.33	2640.61	4266.67	1760.52	2844.44	1320.51	2133.33	1056.53	1706.67
21	5282.57	8535.00	2641.38	4267.50	1761.04	2845.00	1320.90	2133.75	1056.84	1707.00
22	5284.11	8536.67	2642.15	4268.33	1761.55	2845.56	1321.28	2134.17	1057.15	1707.33
23	5285.63	8538.33	2642.91	4269.17	1762.06	2846.11	1321.66	2134.58	1057.45	1707.67
24	5287.15	8540.00	2643.67	4270.00	1762.56	2846.67	1322.04	2135.00	1057.75	1708.00
25	5288.70	8541.67	2644.44	4270.83	1763.08	2847.22	1322.43	2135.42	1058.06	1708.33
26	5290.24	8543.33	2645.22	4271.67	1763.60	2847.78	1322.82	2135.83	1058.37	1708.67
27	5291.79	8545.00	2645.99	4272.50	1764.11	2848.33	1323.20	2136.25	1058.68	1709.00
28	5293.34	8546.67	2646.77	4273.33	1764.63	2848.89	1323.59	2136.67	1058.99	1709.33
29	5294.88	8548.33	2647.54	4274.17	1765.14	2849.44	1323.98	2137.08	1059.30	1709.67
30	5296.43	8550.00	2648.31	4275.00	1765.66	2850.00	1324.36	2137.50	1059.61	1710.00
31	5297.98	8551.67	2649.09	4275.83	1766.17	2850.56	1324.75	2137.92	1059.92	1710.33
32	5299.53	8553.33	2649.86	4276.67	1766.69	2851.11	1325.14	2138.33	1060.23	1710.67
33	5301.07	8555.00	2650.63	4277.50	1767.21	2851.67	1325.52	2138.75	1060.54	1711.00
34	5302.62	8556.67	2651.41	4278.33	1767.72	2852.22	1325.91	2139.17	1060.85	1711.33
35	5304.17	8558.33	2652.18	4279.17	1768.24	2852.78	1326.30	2139.58	1061.16	1711.67
36	5305.71	8560.00	2652.95	4280.00	1768.75	2853.33	1326.69	2140.00	1061.47	1712.00
37	5307.26	8561.67	2653.73	4280.83	1769.27	2853.89	1327.07	2140.42	1061.78	1712.33
38	5308.81	8563.33	2654.50	4281.67	1769.78	2854.44	1327.46	2140.83	1062.09	1712.67
39	5310.35	8565.00	2655.27	4282.50	1770.30	2855.00	1327.85	2141.25	1062.40	1713.00
40	5311.90	8566.67	2656.05	4283.33	1770.82	2855.56	1328.23	2141.67	1062.70	1713.33
41	5313.45	8568.33	2656.82	4284.17	1771.33	2856.11	1328.62	2142.08	1063.01	1713.67
42	5315.00	8570.00	2657.60	4285.00	1771.85	2856.67	1329.01	2142.50	1063.32	1714.00
43	5316.54	8571.67	2658.37	4285.83	1772.36	2857.22	1329.39	2142.92	1063.63	1714.33
44	5318.09	8573.33	2659.14	4286.67	1772.88	2857.78	1329.78	2143.33	1063.94	1714.67
45	5319.66	8575.00	2659.93	4287.50	1773.40	2858.33	1330.17	2143.75	1064.26	1715.00
46	5321.24	8576.67	2660.72	4288.33	1773.93	2858.89	1330.57	2144.17	1064.57	1715.33
47	5322.79	8578.33	2661.49	4289.17	1774.44	2859.44	1330.95	2144.58	1064.88	1715.67
48	5324.33	8580.00	2662.26	4290.00	1774.96	2860.00	1331.34	2145.00	1065.19	1716.00
49	5325.88	8581.67	2663.04	4290.83	1775.48	2860.56	1331.73	2145.42	1065.50	1716.33
50	5327.43	8583.33	2663.81	4291.67	1775.99	2861.11	1332.12	2145.83	1065.81	1716.67
51	5328.98	8585.00	2664.59	4292.50	1776.51	2861.67	1332.50	2146.25	1066.12	1717.00
52	5330.52	8586.67	2665.36	4293.33	1777.02	2862.22	1332.89	2146.67	1066.43	1717.33
53	5332.07	8588.33	2666.13	4294.17	1777.54	2862.78	1333.28	2147.08	1066.74	1717.67
54	5333.62	8590.00	2666.91	4295.00	1778.06	2863.33	1333.66	2147.50	1067.05	1718.00
55	5335.19	8591.67	2667.69	4295.83	1778.58	2863.89	1334.06	2147.92	1067.36	1718.33
56	5336.77	8593.33	2668.48	4296.67	1779.11	2864.44	1334.45	2148.33	1067.68	1718.67
57	5338.31	8595.00	2669.26	4297.50	1779.62	2865.00	1334.84	2148.75	1067.99	1719.00
58	5339.86	8596.67	2670.03	4298.33	1780.14	2865.56	1335.22	2149.17	1068.30	1719.33
59	5341.44	8598.33	2670.82	4299.17	1780.66	2866.11	1335.62	2149.58	1068.61	1719.67

TABLE XIV.—ACTUAL TANGENTS, ETC.

6° Curve.		7° Curve.		8° Curve.		9° Curve.		10° Curve.		85°
Tan.	Arc.	Tan.	Arc.	Tan.	Arc.	Tan.	Arc.	Tan.	Arc.	M.
875.434	1416.67	750.493	1214.29	656.807	1062.50	583.950	944.444	525.689	850.000	0
875.692	1416.94	750.714	1214.52	657.000	1062.71	584.122	944.630	525.844	850.167	1
875.950	1417.22	750.935	1214.76	657.194	1062.92	584.294	944.815	525.999	850.333	2
876.203	1417.50	751.152	1215.00	657.384	1063.13	584.463	945.000	526.151	850.500	3
876.456	1417.78	751.369	1215.24	657.574	1063.33	584.631	945.185	526.303	850.667	4
876.714	1418.06	751.590	1215.48	657.767	1063.54	584.804	945.370	526.458	850.833	5
876.972	1418.33	751.811	1215.71	657.961	1063.75	584.976	945.556	526.613	851.000	6
877.225	1418.61	752.028	1215.95	658.151	1063.96	585.144	945.741	526.765	851.167	7
877.479	1418.89	752.245	1216.19	658.341	1064.17	585.313	945.926	526.917	851.333	8
877.737	1419.17	752.466	1216.43	658.534	1064.38	585.485	946.111	527.072	851.500	9
877.995	1419.44	752.688	1216.67	658.728	1064.58	585.657	946.296	527.227	851.667	10
878.252	1419.72	752.909	1216.90	658.921	1064.79	585.830	946.481	527.382	851.823	11
878.510	1420.00	753.130	1217.14	659.115	1065.00	586.002	946.667	527.537	852.000	12
878.764	1420.28	753.347	1217.38	659.305	1065.21	586.170	946.852	527.689	852.167	13
879.017	1420.56	753.564	1217.62	659.495	1065.42	586.339	947.037	527.841	852.333	14
879.275	1420.83	753.785	1217.86	659.688	1065.63	586.511	947.222	527.996	852.500	15
879.533	1421.11	754.006	1218.10	659.882	1065.83	586.683	947.407	528.150	852.667	16
879.791	1421.39	754.227	1218.33	660.075	1066.04	586.856	947.593	528.305	852.833	17
880.049	1421.67	754.448	1218.57	660.269	1066.25	587.028	947.778	528.460	853.000	18
880.307	1421.94	754.670	1218.81	660.463	1066.46	587.200	947.963	528.615	853.167	19
880.564	1422.22	754.891	1219.05	660.656	1066.67	587.372	948.148	528.770	853.333	20
880.822	1422.50	755.112	1219.29	660.850	1066.88	587.544	948.333	528.925	853.500	21
881.080	1422.78	755.333	1219.52	661.043	1067.08	587.716	948.519	529.080	853.667	22
881.334	1423.06	755.550	1219.76	661.223	1067.29	587.885	948.704	529.232	853.833	23
881.587	1423.33	755.767	1220.00	661.423	1067.50	588.054	948.889	529.384	854.000	24
881.845	1423.61	755.988	1220.24	661.617	1067.71	588.226	949.074	529.539	854.167	25
882.103	1423.89	756.209	1220.48	661.810	1067.92	588.398	949.259	529.694	854.333	26
882.361	1424.17	756.430	1220.71	662.004	1068.13	588.570	949.444	529.849	854.500	27
882.619	1424.44	756.652	1220.95	662.197	1068.33	588.742	949.630	530.003	854.667	28
882.876	1424.72	756.873	1221.19	662.391	1068.54	588.914	949.815	530.158	854.833	29
883.134	1425.00	757.094	1221.43	662.584	1068.75	589.086	950.000	530.313	855.000	30
883.392	1425.28	757.315	1221.67	662.778	1068.96	589.258	950.185	530.408	855.167	31
883.650	1425.56	757.536	1221.90	662.971	1069.17	589.430	950.370	530.623	855.333	32
883.908	1425.83	757.757	1222.14	663.165	1069.38	589.602	950.556	530.778	855.500	33
884.166	1426.11	757.978	1222.38	663.358	1069.58	589.774	950.741	530.933	855.667	34
884.424	1426.39	758.200	1222.62	663.552	1069.79	589.946	950.926	531.088	855.833	35
884.682	1426.67	758.421	1222.86	663.745	1070.00	590.118	951.111	531.243	856.000	36
884.940	1426.94	758.642	1223.10	663.939	1070.21	590.290	951.296	531.398	856.167	37
885.198	1427.22	758.863	1223.33	664.132	1070.42	590.462	951.481	531.552	856.333	38
885.456	1427.50	759.084	1223.57	664.326	1070.63	590.635	951.667	531.707	856.500	39
885.714	1427.78	759.305	1223.81	664.520	1070.83	590.807	951.852	531.862	856.667	40
885.972	1428.06	759.526	1224.05	664.713	1071.04	590.979	952.037	532.017	856.833	41
886.230	1428.33	759.747	1224.29	664.907	1071.25	591.151	952.222	532.172	857.000	42
886.488	1428.61	759.969	1224.52	665.100	1071.46	591.323	952.407	532.327	857.167	43
886.746	1428.89	760.190	1224.76	665.294	1071.67	591.495	952.593	532.482	857.333	44
887.008	1429.17	760.415	1225.00	665.491	1071.88	591.670	952.778	532.640	857.500	45
887.271	1429.44	760.640	1225.24	665.688	1072.08	591.845	952.963	532.795	857.667	46
887.529	1429.72	760.861	1225.48	665.881	1072.29	592.017	953.148	532.952	857.833	47
887.787	1430.00	761.082	1225.71	666.075	1072.50	592.189	953.333	533.107	858.000	48
888.045	1430.28	761.304	1225.95	666.268	1072.71	592.362	953.519	533.262	858.167	49
888.303	1430.56	761.525	1226.19	666.462	1072.92	592.534	953.704	533.417	858.333	50
888.561	1430.83	761.746	1226.43	666.656	1073.13	592.706	953.889	533.572	858.500	51
888.819	1431.11	761.967	1226.67	666.849	1073.33	592.878	954.074	533.727	858.667	52
889.077	1431.39	762.188	1226.90	667.043	1073.54	593.050	954.259	533.882	858.833	53
889.335	1431.67	762.409	1227.14	667.236	1073.75	593.222	954.444	534.036	859.000	54
889.598	1431.94	762.635	1227.38	667.433	1073.96	593.397	954.630	534.194	859.167	55
889.860	1432.22	762.860	1227.62	667.630	1074.17	593.572	954.815	534.352	859.333	56
890.118	1432.50	763.081	1227.86	667.824	1074.38	593.744	955.000	534.507	859.500	57
890.376	1432.78	763.302	1228.10	668.017	1074.58	593.916	955.185	534.662	859.667	58
890.639	1433.06	763.527	1228.33	668.215	1074.79	594.092	955.370	534.820	859.833	59

TABLE XIV.—ACTUAL TANGENTS, ETC.

86° M.	1° Curve. Tan.	Arc.	2° Curve. Tan.	Arc.	3° Curve. Tan.	Arc.	4° Curve. Tan.	Arc.	5° Curve. Tan.	Arc.
0	5343.01	8600.00	2671.60	4300.00	1781.19	2866.67	1336.01	2150.00	1068.93	1720.00
1	5344.56	8601.67	2672.38	4300.83	1781.70	2867.22	1336.40	2150.42	1069.24	1720.33
2	5346.11	8603.33	2673.15	4301.67	1782.22	2867.78	1336.79	2150.83	1069.55	1720.67
3	5347.65	8605.00	2673.93	4302.50	1782.73	2868.33	1337.17	2151.25	1069.86	1721.00
4	5349.20	8606.67	2674.70	4303.33	1783.25	2868.89	1337.56	2151.67	1070.17	1721.33
5	5350.78	8608.33	2675.49	4304.17	1783.78	2869.44	1337.95	2152.08	1070.48	1721.67
6	5352.35	8610.00	2676.27	4305.00	1784.30	2870.00	1338.35	2152.50	1070.80	1722.00
7	5353.90	8611.67	2677.05	4305.83	1784.82	2870.56	1338.73	2152.92	1071.11	1722.33
8	5355.45	8613.33	2677.82	4306.67	1785.33	2871.11	1339.12	2153.33	1071.42	1722.67
9	5357.02	8615.00	2678.61	4307.50	1785.86	2871.67	1339.52	2153.75	1071.73	1723.00
10	5358.60	8616.67	2679.40	4308.33	1786.38	2872.22	1339.91	2154.17	1072.05	1723.33
11	5360.14	8618.33	2680.17	4309.17	1786.90	2872.78	1340.30	2154.58	1072.36	1723.67
12	5361.69	8620.00	2680.94	4310.00	1787.41	2873.33	1340.68	2155.00	1072.67	1724.00
13	5363.27	8621.67	2681.73	4310.83	1787.94	2873.89	1341.08	2155.42	1072.98	1724.33
14	5364.84	8623.33	2682.52	4311.67	1788.47	2874.44	1341.47	2155.83	1073.30	1724.67
15	5366.42	8625.00	2683.31	4312.50	1788.99	2875.00	1341.86	2156.25	1073.61	1725.00
16	5367.99	8626.67	2684.10	4313.33	1789.52	2875.56	1342.26	2156.67	1073.93	1725.33
17	5369.54	8628.33	2684.87	4314.17	1790.03	2876.11	1342.65	2157.08	1074.24	1725.67
18	5371.09	8630.00	2685.64	4315.00	1790.55	2876.67	1343.03	2157.50	1074.55	1726.00
19	5372.66	8631.67	2686.43	4315.83	1791.07	2877.22	1343.43	2157.92	1074.86	1726.33
20	5374.24	8633.33	2687.22	4316.67	1791.60	2877.78	1343.82	2158.33	1075.18	1726.67
21	5375.82	8635.00	2688.01	4317.50	1792.12	2878.33	1344.21	2158.75	1075.49	1727.00
22	5377.39	8636.67	2688.79	4318.33	1792.65	2878.89	1344.61	2159.17	1075.81	1727.33
23	5378.94	8638.33	2689.57	4319.17	1793.16	2879.44	1345.00	2159.58	1076.12	1727.67
24	5380.49	8640.00	2690.34	4320.00	1793.68	2880.00	1345.38	2160.00	1076.43	1728.00
25	5382.06	8641.67	2691.13	4320.83	1794.20	2880.56	1345.78	2160.42	1076.74	1728.33
26	5383.64	8643.33	2691.92	4321.67	1794.73	2881.11	1346.17	2160.83	1077.06	1728.67
27	5385.21	8645.00	2692.70	4322.50	1795.26	2881.67	1346.56	2161.25	1077.37	1729.00
28	5386.79	8646.67	2693.49	4323.33	1795.78	2882.22	1346.96	2161.67	1077.69	1729.33
29	5388.36	8648.33	2694.28	4324.17	1796.31	2882.78	1347.35	2162.08	1078.00	1729.67
30	5389.94	8650.00	2695.07	4325.00	1796.83	2883.33	1347.75	2162.50	1078.32	1730.00
31	5391.49	8651.67	2695.84	4325.83	1797.35	2883.89	1348.13	2162.92	1078.63	1730.33
32	5393.03	8653.33	2696.62	4326.67	1797.86	2884.44	1348.52	2163.33	1078.94	1730.67
33	5394.61	8655.00	2697.40	4327.50	1798.39	2885.00	1348.91	2163.75	1079.25	1731.00
34	5396.18	8656.67	2698.19	4328.33	1798.91	2885.56	1349.31	2164.17	1079.57	1731.33
35	5397.76	8658.33	2698.98	4329.17	1799.44	2886.11	1349.70	2164.58	1079.88	1731.67
36	5399.34	8660.00	2699.77	4330.00	1799.96	2886.67	1350.10	2165.00	1080.20	1732.00
37	5400.91	8661.67	2700.55	4330.83	1800.49	2887.22	1350.49	2165.42	1080.51	1732.33
38	5402.49	8663.33	2701.34	4331.67	1801.01	2887.78	1350.88	2165.83	1080.83	1732.67
39	5404.06	8665.00	2702.13	4332.50	1801.54	2888.33	1351.28	2166.25	1081.14	1733.00
40	5405.64	8666.67	2702.92	4333.33	1802.06	2888.89	1351.67	2166.67	1081.46	1733.33
41	5407.21	8668.33	2703.71	4334.17	1802.59	2889.44	1352.07	2167.08	1081.77	1733.67
42	5408.79	8670.00	2704.49	4335.00	1803.12	2890.00	1352.46	2167.50	1082.09	1734.00
43	5410.37	8671.67	2705.28	4335.83	1803.64	2890.56	1352.85	2167.92	1082.40	1734.33
44	5411.94	8673.33	2706.07	4336.67	1804.17	2891.11	1353.25	2168.33	1082.72	1734.67
45	5413.52	8675.00	2706.86	4337.50	1804.69	2891.67	1353.64	2168.75	1083.03	1735.00
46	5415.09	8676.67	2707.65	4338.33	1805.22	2892.22	1354.04	2169.17	1083.35	1735.33
47	5416.67	8678.33	2708.43	4339.17	1805.74	2892.78	1354.43	2169.58	1083.66	1735.67
48	5418.24	8680.00	2709.22	4340.00	1806.27	2893.33	1354.82	2170.00	1083.98	1736.00
49	5419.82	8681.67	2710.01	4340.83	1806.79	2893.89	1355.22	2170.42	1084.29	1736.33
50	5421.39	8683.33	2710.80	4341.67	1807.32	2894.44	1355.61	2170.83	1084.61	1736.67
51	5423.00	8685.00	2711.60	4342.50	1807.85	2895.00	1356.01	2171.25	1084.93	1737.00
52	5424.60	8686.67	2712.40	4343.33	1808.39	2895.56	1356.41	2171.67	1085.25	1737.33
53	5426.18	8688.33	2713.19	4344.17	1808.91	2896.11	1356.81	2172.08	1085.57	1737.67
54	5427.75	8690.00	2713.98	4345.00	1809.44	2896.67	1357.20	2172.50	1085.88	1738.00
55	5429.33	8691.67	2714.76	4345.83	1809.96	2897.22	1357.60	2172.92	1086.20	1738.33
56	5430.91	8693.33	2715.55	4346.67	1810.49	2897.78	1357.99	2173.33	1086.51	1738.67
57	5432.48	8695.00	2716.34	4347.50	1811.01	2898.33	1358.38	2173.75	1086.83	1739.00
58	5434.06	8696.67	2717.13	4348.33	1811.54	2898.89	1358.78	2174.17	1087.14	1739.33
59	5435.64	8698.33	2717.92	4349.17	1812.06	2899.44	1359.17	2174.58	1087.46	1739.67

TABLE XIV.—ACTUAL TANGENTS, ETC.

6° Curve.		7° Curve.		8° Curve.		9° Curve.		10° Curve.		86°
Tan.	Arc.	Tan.	Arc.	Tan.	Arc.	Tan.	Arc.	Tan.	Arc.	M.
890.902	1433.33	763.752	1228.57	668.412	1075.00	594.267	955.556	534.977	860.000	0
891.160	1433.61	763.974	1228.81	668.605	1075.21	594.439	955.741	535.132	860.167	1
891.417	1433.89	764.195	1229.05	668.799	1075.42	594.611	955.926	535.287	860.333	2
891.675	1434.17	764.416	1229.29	668.992	1075.63	594.783	956.111	535.442	860.500	3
891.933	1434.44	764.637	1229.52	669.186	1075.83	594.955	956.296	535.597	860.667	4
892.196	1434.72	764.862	1229.76	669.383	1076.04	595.130	956.481	535.755	860.833	5
892.459	1435.00	765.087	1230.00	669.580	1076.25	595.306	956.667	535.912	861.000	6
892.717	1435.28	765.309	1230.24	669.774	1076.46	595.478	956.852	536.067	861.167	7
892.975	1435.56	765.530	1230.48	669.967	1076.67	595.650	957.037	536.222	861.333	8
893.237	1435.83	765.755	1230.71	670.164	1076.88	595.825	957.222	536.380	861.500	9
893.500	1436.11	765.980	1230.95	670.361	1077.08	596.000	957.407	536.538	861.667	10
893.758	1436.39	766.201	1231.19	670.555	1077.29	596.172	957.593	536.698	861.833	11
894.016	1436.67	766.422	1231.43	670.748	1077.50	596.344	957.778	536.848	862.000	12
894.279	1436.94	766.648	1231.67	670.945	1077.71	596.520	957.963	537.005	862.167	13
894.542	1437.22	766.873	1231.90	671.143	1077.92	596.695	958.148	537.163	862.333	14
894.804	1437.50	767.098	1232.14	671.340	1078.13	596.870	958.333	537.321	862.500	15
895.067	1437.78	767.323	1232.38	671.537	1078.33	597.045	958.519	537.479	862.667	16
895.325	1438.06	767.545	1232.62	671.730	1078.54	597.218	958.704	537.634	862.833	17
895.583	1438.33	767.766	1232.86	671.924	1078.75	597.390	958.889	537.788	863.000	18
895.846	1438.61	767.991	1233.10	672.121	1078.96	597.565	959.074	537.946	863.167	19
896.108	1438.89	768.216	1233.33	672.318	1079.17	597.740	959.259	538.104	863.333	20
896.371	1439.17	768.441	1233.57	672.515	1079.38	597.915	959.444	538.262	863.500	21
896.634	1439.44	768.667	1233.81	672.712	1079.58	598.091	959.630	538.419	863.667	22
896.892	1439.72	768.888	1234.05	672.906	1079.79	598.263	959.815	538.574	863.833	23
897.150	1440.00	769.109	1234.29	673.099	1080.00	598.435	960.000	538.729	864.000	24
897.412	1440.28	769.334	1234.52	673.296	1080.21	598.610	960.185	538.887	864.167	25
897.675	1440.56	769.559	1234.76	673.494	1080.42	598.785	960.370	539.045	864.333	26
897.938	1440.83	769.785	1235.00	673.691	1080.63	598.960	960.556	539.203	864.500	27
898.201	1441.11	770.010	1235.24	673.888	1080.83	599.136	960.741	539.360	864.667	28
898.463	1441.39	770.235	1235.48	674.085	1081.04	599.311	960.926	539.518	864.833	29
898.726	1441.67	770.460	1235.71	674.282	1081.25	599.486	961.111	539.676	865.000	30
898.984	1441.94	770.681	1235.95	674.474	1081.46	599.658	961.296	539.831	865.167	31
899.242	1442.22	770.903	1236.19	674.669	1081.67	599.830	961.481	539.986	865.333	32
899.505	1442.50	771.128	1236.43	674.866	1081.88	600.006	961.667	540.143	865.500	33
899.767	1442.78	771.353	1236.67	675.063	1082.08	600.181	961.852	540.301	865.667	34
900.030	1443.06	771.578	1236.90	675.260	1082.29	600.356	962.037	540.459	865.833	35
900.293	1443.33	771.803	1237.14	675.458	1082.50	600.531	962.222	540.617	866.000	36
900.556	1443.61	772.029	1237.38	675.655	1082.71	600.707	962.407	540.774	866.167	37
900.818	1443.89	772.254	1237.62	675.852	1082.92	600.882	962.593	540.932	866.333	38
901.081	1444.17	772.479	1237.86	676.049	1083.13	601.057	962.778	541.090	866.500	39
901.344	1444.44	772.704	1238.10	676.246	1083.33	601.232	962.963	541.248	866.667	40
901.607	1444.72	772.930	1238.33	676.443	1083.54	601.408	963.148	541.406	866.833	41
901.869	1445.00	773.155	1238.57	676.640	1083.75	601.583	963.333	541.563	867.000	42
902.132	1445.28	773.380	1238.81	676.837	1083.96	601.758	963.519	541.721	867.167	43
902.395	1445.56	773.605	1239.05	677.034	1084.17	601.933	963.704	541.879	867.333	44
902.657	1445.83	773.831	1239.29	677.232	1084.38	602.109	963.889	542.037	867.500	45
902.920	1446.11	774.056	1239.52	677.429	1084.58	602.284	964.074	542.194	867.667	46
903.183	1446.39	774.281	1239.76	677.626	1084.79	602.459	964.259	542.352	867.833	47
903.446	1446.67	774.506	1240.00	677.823	1085.00	602.634	964.444	542.510	868.000	48
903.708	1446.94	774.731	1240.24	678.020	1085.21	602.810	964.630	542.668	868.167	49
903.971	1447.22	774.957	1240.48	678.217	1085.42	602.985	964.815	542.825	868.333	50
904.239	1447.50	775.186	1240.71	678.418	1085.63	603.163	965.000	542.986	868.500	51
904.506	1447.78	775.415	1240.95	678.619	1085.83	603.342	965.185	543.147	868.667	52
904.769	1448.06	775.641	1241.19	678.816	1086.04	603.517	965.370	543.304	868.833	53
905.032	1448.33	775.866	1241.43	679.013	1086.25	603.692	965.556	543.462	869.000	54
905.294	1448.61	776.091	1241.67	679.210	1086.46	603.867	965.741	543.620	869.167	55
905.557	1448.89	776.316	1241.90	679.407	1086.67	604.043	965.926	543.778	869.333	56
905.820	1449.17	776.541	1242.14	679.604	1086.88	604.218	966.111	543.936	869.500	57
906.082	1449.44	776.767	1242.38	679.801	1087.08	604.393	966.296	544.093	869.667	58
906.345	1449.72	776.992	1242.62	679.998	1087.29	604.568	966.481	544.251	869.833	59

TABLE XIV.—ACTUAL TANGENTS, ETC.

87°	1° Curve.		2° Curve.		3° Curve.		4° Curve.		5° Curve.	
M.	Tan.	Arc.	Tan.	Arc.	Tan.	Arc.	Tan.	Arc.	Tan.	Arc.
0	5437.21	8700.00	2718.70	4350.00	1812.59	2900.00	1359.57	2175.00	1087.77	1740.00
1	5438.81	8701.67	2719.51	4350.83	1813.12	2900.56	1359.97	2175.42	1088.09	1740.33
2	5440.42	8703.33	2720.31	4351.67	1813.66	2901.11	1360.37	2175.83	1088.42	1740.67
3	5441.99	8705.00	2721.10	4352.50	1814.18	2901.67	1360.76	2176.25	1088.73	1741.00
4	5443.57	8706.67	2721.88	4353.33	1814.71	2902.22	1361.16	2176.67	1089.05	1741.33
5	5445.14	8708.33	2722.67	4354.17	1815.23	2902.78	1361.55	2177.08	1089.36	1741.67
6	5446.72	8710.00	2723.46	4355.00	1815.76	2903.33	1361.94	2177.50	1089.68	1742.00
7	5448.32	8711.67	2724.26	4355.83	1816.30	2903.89	1362.34	2177.92	1090.00	1742.33
8	5449.93	8713.33	2725.06	4356.67	1816.83	2904.44	1362.75	2178.33	1090.32	1742.67
9	5451.50	8715.00	2725.85	4357.50	1817.36	2905.00	1363.14	2178.75	1090.63	1743.00
10	5453.08	8716.67	2726.64	4358.33	1817.88	2905.56	1363.53	2179.17	1090.95	1743.33
11	5454.68	8718.33	2727.44	4359.17	1818.42	2906.11	1363.94	2179.58	1091.27	1743.67
12	5456.29	8720.00	2728.24	4360.00	1818.95	2906.67	1364.34	2180.00	1091.59	1744.00
13	5457.86	8721.67	2729.03	4360.83	1819.48	2907.22	1364.73	2180.42	1091.91	1744.33
14	5459.44	8723.33	2729.82	4361.67	1820.00	2907.78	1365.12	2180.83	1092.22	1744.67
15	5461.04	8725.00	2730.62	4362.50	1820.54	2908.33	1365.53	2181.25	1092.54	1745.00
16	5462.65	8726.67	2731.42	4363.33	1821.07	2908.89	1365.93	2181.67	1092.86	1745.33
17	5464.22	8728.33	2732.21	4364.17	1821.60	2909.44	1366.32	2182.08	1093.18	1745.67
18	5465.80	8730.00	2733.00	4365.00	1822.12	2910.00	1366.71	2182.50	1093.49	1746.00
19	5467.40	8731.67	2733.80	4365.83	1822.66	2910.56	1367.12	2182.92	1093.81	1746.33
20	5469.01	8733.33	2734.60	4366.67	1823.19	2911.11	1367.52	2183.33	1094.14	1746.67
21	5470.58	8735.00	2735.39	4367.50	1823.72	2911.67	1367.91	2183.75	1094.45	1747.00
22	5472.16	8736.67	2736.18	4368.33	1824.24	2912.22	1368.30	2184.17	1094.77	1747.33
23	5473.76	8738.33	2736.98	4369.17	1824.78	2912.78	1368.71	2184.58	1095.09	1747.67
24	5475.37	8740.00	2737.78	4370.00	1825.31	2913.33	1369.11	2185.00	1095.41	1748.00
25	5476.97	8741.67	2738.59	4370.83	1825.85	2913.89	1369.51	2185.42	1095.73	1748.33
26	5478.58	8743.33	2739.39	4371.67	1826.38	2914.44	1369.91	2185.83	1096.05	1748.67
27	5480.15	8745.00	2740.18	4372.50	1826.91	2915.00	1370.30	2186.25	1096.37	1749.00
28	5481.73	8746.67	2740.96	4373.33	1827.43	2915.56	1370.70	2186.67	1096.68	1749.33
29	5483.33	8748.33	2741.77	4374.17	1827.97	2916.11	1371.10	2187.08	1097.00	1749.67
30	5484.94	8750.00	2742.57	4375.00	1828.50	2916.67	1371.50	2187.50	1097.32	1750.00
31	5486.54	8751.67	2743.37	4375.83	1829.04	2917.22	1371.90	2187.92	1097.64	1750.33
32	5488.15	8753.33	2744.17	4376.67	1829.57	2917.78	1372.30	2188.33	1097.96	1750.67
33	5489.75	8755.00	2744.98	4377.50	1830.10	2918.33	1372.70	2188.75	1098.29	1751.00
34	5491.35	8756.67	2745.78	4378.33	1830.64	2918.89	1373.10	2189.17	1098.61	1751.33
35	5492.96	8758.33	2746.58	4379.17	1831.17	2919.44	1373.51	2189.58	1098.93	1751.67
36	5494.56	8760.00	2747.38	4380.00	1831.71	2920.00	1373.91	2190.00	1099.25	1752.00
37	5496.14	8761.67	2748.17	4380.83	1832.23	2920.56	1374.30	2190.42	1099.56	1752.33
38	5497.71	8763.33	2748.96	4381.67	1832.76	2921.11	1374.69	2190.83	1099.88	1752.67
39	5499.32	8765.00	2749.76	4382.50	1833.29	2921.67	1375.10	2191.25	1100.20	1753.00
40	5500.92	8766.67	2750.56	4383.33	1833.83	2922.22	1375.50	2191.67	1100.52	1753.33
41	5502.53	8768.33	2751.36	4384.17	1834.36	2922.78	1375.90	2192.08	1100.84	1753.67
42	5504.13	8770.00	2752.17	4385.00	1834.90	2923.33	1376.30	2192.50	1101.16	1754.00
43	5505.74	8771.67	2752.97	4385.83	1835.43	2923.89	1376.70	2192.92	1101.48	1754.33
44	5507.34	8773.33	2753.77	4386.67	1835.97	2924.44	1377.10	2193.33	1101.80	1754.67
45	5508.94	8775.00	2754.57	4387.50	1836.50	2925.00	1377.50	2193.75	1102.13	1755.00
46	5510.55	8776.67	2755.38	4388.33	1837.04	2925.56	1377.90	2194.17	1102.45	1755.33
47	5512.15	8778.33	2756.18	4389.17	1837.57	2926.11	1378.31	2194.58	1102.77	1755.67
48	5513.76	8780.00	2756.98	4390.00	1838.11	2926.67	1378.71	2195.00	1103.09	1756.00
49	5515.36	8781.67	2757.78	4390.83	1838.64	2927.22	1379.11	2195.42	1103.41	1756.33
50	5516.97	8783.33	2758.58	4391.67	1839.18	2927.78	1379.51	2195.83	1103.73	1756.67
51	5518.57	8785.00	2759.39	4392.50	1839.71	2928.33	1379.91	2196.25	1104.05	1757.00
52	5520.17	8786.67	2760.19	4393.33	1840.25	2928.89	1380.31	2196.67	1104.37	1757.33
53	5521.78	8788.33	2760.99	4394.17	1840.78	2929.44	1380.71	2197.08	1104.69	1757.67
54	5523.83	8790.00	2761.79	4395.00	1841.32	2930.00	1381.11	2197.50	1105.01	1758.00
55	5525.02	8791.67	2762.61	4395.83	1841.86	2930.56	1381.52	2197.92	1105.34	1758.33
56	5526.65	8793.33	2763.43	4396.67	1842.41	2931.11	1381.93	2198.33	1105.67	1758.67
57	5528.25	8795.00	2764.23	4397.50	1842.94	2931.67	1382.33	2198.75	1105.99	1759.00
58	5529.86	8796.67	2765.03	4398.33	1843.48	2932.22	1382.73	2199.17	1106.31	1759.33
59	5531.46	8798.33	2765.83	4399.17	1844.01	2932.78	1383.13	2199.58	1106.63	1759.67

TABLE XIV.—ACTUAL TANGENTS, ETC.

6° Curve.		7° Curve.		8° Curve.		9° Curve.		10° Curve.		87°
Tan.	Arc.	Tan.	Arc.	Tan.	Arc.	Tan.	Arc.	Tan.	Arc.	M.
906.608	1450.00	777.217	1242.86	680.195	1087.50	604.744	966.667	544.409	870.000	0
906.875	1450.28	777.446	1243.10	680.396	1087.71	604.922	966.852	544.569	870.167	1
907.143	1450.56	777.676	1243.33	680.597	1087.92	605.101	967.037	544.730	870.333	2
907.406	1450.83	777.901	1243.57	680.794	1088.13	605.276	967.222	544.888	870.500	3
907.668	1451.11	778.126	1243.81	680.991	1088.33	605.451	967.407	545.046	870.667	4
907.931	1451.39	778.352	1244.05	681.188	1088.54	605.626	967.593	545.203	870.833	5
908.194	1451.67	778.577	1244.29	681.385	1088.75	605.802	967.778	545.361	871.000	6
908.461	1451.94	778.806	1244.52	681.586	1088.96	605.980	967.963	545.522	871.167	7
908.729	1452.22	779.035	1244.76	681.787	1089.17	606.158	968.148	545.682	871.333	8
908.992	1452.50	779.261	1245.00	681.984	1089.38	606.334	968.333	545.840	871.500	9
909.254	1452.78	779.486	1245.24	682.181	1089.58	606.509	968.519	545.998	871.667	10
909.522	1453.06	779.715	1245.48	682.382	1089.79	606.687	968.704	546.159	871.833	11
909.789	1453.33	779.945	1245.71	682.582	1090.00	606.866	968.889	546.319	872.000	12
910.052	1453.61	780.170	1245.95	682.779	1090.21	607.041	969.074	546.477	872.167	13
910.315	1453.89	780.395	1246.19	682.977	1090.42	607.216	969.259	546.635	872.333	14
910.582	1454.17	780.624	1246.43	683.177	1090.63	607.395	969.444	546.795	872.500	15
910.850	1454.44	780.854	1246.67	683.378	1090.83	607.573	969.630	546.956	872.667	16
911.112	1454.72	781.079	1246.90	683.575	1091.04	607.748	969.815	547.114	872.833	17
911.375	1455.00	781.304	1247.14	683.772	1091.25	607.924	970.000	547.272	873.000	18
911.643	1455.28	781.533	1247.38	683.973	1091.46	608.102	970.185	547.432	873.167	19
911.910	1455.56	781.763	1247.62	684.174	1091.67	608.281	970.370	547.593	873.333	20
912.173	1455.83	781.988	1247.86	684.371	1091.88	608.456	970.556	547.751	873.500	21
912.436	1456.11	782.213	1248.10	684.568	1092.08	608.631	970.741	547.908	873.667	22
912.703	1456.39	782.443	1248.33	684.769	1092.29	608.809	970.926	548.069	873.833	23
912.971	1456.67	782.672	1248.57	684.969	1092.50	608.988	971.111	548.230	874.000	24
913.238	1456.94	782.901	1248.81	685.170	1092.71	609.166	971.296	548.390	874.167	25
913.506	1457.22	783.130	1249.05	685.371	1092.92	609.345	971.481	548.551	874.333	26
913.768	1457.50	783.356	1249.29	685.568	1093.13	609.520	971.667	548.709	874.500	27
914.031	1457.78	783.581	1249.52	685.765	1093.33	609.695	971.852	548.866	874.667	28
914.299	1458.06	783.810	1249.76	685.966	1093.54	609.874	972.037	549.027	874.833	29
914.566	1458.33	784.040	1250.00	686.166	1093.75	610.052	972.222	549.188	875.000	30
914.834	1458.61	784.269	1250.24	686.367	1093.96	610.231	972.407	549.348	875.167	31
915.101	1458.89	784.498	1250.48	686.568	1094.17	610.409	972.593	549.509	875.333	32
915.369	1459.17	784.728	1250.71	686.768	1094.38	610.587	972.778	549.670	875.500	33
915.636	1459.44	784.957	1250.95	686.969	1094.58	610.766	972.963	549.830	875.667	34
915.904	1459.72	785.186	1251.19	687.170	1094.79	610.944	973.148	549.991	875.833	35
916.171	1460.00	785.416	1251.43	687.370	1095.00	611.123	973.333	550.151	876.000	36
916.434	1460.28	785.641	1251.67	687.568	1095.21	611.298	973.519	550.309	876.167	37
916.697	1460.56	785.806	1251.90	687.765	1095.42	611.473	973.704	550.467	876.333	38
916.964	1460.83	786.095	1252.14	687.965	1095.63	611.652	973.889	550.628	876.500	39
917.232	1461.11	786.325	1252.38	688.166	1095.83	611.830	974.074	550.788	876.667	40
917.490	1461.39	786.554	1252.62	688.367	1096.04	612.009	974.259	550.949	876.833	41
917.767	1461.67	786.783	1252.86	688.567	1096.25	612.187	974.444	551.110	877.000	42
918.034	1461.94	787.013	1253.10	688.768	1096.46	612.365	974.630	551.270	877.167	43
918.302	1462.22	787.242	1253.33	688.969	1096.67	612.544	974.815	551.431	877.333	44
918.569	1462.50	787.471	1253.57	689.170	1096.88	612.722	975.000	551.591	877.500	45
918.837	1462.78	787.701	1253.81	689.370	1097.08	612.901	975.185	551.752	877.667	46
919.104	1463.06	787.930	1254.05	689.571	1097.29	613.079	975.370	551.913	877.833	47
919.372	1463.33	788.159	1254.29	689.772	1097.50	613.258	975.556	552.073	878.000	48
919.639	1463.61	788.389	1254.52	689.972	1097.71	613.436	975.741	552.234	878.167	49
919.907	1463.89	788.618	1254.76	690.173	1097.92	613.614	975.926	552.395	878.333	50
920.174	1464.17	788.847	1255.00	690.374	1098.13	613.793	976.111	552.555	878.500	51
920.442	1464.44	789.077	1255.24	690.574	1098.33	613.971	976.296	552.716	878.667	52
920.709	1464.72	789.306	1255.48	690.775	1098.54	614.150	976.481	552.876	878.833	53
920.977	1465.00	789.535	1255.71	690.976	1098.75	614.328	976.667	553.037	879.000	54
921.249	1465.28	789.769	1255.95	691.180	1098.96	614.510	976.852	553.201	879.167	55
921.521	1465.56	790.002	1256.19	691.384	1099.17	614.691	977.037	553.364	879.333	56
921.789	1465.83	790.231	1256.43	691.585	1099.38	614.870	977.222	553.525	879.500	57
922.056	1466.11	790.461	1256.67	691.786	1099.58	615.048	977.407	553.685	879.667	58
922.324	1466.39	790.690	1256.90	691.987	1099.79	615.227	977.593	553.846	879.833	59

TABLE XIV.—ACTUAL TANGENTS, ETC.

88°	1° Curve.		2° Curve.		3° Curve.		4° Curve.		5° Curve.	
M.	Tan.	Arc.	Tan.	Arc.	Tan.	Arc.	Tan.	Arc.	Tan.	Arc.
0	5533.07	8800.00	2766.63	4400.00	1844.55	2933.33	1383.53	2200.00	1106.85	1760.00
1	5534.67	8801.67	2767.44	4400.83	1845.08	2933.89	1383.94	2200.42	1107.27	1760.33
2	5536.27	8803.33	2768.24	4401.67	1845.61	2934.44	1384.34	2200.83	1107.59	1760.67
3	5537.88	8805.00	2769.04	4402.50	1846.15	2935.00	1384.74	2201.25	1107.91	1761.00
4	5539.48	8806.67	2769.84	4403.33	1846.68	2935.56	1385.14	2201.67	1108.23	1761.33
5	5541.12	8808.33	2770.66	4404.17	1847.23	2936.11	1385.55	2202.08	1108.56	1761.67
6	5542.75	8810.00	2771.48	4405.00	1847.77	2936.67	1385.96	2202.50	1108.89	1762.00
7	5544.35	8811.67	2772.28	4405.83	1848.31	2937.22	1386.36	2202.92	1109.21	1762.33
8	5545.96	8813.33	2773.08	4406.67	1848.84	2937.78	1386.76	2203.33	1109.53	1762.67
9	5547.56	8815.00	2773.88	4407.50	1849.38	2938.33	1387.16	2203.75	1109.85	1763.00
10	5549.17	8816.67	2774.68	4408.33	1849.91	2938.89	1387.56	2204.17	1110.17	1763.33
11	5550.80	8818.33	2775.50	4409.17	1850.46	2939.44	1387.97	2204.58	1110.50	1763.67
12	5552.43	8820.00	2776.32	4410.00	1851.00	2940.00	1388.38	2205.00	1110.83	1764.00
13	5554.04	8821.67	2777.12	4410.83	1851.54	2940.56	1388.78	2205.42	1111.15	1764.33
14	5555.64	8823.33	2777.92	4411.67	1852.07	2941.11	1389.18	2205.83	1111.47	1764.67
15	5557.27	8825.00	2778.74	4412.50	1852.62	2941.67	1389.59	2206.25	1111.79	1765.00
16	5558.91	8826.67	2779.56	4413.33	1853.16	2942.22	1390.00	2206.67	1112.12	1765.33
17	5560.51	8828.33	2780.36	4414.17	1853.69	2942.78	1390.40	2207.08	1112.44	1765.67
18	5562.12	8830.00	2781.16	4415.00	1854.23	2943.33	1390.80	2207.50	1112.76	1766.00
19	5563.75	8831.67	2781.98	4415.83	1854.77	2943.89	1391.21	2207.92	1113.09	1766.33
20	5565.38	8833.33	2782.79	4416.67	1855.32	2944.44	1391.61	2208.33	1113.42	1766.67
21	5566.99	8835.00	2783.59	4417.50	1855.85	2945.00	1392.02	2208.75	1113.74	1767.00
22	5568.59	8836.67	2784.40	4418.33	1856.39	2945.56	1392.42	2209.17	1114.06	1767.33
23	5570.22	8838.33	2785.21	4419.17	1856.93	2946.11	1392.83	2209.58	1114.38	1767.67
24	5571.86	8840.00	2786.03	4420.00	1857.48	2946.67	1393.23	2210.00	1114.71	1768.00
25	5573.46	8841.67	2786.83	4420.83	1858.01	2947.22	1393.63	2210.42	1115.03	1768.33
26	5575.06	8843.33	2787.63	4421.67	1858.55	2947.78	1391.04	2210.83	1115.35	1768.67
27	5576.70	8845.00	2788.45	4422.50	1859.09	2948.33	1394.44	2211.25	1115.68	1769.00
28	5578.33	8846.67	2789.27	4423.33	1859.63	2948.89	1394.85	2211.67	1116.01	1769.33
29	5579.96	8848.33	2790.08	4424.17	1860.18	2949.44	1395.26	2212.08	1116.33	1769.67
30	5581.60	8850.00	2790.90	4425.00	1860.72	2950.00	1395.67	2212.50	1116.66	1770.00
31	5583.20	8851.67	2791.70	4425.83	1861.26	2950.56	1396.07	2212.92	1116.98	1770.33
32	5584.80	8853.33	2792.50	4426.67	1861.79	2951.11	1396.47	2213.33	1117.30	1770.67
33	5586.44	8855.00	2793.32	4427.50	1862.34	2951.67	1396.88	2213.75	1117.63	1771.00
34	5588.07	8856.67	2794.14	4428.33	1862.88	2952.22	1397.29	2214.17	1117.96	1771.33
35	5589.70	8858.33	2794.95	4429.17	1863.43	2952.78	1397.70	2214.58	1118.28	1771.67
36	5591.34	8860.00	2795.77	4430.00	1863.97	2953.33	1398.10	2215.00	1118.61	1772.00
37	5592.97	8861.67	2796.59	4430.83	1864.52	2953.89	1398.51	2215.42	1118.94	1772.33
38	5594.60	8863.33	2797.40	4431.67	1865.06	2954.44	1398.92	2215.83	1119.26	1772.67
39	5596.24	8865.00	2798.22	4432.50	1865.60	2955.00	1399.33	2216.25	1119.59	1773.00
40	5597.87	8866.67	2799.04	4433.33	1866.15	2955.56	1399.74	2216.67	1119.92	1773.33
41	5599.47	8868.33	2799.84	4434.17	1866.68	2956.11	1400.14	2217.08	1120.24	1773.67
42	5601.08	8870.00	2800.64	4435.00	1867.22	2956.67	1400.54	2217.50	1120.56	1774.00
43	5602.71	8871.67	2801.46	4435.83	1867.76	2957.22	1400.95	2217.92	1120.88	1774.33
44	5604.34	8873.33	2802.27	4436.67	1868.31	2957.78	1401.36	2218.33	1121.21	1774.67
45	5605.98	8875.00	2803.09	4437.50	1868.85	2958.33	1401.77	2218.75	1121.54	1775.00
46	5607.61	8876.67	2803.91	4438.33	1869.40	2958.89	1402.17	2219.17	1121.86	1775.33
47	5609.24	8878.33	2804.72	4439.17	1869.94	2959.44	1402.58	2219.58	1122.19	1775.67
48	5610.87	8880.00	2805.54	4440.00	1870.48	2960.00	1402.99	2220.00	1122.52	1776.00
49	5612.51	8881.67	2806.36	4440.83	1871.03	2960.56	1403.40	2220.42	1122.84	1776.33
50	5614.14	8883.33	2807.17	4441.67	1871.57	2961.11	1403.81	2220.83	1123.17	1776.67
51	5615.77	8885.00	2807.99	4442.50	1872.12	2961.67	1404.22	2221.25	1123.50	1777.00
52	5617.41	8886.67	2808.81	4443.33	1872.66	2962.22	1404.62	2221.67	1123.82	1777.33
53	5619.04	8888.33	2809.62	4444.17	1873.21	2962.78	1405.03	2222.08	1124.15	1777.67
54	5620.67	8890.00	2810.44	4445.00	1873.75	2963.33	1405.44	2222.50	1124.48	1778.00
55	5622.31	8891.67	2811.26	4445.83	1874.29	2963.89	1405.85	2222.92	1124.80	1778.33
56	5623.94	8893.33	2812.07	4446.67	1874.84	2964.44	1406.26	2223.33	1125.13	1778.67
57	5625.60	8895.00	2812.90	4447.50	1875.39	2965.00	1406.67	2223.75	1125.46	1779.00
58	5627.26	8896.67	2813.73	4448.33	1875.95	2965.56	1407.09	2224.17	1125.80	1779.33
59	5628.89	8898.33	2814.55	4449.17	1876.49	2966.11	1407.50	2224.58	1126.12	1779.67

TABLE XIV.—ACTUAL TANGENTS, ETC.

6° Curve.		7° Curve.		8° Curve.		9° Curve.		10° Curve.		88°
Tan.	Arc.	Tan.	Arc.	Tan.	Arc.	Tan.	Arc.	Tan.	Arc.	M.
922.591	1466.67	790.919	1257.14	692.187	1100.00	615.405	977.778	554.007	880.000	0
922.859	1466.94	791.149	1257.38	692.388	1100.21	615.584	977.963	554.167	880.167	1
923.126	1467.22	791.378	1257.62	692.589	1100.42	615.762	978.148	554.328	880.333	2
923.394	1467.50	791.607	1257.86	692.789	1100.63	615.941	978.333	554.489	880.500	3
923.661	1467.78	791.837	1258.10	692.990	1100.83	616.119	978.519	554.649	880.667	4
923.934	1468.06	792.070	1258.33	693.194	1101.04	616.301	978.704	554.813	880.833	5
924.206	1468.33	792.304	1258.57	693.399	1101.25	616.482	978.889	554.976	881.000	6
924.473	1468.61	792.533	1258.81	693.599	1101.46	616.661	979.074	555.137	881.167	7
924.741	1468.89	792.762	1259.05	693.800	1101.67	616.839	979.259	555.297	881.333	8
925.008	1469.17	792.991	1259.29	694.001	1101.88	617.018	979.444	555.458	881.500	9
925.276	1469.44	793.221	1259.52	694.201	1102.08	617.196	979.630	555.619	881.667	10
925.548	1469.72	793.454	1259.76	694.406	1102.29	617.378	979.815	555.782	881.833	11
925.820	1470.00	793.688	1260.00	694.610	1102.50	617.559	980.000	555.946	882.000	12
926.088	1470.28	793.917	1260.24	694.811	1102.71	617.738	980.185	556.106	882.167	13
926.355	1470.56	794.146	1260.48	695.011	1102.92	617.916	980.370	556.267	882.333	14
926.628	1470.83	794.389	1260.71	695.216	1103.13	618.098	980.556	556.430	882.500	15
926.900	1471.11	794.613	1260.95	695.420	1103.33	618.279	980.741	556.594	882.667	16
927.167	1471.39	794.842	1261.19	695.621	1103.54	618.458	980.926	556.755	882.833	17
927.435	1471.67	795.072	1261.43	695.821	1103.75	618.636	981.111	556.915	883.000	18
927.707	1471.94	795.305	1261.67	696.026	1103.96	618.818	981.296	557.079	883.167	19
927.979	1472.22	795.539	1261.90	696.230	1104.17	618.999	981.481	557.242	883.333	20
928.247	1472.50	795.768	1262.14	696.431	1104.38	619.178	981.667	557.403	883.500	21
928.514	1472.78	795.997	1262.38	696.631	1104.58	619.356	981.852	557.564	883.667	22
928.787	1473.06	796.231	1262.62	696.836	1104.79	619.538	982.037	557.727	883.833	23
929.059	1473.33	796.464	1262.86	697.040	1105.00	619.720	982.222	557.891	884.000	24
929.327	1473.61	796.693	1263.10	697.241	1105.21	619.898	982.407	558.051	884.167	25
929.594	1473.89	796.923	1263.33	697.441	1105.42	620.076	982.593	558.212	884.333	26
929.866	1474.17	797.156	1263.57	697.646	1105.63	620.258	982.778	558.375	884.500	27
930.139	1474.44	797.390	1263.81	697.850	1105.83	620.440	982.963	558.539	884.667	28
930.411	1474.72	797.623	1264.05	698.054	1106.04	620.621	983.148	558.702	884.833	29
930.683	1475.00	797.856	1264.29	698.258	1106.25	620.803	983.333	558.866	885.000	30
930.951	1475.28	798.086	1264.52	698.459	1106.46	620.981	983.519	559.026	885.167	31
931.218	1475.56	798.315	1264.76	698.660	1106.67	621.160	983.704	559.187	885.333	32
931.490	1475.83	798.549	1265.00	698.864	1106.88	621.341	983.889	559.351	885.500	33
931.763	1476.11	798.782	1265.24	699.068	1107.08	621.523	984.074	559.514	885.667	34
932.035	1476.39	799.015	1265.48	699.273	1107.29	621.705	984.259	559.678	885.833	35
932.307	1476.67	799.249	1265.71	699.477	1107.50	621.886	984.444	559.841	886.000	36
932.580	1476.94	799.482	1265.95	699.681	1107.71	622.068	984.630	560.005	886.167	37
932.852	1477.22	799.716	1266.19	699.885	1107.92	622.249	984.815	560.168	886.333	38
933.124	1477.50	799.949	1266.43	700.090	1108.13	622.431	985.000	560.332	886.500	39
933.396	1477.78	800.182	1266.67	700.294	1108.33	622.613	985.185	560.495	886.667	40
933.664	1478.06	800.412	1266.90	700.495	1108.54	622.791	985.370	560.656	886.833	41
933.931	1478.33	800.641	1267.14	700.695	1108.75	622.970	985.556	560.816	887.000	42
934.204	1478.61	800.875	1267.38	700.900	1108.96	623.151	985.741	560.980	887.167	43
934.476	1478.89	801.108	1267.62	701.104	1109.17	623.333	985.926	561.143	887.333	44
934.748	1479.17	801.341	1267.86	701.308	1109.38	623.514	986.111	561.307	887.500	45
935.021	1479.44	801.575	1268.10	701.513	1109.58	623.696	986.296	561.470	887.667	46
935.293	1479.72	801.808	1268.33	701.717	1109.79	623.878	986.481	561.634	887.833	47
935.565	1480.00	802.042	1268.57	701.921	1110.00	624.059	986.667	561.797	888.000	48
935.837	1480.28	802.275	1268.81	702.125	1110.21	624.241	986.852	561.961	888.167	49
936.110	1480.56	802.509	1269.05	702.330	1110.42	624.423	987.037	562.124	888.333	50
936.382	1480.83	802.742	1269.29	702.534	1110.63	624.604	987.222	562.288	888.500	51
936.654	1481.11	802.975	1269.52	702.738	1110.83	624.786	987.407	562.451	888.667	52
936.927	1481.39	803.209	1269.76	702.943	1111.04	624.967	987.593	562.615	888.833	53
937.199	1481.67	803.442	1270.00	703.147	1111.25	625.149	987.778	562.778	889.000	54
937.471	1481.94	803.676	1270.24	703.351	1111.46	625.331	987.963	562.942	889.167	55
937.743	1482.22	803.909	1270.48	703.555	1111.67	625.512	988.148	563.105	889.333	56
938.020	1482.50	804.147	1270.71	703.763	1111.88	625.697	988.333	563.272	889.500	57
938.297	1482.78	804.384	1270.95	703.971	1112.08	625.882	988.519	563.438	889.667	58
938.570	1483.06	804.617	1271.19	704.175	1112.29	626.064	988.704	563.602	889.833	59

TABLE XIV.—ACTUAL TANGENTS, ETC.

89°	1° Curve.		2° Curve.		3° Curve.		4° Curve.		5° Curve.	
M.	Tan.	Arc.	Tan.	Arc.	Tan.	Arc.	Tan.	Arc.	Tan.	Arc.
0	5630.53	8900.00	2815.37	4450.00	1877.04	2966.67	1407.90	2225.00	1126.45	1780.00
1	5632.16	8901.67	2816.18	4450.83	1877.58	2967.22	1408.31	2225.42	1126.78	1780.33
2	5633.79	8903.33	2817.00	4451.67	1878.12	2967.78	1408.72	2225.83	1127.10	1780.67
3	5635.43	8905.00	2817.82	4452.50	1878.67	2968.33	1409.13	2226.25	1127.43	1781.00
4	5637.06	8906.67	2818.63	4453.33	1879.21	2968.89	1409.54	2226.67	1127.76	1781.33
5	5638.69	8908.33	2819.45	4454.17	1879.76	2969.44	1409.95	2227.08	1128.08	1781.67
6	5640.32	8910.00	2820.27	4455.00	1880.30	2970.00	1410.35	2227.50	1128.41	1782.00
7	5641.99	8911.67	2821.10	4455.83	1880.86	2970.56	1410.77	2227.92	1128.74	1782.33
8	5643.65	8913.33	2821.93	4456.67	1881.41	2971.11	1411.19	2228.33	1129.07	1782.67
9	5645.28	8915.00	2822.74	4457.50	1881.95	2971.67	1411.59	2228.75	1129.40	1783.00
10	5646.91	8916.67	2823.56	4458.33	1882.50	2972.22	1412.00	2229.17	1129.73	1783.33
11	5648.55	8918.33	2824.38	4459.17	1883.04	2972.78	1412.41	2229.58	1130.05	1783.67
12	5650.18	8920.00	2825.19	4460.00	1883.59	2973.33	1412.82	2230.00	1130.38	1784.00
13	5651.84	8921.67	2826.02	4460.83	1884.14	2973.89	1413.23	2230.42	1130.71	1784.33
14	5653.50	8923.33	2826.86	4461.67	1884.70	2974.44	1413.65	2230.83	1131.05	1784.67
15	5655.14	8925.00	2827.67	4462.50	1885.24	2975.00	1414.06	2231.25	1131.37	1785.00
16	5656.77	8926.67	2828.49	4463.33	1885.78	2975.56	1414.47	2231.67	1131.70	1785.33
17	5658.43	8928.33	2829.32	4464.17	1886.34	2976.11	1414.88	2232.08	1132.03	1785.67
18	5660.09	8930.00	2830.15	4465.00	1886.89	2976.67	1415.30	2232.50	1132.36	1786.00
19	5661.72	8931.67	2830.97	4465.83	1887.44	2977.22	1415.71	2232.92	1132.69	1786.33
20	5663.36	8933.33	2831.78	4466.67	1887.98	2977.78	1416.11	2233.33	1133.02	1786.67
21	5665.02	8935.00	2832.61	4467.50	1888.53	2978.33	1416.53	2233.75	1133.35	1787.00
22	5666.68	8936.67	2833.44	4468.33	1889.09	2978.89	1416.94	2234.17	1133.68	1787.33
23	5668.31	8938.33	2834.26	4469.17	1889.63	2979.44	1417.35	2234.58	1134.01	1787.67
24	5669.95	8940.00	2835.08	4470.00	1890.18	2980.00	1417.76	2235.00	1134.34	1788.00
25	5671.61	8941.67	2835.91	4470.83	1890.73	2980.56	1418.18	2235.42	1134.67	1788.33
26	5673.27	8943.33	2836.74	4471.67	1891.28	2981.11	1418.59	2235.83	1135.00	1788.67
27	5674.90	8945.00	2837.56	4472.50	1891.83	2981.67	1419.00	2236.25	1135.33	1789.00
28	5676.54	8946.67	2838.37	4473.33	1892.37	2982.22	1419.41	2236.67	1135.65	1789.33
29	5678.20	8948.33	2839.20	4474.17	1892.92	2982.78	1419.82	2237.08	1135.99	1789.67
30	5679.86	8950.00	2840.03	4475.00	1893.48	2983.33	1420.24	2237.50	1136.32	1790.00
31	5681.52	8951.67	2840.86	4475.83	1894.04	2983.89	1420.66	2237.92	1136.65	1790.33
32	5683.18	8953.33	2841.70	4476.67	1894.59	2984.44	1421.07	2238.33	1136.98	1790.67
33	5684.84	8955.00	2842.53	4477.50	1895.14	2985.00	1421.49	2238.75	1137.32	1791.00
34	5686.51	8956.67	2843.36	4478.33	1895.70	2985.56	1421.90	2239.17	1137.65	1791.33
35	5688.14	8958.33	2844.17	4479.17	1896.24	2986.11	1422.31	2239.58	1137.98	1791.67
36	5689.77	8960.00	2844.99	4480.00	1896.79	2986.67	1422.72	2240.00	1138.30	1792.00
37	5691.43	8961.67	2845.82	4480.83	1897.34	2987.22	1423.13	2240.42	1138.63	1792.33
38	5693.09	8963.33	2846.65	4481.67	1897.89	2987.78	1423.55	2240.83	1138.97	1792.67
39	5694.76	8965.00	2847.48	4482.50	1898.45	2988.33	1423.96	2241.25	1139.30	1793.00
40	5696.42	8966.67	2848.31	4483.33	1899.00	2988.89	1424.38	2241.67	1139.63	1793.33
41	5698.08	8968.33	2849.14	4484.17	1899.56	2989.44	1424.80	2242.08	1139.96	1793.67
42	5699.74	8970.00	2849.98	4485.00	1900.11	2990.00	1425.21	2242.50	1130.30	1794.00
43	5701.40	8971.67	2850.81	4485.83	1900.66	2990.56	1425.63	2242.92	1140.63	1794.33
44	5703.06	8973.33	2851.64	4486.67	1901.22	2991.11	1426.04	2243.33	1140.96	1794.67
45	5704.73	8975.00	2852.47	4487.50	1901.77	2991.67	1426.46	2243.75	1141.29	1795.00
46	5706.39	8976.67	2853.30	4488.33	1902.33	2992.22	1426.87	2244.17	1141.63	1795.33
47	5708.05	8978.33	2854.13	4489.17	1902.88	2992.78	1427.29	2244.58	1141.96	1795.67
48	5709.71	8980.00	2854.96	4490.00	1903.43	2993.33	1427.70	2245.00	1142.29	1796.00
49	5711.37	8981.67	2855.79	4490.83	1903.99	2993.89	1428.12	2245.42	1142.62	1796.33
50	5713.03	8983.33	2856.62	4491.67	1904.54	2994.44	1428.54	2245.83	1142.96	1796.67
51	5714.70	8985.00	2857.45	4492.50	1905.09	2995.00	1428.95	2246.25	1143.29	1797.00
52	5716.36	8986.67	2858.28	4493.33	1905.65	2995.56	1429.37	2246.67	1143.62	1797.33
53	5718.02	8988.33	2859.11	4494.17	1906.20	2996.11	1429.78	2247.08	1143.95	1797.67
54	5719.68	8990.00	2859.95	4495.00	1906.76	2996.67	1430.20	2247.50	1144.29	1798.00
55	5721.34	8991.67	2860.78	4495.83	1907.31	2997.22	1430.61	2247.92	1144.62	1798.33
56	5723.00	8993.33	2861.61	4496.67	1907.86	2997.78	1431.03	2248.33	1144.95	1798.67
57	5724.67	8995.00	2862.44	4497.50	1908.42	2998.33	1431.44	2248.75	1145.28	1799.00
58	5726.33	8996.67	2863.27	4498.33	1908.97	2998.89	1431.86	2249.17	1145.62	1799.33
59	5727.99	8998.33	2864.10	4499.17	1909.53	2999.44	1432.27	2249.58	1145.95	1799.67

TABLE XIV.—ACTUAL TANGENTS, ETC.

6° Curve.		7° Curve.		8° Curve.		9° Curve.		10° Curve.		89°
Tan.	Arc.	Tan.	Arc.	Tan.	Arc.	Tan.	Arc.	Tan.	Arc.	M.
938.842	1483.33	804.851	1271.43	704.340	1112.50	626.245	988.889	563.765	890.000	0
939.114	1483.61	805.084	1271.67	704.584	1112.71	626.427	989.074	563.929	890.167	1
939.387	1483.89	805.318	1271.90	704.788	1112.92	626.608	989.259	564.092	890.333	2
939.659	1484.17	805.551	1272.14	704.993	1113.13	626.790	989.444	564.256	890.500	3
939.931	1484.44	805.785	1272.38	705.197	1113.33	626.972	989.630	564.419	890.667	4
940.203	1484.72	806.018	1272.62	705.401	1113.54	627.153	989.815	564.583	890.833	5
940.476	1485.00	806.251	1272.86	705.605	1113.75	627.335	990.000	564.746	891.000	6
940.753	1485.28	806.489	1273.10	705.813	1113.96	627.520	990.185	564.912	891.167	7
941.030	1485.56	806.726	1273.33	706.021	1114.17	627.705	990.370	565.079	891.333	8
941.302	1485.83	806.960	1273.57	706.225	1114.38	627.886	990.556	565.242	891.500	9
941.574	1486.11	807.193	1273.81	706.430	1114.58	628.068	990.741	565.406	891.667	10
941.847	1486.39	807.427	1274.05	706.634	1114.79	628.249	990.926	565.569	891.833	11
942.119	1486.67	807.660	1274.29	706.838	1115.00	628.431	991.111	565.733	892.000	12
942.396	1486.94	807.898	1274.52	707.046	1115.21	628.616	991.296	565.899	892.167	13
942.673	1487.22	808.135	1274.76	707.254	1115.42	628.801	991.481	566.066	892.333	14
942.945	1487.50	808.369	1275.00	707.458	1115.63	628.982	991.667	566.229	892.500	15
943.218	1487.78	808.602	1275.24	707.663	1115.83	629.164	991.852	566.393	892.667	16
943.495	1488.06	808.840	1275.48	707.870	1116.04	629.349	992.037	566.559	892.833	17
943.772	1488.33	809.077	1275.71	708.078	1116.25	629.533	992.222	566.725	893.000	18
944.044	1488.61	809.310	1275.95	708.283	1116.46	629.715	992.407	566.889	893.167	19
944.316	1488.89	809.544	1276.19	708.487	1116.67	629.897	992.593	567.052	893.333	20
944.593	1489.17	809.781	1276.43	708.695	1116.88	630.082	992.778	567.219	893.500	21
944.870	1489.44	810.019	1276.67	708.903	1117.08	630.266	992.963	567.385	893.667	22
945.143	1489.72	810.252	1276.90	709.107	1117.29	630.448	993.148	567.549	893.833	23
945.415	1490.00	810.486	1277.14	709.311	1117.50	630.630	993.333	567.712	894.000	24
945.692	1490.28	810.723	1277.38	709.519	1117.71	630.814	993.519	567.878	894.167	25
945.969	1490.56	810.961	1277.62	709.727	1117.92	630.999	993.704	568.045	894.333	26
946.241	1490.83	811.194	1277.86	709.931	1118.13	631.181	993.889	568.208	894.500	27
946.514	1491.11	811.428	1278.10	710.135	1118.33	631.362	994.074	568.372	894.667	28
946.791	1491.39	811.665	1278.33	710.343	1118.54	631.547	994.259	568.538	894.833	29
947.068	1491.67	811.903	1278.57	710.551	1118.75	631.732	994.444	568.705	895.000	30
947.345	1491.94	812.140	1278.81	710.759	1118.96	631.917	994.630	568.871	895.167	31
947.622	1492.22	812.378	1279.05	710.967	1119.17	632.102	994.815	569.037	895.333	32
947.899	1492.50	812.615	1279.29	711.175	1119.38	632.286	995.000	569.204	895.500	33
948.176	1492.78	812.853	1279.52	711.383	1119.58	632.471	995.185	569.370	895.667	34
948.448	1493.06	813.086	1279.76	711.587	1119.79	632.653	995.370	569.534	895.833	35
948.721	1493.33	813.320	1280.00	711.791	1120.00	632.835	995.556	569.697	896.000	36
948.998	1493.61	813.557	1280.24	711.999	1120.21	633.019	995.741	569.863	896.167	37
949.275	1493.89	813.795	1280.48	712.207	1120.42	633.204	995.926	570.030	896.333	38
949.552	1494.17	814.032	1280.71	712.415	1120.63	633.389	996.111	570.196	896.500	39
949.829	1494.44	814.270	1280.95	712.623	1120.83	633.574	996.296	570.363	896.667	40
950.106	1494.72	814.507	1281.19	712.830	1121.04	633.759	996.481	570.529	896.833	41
950.383	1495.00	814.745	1281.43	713.038	1121.25	633.943	996.667	570.695	897.000	42
950.660	1495.28	814.982	1281.67	713.246	1121.46	634.128	996.852	570.862	897.167	43
950.937	1495.56	815.220	1281.90	713.454	1121.67	634.313	997.037	571.028	897.333	44
951.214	1495.83	815.457	1282.14	713.662	1121.88	634.498	997.222	571.194	897.500	45
951.491	1496.11	815.695	1282.38	713.870	1122.08	634.683	997.407	571.361	897.667	46
951.768	1496.39	815.932	1282.62	714.078	1122.29	634.867	997.593	571.527	897.833	47
952.045	1496.67	816.170	1282.86	714.286	1122.50	635.052	997.778	571.694	898.000	48
952.322	1496.94	816.407	1283.10	714.493	1122.71	635.237	997.963	571.860	898.167	49
952.599	1497.22	816.645	1283.33	714.701	1122.92	635.422	998.148	572.026	898.333	50
952.876	1497.50	816.882	1283.57	714.909	1123.13	635.607	998.333	572.193	898.500	51
953.153	1497.78	817.120	1283.81	715.117	1123.33	635.791	998.519	572.359	898.667	52
953.431	1498.06	817.357	1284.05	715.325	1123.54	635.976	998.704	572.525	898.833	53
953.708	1498.33	817.595	1284.29	715.533	1123.75	636.161	998.889	572.692	899.000	54
953.985	1498.61	817.832	1284.52	715.741	1123.96	636.346	999.074	572.858	899.167	55
954.262	1498.89	818.070	1284.76	715.948	1124.17	636.531	999.259	573.024	899.333	56
954.539	1499.17	818.307	1285.00	716.156	1124.38	636.716	999.444	573.191	899.500	57
954.816	1499.44	818.545	1285.24	716.364	1124.58	636.900	999.630	573.357	899.667	58
955.093	1499.72	818.782	1285.48	716.572	1124.79	637.085	999.815	573.524	899.833	59

TABLE XV.—NATURAL SINES AND COSINES.

′	0° Sine	0° Cosin	1° Sine	1° Cosin	2° Sine	2° Cosin	3° Sine	3° Cosin	4° Sine	4° Cosin	′
0	.00000	One.	.01745	.99985	.03490	.99939	.05234	.99863	.06976	.99756	60
1	.00029	One.	.01774	.99984	.03519	.99938	.05263	.99861	.07005	.99754	59
2	.00058	One.	.01803	.99984	.03548	.99937	.05292	.99860	.07034	.99752	58
3	.00087	One.	.01832	.99983	.03577	.99936	.05321	.99858	.07063	.99750	57
4	.00116	One.	.01862	.99983	.03606	.99935	.05350	.99857	.07092	.99748	56
5	.00145	One.	.01891	.99982	.03635	.99934	.05379	.99855	.07121	.99746	55
6	.00175	One.	.01920	.99982	.03664	.99933	.05408	.99854	.07150	.99744	54
7	.00204	One.	.01949	.99981	.03693	.99932	.05437	.99852	.07179	.99742	53
8	.00233	One.	.01978	.99980	.03723	.99931	.05466	.99851	.07208	.99740	52
9	.00262	One.	.02007	.99980	.03752	.99930	.05495	.99849	.07237	.99738	51
10	.00291	One.	.02036	.99979	.03781	.99929	.05524	.99847	.07266	.99736	50
11	.00320	.99999	.02065	.99979	.03810	.99927	.05553	.99846	.07295	.99734	49
12	.00349	.99999	.02094	.99978	.03839	.99926	.05582	.99844	.07324	.99731	48
13	.00378	.99999	.02123	.99977	.03868	.99925	.05611	.99842	.07353	.99729	47
14	.00407	.99999	.02152	.99977	.03897	.99924	.05640	.99841	.07382	.99727	46
15	.00436	.99999	.02181	.99976	.03926	.99923	.05669	.99839	.07411	.99725	45
16	.00465	.99999	.02211	.99976	.03955	.99922	.05698	.99838	.07440	.99723	44
17	.00495	.99999	.02240	.99975	.03984	.99921	.05727	.99836	.07469	.99721	43
18	.00524	.99999	.02269	.99974	.04013	.99919	.05756	.99834	.07498	.99719	42
19	.00553	.99998	.02298	.99974	.04042	.99918	.05785	.99833	.07527	.99716	41
20	.00582	.99998	.02327	.99973	.04071	.99917	.05814	.99831	.07556	.99714	40
21	.00611	.99998	.02356	.99972	.04100	.99916	.05844	.99829	.07585	.99712	39
22	.00640	.99998	.02385	.99972	.04129	.99915	.05873	.99827	.07614	.99710	38
23	.00669	.99998	.02414	.99971	.04159	.99913	.05902	.99826	.07643	.99708	37
24	.00698	.99998	.02443	.99970	.04188	.99912	.05931	.99824	.07672	.99705	36
25	.00727	.99997	.02472	.99969	.04217	.99911	.05960	.99822	.07701	.99703	35
26	.00756	.99997	.02501	.99969	.04246	.99910	.05989	.99821	.07730	.99701	34
27	.00785	.99997	.02530	.99968	.04275	.99909	.06018	.99819	.07759	.99699	33
28	.00814	.99997	.02560	.99967	.04304	.99907	.06047	.99817	.07788	.99696	32
29	.00844	.99996	.02589	.99966	.04333	.99906	.06076	.99815	.07817	.99694	31
30	.00873	.99996	.02618	.99966	.04362	.99905	.06105	.99813	.07846	.99692	30
31	.00902	.99996	.02647	.99965	.04391	.99904	.06134	.99812	.07875	.99689	29
32	.00931	.99996	.02676	.99964	.04420	.99902	.06163	.99810	.07904	.99687	28
33	.00960	.99995	.02705	.99963	.04449	.99901	.06192	.99808	.07933	.99685	27
34	.00989	.99995	.02734	.99963	.04478	.99900	.06221	.99806	.07962	.99683	26
35	.01018	.99995	.02763	.99962	.04507	.99898	.06250	.99804	.07991	.99680	25
36	.01047	.99995	.02792	.99961	.04536	.99897	.06279	.99803	.08020	.99678	24
37	.01076	.99994	.02821	.99960	.04565	.99896	.06308	.99801	.08049	.99676	23
38	.01105	.99994	.02850	.99959	.04594	.99894	.06337	.99799	.08078	.99673	22
39	.01134	.99994	.02879	.99959	.04623	.99893	.06366	.99797	.08107	.99671	21
40	.01164	.99993	.02908	.99958	.04653	.99892	.06395	.99795	.08136	.99668	20
41	.01193	.99993	.02938	.99957	.04682	.99890	.06424	.99793	.08165	.99666	19
42	.01222	.99993	.02967	.99956	.04711	.99889	.06453	.99792	.08194	.99664	18
43	.01251	.99992	.02996	.99955	.04740	.99888	.06482	.99790	.08223	.99661	17
44	.01280	.99992	.03025	.99954	.04769	.99886	.06511	.99788	.08252	.99659	16
45	.01309	.99991	.03054	.99953	.04798	.99885	.06540	.99786	.08281	.99657	15
46	.01338	.99991	.03083	.99952	.04827	.99883	.06569	.99784	.08310	.99654	14
47	.01367	.99991	.03112	.99952	.04856	.99882	.06598	.99782	.08339	.99652	13
48	.01396	.99990	.03141	.99951	.04885	.99881	.06627	.99780	.08368	.99649	12
49	.01425	.99990	.03170	.99950	.04914	.99879	.06656	.99778	.08397	.99647	11
50	.01454	.99989	.03199	.99949	.04943	.99878	.06685	.99776	.08426	.99644	10
51	.01483	.99989	.03228	.99948	.04972	.99876	.06714	.99774	.08455	.99642	9
52	.01513	.99989	.03257	.99947	.05001	.99875	.06743	.99772	.08484	.99639	8
53	.01542	.99988	.03286	.99946	.05030	.99873	.06773	.99770	.08513	.99637	7
54	.01571	.99988	.03316	.99945	.05059	.99872	.06802	.99768	.08542	.99635	6
55	.01600	.99987	.03345	.99944	.05088	.99870	.06831	.99766	.08571	.99632	5
56	.01629	.99987	.03374	.99943	.05117	.99869	.06860	.99764	.08600	.99630	4
57	.01658	.99986	.03403	.99942	.05146	.99867	.06889	.99762	.08629	.99627	3
58	.01687	.99986	.03432	.99941	.05175	.99866	.06918	.99760	.08658	.99625	2
59	.01716	.99985	.03461	.99940	.05205	.99864	.06947	.99758	.08687	.99622	1
60	.01745	.99985	.03490	.99939	.05234	.99863	.06976	.99756	.08716	.99619	0
′	Cosin	Sine	Cosin	Sine	Cosin	Sine	Cosin	Sine	Cosin	Sine	′
	89°		88°		87°		86°		85°		

TABLE XV.—NATURAL SINES AND COSINES.

'	5° Sine	5° Cosin	6° Sine	6° Cosin	7° Sine	7° Cosin	8° Sine	8° Cosin	9° Sine	9° Cosin	'
0	.08716	.99619	.10453	.99452	.12187	.99255	.13917	.99027	.15643	.98769	60
1	.08745	.99617	.10482	.99449	.12216	.99251	.13946	.99023	.15672	.98764	59
2	.08774	.99614	.10511	.99446	.12245	.99248	.13975	.99019	.15701	.98760	58
3	.08803	.99612	.10540	.99443	.12274	.99244	.14004	.99015	.15730	.98755	57
4	.08831	.99609	.10569	.99440	.12302	.99240	.14033	.99011	.15758	.98751	56
5	.08860	.99607	.10597	.99437	.12331	.99237	.14061	.99006	.15787	.98746	55
6	.08889	.99604	.10626	.99434	.12360	.99233	.14090	.99002	.15816	.98741	54
7	.08918	.99602	.10655	.99431	.12389	.99230	.14119	.98998	.15845	.98737	53
8	.08947	.99599	.10684	.99428	.12418	.99226	.14148	.98994	.15873	.98732	52
9	.08976	.99596	.10713	.99424	.12447	.99222	.14177	.98990	.15902	.98728	51
10	.09005	.99594	.10742	.99421	.12476	.99219	.14205	.98986	.15931	.98723	50
11	.09034	.99591	.10771	.99418	.12504	.99215	.14234	.98982	.15959	.98718	49
12	.09063	.99588	.10800	.99415	.12533	.99211	.14263	.98978	.15988	.98714	48
13	.09092	.99586	.10829	.99412	.12562	.99208	.14292	.98973	.16017	.98709	47
14	.09121	.99583	.10858	.99409	.12591	.99204	.14320	.98969	.16046	.98704	46
15	.09150	.99580	.10887	.99406	.12620	.99200	.14349	.98965	.16074	.98700	45
16	.09179	.99578	.10916	.99402	.12649	.99197	.14378	.98961	.16103	.98695	44
17	.09208	.99575	.10945	.99399	.12678	.99193	.14407	.98957	.16132	.98690	43
18	.09237	.99572	.10973	.99396	.12706	.99189	.14436	.98953	.16160	.98686	42
19	.09266	.99570	.11002	.99393	.12735	.99186	.14464	.98948	.16189	.98681	41
20	.09295	.99567	.11031	.99390	.12764	.99182	.14493	.98944	.16218	.98676	40
21	.09324	.99564	.11060	.99386	.12793	.99178	.14522	.98940	.16246	.98671	39
22	.09353	.99562	.11089	.99383	.12822	.99175	.14551	.98936	.16275	.98667	38
23	.09382	.99559	.11118	.99380	.12851	.99171	.14580	.98931	.16304	.98662	37
24	.09411	.99556	.11147	.99377	.12880	.99167	.14608	.98927	.16333	.98657	36
25	.09440	.99553	.11176	.99374	.12908	.99163	.14637	.98923	.16361	.98652	35
26	.09469	.99551	.11205	.99370	.12937	.99160	.14666	.98919	.16390	.98648	34
27	.09498	.99548	.11234	.99367	.12966	.99156	.14695	.98914	.16419	.98643	33
28	.09527	.99545	.11263	.99364	.12995	.99152	.14723	.98910	.16447	.98638	32
29	.09556	.99542	.11291	.99360	.13024	.99148	.14752	.98906	.16476	.98633	31
30	.09585	.99540	.11320	.99357	.13053	.99144	.14781	.98902	.16505	.98629	30
31	.09614	.99537	.11349	.99354	.13081	.99141	.14810	.98897	.16533	.98624	29
32	.09642	.99534	.11378	.99351	.13110	.99137	.14838	.98893	.16562	.98619	28
33	.09671	.99531	.11407	.99347	.13139	.99133	.14867	.98889	.16591	.98614	27
34	.09700	.99528	.11436	.99344	.13168	.99129	.14896	.98884	.16620	.98609	26
35	.09729	.99526	.11465	.99341	.13197	.99125	.14925	.98880	.16648	.98604	25
36	.09758	.99523	.11494	.99337	.13226	.99122	.14954	.98876	.16677	.98600	24
37	.09787	.99520	.11523	.99334	.13254	.99118	.14982	.98871	.16706	.98595	23
38	.09816	.99517	.11552	.99331	.13283	.99114	.15011	.98867	.16734	.98590	22
39	.09845	.99514	.11580	.99327	.13312	.99110	.15040	.98863	.16763	.98585	21
40	.09874	.99511	.11609	.99324	.13341	.99106	.15069	.98858	.16792	.98580	20
41	.09903	.99508	.11638	.99320	.13370	.99102	.15097	.98854	.16820	.98575	19
42	.09932	.99506	.11667	.99317	.13399	.99098	.15126	.98849	.16849	.98570	18
43	.09961	.99503	.11696	.99314	.13427	.99094	.15155	.98845	.16878	.98565	17
44	.09990	.99500	.11725	.99310	.13456	.99091	.15184	.98841	.16906	.98561	16
45	.10019	.99497	.11754	.99307	.13485	.99087	.15212	.98836	.16935	.98556	15
46	.10048	.99494	.11783	.99303	.13514	.99083	.15241	.98832	.16964	.98551	14
47	.10077	.99491	.11812	.99300	.13543	.99079	.15270	.98827	.16992	.98546	13
48	.10106	.99488	.11840	.99297	.13572	.99075	.15299	.98823	.17021	.98541	12
49	.10135	.99485	.11869	.99293	.13600	.99071	.15327	.98818	.17050	.98536	11
50	.10164	.99482	.11898	.99290	.13629	.99067	.15356	.98814	.17078	.98531	10
51	.10192	.99479	.11927	.99286	.13658	.99063	.15385	.98809	.17107	.98526	9
52	.10221	.99476	.11956	.99283	.13687	.99059	.15414	.98805	.17136	.98521	8
53	.10250	.99473	.11985	.99279	.13716	.99055	.15442	.98800	.17164	.98516	7
54	.10279	.99470	.12014	.99276	.13744	.99051	.15471	.98796	.17193	.98511	6
55	.10308	.99467	.12043	.99272	.13773	.99047	.15500	.98791	.17222	.98506	5
56	.10337	.99464	.12071	.99269	.13802	.99043	.15529	.98787	.17250	.98501	4
57	.10366	.99461	.12100	.99265	.13831	.99039	.15557	.98782	.17279	.98496	3
58	.10395	.99458	.12129	.99262	.13860	.99035	.15586	.98778	.17308	.98491	2
59	.10424	.99455	.12158	.99258	.13889	.99031	.15615	.98773	.17336	.98486	1
60	.10453	.99452	.12187	.99255	.13917	.99027	.15643	.98769	.17365	.98481	0
'	Cosin	Sine	Cosin	Sine	Cosin	Sine	Cosin	Sine	Cosin	Sine	'
	84°		83°		82°		81°		80°		

TABLE XV.—NATURAL SINES AND COSINES.

′	10° Sine	10° Cosin	11° Sine	11° Cosin	12° Sine	12° Cosin	13° Sine	13° Cosin	14° Sine	14° Cosin	′
0	.17365	.98481	.19081	.98163	.20791	.97815	.22495	.97437	.24192	.97030	60
1	.17393	.98476	.19109	.98157	.20820	.97809	.22523	.97430	.24220	.97023	59
2	.17422	.98471	.19138	.98152	.20848	.97803	.22552	.97424	.24249	.97015	58
3	.17451	.98466	.19167	.98146	.20877	.97797	.22580	.97417	.24277	.97008	57
4	.17479	.98461	.19195	.98140	.20905	.97791	.22608	.97411	.24305	.97001	56
5	.17508	.98455	.19224	.98135	.20933	.97784	.22637	.97404	.24333	.96994	55
6	.17537	.98450	.19252	.98129	.20962	.97778	.22665	.97398	.24362	.96987	54
7	.17565	.98445	.19281	.98124	.20990	.97772	.22693	.97391	.24390	.96980	53
8	.17594	.98440	.19309	.98118	.21019	.97766	.22722	.97384	.24418	.96973	52
9	.17623	.98435	.19338	.98112	.21047	.97760	.22750	.97378	.24446	.96966	51
10	.17651	.98430	.19366	.98107	.21076	.97754	.22778	.97371	.24474	.96959	50
11	.17680	.98425	.19395	.98101	.21104	.97748	.22807	.97365	.24503	.96952	49
12	.17708	.98420	.19423	.98096	.21132	.97742	.22835	.97358	.24531	.96945	48
13	.17737	.98414	.19452	.98090	.21161	.97735	.22863	.97351	.24559	.96937	47
14	.17766	.98409	.19481	.98084	.21189	.97729	.22892	.97345	.24587	.96930	46
15	.17794	.98404	.19509	.98079	.21218	.97723	.22920	.97338	.24615	.96923	45
16	.17823	.98399	.19538	.98073	.21246	.97717	.22948	.97331	.24644	.96916	44
17	.17852	.98394	.19566	.98067	.21275	.97711	.22977	.97325	.24672	.96909	43
18	.17880	.98389	.19595	.98061	.21303	.97705	.23005	.97318	.24700	.96902	42
19	.17909	.98383	.19623	.98056	.21331	.97698	.23033	.97311	.24728	.96894	41
20	.17937	.98378	.19652	.98050	.21360	.97692	.23062	.97304	.24756	.96887	40
21	.17966	.98373	.19680	.98044	.21388	.97686	.23090	.97298	.24784	.96880	39
22	.17995	.98368	.19709	.98039	.21417	.97680	.23118	.97291	.24813	.96873	38
23	.18023	.98362	.19737	.98033	.21445	.97673	.23146	.97284	.24841	.96866	37
24	.18052	.98357	.19766	.98027	.21474	.97667	.23175	.97278	.24869	.96858	36
25	.18081	.98352	.19794	.98021	.21502	.97661	.23203	.97271	.24897	.96851	35
26	.18109	.98347	.19823	.98016	.21530	.97655	.23231	.97264	.24925	.96844	34
27	.18138	.98341	.19851	.98010	.21559	.97648	.23260	.97257	.24954	.96837	33
28	.18166	.98336	.19880	.98004	.21587	.97642	.23288	.97251	.24982	.96829	32
29	.18195	.98331	.19908	.97998	.21616	.97636	.23316	.97244	.25010	.96822	31
30	.18224	.98325	.19937	.97992	.21644	.97630	.23345	.97237	.25038	.96815	30
31	.18252	.98320	.19965	.97987	.21672	.97623	.23373	.97230	.25066	.96807	29
32	.18281	.98315	.19994	.97981	.21701	.97617	.23401	.97223	.25094	.96800	28
33	.18309	.98310	.20022	.97975	.21729	.97611	.23429	.97217	.25122	.96793	27
34	.18338	.98304	.20051	.97969	.21758	.97604	.23458	.97210	.25151	.96786	26
35	.18367	.98299	.20079	.97963	.21786	.97598	.23486	.97203	.25179	.96778	25
36	.18395	.98294	.20108	.97958	.21814	.97592	.23514	.97196	.25207	.96771	24
37	.18424	.98288	.20136	.97952	.21843	.97585	.23542	.97189	.25235	.96764	23
38	.18452	.98283	.20165	.97946	.21871	.97579	.23571	.97182	.25263	.96756	22
39	.18481	.98277	.20193	.97940	.21899	.97573	.23599	.97176	.25291	.96749	21
40	.18509	.98272	.20222	.97934	.21928	.97566	.23627	.97169	.25320	.96742	20
41	.18538	.98267	.20250	.97928	.21956	.97560	.23656	.97162	.25348	.96734	19
42	.18567	.98261	.20279	.97922	.21985	.97553	.23684	.97155	.25376	.96727	18
43	.18595	.98256	.20307	.97916	.22013	.97547	.23712	.97148	.25404	.96719	17
44	.18624	.98250	.20336	.97910	.22041	.97541	.23740	.97141	.25432	.96712	16
45	.18652	.98245	.20364	.97905	.22070	.97534	.23769	.97134	.25460	.96705	15
46	.18681	.98240	.20393	.97899	.22098	.97528	.23797	.97127	.25488	.96697	14
47	.18710	.98234	.20421	.97893	.22126	.97521	.23825	.97120	.25516	.96690	13
48	.18738	.98229	.20450	.97887	.22155	.97515	.23853	.97113	.25545	.96682	12
49	.18767	.98223	.20478	.97881	.22183	.97508	.23882	.97106	.25573	.96675	11
50	.18795	.98218	.20507	.97875	.22212	.97502	.23910	.97100	.25601	.96667	10
51	.18824	.98212	.20535	.97869	.22240	.97496	.23938	.97093	.25629	.96660	9
52	.18852	.98207	.20563	.97863	.22268	.97489	.23966	.97086	.25657	.96653	8
53	.18881	.98201	.20592	.97857	.22297	.97483	.23995	.97079	.25685	.96645	7
54	.18910	.98196	.20620	.97851	.22325	.97476	.24023	.97072	.25713	.96638	6
55	.18938	.98190	.20649	.97845	.22353	.97470	.24051	.97065	.25741	.96630	5
56	.18967	.98185	.20677	.97839	.22382	.97463	.24079	.97058	.25769	.96623	4
57	.18995	.98179	.20706	.97833	.22410	.97457	.24108	.97051	.25798	.96615	3
58	.19024	.98174	.20734	.97827	.22438	.97450	.24136	.97044	.25826	.96608	2
59	.19052	.98168	.20763	.97821	.22467	.97444	.24164	.97037	.25854	.96600	1
60	.19081	.98163	.20791	.97815	.22495	.97437	.24192	.97030	.25882	.96593	0
′	Cosin	Sine	Cosin	Sine	Cosin	Sine	Cosin	Sine	Cosin	Sine	′
	79°		78°		77°		76°		75°		

TABLE XV.—NATURAL SINES AND COSINES.

′	15° Sine	15° Cosin	16° Sine	16° Cosin	17° Sine	17° Cosin	18° Sine	18° Cosin	19° Sine	19° Cosin	′
0	.25882	.96593	.27564	.96126	.29237	.95630	.30902	.95106	.32557	.94552	60
1	.25910	.96585	.27592	.96118	.29265	.95622	.30929	.95097	.32584	.94542	59
2	.25938	.96578	.27620	.96110	.29293	.95613	.30957	.95088	.32612	.94533	58
3	.25966	.96570	.27648	.96102	.29321	.95605	.30985	.95079	.32639	.94523	57
4	.25994	.96562	.27676	.96094	.29348	.95596	.31012	.95070	.32667	.94514	56
5	.26022	.96555	.27704	.96086	.29376	.95588	.31040	.95061	.32694	.94504	55
6	.26050	.96547	.27731	.96078	.29404	.95579	.31068	.95052	.32722	.94495	54
7	.26079	.96540	.27759	.96070	.29432	.95571	.31095	.95043	.32749	.94485	53
8	.26107	.96532	.27787	.96062	.29460	.95562	.31123	.95033	.32777	.94476	52
9	.26135	.96524	.27815	.96054	.29487	.95554	.31151	.95024	.32804	.94466	51
10	.26163	.96517	.27843	.96046	.29515	.95545	.31178	.95015	.32832	.94457	50
11	.26191	.96509	.27871	.96037	.29543	.95536	.31206	.95006	.32859	.94447	49
12	.26219	.96502	.27899	.96029	.29571	.95528	.31233	.94997	.32887	.94438	48
13	.26247	.96494	.27927	.96021	.29599	.95519	.31261	.94988	.32914	.94428	47
14	.26275	.96486	.27955	.96013	.29626	.95511	.31289	.94979	.32942	.94418	46
15	.26303	.96479	.27983	.96005	.29654	.95502	.31316	.94970	.32969	.94409	45
16	.26331	.96471	.28011	.95997	.29682	.95493	.31344	.94961	.32997	.94399	44
17	.26359	.96463	.28039	.95989	.29710	.95485	.31372	.94952	.33024	.94390	43
18	.26387	.96456	.28067	.95981	.29737	.95476	.31399	.94943	.33051	.94380	42
19	.26415	.96448	.28095	.95972	.29765	.95467	.31427	.94933	.33079	.94370	41
20	.26443	.96440	.28123	.95964	.29793	.95459	.31454	.94924	.33106	.94361	40
21	.26471	.96433	.28150	.95956	.29821	.95450	.31482	.94915	.33134	.94351	39
22	.26500	.96425	.28178	.95948	.29849	.95441	.31510	.94906	.33161	.94342	38
23	.26528	.96417	.28206	.95940	.29876	.95433	.31537	.94897	.33189	.94332	37
24	.26556	.96410	.28234	.95931	.29904	.95424	.31565	.94888	.33216	.94322	36
25	.26584	.96402	.28262	.95923	.29932	.95415	.31593	.94878	.33244	.94313	35
26	.26612	.96394	.28290	.95915	.29960	.95407	.31620	.94869	.33271	.94303	34
27	.26640	.96386	.28318	.95907	.29987	.95398	.31648	.94860	.33298	.94293	33
28	.26668	.96379	.28346	.95898	.30015	.95389	.31675	.94851	.33326	.94284	32
29	.26696	.96371	.28374	.95890	.30043	.95380	.31703	.94842	.33353	.94274	31
30	.26724	.96363	.28402	.95882	.30071	.95372	.31730	.94832	.33381	.94264	30
31	.26752	.96355	.28429	.95874	.30098	.95363	.31758	.94823	.33408	.94254	29
32	.26780	.96347	.28457	.95865	.30126	.95354	.31786	.94814	.33436	.94245	28
33	.26808	.96340	.28485	.95857	.30154	.95345	.31813	.94805	.33463	.94235	27
34	.26836	.96332	.28513	.95849	.30182	.95337	.31841	.94795	.33490	.94225	26
35	.26864	.96324	.28541	.95841	.30209	.95328	.31868	.94786	.33518	.94215	25
36	.26892	.96316	.28569	.95832	.30237	.95319	.31896	.94777	.33545	.94206	24
37	.26920	.96308	.28597	.95824	.30265	.95310	.31923	.94768	.33573	.94196	23
38	.26948	.96301	.28625	.95816	.30292	.95301	.31951	.94758	.33600	.94186	22
39	.26976	.96293	.28652	.95807	.30320	.95293	.31979	.94749	.33627	.94176	21
40	.27004	.96285	.28680	.95799	.30348	.95284	.32006	.94740	.33655	.94167	20
41	.27032	.96277	.28708	.95791	.30376	.95275	.32034	.94730	.33682	.94157	19
42	.27060	.96269	.28736	.95782	.30403	.95266	.32061	.94721	.33710	.94147	18
43	.27088	.96261	.28764	.95774	.30431	.95257	.32089	.94712	.33737	.94137	17
44	.27116	.96253	.28792	.95766	.30459	.95248	.32116	.94702	.33764	.94127	16
45	.27144	.96246	.28820	.95757	.30486	.95240	.32144	.94693	.33792	.94118	15
46	.27172	.96238	.28847	.95749	.30514	.95231	.32171	.94684	.33819	.94108	14
47	.27200	.96230	.28875	.95740	.30542	.95222	.32199	.94674	.33846	.94098	13
48	.27228	.96222	.28903	.95732	.30570	.95213	.32227	.94665	.33874	.94088	12
49	.27256	.96214	.28931	.95724	.30597	.95204	.32254	.94656	.33901	.94078	11
50	.27284	.96206	.28959	.95715	.30625	.95195	.32282	.94646	.33929	.94068	10
51	.27312	.96198	.28987	.95707	.30653	.95186	.32309	.94637	.33956	.94058	9
52	.27340	.96190	.29015	.95698	.30680	.95177	.32337	.94627	.33983	.94049	8
53	.27368	.96182	.29042	.95690	.30708	.95168	.32364	.94618	.34011	.94039	7
54	.27396	.96174	.29070	.95681	.30736	.95159	.32392	.94609	.34038	.94029	6
55	.27424	.96166	.29098	.95673	.30763	.95150	.32419	.94599	.34065	.94019	5
56	.27452	.96158	.29126	.95664	.30791	.95142	.32447	.94590	.34093	.94009	4
57	.27480	.96150	.29154	.95656	.30819	.95133	.32474	.94580	.34120	.93999	3
58	.27508	.96142	.29182	.95647	.30846	.95124	.32502	.94571	.34147	.93989	2
59	.27536	.96134	.29209	.95639	.30874	.95115	.32529	.94561	.34175	.93979	1
60	.27564	.96126	.29237	.95630	.30902	.95106	.32557	.94552	.34202	.93969	0
′	Cosin	Sine	Cosin	Sine	Cosin	Sine	Cosin	Sine	Cosin	Sine	′
	74°		73°		72°		71°		70°		

TABLE XV.—NATURAL SINES AND COSINES.

′	20° Sine	20° Cosin	21° Sine	21° Cosin	22° Sine	22° Cosin	23° Sine	23° Cosin	24° Sine	24° Cosin	′
0	.34202	.93969	.35837	.93358	.37461	.92718	.39073	.92050	.40674	.91355	60
1	.34229	.93959	.35864	.93348	.37488	.92707	.39100	.92039	.40700	.91343	59
2	.34257	.93949	.35891	.93337	.37515	.92697	.39127	.92028	.40727	.91331	58
3	.34284	.93939	.35918	.93327	.37542	.92686	.39153	.92016	.40753	.91319	57
4	.34311	.93929	.35945	.93316	.37569	.92675	.39180	.92005	.40780	.91307	56
5	.34339	.93919	.35973	.93306	.37595	.92664	.39207	.91994	.40806	.91295	55
6	.34366	.93909	.36000	.93295	.37622	.92653	.39234	.91982	.40833	.91283	54
7	.34393	.93899	.36027	.93285	.37649	.92642	.39260	.91971	.40860	.91272	53
8	.34421	.93889	.36054	.93274	.37676	.92631	.39287	.91959	.40886	.91260	52
9	.34448	.93879	.36081	.93264	.37703	.92620	.39314	.91948	.40913	.91248	51
10	.34475	.93869	.36108	.93253	.37730	.92609	.39341	.91936	.40939	.91236	50
11	.34503	.93859	.36135	.93243	.37757	.92598	.39367	.91925	.40966	.91224	49
12	.34530	.93849	.36162	.93232	.37784	.92587	.39394	.91914	.40992	.91212	48
13	.34557	.93839	.36190	.93222	.37811	.92576	.39421	.91902	.41019	.91200	47
14	.34584	.93829	.36217	.93211	.37838	.92565	.39448	.91891	.41045	.91188	46
15	.34612	.93819	.36244	.93201	.37865	.92554	.39474	.91879	.41072	.91176	45
16	.34639	.93809	.36271	.93190	.37892	.92543	.39501	.91868	.41098	.91164	44
17	.34666	.93799	.36298	.93180	.37919	.92532	.39528	.91856	.41125	.91152	43
18	.34694	.93789	.36325	.93169	.37946	.92521	.39555	.91845	.41151	.91140	42
19	.34721	.93779	.36352	.93159	.37973	.92510	.39581	.91833	.41178	.91128	41
20	.34748	.93769	.36379	.93148	.37999	.92499	.39608	.91822	.41204	.91116	40
21	.34775	.93759	.36406	.93137	.38026	.92488	.39635	.91810	.41231	.91104	39
22	.34803	.93748	.36434	.93127	.38053	.92477	.39661	.91799	.41257	.91092	38
23	.34830	.93738	.36461	.93116	.38080	.92466	.39688	.91787	.41284	.91080	37
24	.34857	.93728	.36488	.93106	.38107	.92455	.39715	.91775	.41310	.91068	36
25	.34884	.93718	.36515	.93095	.38134	.92444	.39741	.91764	.41337	.91056	35
26	.34912	.93708	.36542	.93084	.38161	.92432	.39768	.91752	.41363	.91044	34
27	.34939	.93698	.36569	.93074	.38188	.92421	.39795	.91741	.41390	.91032	33
28	.34966	.93688	.36596	.93063	.38215	.92410	.39822	.91729	.41416	.91020	32
29	.34993	.93677	.36623	.93052	.38241	.92399	.39848	.91718	.41443	.91008	31
30	.35021	.93667	.36650	.93042	.38268	.92388	.39875	.91706	.41469	.90996	30
31	.35048	.93657	.36677	.93031	.38295	.92377	.39902	.91694	.41496	.90984	29
32	.35075	.93647	.36704	.93020	.38322	.92366	.39928	.91683	.41522	.90972	28
33	.35102	.93637	.36731	.93010	.38349	.92355	.39955	.91671	.41549	.90960	27
34	.35130	.93626	.36758	.92999	.38376	.92343	.39982	.91660	.41575	.90948	26
35	.35157	.93616	.36785	.92988	.38403	.92332	.40008	.91648	.41602	.90936	25
36	.35184	.93606	.36812	.92978	.38430	.92321	.40035	.91636	.41628	.90924	24
37	.35211	.93596	.36839	.92967	.38456	.92310	.40062	.91625	.41655	.90911	23
38	.35239	.93585	.36867	.92956	.38483	.92299	.40088	.91613	.41681	.90899	22
39	.35266	.93575	.36894	.92945	.38510	.92287	.40115	.91601	.41707	.90887	21
40	.35293	.93565	.36921	.92935	.38537	.92276	.40141	.91590	.41734	.90875	20
41	.35320	.93555	.36948	.92924	.38564	.92265	.40168	.91578	.41760	.90863	19
42	.35347	.93544	.36975	.92913	.38591	.92254	.40195	.91566	.41787	.90851	18
43	.35375	.93534	.37002	.92902	.38617	.92243	.40221	.91555	.41813	.90839	17
44	.35402	.93524	.37029	.92892	.38644	.92231	.40248	.91543	.41840	.90826	16
45	.35429	.93514	.37056	.92881	.38671	.92220	.40275	.91531	.41866	.90814	15
46	.35456	.93503	.37083	.92870	.38698	.92209	.40301	.91519	.41892	.90802	14
47	.35484	.93493	.37110	.92859	.38725	.92198	.40328	.91508	.41919	.90790	13
48	.35511	.93483	.37137	.92849	.38752	.92186	.40355	.91496	.41945	.90778	12
49	.35538	.93472	.37164	.92838	.38778	.92175	.40381	.91484	.41972	.90766	11
50	.35565	.93462	.37191	.92827	.38805	.92164	.40408	.91472	.41998	.90753	10
51	.35592	.93452	.37218	.92816	.38832	.92152	.40434	.91461	.42024	.90741	9
52	.35619	.93441	.37245	.92805	.38859	.92141	.40461	.91449	.42051	.90729	8
53	.35647	.93431	.37272	.92794	.38886	.92130	.40488	.91437	.42077	.90717	7
54	.35674	.93420	.37299	.92784	.38912	.92119	.40514	.91425	.42104	.90704	6
55	.35701	.93410	.37326	.92773	.38939	.92107	.40541	.91414	.42130	.90692	5
56	.35728	.93400	.37353	.92762	.38966	.92096	.40567	.91402	.42156	.90680	4
57	.35755	.93389	.37380	.92751	.38993	.92085	.40594	.91390	.42183	.90668	3
58	.35782	.93379	.37407	.92740	.39020	.92073	.40621	.91378	.42209	.90655	2
59	.35810	.93368	.37434	.92729	.39046	.92062	.40647	.91366	.42235	.90643	1
60	.35837	.93358	.37461	.92718	.39073	.92050	.40674	.91355	.42262	.90631	0
	Cosin	Sine	Cosin	Sine	Cosin	Sine	Cosin	Sine	Cosin	Sine	′
	69°		68°		67°		66°		65°		

TABLE XV.—NATURAL SINES AND COSINES.

′	25° Sine	25° Cosin	26° Sine	26° Cosin	27° Sine	27° Cosin	28° Sine	28° Cosin	29° Sine	29° Cosin	′
0	.42262	.90631	.43837	.89879	.45399	.89101	.46947	.88295	.48481	.87462	60
1	.42288	.90618	.43863	.89867	.45425	.89087	.46973	.88281	.48506	.87448	59
2	.42315	.90606	.43889	.89854	.45451	.89074	.46999	.88267	.48532	.87434	58
3	.42341	.90594	.43916	.89841	.45477	.89061	.47024	.88254	.48557	.87420	57
4	.42367	.90582	.43942	.89828	.45503	.89048	.47050	.88240	.48583	.87406	56
5	.42394	.90569	.43968	.89816	.45529	.89035	.47076	.88226	.48608	.87391	55
6	.42420	.90557	.43994	.89803	.45554	.89021	.47101	.88213	.48634	.87377	54
7	.42446	.90545	.44020	.89790	.45580	.89008	.47127	.88199	.48659	.87363	53
8	.42473	.90532	.44046	.89777	.45606	.88995	.47153	.88185	.48684	.87349	52
9	.42499	.90520	.44072	.89764	.45632	.88981	.47178	.88172	.48710	.87335	51
10	.42525	.90507	.44098	.89752	.45658	.88968	.47204	.88158	.48735	.87321	50
11	.42552	.90495	.44124	.89739	.45684	.88955	.47229	.88144	.48761	.87306	49
12	.42578	.90483	.44151	.89726	.45710	.88942	.47255	.88130	.48786	.87292	48
13	.42604	.90470	.44177	.89713	.45736	.88928	.47281	.88117	.48811	.87278	47
14	.42631	.90458	.44203	.89700	.45762	.88915	.47306	.88103	.48837	.87264	46
15	.42657	.90446	.44229	.89687	.45787	.88902	.47332	.88089	.48862	.87250	45
16	.42683	.90433	.44255	.89674	.45813	.88888	.47358	.88075	.48888	.87235	44
17	.42709	.90421	.44281	.89662	.45839	.88875	.47383	.88062	.48913	.87221	43
18	.42736	.90408	.44307	.89649	.45865	.88862	.47409	.88048	.48938	.87207	42
19	.42762	.90396	.44333	.89636	.45891	.88848	.47434	.88034	.48964	.87193	41
20	.42788	.90383	.44359	.89623	.45917	.88835	.47460	.88020	.48989	.87178	40
21	.42815	.90371	.44385	.89610	.45942	.88822	.47486	.88006	.49014	.87164	39
22	.42841	.90358	.44411	.89597	.45968	.88808	.47511	.87993	.49040	.87150	38
23	.42867	.90346	.44437	.89584	.45994	.88795	.47537	.87979	.49065	.87136	37
24	.42894	.90334	.44464	.89571	.46020	.88782	.47562	.87965	.49090	.87121	36
25	.42920	.90321	.44490	.89558	.46046	.88768	.47588	.87951	.49116	.87107	35
26	.42946	.90309	.44516	.89545	.46072	.88755	.47614	.87937	.49141	.87093	34
27	.42972	.90296	.44542	.89532	.46097	.88741	.47639	.87923	.49166	.87079	33
28	.42999	.90284	.44568	.89519	.46123	.88728	.47665	.87909	.49192	.87064	32
29	.43025	.90271	.44594	.89506	.46149	.88715	.47690	.87896	.49217	.87050	31
30	.43051	.90259	.44620	.89493	.46175	.88701	.47716	.87882	.49242	.87036	30
31	.43077	.90246	.44646	.89480	.46201	.88688	.47741	.87868	.49268	.87021	29
32	.43104	.90233	.44672	.89467	.46226	.88674	.47767	.87854	.49293	.87007	28
33	.43130	.90221	.44698	.89454	.46252	.88661	.47793	.87840	.49318	.86993	27
34	.43156	.90208	.44724	.89441	.46278	.88647	.47818	.87826	.49344	.86978	26
35	.43182	.90196	.44750	.89428	.46304	.88634	.47844	.87812	.49369	.86964	25
36	.43209	.90183	.44776	.89415	.46330	.88620	.47869	.87798	.49394	.86949	24
37	.43235	.90171	.44802	.89402	.46355	.88607	.47895	.87784	.49419	.86935	23
38	.43261	.90158	.44828	.89389	.46381	.88593	.47920	.87770	.49445	.86921	22
39	.43287	.90146	.44854	.89376	.46407	.88580	.47946	.87756	.49470	.86906	21
40	.43313	.90133	.44880	.89363	.46433	.88566	.47971	.87743	.49495	.86892	20
41	.43340	.90120	.44906	.89350	.46458	.88553	.47997	.87729	.49521	.86878	19
42	.43366	.90108	.44932	.89337	.46484	.88539	.48022	.87715	.49546	.86863	18
43	.43392	.90095	.44958	.89324	.46510	.88526	.48048	.87701	.49571	.86849	17
44	.43418	.90082	.44984	.89311	.46536	.88512	.48073	.87687	.49596	.86834	16
45	.43445	.90070	.45010	.89298	.46561	.88499	.48099	.87673	.49622	.86820	15
46	.43471	.90057	.45036	.89285	.46587	.88485	.48124	.87659	.49647	.86805	14
47	.43497	.90045	.45062	.89272	.46613	.88472	.48150	.87645	.49672	.86791	13
48	.43523	.90032	.45088	.89259	.46639	.88458	.48175	.87631	.49697	.86777	12
49	.43549	.90019	.45114	.89245	.46664	.88445	.48201	.87617	.49723	.86762	11
50	.43575	.90007	.45140	.89232	.46690	.88431	.48226	.87603	.49748	.86748	10
51	.43602	.89994	.45166	.89219	.46716	.88417	.48252	.87589	.49773	.86733	9
52	.43628	.89981	.45192	.89206	.46742	.88404	.48277	.87575	.49798	.86719	8
53	.43654	.89968	.45218	.89193	.46767	.88390	.48303	.87561	.49824	.86704	7
54	.43680	.89956	.45243	.89180	.46793	.88377	.48328	.87546	.49849	.86690	6
55	.43706	.89943	.45269	.89167	.46819	.88363	.48354	.87532	.49874	.86675	5
56	.43733	.89930	.45295	.89153	.46844	.88349	.48379	.87518	.49899	.86661	4
57	.43759	.89918	.45321	.89140	.46870	.88336	.48405	.87504	.49924	.86646	3
58	.43785	.89905	.45347	.89127	.46896	.88322	.48430	.87490	.49950	.86632	2
59	.43811	.89892	.45373	.89114	.46921	.88308	.48456	.87476	.49975	.86617	1
60	.43837	.89879	.45399	.89101	.46947	.88295	.48481	.87462	.50000	.86603	0
′	Cosin	Sine	Cosin	Sine	Cosin	Sine	Cosin	Sine	Cosin	Sine	′
	64°		63°		62°		61°		60°		

TABLE XV.—NATURAL SINES AND COSINES.

′	30° Sine	30° Cosin	31° Sine	31° Cosin	32° Sine	32° Cosin	33° Sine	33° Cosin	34° Sine	34° Cosin	′
0	.50000	.86603	.51504	.85717	.52992	.84805	.54464	.83867	.55919	.82904	60
1	.50025	.86588	.51529	.85702	.53017	.84789	.54488	.83851	.55943	.82887	59
2	.50050	.86573	.51554	.85687	.53041	.84774	.54513	.83835	.55968	.82871	58
3	.50076	.86559	.51579	.85672	.53066	.84759	.54537	.83819	.55992	.82855	57
4	.50101	.86544	.51604	.85657	.53091	.84743	.54561	.83804	.56016	.82839	56
5	.50126	.86530	.51628	.85642	.53115	.84728	.54586	.83788	.56040	.82822	55
6	.50151	.86515	.51653	.85627	.53140	.84712	.54610	.83772	.56064	.82806	54
7	.50176	.86501	.51678	.85612	.53164	.84697	.54635	.83756	.56088	.82790	53
8	.50201	.86486	.51703	.85597	.53189	.84681	.54659	.83740	.56112	.82773	52
9	.50227	.86471	.51728	.85582	.53214	.84666	.54683	.83724	.56136	.82757	51
10	.50252	.86457	.51753	.85567	.53238	.84650	.54708	.83708	.56160	.82741	50
11	.50277	.86442	.51778	.85551	.53263	.84635	.54732	.83692	.56184	.82724	49
12	.50302	.86427	.51803	.85536	.53288	.84619	.54756	.83676	.56208	.82708	48
13	.50327	.86413	.51828	.85521	.53312	.84604	.54781	.83660	.56232	.82692	47
14	.50352	.86398	.51852	.85506	.53337	.84588	.54805	.83645	.56256	.82675	46
15	.50377	.86384	.51877	.85491	.53361	.84573	.54829	.83629	.56280	.82659	45
16	.50403	.86369	.51902	.85476	.53386	.84557	.54854	.83613	.56305	.82643	44
17	.50428	.86354	.51927	.85461	.53411	.84542	.54878	.83597	.56329	.82626	43
18	.50453	.86340	.51952	.85446	.53435	.84526	.54902	.83581	.56353	.82610	42
19	.50478	.86325	.51977	.85431	.53460	.84511	.54927	.83565	.56377	.82593	41
20	.50503	.86310	.52002	.85416	.53484	.84495	.54951	.83549	.56401	.82577	40
21	.50528	.86295	.52026	.85401	.53509	.84480	.54975	.83533	.56425	.82561	39
22	.50553	.86281	.52051	.85385	.53534	.84464	.54999	.83517	.56449	.82544	38
23	.50578	.86266	.52076	.85370	.53558	.84448	.55024	.83501	.56473	.82528	37
24	.50603	.86251	.52101	.85355	.53583	.84433	.55048	.83485	.56497	.82511	36
25	.50628	.86237	.52126	.85340	.53607	.84417	.55072	.83469	.56521	.82495	35
26	.50654	.86222	.52151	.85325	.53632	.84402	.55097	.83453	.56545	.82478	34
27	.50679	.86207	.52175	.85310	.53656	.84386	.55121	.83437	.56569	.82462	33
28	.50704	.86192	.52200	.85294	.53681	.84370	.55145	.83421	.56593	.82446	32
29	.50729	.86178	.52225	.85279	.53705	.84355	.55169	.83405	.56617	.82429	31
30	.50754	.86163	.52250	.85264	.53730	.84339	.55194	.83389	.56641	.82413	30
31	.50779	.86148	.52275	.85249	.53754	.84324	.55218	.83373	.56665	.82396	29
32	.50804	.86133	.52299	.85234	.53779	.84308	.55242	.83356	.56689	.82380	28
33	.50829	.86119	.52324	.85218	.53804	.84292	.55266	.83340	.56713	.82363	27
34	.50854	.86104	.52349	.85203	.53828	.84277	.55291	.83324	.56736	.82347	26
35	.50879	.86089	.52374	.85188	.53853	.84261	.55315	.83308	.56760	.82330	25
36	.50904	.86074	.52399	.85173	.53877	.84245	.55339	.83292	.56784	.82314	24
37	.50929	.86059	.52423	.85157	.53902	.84230	.55363	.83276	.56808	.82297	23
38	.50954	.86045	.52448	.85142	.53926	.84214	.55388	.83260	.56832	.82281	22
39	.50979	.86030	.52473	.85127	.53951	.84198	.55412	.83244	.56856	.82264	21
40	.51004	.86015	.52498	.85112	.53975	.84182	.55436	.83228	.56880	.82248	20
41	.51029	.86000	.52522	.85096	.54000	.84167	.55460	.83212	.56904	.82231	19
42	.51054	.85985	.52547	.85081	.54024	.84151	.55484	.83195	.56928	.82214	18
43	.51079	.85970	.52572	.85066	.54049	.84135	.55509	.83179	.56952	.82198	17
44	.51104	.85956	.52597	.85051	.54073	.84120	.55533	.83163	.56976	.82181	16
45	.51129	.85941	.52621	.85035	.54097	.84104	.55557	.83147	.57000	.82165	15
46	.51154	.85926	.52646	.85020	.54122	.84088	.55581	.83131	.57024	.82148	14
47	.51179	.85911	.52671	.85005	.54146	.84072	.55605	.83115	.57047	.82132	13
48	.51204	.85896	.52696	.84989	.54171	.84057	.55630	.83098	.57071	.82115	12
49	.51229	.85881	.52720	.84974	.54195	.84041	.55654	.83082	.57095	.82098	11
50	.51254	.85866	.52745	.84959	.54220	.84025	.55678	.83066	.57119	.82082	10
51	.51279	.85851	.52770	.84943	.54244	.84009	.55702	.83050	.57143	.82065	9
52	.51304	.85836	.52794	.84928	.54269	.83994	.55726	.83034	.57167	.82048	8
53	.51329	.85821	.52819	.84913	.54293	.83978	.55750	.83017	.57191	.82032	7
54	.51354	.85806	.52844	.84897	.54317	.83962	.55775	.83001	.57215	.82015	6
55	.51379	.85792	.52869	.84882	.54342	.83946	.55799	.82985	.57238	.81999	5
56	.51404	.85777	.52893	.84866	.54366	.83930	.55823	.82969	.57262	.81982	4
57	.51429	.85762	.52918	.84851	.54391	.83915	.55847	.82953	.57286	.81965	3
58	.51454	.85747	.52943	.84836	.54415	.83899	.55871	.82936	.57310	.81949	2
59	.51479	.85732	.52967	.84820	.54440	.83883	.55895	.82920	.57334	.81932	1
60	.51504	.85717	.52992	.84805	.54464	.83867	.55919	.82904	.57358	.81915	0
	Cosin	Sine	Cosin	Sine	Cosin	Sine	Cosin	Sine	Cosin	Sine	′
	59°		58°		57°		56°		55°		

TABLE XV.—NATURAL SINES AND COSINES.

′	35° Sine	35° Cosin	36° Sine	36° Cosin	37° Sine	37° Cosin	38° Sine	38° Cosin	39° Sine	39° Cosin	′
0	.57358	.81915	.58779	.80902	.60182	.79864	.61566	.78801	.62932	.77715	60
1	.57381	.81899	.58802	.80885	.60205	.79846	.61589	.78783	.62955	.77696	59
2	.57405	.81882	.58826	.80867	.60228	.79829	.61612	.78765	.62977	.77678	58
3	.57429	.81865	.58849	.80850	.60251	.79811	.61635	.78747	.63000	.77660	57
4	.57453	.81848	.58873	.80833	.60274	.79793	.61658	.78729	.63022	.77641	56
5	.57477	.81832	.58896	.80816	.60298	.79776	.61681	.78711	.63045	.77623	55
6	.57501	.81815	.58920	.80799	.60321	.79758	.61704	.78694	.63068	.77605	54
7	.57524	.81798	.58943	.80782	.60344	.79741	.61726	.78676	.63090	.77586	53
8	.57548	.81782	.58967	.80765	.60367	.79723	.61749	.78658	.63113	.77568	52
9	.57572	.81765	.58990	.80748	.60390	.79706	.61772	.78640	.63135	.77550	51
10	.57596	.81748	.59014	.80730	.60414	.79688	.61795	.78622	.63158	.77531	50
11	.57619	.81731	.59037	.80713	.60437	.79671	.61818	.78604	.63180	.77513	49
12	.57643	.81714	.59061	.80696	.60460	.79653	.61841	.78586	.63203	.77494	48
13	.57667	.81698	.59084	.80679	.60483	.79635	.61864	.78568	.63225	.77476	47
14	.57691	.81681	.59108	.80662	.60506	.79618	.61887	.78550	.63248	.77458	46
15	.57715	.81664	.59131	.80644	.60529	.79600	.61909	.78532	.63271	.77439	45
16	.57738	.81647	.59154	.80627	.60553	.79583	.61932	.78514	.63293	.77421	44
17	.57762	.81631	.59178	.80610	.60576	.79565	.61955	.78496	.63316	.77402	43
18	.57786	.81614	.59201	.80593	.60599	.79547	.61978	.78478	.63338	.77384	42
19	.57810	.81597	.59225	.80576	.60622	.79530	.62001	.78460	.63361	.77366	41
20	.57833	.81580	.59248	.80558	.60645	.79512	.62024	.78442	.63383	.77347	40
21	.57857	.81563	.59272	.80541	.60668	.79494	.62046	.78424	.63406	.77329	39
22	.57881	.81546	.59295	.80524	.60691	.79477	.62069	.78405	.63428	.77310	38
23	.57904	.81530	.59318	.80507	.60714	.79459	.62092	.78387	.63451	.77292	37
24	.57928	.81513	.59342	.80489	.60738	.79441	.62115	.78369	.63473	.77273	36
25	.57952	.81496	.59365	.80472	.60761	.79424	.62138	.78351	.63496	.77255	35
26	.57976	.81479	.59389	.80455	.60784	.79406	.62160	.78333	.63518	.77236	34
27	.57999	.81462	.59412	.80438	.60807	.79388	.62183	.78315	.63540	.77218	33
28	.58023	.81445	.59436	.80420	.60830	.79371	.62206	.78297	.63563	.77199	32
29	.58047	.81428	.59459	.80403	.60853	.79353	.62229	.78279	.63585	.77181	31
30	.58070	.81412	.59482	.80386	.60876	.79335	.62251	.78261	.63608	.77162	30
31	.58094	.81395	.59506	.80368	.60899	.79318	.62274	.78243	.63630	.77144	29
32	.58118	.81378	.59529	.80351	.60922	.79300	.62297	.78225	.63653	.77125	28
33	.58141	.81361	.59552	.80334	.60945	.79282	.62320	.78206	.63675	.77107	27
34	.58165	.81344	.59576	.80316	.60968	.79264	.62342	.78188	.63698	.77088	26
35	.58189	.81327	.59599	.80299	.60991	.79247	.62365	.78170	.63720	.77070	25
36	.58212	.81310	.59622	.80282	.61015	.79229	.62388	.78152	.63742	.77051	24
37	.58236	.81293	.59646	.80264	.61038	.79211	.62411	.78134	.63765	.77033	23
38	.58260	.81276	.59669	.80247	.61061	.79193	.62433	.78116	.63787	.77014	22
39	.58283	.81259	.59693	.80230	.61084	.79176	.62456	.78098	.63810	.76996	21
40	.58307	.81242	.59716	.80212	.61107	.79158	.62479	.78079	.63832	.76977	20
41	.58330	.81225	.59739	.80195	.61130	.79140	.62502	.78061	.63854	.76959	19
42	.58354	.81208	.59763	.80178	.61153	.79122	.62524	.78043	.63877	.76940	18
43	.58378	.81191	.59786	.80160	.61176	.79105	.62547	.78025	.63899	.76921	17
44	.58401	.81174	.59809	.80143	.61199	.79087	.62570	.78007	.63922	.76903	16
45	.58425	.81157	.59832	.80125	.61222	.79069	.62592	.77988	.63944	.76884	15
46	.58449	.81140	.59856	.80108	.61245	.79051	.62615	.77970	.63966	.76866	14
47	.58472	.81123	.59879	.80091	.61268	.79033	.62638	.77952	.63989	.76847	13
48	.58496	.81106	.59902	.80073	.61291	.79016	.62660	.77934	.64011	.76828	12
49	.58519	.81089	.59926	.80056	.61314	.78998	.62683	.77916	.64033	.76810	11
50	.58543	.81072	.59949	.80038	.61337	.78980	.62706	.77897	.64056	.76791	10
51	.58567	.81055	.59972	.80021	.61360	.78962	.62728	.77879	.64078	.76772	9
52	.58590	.81038	.59995	.80003	.61383	.78944	.62751	.77861	.64100	.76754	8
53	.58614	.81021	.60019	.79986	.61406	.78926	.62774	.77843	.64123	.76735	7
54	.58637	.81004	.60042	.79968	.61429	.78908	.62796	.77824	.64145	.76717	6
55	.58661	.80987	.60065	.79951	.61451	.78891	.62819	.77806	.64167	.76698	5
56	.58684	.80970	.60089	.79934	.61474	.78873	.62842	.77788	.64190	.76679	4
57	.58708	.80953	.60112	.79916	.61497	.78855	.62864	.77769	.64212	.76661	3
58	.58731	.80936	.60135	.79899	.61520	.78837	.62887	.77751	.64234	.76642	2
59	.58755	.80919	.60158	.79881	.61543	.78819	.62909	.77733	.64256	.76623	1
60	.58779	.80902	.60182	.79864	.61566	.78801	.62932	.77715	.64279	.76604	0
′	Cosin	Sine	Cosin	Sine	Cosin	Sine	Cosin	Sine	Cosin	Sine	′
	54°		53°		52°		51°		50°		

TABLE XV.—NATURAL SINES AND COSINES.

′	40°		41°		42°		43°		44°		′
	Sine	Cosin	Sine	Cosin	Sine	Cosin	Sine	Cosin	Sine	Cosin	
0	.64279	.76604	.65606	.75471	.66913	.74314	.68200	.73135	.69466	.71934	60
1	.64301	.76586	.65628	.75452	.66935	.74295	.68221	.73116	.69487	.71914	59
2	.64323	.76567	.65650	.75433	.66956	.74276	.68242	.73096	.69508	.71894	58
3	.64346	.76548	.65672	.75414	.66978	.74256	.68264	.73076	.69529	.71873	57
4	.64368	.76530	.65694	.75395	.66999	.74237	.68285	.73056	.69549	.71853	56
5	.64390	.76511	.65716	.75375	.67021	.74217	.68306	.73036	.69570	.71833	55
6	.64412	.76492	.65738	.75356	.67043	.74198	.68327	.73016	.69591	.71813	54
7	.64435	.76473	.65759	.75337	.67064	.74178	.68349	.72996	.69612	.71792	53
8	.64457	.76455	.65781	.75318	.67086	.74159	.68370	.72976	.69633	.71772	52
9	.64479	.76436	.65803	.75299	.67107	.74139	.68391	.72957	.69654	.71752	51
10	.64501	.76417	.65825	.75280	.67129	.74120	.68412	.72937	.69675	.71732	50
11	.64524	.76398	.65847	.75261	.67151	.74100	.68434	.72917	.69696	.71711	49
12	.64546	.76380	.65869	.75241	.67172	.74080	.68455	.72897	.69717	.71691	48
13	.64568	.76361	.65891	.75222	.67194	.74061	.68476	.72877	.69737	.71671	47
14	.64590	.76342	.65913	.75203	.67215	.74041	.68497	.72857	.69758	.71650	46
15	.64612	.76323	.65935	.75184	.67237	.74022	.68518	.72837	.69779	.71630	45
16	.64635	.76304	.65956	.75165	.67258	.74002	.68539	.72817	.69800	.71610	44
17	.64657	.76286	.65978	.75146	.67280	.73983	.68561	.72797	.69821	.71590	43
18	.64679	.76267	.66000	.75126	.67301	.73963	.68582	.72777	.69842	.71569	42
19	.64701	.76248	.66022	.75107	.67323	.73944	.68603	.72757	.69862	.71549	41
20	.64723	.76229	.66044	.75088	.67344	.73924	.68624	.72737	.69883	.71529	40
21	.64746	.76210	.66066	.75069	.67366	.73904	.68645	.72717	.69904	.71508	39
22	.64768	.76192	.66088	.75050	.67387	.73885	.68666	.72697	.69925	.71488	38
23	.64790	.76173	.66109	.75030	.67409	.73865	.68688	.72677	.69946	.71468	37
24	.64812	.76154	.66131	.75011	.67430	.73846	.68709	.72657	.69966	.71447	36
25	.64834	.76135	.66153	.74992	.67452	.73826	.68730	.72637	.69987	.71427	35
26	.64856	.76116	.66175	.74973	.67473	.73806	.68751	.72617	.70008	.71407	34
27	.64878	.76097	.66197	.74953	.67495	.73787	.68772	.72597	.70029	.71386	33
28	.64901	.76078	.66218	.74934	.67516	.73767	.68793	.72577	.70049	.71366	32
29	.64923	.76059	.66240	.74915	.67538	.73747	.68814	.72557	.70070	.71345	31
30	.64945	.76041	.66262	.74896	.67559	.73728	.68835	.72537	.70091	.71325	30
31	.64967	.76022	.66284	.74876	.67580	.73708	.68857	.72517	.70112	.71305	29
32	.64989	.76003	.66306	.74857	.67602	.73688	.68878	.72497	.70132	.71284	28
33	.65011	.75984	.66327	.74838	.67623	.73669	.68899	.72477	.70153	.71264	27
34	.65033	.75965	.66349	.74818	.67645	.73649	.68920	.72457	.70174	.71243	26
35	.65055	.75946	.66371	.74799	.67666	.73629	.68941	.72437	.70195	.71223	25
36	.65077	.75927	.66393	.74780	.67688	.73610	.68962	.72417	.70215	.71203	24
37	.65100	.75908	.66414	.74760	.67709	.73590	.68983	.72397	.70236	.71182	23
38	.65122	.75889	.66436	.74741	.67730	.73570	.69004	.72377	.70257	.71162	22
39	.65144	.75870	.66458	.74722	.67752	.73551	.69025	.72357	.70277	.71141	21
40	.65166	.75851	.66480	.74703	.67773	.73531	.69046	.72337	.70298	.71121	20
41	.65188	.75832	.66501	.74683	.67795	.73511	.69067	.72317	.70319	.71100	19
42	.65210	.75813	.66523	.74664	.67816	.73491	.69088	.72297	.70339	.71080	18
43	.65232	.75794	.66545	.74644	.67837	.73472	.69109	.72277	.70360	.71059	17
44	.65254	.75775	.66566	.74625	.67859	.73452	.69130	.72257	.70381	.71039	16
45	.65276	.75756	.66588	.74605	.67880	.73432	.69151	.72236	.70401	.71019	15
46	.65298	.75738	.66610	.74586	.67901	.73413	.69172	.72216	.70422	.70998	14
47	.65320	.75719	.66632	.74567	.67923	.73393	.69193	.72196	.70443	.70978	13
48	.65342	.75700	.66653	.74548	.67944	.73373	.69214	.72176	.70463	.70957	12
49	.65364	.75680	.66675	.74528	.67965	.73353	.69235	.72156	.70484	.70937	11
50	.65386	.75661	.66697	.74509	.67987	.73333	.69256	.72136	.70505	.70916	10
51	.65408	.75642	.66718	.74489	.68008	.73314	.69277	.72116	.70525	.70896	9
52	.65430	.75623	.66740	.74470	.68029	.73294	.69298	.72095	.70546	.70875	8
53	.65452	.75604	.66762	.74451	.68051	.73274	.69319	.72075	.70567	.70855	7
54	.65474	.75585	.66783	.74431	.68072	.73254	.69340	.72055	.70587	.70834	6
55	.65496	.75566	.66805	.74412	.68093	.73234	.69361	.72035	.70608	.70813	5
56	.65518	.75547	.66827	.74392	.68115	.73215	.69382	.72015	.70628	.70793	4
57	.65540	.75528	.66848	.74373	.68136	.73195	.69403	.71995	.70649	.70772	3
58	.65562	.75509	.66870	.74353	.68157	.73175	.69424	.71974	.70670	.70752	2
59	.65584	.75490	.66891	.74334	.68179	.73155	.69445	.71954	.70690	.70731	1
60	.65606	.75471	.66913	.74314	.68200	.73135	.69466	.71934	.70711	.70711	0
	Cosin	Sine	Cosin	Sine	Cosin	Sine	Cosin	Sine	Cosin	Sine	′
	49°		48°		47°		46°		45°		

TABLE XVI.—NATURAL TANGENTS AND COTANGENTS.

′	0°		1°		2°		3°		′
	Tang	Cotang	Tang	Cotang	Tang	Cotang	Tang	Cotang	
0	.00000	Infinite.	.01746	57.2900	.03492	28.6363	.05241	19.0811	60
1	.00029	3437.75	.01775	56.3506	.03521	28.3994	.05270	18.9755	59
2	.00058	1718.87	.01804	55.4415	.03550	28.1664	.05299	18.8711	58
3	.00087	1145.92	.01833	54.5613	.03579	27.9372	.05328	18.7678	57
4	.00116	859.436	.01862	53.7086	.03609	27.7117	.05357	18.6656	56
5	.00145	687.549	.01891	52.8821	.03638	27.4899	.05387	18.5645	55
6	.00175	572.957	.01920	52.0807	.03667	27.2715	.05416	18.4645	54
7	.00204	491.106	.01949	51.3032	.03696	27.0566	.05445	18.3655	53
8	.00233	429.718	.01978	50.5485	.03725	26.8450	.05474	18.2677	52
9	.00262	381.971	.02007	49.8157	.03754	26.6367	.05503	18.1708	51
10	.00291	343.774	.02036	49.1039	.03783	26.4316	.05533	18.0750	50
11	.00320	312.521	.02066	48.4121	.03812	26.2296	.05562	17.9802	49
12	.00349	286.478	.02095	47.7395	.03842	26.0307	.05591	17.8863	48
13	.00378	264.441	.02124	47.0853	.03871	25.8348	.05620	17.7934	47
14	.00407	245.552	.02153	46.4489	.03900	25.6418	.05649	17.7015	46
15	.00436	229.182	.02182	45.8294	.03929	25.4517	.05678	17.6106	45
16	.00465	214.858	.02211	45.2261	.03958	25.2644	.05708	17.5205	44
17	.00495	202.219	.02240	44.6386	.03987	25.0798	.05737	17.4314	43
18	.00524	190.984	.02269	44.0661	.04016	24.8978	.05766	17.3432	42
19	.00553	180.932	.02298	43.5081	.04046	24.7185	.05795	17.2558	41
20	.00582	171.885	.02328	42.9641	.04075	24.5418	.05824	17.1693	40
21	.00611	163.700	.02357	42.4335	.04104	24.3675	.05854	17.0837	39
22	.00640	156.259	.02386	41.9158	.04133	24.1957	.05883	16.9990	38
23	.00669	149.465	.02415	41.4106	.04162	24.0263	.05912	16.9150	37
24	.00698	143.237	.02444	40.9174	.04191	23.8593	.05941	16.8319	36
25	.00727	137.507	.02473	40.4358	.04220	23.6945	.05970	16.7496	35
26	.00756	132.219	.02502	39.9655	.04250	23.5321	.05999	16.6681	34
27	.00785	127.321	.02531	39.5059	.04279	23.3718	.06029	16.5874	33
28	.00815	122.774	.02560	39.0568	.04308	23.2137	.06058	16.5075	32
29	.00844	118.540	.02589	38.6177	.04337	23.0577	.06087	16.4283	31
30	.00873	114.589	.02619	38.1885	.04366	22.9038	.06116	16.3499	30
31	.00902	110.892	.02648	37.7686	.04395	22.7519	.06145	16.2722	29
32	.00931	107.426	.02677	37.3579	.04424	22.6020	.06175	16.1952	28
33	.00960	104.171	.02706	36.9560	.04454	22.4541	.06204	16.1190	27
34	.00989	101.107	.02735	36.5627	.04483	22.3081	.06233	16.0435	26
35	.01018	98.2179	.02764	36.1776	.04512	22.1640	.06262	15.9687	25
36	.01047	95.4895	.02793	35.8006	.04541	22.0217	.06291	15.8945	24
37	.01076	92.9085	.02822	35.4313	.04570	21.8813	.06321	15.8211	23
38	.01105	90.4633	.02851	35.0695	.04599	21.7426	.06350	15.7483	22
39	.01135	88.1436	.02881	34.7151	.04628	21.6056	.06379	15.6762	21
40	.01164	85.9398	.02910	34.3678	.04658	21.4704	.06408	15.6048	20
41	.01193	83.8435	.02939	34.0273	.04687	21.3369	.06437	15.5340	19
42	.01222	81.8470	.02968	33.6935	.04716	21.2049	.06467	15.4638	18
43	.01251	79.9434	.02997	33.3662	.04745	21.0747	.06496	15.3943	17
44	.01280	78.1263	.03026	33.0452	.04774	20.9460	.06525	15.3254	16
45	.01309	76.3900	.03055	32.7303	.04803	20.8188	.06554	15.2571	15
46	.01338	74.7292	.03084	32.4213	.04833	20.6932	.06584	15.1893	14
47	.01367	73.1390	.03114	32.1181	.04862	20.5691	.06613	15.1222	13
48	.01396	71.6151	.03143	31.8205	.04891	20.4465	.06642	15.0557	12
49	.01425	70.1533	.03172	31.5284	.04920	20.3253	.06671	14.9898	11
50	.01455	68.7501	.03201	31.2416	.04949	20.2056	.06700	14.9244	10
51	.01484	67.4019	.03230	30.9599	.04978	20.0872	.06730	14.8596	9
52	.01513	66.1055	.03259	30.6833	.05007	19.9702	.06759	14.7954	8
53	.01542	64.8580	.03288	30.4116	.05037	19.8546	.06788	14.7317	7
54	.01571	63.6567	.03317	30.1446	.05066	19.7403	.06817	14.6685	6
55	.01600	62.4992	.03346	29.8823	.05095	19.6273	.06847	14.6059	5
56	.01629	61.3829	.03376	29.6245	.05124	19.5156	.06876	14.5438	4
57	.01658	60.3058	.03405	29.3711	.05153	19.4051	.06905	14.4823	3
58	.01687	59.2659	.03434	29.1220	.05182	19.2959	.06934	14.4212	2
59	.01716	58.2612	.03463	28.8771	.05212	19.1879	.06963	14.3607	1
60	.01746	57.2900	.03492	28.6363	.05241	19.0811	.06993	14.3007	0
	Cotang	Tang	Cotang	Tang	Cotang	Tang	Cotang	Tang	
′	89°		88°		87°		86°		′

235

TABLE XVI.—NATURAL TANGENTS AND COTANGENTS.

′	4°		5°		6°		7°		′
	Tang	Cotang	Tang	Cotang	Tang	Cotang	Tang	Cotang	
0	.06993	14.3007	.08749	11.4301	.10510	9.51436	.12278	8.14435	60
1	.07022	14.2411	.08778	11.3919	.10540	9.48781	.12308	8.12481	59
2	.07051	14.1821	.08807	11.3540	.10569	9.46141	.12338	8.10536	58
3	.07080	14.1235	.08837	11.3163	.10599	9.43515	.12367	8.08600	57
4	.07110	14.0655	.08866	11.2789	.10628	9.40904	.12397	8.06674	56
5	.07139	14.0079	.08895	11.2417	.10657	9.38307	.12426	8.04756	55
6	.07168	13.9507	.08925	11.2048	.10687	9.35724	.12456	8.02848	54
7	.07197	13.8940	.08954	11.1681	.10716	9.33155	.12485	8.00948	53
8	.07227	13.8378	.08983	11.1316	.10746	9.30599	.12515	7.99058	52
9	.07256	13.7821	.09013	11.0954	.10775	9.28058	.12544	7.97176	51
10	.07285	13.7267	.09042	11.0594	.10805	9.25530	.12574	7.95302	50
11	.07314	13.6719	.09071	11.0237	.10834	9.23016	.12603	7.93438	49
12	.07344	13.6174	.09101	10.9882	.10863	9.20516	.12633	7.91582	48
13	.07373	13.5634	.09130	10.9529	.10893	9.18028	.12662	7.89734	47
14	.07402	13.5098	.09159	10.9178	.10922	9.15554	.12692	7.87895	46
15	.07431	13.4566	.09189	10.8829	.10952	9.13093	.12722	7.86064	45
16	.07461	13.4039	.09218	10.8483	.10981	9.10646	.12751	7.84242	44
17	.07490	13.3515	.09247	10.8139	.11011	9.08211	.12781	7.82428	43
18	.07519	13.2996	.09277	10.7797	.11040	9.05789	.12810	7.80622	42
19	.07548	13.2480	.09306	10.7457	.11070	9.03379	.12840	7.78825	41
20	.07578	13.1969	.09335	10.7119	.11099	9.00983	.12869	7.77035	40
21	.07607	13.1461	.09365	10.6783	.11128	8.98598	.12899	7.75254	39
22	.07636	13.0958	.09394	10.6450	.11158	8.96227	.12929	7.73480	38
23	.07665	13.0458	.09423	10.6118	.11187	8.93867	.12958	7.71715	37
24	.07695	12.9962	.09453	10.5789	.11217	8.91520	.12988	7.69957	36
25	.07724	12.9469	.09482	10.5462	.11246	8.89185	.13017	7.68208	35
26	.07753	12.8981	.09511	10.5136	.11276	8.86862	.13047	7.66466	34
27	.07782	12.8496	.09541	10.4813	.11305	8.84551	.13076	7.64732	33
28	.07812	12.8014	.09570	10.4491	.11335	8.82252	.13106	7.63005	32
29	.07841	12.7536	.09600	10.4172	.11364	8.79964	.13136	7.61287	31
30	.07870	12.7062	.09629	10.3854	.11394	8.77689	.13165	7.59575	30
31	.07899	12.6591	.09658	10.3538	.11423	8.75425	.13195	7.57872	29
32	.07929	12.6124	.09688	10.3224	.11452	8.73172	.13224	7.56176	28
33	.07958	12.5660	.09717	10.2913	.11482	8.70931	.13254	7.54487	27
34	.07987	12.5199	.09746	10.2602	.11511	8.68701	.13284	7.52806	26
35	.08017	12.4742	.09776	10.2294	.11541	8.66482	.13313	7.51132	25
36	.08046	12.4288	.09805	10.1988	.11570	8.64275	.13343	7.49465	24
37	.08075	12.3838	.09834	10.1683	.11600	8.62078	.13372	7.47806	23
38	.08104	12.3390	.09864	10.1381	.11629	8.59893	.13402	7.46154	22
39	.08134	12.2946	.09893	10.1080	.11659	8.57718	.13432	7.44509	21
40	.08163	12.2505	.09923	10.0780	.11688	8.55555	.13461	7.42871	20
41	.08192	12.2067	.09952	10.0483	.11718	8.53402	.13491	7.41240	19
42	.08221	12.1632	.09981	10.0187	.11747	8.51259	.13521	7.39616	18
43	.08251	12.1201	.10011	9.98931	.11777	8.49128	.13550	7.37999	17
44	.08280	12.0772	.10040	9.96007	.11806	8.47007	.13580	7.36389	16
45	.08309	12.0346	.10069	9.93101	.11836	8.44896	.13609	7.34786	15
46	.08339	11.9923	.10099	9.90211	.11865	8.42795	.13639	7.33190	14
47	.08368	11.9504	.10128	9.87338	.11895	8.40705	.13669	7.31600	13
48	.08397	11.9087	.10158	9.84482	.11924	8.38625	.13698	7.30018	12
49	.08427	11.8673	.10187	9.81641	.11954	8.36555	.13728	7.28442	11
50	.08456	11.8262	.10216	9.78817	.11983	8.34496	.13758	7.26873	10
51	.08485	11.7853	.10246	8.76009	.12013	8.32446	.13787	7.25310	9
52	.08514	11.7448	.10275	9.73217	.12042	8.30406	.13817	7.23754	8
53	.08544	11.7045	.10305	9.70441	.12072	8.28376	.13846	7.22204	7
54	.08573	11.6645	.10334	9.67680	.12101	8.26355	.13876	7.20661	6
55	.08602	11.6248	.10363	9.64935	.12131	8.24345	.13906	7.19125	5
56	.08632	11.5853	.10393	9.62205	.12160	8.22344	.13935	7.17594	4
57	.08661	11.5461	.10422	9.59490	.12190	8.20352	.13965	7.16071	3
58	.08690	11.5072	.10452	9.56791	.12219	8.18370	.13995	7.14553	2
59	.08720	11.4685	.10481	9.54106	.12249	8.16398	.14024	7.13042	1
60	.08749	11.4301	.10510	9.51436	.12278	8.14435	.14054	7.11537	0
′	Cotang	Tang	Cotang	Tang	Cotang	Tang	Cotang	Tang	′
	85°		84°		83°		82°		

TABLE XVI.—NATURAL TANGENTS AND COTANGENTS.

′	8°		9°		10°		11°		′
	Tang	Cotang	Tang	Cotang	Tang	Cotang	Tang	Cotang	
0	.14054	7.11537	.15838	6.31375	.17633	5.67128	.19438	5.14455	60
1	.14084	7.10038	.15868	6.30189	.17663	5.66165	.19468	5.13658	59
2	.14113	7.08546	.15898	6.29007	.17693	5.65205	.19498	5.12862	58
3	.14143	7.07059	.15928	6.27829	.17723	5.64248	.19529	5.12069	57
4	.14173	7.05579	.15958	6.26655	.17753	5.63295	.19559	5.11279	56
5	.14202	7.04105	.15988	6.25486	.17783	5.62344	.19589	5.10490	55
6	.14232	7.02637	.16017	6.24321	.17813	5.61397	.19619	5.09704	54
7	.14262	6.91174	.16047	6.23160	.17843	5.60452	.19649	5.08921	53
8	.14291	6.99718	.16077	6.22003	.17873	5.59511	.19680	5.08139	52
9	.14321	6.98268	.16107	6.20851	.17903	5.58573	.19710	5.07360	51
10	.14351	6.96823	.16137	6.19703	.17933	5.57638	.19740	5.06584	50
11	.14381	6.95385	.16167	6.18559	.17963	5.56706	.19770	5.05809	49
12	.14410	6.93952	.16196	6.17419	.17993	5.55777	.19801	5.05037	48
13	.14440	6.92525	.16226	6.16283	.18023	5.54851	.19831	5.04267	47
14	.14470	6.91104	.16256	6.15151	.18053	5.53927	.19861	5.03499	46
15	.14499	6.89688	.16286	6.14023	.18083	5.53007	.19891	5.02734	45
16	.14529	6.88278	.16316	6.12899	.18113	5.52090	.19921	5.01971	44
17	.14559	6.86874	.16346	6.11779	.18143	5.51176	.19952	5.01210	43
18	.14588	6.85475	.16376	6.10664	.18173	5.50264	.19982	5.00451	42
19	.14618	6.84082	.16405	6.09552	.18203	5.49356	.20012	4.99695	41
20	.14648	6.82694	.16435	6.08444	.18233	5.48451	.20042	4.98940	40
21	.14678	6.81312	.16465	6.07340	.18263	5.47548	.20073	4.98188	39
22	.14707	6.79936	.16495	6.06240	.18293	5.46648	.20103	4.97438	38
23	.14737	6.78564	.16525	6.05143	.18323	5.45751	.20133	4.96690	37
24	.14767	6.77199	.16555	6.04051	.18353	5.44857	.20164	4.95945	36
25	.14796	6.75838	.16585	6.02962	.18384	5.43966	.20194	4.95201	35
26	.14826	6.74483	.16615	6.01878	.18414	5.43077	.20224	4.94460	34
27	.14856	6.73133	.16645	6.00797	.18444	5.42192	.20254	4.93721	33
28	.14886	6.71789	.16674	5.99720	.18474	5.41309	.20285	4.92984	32
29	.14915	6.70450	.16704	5.98646	.18504	5.40429	.20315	4.92249	31
30	.14945	6.69116	.16734	5.97576	.18534	5.39552	.20345	4.91516	30
31	.14975	6.67787	.16764	5.96510	.18564	5.38677	.20376	4.90785	29
32	.15005	6.66463	.16794	5.95448	.18594	5.37805	.20406	4.90056	28
33	.15034	6.65144	.16824	5.94390	.18624	5.36936	.20436	4.89330	27
34	.15064	6.63831	.16854	5.93335	.18654	5.36070	.20466	4.88605	26
35	.15094	6.62523	.16884	5.92283	.18684	5.35206	.20497	4.87882	25
36	.15124	6.61219	.16914	5.91236	.18714	5.34345	.20527	4.87162	24
37	.15153	6.59921	.16944	5.90191	.18745	5.33487	.20557	4.86444	23
38	.15183	6.58627	.16974	5.89151	.18775	5.32631	.20588	4.85727	22
39	.15213	6.57339	.17004	5.88114	.18805	5.31778	.20618	4.85013	21
40	.15243	6.56055	.17033	5.87080	.18835	5.30928	.20648	4.84300	20
41	.15272	6.54777	.17063	5.86051	.18865	5.30080	.20679	4.83590	19
42	.15302	6.53503	.17093	5.85024	.18895	5.29235	.20709	4.82882	18
43	.15332	6.52234	.17123	5.84001	.18925	5.28393	.20739	4.82175	17
44	.15362	6.50970	.17153	5.82982	.18955	5.27553	.20770	4.81471	16
45	.15391	6.49710	.17183	5.81966	.18986	5.26715	.20800	4.80769	15
46	.15421	6.48456	.17213	5.80953	.19016	5.25880	.20830	4.80068	14
47	.15451	6.47206	.17243	5.79944	.19046	5.25048	.20861	4.79370	13
48	.15481	6.45961	.17273	5.78938	.19076	5.24218	.20891	4.78673	12
49	.15511	6.44720	.17303	5.77936	.19106	5.23391	.20921	4.77978	11
50	.15540	6.43484	.17333	5.76937	.19136	5.22566	.20952	4.77286	10
51	.15570	6.42253	.17363	5.75941	.19166	5.21744	.20982	4.76595	9
52	.15600	6.41026	.17393	5.74949	.19197	5.20925	.21013	4.75906	8
53	.15630	6.39804	.17423	5.73960	.19227	5.20107	.21043	4.75219	7
54	.15660	6.38587	.17453	5.72974	.19257	5.19293	.21073	4.74534	6
55	.15689	6.37374	.17483	5.71992	.19287	5.18480	.21104	4.73851	5
56	.15719	6.36165	.17513	5.71013	.19317	5.17671	.21134	4.73170	4
57	.15749	6.34961	.17543	5.70037	.19347	5.16863	.21164	4.72490	3
58	.15779	6.33761	.17573	5.69064	.19378	5.16058	.21195	4.71813	2
59	.15809	6.32566	.17603	5.68094	.19408	5.15256	.21225	4.71137	1
60	.15838	6.31375	.17633	5.67128	.19438	5.14455	.21256	4.70463	0
′	Cotang	Tang	Cotang	Tang	Cotang	Tang	Cotang	Tang	′
	81°		80°		79°		78°		

TABLE XVI.—NATURAL TANGENTS AND COTANGENTS.

′	12°		13°		14°		15°		′
	Tang	Cotang	Tang	Cotang	Tang	Cotang	Tang	Cotang	
0	.21256	4.70463	.23087	4.33148	.24933	4.01078	.26795	3.73205	60
1	.21286	4.69791	.23117	4.32573	.24964	4.00582	.26826	3.72771	59
2	.21316	4.69121	.23148	4.32001	.24995	4.00086	.26857	3.72338	58
3	.21347	4.68452	.23179	4.31430	.25026	3.99592	.26888	3.71907	57
4	.21377	4.67786	.23209	4.30860	.25056	3.99099	.26920	3.71476	56
5	.21408	4.67121	.23240	4.30291	.25087	3.98607	.26951	3.71046	55
6	.21438	4.66458	.23271	4.29724	.25118	3.98117	.26982	3.70616	54
7	.21469	4.65797	.23301	4.29159	.25149	3.97627	.27013	3.70188	53
8	.21499	4.65138	.23332	4.28595	.25180	3.97139	.27044	3.69761	52
9	.21529	4.64480	.23363	4.28032	.25211	3.96651	.27076	3.69335	51
10	.21560	4.63825	.23393	4.27471	.25242	3.96165	.27107	3.68909	50
11	.21590	4.63171	.23424	4.26911	.25273	3.95680	.27138	3.68485	49
12	.21621	4.62518	.23455	4.26352	.25304	3.95196	.27169	3.68061	48
13	.21651	4.61868	.23485	4.25795	.25335	3.94713	.27201	3.67638	47
14	.21682	4.61219	.23516	4.25239	.25366	3.94232	.27232	3.67217	46
15	.21712	4.60572	.23547	4.24685	.25397	3.93751	.27263	3.66796	45
16	.21743	4.59927	.23578	4.24132	.25428	3.93271	.27294	3.66376	44
17	.21773	4.59283	.23608	4.23580	.25459	3.92793	.27326	3.65957	43
18	.21804	4.58641	.23639	4.23030	.25490	3.92316	.27357	3.65538	42
19	.21834	4.58001	.23670	4.22481	.25521	3.91839	.27388	3.65121	41
20	.21864	4.57363	.23700	4.21933	.25552	3.91364	.27419	3.64705	40
21	.21895	4.56726	.23731	4.21387	.25583	3.90890	.27451	3.64289	39
22	.21925	4.56091	.23762	4.20842	.25614	3.90417	.27482	3.63874	38
23	.21956	4.55458	.23793	4.20298	.25645	3.89945	.27513	3.63461	37
24	.21986	4.54826	.23823	4.19756	.25676	3.89474	.27545	3.63048	36
25	.22017	4.54196	.23854	4.19215	.25707	3.89004	.27576	3.62636	35
26	.22047	4.53568	.23885	4.18675	.25738	3.88536	.27607	3.62224	34
27	.22078	4.52941	.23916	4.18137	.25769	3.88068	.27638	3.61814	33
28	.22108	4.52316	.23946	4.17600	.25800	3.87601	.27670	3.61405	32
29	.22139	4.51693	.23977	4.17064	.25831	3.87136	.27701	3.60996	31
30	.22169	4.51071	.24008	4.16530	.25862	3.86671	.27732	3.60588	30
31	.22200	4.50451	.24039	4.15997	.25893	3.86208	.27764	3.60181	29
32	.22231	4.49832	.24069	4.15465	.25924	3.85745	.27795	3.59775	28
33	.22261	4.49215	.24100	4.14934	.25955	3.85284	.27826	3.59370	27
34	.22292	4.48600	.24131	4.14405	.25986	3.84824	.27858	3.58966	26
35	.22322	4.47986	.24162	4.13877	.26017	3.84364	.27889	3.58562	25
36	.22353	4.47374	.24193	4.13350	.26048	3.83906	.27921	3.58160	24
37	.22383	4.46764	.24223	4.12825	.26079	3.83449	.27952	3.57758	23
38	.22414	4.46155	.24254	4.12301	.26110	3.82992	.27983	3.57357	22
39	.22444	4.45548	.24285	4.11778	.26141	3.82537	.28015	3.56957	21
40	.22475	4.44942	.24316	4.11256	.26172	3.82083	.28046	3.56557	20
41	.22505	4.44338	.24347	4.10736	.26203	3.81630	.28077	3.56159	19
42	.22536	4.43735	.24377	4.10216	.26235	3.81177	.28109	3.55761	18
43	.22567	4.43134	.24408	4.09699	.26266	3.80726	.28140	3.55364	17
44	.22597	4.42534	.24439	4.09182	.26297	3.80276	.28172	3.54968	16
45	.22628	4.41936	.24470	4.08666	.26328	3.79827	.28203	3.54573	15
46	.22658	4.41340	.24501	4.08152	.26359	3.79378	.28234	3.54179	14
47	.22689	4.40745	.24532	4.07639	.26390	3.78931	.28266	3.53785	13
48	.22719	4.40152	.24562	4.07127	.26421	3.78485	.28297	3.53393	12
49	.22750	4.39560	.24593	4.06616	.26452	3.78040	.28329	3.53001	11
50	.22781	4.38969	.24624	4.06107	.26483	3.77595	.28360	3.52609	10
51	.22811	4.38381	.24655	4.05599	.26515	3.77152	.28391	3.52219	9
52	.22842	4.37793	.24686	4.05092	.26546	3.76709	.28423	3.51829	8
53	.22872	4.37207	.24717	4.04586	.26577	3.76268	.28454	3.51441	7
54	.22903	4.36623	.24747	4.04081	.26608	3.75828	.28486	3.51053	6
55	.22934	4.36040	.24778	4.03578	.26639	3.75388	.28517	3.50666	5
56	.22964	4.35459	.24809	4.03076	.26670	3.74950	.28549	3.50279	4
57	.22995	4.34879	.24840	4.02574	.26701	3.74512	.28580	3.49894	3
58	.23026	4.34300	.24871	4.02074	.26733	3.74075	.28612	3.49509	2
59	.23056	4.33723	.24902	4.01576	.26764	3.73640	.28643	3.49125	1
60	.23087	4.33148	.24933	4.01078	.26795	3.73205	.28675	3.48741	0
	Cotang	Tang	Cotang	Tang	Cotang	Tang	Cotang	Tang	′
	77°		76°		75°		74°		

238

TABLE XVI.—NATURAL TANGENTS AND COTANGENTS.

′	16°		17°		18°		19°		′
	Tang	Cotang	Tang	Cotang	Tang	Cotang	Tang	Cotang	
0	.28675	3.48741	.30573	3.27085	.32492	3.07768	.34433	2.90421	60
1	.28706	3.48359	.30605	3.26745	.32524	3.07464	.34465	2.90147	59
2	.28738	3.47977	.30637	3.26406	.32556	3.07160	.34498	2.89873	58
3	.28769	3.47596	.30669	3.26067	.32588	3.06857	.34530	2.89600	57
4	.28800	3.47216	.30700	3.25729	.32621	3.06554	.34563	2.89327	56
5	.28832	3.46837	.30732	3.25392	.32653	3.06252	.34596	2.89055	55
6	.28864	3.46458	.30764	3.25055	.32685	3.05950	.34628	2.88783	54
7	.28895	3.46080	.30796	3.24719	.32717	3.05649	.34661	2.88511	53
8	.28927	3.45703	.30828	3.24383	.32749	3.05349	.34693	2.88240	52
9	.28958	3.45327	.30860	3.24049	.32782	3.05049	.34726	2.87970	51
10	.28990	3.44951	.30891	3.23714	.32814	3.04749	.34758	2.87700	50
11	.29021	3.44576	.30923	3.23381	.32846	3.04450	.34791	2.87430	49
12	.29053	3.44202	.30955	3.23048	.32878	3.04152	.34824	2.87161	48
13	.29084	3.43829	.30987	3.22715	.32911	3.03854	.34856	2.86892	47
14	.29116	3.43456	.31019	3.22384	.32943	3.03556	.34889	2.86624	46
15	.29147	3.43084	.31051	3.22053	.32975	3.03260	.34922	2.86356	45
16	.29179	3.42713	.31083	3.21722	.33007	3.02963	.34954	2.86089	44
17	.29210	3.42343	.31115	3.21392	.33040	3.02667	.34987	2.85822	43
18	.29242	3.41973	.31147	3.21063	.33072	3.02372	.35020	2.85555	42
19	.29274	3.41604	.31178	3.20734	.33104	3.02077	.35052	2.85289	41
20	.29305	3.41236	.31210	3.20406	.33136	3.01783	.35085	2.85023	40
21	.29337	3.40869	.31242	3.20079	.33169	3.01489	.35118	2.84758	39
22	.29368	3.40502	.31274	3.19752	.33201	3.01196	.35150	2.84494	38
23	.29400	3.40136	.31306	3.19426	.33233	3.00903	.35183	2.84229	37
24	.29432	3.39771	.31338	3.19100	.33266	3.00611	.35216	2.83965	36
25	.29463	3.39406	.31370	3.18775	.33298	3.00319	.35248	2.83702	35
26	.29495	3.39042	.31402	3.18451	.33330	3.00028	.35281	2.83439	34
27	.29526	3.38679	.31434	3.18127	.33363	2.99738	.35314	2.83176	33
28	.29558	3.38317	.31466	3.17804	.33395	2.99447	.35346	2.82914	32
29	.29590	3.37955	.31498	3.17481	.33427	2.99158	.35379	2.82653	31
30	.29621	3.37594	.31530	3.17159	.33460	2.98868	.35412	2.82391	30
31	.29653	3.37234	.31562	3.16838	.33492	2.98580	.35445	2.82130	29
32	.29685	3.36875	.31594	3.16517	.33524	2.98292	.35477	2.81870	28
33	.29716	3.36516	.31626	3.16197	.33557	2.98004	.35510	2.81610	27
34	.29748	3.36158	.31658	3.15877	.33589	2.97717	.35543	2.81350	26
35	.29780	3.35800	.31690	3.15558	.33621	2.97430	.35576	2.81091	25
36	.29811	3.35443	.31722	3.15240	.33654	2.97144	.35608	2.80833	24
37	.29843	3.35087	.31754	3.14922	.33686	2.96858	.35641	2.80574	23
38	.29875	3.34732	.31786	3.14605	.33718	2.96573	.35674	2.80316	22
39	.29906	3.34377	.31818	3.14288	.33751	2.96288	.35707	2.80059	21
40	.29938	3.34023	.31850	3.13972	.33783	2.96004	.35740	2.79802	20
41	.29970	3.33670	.31882	3.13656	.33816	2.95721	.35772	2.79545	19
42	.30001	3.33317	.31914	3.13341	.33848	2.95437	.35805	2.79289	18
43	.30033	3.32965	.31946	3.13027	.33881	2.95155	.35838	2.79033	17
44	.30065	3.32614	.31978	3.12713	.33913	2.94872	.35871	2.78778	16
45	.30097	3.32264	.32010	3.12400	.33945	2.94591	.35904	2.78523	15
46	.30128	3.31914	.32042	3.12087	.33978	2.94309	.35937	2.78269	14
47	.30160	3.31565	.32074	3.11775	.34010	2.94028	.35969	2.78014	13
48	.30192	3.31216	.32106	3.11464	.34043	2.93748	.36002	2.77761	12
49	.30224	3.30868	.32139	3.11153	.34075	2.93468	.36035	2.77507	11
50	.30255	3.30521	.32171	3.10842	.34108	2.93189	.36068	2.77254	10
51	.30287	3.30174	.32203	3.10532	.34140	2.92910	.36101	2.77002	9
52	.30319	3.29829	.32235	3.10223	.34173	2.92632	.36134	2.76750	8
53	.30351	3.29483	.32267	3.09914	.34205	2.92354	.36167	2.76498	7
54	.30382	3.29139	.32299	3.09606	.34238	2.92076	.36199	2.76247	6
55	.30414	3.28795	.32331	3.09298	.34270	2.91799	.36232	2.75996	5
56	.30446	3.28452	.32363	3.08991	.34303	2.91523	.36265	2.75746	4
57	.30478	3.28109	.32396	3.08685	.34335	2.91246	.36298	2.75496	3
58	.30509	3.27767	.32428	3.08379	.34368	2.90971	.36331	2.75246	2
59	.30541	3.27426	.32460	3.08073	.34400	2.90696	.36364	2.74997	1
60	.30573	3.27085	.32492	3.07768	.34433	2.90421	.36397	2.74748	0
′	Cotang	Tang	Cotang	Tang	Cotang	Tang	Cotang	Tang	′
	73°		72°		71°		70°		

TABLE XVI.—NATURAL TANGENTS AND COTANGENTS.

′	20°		21°		22°		23°		′
	Tang	Cotang	Tang	Cotang	Tang	Cotang	Tang	Cotang	
0	.36397	2.74748	.38386	2.60509	.40403	2.47509	.42447	2.35585	60
1	.36430	2.74499	.38420	2.60283	.40436	2.47302	.42482	2.35395	59
2	.36463	2.74251	.38453	2.60057	.40470	2.47095	.42516	2.35205	58
3	.36496	2.74004	.38487	2.59831	.40504	2.46888	.42551	2.35015	57
4	.36529	2.73756	.38520	2.59606	.40538	2.46682	.42585	2.34825	56
5	.36562	2.73509	.38553	2.59381	.40572	2.46476	.42619	2.34636	55
6	.36595	2.73263	.38587	2.59156	.40606	2.46270	.42654	2.34447	54
7	.36628	2.73017	.38620	2.58932	.40640	2.46065	.42688	2.34258	53
8	.36661	2.72771	.38654	2.58708	.40674	2.45860	.42722	2.34069	52
9	.36694	2.72526	.38687	2.58484	.40707	2.45655	.42757	2.33881	51
10	.36727	2.72281	.38721	2.58261	.40741	2.45451	.42791	2.33693	50
11	.36760	2.72036	.38754	2.58038	.40775	2.45246	.42826	2.33505	49
12	.36793	2.71792	.38787	2.57815	.40809	2.45043	.42860	2.33317	48
13	.36826	2.71548	.38821	2.57593	.40843	2.44839	.42894	2.33130	47
14	.36859	2.71305	.38854	2.57371	.40877	2.44636	.42929	2.32943	46
15	.36892	2.71062	.38888	2.57150	.40911	2.44433	.42963	2.32756	45
16	.36925	2.70819	.38921	2.56928	.40945	2.44230	.42998	2.32570	44
17	.36958	2.70577	.38955	2.56707	.40979	2.44027	.43032	2.32383	43
18	.36991	2.70335	.38988	2.56487	.41013	2.43825	.43067	2.32197	42
19	.37024	2.70094	.39022	2.56266	.41047	2.43623	.43101	2.32012	41
20	.37057	2.69853	.39055	2.56046	.41081	2.43422	.43136	2.31826	40
21	.37090	2.69612	.39089	2.55827	.41115	2.43220	.43170	2.31641	39
22	.37123	2.69371	.39122	2.55608	.41149	2.43019	.43205	2.31456	38
23	.37157	2.69131	.39156	2.55389	.41183	2.42819	.43239	2.31271	37
24	.37190	2.68892	.39190	2.55170	.41217	2.42618	.43274	2.31086	36
25	.37223	2.68653	.39223	2.54952	.41251	2.42418	.43308	2.30902	35
26	.37256	2.68414	.39257	2.54734	.41285	2.42218	.43343	2.30718	34
27	.37289	2.68175	.39290	2.54516	.41319	2.42019	.43378	2.30534	33
28	.37322	2.67937	.39324	2.54299	.41353	2.41819	.43412	2.30351	32
29	.37355	2.67700	.39357	2.54082	.41387	2.41620	.43447	2.30167	31
30	.37388	2.67462	.39391	2.53865	.41421	2.41421	.43481	2.29984	30
31	.37422	2.67225	.39425	2.53648	.41455	2.41223	.43516	2.29801	29
32	.37455	2.66989	.39458	2.53432	.41490	2.41025	.43550	2.29619	28
33	.37488	2.66752	.39492	2.53217	.41524	2.40827	.43585	2.29437	27
34	.37521	2.66516	.39526	2.53001	.41558	2.40629	.43620	2.29254	26
35	.37554	2.66281	.39559	2.52786	.41592	2.40432	.43654	2.29073	25
36	.37588	2.66046	.39593	2.52571	.41626	2.40235	.43689	2.28891	24
37	.37621	2.65811	.39626	2.52357	.41660	2.40038	.43724	2.28710	23
38	.37654	2.65576	.39660	2.52142	.41694	2.39841	.43758	2.28528	22
39	.37687	2.65342	.39694	2.51929	.41728	2.39645	.43793	2.28348	21
40	.37720	2.65109	.39727	2.51715	.41763	2.39449	.43828	2.28167	20
41	.37754	2.64875	.39761	2.51502	.41797	2.39253	.43862	2.27987	19
42	.37787	2.64642	.39795	2.51289	.41831	2.39058	.43897	2.27806	18
43	.37820	2.64410	.39829	2.51076	.41865	2.38863	.43932	2.27626	17
44	.37853	2.64177	.39862	2.50864	.41899	2.38668	.43966	2.27447	16
45	.37887	2.63945	.39896	2.50652	.41933	2.38473	.44001	2.27267	15
46	.37920	2.63714	.39930	2.50440	.41968	2.38279	.44036	2.27088	14
47	.37953	2.63483	.39963	2.50229	.42002	2.38084	.44071	2.26909	13
48	.37986	2.63252	.39997	2.50018	.42036	2.37891	.44105	2.26730	12
49	.38020	2.63021	.40031	2.49807	.42070	2.37697	.44140	2.26552	11
50	.38053	2.62791	.40065	2.49597	.42105	2.37504	.44175	2.26374	10
51	.38086	2.62561	.40098	2.49386	.42139	2.37311	.44210	2.26196	9
52	.38120	2.62332	.40132	2.49177	.42173	2.37118	.44244	2.26018	8
53	.38153	2.62103	.40166	2.48967	.42207	2.36925	.44279	2.25840	7
54	.38186	2.61874	.40200	2.48758	.42242	2.36733	.44314	2.25663	6
55	.38220	2.61646	.40234	2.48549	.42276	2.36541	.44349	2.25486	5
56	.38253	2.61418	.40267	2.48340	.42310	2.36349	.44384	2.25309	4
57	.38286	2.61190	.40301	2.48132	.42345	2.36158	.44418	2.25132	3
58	.38320	2.60963	.40335	2.47924	.42379	2.35967	.44453	2.24956	2
59	.38353	2.60736	.40369	2.47716	.42413	2.35776	.44488	2.24780	1
60	.38386	2.60509	.40403	2.47509	.42447	2.35585	.44523	2.24604	0
	Cotang	Tang	Cotang	Tang	Cotang	Tang	Cotang	Tang	′
	69°		68°		67°		66°		

TABLE XVI.—NATURAL TANGENTS AND COTANGENTS.

′	24° Tang	24° Cotang	25° Tang	25° Cotang	26° Tang	26° Cotang	27° Tang	27° Cotang	′
0	.44523	2.24604	.46631	2.14451	.48773	2.05030	.50953	1.96261	60
1	.44558	2.24428	.46666	2.14288	.48809	2.04879	.50989	1.96120	59
2	.44593	2.24252	.46702	2.14125	.48845	2.04728	.51026	1.95979	58
3	.44627	2.24077	.46737	2.13963	.48881	2.04577	.51063	1.95838	57
4	.44662	2.23902	.46772	2.13801	.48917	2.04426	.51099	1.95698	56
5	.44697	2.23727	.46808	2.13639	.48953	2.04276	.51136	1.95557	55
6	.44732	2.23553	.46843	2.13477	.48989	2.04125	.51173	1.95417	54
7	.44767	2.23378	.46879	2.13316	.49026	2.03975	.51209	1.95277	53
8	.44802	2.23204	.46914	2.13154	.49062	2.03825	.51246	1.95137	52
9	.44837	2.23030	.46950	2.12993	.49098	2.03675	.51283	1.94997	51
10	.44872	2.22857	.46985	2.12832	.49134	2.03526	.51319	1.94858	50
11	.44907	2.22683	.47021	2.12671	.49170	2.03376	.51356	1.94718	49
12	.44942	2.22510	.47056	2.12511	.49206	2.03227	.51393	1.94579	48
13	.44977	2.22337	.47092	2.12350	.49242	2.03078	.51430	1.94440	47
14	.45012	2.22164	.47128	2.12190	.49278	2.02929	.51467	1.94301	46
15	.45047	2.21992	.47163	2.12030	.49315	2.02780	.51503	1.94162	45
16	.45082	2.21819	.47199	2.11871	.49351	2.02631	.51540	1.94023	44
17	.45117	2.21647	.47234	2.11711	.49387	2.02483	.51577	1.93885	43
18	.45152	2.21475	.47270	2.11552	.49423	2.02335	.51614	1.93746	42
19	.45187	2.21304	.47305	2.11392	.49459	2.02187	.51651	1.93608	41
20	.45222	2.21132	.47341	2.11233	.49495	2.02039	.51688	1.93470	40
21	.45257	2.20961	.47377	2.11075	.49532	2.01891	.51724	1.93332	39
22	.45292	2.20790	.47412	2.10916	.49568	2.01743	.51761	1.93195	38
23	.45327	2.20619	.47448	2.10758	.49604	2.01596	.51798	1.93057	37
24	.45362	2.20449	.47483	2.10600	.49640	2.01449	.51835	1.92920	36
25	.45397	2.20278	.47519	2.10442	.49677	2.01302	.51872	1.92782	35
26	.45432	2.20108	.47555	2.10284	.49713	2.01155	.51909	1.92645	34
27	.45467	2.19938	.47590	2.10126	.49749	2.01008	.51946	1.92508	33
28	.45502	2.19769	.47626	2.09969	.49786	2.00862	.51983	1.92371	32
29	.45538	2.19599	.47662	2.09811	.49822	2.00715	.52020	1.92235	31
30	.45573	2.19430	.47698	2.09654	.49858	2.00569	.52057	1.92098	30
31	.45608	2.19261	.47733	2.09498	.49894	2.00423	.52094	1.91962	29
32	.45643	2.19092	.47769	2.09341	.49931	2.00277	.52131	1.91826	28
33	.45678	2.18923	.47805	2.09184	.49967	2.00131	.52168	1.91690	27
34	.45713	2.18755	.47840	2.09028	.50004	1.99986	.52205	1.91554	26
35	.45748	2.18587	.47876	2.08872	.50040	1.99841	.52242	1.91418	25
36	.45784	2.18419	.47912	2.08716	.50076	1.99695	.52279	1.91282	24
37	.45819	2.18251	.47948	2.08560	.50113	1.99550	.52316	1.91147	23
38	.45854	2.18084	.47984	2.08405	.50149	1.99406	.52353	1.91012	22
39	.45889	2.17916	.48019	2.08250	.50185	1.99261	.52390	1.90876	21
40	.45924	2.17749	.48055	2.08094	.50222	1.99116	.52427	1.90741	20
41	.45960	2.17582	.48091	2.07939	.50258	1.98972	.52464	1.90607	19
42	.45995	2.17416	.48127	2.07785	.50295	1.98828	.52501	1.90472	18
43	.46030	2.17249	.48163	2.07630	.50331	1.98684	.52538	1.90337	17
44	.46065	2.17083	.48198	2.07476	.50368	1.98540	.52575	1.90203	16
45	.46101	2.16917	.48234	2.07321	.50404	1.98396	.52613	1.90069	15
46	.46136	2.16751	.48270	2.07167	.50441	1.98253	.52650	1.89935	14
47	.46171	2.16585	.48306	2.07014	.50477	1.98110	.52687	1.89801	13
48	.46206	2.16420	.48342	2.06860	.50514	1.97966	.52724	1.89667	12
49	.46242	2.16255	.48378	2.06706	.50550	1.97823	.52761	1.89533	11
50	.46277	2.16090	.48414	2.06553	.50587	1.97681	.52798	1.89400	10
51	.46312	2.15925	.48450	2.06400	.50623	1.97538	.52836	1.89266	9
52	.46348	2.15760	.48486	2.06247	.50660	1.97395	.52873	1.89133	8
53	.46383	2.15596	.48521	2.06094	.50696	1.97253	.52910	1.89000	7
54	.46418	2.15432	.48557	2.05942	.50733	1.97111	.52947	1.88867	6
55	.46454	2.15268	.48593	2.05790	.50769	1.96969	.52985	1.88734	5
56	.46489	2.15104	.48629	2.05637	.50806	1.96827	.53022	1.88602	4
57	.46525	2.14940	.48665	2.05485	.50843	1.96685	.53059	1.88469	3
58	.46560	2.14777	.48701	2.05333	.50879	1.96544	.53096	1.88337	2
59	.46595	2.14614	.48737	2.05182	.50916	1.96402	.53134	1.88205	1
60	.46631	2.14451	.48773	2.05030	.50953	1.96261	.53171	1.88073	0
′	Cotang	Tang	Cotang	Tang	Cotang	Tang	Cotang	Tang	′
	65°		64°		63°		62°		

TABLE XVI.—NATURAL TANGENTS AND COTANGENTS.

′	28° Tang	28° Cotang	29° Tang	29° Cotang	30° Tang	30° Cotang	31° Tang	31° Cotang	′
0	.53171	1.88073	.55431	1.80405	.57735	1.73205	.60086	1.66428	60
1	.53208	1.87941	.55469	1.80281	.57774	1.73089	.60126	1.66318	59
2	.53246	1.87809	.55507	1.80158	.57813	1.72973	.60165	1.66209	58
3	.53283	1.87677	.55545	1.80034	.57851	1.72857	.60205	1.66099	57
4	.53320	1.87546	.55583	1.79911	.57890	1.72741	.60245	1.65990	56
5	.53358	1.87415	.55621	1.79788	.57929	1.72625	.60284	1.65881	55
6	.53395	1.87283	.55659	1.79665	.57968	1.72509	.60324	1.65772	54
7	.53432	1.87152	.55697	1.79542	.58007	1.72393	.60364	1.65663	53
8	.53470	1.87021	.55736	1.79419	.58046	1.72278	.60403	1.65554	52
9	.53507	1.86891	.55774	1.79296	.58085	1.72163	.60443	1.65445	51
10	.53545	1.86760	.55812	1.79174	.58124	1.72047	.60483	1.65337	50
11	.53582	1.86630	.55850	1.79051	.58162	1.71932	.60522	1.65228	49
12	.53620	1.86499	.55888	1.78929	.58201	1.71817	.60562	1.65120	48
13	.53657	1.86369	.55926	1.78807	.58240	1.71702	.60602	1.65011	47
14	.53694	1.86239	.55964	1.78685	.58279	1.71588	.60642	1.64903	46
15	.53732	1.86109	.56003	1.78563	.58318	1.71473	.60681	1.64795	45
16	.53769	1.85979	.56041	1.78441	.58357	1.71358	.60721	1.64687	44
17	.53807	1.85850	.56079	1.78319	.58396	1.71244	.60761	1.64579	43
18	.53844	1.85720	.56117	1.78198	.58435	1.71129	.60801	1.64471	42
19	.53882	1.85591	.56156	1.78077	.58474	1.71015	.60841	1.64363	41
20	.53920	1.85462	.56194	1.77955	.58513	1.70901	.60881	1.64256	40
21	.53957	1.85333	.56232	1.77834	.58552	1.70787	.60921	1.64148	39
22	.53995	1.85204	.56270	1.77713	.58591	1.70673	.60960	1.64041	38
23	.54032	1.85075	.56309	1.77592	.58631	1.70560	.61000	1.63934	37
24	.54070	1.84946	.56347	1.77471	.58670	1.70446	.61040	1.63826	36
25	.54107	1.84818	.56385	1.77351	.58709	1.70332	.61080	1.63719	35
26	.54145	1.84689	.56424	1.77230	.58748	1.70219	.61120	1.63612	34
27	.54183	1.84561	.56462	1.77110	.58787	1.70106	.61160	1.63505	33
28	.54220	1.84433	.56501	1.76990	.58826	1.69992	.61200	1.63398	32
29	.54258	1.84305	.56539	1.76869	.58865	1.69879	.61240	1.63292	31
30	.54296	1.84177	.56577	1.76749	.58905	1.69766	.61280	1.63185	30
31	.54333	1.84049	.56616	1.76629	.58944	1.69653	.61320	1.63079	29
32	.54371	1.83922	.56654	1.76510	.58983	1.69541	.61360	1.62972	28
33	.54409	1.83794	.56693	1.76390	.59022	1.69428	.61400	1.62866	27
34	.54446	1.83667	.56731	1.76271	.59061	1.69316	.61440	1.62760	26
35	.54484	1.83540	.56769	1.76151	.59101	1.69203	.61480	1.62654	25
36	.54522	1.83413	.56808	1.76032	.59140	1.69091	.61520	1.62548	24
37	.54560	1.83286	.56846	1.75913	.59179	1.68979	.61561	1.62442	23
38	.54597	1.83159	.56885	1.75794	.59218	1.68866	.61601	1.62336	22
39	.54635	1.83033	.56923	1.75675	.59258	1.68754	.61641	1.62230	21
40	.54673	1.82906	.56962	1.75556	.59297	1.68643	.61681	1.62125	20
41	.54711	1.82780	.57000	1.75437	.59336	1.68531	.61721	1.62019	19
42	.54748	1.82654	.57039	1.75319	.59376	1.68419	.61761	1.61914	18
43	.54786	1.82528	.57078	1.75200	.59415	1.68308	.61801	1.61808	17
44	.54824	1.82402	.57116	1.75082	.59454	1.68196	.61842	1.61703	16
45	.54862	1.82276	.57155	1.74964	.59494	1.68085	.61882	1.61598	15
46	.54900	1.82150	.57193	1.74846	.59533	1.67974	.61922	1.61493	14
47	.54938	1.82025	.57232	1.74728	.59573	1.67863	.61962	1.61388	13
48	.54975	1.81899	.57271	1.74610	.59612	1.67752	.62003	1.61283	12
49	.55013	1.81774	.57309	1.74492	.59651	1.67641	.62043	1.61179	11
50	.55051	1.81649	.57348	1.74375	.59691	1.67530	.62083	1.61074	10
51	.55089	1.81524	.57386	1.74257	.59730	1.67419	.62124	1.60970	9
52	.55127	1.81399	.57425	1.74140	.59770	1.67309	.62164	1.60865	8
53	.55165	1.81274	.57464	1.74022	.59809	1.67198	.62204	1.60761	7
54	.55203	1.81150	.57503	1.73905	.59849	1.67088	.62245	1.60657	6
55	.55241	1.81025	.57541	1.73788	.59888	1.66978	.62285	1.60553	5
56	.55279	1.80901	.57580	1.73671	.59928	1.66867	.62325	1.60449	4
57	.55317	1.80777	.57619	1.73555	.59967	1.66757	.62366	1.60345	3
58	.55355	1.80653	.57657	1.73438	.60007	1.66647	.62406	1.60241	2
59	.55393	1.80529	.57696	1.73321	.60046	1.66538	.62446	1.60137	1
60	.55431	1.80405	.57735	1.73205	.60086	1.66428	.62487	1.60033	0
′	Cotang	Tang	Cotang	Tang	Cotang	Tang	Cotang	Tang	′
	61°		60°		59°		58°		

TABLE XVI.—NATURAL TANGENTS AND COTANGENTS.

32°		33°		34°		35°		,
ng	Cotang	Tang	Cotang	Tang	Cotang	Tang	Cotang	
187	1.60033	.64941	1.53986	.67451	1.48256	.70021	1.42815	60
527	1.59930	.64982	1.53888	.67493	1.48163	.70064	1.42726	59
568	1.59826	.65024	1.53791	.67536	1.48070	.70107	1.42638	58
608	1.59723	.65065	1.53693	.67578	1.47977	.70151	1.42550	57
649	1.59620	.65106	1.53595	.67620	1.47885	.70194	1.42462	56
689	1.59517	.65148	1.53497	.67663	1.47792	.70238	1.42374	55
730	1.59414	.65189	1.53400	.67705	1.47699	.70281	1.42286	54
770	1.59311	.65231	1.53302	.67748	1.47607	.70325	1.42198	53
811	1.59208	.65272	1.53205	.67790	1.47514	.70368	1.42110	52
852	1.59105	.65314	1.53107	.67832	1.47422	.70412	1.42022	51
892	1.59002	.65355	1.53010	.67875	1.47330	.70455	1.41934	50
933	1.58900	.65397	1.52913	.67917	1.47238	.70499	1.41847	49
973	1.58797	.65438	1.52816	.67960	1.47146	.70542	1.41759	48
014	1.58695	.65480	1.52719	.68002	1.47053	.70586	1.41672	47
055	1.58593	.65521	1.52622	.68045	1.46962	.70629	1.41584	46
095	1.58490	.65563	1.52525	.68088	1.46870	.70673	1.41497	45
136	1.58388	.65604	1.52429	.68130	1.46778	.70717	1.41409	44
177	1.58286	.65646	1.52332	.68173	1.46686	.70760	1.41322	43
217	1.58184	.65688	1.52235	.68215	1.46595	.70804	1.41235	42
258	1.58083	.65729	1.52139	.68258	1.46503	.70848	1.41148	41
299	1.57981	.65771	1.52043	.68301	1.46411	.70891	1.41061	40
340	1.57879	.65813	1.51946	.68343	1.46320	.70935	1.40974	39
380	1.57778	.65854	1.51850	.68386	1.46229	.70979	1.40887	38
421	1.57676	.65896	1.51754	.68429	1.46137	.71023	1.40800	37
462	1.57575	.65938	1.51658	.68471	1.46046	.71066	1.40714	36
503	1.57474	.65980	1.51562	.68514	1.45955	.71110	1.40627	35
544	1.57372	.66021	1.51466	.68557	1.45864	.71154	1.40540	34
584	1.57271	.66063	1.51370	.68600	1.45773	.71198	1.40454	33
625	1.57170	.66105	1.51275	.68642	1.45682	.71242	1.40367	32
666	1.57069	.66147	1.51179	.68685	1.45592	.71285	1.40281	31
707	1.56969	.66189	1.51084	.68728	1.45501	.71329	1.40195	30
748	1.56868	.66230	1.50988	.68771	1.45410	.71373	1.40109	29
789	1.56767	.66272	1.50893	.68814	1.45320	.71417	1.40022	28
830	1.56667	.66314	1.50797	.68857	1.45229	.71461	1.39936	27
871	1.56566	.66356	1.50702	.68900	1.45139	.71505	1.39850	26
912	1.56466	.66398	1.50607	.68942	1.45049	.71549	1.39764	25
953	1.56366	.66440	1.50512	.68985	1.44958	.71593	1.39679	24
994	1.56265	.66482	1.50417	.69028	1.44868	.71637	1.39593	23
035	1.56165	.66524	1.50322	.69071	1.44778	.71681	1.39507	22
076	1.56065	.66566	1.50228	.69114	1.44688	.71725	1.39421	21
117	1.55966	.66608	1.50133	.69157	1.44598	.71769	1.39336	20
158	1.55866	.66650	1.50038	.69200	1.44508	.71813	1.39250	19
199	1.55766	.66692	1.49944	.69243	1.44418	.71857	1.39165	18
240	1.55666	.66734	1.49849	.69286	1.44329	.71901	1.39079	17
281	1.55567	.66776	1.49755	.69329	1.44239	.71946	1.38994	16
322	1.55467	.66818	1.49661	.69372	1.44149	.71990	1.38909	15
363	1.55368	.66860	1.49566	.69416	1.44060	.72034	1.38824	14
404	1.55269	.66902	1.49472	.69459	1.43970	.72078	1.38738	13
446	1.55170	.66944	1.49378	.69502	1.43881	.72122	1.38653	12
487	1.55071	.66986	1.49284	.69545	1.43792	.72167	1.38568	11
528	1.54972	.67028	1.49190	.69588	1.43703	.72211	1.38484	10
569	1.54873	.67071	1.49097	.69631	1.43614	.72255	1.38399	9
610	1.54774	.67113	1.49003	.69675	1.43525	.72299	1.38314	8
652	1.54675	.67155	1.48909	.69718	1.43436	.72344	1.38229	7
693	1.54576	.67197	1.48816	.69761	1.43347	.72388	1.38145	6
734	1.54478	.67239	1.48722	.69804	1.43258	.72432	1.38060	5
775	1.54379	.67282	1.48629	.69847	1.43169	.72477	1.37976	4
817	1.54281	.67324	1.48536	.69891	1.43080	.72521	1.37891	3
858	1.54183	.67366	1.48442	.69934	1.42992	.72565	1.37807	2
899	1.54085	.67409	1.48349	.69977	1.42903	.72610	1.37722	1
941	1.53986	.67451	1.48256	.70021	1.42815	.72654	1.37638	0
tang	Tang	Cotang	Tang	Cotang	Tang	Cotang	Tang	,
	57°		56°		55°		54°	

TABLE XVI.—NATURAL TANGENTS AND COTANGENTS.

′	36°		37°		38°		39°		′
	Tang	Cotang	Tang	Cotang	Tang	Cotang	Tang	Cotang	
0	.72654	1.37638	.75355	1.32704	.78129	1.27994	.80978	1.23490	60
1	.72699	1.37554	.75401	1.32624	.78175	1.27917	.81027	1.23416	59
2	.72743	1.37470	.75447	1.32544	.78222	1.27841	.81075	1.23343	58
3	.72788	1.37386	.75492	1.32464	.78269	1.27764	.81123	1.23270	57
4	.72832	1.37302	.75538	1.32384	.78316	1.27688	.81171	1.23196	56
5	.72877	1.37218	.75584	1.32304	.78363	1.27611	.81220	1.23123	55
6	.72921	1.37134	.75629	1.32224	.78410	1.27535	.81268	1.23050	54
7	.72966	1.37050	.75675	1.32144	.78457	1.27453	.81316	1.22977	53
8	.73010	1.36967	.75721	1.32064	.78504	1.27382	.81364	1.22904	52
9	.73055	1.36883	.75767	1.31984	.78551	1.27306	.81413	1.22831	51
10	.73100	1.36800	.75812	1.31904	.78598	1.27230	.81461	1.22758	50
11	.73144	1.36716	.75858	1.31825	.78645	1.27153	.81510	1.22685	49
12	.73189	1.36633	.75904	1.31745	.78692	1.27077	.81558	1.22612	48
13	.73234	1.36549	.75950	1.31666	.78739	1.27001	.81606	1.22539	47
14	.73278	1.36466	.75996	1.31586	.78786	1.26925	.81655	1.22467	46
15	.73323	1.36383	.76042	1.31507	.78834	1.26849	.81703	1.22394	45
16	.73368	1.36300	.76088	1.31427	.78881	1.26774	.81752	1.22321	44
17	.73413	1.36217	.76134	1.31348	.78928	1.26698	.81800	1.22249	43
18	.73457	1.36134	.76180	1.31269	.78975	1.26622	.81849	1.22176	42
19	.73502	1.36051	.76226	1.31190	.79022	1.26546	.81898	1.22104	41
20	.73547	1.35968	.76272	1.31110	.79070	1.26471	.81946	1.22031	40
21	.73592	1.35885	.76318	1.31031	.79117	1.26395	.81995	1.21959	39
22	.73637	1.35802	.76364	1.30952	.79164	1.26319	.82044	1.21886	38
23	.73681	1.35719	.76410	1.30873	.79212	1.26244	.82092	1.21814	37
24	.73726	1.35637	.76456	1.30795	.79259	1.26169	.82141	1.21742	36
25	.73771	1.35554	.76502	1.30716	.79306	1.26093	.82190	1.21670	35
26	.73816	1.35472	.76548	1.30637	.79354	1.26018	.82238	1.21598	34
27	.73861	1.35389	.76594	1.30558	.79401	1.25943	.82287	1.21526	33
28	.73906	1.35307	.76640	1.30480	.79449	1.25867	.82336	1.21454	32
29	.73951	1.35224	.76686	1.30401	.79496	1.25792	.82385	1.21382	31
30	.73996	1.35142	.76733	1.30323	.79544	1.25717	.82434	1.21310	30
31	.74041	1.35060	.76779	1.30244	.79591	1.25642	.82483	1.21238	29
32	.74086	1.34978	.76825	1.30166	.79639	1.25567	.82531	1.21166	28
33	.74131	1.34896	.76871	1.30087	.79686	1.25492	.82580	1.21094	27
34	.74176	1.34814	.76918	1.30009	.79734	1.25417	.82629	1.21023	26
35	.74221	1.34732	.76964	1.29931	.79781	1.25343	.82678	1.20951	25
36	.74267	1.34650	.77010	1.29853	.79829	1.25268	.82727	1.20879	24
37	.74312	1.34568	.77057	1.29775	.79877	1.25193	.82776	1.20808	23
38	.74357	1.34487	.77103	1.29696	.79924	1.25118	.82825	1.20736	22
39	.74402	1.34405	.77149	1.29618	.79972	1.25044	.82874	1.20665	21
40	.74447	1.34323	.77196	1.29541	.80020	1.24969	.82923	1.20593	20
41	.74492	1.34242	.77242	1.29463	.80067	1.24895	.82972	1.20522	19
42	.74538	1.34160	.77289	1.29385	.80115	1.24820	.83022	1.20451	18
43	.74583	1.34079	.77335	1.29307	.80163	1.24746	.83071	1.20379	17
44	.74628	1.33998	.77382	1.29229	.80211	1.24672	.83120	1.20308	16
45	.74674	1.33916	.77428	1.29152	.80258	1.24597	.83169	1.20237	15
46	.74719	1.33835	.77475	1.29074	.80306	1.24523	.83218	1.20166	14
47	.74764	1.33754	.77521	1.28997	.80354	1.24449	.83268	1.20095	13
48	.74810	1.33673	.77568	1.28919	.80402	1.24375	.83317	1.20024	12
49	.74855	1.33592	.77615	1.28842	.80450	1.24301	.83366	1.19953	11
50	.74900	1.33511	.77661	1.28764	.80498	1.24227	.83415	1.19882	10
51	.74946	1.33430	.77708	1.28687	.80546	1.24153	.83465	1.19811	9
52	.74991	1.33349	.77754	1.28610	.80594	1.24079	.83514	1.19740	8
53	.75037	1.33268	.77801	1.28533	.80642	1.24005	.83564	1.19669	7
54	.75082	1.33187	.77848	1.28456	.80690	1.23931	.83613	1.19599	6
55	.75128	1.33107	.77895	1.28379	.80738	1.23858	.83662	1.19528	5
56	.75173	1.33026	.77941	1.28302	.80786	1.23784	.83712	1.19457	4
57	.75219	1.32946	.77988	1.28225	.80834	1.23710	.83761	1.19387	3
58	.75264	1.32865	.78035	1.28148	.80882	1.23637	.83811	1.19316	2
59	.75310	1.32785	.78082	1.28071	.80930	1.23563	.83860	1.19246	1
60	.75355	1.32704	.78129	1.27994	.80978	1.23490	.83910	1.19175	0
′	Cotang	Tang	Cotang	Tang	Cotang	Tang	Cotang	Tang	′
	53°		52°		51°		50°		

TABLE XVI.—NATURAL TANGENTS AND COTANGENTS.

′	40°		41°		42°		43°		′
	Tang	Cotang	Tang	Cotang	Tang	Cotang	Tang	Cotang	
0	.83910	1.19175	.86929	1.15037	.90040	1.11061	.93252	1.07237	60
1	.83960	1.19105	.86980	1.14969	.90093	1.10996	.93306	1.07174	59
2	.84009	1.19035	.87031	1.14902	.90146	1.10931	.93360	1.07112	58
3	.84059	1.18964	.87082	1.14834	.90199	1.10867	.93415	1.07049	57
4	.84108	1.18894	.87133	1.14767	.90251	1.10802	.93469	1.06987	56
5	.84158	1.18824	.87184	1.14699	.90304	1.10737	.93524	1.06925	55
6	.84208	1.18754	.87236	1.14632	.90357	1.10672	.93578	1.06862	54
7	.84258	1.18684	.87287	1.14565	.90410	1.10607	.93633	1.06800	53
8	.84307	1.18614	.87338	1.14498	.90463	1.10543	.93688	1.06738	52
9	.84357	1.18544	.87389	1.14430	.90516	1.10478	.93742	1.06676	51
10	.84407	1.18474	.87441	1.14363	.90569	1.10414	.93797	1.06613	50
11	.84457	1.18404	.87492	1.14296	.90621	1.10349	.93852	1.06551	49
12	.84507	1.18334	.87543	1.14229	.90674	1.10285	.93906	1.06489	48
13	.84556	1.18264	.87595	1.14162	.90727	1.10220	.93961	1.06427	47
14	.84606	1.18194	.87646	1.14095	.90781	1.10156	.94016	1.06365	46
15	.84656	1.18125	.87698	1.14028	.90834	1.10091	.94071	1.06303	45
16	.84706	1.18055	.87749	1.13961	.90887	1.10027	.94125	1.06241	44
17	.84756	1.17986	.87801	1.13894	.90940	1.09963	.94180	1.06179	43
18	.84806	1.17916	.87852	1.13828	.90993	1.09899	.94235	1.06117	42
19	.84856	1.17846	.87904	1.13761	.91046	1.09834	.94290	1.06056	41
20	.84906	1.17777	.87955	1.13694	.91099	1.09770	.94345	1.05994	40
21	.84956	1.17708	.88007	1.13627	.91153	1.09706	.94400	1.05932	39
22	.85006	1.17638	.88059	1.13561	.91206	1.09642	.94455	1.05870	38
23	.85057	1.17569	.88110	1.13494	.91259	1.09578	.94510	1.05809	37
24	.85107	1.17500	.88162	1.13428	.91313	1.09514	.94565	1.05747	36
25	.85157	1.17430	.88214	1.13361	.91366	1.09450	.94620	1.05685	35
26	.85207	1.17361	.88265	1.13295	.91419	1.09386	.94676	1.05624	34
27	.85257	1.17292	.88317	1.13228	.91473	1.09322	.94731	1.05562	33
28	.85308	1.17223	.88369	1.13162	.91526	1.09258	.94786	1.05501	32
29	.85358	1.17154	.88421	1.13096	.91580	1.09195	.94841	1.05439	31
30	.85408	1.17085	.88473	1.13029	.91633	1.09131	.94896	1.05378	30
31	.85458	1.17016	.88524	1.12963	.91687	1.09067	.94952	1.05317	29
32	.85509	1.16947	.88576	1.12897	.91740	1.09003	.95007	1.05255	28
33	.85559	1.16878	.88628	1.12831	.91794	1.08940	.95062	1.05194	27
34	.85609	1.16809	.88680	1.12765	.91847	1.08876	.95118	1.05133	26
35	.85660	1.16741	.88732	1.12699	.91901	1.08813	.95173	1.05072	25
36	.85710	1.16672	.88784	1.12633	.91955	1.08749	.95229	1.05010	24
37	.85761	1.16603	.88836	1.12567	.92008	1.08686	.95284	1.04949	23
38	.85811	1.16535	.88888	1.12501	.92062	1.08622	.95340	1.04888	22
39	.85862	1.16466	.88940	1.12435	.92116	1.08559	.95395	1.04827	21
40	.85912	1.16398	.88992	1.12369	.92170	1.08496	.95451	1.04766	20
41	.85963	1.16329	.89045	1.12303	.92224	1.08432	.95506	1.04705	19
42	.86014	1.16261	.89097	1.12238	.92277	1.08369	.95562	1.04644	18
43	.86064	1.16192	.89149	1.12172	.92331	1.08306	.95618	1.04583	17
44	.86115	1.16124	.89201	1.12106	.92385	1.08243	.95673	1.04522	16
45	.86166	1.16056	.89253	1.12041	.92439	1.08179	.95729	1.04461	15
46	.86216	1.15987	.89306	1.11975	.92493	1.08116	.95785	1.04401	14
47	.86267	1.15919	.89358	1.11909	.92547	1.08053	.95841	1.04340	13
48	.86318	1.15851	.89410	1.11844	.92601	1.07990	.95897	1.04279	12
49	.86368	1.15783	.89463	1.11778	.92655	1.07927	.95952	1.04218	11
50	.86419	1.15715	.89515	1.11713	.92709	1.07864	.96008	1.04158	10
51	.86470	1.15647	.89567	1.11648	.92763	1.07801	.96064	1.04097	9
52	.86521	1.15579	.89620	1.11582	.92817	1.07738	.96120	1.04036	8
53	.86572	1.15511	.89672	1.11517	.92872	1.07676	.96176	1.03976	7
54	.86623	1.15443	.89725	1.11452	.92926	1.07613	.96232	1.03915	6
55	.86674	1.15375	.89777	1.11387	.92980	1.07550	.96288	1.03855	5
56	.86725	1.15308	.89830	1.11321	.93034	1.07487	.96344	1.03794	4
57	.86776	1.15240	.89883	1.11256	.93088	1.07425	.96400	1.03734	3
58	.86827	1.15172	.89935	1.11191	.93143	1.07362	.96457	1.03674	2
59	.86878	1.15104	.89988	1.11126	.93197	1.07299	.96513	1.03613	1
60	.86929	1.15037	.90040	1.11061	.93252	1.07237	.96569	1.03553	0
	Cotang	Tang	Cotang	Tang	Cotang	Tang	Cotang	Tang	
′	49°		48°		47°		46°		′

TABLE XVI.—NATURAL TANGENTS AND COTANGENTS.

,	44°		,	,	44°		,	,	44°		,
	Tang	Cotang			Tang	Cotang			Tang	Cotang	
0	.96569	1.03553	60	20	.97700	1.02355	40	40	.98843	1.01170	20
1	.96625	1.03493	59	21	.97756	1.02295	39	41	.98901	1.01112	19
2	.96681	1.03433	58	22	.97813	1.02236	38	42	.98958	1.01053	18
3	.96738	1.03372	57	23	.97870	1.02176	37	43	.99016	1.00994	17
4	.96794	1.03312	56	24	.97927	1.02117	36	44	.99073	1.00935	16
5	.96850	1.03252	55	25	.97984	1.02057	35	45	.99131	1.00876	15
6	.96907	1.03192	54	26	.98041	1.01998	34	46	.99189	1.00818	14
7	.96963	1.03132	53	27	.98098	1.01939	33	47	.99247	1.00759	13
8	.97020	1.03072	52	28	.98155	1.01879	32	48	.99304	1.00701	12
9	.97076	1.03012	51	29	.98213	1.01820	31	49	.99362	1.00642	11
10	.97133	1.02952	50	30	.98270	1.01761	30	50	.99420	1.00583	10
11	.97189	1.02892	49	31	.98327	1.01702	29	51	.99478	1.00525	9
12	.97246	1.02832	48	32	.98384	1.01642	28	52	.99536	1.00467	8
13	.97302	1.02772	47	33	.98441	1.01583	27	53	.99594	1.00408	7
14	.97359	1.02713	46	34	.98499	1.01524	26	54	.99652	1.00350	6
15	.97416	1.02653	45	35	.98556	1.01465	25	55	.99710	1.00291	5
16	.97472	1.02593	44	36	.98613	1.01406	24	56	.99768	1.00233	4
17	.97529	1.02533	43	37	.98671	1.01347	23	57	.99826	1.00175	3
18	.97586	1.02474	42	38	.98728	1.01288	22	58	.99884	1.00116	2
19	.97643	1.02414	41	39	.98786	1.01229	21	59	.99942	1.00058	1
20	.97700	1.02355	40	40	.98843	1.01170	20	60	1.00000	1.00000	0
,	Cotang	Tang		,	Cotang	Tang	,	,	Cotang	Tang	,
	45°				45°				45°		

TABLE XVII.—NATURAL VERSED SINES AND EXTERNAL SECANTS.

′	0°		1°		2°		3°		′
	Vers.	Ex. sec.	Vers.	Ex. sec.	Vers.	Ex. sec.	Vers.	Ex. sec.	
0	.00000	.00000	.00015	.00015	.00061	.00061	.00137	.00137	0
1	.00000	.00000	.00016	.00016	.00062	.00062	.00139	.00139	1
2	.00000	.00000	.00016	.00016	.00063	.00063	.00140	.00140	2
3	.00000	.00000	.00017	.00017	.00064	.00064	.00142	.00142	3
4	.00000	.00000	.00017	.00017	.00065	.00065	.00143	.00143	4
5	.00000	.00000	.00018	.00018	.00066	.00066	.00145	.00145	5
6	.00000	.00000	.00018	.00018	.00067	.00067	.00146	.00147	6
7	.00000	.00000	.00019	.00019	.00068	.00068	.00148	.00148	7
8	.00000	.00000	.00020	.00020	.00069	.00069	.00150	.00150	8
9	.00000	.00000	.00020	.00020	.00070	.00070	.00151	.00151	9
10	.00000	.00000	.00021	.00021	.00071	.00072	.00153	.00153	10
11	.00001	.00001	.00021	.00021	.00073	.00073	.00154	.00155	11
12	.00001	.00001	.00022	.00022	.00074	.00074	.00156	.00156	12
13	.00001	.00001	.00023	.00023	.00075	.00075	.00158	.00158	13
14	.00001	.00001	.00023	.00023	.00076	.00076	.00159	.00159	14
15	.00001	.00001	.00024	.00024	.00077	.00077	.00161	.00161	15
16	.00001	.00001	.00024	.00024	.00078	.00078	.00162	.00163	16
17	.00001	.00001	.00025	.00025	.00079	.00079	.00164	.00164	17
18	.00001	.00001	.00026	.00026	.00081	.00081	.00166	.00166	18
19	.00002	.00002	.00026	.00026	.00082	.00082	.00168	.00168	19
20	.00002	.00002	.00027	.00027	.00083	.00083	.00169	.00169	20
21	.00002	.00002	.00028	.00028	.00084	.00084	.00171	.00171	21
22	.00002	.00002	.00028	.00028	.00085	.00085	.00173	.00173	22
23	.00002	.00002	.00029	.00029	.00087	.00087	.00174	.00175	23
24	.00002	.00002	.00030	.00030	.00088	.00088	.00176	.00176	24
25	.00003	.00003	.00031	.00031	.00089	.00089	.00178	.00178	25
26	.00003	.00003	.00031	.00031	.00090	.00090	.00179	.00180	26
27	.00003	.00003	.00032	.00032	.00091	.00091	.00181	.00182	27
28	.00003	.00003	.00033	.00033	.00093	.00093	.00183	.00183	28
29	.00004	.00004	.00034	.00034	.00094	.00094	.00185	.00185	29
30	.00004	.00004	.00034	.00034	.00095	.00095	.00187	.00187	30
31	.00004	.00004	.00035	.00035	.00096	.00097	.00188	.00189	31
32	.00004	.00004	.00036	.00036	.00098	.00098	.00190	.00190	32
33	.00005	.00005	.00037	.00037	.00099	.00099	.00192	.00192	33
34	.00005	.00005	.00037	.00037	.00100	.00100	.00194	.00194	34
35	.00005	.00005	.00038	.00038	.00102	.00102	.00196	.00196	35
36	.00005	.00005	.00039	.00039	.00103	.00103	.00197	.00198	36
37	.00006	.00006	.00040	.00040	.00104	.00104	.00199	.00200	37
38	.00006	.00006	.00041	.00041	.00106	.00106	.00201	.00201	38
39	.00006	.00006	.00041	.00041	.00107	.00107	.00203	.00203	39
40	.00007	.00007	.00042	.00042	.00108	.00108	.00205	.00205	40
41	.00007	.00007	.00043	.00043	.00110	.00110	.00207	.00207	41
42	.00007	.00007	.00044	.00044	.00111	.00111	.00208	.00209	42
43	.00008	.00008	.00045	.00045	.00112	.00113	.00210	.00211	43
44	.00008	.00008	.00046	.00046	.00114	.00114	.00212	.00213	44
45	.00009	.00009	.00047	.00047	.00115	.00115	.00214	.00215	45
46	.00009	.00009	.00048	.00048	.00117	.00117	.00216	.00216	46
47	.00009	.00009	.00048	.00048	.00118	.00118	.00218	.00218	47
48	.00010	.00010	.00049	.00049	.00119	.00120	.00220	.00220	48
49	.00010	.00010	.00050	.00050	.00121	.00121	.00222	.00222	49
50	.00011	.00011	.00051	.00051	.00122	.00122	.00224	.00224	50
51	.00011	.00011	.00052	.00052	.00124	.00124	.00226	.00226	51
52	.00011	.00011	.00053	.00053	.00125	.00125	.00228	.00228	52
53	.00012	.00012	.00054	.00054	.00127	.00127	.00230	.00230	53
54	.00012	.00012	.00055	.00055	.00128	.00128	.00232	.00232	54
55	.00013	.00013	.00056	.00056	.00130	.00130	.00234	.00234	55
56	.00013	.00013	.00057	.00057	.00131	.00131	.00236	.00236	56
57	.00014	.00014	.00058	.00058	.00133	.00133	.00238	.00238	57
58	.00014	.00014	.00059	.00059	.00134	.00134	.00240	.00240	58
59	.00015	.00015	.00060	.00060	.00136	.00136	.00242	.00242	59
60	.00015	.00015	.00061	.00061	.00137	.00137	.00244	.00244	60

TABLE XVII.—NATURAL VERSED SINES AND EXTERNAL SECANTS

′	4° Vers.	4° Ex. sec.	5° Vers.	5° Ex. sec.	6° Vers.	6° Ex. sec.	7° Vers.	7° Ex. sec.	′
0	.00244	.00244	.00381	.00382	.00548	.00551	.00745	.00751	0
1	.00246	.00246	.00383	.00385	.00551	.00554	.00749	.00755	1
2	.00248	.00248	.00386	.00387	.00554	.00557	.00752	.00758	2
3	.00250	.00250	.00388	.00390	.00557	.00560	.00756	.00762	3
4	.00252	.00252	.00391	.00392	.00560	.00563	.00760	.00765	4
5	.00254	.00254	.00393	.00395	.00563	.00566	.00763	.00769	5
6	.00256	.00257	.00396	.00397	.00566	.00569	.00767	.00773	6
7	.00258	.00259	.00398	.00400	.00569	.00573	.00770	.00776	7
8	.00260	.00261	.00401	.00403	.00572	.00576	.00774	.00780	8
9	.00262	.00263	.00404	.00405	.00576	.00579	.00778	.00784	9
10	.00264	.00265	.00406	.00408	.00579	.00582	.00781	.00787	10
11	.00266	.00267	.00409	.00411	.00582	.00585	.00785	.00791	11
12	.00269	.00269	.00412	.00413	.00585	.00588	.00789	.00795	12
13	.00271	.00271	.00414	.00416	.00588	.00592	.00792	.00799	13
14	.00273	.00274	.00417	.00419	.00591	.00595	.00796	.00802	14
15	.00275	.00276	.00420	.00421	.00594	.00598	.00800	.00806	15
16	.00277	.00278	.00422	.00424	.00598	.00601	.00803	.00810	16
17	.00279	.00280	.00425	.00427	.00601	.00604	.00807	.00813	17
18	.00281	.00282	.00428	.00429	.00604	.00608	.00811	.00817	18
19	.00284	.00284	.00430	.00432	.00607	.00611	.00814	.00821	19
20	.00286	.00287	.00433	.00435	.00610	.00614	.00818	.00825	20
21	.00288	.00289	.00436	.00438	.00614	.00617	.00822	.00828	21
22	.00290	.00291	.00438	.00440	.00617	.00621	.00825	.00832	22
23	.00293	.00293	.00441	.00443	.00620	.00624	.00829	.00836	23
24	.00295	.00296	.00444	.00446	.00623	.00627	.00833	.00840	24
25	.00297	.00298	.00447	.00449	.00626	.00630	.00837	.00844	25
26	.00299	.00300	.00449	.00451	.00630	.00634	.00840	.00848	26
27	.00301	.00302	.00452	.00454	.00633	.00637	.00844	.00851	27
28	.00304	.00305	.00455	.00457	.00636	.00640	.00848	.00855	28
29	.00306	.00307	.00458	.00460	.00640	.00644	.00852	.00859	29
30	.00308	.00309	.00460	.00463	.00643	.00647	.00856	.00863	30
31	.00311	.00312	.00463	.00465	.00646	.00650	.00859	.00867	31
32	.00313	.00314	.00466	.00468	.00649	.00654	.00863	.00871	32
33	.00315	.00316	.00469	.00471	.00653	.00657	.00867	.00875	33
34	.00317	.00318	.00472	.00474	.00656	.00660	.00871	.00878	34
35	.00320	.00321	.00474	.00477	.00659	.00664	.00875	.00882	35
36	.00322	.00323	.00477	.00480	.00663	.00667	.00878	.00886	36
37	.00324	.00325	.00480	.00482	.00666	.00671	.00882	.00890	37
38	.00327	.00328	.00483	.00485	.00669	.00674	.00886	.00894	38
39	.00329	.00330	.00486	.00488	.00673	.00677	.00890	.00898	39
40	.00332	.00333	.00489	.00491	.00676	.00681	.00894	.00902	40
41	.00334	.00335	.00492	.00494	.00680	.00684	.00898	.00906	41
42	.00336	.00337	.00494	.00497	.00683	.00688	.00902	.00910	42
43	.00339	.00340	.00497	.00500	.00686	.00691	.00906	.00914	43
44	.00341	.00342	.00500	.00503	.00690	.00695	.00909	.00918	44
45	.00343	.00345	.00503	.00506	.00693	.00698	.00913	.00922	45
46	.00346	.00347	.00506	.00509	.00697	.00701	.00917	.00926	46
47	.00348	.00350	.00509	.00512	.00700	.00705	.00921	.00930	47
48	.00351	.00352	.00512	.00515	.00703	.00708	.00925	.00934	48
49	.00353	.00354	.00515	.00518	.00707	.00712	.00929	.00938	49
50	.00356	.00357	.00518	.00521	.00710	.00715	.00933	.00942	50
51	.00358	.00359	.00521	.00524	.00714	.00719	.00937	.00946	51
52	.00361	.00362	.00524	.00527	.00717	.00722	.00941	.00950	52
53	.00363	.00364	.00527	.00530	.00721	.00726	.00945	.00954	53
54	.00365	.00367	.00530	.00533	.00724	.00730	.00949	.00958	54
55	.00368	.00369	.00533	.00536	.00728	.00733	.00953	.00962	55
56	.00370	.00372	.00536	.00539	.00731	.00737	.00957	.00966	56
57	.00373	.00374	.00539	.00542	.00735	.00740	.00961	.00970	57
58	.00375	.00377	.00542	.00545	.00738	.00744	.00965	.00975	58
59	.00378	.00379	.00545	.00548	.00742	.00747	.00969	.00979	59
60	.00381	.00382	.00548	.00551	.00745	.00751	.00973	.00983	60

TABLE XVII.—NATURAL VERSED SINES AND EXTERNAL SECANTS.

′	8°		9°		10°		11°		′
	Vers.	Ex. sec.	Vers.	Ex. sec.	Vers.	Ex. sec.	Vers.	Ex. sec.	
0	.00973	.00983	.01231	.01247	.01519	.01543	.01837	.01872	0
1	.00977	.00987	.01236	.01251	.01524	.01548	.01843	.01877	1
2	.00981	.00991	.01240	.01256	.01529	.01553	.01848	.01883	2
3	.00985	.00995	.01245	.01261	.01534	.01558	.01854	.01889	3
4	.00989	.00999	.01249	.01265	.01540	.01564	.01860	.01895	4
5	.00994	.01004	.01254	.01270	.01545	.01569	.01865	.01901	5
6	.00998	.01008	.01259	.01275	.01550	.01574	.01871	.01906	6
7	.01002	.01012	.01263	.01279	.01555	.01579	.01876	.01912	7
8	.01006	.01016	.01268	.01284	.01560	.01585	.01882	.01918	8
9	.01010	.01020	.01272	.01289	.01565	.01590	.01888	.01924	9
10	.01014	.01024	.01277	.01294	.01570	.01595	.01893	.01930	10
11	.01018	.01029	.01282	.01298	.01575	.01601	.01899	.01936	11
12	.01022	.01033	.01286	.01303	.01580	.01606	.01904	.01941	12
13	.01027	.01037	.01291	.01308	.01586	.01611	.01910	.01947	13
14	.01031	.01041	.01296	.01313	.01591	.01616	.01916	.01953	14
15	.01035	.01046	.01300	.01318	.01596	.01622	.01921	.01959	15
16	.01039	.01050	.01305	.01322	.01601	.01627	.01927	.01965	16
17	.01043	.01054	.01310	.01327	.01606	.01633	.01933	.01971	17
18	.01047	.01059	.01314	.01332	.01612	.01638	.01939	.01977	18
19	.01052	.01063	.01319	.01337	.01617	.01643	.01944	.01983	19
20	.01056	.01067	.01324	.01342	.01622	.01649	.01950	.01989	20
21	.01060	.01071	.01329	.01346	.01627	.01654	.01956	.01995	21
22	.01064	.01076	.01333	.01351	.01632	.01659	.01961	.02001	22
23	.01069	.01080	.01338	.01356	.01638	.01665	.01967	.02007	23
24	.01073	.01084	.01343	.01361	.01643	.01670	.01973	.02013	24
25	.01077	.01089	.01348	.01366	.01648	.01676	.01979	.02019	25
26	.01081	.01093	.01352	.01371	.01653	.01681	.01984	.02025	26
27	.01086	.01097	.01357	.01376	.01659	.01687	.01990	.02031	27
28	.01090	.01102	.01362	.01381	.01664	.01692	.01996	.02037	28
29	.01094	.01106	.01367	.01386	.01669	.01698	.02002	.02043	29
30	.01098	.01111	.01371	.01391	.01675	.01703	.02008	.02049	30
31	.01103	.01115	.01376	.01395	.01680	.01709	.02013	.02055	31
32	.01107	.01119	.01381	.01400	.01685	.01714	.02019	.02061	32
33	.01111	.01124	.01385	.01405	.01690	.01720	.02025	.02067	33
34	.01116	.01128	.01391	.01410	.01696	.01725	.02031	.02073	34
35	.01120	.01133	.01396	.01415	.01701	.01731	.02037	.02079	35
36	.01124	.01137	.01400	.01420	.01706	.01736	.02042	.02085	36
37	.01129	.01142	.01405	.01425	.01712	.01742	.02048	.02091	37
38	.01133	.01146	.01410	.01430	.01717	.01747	.02054	.02097	38
39	.01137	.01151	.01415	.01435	.01723	.01753	.02060	.02103	39
40	.01142	.01155	.01420	.01440	.01728	.01758	.02066	.02110	40
41	.01146	.01160	.01425	.01445	.01733	.01764	.02072	.02116	41
42	.01151	.01164	.01430	.01450	.01739	.01769	.02078	.02122	42
43	.01155	.01169	.01435	.01455	.01744	.01775	.02084	.02128	43
44	.01159	.01173	.01439	.01461	.01750	.01781	.02090	.02134	44
45	.01164	.01178	.01444	.01466	.01755	.01786	.02095	.02140	45
46	.01168	.01182	.01449	.01471	.01760	.01792	.02101	.02146	46
47	.01173	.01187	.01454	.01476	.01766	.01798	.02107	.02153	47
48	.01177	.01191	.01459	.01481	.01771	.01803	.02113	.02159	48
49	.01182	.01196	.01464	.01486	.01777	.01809	.02119	.02165	49
50	.01186	.01200	.01469	.01491	.01782	.01815	.02125	.02171	50
51	.01191	.01205	.01474	.01496	.01788	.01820	.02131	.02178	51
52	.01195	.01209	.01479	.01501	.01793	.01826	.02137	.02184	52
53	.01200	.01214	.01484	.01506	.01799	.01832	.02143	.02190	53
54	.01204	.01219	.01489	.01512	.01804	.01837	.02149	.02196	54
55	.01209	.01223	.01494	.01517	.01810	.01843	.02155	.02203	55
56	.01213	.01228	.01499	.01522	.01815	.01849	.02161	.02209	56
57	.01218	.01233	.01504	.01527	.01821	.01854	.02167	.02215	57
58	.01222	.01237	.01509	.01532	.01826	.01860	.02173	.02221	58
59	.01227	.01242	.01514	.01537	.01832	.01866	.02179	.02228	59
60	.01231	.01247	.01519	.01543	.01837	.01872	.02185	.02234	60

TABLE XVII.—NATURAL VERSED SINES AND EXTERNAL SECANTS.

′	12°		13°		14°		15°		′
	Vers.	Ex. sec.	Vers.	Ex. sec.	Vers.	Ex. sec.	Vers.	Ex. sec.	
0	.02185	.02234	.02563	.02630	.02970	.03061	.03407	.03528	0
1	.02191	.02240	.02570	.02637	.02977	.03069	.03415	.03536	1
2	.02197	.02247	.02576	.02644	.02985	.03076	.03422	.03544	2
3	.02203	.02253	.02583	.02651	.02992	.03084	.03430	.03552	3
4	.02210	.02259	.02589	.02658	.02999	.03091	.03438	.03560	4
5	.02216	.02266	.02596	.02665	.03006	.03099	.03445	.03568	5
6	.02222	.02272	.02602	.02672	.03013	.03106	.03453	.03576	6
7	.02228	.02279	.02609	.02679	.03020	.03114	.03460	.03584	7
8	.02234	.02285	.02616	.02686	.03027	.03121	.03468	.03592	8
9	.02240	.02291	.02622	.02693	.03034	.03129	.03476	.03601	9
10	.02246	.02298	.02629	.02700	.03041	.03137	.03483	.03609	10
11	.02252	.02304	.02635	.02707	.03048	.03144	.03491	.03617	11
12	.02258	.02311	.02642	.02714	.03055	.03152	.03498	.03625	12
13	.02265	.02317	.02649	.02721	.03063	.03159	.03506	.03633	13
14	.02271	.02323	.02655	.02728	.03070	.03167	.03514	.03642	14
15	.02277	.02330	.02662	.02735	.03077	.03175	.03521	.03650	15
16	.02283	.02336	.02669	.02742	.03084	.03182	.03529	.03658	16
17	.02289	.02343	.02675	.02749	.03091	.03190	.03537	.03666	17
18	.02295	.02349	.02682	.02756	.03098	.03198	.03544	.03674	18
19	.02302	.02356	.02689	.02763	.03106	.03205	.03552	.03683	19
20	.02308	.02362	.02696	.02770	.03113	.03213	.03560	.03691	20
21	.02314	.02369	.02702	.02777	.03120	.03221	.03567	.03699	21
22	.02320	.02375	.02709	.02784	.03127	.03228	.03575	.03708	22
23	.02327	.02382	.02716	.02791	.03134	.03236	.03583	.03716	23
24	.02333	.02388	.02722	.02799	.03142	.03244	.03590	.03724	24
25	.02339	.02395	.02729	.02806	.03149	.03251	.03598	.03732	25
26	.02345	.02402	.02736	.02813	.03156	.03259	.03606	.03741	26
27	.02352	.02408	.02743	.02820	.03163	.03267	.03614	.03749	27
28	.02358	.02415	.02749	.02827	.03171	.03275	.03621	.03758	28
29	.02364	.02421	.02756	.02834	.03178	.03282	.03629	.03766	29
30	.02370	.02428	.02763	.02842	.03185	.03290	.03637	.03774	30
31	.02377	.02435	.02770	.02849	.03193	.03298	.03645	.03783	31
32	.02383	.02441	.02777	.02856	.03200	.03306	.03653	.03791	32
33	.02389	.02448	.02783	.02863	.03207	.03313	.03660	.03799	33
34	.02396	.02454	.02790	.02870	.03214	.03321	.03668	.03808	34
35	.02402	.02461	.02797	.02878	.03222	.03329	.03676	.03816	35
36	.02408	.02468	.02804	.02885	.03229	.03337	.03684	.03825	36
37	.02415	.02474	.02811	.02892	.03236	.03345	.03692	.03833	37
38	.02421	.02481	.02818	.02899	.03244	.03353	.03699	.03842	38
39	.02427	.02488	.02824	.02907	.03251	.03360	.03707	.03850	39
40	.02434	.02494	.02831	.02914	.03258	.03368	.03715	.03858	40
41	.02440	.02501	.02838	.02921	.03266	.03376	.03723	.03867	41
42	.02447	.02508	.02845	.02928	.03273	.03384	.03731	.03875	42
43	.02453	.02515	.02852	.02936	.03281	.03392	.03739	.03884	43
44	.02459	.02521	.02859	.02943	.03288	.03400	.03747	.03892	44
45	.02466	.02528	.02866	.02950	.03295	.03408	.03754	.03901	45
46	.02472	.02535	.02873	.02958	.03303	.03416	.03762	.03909	46
47	.02479	.02542	.02880	.02965	.03310	.03424	.03770	.03918	47
48	.02485	.02548	.02887	.02972	.03318	.03432	.03778	.03927	48
49	.02492	.02555	.02894	.02980	.03325	.03439	.03786	.03935	49
50	.02498	.02562	.02900	.02987	.03333	.03447	.03794	.03944	50
51	.02504	.02569	.02907	.02994	.03340	.03455	.03802	.03952	51
52	.02511	.02576	.02914	.03002	.03347	.03463	.03810	.03961	52
53	.02517	.02582	.02921	.03009	.03355	.03471	.03818	.03969	53
54	.02524	.02589	.02928	.03017	.03362	.03479	.03826	.03978	54
55	.02530	.02596	.02935	.03024	.03370	.03487	.03834	.03987	55
56	.02537	.02603	.02942	.03032	.03377	.03495	.03842	.03995	56
57	.02543	.02610	.02949	.03039	.03385	.03503	.03850	.04004	57
58	.02550	.02617	.02956	.03046	.03392	.03512	.03858	.04013	58
59	.02556	.02624	.02963	.03054	.03400	.03520	.03866	.04021	59
60	.02563	.02630	.02970	.03061	.03407	.03528	.03874	.04030	60

TABLE XVII.—NATURAL VERSED SINES AND EXTERNAL SECANTS.

′	16°		17°		18°		19°		′
	Vers.	Ex. sec.	Vers.	Ex. sec.	Vers.	Ex. sec.	Vers.	Ex. sec.	
0	.03874	.04030	.04370	.04569	.04894	.05146	.05448	.05762	0
1	.03882	.04039	.04378	.04578	.04903	.05156	.05458	.05773	1
2	.03890	.04047	.04387	.04588	.04912	.05166	.05467	.05783	2
3	.03898	.04056	.04395	.04597	.04921	.05176	.05477	.05794	3
4	.03906	.04065	.04404	.04606	.04930	.05186	.05486	.05805	4
5	.03914	.04073	.04412	.04616	.04939	.05196	.05496	.05815	5
6	.03922	.04082	.04421	.04625	.04948	.05206	.05505	.05826	6
7	.03930	.04091	.04429	.04635	.04957	.05216	.05515	.05836	7
8	.03938	.04100	.04438	.04644	.04967	.05226	.05524	.05847	8
9	.03946	.04108	.04446	.04653	.04976	.05236	.05534	.05858	9
10	.03954	.04117	.04455	.04663	.04985	.05246	.05543	.05869	10
11	.03963	.04126	.04464	.04672	.04994	.05256	.05553	.05879	11
12	.03971	.04135	.04472	.04682	.05003	.05266	.05562	.05890	12
13	.03979	.04144	.04481	.04691	.05012	.05276	.05572	.05901	13
14	.03987	.04152	.04489	.04700	.05021	.05286	.05582	.05911	14
15	.03995	.04161	.04498	.04710	.05030	.05297	.05591	.05922	15
16	.04003	.04170	.04507	.04719	.05039	.05307	.05601	.05933	16
17	.04011	.04179	.04515	.04729	.05048	.05317	.05610	.05944	17
18	.04019	.04188	.04524	.04738	.05057	.05327	.05620	.05955	18
19	.04028	.04197	.04533	.04748	.05067	.05337	.05630	.05965	19
20	.04036	.04206	.04541	.04757	.05076	.05347	.05639	.05976	20
21	.04044	.04214	.04550	.04767	.05085	.05357	.05649	.05987	21
22	.04052	.04223	.04559	.04776	.05094	.05367	.05658	.05998	22
23	.04060	.04232	.04567	.04786	.05103	.05378	.05668	.06009	23
24	.04069	.04241	.04576	.04795	.05112	.05388	.05678	.06020	24
25	.04077	.04250	.04585	.04805	.05122	.05398	.05687	.06030	25
26	.04085	.04259	.04593	.04815	.05131	.05408	.05697	.06041	26
27	.04093	.04268	.04602	.04824	.05140	.05418	.05707	.06052	27
28	.04102	.04277	.04611	.04834	.05149	.05429	.05716	.06063	28
29	.04110	.04286	.04620	.04843	.05158	.05439	.05726	.06074	29
30	.04118	.04295	.04628	.04853	.05168	.05449	.05736	.06085	30
31	.04126	.04304	.04637	.04863	.05177	.05460	.05746	.06096	31
32	.04135	.04313	.04646	.04872	.05186	.05470	.05755	.06107	32
33	.04143	.04322	.04655	.04882	.05195	.05480	.05765	.06118	33
34	.04151	.04331	.04663	.04891	.05205	.05490	.05775	.06129	34
35	.04159	.04340	.04672	.04901	.05214	.05501	.05785	.06140	35
36	.04168	.04349	.04681	.04911	.05223	.05511	.05794	.06151	36
37	.04176	.04358	.04690	.04920	.05232	.05521	.05804	.06162	37
38	.04184	.04367	.04699	.04930	.05242	.05532	.05814	.06173	38
39	.04193	.04376	.04707	.04940	.05251	.05542	.05824	.06184	39
40	.04201	.04385	.04716	.04950	.05260	.05552	.05833	.06195	40
41	.04209	.04394	.04725	.04959	.05270	.05563	.05843	.06206	41
42	.04218	.04403	.04734	.04969	.05279	.05573	.05853	.06217	42
43	.04226	.04413	.04743	.04979	.05288	.05584	.05863	.06228	43
44	.04234	.04422	.04752	.04989	.05298	.05594	.05873	.06239	44
45	.04243	.04431	.04760	.04998	.05307	.05604	.05882	.06250	45
46	.04251	.04440	.04769	.05008	.05316	.05615	.05892	.06261	46
47	.04260	.04449	.04778	.05018	.05326	.05625	.05902	.06272	47
48	.04268	.04458	.04787	.05028	.05335	.05636	.05912	.06283	48
49	.04276	.04468	.04796	.05038	.05344	.05646	.05922	.06295	49
50	.04285	.04477	.04805	.05047	.05354	.05657	.05932	.06306	50
51	.04293	.04486	.04814	.05057	.05363	.05667	.05942	.06317	51
52	.04302	.04495	.04823	.05067	.05373	.05678	.05951	.06328	52
53	.04310	.04504	.04832	.05077	.05382	.05688	.05961	.06339	53
54	.04319	.04514	.04841	.05087	.05391	.05699	.05971	.06350	54
55	.04327	.04523	.04850	.05097	.05401	.05709	.05981	.06362	55
56	.04336	.04532	.04858	.05107	.05410	.05720	.05991	.06373	56
57	.04344	.04541	.04867	.05116	.05420	.05730	.06001	.06384	57
58	.04353	.04551	.04876	.05126	.05429	.05741	.06011	.06395	58
59	.04361	.04560	.04885	.05136	.05439	.05751	.06021	.06407	59
60	.04370	.04569	.04894	.05146	.05448	.05762	.06031	.06418	60

TABLE XVII.—NATURAL VERSED SINES AND EXTERNAL SECANTS.

′	20°		21°		22°		23°		′
	Vers.	Ex. sec.	Vers.	Ex. sec.	Vers.	Ex. sec.	Vers.	Ex. sec.	
0	.06031	.06418	.06642	.07115	.07282	.07853	.07950	.08636	0
1	.06041	.06429	.06652	.07126	.07293	.07866	.07961	.08649	1
2	.06051	.06440	.06663	.07138	.07303	.07879	.07972	.08663	2
3	.06061	.06452	.06673	.07150	.07314	.07892	.07984	.08676	3
4	.06071	.06463	.06684	.07162	.07325	.07904	.07995	.08690	4
5	.06081	.06474	.06694	.07174	.07336	.07917	.08006	.08703	5
6	.06091	.06486	.06705	.07186	.07347	.07930	.08018	.08717	6
7	.06101	.06497	.06715	.07199	.07358	.07943	.08029	.08730	7
8	.06111	.06508	.06726	.07211	.07369	.07955	.08041	.08744	8
9	.06121	.06520	.06736	.07223	.07380	.07968	.08052	.08757	9
10	.06131	.06531	.06747	.07235	.07391	.07981	.08064	.08771	10
11	.06141	.06542	.06757	.07247	.07402	.07994	.08075	.08784	11
12	.06151	.06554	.06768	.07259	.07413	.08006	.08086	.08798	12
13	.06161	.06565	.06778	.07271	.07424	.08019	.08098	.08811	13
14	.06171	.06577	.06789	.07283	.07435	.08032	.08109	.08825	14
15	.06181	.06588	.06799	.07295	.07446	.08045	.08121	.08839	15
16	.06191	.06600	.06810	.07307	.07457	.08058	.08132	.08852	16
17	.06201	.06611	.06820	.07320	.07468	.08071	.08144	.08866	17
18	.06211	.06622	.06831	.07332	.07479	.08084	.08155	.08880	18
19	.06221	.06634	.06841	.07344	.07490	.08097	.08167	.08893	19
20	.06231	.06645	.06852	.07356	.07501	.08109	.08178	.08907	20
21	.06241	.06657	.06863	.07368	.07512	.08122	.08190	.08921	21
22	.06252	.06668	.06873	.07380	.07523	.08135	.08201	.08934	22
23	.06262	.06680	.06884	.07393	.07534	.08148	.08213	.08948	23
24	.06272	.06691	.06894	.07405	.07545	.08161	.08225	.08962	24
25	.06282	.06703	.06905	.07417	.07556	.08174	.08236	.08975	25
26	.06292	.06715	.06916	.07429	.07568	.08187	.08248	.08989	26
27	.06302	.06726	.06926	.07442	.07579	.08200	.08259	.09003	27
28	.06312	.06738	.06937	.07454	.07590	.08213	.08271	.09017	28
29	.06323	.06749	.06948	.07466	.07601	.08226	.08282	.09030	29
30	.06333	.06761	.06958	.07479	.07612	.08239	.08294	.09044	30
31	.06343	.06773	.06969	.07491	.07623	.08252	.08306	.09058	31
32	.06353	.06784	.06980	.07503	.07634	.08265	.08317	.09072	32
33	.06363	.06796	.06990	.07516	.07645	.08278	.08329	.09086	33
34	.06374	.06807	.07001	.07528	.07657	.08291	.08340	.09099	34
35	.06384	.06819	.07012	.07540	.07668	.08305	.08352	.09113	35
36	.06394	.06831	.07022	.07553	.07679	.08318	.08364	.09127	36
37	.06404	.06843	.07033	.07565	.07690	.08331	.08375	.09141	37
38	.06415	.06854	.07044	.07578	.07701	.08344	.08387	.09155	38
39	.06425	.06866	.07055	.07590	.07713	.08357	.08399	.09169	39
40	.06435	.06878	.07065	.07602	.07724	.08370	.08410	.09183	40
41	.06445	.06889	.07076	.07615	.07735	.08383	.08422	.09197	41
42	.06456	.06901	.07087	.07627	.07746	.08397	.08434	.09211	42
43	.06466	.06913	.07098	.07640	.07757	.08410	.08445	.09224	43
44	.06476	.06925	.07108	.07652	.07769	.08423	.08457	.09238	44
45	.06486	.06936	.07119	.07665	.07780	.08436	.08469	.09252	45
46	.06497	.06948	.07130	.07677	.07791	.08449	.08481	.09266	46
47	.06507	.06960	.07141	.07690	.07802	.08463	.08492	.09280	47
48	.06517	.06972	.07151	.07702	.07814	.08476	.08504	.09294	48
49	.06528	.06984	.07162	.07715	.07825	.08489	.08516	.09308	49
50	.06538	.06995	.07173	.07727	.07836	.08503	.08528	.09323	50
51	.06548	.07007	.07184	.07740	.07848	.08516	.08539	.09337	51
52	.06559	.07019	.07195	.07752	.07859	.08529	.08551	.09351	52
53	.06569	.07031	.07206	.07765	.07870	.08542	.08563	.09365	53
54	.06580	.07043	.07216	.07778	.07881	.08556	.08575	.09379	54
55	.06590	.07055	.07227	.07790	.07893	.08569	.08586	.09393	55
56	.06600	.07067	.07238	.07803	.07904	.08582	.08598	.09407	56
57	.06611	.07079	.07249	.07816	.07915	.08596	.08610	.09421	57
58	.06621	.07091	.07260	.07828	.07927	.08609	.08622	.09435	58
59	.06632	.07103	.07271	.07841	.07938	.08623	.08634	.09449	59
60	.06642	.07115	.07282	.07853	.07950	.08636	.08645	.09464	60

TABLE XVII.—NATURAL VERSED SINES AND EXTERNAL SECANTS.

,	24° Vers.	24° Ex. sec.	25° Vers.	25° Ex. sec.	26° Vers.	26° Ex. sec.	27° Vers.	27° Ex. sec.	,
0	.08645	.09464	.09369	.10338	.10121	.11260	.10899	.12233	0
1	.08657	.09478	.09382	.10353	.10133	.11276	.10913	.12249	1
2	.08669	.09492	.09394	.10368	.10146	.11292	.10926	.12266	2
3	.08681	.09506	.09406	.10383	.10159	.11308	.10939	.12283	3
4	.08693	.09520	.09418	.10398	.10172	.11323	.10952	.12299	4
5	.08705	.09535	.09431	.10413	.10184	.11339	.10965	.12316	5
6	.08717	.09549	.09443	.10428	.10197	.11355	.10979	.12333	6
7	.08728	.09563	.09455	.10443	.10210	.11371	.10992	.12349	7
8	.08740	.09577	.09468	.10458	.10223	.11387	.11005	.12366	8
9	.08752	.09592	.09480	.10473	.10236	.11403	.11019	.12383	9
10	.08764	.09606	.09493	.10488	.10248	.11419	.11032	.12400	10
11	.08776	.09620	.09505	.10503	.10261	.11435	.11045	.12416	11
12	.08788	.09635	.09517	.10518	.10274	.11451	.11058	.12433	12
13	.08800	.09649	.09530	.10533	.10287	.11467	.11072	.12450	13
14	.08812	.09663	.09542	.10549	.10300	.11483	.11085	.12467	14
15	.08824	.09678	.09554	.10564	.10313	.11499	.11098	.12484	15
16	.08836	.09692	.09567	.10579	.10326	.11515	.11112	.12501	16
17	.08848	.09707	.09579	.10594	.10338	.11531	.11125	.12518	17
18	.08860	.09721	.09592	.10609	.10351	.11547	.11138	.12534	18
19	.08872	.09735	.09604	.10625	.10364	.11563	.11152	.12551	19
20	.08884	.09750	.09617	.10640	.10377	.11579	.11165	.12568	20
21	.08896	.09764	.09629	.10655	.10390	.11595	.11178	.12585	21
22	.08908	.09779	.09642	.10670	.10403	.11611	.11192	.12602	22
23	.08920	.09793	.09654	.10686	.10416	.11627	.11205	.12619	23
24	.08932	.09808	.09666	.10701	.10429	.11643	.11218	.12636	24
25	.08944	.09822	.09679	.10716	.10442	.11659	.11232	.12653	25
26	.08956	.09837	.09691	.10731	.10455	.11675	.11245	.12670	26
27	.08968	.09851	.09704	.10747	.10468	.11691	.11259	.12687	27
28	.08980	.09866	.09716	.10762	.10481	.11708	.11272	.12704	28
29	.08992	.09880	.09729	.10777	.10494	.11724	.11285	.12721	29
30	.09004	.09895	.09741	.10793	.10507	.11740	.11299	.12738	30
31	.09016	.09909	.09754	.10808	.10520	.11756	.11312	.12755	31
32	.09028	.09924	.09767	.10824	.10533	.11772	.11326	.12772	32
33	.09040	.09939	.09779	.10839	.10546	.11789	.11339	.12789	33
34	.09052	.09953	.09792	.10854	.10559	.11805	.11353	.12807	34
35	.09064	.09968	.09804	.10870	.10572	.11821	.11366	.12824	35
36	.09076	.09982	.09817	.10885	.10585	.11838	.11380	.12841	36
37	.09089	.09997	.09829	.10901	.10598	.11854	.11393	.12858	37
38	.09101	.10012	.09842	.10916	.10611	.11870	.11407	.12875	38
39	.09113	.10026	.09854	.10932	.10624	.11886	.11420	.12892	39
40	.09125	.10041	.09867	.10947	.10637	.11903	.11434	.12910	40
41	.09137	.10055	.09880	.10963	.10650	.11919	.11447	.12927	41
42	.09149	.10071	.09892	.10978	.10663	.11936	.11461	.12944	42
43	.09161	.10085	.09905	.10994	.10676	.11952	.11474	.12961	43
44	.09174	.10100	.09918	.11009	.10689	.11968	.11488	.12979	44
45	.09186	.10115	.09930	.11025	.10702	.11985	.11501	.12996	45
46	.09198	.10130	.09943	.11041	.10715	.12001	.11515	.13013	46
47	.09210	.10144	.09955	.11056	.10728	.12018	.11528	.13031	47
48	.09222	.10159	.09968	.11072	.10741	.12034	.11542	.13048	48
49	.09234	.10174	.09981	.11087	.10755	.12051	.11555	.13065	49
50	.09247	.10189	.09993	.11103	.10768	.12067	.11569	.13083	50
51	.09259	.10204	.10006	.11119	.10781	.12084	.11583	.13100	51
52	.09271	.10218	.10019	.11134	.10794	.12100	.11596	.13117	52
53	.09283	.10233	.10032	.11150	.10807	.12117	.11610	.13135	53
54	.09296	.10248	.10044	.11166	.10820	.12133	.11623	.13152	54
55	.09308	.10263	.10057	.11181	.10833	.12150	.11637	.13170	55
56	.09320	.10278	.10070	.11197	.10847	.12166	.11651	.13187	56
57	.09332	.10293	.10082	.11213	.10860	.12183	.11664	.13205	57
58	.09345	.10308	.10095	.11229	.10873	.12199	.11678	.13222	58
59	.09357	.10323	.10108	.11244	.10886	.12216	.11692	.13240	59
60	.09369	.10338	.10121	.11260	.10899	.12233	.11705	.13257	60

TABLE XVII.—NATURAL VERSED SINES AND EXTERNAL SECANTS.

′	28° Vers.	28° Ex. sec.	29° Vers.	29° Ex. sec.	30° Vers.	30° Ex. sec.	31° Vers.	31° Ex. sec.	′
0	.11705	.13257	.12538	.14335	.13397	.15470	.14283	.16663	0
1	.11719	.13275	.12552	.14354	.13412	.15489	.14298	.16684	1
2	.11733	.13292	.12566	.14372	.13427	.15509	.14313	.16704	2
3	.11746	.13310	.12580	.14391	.13441	.15528	.14328	.16725	3
4	.11760	.13327	.12595	.14409	.13456	.15548	.14343	.16745	4
5	.11774	.13345	.12609	.14428	.13470	.15567	.14358	.16766	5
6	.11787	.13362	.12623	.14446	.13485	.15587	.14373	.16786	6
7	.11801	.13380	.12637	.14465	.13499	.15606	.14388	.16806	7
8	.11815	.13398	.12651	.14483	.13514	.15626	.14403	.16827	8
9	.11828	.13415	.12665	.14502	.13529	.15645	.14418	.16848	9
10	.11842	.13433	.12679	.14521	.13543	.15665	.14433	.16868	10
11	.11856	.13451	.12694	.14539	.13558	.15684	.14449	.16889	11
12	.11870	.13468	.12708	.14558	.13573	.15704	.14464	.16909	12
13	.11883	.13486	.12722	.14576	.13587	.15724	.14479	.16930	13
14	.11897	.13504	.12736	.14595	.13602	.15743	.14494	.16950	14
15	.11911	.13521	.12750	.14614	.13616	.15763	.14509	.16971	15
16	.11925	.13539	.12765	.14632	.13631	.15782	.14524	.16992	16
17	.11938	.13557	.12779	.14651	.13646	.15802	.14539	.17012	17
18	.11952	.13575	.12793	.14670	.13660	.15822	.14554	.17033	18
19	.11966	.13593	.12807	.14689	.13675	.15841	.14569	.17054	19
20	.11980	.13610	.12822	.14707	.13690	.15861	.14584	.17075	20
21	.11994	.13628	.12836	.14726	.13705	.15881	.14599	.17095	21
22	.12007	.13646	.12850	.14745	.13719	.15901	.14615	.17116	22
23	.12021	.13664	.12864	.14764	.13734	.15920	.14630	.17137	23
24	.12035	.13682	.12879	.14782	.13749	.15940	.14645	.17158	24
25	.12049	.13700	.12893	.14801	.13763	.15960	.14660	.17178	25
26	.12063	.13718	.12907	.14820	.13778	.15980	.14675	.17199	26
27	.12077	.13735	.12921	.14839	.13793	.16000	.14690	.17220	27
28	.12091	.13753	.12936	.14858	.13808	.16019	.14706	.17241	28
29	.12104	.13771	.12950	.14877	.13822	.16039	.14721	.17262	29
30	.12118	.13789	.12964	.14896	.13837	.16059	.14736	.17283	30
31	.12132	.13807	.12979	.14914	.13852	.16079	.14751	.17304	31
32	.12146	.13825	.12993	.14933	.13867	.16099	.14766	.17325	32
33	.12160	.13843	.13007	.14952	.13881	.16119	.14782	.17346	33
34	.12174	.13861	.13022	.14971	.13896	.16139	.14797	.17367	34
35	.12188	.13879	.13036	.14990	.13911	.16159	.14812	.17388	35
36	.12202	.13897	.13051	.15009	.13926	.16179	.14827	.17409	36
37	.12216	.13916	.13065	.15028	.13941	.16199	.14843	.17430	37
38	.12230	.13934	.13079	.15047	.13955	.16219	.14858	.17451	38
39	.12244	.13952	.13094	.15066	.13970	.16239	.14873	.17472	39
40	.12257	.13970	.13108	.15085	.13985	.16259	.14888	.17493	40
41	.12271	.13988	.13122	.15105	.14000	.16279	.14904	.17514	41
42	.12285	.14006	.13137	.15124	.14015	.16299	.14919	.17535	42
43	.12299	.14024	.13151	.15143	.14030	.16319	.14934	.17556	43
44	.12313	.14042	.13166	.15162	.14044	.16339	.14949	.17577	44
45	.12327	.14061	.13180	.15181	.14059	.16359	.14965	.17598	45
46	.12341	.14079	.13195	.15200	.14074	.16380	.14980	.17620	46
47	.12355	.14097	.13209	.15219	.14089	.16400	.14995	.17641	47
48	.12369	.14115	.13223	.15239	.14104	.16420	.15011	.17662	48
49	.12383	.14134	.13238	.15258	.14119	.16440	.15026	.17683	49
50	.12397	.14152	.13252	.15277	.14134	.16460	.15041	.17704	50
51	.12411	.14170	.13267	.15296	.14149	.16481	.15057	.17726	51
52	.12425	.14188	.13281	.15315	.14164	.16501	.15072	.17747	52
53	.12439	.14207	.13296	.15335	.14179	.16521	.15087	.17768	53
54	.12454	.14225	.13310	.15354	.14194	.16541	.15103	.17790	54
55	.12468	.14243	.13325	.15373	.14208	.16562	.15118	.17811	55
56	.12482	.14262	.13339	.15393	.14223	.16582	.15134	.17832	56
57	.12496	.14280	.13354	.15412	.14238	.16602	.15149	.17854	57
58	.12510	.14299	.13368	.15431	.14253	.16623	.15164	.17875	58
59	.12524	.14317	.13383	.15451	.14268	.16643	.15180	.17896	59
60	.12538	.14335	.13397	.15470	.14283	.16663	.15195	.17918	60

TABLE XVII.—NATURAL VERSED SINES AND EXTERNAL SECANTS.

′	32°		33°		34°		35°		′
	Vers.	Ex. sec.	Vers.	Ex. sec.	Vers.	Ex. sec.	Vers.	Ex. sec.	
0	.15195	.17918	.16133	.19236	.17096	.20622	.18085	.22077	0
1	.15211	.17939	.16149	.19259	.17113	.20645	.18101	.22102	1
2	.15226	.17961	.16165	.19281	.17129	.20669	.18118	.22127	2
3	.15241	.17982	.16181	.19304	.17145	.20693	.18135	.22152	3
4	.15257	.18004	.16196	.19327	.17161	.20717	.18152	.22177	4
5	.15272	.18025	.16212	.19349	.17178	.20740	.18168	.22202	5
6	.15288	.18047	.16228	.19372	.17194	.20764	.18185	.22227	6
7	.15303	.18068	.16244	.19394	.17210	.20788	.18202	.22252	7
8	.15319	.18090	.16260	.19417	.17227	.20812	.18218	.22277	8
9	.15334	.18111	.16276	.19440	.17243	.20836	.18235	.22302	9
10	.15350	.18133	.16292	.19463	.17259	.20859	.18252	.22327	10
11	.15365	.18155	.16308	.19485	.17276	.20883	.18269	.22352	11
12	.15381	.18176	.16324	.19508	.17292	.20907	.18286	.22377	12
13	.15396	.18198	.16340	.19531	.17308	.20931	.18302	.22402	13
14	.15412	.18220	.16355	.19554	.17325	.20955	.18319	.22428	14
15	.15427	.18241	.16371	.19576	.17341	.20979	.18336	.22453	15
16	.15443	.18263	.16387	.19599	.17357	.21003	.18353	.22478	16
17	.15458	.18285	.16403	.19622	.17374	.21027	.18369	.22503	17
18	.15474	.18307	.16419	.19645	.17390	.21051	.18386	.22528	18
19	.15489	.18328	.16435	.19668	.17407	.21075	.18403	.22554	19
20	.15505	.18350	.16451	.19691	.17423	.21099	.18420	.22579	20
21	.15520	.18372	.16467	.19713	.17439	.21123	.18437	.22604	21
22	.15536	.18394	.16483	.19736	.17456	.21147	.18454	.22629	22
23	.15552	.18416	.16499	.19759	.17472	.21171	.18470	.22655	23
24	.15567	.18437	.16515	.19782	.17489	.21195	.18487	.22680	24
25	.15583	.18459	.16531	.19805	.17505	.21220	.18504	.22706	25
26	.15598	.18481	.16547	.19828	.17522	.21244	.18521	.22731	26
27	.15614	.18503	.16563	.19851	.17538	.21268	.18538	.22756	27
28	.15630	.18525	.16579	.19874	.17554	.21292	.18555	.22782	28
29	.15645	.18547	.16595	.19897	.17571	.21316	.18572	.22807	29
30	.15661	.18569	.16611	.19920	.17587	.21341	.18588	.22833	30
31	.15676	.18591	.16627	.19944	.17604	.21365	.18605	.22858	31
32	.15692	.18613	.16644	.19967	.17620	.21389	.18622	.22884	32
33	.15708	.18635	.16660	.19990	.17637	.21414	.18639	.22909	33
34	.15723	.18657	.16676	.20013	.17653	.21438	.18656	.22935	34
35	.15739	.18679	.16692	.20036	.17670	.21462	.18673	.22960	35
36	.15755	.18701	.16708	.20059	.17686	.21487	.18690	.22986	36
37	.15770	.18723	.16724	.20083	.17703	.21511	.18707	.23012	37
38	.15786	.18745	.16740	.20106	.17719	.21535	.18724	.23037	38
39	.15802	.18767	.16756	.20129	.17736	.21560	.18741	.23063	39
40	.15818	.18790	.16772	.20152	.17752	.21584	.18758	.23089	40
41	.15833	.18812	.16788	.20176	.17769	.21609	.18775	.23114	41
42	.15849	.18834	.16805	.20199	.17786	.21633	.18792	.23140	42
43	.15865	.18856	.16821	.20222	.17802	.21658	.18809	.23166	43
44	.15880	.18878	.16837	.20246	.17819	.21682	.18826	.23192	44
45	.15896	.18901	.16853	.20269	.17835	.21707	.18843	.23217	45
46	.15912	.18923	.16869	.20292	.17852	.21731	.18860	.23243	46
47	.15928	.18945	.16885	.20316	.17868	.21756	.18877	.23269	47
48	.15943	.18967	.16902	.20339	.17885	.21781	.18894	.23295	48
49	.15959	.18990	.16918	.20363	.17902	.21805	.18911	.23321	49
50	.15975	.19012	.16934	.20386	.17918	.21830	.18928	.23347	50
51	.15991	.19034	.16950	.20410	.17935	.21855	.18945	.23373	51
52	.16006	.19057	.16966	.20433	.17952	.21879	.18962	.23399	52
53	.16022	.19079	.16983	.20457	.17968	.21904	.18979	.23424	53
54	.16038	.19102	.16999	.20480	.17985	.21929	.18996	.23450	54
55	.16054	.19124	.17015	.20504	.18001	.21953	.19013	.23476	55
56	.16070	.19146	.17031	.20527	.18018	.21978	.19030	.23502	56
57	.16085	.19169	.17047	.20551	.18035	.22003	.19047	.23529	57
58	.16101	.19191	.17064	.20575	.18051	.22028	.19064	.23555	58
59	.16117	.19214	.17080	.20598	.18068	.22053	.19081	.23581	59
60	.16133	.19236	.17096	.20622	.18085	.22077	.19098	.23607	60

TABLE XVII.—NATURAL VERSED SINES AND EXTERNAL SECANTS.

′	36°		37°		38°		39°		′
	Vers.	Ex. sec.	Vers.	Ex. sec.	Vers.	Ex. sec.	Vers.	Ex. sec.	
0	.19098	.23607	.20156	.25214	.21199	.26902	.22285	.28676	0
1	.19115	.23633	.20154	.25241	.21217	.26931	.22304	.28706	1
2	.19133	.23659	.20171	.25269	.21235	.26960	.22322	.28737	2
3	.19150	.23685	.20189	.25296	.21253	.26988	.22340	.28767	3
4	.19167	.23711	.20207	.25324	.21271	.27017	.22359	.28797	4
5	.19184	.23738	.20224	.25351	.21289	.27046	.22377	.28828	5
6	.19201	.23764	.20242	.25379	.21307	.27075	.22395	.28858	6
7	.19218	.23790	.20259	.25406	.21324	.27104	.22414	.28889	7
8	.19235	.23816	.20277	.25434	.21342	.27133	.22432	.28919	8
9	.19252	.23843	.20294	.25462	.21360	.27162	.22450	.28950	9
10	.19270	.23869	.20312	.25489	.21378	.27191	.22469	.28980	10
11	.19287	.23895	.20329	.25517	.21396	.27221	.22487	.29011	11
12	.19304	.23922	.20347	.25545	.21414	.27250	.22506	.29042	12
13	.19321	.23948	.20365	.25572	.21432	.27279	.22524	.29072	13
14	.19338	.23975	.20382	.25600	.21450	.27308	.22542	.29103	14
15	.19356	.24001	.20400	.25628	.21468	.27337	.22561	.29133	15
16	.19373	.24028	.20417	.25656	.21486	.27366	.22579	.29164	16
17	.19390	.24054	.20435	.25683	.21504	.27396	.22598	.29195	17
18	.19407	.24081	.20453	.25711	.21522	.27425	.22616	.29226	18
19	.19424	.24107	.20470	.25739	.21540	.27454	.22634	.29256	19
20	.19442	.24134	.20488	.25767	.21558	.27483	.22653	.29287	20
21	.19459	.24160	.20506	.25795	.21576	.27513	.22671	.29318	21
22	.19476	.24187	.20523	.25823	.21595	.27542	.22690	.29349	22
23	.19493	.24213	.20541	.25851	.21613	.27572	.22708	.29380	23
24	.19511	.24240	.20559	.25879	.21631	.27601	.22727	.29411	24
25	.19528	.24267	.20576	.25907	.21649	.27630	.22745	.29442	25
26	.19545	.24293	.20594	.25935	.21667	.27660	.22764	.29473	26
27	.19563	.24320	.20612	.25963	.21685	.27689	.22782	.29504	27
28	.19580	.24347	.20629	.25991	.21703	.27719	.22801	.29535	28
29	.19597	.24373	.20647	.26019	.21721	.27748	.22819	.29566	29
30	.19614	.24400	.20665	.26047	.21739	.27778	.22838	.29597	30
31	.19632	.24427	.20682	.26075	.21757	.27807	.22856	.29628	31
32	.19649	.24454	.20700	.26104	.21775	.27837	.22875	.29659	32
33	.19666	.24481	.20718	.26132	.21794	.27867	.22893	.29690	33
34	.19684	.24508	.20736	.26160	.21812	.27896	.22912	.29721	34
35	.19701	.24534	.20753	.26188	.21830	.27926	.22930	.29752	35
36	.19718	.24561	.20771	.26216	.21848	.27956	.22949	.29784	36
37	.19736	.24588	.20789	.26245	.21866	.27985	.22967	.29815	37
38	.19753	.24615	.20807	.26273	.21884	.28015	.22986	.29846	38
39	.19770	.24642	.20824	.26301	.21902	.28045	.23004	.29877	39
40	.19788	.24669	.20842	.26330	.21921	.28075	.23023	.29909	40
41	.19805	.24696	.20860	.26358	.21939	.28105	.23041	.29940	41
42	.19822	.24723	.20878	.26387	.21957	.28134	.23060	.29971	42
43	.19840	.24750	.20895	.26415	.21975	.28164	.23079	.30003	43
44	.19857	.24777	.20913	.26443	.21993	.28194	.23097	.30034	44
45	.19875	.24804	.20931	.26472	.22012	.28224	.23116	.30066	45
46	.19892	.24832	.20949	.26500	.22030	.28254	.23134	.30097	46
47	.19909	.24859	.20967	.26529	.22048	.28284	.23153	.30129	47
48	.19927	.24886	.20985	.26557	.22066	.28314	.23172	.30160	48
49	.19944	.24913	.21002	.26586	.22084	.28344	.23190	.30192	49
50	.19962	.24940	.21020	.26615	.22103	.28374	.23209	.30223	50
51	.19979	.24967	.21038	.26643	.22121	.28404	.23228	.30255	51
52	.19997	.24995	.21056	.26672	.22139	.28434	.23246	.30287	52
53	.20014	.25022	.21074	.26701	.22157	.28464	.23265	.30318	53
54	.20032	.25049	.21092	.26729	.22176	.28495	.23283	.30350	54
55	.20049	.25077	.21109	.26758	.22194	.28525	.23302	.30382	55
56	.20066	.25104	.21127	.26787	.22212	.28555	.23321	.30413	56
57	.20084	.25131	.21145	.26815	.22231	.28585	.23339	.30445	57
58	.20101	.25159	.21163	.26844	.22249	.28615	.23358	.30477	58
59	.20119	.25186	.21181	.26873	.22267	.28646	.23377	.30509	59
60	.20136	.25214	.21199	.26902	.22285	.28676	.23396	.30541	60

TABLE XVII.—NATURAL VERSED SINES AND EXTERNAL SECANTS

′	40°		41°		42°		43°		′
	Vers.	Ex. sec.	Vers.	Ex. sec.	Vers.	Ex. sec.	Vers.	Ex. sec.	
0	.23396	.30541	.24529	.32501	.25686	.34563	.26865	.36733	0
1	.23414	.30573	.24548	.32535	.25705	.34599	.26884	.36770	1
2	.23433	.30605	.24567	.32568	.25724	.34634	.26904	.36807	2
3	.23452	.30636	.24586	.32602	.25744	.34669	.26924	.36844	3
4	.23470	.30668	.24605	.32636	.25763	.34704	.26944	.36881	4
5	.23489	.30700	.24625	.32669	.25783	.34740	.26964	.36919	5
6	.23508	.30732	.24644	.32703	.25802	.34775	.26984	.36956	6
7	.23527	.30764	.24663	.32737	.25822	.34811	.27004	.36993	7
8	.23545	.30796	.24682	.32770	.25841	.34846	.27024	.37030	8
9	.23564	.30829	.24701	.32804	.25861	.34882	.27043	.37068	9
10	.23583	.30861	.24720	.32838	.25880	.34917	.27063	.37105	10
11	.23602	.30893	.24739	.32872	.25900	.34953	.27083	.37143	11
12	.23620	.30925	.24759	.32905	.25920	.34988	.27103	.37180	12
13	.23639	.30957	.24778	.32939	.25939	.35024	.27123	.37218	13
14	.23658	.30989	.24797	.32973	.25959	.35060	.27143	.37255	14
15	.23677	.31022	.24816	.33007	.25978	.35095	.27163	.37293	15
16	.23696	.31054	.24835	.33041	.25998	.35131	.27183	.37330	16
17	.23714	.31086	.24854	.33075	.26017	.35167	.27203	.37368	17
18	.23733	.31119	.24874	.33109	.26037	.35203	.27223	.37406	18
19	.23752	.31151	.24893	.33143	.26056	.35238	.27243	.37443	19
20	.23771	.31183	.24912	.33177	.26076	.35274	.27263	.37481	20
21	.23790	.31216	.24931	.33211	.26096	.35310	.27283	.37519	21
22	.23808	.31248	.24950	.33245	.26115	.35346	.27303	.37556	22
23	.23827	.31281	.24970	.33279	.26135	.35382	.27323	.37594	23
24	.23846	.31313	.24989	.33314	.26154	.35418	.27343	.37632	24
25	.23865	.31346	.25008	.33348	.26174	.35454	.27363	.37670	25
26	.23884	.31378	.25027	.33382	.26194	.35490	.27383	.37708	26
27	.23903	.31411	.25047	.33416	.26213	.35526	.27403	.37746	27
28	.23922	.31443	.25066	.33451	.26233	.35562	.27423	.37784	28
29	.23941	.31476	.25085	.33485	.26253	.35598	.27443	.37822	29
30	.23959	.31509	.25104	.33519	.26272	.35634	.27463	.37860	30
31	.23978	.31541	.25124	.33554	.26292	.35670	.27483	.37898	31
32	.23997	.31574	.25143	.33588	.26312	.35707	.27503	.37936	32
33	.24016	.31607	.25162	.33622	.26331	.35743	.27523	.37974	33
34	.24035	.31640	.25182	.33657	.26351	.35779	.27543	.38012	34
35	.24054	.31672	.25201	.33691	.26371	.35815	.27563	.38051	35
36	.24073	.31705	.25220	.33726	.26390	.35852	.27583	.38089	36
37	.24092	.31738	.25240	.33760	.26410	.35888	.27603	.38127	37
38	.24111	.31771	.25259	.33795	.26430	.35924	.27623	.38165	38
39	.24130	.31804	.25278	.33830	.26449	.35961	.27643	.38204	39
40	.24149	.31837	.25297	.33864	.26469	.35997	.27663	.38242	40
41	.24168	.31870	.25317	.33899	.26489	.36034	.27683	.38280	41
42	.24187	.31903	.25336	.33934	.26509	.36070	.27703	.38319	42
43	.24206	.31936	.25356	.33968	.26528	.36107	.27723	.38357	43
44	.24225	.31969	.25375	.34003	.26548	.36143	.27743	.38396	44
45	.24244	.32002	.25394	.34038	.26568	.36180	.27764	.38434	45
46	.24262	.32035	.25414	.34073	.26588	.36217	.27784	.38473	46
47	.24281	.32068	.25433	.34108	.26607	.36253	.27804	.38512	47
48	.24300	.32101	.25452	.34142	.26627	.36290	.27824	.38550	48
49	.24320	.32134	.25472	.34177	.26647	.36327	.27844	.38589	49
50	.24339	.32168	.25491	.34212	.26667	.36363	.27864	.38628	50
51	.24358	.32201	.25511	.34247	.26686	.36400	.27884	.38666	51
52	.24377	.32234	.25530	.34282	.26706	.36437	.27905	.38705	52
53	.24396	.32267	.25549	.34317	.26726	.36474	.27925	.38744	53
54	.24415	.32301	.25569	.34352	.26746	.36511	.27945	.38783	54
55	.24434	.32334	.25588	.34387	.26766	.36548	.27965	.38822	55
56	.24453	.32368	.25608	.34423	.26785	.36585	.27985	.38860	56
57	.24472	.32401	.25627	.34458	.26805	.36622	.28005	.38899	57
58	.24491	.32434	.25647	.34493	.26825	.36659	.28026	.38938	58
59	.24510	.32468	.25666	.34528	.26845	.36696	.28046	.38977	59
60	.24529	.32501	.25686	.34563	.26865	.36733	.28066	.39016	60

TABLE XVII.—NATURAL VERSED SINES AND EXTERNAL SECANTS

′	44°		45°		46°		47°		′
	Vers.	Ex. sec.	Vers.	Ex. sec.	Vers.	Ex. sec.	Vers.	Ex. sec.	
0	.28066	.39016	.29289	.41421	.30534	.43956	.31800	.46628	0
1	.28086	.39055	.29310	.41463	.30555	.43999	.31821	.46674	1
2	.28106	.39095	.29330	.41504	.30576	.44042	.31843	.46719	2
3	.28127	.39134	.29351	.41545	.30597	.44086	.31864	.46765	3
4	.28147	.39173	.29372	.41586	.30618	.44129	.31885	.46811	4
5	.28167	.39212	.29392	.41627	.30639	.44173	.31907	.46857	5
6	.28187	.39251	.29413	.41669	.30660	.44217	.31928	.46903	6
7	.28208	.39291	.29433	.41710	.30681	.44260	.31949	.46949	7
8	.28228	.39330	.29454	.41752	.30702	.44304	.31971	.46995	8
9	.28248	.39369	.29475	.41793	.30723	.44347	.31992	.47041	9
10	.28268	.39409	.29495	.41835	.30744	.44391	.32013	.47087	10
11	.28289	.39448	.29516	.41876	.30765	.44435	.32035	.47134	11
12	.28309	.39487	.29537	.41918	.30786	.44479	.32056	.47180	12
13	.28329	.39527	.29557	.41959	.30807	.44523	.32077	.47226	13
14	.28350	.39566	.29578	.42001	.30828	.44567	.32099	.47272	14
15	.28370	.39606	.29599	.42042	.30849	.44610	.32120	.47319	15
16	.28390	.39646	.29619	.42084	.30870	.44654	.32141	.47365	16
17	.28410	.39685	.29640	.42126	.30891	.44698	.32163	.47411	17
18	.28431	.39725	.29661	.42168	.30912	.44742	.32184	.47458	18
19	.28451	.39764	.29681	.42210	.30933	.44787	.32205	.47504	19
20	.28471	.39804	.29702	.42251	.30954	.44831	.32227	.47551	20
21	.28492	.39844	.29723	.42293	.30975	.44875	.32248	.47598	21
22	.28512	.39884	.29743	.42335	.30996	.44919	.32270	.47644	22
23	.28532	.39924	.29764	.42377	.31017	.44963	.32291	.47691	23
24	.28553	.39963	.29785	.42419	.31038	.45007	.32312	.47738	24
25	.28573	.40003	.29805	.42461	.31059	.45052	.32334	.47784	25
26	.28593	.40043	.29826	.42503	.31080	.45096	.32355	.47831	26
27	.28614	.40083	.29847	.42545	.31101	.45141	.32377	.47878	27
28	.28634	.40123	.29868	.42587	.31122	.45185	.32398	.47925	28
29	.28655	.40163	.29888	.42630	.31143	.45229	.32420	.47972	29
30	.28675	.40203	.29909	.42672	.31165	.45274	.32441	.48019	30
31	.28695	.40243	.29930	.42714	.31186	.45319	.32462	.48066	31
32	.28716	.40283	.29951	.42756	.31207	.45363	.32484	.48113	32
33	.28736	.40324	.29971	.42799	.31228	.45408	.32505	.48160	33
34	.28757	.40364	.29992	.42841	.31249	.45452	.32527	.48207	34
35	.28777	.40404	.30013	.42883	.31270	.45497	.32548	.48254	35
36	.28797	.40444	.30034	.42926	.31291	.45542	.32570	.48301	36
37	.28818	.40485	.30054	.42968	.31312	.45587	.32591	.48349	37
38	.28838	.40525	.30075	.43011	.31334	.45631	.32613	.48396	38
39	.28859	.40565	.30096	.43053	.31355	.45676	.32634	.48443	39
40	.28879	.40606	.30117	.43096	.31376	.45721	.32656	.48491	40
41	.28900	.40646	.30138	.43139	.31397	.45766	.32677	.48538	41
42	.28920	.40687	.30158	.43181	.31418	.45811	.32699	.48586	42
43	.28941	.40727	.30179	.43224	.31439	.45856	.32720	.48633	43
44	.28961	.40768	.30200	.43267	.31461	.45901	.32742	.48681	44
45	.28981	.40808	.30221	.43310	.31482	.45946	.32763	.48728	45
46	.29002	.40849	.30242	.43352	.31503	.45992	.32785	.48776	46
47	.29022	.40890	.30263	.43395	.31524	.46037	.32806	.48824	47
48	.29043	.40930	.30283	.43438	.31545	.46082	.32828	.48871	48
49	.29063	.40971	.30304	.43481	.31567	.46127	.32849	.48919	49
50	.29084	.41012	.30325	.43524	.31588	.46173	.32871	.48967	50
51	.29104	.41053	.30346	.43567	.31609	.46218	.32893	.49015	51
52	.29125	.41093	.30367	.43610	.31630	.46263	.32914	.49063	52
53	.29145	.41134	.30388	.43653	.31651	.46309	.32936	.49111	53
54	.29166	.41175	.30409	.43696	.31673	.46354	.32957	.49159	54
55	.29187	.41216	.30430	.43739	.31694	.46400	.32979	.49207	55
56	.29207	.41257	.30451	.43783	.31715	.46445	.33001	.49255	56
57	.29228	.41298	.30471	.43826	.31736	.46491	.33022	.49303	57
58	.29248	.41339	.30492	.43869	.31758	.46537	.33044	.49351	58
59	.29269	.41380	.30513	.43912	.31779	.46582	.33065	.49399	59
60	.29289	.41421	.30534	.43956	.31800	.46628	.33087	.49448	60

TABLE XVII.—NATURAL VERSED SINES AND EXTERNAL SECANTS.

′	48°		49°		50°		51°		′
	Vers.	Ex. sec.	Vers.	Ex. sec.	Vers.	Ex. sec.	Vers.	Ex. sec.	
0	.33087	.49448	.34304	.52425	.35721	.55572	.37068	.58902	0
1	.33109	.49496	.34416	.52476	.35744	.55626	.37091	.58959	1
2	.33130	.49544	.34438	.52527	.35766	.55680	.37113	.59016	2
3	.33152	.49593	.34460	.52579	.35788	.55734	.37136	.59073	3
4	.33173	.49641	.34482	.52630	.35810	.55789	.37158	.59130	4
5	.33195	.49690	.34504	.52681	.35833	.55843	.37181	.59188	5
6	.33217	.49738	.34526	.52732	.35855	.55897	.37204	.59245	6
7	.33238	.49787	.34548	.52784	.35877	.55951	.37226	.59302	7
8	.33260	.49835	.34570	.52835	.35900	.56005	.37249	.59360	8
9	.33282	.49884	.34592	.52886	.35922	.56060	.37272	.59418	9
10	.33303	.49933	.34614	.52938	.35944	.56114	.37294	.59475	10
11	.33325	.49981	.34636	.52989	.35967	.56169	.37317	.59533	11
12	.33347	.50030	.34658	.53041	.35989	.56223	.37340	.59590	12
13	.33368	.50079	.34680	.53092	.36011	.56278	.37362	.59648	13
14	.33390	.50128	.34702	.53144	.36034	.56332	.37385	.59706	14
15	.33412	.50177	.34724	.53196	.36056	.56387	.37408	.59764	15
16	.33434	.50226	.34746	.53247	.36078	.56442	.37430	.59822	16
17	.33455	.50275	.34768	.53299	.36101	.56497	.37453	.59880	17
18	.33477	.50324	.34790	.53351	.36123	.56551	.37476	.59938	18
19	.33499	.50373	.34812	.53403	.36146	.56606	.37498	.59996	19
20	.33520	.50422	.34834	.53455	.36168	.56661	.37521	.60054	20
21	.33542	.50471	.34856	.53507	.36190	.56716	.37544	.60112	21
22	.33564	.50521	.34878	.53559	.36213	.56771	.37567	.60171	22
23	.33586	.50570	.34900	.53611	.36235	.56826	.37589	.60229	23
24	.33607	.50619	.34923	.53663	.36258	.56881	.37612	.60287	24
25	.33629	.50669	.34945	.53715	.36280	.56937	.37635	.60346	25
26	.33651	.50718	.34967	.53768	.36302	.56992	.37658	.60404	26
27	.33673	.50767	.34989	.53820	.36325	.57047	.37680	.60463	27
28	.33694	.50817	.35011	.53872	.36347	.57103	.37703	.60521	28
29	.33716	.50866	.35033	.53924	.36370	.57158	.37726	.60580	29
30	.33738	.50916	.35055	.53977	.36392	.57213	.37749	.60639	30
31	.33760	.50966	.35077	.54029	.36415	.57269	.37771	.60698	31
32	.33782	.51015	.35099	.54082	.36437	.57324	.37794	.60756	32
33	.33803	.51065	.35122	.54134	.36460	.57380	.37817	.60815	33
34	.33825	.51115	.35144	.54187	.36482	.57436	.37840	.60874	34
35	.33847	.51165	.35166	.54240	.36504	.57491	.37862	.60933	35
36	.33869	.51215	.35188	.54292	.36527	.57547	.37885	.60992	36
37	.33891	.51265	.35210	.54345	.36549	.57603	.37908	.61051	37
38	.33912	.51314	.35232	.54398	.36572	.57659	.37931	.61111	38
39	.33934	.51364	.35254	.54451	.36594	.57715	.37954	.61170	39
40	.33956	.51415	.35277	.54504	.36617	.57771	.37976	.61229	40
41	.33978	.51465	.35299	.54557	.36639	.57827	.37999	.61288	41
42	.34000	.51515	.35321	.54610	.36662	.57883	.38022	.61348	42
43	.34022	.51565	.35343	.54663	.36684	.57939	.38045	.61407	43
44	.34044	.51615	.35365	.54716	.36707	.57995	.38068	.61467	44
45	.34065	.51665	.35388	.54769	.36729	.58051	.38091	.61526	45
46	.34087	.51716	.35410	.54822	.36752	.58108	.38113	.61586	46
47	.34109	.51766	.35432	.54876	.36775	.58164	.38136	.61646	47
48	.34131	.51817	.35454	.54929	.36797	.58221	.38159	.61705	48
49	.34153	.51867	.35476	.54982	.36820	.58277	.38182	.61765	49
50	.34175	.51918	.35499	.55036	.36842	.58333	.38205	.61825	50
51	.34197	.51968	.35521	.55089	.36865	.58390	.38228	.61885	51
52	.34219	.52019	.35543	.55143	.36887	.58447	.38251	.61945	52
53	.34241	.52069	.35565	.55196	.36910	.58503	.38274	.62005	53
54	.34262	.52120	.35588	.55250	.36932	.58560	.38296	.62065	54
55	.34284	.52171	.35610	.55303	.36955	.58617	.38319	.62125	55
56	.34306	.52222	.35632	.55357	.36978	.58674	.38342	.62185	56
57	.34328	.52273	.35654	.55411	.37000	.58731	.38365	.62246	57
58	.34350	.52323	.35677	.55465	.37023	.58788	.38388	.62306	58
59	.34372	.52374	.35699	.55518	.37045	.58845	.38411	.62366	59
60	.34394	.52425	.35721	.55572	.37068	.58902	.38434	.62427	60

TABLE XVII.—NATURAL VERSED SINES AND EXTERNAL SECANTS

′	52°		53°		54°		55°		′
	Vers.	Ex. sec.	Vers.	Ex. sec.	Vers.	Ex. sec.	Vers.	Ex. sec.	
0	.38434	.62427	.39819	.66164	.41221	.70130	.42642	.74345	0
1	.38457	.62487	.39842	.66228	.41245	.70198	.42666	.74417	1
2	.38480	.62548	.39865	.66292	.41269	.70267	.42690	.74490	2
3	.38503	.62609	.39888	.66357	.41292	.70335	.42714	.74562	3
4	.38526	.62669	.39911	.66421	.41316	.70403	.42738	.74635	4
5	.38549	.62730	.39935	.66486	.41339	.70472	.42762	.74708	5
6	.38571	.62791	.39958	.66550	.41363	.70540	.42785	.74781	6
7	.38594	.62852	.39981	.66615	.41386	.70609	.42809	.74854	7
8	.38617	.62913	.40005	.66679	.41410	.70677	.42833	.74927	8
9	.38640	.62974	.40028	.66744	.41433	.70746	.42857	.75000	9
10	.38663	.63035	.40051	.66809	.41457	.70815	.42881	.75073	10
11	.38686	.63096	.40074	.66873	.41481	.70884	.42905	.75146	11
12	.38709	.63157	.40098	.66938	.41504	.70953	.42929	.75219	12
13	.38732	.63218	.40121	.67003	.41528	.71022	.42953	.75293	13
14	.38755	.63279	.40144	.67068	.41551	.71091	.42976	.75366	14
15	.38778	.63341	.40168	.67133	.41575	.71160	.43000	.75440	15
16	.38801	.63402	.40191	.67199	.41599	.71229	.43024	.75513	16
17	.38824	.63464	.40214	.67264	.41622	.71298	.43048	.75587	17
18	.38847	.63525	.40237	.67329	.41646	.71368	.43072	.75661	18
19	.38870	.63587	.40261	.67394	.41670	.71437	.43096	.75734	19
20	.38893	.63648	.40284	.67460	.41693	.71506	.43120	.75808	20
21	.38916	.63710	.40307	.67525	.41717	.71576	.43144	.75882	21
22	.38939	.63772	.40331	.67591	.41740	.71646	.43168	.75956	22
23	.38962	.63834	.40354	.67656	.41764	.71715	.43192	.76031	23
24	.38985	.63895	.40378	.67722	.41788	.71785	.43216	.76105	24
25	.39009	.63957	.40401	.67788	.41811	.71855	.43240	.76179	25
26	.39032	.64019	.40424	.67853	.41835	.71925	.43264	.76253	26
27	.39055	.64081	.40448	.67919	.41859	.71995	.43287	.76328	27
28	.39078	.64144	.40471	.67985	.41882	.72065	.43311	.76402	28
29	.39101	.64206	.40494	.68051	.41906	.72135	.43335	.76477	29
30	.39124	.64268	.40518	.68117	.41930	.72205	.43359	.76552	30
31	.39147	.64330	.40541	.68183	.41953	.72275	.43383	.76626	31
32	.39170	.64393	.40565	.68250	.41977	.72346	.43407	.76701	32
33	.39193	.64455	.40588	.68316	.42001	.72416	.43431	.76776	33
34	.39216	.64518	.40611	.68382	.42024	.72487	.43455	.76851	34
35	.39239	.64580	.40635	.68449	.42048	.72557	.43479	.76926	35
36	.39262	.64643	.40658	.68515	.42072	.72628	.43503	.77001	36
37	.39286	.64705	.40682	.68582	.42096	.72698	.43527	.77077	37
38	.39309	.64768	.40705	.68648	.42119	.72769	.43551	.77152	38
39	.39332	.64831	.40728	.68715	.42143	.72840	.43575	.77227	39
40	.39355	.64894	.40752	.68782	.42167	.72911	.43599	.77303	40
41	.39378	.64957	.40775	.68848	.42191	.72982	.43623	.77378	41
42	.39401	.65020	.40799	.68915	.42214	.73053	.43647	.77454	42
43	.39424	.65083	.40822	.68982	.42238	.73124	.43671	.77530	43
44	.39447	.65146	.40846	.69049	.42262	.73195	.43695	.77606	44
45	.39471	.65209	.40869	.69116	.42285	.73267	.43720	.77681	45
46	.39494	.65272	.40893	.69183	.42309	.73338	.43744	.77757	46
47	.39517	.65336	.40916	.69250	.42333	.73409	.43768	.77833	47
48	.39540	.65399	.40939	.69318	.42357	.73481	.43792	.77910	48
49	.39563	.65462	.40963	.69385	.42381	.73552	.43816	.77986	49
50	.39586	.65526	.40986	.69452	.42404	.73624	.43840	.78062	50
51	.39610	.65589	.41010	.69520	.42428	.73696	.43864	.78138	51
52	.39633	.65653	.41033	.69587	.42452	.73768	.43888	.78215	52
53	.39656	.65717	.41057	.69655	.42476	.73840	.43912	.78291	53
54	.39679	.65780	.41080	.69723	.42499	.73911	.43936	.78368	54
55	.39702	.65844	.41104	.69790	.42523	.73983	.43960	.78445	55
56	.39726	.65908	.41127	.69858	.42547	.74056	.43984	.78521	56
57	.39749	.65972	.41151	.69926	.42571	.74128	.44008	.78598	57
58	.39772	.66036	.41174	.69994	.42595	.74200	.44032	.78675	58
59	.39795	.66100	.41198	.70062	.42619	.74272	.44057	.78752	59
60	.39819	.66164	.41221	.70130	.42642	.74345	.44081	.78829	60

TABLE XVII.—NATURAL VERSED SINES AND EXTERNAL SECANTS.

	56°		57°		58°		59°		
	Vers.	Ex. sec.	Vers.	Ex. sec.	Vers.	Ex. sec.	Vers.	Ex. sec.	
0	.44081	.78829	.45536	.83608	.47008	.88708	.48496	.94160	0
1	.44105	.78906	.45560	.83690	.47033	.88796	.48521	.94254	1
2	.44129	.78984	.45585	.83773	.47057	.88884	.48546	.94349	2
3	.44153	.79061	.45609	.83855	.47082	.88972	.48571	.94443	3
4	.44177	.79138	.45634	.83938	.47107	.89060	.48596	.94537	4
5	.44201	.79216	.45658	.84020	.47131	.89148	.48621	.94632	5
6	.44225	.79293	.45683	.84103	.47156	.89237	.48646	.94726	6
7	.44250	.79371	.45707	.84186	.47181	.89325	.48671	.94821	7
8	.44274	.79449	.45731	.84269	.47206	.89414	.48696	.94916	8
9	.44298	.79527	.45756	.84352	.47230	.89503	.48721	.95011	9
10	.44322	.79604	.45780	.84435	.47255	.89591	.48746	.95106	10
11	.44346	.79682	.45805	.84518	.47280	.89680	.48771	.95201	11
12	.44370	.79761	.45829	.84601	.47304	.89769	.48796	.95296	12
13	.44395	.79839	.45854	.84685	.47329	.89858	.48821	.95392	13
14	.44419	.79917	.45878	.84768	.47354	.89948	.48846	.95487	14
15	.44443	.79995	.45903	.84852	.47379	.90037	.48871	.95583	15
16	.44467	.80074	.45927	.84935	.47403	.90126	.48896	.95678	16
17	.44491	.80152	.45951	.85019	.47428	.90216	.48921	.95774	17
18	.44516	.80231	.45976	.85103	.47453	.90305	.48946	.95870	18
19	.44540	.80309	.46000	.85187	.47478	.90395	.48971	.95966	19
20	.44564	.80388	.46025	.85271	.47502	.90485	.48996	.96062	20
21	.44588	.80467	.46049	.85355	.47527	.90575	.49021	.96158	21
22	.44612	.80546	.46074	.85439	.47552	.90665	.49046	.96255	22
23	.44637	.80625	.46098	.85523	.47577	.90755	.49071	.96351	23
24	.44661	.80704	.46123	.85608	.47601	.90845	.49096	.96448	24
25	.44685	.80783	.46147	.85692	.47626	.90935	.49121	.96544	25
26	.44709	.80862	.46172	.85777	.47651	.91026	.49146	.96641	26
27	.44734	.80942	.46196	.85861	.47676	.91116	.49171	.96738	27
28	.44758	.81021	.46221	.85946	.47701	.91207	.49196	.96835	28
29	.44782	.81101	.46246	.86031	.47725	.91297	.49221	.96932	29
30	.44806	.81180	.46270	.86116	.47750	.91388	.49246	.97029	30
31	.44831	.81260	.46295	.86201	.47775	.91479	.49271	.97127	31
32	.44855	.81340	.46319	.86286	.47800	.91570	.49296	.97224	32
33	.44879	.81419	.46344	.86371	.47825	.91661	.49321	.97322	33
34	.44903	.81499	.46368	.86457	.47849	.91752	.49346	.97420	34
35	.44928	.81579	.46393	.86542	.47874	.91844	.49372	.97517	35
36	.44952	.81659	.46417	.86627	.47899	.91935	.49397	.97615	36
37	.44976	.81740	.46442	.86713	.47924	.92027	.49422	.97713	37
38	.45001	.81820	.46466	.86799	.47949	.92118	.49447	.97811	38
39	.45025	.81900	.46491	.86885	.47974	.92210	.49472	.97910	39
40	.45049	.81981	.46516	.86990	.47998	.92302	.49497	.98008	40
41	.45073	.82061	.46540	.87056	.48023	.92394	.49522	.98107	41
42	.45098	.82142	.46565	.87142	.48048	.92486	.49547	.98205	42
43	.45122	.82222	.46589	.87229	.48073	.92578	.49572	.98304	43
44	.45146	.82303	.46614	.87315	.48098	.92670	.49597	.98403	44
45	.45171	.82384	.46639	.87401	.48123	.92762	.49623	.98502	45
46	.45195	.82465	.46663	.87488	.48148	.92855	.49648	.98601	46
47	.45219	.82546	.46688	.87574	.48172	.92947	.49673	.98700	47
48	.45244	.82627	.46712	.87661	.48197	.93040	.49698	.98799	48
49	.45268	.82709	.46737	.87748	.48222	.93133	.49723	.98899	49
50	.45292	.82790	.46762	.87834	.48247	.93226	.49748	.98998	50
51	.45317	.82871	.46786	.87921	.48272	.93319	.49773	.99098	51
52	.45341	.82953	.46811	.88008	.48297	.93412	.49799	.99198	52
53	.45365	.83034	.46836	.88095	.48322	.93505	.49824	.99298	53
54	.45390	.83116	.46860	.88183	.48347	.93598	.49849	.99398	54
55	.45414	.83198	.46885	.88270	.48372	.93692	.49874	.99498	55
56	.45439	.83280	.46909	.88357	.48396	.93785	.49899	.99598	56
57	.45463	.83362	.46934	.88445	.48421	.93879	.49924	.99698	57
58	.45487	.83444	.46959	.88532	.48446	.93973	.49950	.99799	58
59	.45512	.83526	.46983	.88620	.48471	.94066	.49975	.99899	59
60	.45536	.83608	.47008	.88708	.48496	.94160	.50000	1.00000	60

TABLE XVII.—NATURAL VERSED SINES AND EXTERNAL SECANTS

,	60°		61°		62°		63°		,
	Vers.	Ex. sec.	Vers.	Ex. sec.	Vers.	Ex. sec.	Vers.	Ex. sec.	
0	.50000	1.00000	.51519	1.06267	.53053	1.13005	.54601	1.20269	0
1	.50025	1.00101	.51544	1.06375	.53079	1.13122	.54627	1.20395	1
2	.50050	1.00202	.51570	1.06483	.53104	1.13239	.54653	1.20521	2
3	.50076	1.00303	.51595	1.06592	.53130	1.13356	.54679	1.20647	3
4	.50101	1.00404	.51621	1.06701	.53156	1.13473	.54705	1.20773	4
5	.50126	1.00505	.51646	1.06809	.53181	1.13590	.54731	1.20900	5
6	.50151	1.00607	.51672	1.06918	.53207	1.13707	.54757	1.21026	6
7	.50176	1.00708	.51697	1.07027	.53233	1.13825	.54782	1.21153	7
8	.50202	1.00810	.51723	1.07137	.53258	1.13942	.54808	1.21280	8
9	.50227	1.00912	.51748	1.07246	.53284	1.14060	.54834	1.21407	9
10	.50252	1.01014	.51774	1.07356	.53310	1.14178	.54860	1.21535	10
11	.50277	1.01116	.51799	1.07465	.53336	1.14296	.54886	1.21662	11
12	.50303	1.01218	.51825	1.07575	.53361	1.14414	.54912	1.21790	12
13	.50328	1.01320	.51850	1.07685	.53387	1.14533	.54938	1.21918	13
14	.50353	1.01422	.51876	1.07795	.53413	1.14651	.54964	1.22045	14
15	.50378	1.01525	.51901	1.07905	.53439	1.14770	.54990	1.22174	15
16	.50404	1.01628	.51927	1.08015	.53464	1.14889	.55016	1.22302	16
17	.50429	1.01730	.51952	1.08126	.53490	1.15008	.55042	1.22430	17
18	.50454	1.01833	.51978	1.08236	.53516	1.15127	.55068	1.22559	18
19	.50479	1.01936	.52003	1.08347	.53542	1.15246	.55094	1.22688	19
20	.50505	1.02039	.52029	1.08458	.53567	1.15366	.55120	1.22817	20
21	.50530	1.02143	.52054	1.08569	.53593	1.15485	.55146	1.22946	21
22	.50555	1.02246	.52080	1.08680	.53619	1.15605	.55172	1.23075	22
23	.50581	1.02349	.52105	1.08791	.53645	1.15725	.55198	1.23205	23
24	.50606	1.02453	.52131	1.08903	.53670	1.15845	.55224	1.23334	24
25	.50631	1.02557	.52156	1.09014	.53696	1.15965	.55250	1.23464	25
26	.50656	1.02661	.52182	1.09126	.53722	1.16085	.55276	1.23594	26
27	.50682	1.02765	.52207	1.09238	.53748	1.16206	.55302	1.23724	27
28	.50707	1.02869	.52233	1.09350	.53774	1.16326	.55328	1.23855	28
29	.50732	1.02973	.52259	1.09462	.53799	1.16447	.55354	1.23985	29
30	.50758	1.03077	.52284	1.09574	.53825	1.16568	.55380	1.24116	30
31	.50783	1.03182	.52310	1.09686	.53851	1.16689	.55406	1.24247	31
32	.50808	1.03286	.52335	1.09799	.53877	1.16810	.55432	1.24378	32
33	.50834	1.03391	.52361	1.09911	.53903	1.16932	.55458	1.24509	33
34	.50859	1.03496	.52386	1.10024	.53928	1.17053	.55484	1.24640	34
35	.50884	1.03601	.52412	1.10137	.53954	1.17175	.55510	1.24772	35
36	.50910	1.03706	.52438	1.10250	.53980	1.17297	.55536	1.24903	36
37	.50935	1.03811	.52463	1.10363	.54006	1.17419	.55563	1.25035	37
38	.50960	1.03916	.52489	1.10477	.54032	1.17541	.55589	1.25167	38
39	.50986	1.04022	.52514	1.10590	.54058	1.17663	.55615	1.25300	39
40	.51011	1.04128	.52540	1.10704	.54083	1.17786	.55641	1.25432	40
41	.51036	1.04233	.52566	1.10817	.54109	1.17909	.55667	1.25565	41
42	.51062	1.04339	.52591	1.10931	.54135	1.18031	.55693	1.25697	42
43	.51087	1.04445	.52617	1.11045	.54161	1.18154	.55719	1.25830	43
44	.51113	1.04551	.52642	1.11159	.54187	1.18277	.55745	1.25963	44
45	.51138	1.04658	.52668	1.11274	.54213	1.18401	.55771	1.26097	45
46	.51163	1.04764	.52694	1.11388	.54238	1.18524	.55797	1.26230	46
47	.51189	1.04870	.52719	1.11503	.54264	1.18648	.55823	1.26364	47
48	.51214	1.04977	.52745	1.11617	.54290	1.18772	.55849	1.26498	48
49	.51239	1.05084	.52771	1.11732	.54316	1.18895	.55876	1.26632	49
50	.51265	1.05191	.52796	1.11847	.54342	1.19019	.55902	1.26766	50
51	.51290	1.05298	.52822	1.11963	.54368	1.19144	.55928	1.26900	51
52	.51316	1.05405	.52848	1.12078	.54394	1.19268	.55954	1.27035	52
53	.51341	1.05512	.52873	1.12193	.54420	1.19393	.55980	1.27169	53
54	.51366	1.05619	.52899	1.12309	.54446	1.19517	.56006	1.27304	54
55	.51392	1.05727	.52924	1.12425	.54471	1.19642	.56032	1.27439	55
56	.51417	1.05835	.52950	1.12540	.54497	1.19767	.56058	1.27574	56
57	.51443	1.05942	.52976	1.12657	.54523	1.19892	.56084	1.27710	57
58	.51468	1.06050	.53001	1.12773	.54549	1.20018	.56111	1.27845	58
59	.51494	1.06158	.53027	1.12889	.54575	1.20143	.56137	1.27981	59
60	.51519	1.06267	.53053	1.13005	.54601	1.20269	.56163	1.28117	60

TABLE XVII.—NATURAL VERSED SINES AND EXTERNAL SECANTS.

,	64°		65°		66°		67°		,
	Vers.	Ex. sec.	Vers.	Ex. sec.	Vers.	Ex. sec.	Vers.	Ex. sec.	
0	.56163	1.28117	.57738	1.36620	.59326	1.45859	.60927	1.55930	0
1	.56189	1.28253	.57765	1.36768	.59353	1.46020	.60954	1.56106	1
2	.56215	1.28390	.57791	1.36916	.59379	1.46181	.60980	1.56282	2
3	.56241	1.28526	.57817	1.37064	.59406	1.46342	.61007	1.56458	3
4	.56267	1.28663	.57844	1.37212	.59433	1.46504	.61034	1.56634	4
5	.56294	1.28800	.57870	1.37361	.59459	1.46665	.61061	1.56811	5
6	.56320	1.28937	.57896	1.37509	.59486	1.46827	.61088	1.56988	6
7	.56346	1.29074	.57923	1.37658	.59512	1.46989	.61114	1.57165	7
8	.56372	1.29211	.57949	1.37808	.59539	1.47152	.61141	1.57342	8
9	.56398	1.29349	.57976	1.37957	.59566	1.47314	.61168	1.57520	9
10	.56425	1.29487	.58002	1.38107	.59592	1.47477	.61195	1.57698	10
11	.56451	1.29625	.58028	1.38256	.59619	1.47640	.61222	1.57876	11
12	.56477	1.29763	.58055	1.38406	.59645	1.47804	.61248	1.58054	12
13	.56503	1.29901	.58081	1.38556	.59672	1.47967	.61275	1.58233	13
14	.56529	1.30040	.58108	1.38707	.59699	1.48131	.61302	1.58412	14
15	.56555	1.30179	.58134	1.38857	.59725	1.48295	.61329	1.58591	15
16	.56582	1.30318	.58160	1.39008	.59752	1.48459	.61356	1.58771	16
17	.56608	1.30457	.58187	1.39159	.59779	1.48624	.61383	1.58950	17
18	.56634	1.30596	.58213	1.39311	.59805	1.48789	.61409	1.59130	18
19	.56660	1.30735	.58240	1.39462	.59832	1.48954	.61436	1.59311	19
20	.56687	1.30875	.58266	1.39614	.59859	1.49119	.61463	1.59491	20
21	.56713	1.31015	.58293	1.39766	.59885	1.49284	.61490	1.59672	21
22	.56739	1.31155	.58319	1.39918	.59912	1.49450	.61517	1.59853	22
23	.56765	1.31295	.58345	1.40070	.59938	1.49616	.61544	1.60035	23
24	.56791	1.31436	.58372	1.40222	.59965	1.49782	.61570	1.60217	24
25	.56818	1.31576	.58398	1.40375	.59992	1.49948	.61597	1.60399	25
26	.56844	1.31717	.58425	1.40528	.60018	1.50115	.61624	1.60581	26
27	.56870	1.31858	.58451	1.40681	.60045	1.50282	.61651	1.60763	27
28	.56896	1.31999	.58478	1.40835	.60072	1.50449	.61678	1.60946	28
29	.56923	1.32140	.58504	1.40988	.60098	1.50617	.61705	1.61129	29
30	.56949	1.32282	.58531	1.41142	.60125	1.50784	.61732	1.61313	30
31	.56975	1.32424	.58557	1.41296	.60152	1.50952	.61759	1.61496	31
32	.57001	1.32566	.58584	1.41450	.60178	1.51120	.61785	1.61680	32
33	.57028	1.32708	.58610	1.41605	.60205	1.51289	.61812	1.61864	33
34	.57054	1.32850	.58637	1.41760	.60232	1.51457	.61839	1.62049	34
35	.57080	1.32993	.58663	1.41914	.60259	1.51626	.61866	1.62234	35
36	.57106	1.33135	.58690	1.42070	.60285	1.51795	.61893	1.62419	36
37	.57133	1.33278	.58716	1.42225	.60312	1.51965	.61920	1.62604	37
38	.57159	1.33422	.58743	1.42380	.60339	1.52134	.61947	1.62790	38
39	.57185	1.33565	.58769	1.42536	.60365	1.52304	.61974	1.62976	39
40	.57212	1.33708	.58796	1.42692	.60392	1.52474	.62001	1.63162	40
41	.57238	1.33852	.58822	1.42848	.60419	1.52645	.62027	1.63348	41
42	.57264	1.33996	.58849	1.43005	.60445	1.52815	.62054	1.63535	42
43	.57291	1.34140	.58875	1.43162	.60472	1.52986	.62081	1.63722	43
44	.57317	1.34284	.58902	1.43318	.60499	1.53157	.62108	1.63909	44
45	.57343	1.34429	.58928	1.43476	.60526	1.53329	.62135	1.64097	45
46	.57369	1.34573	.58955	1.43633	.60552	1.53500	.62162	1.64285	46
47	.57396	1.34718	.58981	1.43790	.60579	1.53672	.62189	1.64473	47
48	.57422	1.34863	.59008	1.43948	.60606	1.53845	.62216	1.64662	48
49	.57448	1.35009	.59034	1.44106	.60633	1.54017	.62243	1.64851	49
50	.57475	1.35154	.59061	1.44264	.60659	1.54190	.62270	1.65040	50
51	.57501	1.35300	.59087	1.44423	.60686	1.54363	.62297	1.65229	51
52	.57527	1.35446	.59114	1.44582	.60713	1.54536	.62324	1.65419	52
53	.57554	1.35592	.59140	1.44741	.60740	1.54709	.62351	1.65609	53
54	.57580	1.35738	.59167	1.44900	.60766	1.54883	.62378	1.65799	54
55	.57606	1.35885	.59194	1.45059	.60793	1.55057	.62405	1.65989	55
56	.57633	1.36031	.59220	1.45219	.60820	1.55231	.62431	1.66180	56
57	.57659	1.36178	.59247	1.45378	.60847	1.55405	.62458	1.66371	57
58	.57685	1.36325	.59273	1.45539	.60873	1.55580	.62485	1.66563	58
59	.57712	1.36473	.59300	1.45699	.60900	1.55755	.62512	1.66755	59
60	.57738	1.36620	.59326	1.45859	.60927	1.55930	.62539	1.66947	60

TABLE XVII.—NATURAL VERSED SINES AND EXTERNAL SECANTS.

,	68° Vers.	68° Ex. sec.	69° Vers.	69° Ex. sec.	70° Vers.	70° Ex. sec.	71° Vers.	71° Ex. sec.	,
0	.62539	1.66947	.64163	1.79043	.65798	1.92380	.67443	2.07155	0
1	.62566	1.67139	.64190	1.79254	.65825	1.92614	.67471	2.07415	1
2	.62593	1.67332	.64218	1.79466	.65853	1.92849	.67498	2.07675	2
3	.62620	1.67525	.64245	1.79679	.65880	1.93083	.67526	2.07936	3
4	.62647	1.67718	.64272	1.79891	.65907	1.93318	.67553	2.08197	4
5	.62674	1.67911	.64299	1.80104	.65935	1.93554	.67581	2.08459	5
6	.62701	1.68105	.64326	1.80318	.65962	1.93790	.67608	2.08721	6
7	.62728	1.68299	.64353	1.80531	.65989	1.94026	.67636	2.08983	7
8	.62755	1.68494	.64381	1.80746	.66017	1.94263	.67663	2.09246	8
9	.62782	1.68689	.64408	1.80960	.66044	1.94500	.67691	2.09510	9
10	.62809	1.68884	.64435	1.81175	.66071	1.94737	.67718	2.09774	10
11	.62836	1.69079	.64462	1.81390	.66099	1.94975	.67746	2.10038	11
12	.62863	1.69275	.64489	1.81605	.66126	1.95213	.67773	2.10303	12
13	.62890	1.69471	.64517	1.81821	.66154	1.95452	.67801	2.10568	13
14	.62917	1.69667	.64544	1.82037	.66181	1.95691	.67829	2.10834	14
15	.62944	1.69864	.64571	1.82254	.66208	1.95931	.67856	2.11101	15
16	.62971	1.70061	.64598	1.82471	.66236	1.96171	.67884	2.11367	16
17	.62998	1.70258	.64625	1.82688	.66263	1.96411	.67911	2.11635	17
18	.63025	1.70455	.64653	1.82906	.66290	1.96652	.67939	2.11903	18
19	.63052	1.70653	.64680	1.83124	.66318	1.96893	.67966	2.12171	19
20	.63079	1.70851	.64707	1.83342	.66345	1.97135	.67994	2.12440	20
21	.63106	1.71050	.64734	1.83561	.66373	1.97377	.68021	2.12709	21
22	.63133	1.71249	.64761	1.83780	.66400	1.97619	.68049	2.12979	22
23	.63161	1.71448	.64789	1.83999	.66427	1.97862	.68077	2.13249	23
24	.63188	1.71647	.64816	1.84219	.66455	1.98106	.68104	2.13520	24
25	.63215	1.71847	.64843	1.84439	.66482	1.98349	.68132	2.13791	25
26	.63242	1.72047	.64870	1.84659	.66510	1.98594	.68159	2.14063	26
27	.63269	1.72247	.64898	1.84880	.66537	1.98838	.68187	2.14335	27
28	.63296	1.72448	.64925	1.85102	.66564	1.99083	.68214	2.14608	28
29	.63323	1.72649	.64952	1.85323	.66592	1.99329	.68242	2.14881	29
30	.63350	1.72850	.64979	1.85545	.66619	1.99574	.68270	2.15155	30
31	.63377	1.73052	.65007	1.85767	.66647	1.99821	.68297	2.15429	31
32	.63404	1.73254	.65034	1.85990	.66674	2.00067	.68325	2.15704	32
33	.63431	1.73456	.65061	1.86213	.66702	2.00315	.68352	2.15979	33
34	.63458	1.73659	.65088	1.86437	.66729	2.00562	.68380	2.16255	34
35	.63485	1.73862	.65116	1.86661	.66756	2.00810	.68408	2.16531	35
36	.63512	1.74065	.65143	1.86885	.66784	2.01059	.68435	2.16808	36
37	.63539	1.74269	.65170	1.87109	.66811	2.01308	.68463	2.17085	37
38	.63566	1.74473	.65197	1.87334	.66839	2.01557	.68490	2.17363	38
39	.63594	1.74677	.65225	1.87560	.66866	2.01807	.68518	2.17641	39
40	.63621	1.74881	.65252	1.87785	.66894	2.02057	.68546	2.17920	40
41	.63648	1.75086	.65279	1.88011	.66921	2.02308	.68573	2.18199	41
42	.63675	1.75292	.65306	1.88238	.66949	2.02559	.68601	2.18479	42
43	.63702	1.75497	.65334	1.88465	.66976	2.02810	.68628	2.18759	43
44	.63729	1.75703	.65361	1.88692	.67003	2.03062	.68656	2.19040	44
45	.63756	1.75909	.65388	1.88920	.67031	2.03315	.68684	2.19322	45
46	.63783	1.76116	.65416	1.89148	.67058	2.03568	.68711	2.19604	46
47	.63810	1.76323	.65443	1.89376	.67086	2.03821	.68739	2.19886	47
48	.63838	1.76530	.65470	1.89605	.67113	2.04075	.68767	2.20169	48
49	.63865	1.76737	.65497	1.89834	.67141	2.04329	.68794	2.20453	49
50	.63892	1.76945	.65525	1.90063	.67168	2.04584	.68822	2.20737	50
51	.63919	1.77154	.65552	1.90293	.67196	2.04839	.68849	2.21021	51
52	.63946	1.77362	.65579	1.90524	.67223	2.05094	.68877	2.21306	52

TABLE XVII.—NATURAL VERSED SINES AND EXTERNAL SECANTS.

′	72°		73°		74°		75°		′
	Vers.	Ex. sec.	Vers.	Ex. sec.	Vers.	Ex. sec.	Vers.	Ex. sec.	
0	.69098	2.23607	.70763	2.42030	.72436	2.62796	.74118	2.86370	0
1	.69126	2.23897	.70791	2.42356	.72464	2.63164	.74146	2.86790	1
2	.69154	2.24187	.70818	2.42683	.72492	2.63533	.74174	2.87211	2
3	.69181	2.24478	.70846	2.43010	.72520	2.63903	.74202	2.87633	3
4	.69209	2.24770	.70874	2.43337	.72548	2.64274	.74231	2.88056	4
5	.69237	2.25062	.70902	2.43666	.72576	2.64645	.74259	2.88479	5
6	.69264	2.25355	.70930	2.43995	.72604	2.65018	.74287	2.88904	6
7	.69292	2.25648	.70958	2.44324	.72632	2.65391	.74315	2.89330	7
8	.69320	2.25942	.70985	2.44655	.72660	2.65765	.74343	2.89756	8
9	.69347	2.26237	.71013	2.44986	.72688	2.66140	.74371	2.90184	9
10	.69375	2.26531	.71041	2.45317	.72716	2.66515	.74399	2.90613	10
11	.69403	2.26827	.71069	2.45650	.72744	2.66892	.74427	2.91042	11
12	.69430	2.27123	.71097	2.45983	.72772	2.67269	.74455	2.91473	12
13	.69458	2.27420	.71125	2.46316	.72800	2.67647	.74484	2.91904	13
14	.69486	2.27717	.71153	2.46651	.72828	2.68025	.74512	2.92337	14
15	.69514	2.28015	.71180	2.46986	.72856	2.68405	.74540	2.92770	15
16	.69541	2.28313	.71208	2.47321	.72884	2.68785	.74568	2.93204	16
17	.69569	2.28612	.71236	2.47658	.72912	2.69167	.74596	2.93640	17
18	.69597	2.28912	.71264	2.47995	.72940	2.69549	.74624	2.94076	18
19	.69624	2.29212	.71292	2.48333	.72968	2.69931	.74652	2.94514	19
20	.69652	2.29512	.71320	2.48671	.72996	2.70315	.74680	2.94952	20
21	.69680	2.29814	.71348	2.49010	.73024	2.70700	.74709	2.95392	21
22	.69708	2.30115	.71375	2.49350	.73052	2.71085	.74737	2.95832	22
23	.69735	2.30418	.71403	2.49691	.73080	2.71471	.74765	2.96274	23
24	.69763	2.30721	.71431	2.50032	.73108	2.71858	.74793	2.96716	24
25	.69791	2.31024	.71459	2.50374	.73136	2.72246	.74821	2.97160	25
26	.69818	2.31328	.71487	2.50716	.73164	2.72635	.74849	2.97604	26
27	.69846	2.31633	.71515	2.51060	.73192	2.73024	.74878	2.98050	27
28	.69874	2.31939	.71543	2.51404	.73220	2.73414	.74906	2.98497	28
29	.69902	2.32244	.71571	2.51748	.73248	2.73806	.74934	2.98944	29
30	.69929	2.32551	.71598	2.52094	.73276	2.74198	.74962	2.99393	30
31	.69957	2.32858	.71626	2.52440	.73304	2.74591	.74990	2.99843	31
32	.69985	2.33166	.71654	2.52787	.73332	2.74984	.75018	3.00293	32
33	.70013	2.33474	.71682	2.53134	.73360	2.75379	.75047	3.00745	33
34	.70040	2.33783	.71710	2.53482	.73388	2.75775	.75075	3.01198	34
35	.70068	2.34092	.71738	2.53831	.73416	2.76171	.75103	3.01652	35
36	.70096	2.34403	.71766	2.54181	.73444	2.76568	.75131	3.02107	36
37	.70124	2.34713	.71794	2.54531	.73472	2.76966	.75159	3.02563	37
38	.70151	2.35025	.71822	2.54883	.73500	2.77365	.75187	3.03020	38
39	.70179	2.35336	.71850	2.55235	.73529	2.77765	.75216	3.03479	39
40	.70207	2.35649	.71877	2.55587	.73557	2.78166	.75244	3.03938	40
41	.70235	2.35962	.71905	2.55940	.73585	2.78568	.75272	3.04398	41
42	.70263	2.36276	.71933	2.56294	.73613	2.78970	.75300	3.04860	42
43	.70290	2.36590	.71961	2.56649	.73641	2.79374	.75328	3.05322	43
44	.70318	2.36905	.71989	2.57005	.73669	2.79778	.75356	3.05786	44
45	.70346	2.37221	.72017	2.57361	.73697	2.80183	.75385	3.06251	45
46	.70374	2.37537	.72045	2.57718	.73725	2.80589	.75413	3.06717	46
47	.70401	2.37854	.72073	2.58076	.73753	2.80996	.75441	3.07184	47
48	.70429	2.38171	.72101	2.58434	.73781	2.81404	.75469	3.07652	48
49	.70457	2.38489	.72129	2.58794	.73809	2.81813	.75497	3.08121	49
50	.70485	2.38808	.72157	2.59154	.73837	2.82223	.75526	3.08591	50
51	.70513	2.39128	.72185	2.59514	.73865	2.82633	.75554	3.09063	51
52	.70540	2.39448	.72213	2.59876	.73893	2.83045	.75582	3.09535	52
53	.70568	2.39768	.72241	2.60238	.73921	2.83457	.75610	3.10009	53
54	.70596	2.40089	.72269	2.60601	.73950	2.83871	.75639	3.10484	54
55	.70624	2.40411	.72296	2.60965	.73978	2.84285	.75667	3.10960	55
56	.70652	2.40734	.72324	2.61330	.74006	2.84700	.75695	3.11437	56
57	.70679	2.41057	.72352	2.61695	.74034	2.85116	.75723	3.11915	57
58	.70707	2.41381	.72380	2.62061	.74062	2.85533	.75751	3.12394	58
59	.70735	2.41705	.72408	2.62428	.74090	2.85951	.75780	3.12875	59
60	.70763	2.42030	.72436	2.62796	.74118	2.86370	.75808	3.13357	60

TABLE XVII.—NATURAL VERSED SINES AND EXTERNAL SECANTS.

′	76° Vers.	76° Ex. sec.	77° Vers.	77° Ex. sec.	78° Vers.	78° Ex. sec.	79° Vers.	79° Ex. sec.	′
0	.75808	3.13357	.77505	3.44541	.79209	3.80973	.80919	4.24084	0
1	.75836	3.13839	.77533	3.45102	.79237	3.81623	.80948	4.24870	1
2	.75864	3.14323	.77562	3.45664	.79266	3.82294	.80976	4.25658	2
3	.75892	3.14809	.77590	3.46228	.79294	3.82956	.81005	4.26448	3
4	.75921	3.15295	.77618	3.46793	.79323	3.83621	.81033	4.27241	4
5	.75949	3.15782	.77647	3.47360	.79351	3.84288	.81062	4.28036	5
6	.75977	3.16271	.77675	3.47928	.79380	3.84956	.81090	4.28833	6
7	.76005	3.16761	.77703	3.48498	.79408	3.85627	.81119	4.29634	7
8	.76034	3.17252	.77732	3.49069	.79437	3.86299	.81148	4.30436	8
9	.76062	3.17744	.77760	3.49642	.79465	3.86973	.81176	4.31241	9
10	.76090	3.18238	.77788	3.50216	.79493	3.87649	.81205	4.32049	10
11	.76118	3.18733	.77817	3.50791	.79522	3.88327	.81233	4.32859	11
12	.76147	3.19228	.77845	3.51368	.79550	3.89007	.81262	4.33671	12
13	.76175	3.19725	.77874	3.51947	.79579	3.89689	.81290	4.34486	13
14	.76203	3.20224	.77902	3.52527	.79607	3.90373	.81319	4.35304	14
15	.76231	3.20723	.77930	3.53109	.79636	3.91058	.81348	4.36124	15
16	.76260	3.21224	.77959	3.53692	.79664	3.91746	.81376	4.36947	16
17	.76288	3.21726	.77987	3.54277	.79693	3.92436	.81405	4.37772	17
18	.76316	3.22229	.78015	3.54863	.79721	3.93128	.81433	4.38600	18
19	.76344	3.22734	.78044	3.55451	.79750	3.93821	.81462	4.39430	19
20	.76373	3.23239	.78072	3.56041	.79778	3.94517	.81491	4.40263	20
21	.76401	3.23746	.78101	3.56632	.79807	3.95215	.81519	4.41099	21
22	.76429	3.24255	.78129	3.57224	.79835	3.95914	.81548	4.41937	22
23	.76458	3.24764	.78157	3.57819	.79864	3.96616	.81576	4.42778	23
24	.76486	3.25275	.78186	3.58414	.79892	3.97320	.81605	4.43622	24
25	.76514	3.25787	.78214	3.59012	.79921	3.98025	.81633	4.44468	25
26	.76542	3.26300	.78242	3.59611	.79949	3.98733	.81662	4.45317	26
27	.76571	3.26814	.78271	3.60211	.79978	3.99443	.81691	4.46169	27
28	.76599	3.27330	.78299	3.60813	.80006	4.00155	.81719	4.47023	28
29	.76627	3.27847	.78328	3.61417	.80035	4.00869	.81748	4.47881	29
30	.76655	3.28366	.78356	3.62023	.80063	4.01585	.81776	4.48740	30
31	.76684	3.28885	.78384	3.62630	.80092	4.02303	.81805	4.49603	31
32	.76712	3.29406	.78413	3.63238	.80120	4.03024	.81834	4.50468	32
33	.76740	3.29929	.78441	3.63849	.80149	4.03746	.81862	4.51337	33
34	.76769	3.30452	.78470	3.64461	.80177	4.04471	.81891	4.52208	34
35	.76797	3.30977	.78498	3.65074	.80206	4.05197	.81919	4.53081	35
36	.76825	3.31503	.78526	3.65690	.80234	4.05926	.81948	4.53958	36
37	.76854	3.32031	.78555	3.66307	.80263	4.06657	.81977	4.54837	37
38	.76882	3.32560	.78583	3.66925	.80291	4.07390	.82005	4.55720	38
39	.76910	3.33090	.78612	3.67545	.80320	4.08125	.82034	4.56605	39
40	.76938	3.33622	.78640	3.68167	.80348	4.08863	.82063	4.57493	40
41	.76967	3.34154	.78669	3.68791	.80377	4.09602	.82091	4.58383	41
42	.76995	3.34689	.78697	3.69417	.80405	4.10344	.82120	4.59277	42
43	.77023	3.35224	.78725	3.70044	.80434	4.11088	.82148	4.60174	43
44	.77052	3.35761	.78754	3.70673	.80462	4.11835	.82177	4.61073	44
45	.77080	3.36299	.78782	3.71303	.80491	4.12583	.82206	4.61976	45
46	.77108	3.36839	.78811	3.71935	.80520	4.13334	.82234	4.62881	46
47	.77137	3.37380	.78839	3.72569	.80548	4.14087	.82263	4.63790	47
48	.77165	3.37923	.78868	3.73205	.80577	4.14842	.82292	4.64701	48
49	.77193	3.38466	.78896	3.73843	.80605	4.15599	.82320	4.65616	49
50	.77222	3.39012	.78924	3.74482	.80634	4.16359	.82349	4.66533	50
51	.77250	3.39558	.78953	3.75123	.80662	4.17121	.82377	4.67454	51
52	.77278	3.40106	.78981	3.75766	.80691	4.17886	.82406	4.68377	52
53	.77307	3.40656	.79010	3.76411	.80719	4.18652	.82435	4.69304	53
54	.77335	3.41206	.79038	3.77057	.80748	4.19421	.82463	4.70234	54
55	.77363	3.41759	.79067	3.77705	.80776	4.20193	.82492	4.71166	55
56	.77392	3.42312	.79095	3.78355	.80805	4.20966	.82521	4.72102	56
57	.77420	3.42867	.79123	3.79007	.80833	4.21742	.82549	4.73041	57
58	.77448	3.43424	.79152	3.79661	.80862	4.22521	.82578	4.73983	58
59	.77477	3.43982	.79180	3.80316	.80891	4.23301	.82607	4.74929	59
60	.77505	3.44541	.79209	3.80973	.80919	4.24084	.82635	4.75877	60

TABLE XVII.—NATURAL VERSED SINES AND EXTERNAL SECANTS.

′	80°		81°		82°		83°		′
	Vers.	Ex. sec.	Vers.	Ex. sec.	Vers.	Ex. sec.	Vers.	Ex. sec.	
0	.82635	4.75877	.84357	5.39245	.86083	6.18530	.87813	7.20551	0
1	.82664	4.76829	.84385	5.40422	.86112	6.20020	.87842	7.22500	1
2	.82692	4.77784	.84414	5.41602	.86140	6.21517	.87871	7.24457	2
3	.82721	4.78742	.84443	5.42787	.86169	6.23019	.87900	7.26425	3
4	.82750	4.79703	.84471	5.43977	.86198	6.24529	.87929	7.28402	4
5	.82778	4.80667	.84500	5.45171	.86227	6.26044	.87957	7.30388	5
6	.82807	4.81635	.84529	5.46369	.86256	6.27566	.87986	7.32384	6
7	.82836	4.82606	.84558	5.47572	.86284	6.29095	.88015	7.34390	7
8	.82864	4.83581	.84586	5.48779	.86313	6.30630	.88044	7.36405	8
9	.82893	4.84558	.84615	5.49991	.86342	6.32171	.88073	7.38431	9
10	.82922	4.85539	.84644	5.51208	.86371	6.33719	.88102	7.40466	10
11	.82950	4.86524	.84673	5.52429	.86400	6.35274	.88131	7.42511	11
12	.82979	4.87511	.84701	5.53655	.86428	6.36835	.88160	7.44566	12
13	.83008	4.88502	.84730	5.54886	.86457	6.38403	.88188	7.46632	13
14	.83036	4.89497	.84759	5.56121	.86486	6.39978	.88217	7.48707	14
15	.83065	4.90495	.84788	5.57361	.86515	6.41560	.88246	7.50793	15
16	.83094	4.91496	.84816	5.58606	.86544	6.43148	.88275	7.52889	16
17	.83122	4.92501	.84845	5.59855	.86573	6.44743	.88304	7.54996	17
18	.83151	4.93509	.84874	5.61110	.86601	6.46346	.88333	7.57113	18
19	.83180	4.94521	.84903	5.62369	.86630	6.47955	.88362	7.59241	19
20	.83208	4.95536	.84931	5.63633	.86659	6.49571	.88391	7.61379	20
21	.83237	4.96555	.84960	5.64902	.86688	6.51194	.88420	7.63528	21
22	.83266	4.97577	.84989	5.66176	.86717	6.52825	.88448	7.65688	22
23	.83294	4.98603	.85018	5.67454	.86746	6.54462	.88477	7.67859	23
24	.83323	4.99633	.85046	5.68738	.86774	6.56107	.88506	7.70041	24
25	.83352	5.00666	.85075	5.70027	.86803	6.57759	.88535	7.72234	25
26	.83380	5.01703	.85104	5.71321	.86832	6.59418	.88564	7.74438	26
27	.83409	5.02743	.85133	5.72620	.86861	6.61085	.88593	7.76653	27
28	.83438	5.03787	.85162	5.73924	.86890	6.62759	.88622	7.78880	28
29	.83467	5.04834	.85190	5.75233	.86919	6.64441	.88651	7.81118	29
30	.83495	5.05886	.85219	5.76547	.86947	6.66130	.88680	7.83367	30
31	.83524	5.06941	.85248	5.77866	.86976	6.67826	.88709	7.85628	31
32	.83553	5.08000	.85277	5.79191	.87005	6.69530	.88737	7.87901	32
33	.83581	5.09062	.85305	5.80521	.87034	6.71242	.88766	7.90186	33
34	.83610	5.10129	.85334	5.81856	.87063	6.72962	.88795	7.92482	34
35	.83639	5.11199	.85363	5.83196	.87092	6.74689	.88824	7.94791	35
36	.83667	5.12273	.85392	5.84542	.87120	6.76424	.88853	7.97111	36
37	.83696	5.13350	.85420	5.85893	.87149	6.78167	.88882	7.99444	37
38	.83725	5.14432	.85449	5.87250	.87178	6.79918	.88911	8.01788	38
39	.83754	5.15517	.85478	5.88612	.87207	6.81677	.88940	8.04146	39
40	.83782	5.16607	.85507	5.89979	.87236	6.83443	.88969	8.06515	40
41	.83811	5.17700	.85536	5.91352	.87265	6.85218	.88998	8.08897	41
42	.83840	5.18797	.85564	5.92731	.87294	6.87001	.89027	8.11292	42
43	.83868	5.19898	.85593	5.94115	.87322	6.88792	.89055	8.13699	43
44	.83897	5.21004	.85622	5.95505	.87351	6.90592	.89084	8.16120	44
45	.83926	5.22113	.85651	5.96900	.87380	6.92400	.89113	8.18553	45
46	.83954	5.23226	.85680	5.98301	.87409	6.94216	.89142	8.20999	46
47	.83983	5.24343	.85708	5.99708	.87438	6.96040	.89171	8.23459	47
48	.84012	5.25464	.85737	6.01120	.87467	6.97873	.89200	8.25931	48
49	.84041	5.26590	.85766	6.02538	.87496	6.99714	.89229	8.28417	49
50	.84069	5.27719	.85795	6.03962	.87524	7.01565	.89258	8.30917	50
51	.84098	5.28853	.85823	6.05392	.87553	7.03423	.89287	8.33430	51
52	.84127	5.29991	.85852	6.06828	.87582	7.05291	.89316	8.35957	52
53	.84155	5.31133	.85881	6.08269	.87611	7.07167	.89345	8.38497	53
54	.84184	5.32279	.85910	6.09717	.87640	7.09052	.89374	8.41052	54
55	.84213	5.33429	.85939	6.11171	.87669	7.10946	.89403	8.43620	55
56	.84242	5.34584	.85967	6.12630	.87698	7.12849	.89431	8.46203	56
57	.84270	5.35743	.85996	6.14096	.87726	7.14760	.89460	8.48800	57
58	.84299	5.36906	.86025	6.15568	.87755	7.16681	.89489	8.51411	58
59	.84328	5.38073	.86054	6.17046	.87784	7.18612	.89518	8.54037	59
60	.84357	5.39245	.86083	6.18530	.87813	7.20551	.89547	8.56677	60

TABLE XVII.—NATURAL VERSED SINES AND EXTERNAL SECANTS

′	84° Vers.	84° Ex. sec.	85° Vers.	85° Ex. sec.	86° Vers.	86° Ex. sec.	′
0	.89347	8.56677	.91284	10.47371	.93024	13.33559	0
1	.89376	8.59332	.91313	10.51199	.93053	13.39547	1
2	.89405	8.62002	.91342	10.55052	.93082	13.45586	2
3	.89434	8.64687	.91371	10.58932	.93111	13.51676	3
4	.89463	8.67387	.91400	10.62837	.93140	13.57817	4
5	.89492	8.70103	.91429	10.66769	.93169	13.64011	5
6	.89721	8.72833	.91458	10.70728	.93198	13.70258	6
7	.89750	8.75579	.91487	10.74714	.93227	13.76558	7
8	.89779	8.78341	.91516	10.78727	.93257	13.82913	8
9	.89808	8.81119	.91545	10.82768	.93286	13.89323	9
10	.89836	8.83912	.91574	10.86837	.93315	13.95788	10
11	.89865	8.86722	.91603	10.90934	.93344	14.02310	11
12	.89894	8.89547	.91632	10.95060	.93373	14.08890	12
13	.89923	8.92389	.91661	10.99214	.93402	14.15527	13
14	.89952	8.95248	.91690	11.03397	.93431	14.22223	14
15	.89981	8.98123	.91719	11.07610	.93460	14.28979	15
16	.90010	9.01015	.91748	11.11852	.93489	14.35795	16
17	.90039	9.03923	.91777	11.16125	.93518	14.42672	17
18	.90068	9.06849	.91806	11.20427	.93547	14.49611	18
19	.90097	9.09792	.91835	11.24761	.93576	14.56614	19
20	.90126	9.12752	.91864	11.29125	.93605	14.63679	20
21	.90155	9.15730	.91893	11.33521	.93634	14.70810	21
22	.90184	9.18725	.91922	11.37948	.93663	14.78005	22
23	.90213	9.21739	.91951	11.42408	.93692	14.85268	23
24	.90242	9.24770	.91980	11.46900	.93721	14.92597	24
25	.90271	9.27819	.92009	11.51424	.93750	14.99995	25
26	.90300	9.30887	.92038	11.55982	.93779	15.07462	26
27	.90329	9.33973	.92067	11.60572	.93808	15.14999	27
28	.90358	9.37077	.92096	11.65197	.93837	15.22607	28
29	.90386	9.40201	.92125	11.69856	.93866	15.30287	29
30	.90415	9.43343	.92154	11.74550	.93895	15.38041	30
31	.90444	9.46505	.92183	11.79278	.93924	15.45869	31
32	.90473	9.49685	.92212	11.84042	.93953	15.53772	32
33	.90502	9.52886	.92241	11.88841	.93982	15.61751	33
34	.90531	9.56106	.92270	11.93677	.94011	15.69808	34
35	.90560	9.59346	.92299	11.98549	.94040	15.77944	35
36	.90589	9.62605	.92328	12.03458	.94069	15.86159	36
37	.90618	9.65885	.92357	12.08404	.94098	15.94456	37
38	.90647	9.69186	.92386	12.13388	.94127	16.02835	38
39	.90676	9.72507	.92415	12.18411	.94156	16.11297	39
40	.90705	9.75849	.92444	12.23472	.94186	16.19843	40
41	.90734	9.79212	.92473	12.28572	.94215	16.28476	41
42	.90763	9.82596	.92502	12.33712	.94244	16.37196	42
43	.90792	9.86001	.92531	12.38891	.94273	16.46005	43
44	.90821	9.89428	.92560	12.44112	.94302	16.54903	44
45	.90850	9.92877	.92589	12.49373	.94331	16.63893	45
46	.90879	9.96348	.92618	12.54676	.94360	16.72975	46
47	.90908	9.99841	.92647	12.60021	.94389	16.82152	47
48	.90937	10.03356	.92676	12.65408	.94418	16.91424	48
49	.90966	10.06894	.92705	12.70838	.94447	17.00794	49
50	.90995	10.10455	.92734	12.76312	.94476	17.10262	50
51	.91024	10.14039	.92763	12.81829	.94505	17.19830	51
52	.91053	10.17646	.92792	12.87391	.94534	17.29501	52
53	.91082	10.21277	.92821	12.92999	.94563	17.39274	53
54	.91111	10.24932	.92850	12.98651	.94592	17.49153	54
55	.91140	10.28610	.92879	13.04350	.94621	17.59139	55
56	.91169	10.32313	.92908	13.10096	.94650	17.69233	56
57	.91197	10.36040	.92937	13.15889	.94679	17.79438	57
58	.91226	10.39792	.92966	13.21730	.94708	17.89755	58
59	.91255	10.43569	.92995	13.27620	.94737	18.00185	59
60	.91284	10.47371	.93024	13.33559	.94766	18.10732	60

TABLE XVII.—NATURAL VERSED SINES AND EXTERNAL SECANTS.

′	87°		88°		89°		′
	Vers.	Ex. sec.	Vers.	Ex. sec.	Vers.	Ex. sec.	
0	.94766	18.10732	.96510	27.65371	.98255	56.29869	0
1	.94795	18.21397	.96539	27.89440	.98284	57.26076	1
2	.94825	18.32182	.96568	28.13917	.98313	58.27431	2
3	.94854	18.43088	.96597	28.38812	.98342	59.31411	3
4	.94883	18.54119	.96626	28.64137	.98371	60.39105	4
5	.94912	18.65275	.96655	28.89903	.98400	61.50715	5
6	.94941	18.76560	.96684	29.16120	.98429	62.66460	6
7	.94970	18.87976	.96714	29.42802	.98458	63.86572	7
8	.94999	18.99524	.96743	29.69960	.98487	65.11304	8
9	.95028	19.11208	.96772	29.97607	.98517	66.40927	9
10	.95057	19.23028	.96801	30.25758	.98546	67.75736	10
11	.95086	19.34989	.96830	30.54425	.98575	69.16047	11
12	.95115	19.47093	.96859	30.83623	.98604	70.62285	12
13	.95144	19.59341	.96888	31.13366	.98633	72.14583	13
14	.95173	19.71737	.96917	31.43671	.98662	73.73586	14
15	.95202	19.84283	.96946	31.74554	.98691	75.39655	15
16	.95231	19.96982	.96975	32.06030	.98720	77.13274	16
17	.95260	20.09838	.97004	32.38118	.98749	78.94968	17
18	.95289	20.22852	.97033	32.70835	.98778	80.85315	18
19	.95318	20.36027	.97062	33.04199	.98807	82.84947	19
20	.95347	20.49368	.97092	33.38232	.98836	84.94561	20
21	.95377	20.62876	.97121	33.72952	.98866	87.14924	21
22	.95406	20.76555	.97150	34.08380	.98895	89.46886	22
23	.95435	20.90403	.97179	34.44539	.98924	91.91387	23
24	.95464	21.04440	.97208	34.81452	.98953	94.49471	24
25	.95493	21.18653	.97237	35.19141	.98982	97.22303	25
26	.95522	21.33050	.97266	35.57633	.99011	100.1119	26
27	.95551	21.47635	.97295	35.96953	.99040	103.1757	27
28	.95580	21.62413	.97324	36.37127	.99069	106.4311	28
29	.95609	21.77386	.97353	36.78185	.99098	109.8966	29
30	.95638	21.92559	.97382	37.20155	.99127	113.5930	30
31	.95667	22.07935	.97411	37.63068	.99156	117.5444	31
32	.95696	22.23520	.97440	38.06957	.99186	121.7780	32
33	.95725	22.39316	.97470	38.51855	.99215	126.3253	33
34	.95754	22.55329	.97499	38.97797	.99244	131.2223	34
35	.95783	22.71563	.97528	39.44820	.99273	136.5111	35
36	.95812	22.88022	.97557	39.92963	.99302	142.2406	36
37	.95842	23.04712	.97586	40.42266	.99331	148.4684	37
38	.95871	23.21637	.97615	40.92772	.99360	155.2623	38
39	.95900	23.38802	.97644	41.44525	.99389	162.7033	39
40	.95929	23.56212	.97673	41.97571	.99418	170.8883	40
41	.95958	23.73873	.97702	42.51961	.99447	179.9350	41
42	.95987	23.91790	.97731	43.07746	.99476	189.9868	42
43	.96016	24.09969	.97760	43.64980	.99505	201.2212	43
44	.96045	24.28414	.97789	44.23720	.99535	213.8600	44
45	.96074	24.47134	.97819	44.84026	.99564	228.1839	45
46	.96103	24.66132	.97848	45.45963	.99593	244.5540	46
47	.96132	24.85417	.97877	46.09596	.99622	263.4427	47
48	.96161	25.04994	.97906	46.74997	.99651	285.4795	48
49	.96190	25.24869	.97935	47.42241	.99680	311.5230	49
50	.96219	25.45051	.97964	48.11406	.99709	342.7752	50
51	.96248	25.65546	.97993	48.82576	.99738	380.9728	51
52	.96277	25.86360	.98022	49.55840	.99767	428.7187	52
53	.96307	26.07503	.98051	50.31290	.99796	490.1070	53
54	.96336	26.28981	.98080	51.09027	.99825	571.9581	54
55	.96365	26.50804	.98109	51.89156	.99855	686.5496	55
56	.96394	26.72978	.98138	52.71790	.99884	858.4369	56
57	.96423	26.95513	.98168	53.57046	.99913	1144.916	57
58	.96452	27.18417	.98197	54.45053	.99942	1717.874	58
59	.96481	27.41700	.98226	55.35946	.99971	3436.747	59
60	.96510	27.65371	.98255	56.29869	1.00000	Infinite	60

www.ingramcontent.com/pod-product-compliance
Lightning Source LLC
Chambersburg PA
CBHW031946230426
43672CB00010B/2066